本书的出版得到福建师范大学和福州外语外贸学院学术著作出版基金的联合资助。

日本自然观研究

[日]斎藤正二 著

胡稹 于姗姗 译

上册

中国社会科学出版社

图字：01－2019－2569 号

图书在版编目（CIP）数据

日本自然观研究：全二册／（日）斎藤正二著；胡積，于姗姗译.
—北京：中国社会科学出版社，2020.8
ISBN 978－7－5203－6856－8

Ⅰ.①日…　Ⅱ.①斎…②胡…③于…　Ⅲ.①自然哲学—思想史—
日本　Ⅳ.①N02

中国版本图书馆 CIP 数据核字（2020）第 132185 号

NIHON-TEKI SHIZENKAN NO KENKYU by SAITO Shoji
Copyright © 1978 SAITO Fumihiko All rights reserved.
Originally published in Japan by YASAKA SHOBO INC., Tokyo.
Chinese（in simplified character only）translation rights arranged with
YASAKA SHOBO INC., Japan
through THE SAKAI AGENCY and BARDON-CHINESE MEDIA AGENCY.

出 版 人　赵剑英
责任编辑　刘　艳
责任校对　徐沐熙
责任印制　戴　宽

出　　　版　中国社会科学出版社
社　　　址　北京鼓楼西大街甲 158 号
邮　　　编　100720
网　　　址　http://www.csspw.cn
发 行 部　010－84083685
门 市 部　010－84029450
经　　　销　新华书店及其他书店

印　　　刷　北京明恒达印务有限公司
装　　　订　廊坊市广阳区广增装订厂
版　　　次　2020 年 8 月第 1 版
印　　　次　2020 年 8 月第 1 次印刷

开　　　本　710×1000　1/16
印　　　张　62.25
字　　　数　1017 千字
定　　　价　298.00 元（全二册）

总 目 录

目　　录

上　　卷

译　序

译者很早就想把这本书译出以供我国读者阅读参考，无奈过去受到各种条件限制而无法顺利出版。这次在中国社会科学出版社，尤其是在该社编辑刘艳的大力帮助和推动之下终于得以面世。译者希望借此机会，对上述出版社和编辑表示衷心的感谢，并且相信，此书可以为读者较全面地认识日本的自然观提供一个很好的视角。

为了让读者能更好地阅读、理解此书，译者还希望在此提供一些背景知识和资料。因为毕竟此书写出已有40余年时间，时代和人们的观念都发生了一些变化。但无论如何，多读多看总不是一件坏事，它可以丰富我们的思想和改变我们的思维方式。

一

诚然，因风土不同而人类各文化有异，但作为当代人，我们除了要看到相异，也要看到似同。

从历史的纵向看，东西方国家即使在上古因地理、交通等原因没能或很少交流，但在文化上也会呈现出似同的一面。

古希腊哲学分为爱奥尼亚和意大利两个谱系。始于米勒斯学派的爱奥尼亚谱系学者，将万物的本原（Arkhe）视为"质料"。具体说来就是：泰勒斯（公元前624—公元前546）认为它是"水"；赫拉克利特（公元前535—公元前475）认为它是"火"，并且"永远燃烧"；[①] 德谟克利特（公元前460—公元前370）认为它是"原子"。与此相对，滥

[①]　转引自国谷纯一郎《古希腊的自然观与日本的自然观——比较思想论的考察》。此文仅有夹注，如该引语"永远燃烧"夹注为（Frg, 30）。下同，不一一说明。见 https://m-repo. lib. meiji. ac. jp/dspace/bitstream/10291/12296/1/kyouyoronshu_ 170_ 1. pdf，2018 年 9 月 7 日下载。

觞于毕达哥拉斯学派的意大利谱系学者，主张万物的本原是"形相"。
它发轫于毕达哥拉斯（公元前570—公元前497）的"数"，经由柏拉
图（公元前427—公元前347）的"原型"（Idea），最终大成于亚里士
多德（公元前384—公元前322）的"形相"（Eidos）。

　　但不管是哪一个谱系，古希腊哲学都将自然视为一种"活物"，并
且认为它充满神性，因此我们可以将古希腊自然观的这种特质，简称为
"活物说"或"万物有灵论"。泰勒斯曾留下只言片语，说"万物充满
神灵"[1]。具体言之，他的"水"是一种活的始源性"质料"，也是充满
在万物中的神圣的力量。阿那克西美尼（公元前585—公元前528）认
为，万物的始源性"质料"是"气"（这种气又称"精气"［Pneuma］，
包含气息和精神两层含义），并且在不断运动之中，人的身体呼吸的空
气即灵魂。亦即，"气"（άηρ）是灵魂（ψο），也是"气息"
（rrνεομα），三者在本质上是一个东西："我们的灵魂是空气，就像它支
配我们一样，气息即空气包围着整个宇宙。"[2] 毕达哥拉斯也认为，大
地悬浮在无限的空气当中，并从该空气摄取养分。

　　这种"气"和"灵魂"等的关系，对我们来说不啻为熟悉而亲切
的事物。中国古代也将"气"视为天地万物的根源，并建构出宇宙由
"气"构成并活动的宇宙论、世界观和自然观。但与希腊的一"气"不
同，中国有"二气"。《周易》说"一阴一阳之谓道"，意思是天地万物
存在并活动于阴阳二气的对立、变化和交替之中，阴阳活动的法则即
"道"。并且《周易》还认为，上升的"气"为阳气，称魂（灵），下
沉的"气"为阴气，称魄。"这种由'气'建构的世界观和自然观的形
成，必然会催生出宇宙、自然和人并非不同，而是相同相关的物质的思
维，之后它被日本所继承。"[3] 日本的"气"这个词汇来自中国，因为
它只有音读，没有训读。并且日本在远古也出现过"二魂"思维：其
一 Tama（神魂），是一个"实体"，具有可以像腕力那般驱使物体"移
动"的力量；其二 Tamashihi（人魂），可以自由进出人的身体或梦境，
为人带来吉兆或恶兆。《延喜式》对"神魂"的解释是："（大国主命

---

[1]　Aristoteles, de Anima；A5, 411 a 7。

[2]　Anaximenes；Frag, 13 B 2。

[3]　前林清和：《灾害与日本人的精神性》，《现代社会研究》2016年第2号。

神）取其自身和魂于八咫镜中，置于大御和（即大和）之神奈备（神社），称之为倭大物主奇御魂。"《宇津保物语》对"人魂"的"动"与"不动"做过讨论。①

"质言之，古代东西方都出现过'万物有灵论'，例如希腊神话中风也是神，而且不止一个风神，还有北风神和 西风神之分，而并非古代中国或日本所特有，尽管东西方之间有表述的差异"。

古希腊自然观的第二个特质可谓"连续说"，即它将自然、神灵和人置于同样的位置，不做区别。和泰勒斯所说的"万物充满神灵"一样，阿那克西曼德（公元前610—公元前546）和阿那克西美尼也都将始源性"质料"说成是"神圣的物质"。赫拉克利特（公元前540左右—？）认为，"火"即"宇宙规律"（Logos），而它既是生命，也是神。换言之，自然的生命就是神的生命，同时也是人的生命，生命和灵魂扩展在同一时间和空间。人的灵魂与世界的灵魂是连续而又紧密地结合在一起的。柏拉图认为，正如人的身体充满人的灵魂一样，世界的身体即所有的东西都充满着世界的灵魂，人就是大宇宙（Makrokosmos）中的小宇宙（Mikrokosmos）。这让人无法不联想到朱熹的学说——人是"太极"中的"小太极"。

实际上，古希腊的这种人与自然的"连续说"与道教的"天人合一说"和人生的最高境界就是与天地自然融为一体的精神追求也很相似。中国至今还有人坚持医食同源，认为医学的本质就是研究如何将自然引进体内，如何正常地保持体内的自然环境。另外，古代中国还有天谴的观念，它认为人在世间所做的恶事会招致天地自然的报复。这些观念后来被日本全部采纳。总之，古希腊、古代中国和日本的一些人都不像近代人那样，把人看作是超越自然之上的存在，而认为人是自然的一部分，人的最高目的和理想不是控制自然，而是静观，即作为自然的一员深入到自然中去，以领悟自然的奥秘和创造生机。而这些与后来所谓的"顺应自然"论有关。

古希腊自然观的第三个特质是自然观和世界观的不可分离，自然就是世界，包含人和神，它们存在于同一的时间和空间当中，概言之即

---

① 奥村伊九良：《大和魂——历史篇》，一条书房1934年版，第117—118页；胡稹：《"大和魂"史的初步研究》，中国社会科学出版社2017年版，第53—60页。

"同一说"。若我们硬性将空间和时间分开叙述,那么表现在空间方面,"任何事物都往复无穷","成因"的东西在本质上不过就是回归。世界始于 ἀρχη（始源）,又回归于 ἀρχη。泰勒斯认为,所有的东西都由水生成,然后它们又都归于水。而在恩培多克勒看来,始源性"质料"即所谓的"万物之根"交互"在时间的循环中"结合或分离;表现在时间方面,则它并非是直线前进的,而是循环和回归的。柏拉图认为,天体有规则的圆环运动是"永恒物质的模型",它不外乎就是时间。赫拉克利特也说"万物流转"[1],意思大概就是所有的东西都将逝去并解体,最后返回原处。

其实这种古希腊的自然和世界的"同一说"及循环时间的观念,与东方古代的自然即世界的思想及时间观念也有相似之处。"在日本古典文献记纪神话中,并没有对时间起始的描述,天地最初不是像基督教中的上帝和中国神话中的盘古之类的神创造出来的,而是从原本一体化的自然中分离开来的。"[2]《古事记》说:"国土尚幼稚,如浮脂然,如水母然,漂荡不定之时,有物如芦芽萌长,便化为神。"《日本书纪》说:"古天地未剖,阴阳不分,混沌如鸡子,溟涬而含芽。……然后神圣生其中焉。"这个创世神话与中国的毫无二致,即创世神盘古也生于宇宙的混沌之中。但它们之间也有一些不同之处。据三国时代徐整《三五历纪》记载,盘古是用神斧将"混沌如鸡子"的宇宙劈开,形成了天与地的。不过在此方面日本的立场不很坚定,也趋附道教有"神做造化之首"的说法。同样是在《古事记》序言中,"臣安万侣言:夫混元既凝,气象未效,无名无为,谁知其形。然乾坤初分,三神做造化之首,阴阳斯开,二灵为群品之首";而在时间观念方面,古希腊的循环时间也见之于东方。丸山真男认为:"日本神道中的时间是无始无终的循环的时间。"[3] 这种循环主要体现在季节循环和生死循环的思想方面。加藤周一也从日本古代神话和信仰体系中找出三种日本古代的时间观:（1）无始无终的直线＝历史时间;（2）无始无终的轮回状圆环＝日常时间;（3）在有始有终的线段上前进的时间＝人生的普通时间。[4] 而在

① Aristoteles; de Caelo, Ⅲ, 1, 298 b30。
② 唐永亮:《试析日本神道中的时空观念》,《日本学刊》2011 年第 3 期。
③ 丸山真男:《丸山真男讲义录》第六册,东京大学出版社 2000 年版,第 33 页。
④ 加藤周一:《日本文化中的时间和空间》,岩波书店 2007 年版,第 217 页。

我们看来，上述时空一体观和循环时间观与佛教的西天净土思想和轮回说都很相似：人及其他生物死后或升天堂或下地狱，并未在真正的意义上消失，而是在各地域和各生物间轮回投胎，往复无穷。

另一种似同我们也不能忽视，它与后来所谓的"征服自然"论有关。总体说来，在基督教兴起之前，东西方国家的人们都匍匐于自然或命运面前，但在不得已时也会站立起来与之抗争。古希腊人认为自己被包含在有某种法则维护某个秩序的自然当中，然而拒绝在任何时候都对它顺从。古希腊悲剧《俄狄浦斯王》说，俄狄浦斯为躲避神谕要他弑父娶母的厄运离开养父母家，在路上受到一群人凌辱，一怒之下杀了4人，其中就有正在微服私访的亲生父亲——忒拜国国王拉伊奥斯。后来按神示俄狄浦斯寻找杀害前国王的凶手，结果发现要找的就是自己，弑父娶母的命运还是降临己身。也就是说，古希腊人有时也不得不在被囊括于自然，听命于神谕的同时，与自然和命运抗争。

与此相类，道教的自然观以与天地自然一体为人生的最高境界，提倡无条件地顺应自然，但同时也奉劝人们："天地任自然，无为无造，万物相自治理，故不仁也。"① 它想说的是，天地乃自然存在，并无"形成"或"创造"的意志和力量。而自然万物也是自然且自律存在的，对人不抱有任何感情和仁爱之心。既然如此，那么中国古代神话中的人物有时也会为了创造自身的幸福和回避自然的戕害，不得已要体现出与自然抗争的一面。例如：和普罗米修斯偷火一样，中国古代神话人物也靠自身的意志钻木取火——向自然"偷火"；愚公面对妨碍自己出行的高山，精卫面对淹死自己的大海，分别实施了移山和填海的壮举；夸父因烈日炙烤，欲追日把它摘下，但不幸死去；夸父未完成的伟业，后来由后羿实现了，他射下了 10 个太阳中的 9 个，留下现在我们看到的这个太阳……总之，中国人的先辈虽然知道要顺应自然和命运，但必要时也会反抗和征服。

日本如何？尽管《古事记》等写得很曲折隐晦，但我们也不认为古代日本人会完全顺应自然，对灾害坐视不理。寺田寅彦认为，"岩户神话"描写的事件和纠葛，其实就反映了当时各种自然的异相和古代日本

---

① 老子著，王弼注，楼宇烈校：《道德经》第五章，中华书局 2008 年版，第 14 页。这句话是对同书中"天地不仁，以万物为刍狗"的注释。

人为解决火山灰喷发问题所做的宗教努力①：高天原（天）和苇原中国（地）陷入一片黑暗之中，于是"八百万神"呐喊着采来铁矿做镜，用勾玉做首饰，以牡鹿的肩骨占卜，并连根拔起天香具山的五百株神木（破坏大自然？——引按），将镜和首饰挂在神木的枝杈上，……口颂庄严的祝词和跳起舞来。躲在山洞中的天照大神对外面的声音感到好奇，将头探出洞口，因此被某男神一把拖了出来，高天原和苇原中国又重放光明——火山灰消失了。

剑也是古代日本人创造出来对付自然灾害的工具。《古事记》说剑是素盏鸣尊在出云降服"八岐大蛇"时从它的尾巴得到的。而按寅彦的说法，"八岐大蛇"可以让人联想到火山喷出的熔岩流，"身一，头八，尾八"暗示着熔岩流沿着山谷沼泽合流或分流的状态。② 我们认为，这个传说也暗示着人类熔铁制剑的过程。后来这把剑辗转流入日本武尊的手中，他在相模被人所骗，遇到野火燃烧时正是用这把剑砍下周边的野草先行烧去，才逃避此难。剑这一人工物对自然展示了自己的威力。

日本神话中有些象征性人物也被用来对付自然灾害并暗示人的命运。《古事记》说"花辉姬"神生活在高千穗山。但到奈良、平安时代，有人为了压制频繁喷发的富士山山火，将她演化成"富士山的祖神"③ ——与自然抗争的象征。同时这个"花辉姬"还是个短命的象征。她父亲将她和姐姐"岩长姬"一道许配给"琼琼杵尊"神，说琼琼杵尊"你娶了花辉姬，虽会荣华富贵，但会短命。而娶了岩长姬，作为神子寿命将如岩石一般坚硬长久。不娶岩长姬，即使你的事业花繁似锦，但寿命绝不会长"。《古事记》或是为了安慰寿命都不长的皇室才加上这个说明的。④ 看来古代日本人也费尽心机，欲挣脱命运的诅咒，尽管他们的后人总说从远古开始日本人就一切"顺应自然"。

① 寺田寅彦：《神话与地球物理学》，《寺田寅彦随笔集》第四卷，岩波书店1997年版，第85页。

② 寺田寅彦：《神话与地球物理学》，《寺田寅彦随笔集》第四卷，岩波书店1997年版，第85页。

③ 按《古事记》记载，"花辉姬"生出三个火神——火照命、火须势理命和火远理命，故后来成为管理山火的浅间神社的祭神，自然也属于火神。但按富士山本宫浅间大社社传，她是作为镇火的水神被祭祀在本神社的。但不管怎么说，"花辉姬"都与镇火有关。镇，就是对抗和征服大自然。

④ 松冈正刚：《神佛们的秘密——解释日本容貌的源流》，春秋社2009年版，第218页。

日本古人不顺应而征服自然的事例还有一些，如对"神的更新"。神道中最神圣的伊势神宫，其正殿和社殿也需要每隔20年就拆毁重建一次。岂但如此，他们甚至还破坏大自然。日本的山势较陡，若过量采伐森林，就会引发泥石流，但当时为了建设平安京却有大量的树木被砍去，并且此状况在各地还延续了很长时间。为此有人说过：日本似乎忘记了像人工维护水田景观那样，长久地培育自然生态系统。"现在已进入了不人工培育自然，它就无法自力再生的窘境。"① 我们现在看到的山清水秀的日本景象，其实多半出现在日本历史的某个时点之后。

从历史的横向看，中日两国之间因共同的原生思维或交流产生的文化似同现象更是屡见不鲜。日本引进中国文化前没有"自然"这个词汇，引进后不光读音相似，连意思也相同："因自身本性，自然而然地成为这个样子。"16世纪"兰学"兴起时日本又用"自然"这个词汇对译 nature，意思是"与人分离的客观的存在"。也就是说，在远古日本，既然连"自然"的概念都没有，那么自然是没有所谓的"自然观"的（当然不能说对大自然没有任何看法）。如果后来有了，那么那个"自然观"主要就应该是从外国引进的自然观。即使是在"国风"兴起的藤原时代，日本的"文艺自然观"与中国的也非常相似，《古今和歌集》的"真名"（汉文）、假名两序印证了这一点。

这是因为在绳纹时代（公元前10000年前后—公元前4世纪左右），日本的进化机制是岛国型的，"缓慢的进化和落后的心智是绳纹文化的两大外部特征"。"弥生时代外部力量的过早介入，切断了日本通过自我进化不断提高的路径"，其"内部的原生文明则被'封存'和'定格'在外部力量第一次进入的那个时期"。② 后来又由于外来文化多波次地进入日本，故日本文化呈现出浓烈的外国色彩。下面看一下与自然观联系最为密切的方位观和季节观。

日本远古没有方位词，曾用"峰"（Mine）指代"东方"，用"岬"（Misaki，岬、海角）指代"西方"。③ 这或是当时文化相对发达的九州或关西地区的人们，站在东边是山、西面是海的小平原上，直观地

① 林知己夫：《从数字所见的日本人人心》，德间书店1995年版，第164页。
② 武心波：《"不变"与"嬗变"——日本文化"二元分属"的双重结构分析》，《日语学习与研究》2008年第3期。
③ 石田一良：《日本文化史》，东海大学出版社1989年版，第6页。

根据太阳升起的山峰和没入的海面做出的最早的方位判断。值得关注的是，他们在那时并不关注北方和南方，坟墓也不坐北朝南（虽说其中放入镌有"东青龙，西白虎，云云"字样的镜子），朝向各异。神社的朝向也如此。与此相同，中国古代的"日月、四时、年岁、方向和时、空、宇、宙之类的术语，最初（也）都是具体的意象，后来才演变为抽象的概念"①。日本何时有了"东西南北"的方位观不得而知，从词源解释看，可以认为至今仍无人说清这个问题。关于后来的"东"（Higashi）的词源，有人说是 Himugashi 的约音，意思是"日向风"，即从日出的方向吹来的风，等等；对"西"的词源，有人说是太阳"去的方向"（Inishikata）的约音（《日本释名》《和训栞》），等等；有关"南"的词源，有人说是"皆见"（Minami）的意思，即"大家都看的方向"，这明显来自房屋结构的朝向，等等；就"北"的词源，有人说是冬至后太阳直射点再次返回（Kitaru = Kiteiru）北回归线位置的意思（《和训栞》等），等等。② 很明显，以上对"南、北"词源的解释，充满着前近代的科学意识，不足为凭，而"东、西"的词源解释也令人难有头绪。

但可以确知的是，日本后来引进了中国的方位词"东西南北"，该读音也与中国语音大同小异，开启了日本自然观的全新认识：除了表示方向，还可以配上"阴阳、五行、天干地支等，以其吉凶判断人事的祸福"。③ 下引如见等的"日本自然观"其实都来自这种方位观念。"这各方位被赋予各种各样的特别意味，表明对人的命运的不同影响。……（日本人）在旅行、搬家、建房等各种场合都需要请人看方位的吉凶，该做法一直延续到今天。"④

日本古代季节观也类于此。本居宣长在《真历考》中将日本"神代"的"历书"称作"自然历"，说在"神代"，一年的起始是"各种生物万象更新之时"，一年分为"温、暑、凉、寒四个季节"，各季节又被细分为"始、中、末"三个阶段，⑤ 日本古人根据观察自然界各种

---

① 刘文英：《中国古代的时空观念》，南开大学出版社 2000 年版，第 3 页。
② 《日本大百科事典》，小学馆 1989 年版。
③ 同上。
④ 同上。
⑤ 本居宣长：《真历考》，《本居宣长全集》第八卷，筑摩书房 1972 年版，第 204—205 页。

生物的变化，来判断果树结果、割稻、麦子灌浆等时间，以此作为农事起始的标准。可以说宣长的"自然历"与中国二十四节气那种自然历和农事历无异，属于人类共通的原始时间意识。但我们不能同意宣长以"温、暑、凉、寒四个季节"，将一年分为春夏秋冬的说法。因为日本将一年分为春夏秋冬，并不始于所谓的"神代"，而是中国历法传入日本，形成四季的概念之后的事情。

　　《魏略》记载："倭人不知正岁四节，但计春耕秋收为年纪。"就此石田一良阐释："上古日本人根据春耕到秋收、秋收到春耕，将一年分为两期，也就是将一年分为两年。他们没有古代北方中国人那种按照五行思想将一年 360 天四等分，并将各 90 天分配给春夏秋冬四季的神秘合理主义四季观。""在飞鸟时代后期（大化改新以后）之前（也）不使用中国的历法和漏刻。"① 这就是说，他们在那时形成了"春"和"秋"的季节概念，但没有"春夏秋冬"的四季概念。《日本书纪》"神代纪"中一次未使用过"夏""冬"这两个词汇。《古事记》"神代纪"出现过一个"夏"字，但仅作为人名使用，即"大年之神谱系"的"羽山户之神，娶大气都比卖神所生之子……次有夏之高津日之神，又名夏毘卖神。次有秋毘卖神。"② 《万叶集》中"夏""冬"的用例要远远少于"春""秋"的用例，"冬"仅以"冬去乃春""冬蛰于春"的形式，作为春天的前奏被关注。换言之，人们的视角集中在"春来"，而不太关注"冬去"。这些用例间接证明了在古代日本，比起"春""秋"，"夏""冬"是新的概念，"夏""冬"的季节观念的形成比"春""秋"迟。令人惊奇的是，中国古代早期也没有"夏""冬"的季节观念："现有甲骨文关于时节的记述，只有春秋，却没有夏冬。而且春秋往往对称。夏季的'夏'字，至今尚未发现。'冬'字虽有，但只作为'终'字用。这个事实表明，殷人还只是把一年划分为春秋二时。"③ 这或许可以说明在殷代中日两国有过交流，但在我们看来，它毋宁说是东亚人类共同思维所使然。

　　另一方面，"春秋"二季的季节观也影响到日本的祭祀活动，但后

　　①　石田一良：《日本文化史》，东海大学出版社 1989 年版，第 13 页。
　　②　武田祐吉注释校订：《古事记》，角川书店 1956 年版，第 164 页。
　　③　刘文英：《中国古代的时空观念》，南开大学出版社 2000 年版，第 23 页。

来情况有了变化。"可称之为（春秋）二季观的意识也可以从《养老律令·神祇令》中窥见出来——每年恒常举行的'月次祭'①'道飨祭'②'镇火祭'③在六月和十二月各举办一次，采用与季节对应的形式。"④ 不过后来将这"六月、十二月的'月次祭'加上（原有的）春祈年祭和秋新尝祭，使其成为四大祭，可以认为是中国传来四季观念后⑤……被整理形成的祭礼制度。"⑥ "《万叶集》卷八和卷十将'春夏秋冬'作为和歌的分类标准，说明当时日本人已有了四季的观念。不用说，该四季的标准等尚缺乏规整，这是一个不可否认的事实。"⑦

　　以上诸多事例，都说明了人类的自然观不光有异，也有似同，东亚各国的相类情况尤甚。但可叹的是，如今多数的日本人，改革开放后大多数的中国相关文化人，对日本情况不很熟悉的欧美人⑧，以及赴日研究的东南亚学者⑨等，都似乎对日本和他国，尤其是和东亚国家的文化似同视而不见，而有意强调或附和日本与他国的文化差异，包括自然观。对此我们要提出两个问题：（1）既然有了民族这个概念，那么它已经说明了各人种及其文化是不同的。因此总说某民族文化特殊这种提法本身就十分奇特。比如我们不是没有而是很少听到英国、法国、中国西藏和新疆等国家和地区的人说自己的文化或自然观独特，故是否有必

---

　　① "月次祭"（据说过去每月都要进行，但因不便，次数做了省略），自古开始于每年阴历六月和十二月的十一日由神祇官举办的祭祀活动。向伊势神宫及 304 尊祭神奉献帛币，祈祷天皇和国家的安泰。最早的形式是当夜天皇供上神馔，与神共飨。

　　② "道飨祭"，过去在阴历六月和十二月，于京都四隅祭祀"八衢女神""八衢男神"和"久那斗"三神，在路上飨宴怪物、妖物，防止它们进入都城而举办的祭祀活动。

　　③ "镇火祭"，于阴历六月和十二月晦日之夜在宫城四隅祭神，祈祷不发生火灾的神事活动。《延喜式》中收有该活动的祝祷词。如今各地神社还在举行。

　　④ 入江惠美：《万叶集的季节观——以夏季为主》，《菲利斯女子学院大学研究生院纪要》第 2 号，1994 年，第 19 页。

　　⑤ 具体日期可追溯到《日本书纪》"钦明天皇"条：十四年（553）正月，百济遣上部德率科野次酒、杆率礼塞敦等乞军兵。六月遣内臣至百济，与百济良马二匹、同船二艘、弓 50 张、箭 50 具。又，使百济交替派出医博士、易博士、历博士，并送卜书、历本、种种药物。

　　⑥ 石田一良：《日本文化史》，东海大学出版社 1989 年版，第 12 页。

　　⑦ 永藤靖：《古代日本文学与时间意识》，未来社 1979 年版，第 102 页。

　　⑧ 佚名：《外国人自心底惊呼的日本人特异的"自然观"》，《东洋经济》在线，2017 年 9 月 16 日，https://toyokeizai.net/articles/-/188765。

　　⑨ 刘建辉编：《日越交流的历史、社会、文化诸课题》全卷，国际日本文化研究中心，2015 年。

要时时处处都刻意强调某国、某民族与他国、他民族的文化或自然观差异？（2）为何仅日本一国从江户时代中期开始至今，要如此凸显自身的文化或自然观特性？其中是否又有隐情？由此我们要揭橥一个事实，即日本国或其内部成员在需要他国时都会主张国与国之间似同的一面，而在不需要或出现敌对关系时又会强调其相异的一面。

二

日本在江户时代（1600—1867）中期之前，似乎未见有人专题讨论自然观的问题，以及以此为由头提及精神独立的问题。然而从江户时代中期开始，日本部分的"町人"（城市居民）、阳儒阴神的学者和儒者，都试图通过建构日本的"自然观"来主张日本精神的独立。例如"町人"西川如见（1648—1724）发表了日本第一部世界地志《华夷通商考》，介绍了中国、西洋、南洋的地理和文化，还出版了一系列有关风土的著作。其中的《水土解辩》"气运盛衰辩"说："由于万国水土、时运不同，又有天地变异、人情风俗革易之事。"① 这个主张，除暗含批评幕府的意思之外，还有为"日本独特和优异"张目的用意："夫唐土于天地万国而言，面积不及后者百分之一。若唐人以唐土为天地中国，则天竺人亦可以天竺为世界中国，其他国家亦可各以其国为世界中国。"② "浑地万国图乃异邦所制，地理学可凭此察其水土。盖万国各以其国为上国，而以自国之说断自国之美，难免有私称之嫌。如今以异邦之图，察我国之美，则非私称之美。由此实可知我国为上国之理。"③

然而如见依据的那张"浑地万国图"，准确地说是他戴着有色眼镜观看的外国地图，无法给他的"日本上国论"提供科学依据，反而让人觉得那是一幅混杂着东西方自然观油墨，但"阴阳五行说"的色彩要远远浓于西方近代自然科学色彩的奇异地图："此国（日本）位于万国东头，乃朝阳始照之地，阳气发生之初，震雷奋起之元土，主卯，故属木德。寅卯之震木生巳午之离火，故火德之日神主于此国，乃与自然

---

① 西川如见：《日本水土考、水土解辩、增补华夷通商考》，岩波文库1968年版，第42页。
② 同上书，第29页。
③ 同上书，第13页。

相应。又，吾国号日本，与此义最为得当。"① 用图式换说，就是东方
（方位）＝卯（十二支）＝木（五行）＝震（八卦），并且震（八卦）
木（五行）生出离（八卦）火（五行），火又等于日，所以日本国被叫
作"日本"，也就是世界的中心。

不独如此，如见还将日本人凭以为傲的"皇统无变"（天皇万世一
系）与日本风土发生联系："日本国土不广不狭，其人事、风俗、民情
相齐，混一易治。是以日本皇统自肇始至今不变，可谓万国中唯日本独
有。岂不出自日本水土之妙？"②

另一方面，如见虽然承认日本过去的事物除"神道与歌道两道之
外，多由唐土传来"③，但同时又认为"所有自唐土传来之风俗，于吾
国皆自然演变为吾国之风气"，因为"唐风"有许多"与我国水土之理
相悖"。④

这种"自然观"影响了阳儒阴神人士。浅见𬴊斋（1652—1711）
也对风土与风俗的关系发表过意见，其中最著名的是他的"分天说"：
"吾国盛行儒书，久读此者以唐为中国，以吾国为夷狄，甚至有人悔叹
自己出生夷狄之地，……夫天包地外，行各地而无不戴天，然各地风俗
各异，若各地戴天，则各戴一分天下，互无尊卑贵贱之分。"⑤ 此话的
重点在于"各地""各戴一分天下""无尊卑贵贱之分"。

儒者山鹿素行（1622—1685）的活跃时间比如见、𬴊斋稍早一些，
也试图通过建构日本的"自然观"，强调日中两国之间的平等，最后甚
至还颠倒了过去的"华夷"关系，说日本才是真正的"中国"。素行说
日本的风土与中国一样，具有"中和"（此概念来自儒学）的特点，优
于万国：⑥"愚按，天地之所运，四时之所交，得其中则风雨寒暑之会
不偏。故水土沃而人物精，是乃可称中国。万邦之众唯本朝及外朝（中
国——引按）得其中。"⑦ 接着又说日本的人文和自然地理更优于中国：

---

① 西川如见：《日本水土考、水土解辩、增补华夷通商考》，岩波文库 1968 年版，第 29
页。

② 同上书，第 25 页。

③ 西川如见：《町人囊搜底》上，岩波文库 1968 年版，第 152 页。

④ 同上书，第 153 页。

⑤ 同上书，第 99 页。

⑥ 山鹿素行：《中朝事实》，《山鹿素行全集 思想篇》，岩波书店 1940 年版，第 75 页。

⑦ 同上书，中国章，第 234 页。

"本朝神代，既有天御中主尊及二神建国中柱，则本朝之为中国，天地自然之势也。"① "独本朝中天之正道，得地之中国，正南面之位，背北阴之险。上西下东，前拥数洲而利河海，后据绝峭而望大洋，每州悉有运漕之用。故四海之广，犹一家之约，万国之化育，同天地之正位，竟无长城之劳，无戎狄之膺，……圣神称美之叹，岂虚哉?"②

　　在素行看来，"万邦"中的"外朝"中国，虽然与日本一样得天地之中的位置，但与"日本相比"，在地理上还是稍逊一筹。因此日本才确保了"圣皇连绵"及"皇统一贯"，免于"夷狄"侵略，政治安定，三纲不遗。这与易姓革命、政局动荡的中华帝国相比，无疑更可称为"中国"。

　　由此可见，如见等人的"自然观"都不是一个有关地理、天文、气象等的科学命题，而多半是一些政治命题，给后世开了一个不好的头。而且那些用于"分天"，希望自立于或超越中国的日本"自然观"的建构工具，除了一部分来自西欧近代的地理知识，更多的还是源于儒家学说和"阴阳五行说"等。因此，即使是在江户时代中期日本民族主义开始抬头的年代，中日两国文化其实也是你中有我，我中有你。若硬要区分，多数场合都另有他意。

三

　　我们之所以这么说，除了因为江户时代中期部分日本学者的言论及其时代背景，还因为明治维新后日本的世界观、国情观和自然观有了重大改变。此时的日本为了追求欧化主义，"脱亚入欧"，积极准备战争，需要通过新的"地理环境决定论"，来凸显日本同近邻国家中国及东亚各国的文化差异（但吊诡的是，在吞并朝鲜、琉球和中国台湾之后，日本又转而大肆宣扬它们与日本文化的相似性）。日本的国家舆论，也从过去追求精神独立转向鼓吹民族主义和法西斯主义。有些日本学者从表面看并无明显的追随意识，但实际上他们在那种大环境下也无法摆脱"事大"意识，发挥了日本地理环境特殊故文化优异的吹鼓手作用。按斋藤正二的说法，在自然观方面其始作俑者当属地理学家志贺重昂和文

---

① 山鹿素行:《中朝事实》,《山鹿素行全集 思想篇》, 岩波书店 1940 年版, 中国章, 第 234 页。
② 同上书, 中国章, 第 237 页。

学教授芳贺矢一。

志贺的《日本风景论》（1894）劈头就说："孰不谓本国美？此乃一种观念也。然日人谓日本江山之美丽，何止惟出于本国之可爱乎？而绝对缘于日本江山之美丽。外邦之客，皆以日本为此世界之极乐天堂而低徊无措。"① 不过，与"绝对"等虚假吓人的文字相反，志贺的外国旅行仅限于1886年巡访南洋群岛和澳大利亚。未见欧美、中国等而断言日本的山水美位于世界最高级别，让人感到费解与惊讶。至于"外邦之客"云云，也有以西洋人压服他人的意味，但似乎当时的读者都未能看破这一点。志贺在结尾还引用"外邦之客"言论为日本的"独特"和"优异"张目："《双周日评论》曰：……支那贫民业已陷入猥琐，……唯于日本，贫民各自抱有希望，品尝社会生活精髓。其道理何在？一为（土地分配得当）……；二为举国热爱山野之美。……。此世界未见有如日人之国民。"② 志贺为彰显日本，拿出来做反衬的却是中国，充满着民族主义精神。该书刊行于日俄战争期间，广受日本民众欢迎，之后日本独特而优异的自然观成为常识固定下来。

芳贺《国民性十论》（1907）"四 热爱草木，欣喜大自然"中也说："（日本）山川秀丽，……。热爱现世、享受人生之国民，亦极自然地热爱天地山川，憧憬大自然。于此点言，可谓东洋诸国民与北欧人种相比，自得天之德福。尤以我日人亲近花鸟风月最为特殊，于吾人生活之所有方面皆有表现。"芳贺虽然说的是"东洋诸国民"，但实际上他的所有笔触都指向日本："风流与诗情之大半意义，乃由面对大自然之憧憬所构成。日本武士道不若西洋骑士道崇拜妇女，但热爱自然之花，了解物哀。""不独英雄豪杰，日本全体国民皆为诗人，此情景恐此世界所无。人人咸有歌心，……即令……恶人，临刑前亦会吟诗赋歌一首，此类现象恐他国所无。"③ 芳贺的这一自然观表述在今天看来，几乎每句都存在问题，但在当时因与日俄战争后的民族主义合体，最终奠定了"公理"地位。而且这个"被创造出来的常识"，后来又与"忠君爱国"思想紧密结合，被灌输给当时的日本学生和后来的世界人民。

---

① 斋藤正二：《日本的自然观研究》，八坂书房1987年版，第22页。
② 同上书，第23—24页。
③ 同上书，第24页。

其实对包括延伸至中国的日本自然观影响最大的是寺田寅彦的《日本的自然观》（1935），它为当时和今天中日两国有关日本自然观的著述和民众的言论，准备了几乎所有的观点和素材。寅彦是一位物理学家，学习并掌握了分析科学和经验科学，给人以极大的可信赖性。但寅彦的观点和使用素材也大都充满着固执和偏见，忽略了与东亚各国文化的比较：

（一）日本的气候、地形、地貌具有"特异性"。[①] "气候在所有温带国家中也非常独特"。这种"特异的气象中最明显的是台风"。更"重要的是地形的起伏和水陆的交错带来的地形地理要素。此外，固有的火山现象频发还给这种地形的变化进一步增添了特有的异彩"。地震也很频繁。我们应该承认，除火山、地震等之外，寅彦的说法无大问题，但他以下的说辞却让人疑窦丛生。

（二）日本人的物质生活"特性"在于食物的季节性。"翻阅《俳谐岁时记》可以知道，应季的蔬菜鱼贝的年周期循环也使得日本人的日常生活丰富多彩。" "棉麻布适合日本的气候。" "引进的蚕业（也）恰好适应了日本的风土。" "衣服样式不少，虽说受到支那的影响，但仍被固有的气候、风土和由此产生的生活方式所支配，取得了固有的发展和分化。" "农夫穿戴的蓑衣结构的巧妙和性能的优秀令人感佩不已。它或传自支那一带，但因为适合日本的风土，故被本土化了。" "建筑物地板下方有柱子，有利于通风。"

（三）精神生活的"特性"在于"附属于房屋的庭园也是日本所特有的，对说明日本人的自然观特征是极好的事例……西洋人多半喜欢将大自然随意嵌入人工的铸模中，建造几何学图案的庭院。而日本人则尽量不破坏山水的自然，将自然引进住宅旁，让自己被拥抱在大自然中，以同化于大自然为乐"。"盆栽、插花类对日本人来说是庭园的延长，从某种意义上说也是压缩。"日本人还"赏月，祭星"。"山川草木皆神，人也是神。佛教深处的无常观与日本人的自然观相协调，亦属其因子之一。"

引文不得已很长，但略加思考，我们就可以发现，寅彦所说的日本

---

① 寺田寅彦：《日本的自然观》，《寺田寅彦随笔集 第五卷》，岩波书店1948年版，第143—152页。自此开始需要引用长文，不一一注明页数。

自然观其实大都是外国的自然观或其变形。另外，寅彦没有说清日本"特异"的风土，为何产出的会是外国的东西。因为除了"壁虻"等极少的事例之外，那些东西绝大多数都来自中国或其他东亚国家，或与那些国家的相同相似。如台风、《岁时记》、应季的蔬菜鱼贝的年周期循环、棉麻布、养蚕业、蓑衣、干栏式建筑、庭园、盆栽、插花、赏月、祭星、万物有灵论、佛教无常观等，它们都并非日本"固有"或"特有"的产物。寅彦有时还故意含糊其词，将外来事物都说成是"适合于日本"的风土，并"取得了固有的发展和分化"的东西。并且寅彦还有意将欧美或热带国家的事物与日本做对比，① 以证明日本与他国确实不同。而正是这后一种方法，影响了日本战后数十年的研究。由是观之，他的"文艺自然观"② 有多少合理性也可以猜测出来。寅彦说这些话的目的在于说明："只有在……（日本这个）国度，才能看见人类最高级文化的发展，才可以充分感到出生在日本的幸福。"

寅彦在文末说"自己的上述言论受到和辻氏过去发表的许多有关自然与人类关系的理论的影响"，所以我们必须分析和辻哲郎的理论。哲郎认为，风土即"某土地的气候、气象、地质、土质、地形、景观等的总称"③，而日本人并非生活在自然与人类对立的关系之中，而是作为自然中的人，作为自然的人存活。哲郎对世界文化的贡献，是将地球人的文化分为三种类型：东亚东南亚的"季风型"、中东非洲的"沙漠型"和欧洲的"牧场型"。他认为季风地区的人对自然形成了忍受、顺从的性格，沙漠地区的人形成了攻击的性格，牧场地区的人形成了征服自然的合理性思维。其中的日本又很"特殊"，虽处在季风地区，但因为有四季，特别是夏天的"台风"和冬天的"大雪"并存，所以日本国民性格又属于"台风式的性格"，其特征是"肃穆的激情，战斗的恬淡"。④

和过去的日本文化学家相比，哲郎善于根据"关系"来谈论日本的

---

① 从寅彦的引例来看，日本与欧美在许多方面也有相似之处。如他所说的渔夫、水手对天空、风向、云彩的观察。

② 寅彦对日本的诗歌做了歪曲，认为中国的诗歌和西洋一样，对人和自然、自我和外界做了切割，而日本诗歌讲求融合。

③ 和辻哲郎：《风土——人类学的考察》，岩波书店1991年版，第9页。

④ 同上书，第165页。

风土和国民性，可谓一大进步。他不仅强调了地理环境因素对人的影响，还首度指出人的心理因素（如人对"寒冷"的感觉等）以及作为社会历史因素的"家"对国民性产生的影响。不过哲郎对为何日本的风土会产生日本式的"家"这个问题阐述不清，因为在他对日本的"家"的各种细节描述当中，我们看到了许多在风土上与日本不同的北方中国"家"的身影，甚至两国家庭关系的称谓也多半大同小异。① 在哲郎看来，日本的"家"的形式是个人被"家"完全掌控，个人要通过"家"与社会交际。他似乎想说，日本的生存方式对人类来说是最理想的，日本人应对此生存方式感到自豪。哲朗还通过类推的方式，论述了国与家的关系：国就是一个规模巨大的"家"。"日本是一个国民以皇室为宗祖的大家族。国民的整体性就出自同一祖先的这个大家的整体性"。② 我们虽然认为日本和中国的"家"有某种程度的差异，日本的天皇和中国的皇帝也有所不同，但不能不感到哲郎的"家国"概念与中国的"家国"概念没有太大的差异。

哲郎的《风土》（1935）煌煌十几万言，曲折地从"风土"谈到"国民性""宗教"和"战斗"的激情，无非想说明两个问题：（1）"首先可以确认，贵人就是司掌祭祀的神，它意味着国民对整体性的皈依是所有价值的源泉。我们可谓其为尊王心。"（2）"日本国民团结得十分紧密，能将众多的军队送到朝鲜，就因为有这种宗教的联系。"③ 所以他的"肃穆的激情，战斗的恬淡"，除了有赞美"台风式的性格"给日本人带来"静美""恬淡"和丰富情感（包括宗教情感）的含义，还暗示着日本人在情感上会突然爆发，存在暴走即"战斗"（争）的可能性。果不其然，在哲郎写出《风土》的第三年日军就侵入了中国内地。

当然哲郎在《风土》中没有赤裸裸地鼓吹战争，但它在第二次世界大战后还是遭到批判。有学者说该书体现了一种简单而恶劣的"环境决定论"，还有学者说它实际上是在提倡一种"天皇制肯定论"，有鼓吹法西斯主义之嫌。④ 户坂润则说，哲郎在德国留学期间受到马丁·海德

----

① 和辻哲郎：《风土——人类学的考察》，岩波书店1991年版，第173页。
② 同上书，第177页。
③ 同上书，第178页。
④ 见 http://ja.wikipedia.org/wiki/和辻哲郎，2014年10月8日下载。

格尔《存在与时间》的影响，对其中显示的伦理学和"时间（＝空间）论"十分欣赏，后来他写出的《国民道德论》（1932）正是这种"时空人性论"与"尊皇论"的混合物。之后哲郎又试图将他的"国民道德论"与他的"风土论"结合起来，① 以对抗马克思主义。②

　　然而无论如何，《风土》这部著作最终还是成为第二次世界大战后十分盛行的"日本文化论"先驱性作品，对我国学界也影响颇大。我国学者对它的赞同和附和声不绝于耳，直至 2006 年才有人对其作出批判："和辻哲郎的风土论、久松潜一的文学风土论（1938）、梅棹忠夫的文明生态论（1967）、上山春平等人的照叶树林文化论③（1969）等，……虽然都……注重社会历史因素的影响，但它们……都有一个共同特点，那就是它们都充分肯定日本的地理环境的独特性和优越性。还有的学者甚至把日本独特的地理环境视为日本人优秀论的根据。"④ 并且，它们还都共同忽视了中国地域辽阔，南方地区的地理状况以及由此产生的自然观在许多方面都与日本相似。⑤ 但实际上，这些批判并未对当今的中国人产生多大影响。

四

　　针对以上日式拉采尔学说⑥，斋藤正二（1925—2011）通过本书提出反论。正二毕业于东京大学文学系教育学科，历任杂志《日本短歌》《短歌》和《现代日本诗人全集》总编辑，以及日本大学文理系与艺术

---

　　① 1930 年哲郎就"国民道德论"做了公开演讲，该演讲稿序论的第一、第二、第三节和第七、第八节后来正式发表在《国民道德论》中。相同的第七、第八节后来又原样使用在《风土》第三章 二 日本 1 台风的性格当中。

　　② 户坂润：《作为世界一环的日本》，白杨社 1937 年版，第 56—57 页。

　　③ 按上山春平的说法，常绿照叶树林从中国云南等地一直向西北方向延伸，途经中国南方大部地区、韩国之一部和日本，这片广袤的照叶树林孕育出了吃红米、通过鸬鹚抓鱼等许多似同的文化。这些文化现象不但在中国，而且在日本都可以见到。

　　④ 张建立：《日本国民性研究的现状与课题》，《日本学刊》2006 年第 6 期。

　　⑤ 徐静波：《〈国家的品格〉所叙述的日本文化的实像与虚像》，《日本学刊》2006 年第 6 期。

　　⑥ 弗里德里希·拉采尔（Friedrich Ratzel, 1844—1904），德国地理学家和生物学家，提出"环境学说"。法国历史学家鲁希安·保罗·维克多·费弗尔（Lucien Paul Victor Febvre, 1878—1956）将该学说命名为"环境决定说"。不过拉采尔本人不承认自己是个环境决定论者，后世的研究也证明拉采尔并未说过人类是单纯接受自然影响的产物这句话。因为某个地区的文化，多半会接受发生在其他地域的文化的影响。事实上被视为"环境决定论"者的拉采尔也谈过文化的移动和传播的重要性。

系和国学院大学文学系讲师、二松学舍大学教授、东京电机大学理工系教授、创价大学教育系教授和名誉教授。1979年以本书获得名古屋大学教育学博士学位。正二为证明日本自然观受到中国古代自然观的影响，其本身就是一种意识形态，钩沉、爬梳了海量的文献资料，并基于唯物辩证主义、历史唯物主义和索绪尔结构主义语言理论，对日本自然观作出分析，得出的结论也较令人信服。它不仅可以让我们明确对日本自然观的认识，还可以让我们得到一种方法论的启示。不过因篇幅所限，此书仅涉及人与植物的关系，与动物、气候等无关。

　　本书按历时的视角，将日本的自然观分为形成、巩固和发展三个维度进行阐释。之后还特辟一章，就"日本文化特色"鲜明的"花道"展开分析，指出它与中国文化的关系也十分密切。最后对日本自然观的过去和当时的现状做了回顾和批判。以下是本书部分观点的概述。

　　正二认为，日本在接受外来文化的影响之前社会发展十分落后，故日本古代的自然观在形成之初，就接受到外来文化特别是中国文化的影响，这在日本最古老的典籍《古事记》《日本书纪》《万叶集》和最早的汉诗三集《凌云集》《文华秀丽集》《经国集》中都可以看得十分清楚。正二检索并分析了梅、桃、樱等诗歌最早的全部事例，证明日本古代的自然观来自中国。其中梅、桃是舶来品，樱是自生品种，但即使是这样的樱花，也没有一个诗例和歌例可以证明它单纯用于表示植物观赏的行为。正二说：当我们明白了这个事实，是否还可以蹈袭过去的通说，翻弄无根的辞藻，说日本人自太古以来就赞美樱花？正二还说：松也一样，那些咏松诗歌的思想主题，也试图把握儒教意识形态政治体系中的松的象征意义，将松树视为长寿的象征或贞节的比喻。

　　就此正二得出结论：日本古代的自然观最早来自律令制的文化领导人，以及《古事记》《日本书纪》《万叶集》乃至后来的《古今和歌集》两序的作者。他们的目的，在于让人民热爱日本这个"美丽国家"①，拥有主动热爱日本山川草木的自觉性，即《日本书纪》所说的"教化"，以此追赶上先进大国唐国的文化。换言之，即日本人长期认为的属于自身民族固有的"自然观"，只不过是日本古代律令国家的建设者在努力学习中国的政治机构（专制统治体制）和文教意识形态

---

　　① 语出《万叶集》第二卷"美し国そ蜻蛉岛大和の国"。——译注

（儒家意识形态）的同时，将它们强加给农民大众的一种世界认知范畴。先验地认定从《古事记》《日本书纪》《万叶集》和大和古刹接受的"美"就是日本民族固有的美，从科学上说并不正确。何出此言？那是因为重要的当事人即那些古代自然观和"美"的创造者，根本未考虑过他们自身创造出的自然观和"美"是日本人固有之自然观和"美"，也因为首次接受"花木观赏"启蒙教育的日本律令知识分子，在作为该"美"之一的大自然观赏方面，曾考虑过该如何将这种具有国际性质的知性行为改变为"自家药笼之物"。

正二还转借小岛宪之《上古日本文学与中国文学》的话说明：白凤至天平时期（645—749）律令文人为阐述自然观而使用的类书，似乎仅限于《艺文类聚》和《初学记》。到平安宫廷沙龙时代，据说又增加了《北堂书钞》《太平御览》《玉篇》等。《古事记》序文、《日本书纪》开篇（宇宙开辟神话）和《万叶集》中的汉文表达等，似乎也几乎都以《艺文类聚》为本，只是将其中的内容一一脱胎换骨而已。

这种大自然的吟咏和记述成为日本古代自然观的"原型"，日后又变为"日本的美学"。也就是说，与中国的自然观和律令政治理念不可分离的日本自然观的"原型"，经过长时间的不断修正和变形，逐渐被打磨出了"日本美"。不充分地检索历史事实，就认定只要是古老的东西就一定包含"日本固有的东西"，绝对是一个巨大的错误。

在日本自然观的巩固期部分，正二指出：虽然《古今和歌集》修成了，但通过合考其"真名"序和假名序并进行比较对照，就可以明确把握这个敕撰和歌集的精神特质。和汉两序的重复与类同，可以证明具有汉诗、和歌两种构想的文学表现，完全是由同一创造主体做出的。现在的通说是平安时代的汉文学带有"和臭"，是"日本化"的证据，但我认为毋宁说平安时代的和歌带有"唐臭"和"中国化"的痕迹。换言之，我认为汉诗是和歌的故乡。《古今和歌集》收录许多梅的名篇绝非偶然。

就汉诗与和歌的关系，正二还转引风卷景次郎的话做出概括："完全承认唐代文明的优秀性，并欲与彼对等的立场并不仅限于一两个氏族官僚，它表现为后进国对先进国的一种劣等感和对抗意识的交错，具有歇斯底里的强度。从这个意义上说，平安文化的形成仍旧与世界史有关。它不像前代那样照搬异国风情，而是在和汉折中，使汉能同化于日本人的生活、趣味和风土的范围内进行变化和引进。而且在引进的同时，日本人自身的主体也接受了汉的影响而有了变化。……汉诗对和歌的影响，可大致分为两方面，一个是诗论对歌论的影响，另一个是在大自然歌咏和年间节庆活动中汉诗感觉的形成。至少这两方面的影响我们不可忽视。"本来属于日本的'和歌'，也按新引进的'汉诗'思维进行公式化的理解，若不符合汉诗思维则无法放心，所以当然要求和歌须嵌入汉诗的框架内，如此才能放心。这种观念逐渐变化发展的结果，是和歌也成为言志的文学。"

关于《枕草子》的"类聚"或"类题"思维方式，正二认为它来自中国诗文，尤其是《艺文类聚》。而日本人原本拥有的季节感仅具有一种水田作业不可或缺的"自然历法"功能，从严格的意义上说它尚未到达"观赏"的阶段。在将焦点对准自然观思考时，我们有必要注意不要对过去的定说——平安时代"日式事物"卷土重来——囫囵吞枣。因为构成平安朝"美"意识的"类题"或"类聚"体系，从根本上说只不过是缩小和固定了中国诗文范式的产物。

正二还说，现在一般的人都毫无疑问地认为，表现日本人固有情绪的诗型是和歌，但认真追究下去，我们就很难断定和歌就是日本民族独有的抒情形式。比如"歌合"（斗歌），它的前身斗物和竞技都是进口的中国文化产品。过去的普遍想法是，日本仅在律令官僚制度和汉诗文方面接受了唐文化的影响，而之外的生活体系则遵循自己固有的传统文化，但我们至少必须再次审视日本宫廷"年间活动"始终百分百地模仿唐风这一事实。另外，从纪贯之《新撰和歌集》序"厚人伦，成孝敬。上以风化下，下以讽刺上"此语也可以推测出，和歌若离开大陆的"政教主义"就无法形成。这种努力从古代开始，一直延续到中世、近世。

对日本自然观的发展，正二承认，如同七八世纪从中国传入日本的梅树经过千年时光的流变，已名实相副地在日本列岛特有的花卉中获得了自身的地位一样，源于中国自然观的日本自然观经过千年岁月的积累，也名副其实地形成并累积起自身的民族文化遗产。正如一个离开父母的孩子，走过了一段漫长的旅程。

正二还认为，过去律令文人官僚用身边的山茶花代替他们未见过的中国道教"乌托邦"中的灵木"椿"这种荒唐可笑的行为，已然被他们的后人忘却，并成为之后日式思维方式的祖型。从平安时代后期到中世，已无一人怀疑山茶花即《庄子》"逍遥游"中的"椿"是不合理的，因为中日文化"融合"业已完成。当然山茶花＝"椿"的自然信仰只是其中之一。

进入近世社会之后，流行于民众之间的赏樱习惯和观赏态度已取代了律令官僚贵族和平安王朝知识分子所拥有的中国"乌托邦思想"元素。然而人人赏樱则是进入江户时代之后的事情，这时樱花真正获得了"民众之花"的地位。对此正二认为，真正意义的"日式事物"是指居住在这狭长的日本列岛的民众付出漫长的时间一点一点地创造出来的文化要素，仍然不因为它古老就能称之为"日本的"，而因为是大家的才能说是"日本的"。

桃花也一样，进入室町时代之后，最古老的花道秘传书《仙传抄》开始记述："五节会花事：三月三日中插柳于尊心，配上桃花也。一色亦无妨。"桃花终于在"立花"中确立了自己的地位。由此可见，桃花已从贵族即统治者之花变质为民众即被统治者之花。然而，桃在根本上和日本民众的生活紧密相联也是在江户时代之后的事情。喜好钻研的民众培育出许多新的品种，让花开得更美，果实更甜，最终桃成为完全日本化的花木。正好此时江户、京都、大阪出现了人偶市场，偶人节庆贺女儿诞生的意义被固定下来，就此桃的"日本化"终于完成。

关于花道，它自古就被认为是日本文化独特性的证据，然而正二的论断却石破天惊：它有百分之九十以上可能"起源于中国"。正二未举出中国古代"插花"的事例，所列出的证据是在日本花道中最受推崇的各种花草，认为包括最好的 10 种"造型之花"都起源于中国，并且日本第一部"花传书"《君台观左右帐记》还旨在传播与舶来的宋元画有关的知识和鉴赏技巧，其实压根就不存在日本列岛居民尊重并欣赏那些"国粹"花木的行为。正二说，知道并接受这个事实，我觉得一点也不可耻，因为比起"日式"文化行为，更伟大的是普世性或"全人类性"的文化行为。我们将花道（含"花传书"）史置于国际视域中重新审视时就会发现，日本和中国的关系之深如何追究都不过分。

正二说这些话并非信口雌黄。他研究的第一步是从《万叶集》开始到《文华秀丽集》《性灵集》《类聚国史》《菅家文草》《西宫记》等，逐一爬梳检索了 10 世纪之前的日本汉文学古典，将有关事例全部挑拣出来。第二步是逐一收集《古今和歌集》及之后的和歌文学和《枕草子》《源氏物语》及之后的假名文学中的事例。第三步是用结构主义即总体性的方法，把握汉文的事例和日文的事例之间的关系。这是一项最困难的工作。正二根据检索到的梅、柳、莲、菊这些花木的事例，并依照时代的变迁记述这些"花的象征意义"的变化，运用结构主义的方法，追寻是什么花，在何种场合、出自何种目的被人作为"插花"使用的。

正二总结，其实日本古代自然观的"素胎"（形态心理学术语）是中国的自然观，描绘上去的"图案"即日本诗歌等。过去的日本文化观认为，早期日本总有一种民族固有文化走在前头，之后在此基础上引进了外来文化，但这种观点总觉得牵强。若我们不断质疑先入之见，溯行向前，那就可以发现所谓的日本古代自然观一个未见。毋宁说真正的日本自然观，原本就是对外来文化的模仿，它指的是经过很长时间这种模仿的东西就成为自家的东西，再经过打磨改造，又成为与"本尊"（外来文化）形似非似的别种文化的过程或结果。从学术、诗文来说，在和歌从汉诗蜕变的过程和效果中我们可以看清"日式事物"的真正面目。

质言之，日本文化的本质，其实就是引进、改造、变形并最后"日本化"的过程，故日本的古代自然观也是一种引进、改造、变形并最后"日本化"的产物。一如江户时代中期民族主义者如见所说的那样，日本过去的事物除"神道与歌道两道之外，多由唐土传来"，"于吾国皆自然演变为吾国之风气"。

五

至此需要明确的是，日本人是否自诞生起就热爱并保护大自然？那种来自"地理环境决定论"的"顺应自然"观是否永久不变？

对第一个问题，斋藤正二的回答是否定的。他引用了前东京大学植物学系主任教授前川文夫对经由朝鲜半岛进入日本的偃柏（圆柏、鹿角桧）仅分布在海岸险峻崖壁的质疑观点："不可否认，上述分散性的分布有不自然之处。即，现在的分布是过去大量的分布遭到人为破坏后遗留的痕迹。……我想可能是因为在弥生时代这个偃柏的枝条很适合包装物品被大量采摘，所以在海边易采集的地方就渐渐消失了，仅残留在人类难以行走的崖壁上。……这或许是弥生时代除农耕之外又一个破坏大自然的显著事例。"① 植物文化学者中尾佐助也说："出现在《万叶集》中的几乎所有植物都是日本原产的植物，其中以胡枝子最多。胡枝子不是原生性植物，而是在大自然被破坏后于松树林等二次林相的下方长出的植物。吟唱胡枝子的歌数众多，表明在《万叶集》时代大自然的破坏已很明显，人们的四周长满了胡枝子。日本的花美学就是在这种大自然被破坏的环境中最早诞生出来的。"②

日本战后经济高速增长时期，怪病出现和大自然破坏的现象更是触目惊心：除新潟水俣病、四日市公害、富山县痛痛病、熊本水俣病这四大疾病外，"濑户内海周边山岩裸露是因为人类滥伐树木；宫岛成为例外是因为它作为神域森林受到保护；中国地区山地的红松林在战前随处可见，但后来因被纸浆公司盯上，最近在那里几乎只能看到阔叶树了"③。对此正二错愕和慨叹：在现在仍有相当数量的知识分子在不批判、不反省的情况下就援引志贺重昂的风景论与和辻哲郎的风土哲学等。光从海水污染和绿地破坏就可以证明，日本人具有热爱大自然的国民性这个学说是胡说八道。④

对第二个问题，我们的回答也是否定的。请见下页图表。⑤

从此图表中我们可以看出日本自然观的变化。以"让人类幸福"为题的问卷调查有三个选项："必须顺应自然""必须利用自然"和"必须征服自然"。回收的答卷数值显示，到 2013 年为止，"顺应自然"派占 48%，"利用自然"派占 41%，"征服自然"派占 6%。可见从 1953 年开始，利用派的比例几乎不变，一直占四成多一点，而征服派锐减，顺应派激增。另一方面，我们还看到在日本战后发展经济期间，征服派曾领风骚一时，从 1953 年的两成到经济高速发展期间的 1968 年一度高达 34%，之后在 1973 年急剧下降至两成以下。这说明日本曾有一段时间也提倡"征服自然"，只是在吃到苦头并取得经济发展后这种观点才锐减的，可见自然观会随着时代变迁而变化。而利用派数值长期不变，

① 前川文夫：《日本人与植物》，岩波新书 1973 年版，第 145 页。
② 中尾佐助：《圣经与万叶集植物》，《朝日百科世界的植物 12》，朝日新闻出版社 1978 年版，第 67 页。
③ 饭塚浩二：《地理学与历史》，岩波书店 1966 年版，第 175 页。
④ 林知己夫：《从数字所见的日本人人心》，德间书店 1995 年版，第 164 页。
⑤ 下载于 2018/11/22。http://chosa.itmedia.co.jp/providers/%E7%B5%B1E8%A8%88%E6%95%B0%E7%90%86%E7%A0%94%E7%A9%B6%E6%89%80。下图表同。

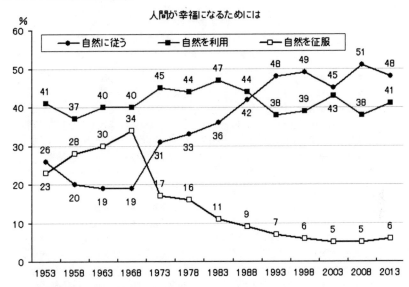

日本人の自然観の長期推移

人間が幸福になるためには

（注）回答には表記の他「その他」「分からない」があるので足して100にならない。
（資料）統計数理研究所「日本人の国民性調査」

还说明了日本人并非永远"顺应自然"。与利用派遥相呼应的实际上还有一个"辅助自然"派，他们主张："日本人务必要参考德国的经验。现在日本已进入了不人工培育自然，它就无法自力再生的窘境。不用说，必须转换出在某个时点培育自然的构想。"①

　　还有一个图表也值得关注，见下页。

　　此图表是将前图表用于国际调查后得到的结果。由此图表可以看出，至 2013 年为止（实际上此图中的数值到 2017 年 4 月 6 日仍未有大的改变，日本统计学家和统计数理研究所第 7 任所长林知己夫在该日作出研究和评论时仍在使用），除意大利和澳大利亚外，西方国家中"顺应自然"派的人数都很少。而在亚洲，除了正在加紧发展经济的印度和越南之外，已基本走出高度经济增长通道的亚洲各国和地区"顺应自然"派的人数均大幅上升。现代亚洲各国和地区"顺应自然"派均比"利用自然"或"征服自然"派多，打破了日本唯独自己"顺应自然"

_____

①　林知己夫：《从数字所见的日本人人心》，德间书店 1995 年版，第 164 页。

自然は従うべきか、利用すべきか、征服すべきか（自然観の国際比較その1）

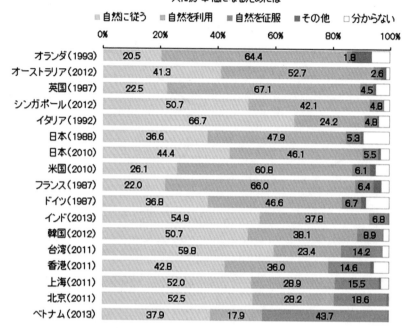

人間が幸福になるためには

■自然に従う　■自然を利用　■自然を征服　■その他　□分からない

国名	自然に従う	自然を利用	自然を征服	その他・分からない
オランダ（1993）	20.5	64.4	1.8	
オーストラリア（2012）	41.3	52.7	2.6	
英国（1987）	22.5	67.1	4.5	
シンガポール（2012）	50.7	42.1	4.8	
イタリア（1992）	66.7	24.2	4.8	
日本（1988）	36.6	47.9	5.3	
日本（2010）	44.4	46.1	5.5	
米国（2010）	26.1	60.8	6.1	
フランス（1987）	22.0	66.0	6.4	
ドイツ（1987）	36.8	46.6	6.7	
インド（2013）	54.9	37.8	6.8	
韓国（2012）	50.7	38.1	8.9	
台湾（2011）	59.8	23.4	14.2	
香港（2011）	42.8	36.0	14.6	
上海（2011）	52.0	28.9	15.5	
北京（2011）	52.5	28.2	18.6	
ベトナム（2013）	37.9	17.9	43.7	

（注）国名のカッコは調査年次。国の並びは「自然を征服」の少ない順
（資料）統計数理研究所「7ヶ国国際比較調査」（1985-1994年）、「アジア・太平洋価値観
　　　　国際比較調査」（2010～2013年）

的传统看法，说明了东亚各国相似的部分要超过相异的部分。另外，在
"利用自然"方面，日本的支持人数虽比西方国家略低，但现在却比东
亚任何一个国家和地区都高，甚至将近超过北京或上海的一倍（中国现
在正在向传统自然观回归，提出"绿水青山就是金山银山"的口号）。
日本发生了性质极为严重的原子能发电站事故，但事后仍决定继续使用
可谓"征服自然"的代表——原子能发电方式，以致东京大学教授本乡
和人要著文怒斥："日本人真的是善待环境，保护大自然吗？不！绝不
是的！我们日本人难道不是从古代开始就以开发为名破坏大自然吗？不
管科学如何发达，自然的大部分都属于不能理解的领域，故能控制原子
能这一类说法只能说是傲慢。"[1] 由此看来，日本对自身自然观的认识

---

① 本乡和人：《评末木文美士〈草木成佛的思想 安然与日本人的自然观〉》，《朝日新
闻》2015年5月17日。

至今也不完全一致，而且因时代不同，其认识也在不断改变。正如斋藤正二所说："地理环境绝不会对人类产生决定性的影响，它只有介入社会环境才会对人类产生影响。每当人类社会各生产力发展阶段发生变化，人类对地理环境的关系就会改变。不言自明，同样是泛滥的河流，同样是酷寒的冬天，近代以前没有机械技术和电力设备的日本人，和今天大量使用现代技术的日本人，受这些地理条件影响的方式完全不同。因此在评说日本自然观时，说过去是这样的故今后也应如此的论辩方法完全没有道理。事实上自然观也是随社会的变化而变化的。"①并且随着科学技术的发展，自然对人类的影响会越来越小，届时人类必然会产生出新的自然观。但与自然共生和谐，呼唤全人类一道保护自然，也就是保护我们人类自己的观念则不会改变。

当然，本书自出版后到现在已有四十多年，有些观点略显陈旧，部分地方也有论证不足和武断的一面，有时作者为了说明问题还过度强调了中国的影响，有矫枉过正之嫌，请读者在阅读时注意批判。但无论如何，斋藤正二的整体观和发展变化观的思想并不会因为时间的变化而磨灭自己的光芒。

译者不希望读者将本书仅视为一本论述中国对日本如何产生影响的书籍，而更希望其中那些所谓的影响，成为中日两国共有的文化遗产。译者强调中日两国文化有同有异，但同大于异，就是希望中日两国人民能恢复过去的那种一体感，在新的时代再度携起手来，共创美好的未来。

本书的序论、第一、二、五、六章等由胡稹教授翻译，第三、四章由于姗姗副教授翻译。

---

① 斋藤正二：《日本自然观的研究》，八坂书房1987年版，第331页。

著者绪言

有人说日本人自古以来就具有尊重大自然、酷爱草木鱼虫的国民性。然而，眼前的现实却是，日本列岛的居民正在以世界其他国家和地区的人民所无法比拟的速度全面破坏大自然，不断制造污染和公害。因此，即便我们想要奉承自己，也无法再说日本人具有热爱大自然的国民性。如今呈现在我们眼前的轻视、破坏大自然的元凶是近代西方科学文明，以及以近代科学技术为手段贪婪追求利润的资本主义经济体制，此事于任何人眼中皆洞若观火。可是，代表大资本、企业利益的保守党支配日本的政治状况眼下还没有变化的迹象。加之眼下还有一个现实，就是作为元凶的大资本集团领导人正在公然放言，日本人必须更加珍视大自然，必须恢复与大自然共生的日本人的传统心性。另一个现实是，许多宗教团体领导人也在袒护这种行为。眼下的情况尖锐而复杂。

不过，冷静观察后就会明白，如此混乱复杂的事态却意外而合理地符合其背后的发展过程。当然这里所说的合理，仅仅是从经济、政治、宗教统治者的角度而言的。而且过去老生常谈的"日本自然观"这一术语，也不外乎是"统治的象征体系"。毫无疑问，只要被统治民众使用并再生产这个术语，那么这种"统治的逻辑"就会符合逻辑地全速运转下去。

我们知道一个事实，那就是在近代欧洲科学发展之前，东方特别是中国古代科学文明曾获得高度的发展，但中国的科学文明在缓慢、悠长的前进过程中被近代欧洲科学一下子超越了。其原因是中国在强有力的政治理念、统治体系的控制下抑制了科学技术的发展，无论是天文学，还是博物学，其研究都仅委托给一小撮的国家官僚。我们必须在中国社会整体的历史中结构性地把握中国科学史。另一方面，引进中国科学文明的日本也曾显示出完全相同的停滞状况，故所谓的"日本自然观"

也须从这个视角加以把握。本书若能在此方面起到尝试作用，余愿足矣。

　　本书收录的许多文章，都是过去应杂志社、报社、连续出版物单位的编辑之请而写的。以此言之，这些文章都不过是过去随手写下的杂文的堆积，从一开始就不存在"体系的构想"等。此次若不是八坂书房领导恳切邀约，这些文章则仅能起到一次性的作用，并成为一堆废纸，而无重见天日的机会。能得到机会将其编辑为一部单行本著作，还让我在无意中意识到，一个可用于"日本自然观的研究"项目已经为我准备停当，整理初稿时模糊的"体系"意识也逐渐明朗起来。于是我又注意到，对自身的体系构想而言，过去发表的文章所占的比例是如何的薄弱。具体言之，即虽提出"日本自然观的研究"这个命题，但天文、岁时关系、动物关系、近世社会关系的内容分量较少。经再三思索，决定先将植物方面的文章编为一卷（译注：实为上、下二卷），其他领域文章的编辑及为此做出的新探索则留待他日。

斋藤正二

1977 年 10 月 1 日

上　　卷

序论　自然观和文学的象征

传统自然观的意识形态

1　灌输"日本的大自然美"并不正确

事已至此，则众人须说实话。对社会体制带来的人性压抑和经济体制公然造成的环境破坏谁都历历在目，并发声说不可再持续下去。但仅就文化体制而言，却无法说现在真相已经明朗。若单纯用上层建筑①理论说明，则可归结为在政治、经济不变时文化就不会变化，但若忽视文化自身作为一个"生物"具有强烈地作用于经济基础的一面，则无法解决问题。

破坏大自然的问题已经有了毋庸置疑的明确答案，即它是今天大企业肆无忌惮地追求利润带来的一个恶劣的结果，而无力的民众如何会有制造公害的能力？此亦为真相。

然而，在认识到破坏大自然的元凶是高度发达的资本主义的同时，日本人自身（不仅是凶恶的经济支配者，而且还包括温顺的被支配者）却一点都不热爱大自然。今天我们需要认识这一重要的事实。前文所说的暴露文化层面的真相这一工作尚未展开即指此事。

----

① 原文为"上部构造"，即我们所说的"上层建筑"。查日本的权威辞典，其释义与我们的基本相同，即它是马克思主义历史唯物论的基本概念，指在社会的经济基础之上形成的政治、法律、宗教、道德、艺术等的意识形态，以及与此相应的制度、组织。它在受到经济基础制约的同时，还会反作用于经济基础。原著下文为"下部构造"，即我们所说的"经济基础"，也就是马克思等所说的成为在一定发展阶段的社会结构基础的物质性生产关系的总和。它决定了社会和政治制度以及思想、艺术等的上层建筑。中国大陆的辞典一般都解释为：经济基础是指由社会一定发展阶段的生产力所决定的生产关系的总和，是构成一定社会的基础；上层建筑是建立在经济基础之上的意识形态以及与其相适应的制度、组织和设施，在阶级社会主要指政治法律制度和设施。以此观之，作者在此的部分概念说明或有误。——译注

　　准确地说，日本民众过去从未直面过日本的大自然为何、热爱大自然又为何事这些命题。就第一个命题而言，自明治维新以来灌输给民众的仅是官制模范答案：日本的大自然乃世界最美，因此日本人被赋予优秀的艺术才能。就第二个命题而言，至今仅有一个答案：日本人具有热爱草木的国民性，因此具备了跋山涉水乃至盆栽等的大自然观赏法。正因为从还是不分善恶是非的小学生时开始就被灌输了这种尽善尽美的"日本的大自然美礼赞论"，故如谚语"三岁看大，七岁看老"所说，大抵所有的日本人都对此深信不疑。

　　日本败于第二次世界大战后，所谓的"超国家主义"的教育错误得到彻底的纠正，但不知为何，仅"日本的大自然美礼赞论"未销声匿迹。或许是麦克阿瑟司令部认为，自然观放置不管不至于影响工作大局。又或许是他们判断，如同存续天皇制那样，温存日本人的传统自然观反而有利于自身的占领政策。总之，战前、战中大行其道的"日本的大自然美礼赞论"一直延续至今。

　　现在想来，正是这个"日本的大自然美礼赞论"的存续才催生了无数的公害、环境破坏和自然生态系统紊乱等匪夷所思的事态。科学技术的革新、高度工业社会的扩大的确是自然破坏的元凶，但仅就日本社会而言，这种过于古老而无用（不如说是因为存续才会产生有害结果）的自然观，因永无止境地缠绕、蔓生在日本人的心底，而共谋参与了将绿地铲除，把有毒物质倒入河川，让海洋化为死海等行为。

　　日本人一开口就说：啊！花美，山青，草香，虫声寂寥，等等。然而话音未落，那人即咔哧地折断树枝，嘭地将垃圾倒于山路旁，飒飒飒地脚踩野草，咻地将小石子扔向虫子。不管如何伤害周边环境，但只要口说"我热爱大自然"，即在自他两面建立起所谓的大自然爱。歌人、俳人乃风流之徒，擅长歌咏大自然之"技巧"，但事实是此类风流之徒皆不种一棵树，不保护一只野鸟。歌人、俳人为爱大自然而生存之通说，其荒诞无以为甚！

　　还有人听说是珍奇高山植物和野生植物等即一定采摘回家，但采回后又不愿花心血和时间将它种活在自家庭院，而最终和厨余垃圾一道丢入垃圾桶中。这种日本人的一般行为方式一定会反映出当代日本人拥有的"生活原理"和"价值观"。的确，在政治经济状况之恶未改变时，这种不假思索的行为或许就无法得到矫正。但即使社会革命发生了，是否就能说在翌日日本人就会放弃偷盗高山植物呢？按此现状只能说相当可疑。

我们必须改变自然观本身，有必要在某一处一度割断自战前，不，自古代律令制度时代延续至今的"日本的大自然美礼赞论"。一度割断后若还有粘连，那么留下无妨。若因一度割断后二度再不粘连，则毫不足惜，就此挥手告别亦可。

因此，首先有必要质疑过去鼓吹的日本的自然景观世界第一这个说法，其次有必要质疑日本人具有热爱草木的国民性这个说法。

2 从世界景观 C 级出发乃当务之急

日本的自然景观和世界各国的自然景观相比属于什么级别？

笔者不太了解外国的自然景观，故告诫自己不要不懂装懂，但根据自己十几国的旅行见闻和经验，似乎可以提供一些带普遍意义的意见。

说错了可以随时更正。这里提供的意见是，日本列岛的自然景观并不美到可以自豪的程度。至少比日本的自然景观美的地方在欧美不在少数。若给日本的自然景观评级，只能给 C 级。

实际上，日本的自然景观并不美到像日本人自身想象的那种程度。当知道这一点时笔者也惊讶不已，因为从小到大我们都被告知日本受惠于美丽的自然景观，也因为自 40 岁后的一次"傻子旅行"（Innocent abroad）① 所带来的无情打击：爱琴海的岛屿、意大利的丘陵、瑞士的山岭、德国的森林、法国的原野、南地中海的港口、西班牙的沙滩、英国的庭院、荷兰的花海，等等等等，不胜枚举。笔者难以忘怀自己垂头丧气回到旅馆时的沮丧心情：论自然景观日本只是个三流国家。

说自己所爱的日本国的坏话总有点不好意思，但我必须坦率地承认，当时我对自己是日本人生气无比，感到像是最后一根救命稻草被无情地夺走，还感到即便政治不好，社会不好，艺术不好，但至少自然景观不比世界其他国家差劲——这唯一可以"自负"的根据也被人夺走。到达羽田机场后被人群推来搡去时自己的面相当然看不见，但总觉得周围日本人的脸孔有些不干净（这后一个印象想来许多人都曾有过）。

---

① 马克·吐温《傻子国外旅行记》的英语标题。这里指作者像傻子一样的国外旅行。——译注

不过，当时气愤和沮丧的心情现在已然消失。因日本的自然景观不美而陷入自我嫌弃，从一开始就愚蠢无比。对天生的脸丑、脑残、体型不好等等一一生闷气，道无聊，只能说是滑稽至极。脑残通过知识学习多少可以得到弥补；肥胖通过运动和节食多少可以得到矫正。与此相同，当明白日本的自然景观并非冠于全球，我们就应该通过自身的努力和"运动、节食"，将其改变得尽量美一点，使其形塑得尽量酷一点。生命体就是如此，我们不能沦为命运论者。

如此想定之后，我对"日本的大自然美礼赞论者"又燃起愤怒之火。不过且慢，即使我愤怒，但对问题的解决也无济于事。首先需要确定问题之所在。我必须冷静。

真正的问题其实在此。

日本的自然景观美丽无比，生长在这无与伦比美丽国家的日本人自然幸福，因此日本人具有酷爱这美轮美奂的大自然、对季节轮回敏感的国民性。正因为我们日本人对这些常识深信不疑，所以才换来今天这种最恶劣的事态。

人的本性是脆弱的。即使开动理性，它也极有可能被污染，被愚弄。当听闻日本水量丰富（实际上与欧美相比，日本仅水的平均拥有量超越前者），即有人浪费用水。至少可以说珍视水源、节约使用的动力在减少。这没办法。当听闻日本自然景观美好，有人则无法自持，胡作非为，心想即使伤害其中的一小部分对大局也无影响。如此一来，则导致了一亿人民缺乏良心共同参与对大自然的破坏。

开篇时说过众人须说实话，不用说是出自须在文化层面暴露真相这个用意。眼下有必要明确日本的自然景观在世界上属于 C 级，也有必要明确若全体国民不齐心协力，则进入 A 级近乎无望。如此，不服输的日本人才会洗心革面，努力美化日本。

毋庸置疑，若论以何为标准给自然美打分，其间必然掺杂着极大的主观成分。而且人们还需考虑，光以原生态的自然（第一自然）为对象的想法在今天已无法进入"自然论"的范畴。"风土"这个概念，就如过去我们在地理决定论中所见的那样，无视人类方面的作用力，其思维方式在今日毫无意义（曾经的名著即和辻哲郎的《风土》等，以今天的视角评价只能判其不及格）。换言之，以自然美为论点，用过去的价值尺度论证已经不起作用。我们必须将以上所说的各种情况纳入视野，认识到日本现在的自然景观在世界上属于 C 级以下，并以此作为前进的出发点。

我们过去在很长时间内都抱有一种迷妄的梦想。礼赞本国这种做法在欧洲建设近代国家的十八九世纪也屡见不鲜，但日本在建设近代国家时有些过度，迷妄之梦已成为常识通行无阻，这是导致一切混乱的成因。

3　志贺重昂①的《日本风景论》与芳贺矢一②的《国民性十论》

创造出这个常识的是在日清战争（甲午战争）激战正酣的 1984 年刊行的志贺重昂的《日本风景论》，而使其拥有岿然不动地位的则是在日俄战争后的 1907 年刊行的芳贺矢一的《国民性十论》。

志贺重昂以明治二十年代（19 世纪 80 年代）民族主义思潮抬头为背景，与三宅雪岭③、杉浦重刚④、井上圆了⑤等创建了国粹主义文化团体——政教社⑥，并在其机关刊物《日本人》上登载政治时事评论。正

---

①　志贺重昂（1863—1927），地理学家、评论家。毕业于札幌农业学校，为实地研究地理学曾赴南洋各地旅行，著《南洋概况》，从他的南进论和国家主义立场批判欧洲帝国主义者对殖民地的搜刮。之后和三宅雪岭等创办杂志《日本人》，以一个国家主义的"警世家"身份在其中起到指导性的作用。后任农商务省、外务省等要职，晚年任众议院议员。——译注

②　芳贺矢一（1867—1927），国文学家、文学博士。毕业于东京帝国大学（现东京大学）国文学科，曾留学德国，学习文献学的理论和方法。历任东京帝国大学教授、国学院大学校长，乃建立日本近代国文学之第一人，为日本学界和教育界作出巨大贡献。著有《国文学史十讲》《国民性十论》《雪月花》《日本文献学》《日本汉文学史》等。——译注

③　三宅雪岭（1860—1945），记者、哲学家和历史学家。文学博士，毕业于东京大学文学部哲学科。在学中受到美国哲学家、美术研究家厄内斯特·费诺罗萨的影响。反对井上馨外相的不平等条约修正案，参加大同团结运动；反对政府的欧化政策，与志贺重昂等创建政教社，并创刊杂志《日本人》，主张国粹主义，和陆羯南、德富苏峰等一道成为明治中期的代表性言论家。著有《真善美日本人》《宇宙》等。——译注

④　杉浦重刚（1855—1924），教育家，就学于前东京大学，曾留学英国。归国后任东京大学预备学校校长，并创建东京英语学校。与三宅雪岭等创建政教社，鼓吹国粹主义。1890 年任众议院议员，1914 年任"东宫御学问所"教师。著有《伦理御进讲草案》等。——译注

⑤　井上圆了（1858—1919），佛教哲学家，毕业于东京大学哲学科，终生宣传佛教哲学和佛教革新运动，批判基督教，以此彰显其国粹理论。曾在东京汤岛创建哲学馆（东洋大学前身），在本乡创设哲学书院，出版哲学书籍并刊行《哲学会杂志》和《东洋哲学》等，与明治时期的国粹主义同气相求，参与政教社的创建和杂志《日本人》的创刊。——译注

⑥　政教社，明治中期至大正时期的思想文化团体，批判以 19 世纪 80 年代后期政府推进的"鹿鸣馆外交"为象征的欧化政策和表现为秘密外交交涉的追随欧美路线，主张外交内政皆须持国家立场，1888 年 4 月 3 日创建于东京府神田区。同人有志贺重昂、棚桥一郎、井上圆了、杉江辅人、菊池熊太郎、三宅雪岭、辰巳小次郎、松下丈吉、岛地默雷、今外三郎、加贺秀一、杉浦重刚、宫崎道正 13 人，主要是出身东京大学、札幌农业学校的新进知识青年。——译注

因为志贺重昂出身札幌农业学校，以地理学著述家名重一时，故《日本风景论》如人预想的那样，并非文学艺术作品，从其结构"（一）绪论；（二）日本气候、海流多变且多样；（三）日本水蒸气量大；（四）日本多火山岩；（五）日本流水侵蚀剧烈；（六）寄语日本文人、词客、画师、雕刻家、怀风高士；（七）日本风景的保护；（八）亚洲大陆地质研究。寄语日本地学家；（九）杂感"来看，以当时的学问概念论，其体裁接近于地文地理和人文地理的合体，无法认为是露骨的国粹主义宣传。然而，正如此书附加的地质学家小川琢治①的批评文字所说："其或为一种美文，或为一种进化之名胜古迹图画，似未取得更大之进步亦未可知。吾成此言，不止寄望于矧川先生，亦欲促使本书读者留意。"也就是说，此书无疑包含重大缺陷，作为美文阅读之后将给地理学思想和科学知识的进步造成阻碍。实际上，从今天的视角来看，若论《日本风景论》之功罪其罪更大。

志贺在《日本风景论》开篇做以下宣言："感情脆弱乃人之常情。孰不谓本国美？此乃一种观念也。然日人谓日本江山之美丽，何止惟出于本国之可爱乎？而绝对缘于日本江山之美丽。外邦之客，皆以日本为此世界之极乐天堂而低徊无措。"（［一］绪论）

换言之，无论何民族，都视自身居住的本国为美好，此即脆弱（现代日语或有纤细、不钝重之意）的人之感情，可视为赋予人类之观念（这种观念，被认为具有精神活动或心理作用等意思）之一。但日本人赞美日本江山之美（江山美等同山水美），并非出自所生国家可爱的观念，而事实上绝对（现代日语具有绝对价值和客观事实之意）是因为日本的山水美丽。不过，与绝对等虚假吓人的文字相反，志贺的外国旅行经验仅限于 1886 年巡游南洋群岛和澳大利亚。未见欧美，而断言日本的山水美乃世界最高级别，让人颇为费解踌躇。至于"外邦之客"云云，也带有以洋人为标准进行威吓的意味。作为一个以批判欧化主义为口号的政教社领导，显得十分矛盾，但似乎当时的读者未能看破

---

① 小川琢治（1870—1941），地质学家、地理学家。毕业于东京大学地质学科，经地质调查所工程师任京都大学文科大学教授，之后成为该大学理学部地质学科首任主任教授，对日本列岛的地质构造研究作出重大贡献，与山崎直方并列为日本近代地理学界两大巨星。乃物理学家汤川秀树、东洋史学家贝塚茂树等著名学者之父。帝国学士院会员。著有《地质现象的新解释》《中国历史地理研究》《日本地图帖》等。——译注

此点。

志贺很周到，在《日本风景论》的结尾还引用"外邦之客"的言论加以修饰：

　　◎（第十六）日人热爱大自然美　基督教长老 S. A. 巴涅特就贫民问题寄文给《双周日评论》曰：欲于印度救济贫民可谓绝望，支那之贫民业已陷入猥琐，美国数度尝试救济印支亦无功效。……唯于日本，贫民各自抱有希望，品尝社会生活之精髓。其道理何在？一为土地分配方法适宜，各自拥有若干土地，分头劳作，以供自身衣食；一为举国热爱山野之美。即盛行众人相伴赏花，或纯粹为探寻大自然之美而朝拜圣地，云游四方。此世界未见有如日人之国民。日本国民既已热爱大自然之美，故居家常熙熙融融，入都城不受煽动挑拨，浑然融和而自忘贫。云云。（［九］杂感 关于花鸟、风月、山川、湖海之词画）

因为洋人都佩服日本人热爱大自然，故我的说法没有问题，这是志贺重昂的论说方式，但总让人觉得它是一种劣等感的倒立，明显具有危害志贺的日本主义运动的要素。不过幸好《日本风景论》刊行于日清战争（甲午战争）的高潮期间，故其销售情况极佳。志贺自 1907 年之后三度漫游世界，逐渐修正了自家学说，但这时"日本的大自然美礼赞论"已成为常识固定下来，谁也无意关注志贺的自我修正。

其次，主张日本人具有热爱草木、大自然的国民性的是芳贺矢一的《国民性十论》。据说这本书是他从德国留学归来，根据自己在东京高等师范学校所做的多次演讲编辑而成的。芳贺后来成为东京大学教授和国学院大学校长，将德国文献学考证方法移植于日本文学研究的领域，被认为是"国文学"研究的开山鼻祖。

在《国民性十论》"四 热爱草木，欣喜大自然"中芳贺做如下表述：

　　（日本）气候温和，山川秀丽，四季花红叶绿风景优美，国民沉浸于当下生活极其自然。作为客观存在横陈于我等面前之四周风光皆在欢笑，故我国民无一人不为之破颜。反之亦然。热爱现世、享受人生之国民，亦极自然地热爱天地山川，憧憬大自然。于此点言，可谓东洋诸国民与北欧人种相比，自得天之德福。尤以我日人亲近花鸟风月最为特殊，于吾人生活之所有方面皆有表现。……

风流与诗情之大半意义，乃由面对大自然之憧憬所构成。日本之武士道不若西洋之骑士道崇拜妇女，而热爱自然之花，了解物哀。

不独英雄豪杰，日本全体国民皆为诗人，此情景恐于此世界所无。人人咸有歌心，今日日本能咏歌之人不计其数，仅宫内省每年接获之和歌即达数万以上。不作和歌，即作俳句，任何乡村皆有俳句宗匠。蔬菜店鱼铺自不待言，当铺钱庄，亦有虽不在行但趋之若鹜之人。奉献神社之挂轴，四处悉罗列小诗人之姓名。诗短易作，虽难称善，但人人参与。赏花游山，亦作为一时之趣。赏花、赏雪、赏月，春之花、秋之枫，小诗人乐此不疲。即令恶贯满盈而受死刑宣判之恶人，临刑前亦会吟诗赋歌一首，此类现象恐他国所无。我国民举国皆叙情诗人、叙景诗人。

是以我国民隐居或放弃家主地位则侍弄盆栽，于和歌或花道中寻求慰藉。往昔有人无罪却热望于流放地赏月，然日人厌世，却以风流三昧度日。而西洋人厌世，乃真正之厌世，除自杀别无他途。日人厌世乃厌烦人际关系与社会，故以远离人事与社会，亲近花鸟风月了却烦恼。

尽善尽美的"日本的大自然美礼赞论"再次显露无遗，而且加入了日本人悉为叙景诗人的说法。此世界无如日本人热爱草木、欣喜大自然之国民这一芳贺学说，与日俄战争后的民族主义合体，最终奠定了自己的"公理"的地位。而且这个"创造出来的常识"后来又与"忠君爱国"思想紧密结合，灌输进小学生心里。

4 "传统自然观"本身就是一种意识形态

如上述，"日本的大自然美礼赞论"和"日本人酷爱草木说"在明治时代之后获得了"常识"的宝座。志贺重昂和芳贺矢一的学说分别以日清战争（甲午战争）、日俄战争为背景，得到了民族主义思潮压倒性的支持，但若仅停留于二学者自身的理论，是不会显示出如此彻底固着和普及的状况的。它与伊藤博文①个人创造出的"皇室崇拜教"（就其创造过程，贝斯·豪尔·张伯伦②《日本事物志》有客观叙述）和元田永孚创造出的《教育敕语》（对其颁布伊藤博文全然消极，公开反对的榎本武扬③被免去文部大臣职位）相比稍有差异。

那么，礼赞日本的大自然美或鼓吹"日本人酷爱草木说"的"最早的那个人"是谁？就前者我们要说是《古事记》《日本书纪》的作者，就后者我们要特别举出《古今和歌集》两序（真名序、假名序）的作者名。但准确地说，我们不应该指名说是谁和谁，而应称之为日本古代律令制的文化领导人。对古代律令国家的统治者而言，让人民热爱日本这个"美丽国家"④，让人民拥有主动热爱日本山川草木的自觉性，即《日本书纪》所说的"教化"，是当时最根本的议题。而在此之前还留有一项伟大的课题，即必须追赶上先进大国唐国的文化。

概括对这个问题的答案，即，日本人长期认为的属于自身民族固有的"自然观"，只不过是日本古代律令国家的建设者在努力学习中国的政治机构（专制统治体制）和文教意识形态（儒家意识形态）的同时，将它们强加给农民大众的一种世界认知范畴。

日本人一说到松树，就抱有它是吉庆之树、长寿之树这种意象，也有人抱有贞节、忍耐这种意象。这些意象并非日本人独有，而全部进口自古代中国。《古事记》"景行天皇"条日本武尊赞叹吃饭时忘带的大刀居然还在，因而吟唱的长歌"尾津一松若为人，当使穿衣佩大刀"⑤、

---

① 伊藤博文（1841—1909），政治家，曾师从吉田松阴，参加倒幕运动，明治维新后负责制定《明治宪法》。1885 年创设内阁制度，任首任总理大臣，并任枢密院、贵族院首任议长。曾组织"立宪政友会"，任总裁。日俄战争后成为首任"韩国统监"。后在哈尔滨被韩国独立运动家安重根暗杀。——译注

② 贝斯·豪尔·张伯伦（Basil Hall Chamberlain，1850—1935），日本语言文化研究者，1873 年赴日，1886 年担任东京帝国大学教师，曾教过芳贺矢一、上田万年（后来他们都成为日本文学、文化学的研究大师）等，还将《古事记》翻译成英语，编撰出 *A Simplified Grammar of the Japanese Language，modern written style*（《日本近世文语文典》）、*A Handbook of Colloquial Japanese*（《日本口语文典》）、*Things Japanese*（《日本事物志》）等。1911 年离日。——译注

③ 榎本武扬（1836—1908），政治家，曾留学荷兰，归国后担任幕府"海军奉行"（海军总长）。戊辰战争时躲进函馆五稜郭与政府军交战，但后来投降，被特赦，任"北海道开拓使"。再后与俄罗斯谈判，签订桦太、千岛交换条约。历任文部、外务等各大臣。——译注

④ 语出《万叶集》第二卷"美し国ぞ蜻蛉岛大和の国"。——译注

⑤ 原歌是"一つ松 人にありせば 衣着せましを 太刀佩けましを"。——译注

《万叶集》第六卷的"一松经年有几许，风吹音清因年深"（市原王）①、《怀风藻》中臣朝臣大岛的五言诗《咏孤松》，都是以先进文化国的汉诗为样本才有的作品，乃日本古代贵族知识分子努力学习的成果。所谓的万叶和歌的构思等，其诗性的源泉也只能求之于日本律令文人贵族随身携带的虎之卷《艺文类聚》。至于平安时代的《古今和歌集》的类题即季节意识，则百分之百是中国诗文的现学现卖。

总体说来，日本"传统自然观"的特质就在于采用以下方法：绝不以自身肉眼（直接的肉体感受）为窗口接近对象，而必须通过中国诗文此过滤镜才能获得一种实在感（Reality）。虽说这是对相差甚远的先进国文化的劣等感造成的，但借此可以充分了解当时日本古代贵族知识分子绝对忠实的心理：唯其如此，才能让古代律令制度稳如泰山。

作为范本的古代中国社会，其世界的顶端有天（皇帝），其底边有人（众庶人），二者之间有地（农地），其间建立起一种以亚细亚生产方式（总体奴隶制）为基础的、永恒的专制统治法则。自然学问要服从于政治，天文观测、占星术、历法、药学等古代科学技术均要用于完善和增强专制统治，可给人民大众带来幸福的机会被全部剥夺。《荆楚岁时记》是中国古代农业技术指导书之一，读其中所引的《礼记·月令》第六可知，无非写的就是桃花开了做什么，燕子飞来了做什么，春雷响了做什么这些事情。总之，它告诉的就是根据季节的变化，相应地驱使农民干活的程序。这就是古代中国专制君主制的世界认知范畴。

若此，则日本律令文人贵族以中国诗文为样本学习"自然观"（对自然的看法）的历史客观事实，就不能单纯地从学问、艺术、宗教层面加以捕捉。这些律令知识分子，在宫廷礼仪、农政指导方面，忠实蹈袭儒教程序，直接引入岁时记式的思维方式，通过宫廷艺术集团诸活动（和歌类题的结构化、倭画"四季画""屏风季节画"的定式化等）铸造"日本自然观"的祖型，但不能因此认为，履行这一系列程序是诗人、歌人和文化专家专有的工作。我们应该洞察出来自中国的"自然观"是位于古代中国专制君主制世界认知范畴内的一个组成部分，还要关注日本律令统治者是如何用心接受咀嚼和普及弘扬这个"自然观"的。

---

① 原歌是"一つ松 幾代か経ぬる 吹く風の 音の清きは 年深みかも"。——译注

其结果是，日本律令统治者在不具有可称之为文化的日本列岛，从这个自然观（对自然的看法）中得到启蒙。即，可以以此教育人民："请关注自然，不要误过播种季节，特别是不要耽误缴纳年贡的时间。"既无权也无力的人民大众做出的反应就是，适应专制统治者单方面交给的天文、动植物的象征体系，并因此将其误认为是自然观，而且因经常关注"岁时记"而掌握了鲜活的行为和思维方式。

此即所谓的"日本自然观"的形成经纬，也是"日本自然观"的本质。这种对自然的看法作为一种范式建立起来之后就不会轻易和悄悄地改变，甚至不会加以改变。只要传统的"日本自然观"存续一天，日本的政治统治形态就永远不会脱去旧装，被统治阶级即便厌烦也只能顺从。

请再读一遍修饰志贺重昂《日本风景论》结尾的"外邦之客"的话语。那是名曰 S. A. 巴涅特的美国传教士所写的文章。巴涅特说：日本贫民各自抱有希望的第一个理由是"各自拥有若干土地"，第二个理由是"举国热爱山野之美。即盛行众人相伴赏花，或纯粹为探寻大自然之美而朝拜圣地，云游四方"。而且说因为国民热爱大自然之美，故"入都城不受煽动挑拨，浑然融和而自忘贫"。换言之，因人民大众沉醉于赏花，故对暴政毫不抗议。读法各有不同，但如此文字也包孕着某种真相。

日本人到现在也只能通过"岁时记"等过滤镜观察大自然。不仅如此，熟稔使用这种传统自然观过滤镜的特定人物，还被视为极具"风雅之诚"的有教养的文化人。

但这样可以吗？

5 "花的象征"果不变乎？

以下拟举一些实例加以简单探讨。

举出固有名词为例我于心不安，这里要举出的是今井彻郎[①]撰写的《植物岁时记》[②]。此书乃长期担任森林管护工作的人点滴积攒写成的随

① 今井彻郎，具体为何人及其生平事迹不详，约活跃于战前和战后的一段时间，似乎终生都在研究花草等植物，著有《山活着》《植物岁时记》《草木岁时记》《花的岁时记》《花木岁时记》《花木岁时记 续》等。——译注

② 今井彻郎：《植物岁时记》，河出书房新社 1964 年 2 月版。——原夹注

笔集，但文中并未完全体现出著者个人的植物形态学学养，反而彻头彻尾地暴露出著者以传统的自然观即俳句式自然观赏法观察植物的思想。文章乃极度喜爱植物的老人写出，在一些以传统价值观尺度为绝对标准的人看来，并无任何怪异之处，但持尊重理性立场的人读过，却感觉令人惊讶之文字滚滚而来。对著者这么说我心有歉意但无恶意，以下仅引用他归纳的日本人自然观常识的典型用例。

请看《蓼与食蓼虫》一文的开篇：

> 你不要歌唱
> 你不要歌唱犬蓼之花　　与蜻蜓的薄翼
> 也不要歌唱风的私语　　与女人的发香

这见于中野重治①作品中歌颂肌肤光滑的秋天的景物诗。

这种沁人心脾的女子发香，随着岁月的增长或有被忘却的一天。但在此阳光稀薄的秋季中期，悄然装饰起微红小花的蓼的身姿与一簇簇飞舞的红蜻蜓的羽翼之美，却永生难以忘怀。

希望在充满闲寂的日本情趣的庭院里发现自身生命的人群中，却少有人在自家引种蓼类植物，并仔细观赏之。之所以这么说，是因为蓼虽为野草，但却具有满足人心、清爽澄净、稳重大方且魅惑四合的能力。

……

此秋蓼和原野芒草的穗浪一道，将与此沉思相通的诗的风韵带入大地的四方。

此季节开花的蓼类，有犬蓼、柳蓼、戟叶蓼、花蓼（薮蓼）等。它们都在路旁的湿地或草丛间将粟粒大小的淡红色或朱色的花朵，装点在长长的花穗尖，给丰饶的秋季增添一脉风情。

---

① 中野重治（1902—1979），诗人、小说家和评论家。毕业于东京大学德语科，曾与堀辰雄等一道创办《驴马》杂志，并加入全日本无产者艺术联盟和全日本无产者艺术团体协议会。1931 年参加日本共产党，但后来脱党。战后和藏原惟人等结成新日本文学会。1945 年再度加入日本共产党，1947 年担任参议院议员，同年以《五勺之酒》追究天皇制和天皇的问题。1964 年被日本共产党除名。1969 年以《甲乙丙丁》获"野间文艺奖"，此作探讨了政治与文学的问题。——译注

如高野素十①吟唱的俳句"食草牛嘴露蓼花"所言，蓼是原野上多见的植物。这一点绝无半点差错。但即使如此，也可将两三株犬蓼、樱蓼、戟叶蓼等种在石制洗手盆旁边等。如此一来，则或因其有闲静身姿，或因其于柔弱间传递出一种清爽趣味之故，其意象就会紧贴物主心灵，在浮云静流的秋空下将物主的思绪带至原野的蓼花上。

金井老人在此《蓼与食蓼虫》中欲阐述的主旨，一言以蔽之，就是在闲静的日本趣味庭院适合栽种蓼类植物，特别是在石制洗手盆旁边种植两三株犬蓼、戟叶蓼等，就可以表达出"闲静""柔弱"的"清爽趣味"，使人神驰原野。只要通过蓼科植物就可看出所谓的"日本传统美"的物化体，可谓常识中的常识。如此自然不过的常识，却要如此卖力阐释，只有金井老人的韵致之笔方能达此境界。可是，通过固定观念的过滤镜窥探外部自然和人的内心世界，无论看什么镜像都是相同的。中野重治《你不要歌唱》这首诗提示的主题是：因有坚强的精神，故不应对犬蓼的花朵和蜻蜓的薄翼进行抒情；因热爱民众，故不能被风的私语与女人的发香所吸引。该作品对日本式的闲静、文学青年的柔弱和反社会的抒情做全盘的否定和拒绝。这种作品的属性，不管是今天的初中生，还是高中生都一清二楚。可金井老人却将此诗解读并欣赏为"肌肤光滑的秋天的景物诗"，并不断为之唏嘘感叹。此诗竟有如此的读取方式？老实说只有惘然与惊叹！不过冷静观察后会发现，当提到犬蓼和戟叶蓼即认定它为"闲静"象征的传统美学信奉者，绝不仅是金井老人一人，其他的任何人也都会做此反应，并且不做出此反应就不会心安理得。诚然，见到蔓生在茶室庭院低矮的洗手钵和以此洗手钵为中心组合有前置石②、水桶石③、手烛石④等的石制洗手盆附近的犬蓼、戟叶蓼等细小花轴，以及在此花轴上分出的疏朗穗状和开出的红色小花，则一定会联想到原野、闲静的风情和清爽的意趣。这是一种一开始就准备为之痛哭一场而观看母子相奸影片的乡村老妪的心理，古代俳句宗匠等也

---

①　高野素十（1893—1976），俳人，毕业于东京大学医学部，曾师事于高滨虚子，是俳句杂志《杜鹃》的主要同人，一生实践花鸟讽咏和客观写生。昭和初期和山口誓子、水原秋樱子、阿波野青亩一道被称为俳坛"4S"。——译注

②　前置石，放在石制洗手盆和石灯笼前面的石头。——译注

③　水桶石，与手烛石相对放置的、用于盛放水桶的石头。——译注

④　手烛石，放置手烛的石头，也叫灯台石。——译注

一定是按此心理追求接近四季和大自然的。我对这种不加分别的批判总觉得于心不忍。

但这并非只是别人的事情，我们在不经意间（莫里哀《城市贵族》中频繁使用的台词）多半也会犯下相同的错误。也就是说，在结果上，我们并未看到任何花的姿态和生态。

将犬蓼和戟叶蓼持续看作是"闲寂"的象征，不外乎是从中世①到近世②产出知识阶层的现实社会的价值体系延续至战前的一种表现。日本近代正是通过温存这种价值体系，才成为强大的国家。

"闲寂"自身的精神意义至今仍在通用之中，嬉皮士中也未必没有掌握其意义之人。我自身也不认为这种日本趣味乃至传统美学是无趣的。从中世到近世之初这种"日本美"形成的理由我完全可以接受，也叹服最早发现这种美的艺术家和思想家的男子是真男子。但问题是，"闲寂"的意象已固定了三四百年，只要具备"通时的性质"，"闲寂"将不再闲寂。如今要建个日式庭园，放个石制洗手盆则花费巨大，若不是相当有钱的人是玩不起的。一方面是住宅问题严重，一方面自己要弄个什么茶亭，如何能说是"闲寂"？无论如何，现代生活要强行使用过去的意象是办不到的。意象当然要遵从"共时的法则"。就像"闲寂"的意象会改变那样，花的象征、花的意象也都会不断改变。如何改变？如何改变才是理想的？

为说明这些就必须讨论生产关系的问题，故暂且打住。眼下还是先考虑是否可以将犬蓼和戟叶蓼拥有的"花的象征（象征的意味）"看作是永远固定的铸像。毋庸讳言，在传统的自然观体系中戟叶蓼是"闲寂"的象征，"柔弱"的象征，"清爽"的象征。吟咏戟叶蓼的和歌，立刻就能体会某作者（歌人）在频频感到闲寂，在哀叹自己的境遇和心理状态是如何的柔弱。将戟叶蓼的花轴包进"怀纸"③送人，收到的人就会立刻想到：是吗？她心情闲寂着吧？是否想倾诉心理上的挫折

---

① 中世，日本的时代区分之一，指介于古代和近世或近代之间的时代。日本史指镰仓时代（1192—1333）和室町时代（1336—1573）。——译注
② 近世，日本的时代区分之一，指介于中世和近代之间的时代。日本史指江户时代（1603—1867）。——译注
③ "怀纸"，即放入怀中便于携带、折成两段的小张和纸（而可拿在手上携带的纸张则称"手纸"），日本从平安时代贵族开始到现代社会的普通人都将其用作记录用纸、手绢、擤鼻涕纸和便笺等。——译注

感？不仅和歌，传统文艺中使用的植物也必定具有固定的"象征"意味。而且拜其所赐，过去也很好地起到交流工具乃至交流功能的作用。然而，这种"花的象征"是否在任何时代都通用？用艰深的术语来说就是，是否具有通时的法则？对这些问题大家都有必要认真思考。

6　为接近大自然，应该从人的直接经验出发

下面以戟叶蓼花为临床案例进行解剖。

那就是泷井孝作①的著名短篇小说《直至结婚》。提起泷井孝作，知晓其大名的人也许很多，因为去年他出版的长篇小说《俳人伙伴》获日本文学大奖。1924 年完成的长篇小说《无限拥抱》很早就被称作名作，战前就收录在《岩波文库》中，故上年纪的文学青年肯定读过一遍。《直至结婚》即在《无限拥抱》之后于 1925 年出版的小说，作者当年 30 岁。

《直至结婚》具有"私小说"②的性质，其创作经纬通过作者的自叙可以得知："大正十二年（1923）春，志贺君与桥本（基）君移居京都。我应邀于其后一人去京都，和桥本君一道生活。……9 月 1 日关东大地震。该 9 月我和筱井林结婚。……此即小说《直至结婚》的素材……我们在京都开始了结婚生活。"（《文学自叙传》）作品仅描写了以下情节：笹岛小姐（现夫人）作为护士来到菅某（志贺直哉）家，竹内信一（作者）爱上了她，直至结婚，但却现实地描摹出一对将至中年的男女庸俗而清新的恋情，确为名篇，魅力四射。

竹内信一未能向菅某说出自己和笹岛小姐的恋情，艰难度日。有一天，好不容易找到向菅某告白的机会。这段纯真、坦率的描写，是作品中最美好的部分：

---

①　泷井孝作（1894—1984），小说家和俳人。未进入大学学习，曾为鱼批发店店员。其俳句学自河东碧梧桐，小说学自芥川龙之介和志贺直哉。1938 年泷井应日本内阁情报部邀请参加武汉会战，其报道刊登于日本各报纸。1941 年至 1944 年受陆军军航空总部委托审阅电报。1941 年 8 月和中村武罗夫、横光利一等作家一道参加在日本精神道场举行的大政翼赞会召开的第一届特别研修会。1950 年"文坛俳句会"恢复活动，泷井每月皆出席。1959 年因文学成就被选为日本艺术院会员。1969 年获勋三等瑞宝章。另获"文化功绩模范"称号。——译注

②　"私小说"，指以本人生活体验为题材写出的一种小说，或指以第一人称所写的小说。——译注

由于事出有因，所以信一想第一个对菅某诉说，但他总觉得有些郑重其事。

第二天，信一正想出去时刚好菅某一个人待着。于是信一与菅某相对而坐，但却望着庭院的大松树等，扭扭捏捏地不知从何说起。

"出去走走吧。"

"嗯，走吧。今天天气很好。"

信一和菅某一块行走时两人都习惯走得很快。登上附近宽广的石板坡道后径直往前行走。

"这段时间一直想和你推心置腹地谈一下，但总有客人，颇觉不便。"

"嗯，嗯。"

"我喜欢上了笹岛……很早就开始了。很早以前我对笹岛就非常有好感，但想到向他人表达这种心情是否妥当故又不敢吱声。从这个月初开始我和笹岛都有在一起的想法。"

"嗯，嗯。"

"前晚我们俩一块走到这里，说到后来笹岛提出要搬到我那儿住。"

信一很快说出要点，不谈细节，心想虽有不足，但大体说出这些即可。

菅某听到后说：

"嗯，婷子说两人似乎都有那意思。听说婷子昨天向笹岛求证，笹岛也坦白了……你两人都这样了，所以婷子今夏得怪病的原因也就明白了。"

菅某微微一笑，接着问道：

"谈到结婚了吗?"

"谈到了。"

"那就好。我赞成。你和笹岛在一起是如虎添翼。"

"啊，谢谢!"

如前述，竹内信一告诉菅某自己和笹岛的恋情已发展到结婚的阶段，并得到菅某的祝福。信一局促不安的心情一扫而空，变得情绪高涨。

真葛原的尽头是山崖，有一条人踩出的道路痕迹。"从这儿登上去吧。"菅某接近那条小道，开始攀登。在后面的信一也随之跟上。登顶后道路逐渐平坦，两人心情高涨。下方可见高台寺的屋顶。进入椎、松、杉及其他带苔藓的树林后道路始终平坦。

菅某就夫妻生活，将自己所想到的事情向信一做了说明：

"我祖母性格相当坚强，家中的一切事务都包揽起来，家庭以外应由祖父做的事情决不开口。这样很好。你那里要也这样就好了。因为笹岛相当霸气。"

信一听后想起菅某作品中的祖母形象，对此过去自己一直都抱有亲切感，现在又听到所举的祖母的事例，更有一种受益的感觉，心想以后自己和笹岛也要这样。

从森林出来一直走下坡路。阳光照在小路上。之后又经过了人称"稚儿渊"的两处池塘。信一摘了一朵戟叶蓼花拿在手里，觉得与今天的心情很般配。但想想又觉得不对，故又扔掉。不久又摘了一朵玩，因为路旁很多。

"你的长篇小说还没完成，是吧。继续写吧，被笹岛批评不好，所以还是尽早跟她说清楚为好。"

菅某指的是信一过去写的女子恋爱小说。

"似乎我的小说你多半都读了。其中说的都是事实，讲的都是已故的女子，她可以理解。我写小说时她大概什么都不会说。"

"嗯，这样就好。……今后你见异思迁，笹岛一定会害怕的。见异思迁，你不会吧。"

两人都笑了起来。很快小路就要和大路相交。穿过"花山洞"隧道就是大路。那里摆放粗点心的乡村饮茶店、牛车、行商商人等等，景象为之一变。大路下方可见星星点点的山科①村庄。

"大好秋光。不管看哪儿心情都舒服。"

---

① 山科，日本自古以来就有的地名，指现在京都市东部山科盆地一带，大约相当于现在该市的山科区。古代山科盆地有山科、小野、余部 3 个乡（《和名抄》），但自 12 世纪中叶开始有人将小野、余部地区统称山科。——译注

　　信一这时"恋情高涨"，并得到菅某的祝福和赞同，走在可俯视京都村庄的山岗上。他被一种充实而强大的"生命赞歌"所裹挟，摘了一朵戟叶蓼花，拿在手里，感觉此"心情很符合"今天这个日子，一时在指尖拨弄这个花朵。可是，这种非常符合周边环境的心情反而带来了一种焦虑感，故他又将花朵啪地扔掉。然而，他无法抑制心底涌出的喜悦，又摘了路旁开放的戟叶蓼花，拿在手里。他无法不摘，或许在回家之前不会将花扔掉。

　　这里引用的戟叶蓼"花的象征"，分明是指"喜悦""生命赞歌"和"青春"。泷井孝作是"私小说"大家，就自己的长篇小说《无限拥抱》明确说过：此书"诚实地、未一分一厘地歪曲著者自身的直接体验。亦即，笔者就是其中的角色之一"（岩波文库版，《后记》），故其所写的是实际发生的事情，绝不会有将戟叶蓼花嵌入某种象征体系，希望获得某种效果的意图。不仅如此，主人公竹内信一手中赏玩的那一朵花，还具有与恋爱的心情、恋爱的成就、青春的精神和青春的肉体完全吻合的互联关系。又因小说自始至终都没有将某种"花的象征"用于某种舞台效果的图谋，故戟叶蓼朴素且野趣横溢的花轴和穗状小花，只能成为构成无法言喻的"祝婚歌"的装饰要素。

　　我要说的至此再明白不过了：一开始就将戟叶蓼"花的象征"视为"闲寂""柔弱"等的传统美学公理，既不是永远的真理，也不是日本民族天生的感觉倾向。因此，我们所有人都应该通过自己的感受和理智去发现和创造新的象征，这才是真正的自然认识。

　　如果像《植物岁时记》的作者金井彻郎一开始就在日本趣味的名义下设定的那样，戟叶蓼花只有"闲寂"和"柔弱"的象征意味，那么，泷井孝作的"符合今天的心情"，则只能解释为是与今天的闲静、寂寞而柔弱的意象相吻合的心情。这样将导致一种可怕而滑稽的结论。相反，如果我们采取一种立场，即戟叶蓼花本身绝没有一种固定不变的象征意义，那么，传统的日本美学体系（即日本趣味）就会是一种可怕而滑稽的体系。顺便要指出的是，泷井生于 1894 年，而金井生于 1901 年，后生的人反而成为日本旧式美学体系的俘虏。泷井的《直至结婚》写于 1926 年，金井的《植物岁时记》写于 1964 年，这让人必须思考不可抗拒的时代思潮。在采取高度经济发展政策的时代，即使是"花的象征"，其复古情调和"日本趣味"也不得不占优势。

　　然而，只要固定观念和专制统治的范式继续通行并横行无阻，那么，即便人人口唱"人类的复兴"或"自然的回归"，真正的文艺复兴也不会到来。首先我们要依靠自身的感受和思考来重新认识世界。为此所需的便捷的手段，就是要重新观察植物。传统的自然观若不加批判地墨守，则无永续的可能。我们只有通过修正、改订的努力，才能期待它的永续。我自身就是一个"日本趣味"的反对者，打算不断地向传统美和传统自然观的谬误发射子弹。人各有立场，但相互发声，是推动"人类进步"的最小的必要条件，并且只有相互倾听才能变革自己。民主主义社会一定可以为此做出保障。

花和文学的象征

一

　　某种花象征着什么？某种花作为何种符号被使用？某种花是被何种意象所支配？要阐释这些问题并不容易。在回答这些问题之前，有必要先对某种特定的花之所以能与某个特定的象征结合，并发挥某种特定的功能，其机制为何提出疑问。

　　从这个疑问出发，我们必须根据精神分析学，调查神经症患者和蒙昧民族心理所表征的物象，并将象征化的功能还原为科学所赋予的符号。西格蒙德·弗洛伊德①的理论由以下5个原理组成：（一）与物质世界相同，因果关系也支配着心理、生理的事象；（二）人的精神有一个无意识的领域，它成为个人所有生活史的具体储藏库；（三）审视是记忆消去即忘却的原因，它将社会或父母反对或禁止的事情抑制于无意识之中；（四）但是，因审视被抑制但不可征服、难以克制的冲动——

---

　　① 西格蒙德·弗洛伊德（Sigmund Freud，1856—1939），奥地利精神病医师、心理学家、精神分析学派创始人。1873 年进入维也纳大学医学院学习，1881 年获医学博士学位。1882—1885 年在维也纳综合医院担任医师，从事脑解剖和病理学研究。1895 年正式提出精神分析的概念。1899 年出版《梦的解析》，被认为是精神分析心理学正式形成的标志。1919 年国际精神分析学会成立，标志着精神分析学派最终形成。1930 年弗洛伊德被授予歌德奖。1936 年成为英国皇家学会会员。他开创了潜意识研究的新领域，促进了动力心理学、人格心理学和变态心理学的发展，奠定了现代医学模式的新基础，为 20 世纪西方人文学科提供了重要理论支柱。——译注

性的欲求即力比多，并非产生于思春期，而是在先于性欲产生的阶段就存在了；（五）性的冲动，会因冷酷的禁止和与外伤有关的事件被抑制于无意识之中，但它会以一种转移的方式得到满足。这种满足的直接完成，是通过意象的变化而达到自我异化。根据西格蒙德·弗洛伊德的这个理论解释象征问题，可以大致说明古代神话中各种的花①、装点中世纪基督教的各种的花②和隐藏在从中世纪过渡到文艺复兴的各秘密结社中各种的花③为何被那般酷爱的理由。我们虽然会为所有的象征都如此贫困地还原为"性的症候"感到气愤，但还是要接受这种说明。

不过，当我们重新观察新的文化人类学报告数据就会明白，精神分析学所说的"性的潜在性"只不过是与天主教和资产阶级教育密切相关的一种神话般的存在。按照西格蒙德·弗洛伊德的观点，梦也好，艺术也罢，其生成象征的所有因素都可还原为抑制近亲相奸冲动的俄狄浦斯④模式，但蒙昧民族的某些象征，在性禁止和准备态势方面，受到双亲干扰的情况较少（从而双亲的意象大为减少），故生成象征的大多数结构要素来源于双亲之外的所有事物。因而从原始阶段上看，伊俄卡斯忒和俄狄浦斯绝非"自然的原型"等，该原型应与各种各样的社会存在的"家族体系"密切相关。

----

① 以中国为例，上古神话中有龙涎草（能使垂死之人不死，但不能起死回生）、西海菩提（佛教圣花）、九穗禾（食者老而不死）、大椿（以八千岁为春，八千岁为秋）、车马芝（食之如马踏飞云，乘云而行）、不尽木（燃之不尽）、反魂树（闻之能起死回生，长生不死）、风声木（五千岁一湿，万岁一枯）、龙刍（马食之一日行千里）、龙肝瓜（食之千岁不渴）、掌中芥（食之可足不沾地，空中孤立）等。此外还有九转还魂草、龙涎果、黑色曼陀罗、黄金树、三宝妙树、三十六品莲花、十二品黑色莲花、十二品红色莲花、十二品青色莲花、十二品白色莲花、雪花、常草、断肠草、风铃草、白头翁、菖蒲、风信子、三色堇、情人草、松虫草、猪笼草等其他花草。——译注
② 例如，《圣经》中多次谈到橄榄、无花果、皂荚木、荆棘（有时指蓟）、百合花、凤仙、杏花、玫瑰等。作为建筑装饰，有巴黎圣母院主殿翼部两端和南侧的玫瑰花瓣式圆窗和亚眠大教堂拱门与拱廊之间的花叶纹装饰等。——译注
③ 一个最典型的例子，就是秘密结社共济会使用的三叶草图案，它也见于扑克牌的"梅花"，象征着农业和幸运。——译注
④ 俄狄浦斯（Oedipus 或 Odipus 或 Oidipous），是希腊神话中忒拜（Thebe）的国王拉伊俄斯（Laius）和王后伊俄卡斯忒（Jocasta，有的译为约卡斯塔）的儿子，他在不知情的情况下杀死了生父并娶了生母。对此弗洛伊德创造出了"恋母情结"这一精神分析学的术语或曰概念，以及与"恋母情结"相似的"恋父情结"的术语。——译注

因此，持新的象征理论的研究者们已开始放弃仅限于根据个人生活史的储藏库来思考西格蒙德·弗洛伊德所说的"无意识"的做法，而将社会集团自身的"结构"作为储藏库来思考问题。西格蒙德·弗洛伊德的批判性后继者卡尔·荣格①自不待言，乔治·杜梅兹尔②、克洛德·列维－斯特劳斯③等则通过语义学（译按：似为词源学）的方法解释象征问题，也显示着相同的新的研究方向。

以上话题稍显复杂，下面想说的仅是一些简单明了的事情，即为了知道花的象征、花的意象、花被赋予的仪式意味等，就必须从结构上把握包含这些花的社会整体情况。让某种特定的花表达某种特定的象征，绝非来自神赐等（正确的说法应该是它与植物的进化同步）。

"花语"经常被人使用，如同女生经常在信中写道"让人联想起矢车草的山谷间的百合"，等等。但这些说法说反了。其实花本身是没有意义和概念等的，在花身上灌输意义和概念等的是人类社会。在樱花和菊花身上输入"忠君爱国"意义的是战前的日本军国主义。而樱和菊本身什么都不会说。

---

①　卡尔·荣格（Carl Gustav Jung，1875—1961），瑞士心理学家，1907 年开始与西格蒙德·弗洛伊德合作，发展及推广精神分析学说长达 6 年之久，之后因与弗洛伊德理念不合而分道扬镳，创立了荣格人格分析心理学理论，推出"情结"的概念，把人格分为内倾和外倾两种，主张把人格分为意识、个人无意识和集体无意识三层。其理论和思想至今仍对心理学研究有着深远影响。——译注

②　乔治·杜梅兹尔（Georges Dumézil，1898—1986），法国的比较神话学者、语言学家，曾尝试对印欧语系的比较神话学进行结构的体系化，因而对克洛德·列维－斯特劳斯的结构主义文化人类学产生重大影响。他创立的神话"三元结构"说认为，古代印欧神话主要由至上神、战神、丰收神组成，是现实生活中君主、国家的守卫者和生产者（君、臣、民）三种社会力量的体现。不过杜梅兹尔认为这种三元模式只适用于印欧体系神话。我国学者傅光宇根据中国大量的古代典籍，特别是少数民族口头流传的神话资料，说明这"三元结构"和列维－斯特劳斯提出的"二元对立模式"一样，在中国同样具有普遍性。例如，汉族典籍中的三皇——黄帝、蚩尤、炎帝，颛顼、共工、女娲，帝喾、鲧、禹，以及哈尼族神话中的"三种能人"，等等，无不体现了三元结构。——译注

③　克洛德·列维－斯特劳斯（Claude Levi-Strauss，1908—2009），法国的作家、哲学家、人类学家、结构主义人类学创始人和法兰西科学院院士，被国际人类学界公认为最有权威的人类学家。其研究主要集中在人类亲属关系、古代神话以及原始人类思维本质三大方面，将索绪尔的结构主义语言学研究成果纳入自己的神话研究当中，形成了自身独特的结构主义神话学。著有《种族的历史》《忧郁的热带》《神话学》《面具之道》《遥远的目光》《野性的思维》等。——译注

　　如果对被灌输于花的象征问题进行辨析，那么就可以从源头上弄清某个特定的时代、某个特定的社会、某个特定的阶级、某个特定的价值体系、某个特定的美学体系，等等。并且，在花被视为一种形成于"无意识"复合观念中的象征这一点上，就可以和通过语言那样，找到比普通的文学素材更为遥远的根源性实在①。犹如列维-斯特劳斯所说，"神话构成了一种语言，而且此语言位于比普通的语言更为久远的阶段"。

　　罂粟，从原产地说，明显属于"洋花"的范畴，约在 10 世纪通过中国传入日本，故已无西方植物的感觉。它最早名为"罂子粟""白芥子""米囊花"等，被当作谷物、蔬菜使用②，继而用于观赏，成为园艺花草，一部分作为麻醉剂使用。

　　罂粟似乎是在 7 世纪左右传入中国的③。它与中国的关系，最鲜明地体现于以下的历史事实：从罂粟的两个亚种 Papaver somniferum（其白

----

　　①　根源性实在，原文为哲学名词 Reality 的日译。Reality 指实存的或可能存在的东西，源于拉丁文 Realitas。邓斯·司各脱于 13 世纪将其引入哲学，认为它与 Being（存在）同义，而二者与实存（Existence）之间亦无明确的区别，但它在各种哲学体系中有不同的用法。例如：康德把实在看作是形式与经验材料相符合；费希特认为实在即他所说的非我，是由自我所确定的；黑格尔认为实在是本质与实存的统一，现实事物的表现就是现实事物本身，现实事物就是本质的东西，具有其必然性；马克思主义哲学认为实在或现实指实际存在的东西，它们是客观存在的，有其存在的必然性，它们可能由于其必然的失去而失去其现实的存在，或由于其必然性还没有充分表现出来而正处在从可能向实在的存在发展之中。——译注

　　②　作者此话似不确。说罂粟可食用是不错的，但说其作为谷物、蔬菜食用似乎得不到中国古代典籍的支持。准确地说，罂粟在古代是作为油脂和药物加以食用的。比如，邓之诚曾考证："《冷斋夜话》引陶弘景《仙方注》曰：断肠草（罂粟）不可知。其花美好，名芙蓉花。故太白诗曰："昔作芙蓉花，今为断肠草。以色事他人，能得几时好。"……予曾镌太白诗四句为小印。种子榨油可供食用。"又如，王磎在《百一选方》中记录了罂粟治痢疾的处方。他把罂粟当作治疗赤白泄痢的特效药。斋藤正二说其可被当作谷物和蔬菜食用，可能来自对苏辙的《种药苗》诗的理解："苗堪春菜，实比秋谷。研作牛乳，烹为佛粥。老人气衰，饮食无几；食肉不消，食菜寡味。柳石钵，煎以蜜水，便口利喉，调肺养胃。……幽人衲僧，相对忘言。饮之一杯，失笑欣然。"但该诗前二句说的是，罂粟的苗很像春天的蔬菜，其籽犹如秋天的谷物；后面说的是，其可作为药物使用，老人能滋补身体。——译注

　　③　作者的此说法亦似可商榷。有论者谓罂粟至唐朝（618—907）时传入中国。其原因可能是有关罂粟的资料在唐朝时多了起来。也有人说，罂粟早在六朝（222—589）时就传入中国，并有种植。邓之诚考证："按断肠草即指罂粟花，知其流入中国已久，盖远在六朝之际矣。"而六朝的历史跨期很长，一般是指中国历史上三国至隋的南方的 6 个朝代，即孙吴（或称东吴、三国吴）、东晋、南朝宋（或称刘宋）、南朝齐（或称萧齐）、南朝梁、南朝陈这六个朝代。六朝京师均是南京（孙吴时期名为建业，西晋司马邺称帝后为避讳，改名建康）。如此看来，罂粟传入中国的时间当更为久远。——译注

花品种）（译按：当为 Papaver somniferum laciniatum，有时也称 Papaver laciniatum）和 Papaver setigerum 中提取出的鸦片，曾被帝国主义时代的英国人恶意使用，最终沦为欧洲人侵略东亚的工具。拜其所赐，属于罂粟科的和平之花，居然蒙受不白之冤。

在属于罂粟科的和平之花当中，最被人喜爱的是雏罂粟（Papaver rhoeas L.）。此花自古即以"虞美人草"闻名遐迩。夏目漱石的名作《虞美人草》① 这一题名，显示出作者的汉文修养。唐诗的《丽春》② 说的或也是雏罂粟。然而，"虞美人草"其名来自何方？

针对中国第一个统一的大帝国秦国③的暴政人民做出了反抗。在秦二世胡亥时，由陈胜、吴广领导的农民起义队伍为此拉开了序幕。与此相呼应，原六国旧贵族残党也陆续举兵，其中以项羽（公元前232—公元前202）和刘邦（前256—前195）两大集团势力最为强大。项羽率40万大军，与秦军九战皆胜后进入咸阳，杀降服的秦王子婴（？—前206），烧都城，夺财宝，抢女子，后归东，自称西楚霸王。而刘邦，兵力10万，虽先入关中，但后来只能接受此时被六国旧贵族奉为诸侯上将军的项羽的"封巴蜀、汉中王"的命令，去汉中做汉王。然而，楚汉皆有争夺天下之意，二者展开了长达5年（前206—前202）的苦战。在战争初期，项羽因兵力遥遥领先不断取得胜利。与刘邦在其占领区域注重稳定社会秩序和严守军纪不同，项羽却强力推行过去战国时代的"力的政治"。因此，这个差异决定了战局的趋势——刘邦越战越强，项羽逐渐龟缩一地。最后楚汉两军在垓下（安徽省灵璧县东南）决战，项羽在某夜听闻汉军的"四面楚歌"后突破包围圈，逃至乌江，自刎身死。

---

① 夏目漱石曾留学英国，回国后也教授和研究过英文学，但此小说却具有较强烈的劝善惩恶的性质，其中的坏人不用说就是藤尾及其母亲。似乎在作者的脑中有一种如埃及艳后克里奥帕特拉七世（Cleopatra Ⅶ Philopator）等所谓的"倾国美女"形象，与该作品题名《虞美人草》相当吻合。这从小说结尾藤尾和小野谈过克里奥帕特拉七世一事也可以推测出来。——译注

② 《丽春》是唐代著名诗人杜甫的作品之一，原诗是："百草竞春华，丽春应最胜。少须颜色好，多漫枝条剩。纷纷桃李枝，处处总能移。如何贵此重，却怕有人知。"——译注

③ 原文有"秦始皇帝"的字样，被译者删去。又，原文中刘邦的生年转录有误。——译注

项羽在垓下被围时与虞姬告别所唱的《垓下歌》① 非常著名。据《史记》卷七"项羽本纪"第七可知该歌全文：

> 项王则夜起，饮帐中，有美人名虞，常幸从。骏马名骓，常骑之。于是项王乃悲歌慷慨，自为诗曰：力拔山兮气盖世，时不利兮骓不逝。骓不逝兮可奈何，虞兮虞兮奈若何！歌数阕，美人和之。项王泣数行下，左右皆泣，莫能仰视。②

项羽将自身失败归咎于"时不利兮"，认为乃时运和天命所定，但准确说来，他是因为违抗历史潮流，故虽有"力拔山兮气盖世"的能力，也只能接受失败。而刘邦（汉高祖）在战争期间和建立汉帝国政权之后，都注重稳定农村秩序和提高生产力。

话虽如此，但眼下必须解释《垓下歌》中的"虞美人"。虞美人，项羽之宠姬也。很自然，喜欢编故事的中国古代文人没有一个不想以此虞美人为主题创作一篇《虞姬后传》。首先出现了一个传说：虞美人追寻项羽自刎后，其坟墓不知何时长出了草，并开出花，此即虞美人草。但仅说此还太乏味，于是又有人添油加醋：人若靠近虞美人草，击掌唱歌，该植物的花茎和叶片就会随之起舞。但后来这种说法还不够意思，于是有人又添了一些佐料，说唱歌时若不唱《虞美人曲》它决不起舞。查宋代沈括《梦溪笔谈》"乐章"，有以下记述：

> 高邮人桑景舒性知音，听百物之声，悉能占其灾福，尤善乐律。旧传有虞美人草，闻人做虞美人曲，则枝叶皆动，他曲不然。景舒试之，诚如所传，乃详其曲声曰，皆吴音也。他日取琴，试用吴音制一曲，对草鼓之，枝叶亦动，乃谓之虞美人操。③

---

① 此歌是西楚霸王项羽败亡前吟唱的一首诗，概括了自己平生的业绩和豪气，表达了他对美人和名驹的怜惜，也抒发了在汉军重重包围中的那种充满怨愤和无可奈何的心情。篇幅虽短小，但却表现出丰富的内容和复杂的感情：既洋溢着无与伦比的豪气，又蕴含着满腔深情；既显示出罕见的自信，却又为人的渺小而沉重地叹息。——译注

② 原文抄录有舛误，译者做了更正。——译注

③ 同上。——译注

　　由此可知此记述完全是夸大其词。于是后来又有了"舞草""美人草""仙人草""丽春花""锦被花""赛牡丹""仙女蒿"等别名。

　　然而，没有绝对的证据说虞美人草就一定是雏罂粟。按以上说法，难道不是先有传奇故事（Strange Tales），再有音乐故事（Musical Story），继而又从西域传来与此故事相符的植物吗？雏罂粟原产于欧洲东部，过去仅是丛生于小麦田、甜菜田和马铃薯田中的杂草。现在英语称之为 Corn Poppy[①] 或 Field Poppy[②] 即源于此。可以推定，随着东西交通和贸易繁盛，自唐至宋，雏罂粟才在中国本土全面普及开来。从而传说中的"虞美人草"和实际的植物虞美人草才连为一体。亦可谓名义的（Nominal）概念先行，之后现实的（Real）概念内容填充进名义上的概念之中，这种思维方式在东亚被视为极其正常。就仿佛古代传说带有的暧昧性，在等到实际的植物到来后就一举转变为具有现实性。

　　与此相对，欧洲人则执迷于实证式的命名法。例如，德国人称雏罂粟为 Klatsch-mohn 或 Klatsch-rose，这来源于他们将雏罂粟的叶片放在额头上一摁，就啪嚓一声破掉。另一方面，Klatsch 除了是啪嚓、噼啪等拟音外，还有女人喋喋不休的意思。法国人称雏罂粟为 Ponceau 或 Coquelicot，这来源于它的红颜色。德国人的耳朵（音乐）和法国人的眼睛（绘画）的差异也体现于此。

　　花拥有的象征意义或寓意由时代和社会决定的另一个明显的例子是康乃馨[③]。战后日本也有了使用康乃馨的习惯。在"母亲节"（五月的第二个星期日）这一天，子女们将康乃馨插在胸前，以表示对母亲的尊敬和感谢。这个习惯来自美国。但即使如此，我们现在也近乎不可能将康乃馨和母亲的形象分开。只要民主主义和尊重女性的思潮继续存在一

---

　　① 作者在此的解释似有混淆不清之处。中国将 Corn Poppy 译为"希伯来罂粟"。它在欧洲往往与虞美人（Papaver rhoeas）相混淆，因为在形式和外观上二者非常相似，故被误认为是同一种罂粟。"希伯来罂粟"盛开在 3 月至 6 月，有红色的花，盛开时像冠状银莲花。——译注

　　② 中国称 Field Poppy 为"田野罂粟"或"法兰德斯罂粟"（Flanders Poppy），学名是 Papaver rhoeas，即雏罂粟，一年生（罕二年生）植物，原产于欧洲，但也有人说它产于北非或亚洲。——译注

　　③ 为作参考，译者有必要在此附上说明：康乃馨，原名香石竹，又名狮头石竹、麝香石竹、大花石竹，英文名是 Dianthus Caryophyllus；拉丁文名是 Dianthus Caryophyllus L.。——译注

天，康乃馨就一定是"母亲"的象征。

可是，附着于康乃馨的象征意义（亦可称之为花语），在欧洲很久以前却具有"女人"或"美人"的寓意，有时甚至有"女人的肉体"这一猥亵的含义。Carnation 的语源可追溯于 Incarnation（拉丁语 Incarnatio 有肉体化、人化、化身、基督降生、玛利亚怀胎等意思），故可大致想象这个词汇在文艺复兴时期猛烈的时代风暴中，该如何被用于表示生动、鲜明且近乎于猥亵的意思。

威廉·莎士比亚①的传奇剧《冬天的故事》（*The Winter's Tale*，1610—1611）被视为欧洲戏剧的巅峰之作，在将老人问题作为重要的母题②方面也十分引人注目。此剧也出现过康乃馨，剧情梗概如下：西西里国王莱昂特斯（Leontes）受无端的嫉妒驱使，判处无罪的王妃埃尔米奥娜（Hermione）死刑，并将刚出生的女儿珀迪塔（Perdita）遗弃于偏僻的远地。然而，当里昂提斯听到幼小的儿子马米留斯（Mamillius）因悲伤其母命运之惨而死去后幡然悔悟，并于此后的 16 年天天为此赎罪和苦恼。年老后的某一天，他与长大成人的美丽女儿邂逅，得知过去一直认为已死去的王妃竟然还活着，并允许与她重见，最终二人得以和解。从此情节来看，若追寻其"祖型"，则必须回溯至复活回春型宗教礼仪戏剧。然而，莎士比亚直接仰赖的底本是罗伯特·格林（Robert Greene，1558？—1592）的《潘朵斯托：时间的胜利》（*Pandosto：The Triumph of Time*，1588）。毋宁说它的主题主要偏重于肯定人类：16 年的悔悟生活，并非丧失了时间，而是战胜了时间。莎士比亚传奇剧的最

---

① 威廉·莎士比亚（William Shakespeare，1564—1616），英国文艺复兴时期的戏剧家和诗人，代表作有四大悲剧《哈姆雷特》《奥赛罗》《李尔王》《麦克白》和四大喜剧《仲夏夜之梦》《威尼斯商人》《第十二夜》《皆大欢喜》，以及历史剧《亨利四世》《亨利五世》《理查三世》。另有正剧、悲剧《罗密欧与朱丽叶》，悲喜剧（传奇剧）《暴风雨》《辛柏林》《冬天的故事》《佩里克勒斯》，等等。还写出 154 首十四行诗和二首长诗。本·琼森（Ben Jonson）称他为"时代的灵魂"，马克思称他和古希腊的埃斯库罗斯为"人类最伟大的戏剧天才"。——译注

② 母题，指的是一个主题、人物、故事情节或字句样式。它反复出现在某个文学作品中，成为有利于理解整部作品的有意义线索，也可能是一个意象或"原型"。由于它的反复出现，可使得整部作品有一个脉络而得以相互联系。母题是文化传统中具有传承性的文化因子，也是文学作品中最小的叙事单位和意义单位，还是文学中反复出现的人类的基本行为、精神现象和关于周围世界的概念，能够在文化传统中完整保存并在后世不断地延续和复制。——译注

大主题也正在于人类获得了时间的胜利。文艺复兴正是通过此成功地将人类从肉眼看不见的力量束缚中解放出来。

在莱昂特斯以悔悟而告终的前半部悲剧之后，从第四幕开始，一个光明的世界突然展现在人们的眼前。特别是在牧羊人家中以及其他地方展开的、年轻姑娘珀迪塔和波西米亚王子弗洛里扎尔（Florizel）的爱情喜剧，不厌其烦地讴歌了大自然和人类。第四幕第四场显示，在牧羊人的家里，除了相恋的年轻男女之外，还有老牧羊人（珀迪塔义父，Shepherd）和波利克塞尼斯（波西米亚国王，Polixenes）一块登场，展开对话：

　　老牧羊人：……向初次大驾光临的尊贵客人说几句，这样我们就可以进一步相互了解，亲密无间。

　　珀迪塔：（面对波利克塞尼斯）欢迎大驾光临！家父的意思是今天让我以主妇的身份进行接待。道加斯（牧羊人之仆），将那些花拿来。上年纪的客人适合品赏迷迭香①和芸香②。它们放了一冬也不会失去色与香。（略）

　　波利克塞尼斯：姑娘，你看上去多美丽呀。让我们这一辈的人品赏冬花的确恰如其分。

　　珀迪塔：现在已是秋天，但是夏季尚未死亡，冬季还没出生。这个时节，最好的花可能就是康乃馨了，即有人说的"大自然的庶子"——条斑石竹。这种花在我们的庭院里不种，而我们也不想。

　　波利克塞尼斯：你们为何要疏远这种花呢？

　　珀迪塔：因为我听说是人工之力作用于伟大的自然造化，才将康乃馨弄成条斑状的。

————————————

① 迷迭香（Rosmarinus Officinalis），唇形科灌木，性喜温暖气候，原产欧洲地区和非洲北部地中海沿岸。远在曹魏时期就被引种中国，现在园林中偶有应用。从迷迭香的花和叶中能提取具有优良抗氧化性的抗氧化剂和迷迭香精油。迷迭香抗氧化剂广泛用于医药、油炸食品、富油食品及各类油脂的保鲜保质。而迷迭香香精则用于香料、空气清新剂、驱蚊剂以及杀菌、杀虫等日用化工业。——译注

② 芸香（Ruta Graveolens L.），植株高达1米，各部有浓烈特殊气味，叶羽状复叶，灰绿或带蓝绿色。花金黄色，果皮有凸起的油点，种子甚多。3—6月及冬末开花，7—9月结果。该植物原产地中海沿岸地区。中国南北有栽培，多盆栽。茎枝及叶均用作草药、兴奋刺激剂和杀虫剂。——译注

波利克塞尼斯：这么说的确不错。大自然被人做些戏法，但大自然还是大自然。在你说的那个对大自然施手的人工之力的上方，仍然是大自然之力在支配着的。(略)

珀迪塔：的确如此。

波利克塞尼斯：既然如此，那就在你的庭院里也种上条斑石竹，称其为"大自然的庶子"吧。

珀迪塔：我一株都不想种，更不用说为此刻意翻土。就像我不想让您认为，我将它涂抹成粉红色或粉白色人家就夸它美丽，并且就因为这个理由我还要为它留种。①

如此看来，康乃馨作为美丽的园艺品种，在16世纪末到17世纪初于欧洲全境已广泛种植。莎士比亚应该亲眼见过该实物。一般认为"条斑石竹"(Gillyvore)就是旧品种的康乃馨，故可推测当时仅将肉色(女性的肤色)的花称作 Carnation。问题在于，这个美丽园艺品种的开发被莎士比亚积极地肯定和赞赏。针对封建贵族的血统主义，莎士比亚打出开明的庶民能力主义的旗号，说其代表着符合自然、理性的进步之路。在将园艺品种的改良和人类的进步视为以康乃馨为象征的"女性受胎"能力这方面，确实让人感到时代精神在进步。莎士比亚似在宣告：康乃馨之美，并非来自神的安排，而源于人的创造。

开有女人肉色之花的抚子②英文读若 Pink，词源是荷兰语的"小眼睛"(Pinco-ogen)。法语的"小眼睛"(Oeillet)意为石竹或唐抚子③，

---

① 据福原麟太郎、冈本靖正译《莎士比亚全集》第三卷(筑摩书房版)。——原夹注

② 抚子，石竹科石竹，属多年生草本植物，茎丛生，披针形叶，聚散花序，花瓣粉红色。学名为石竹，别名叫常夏花，日本小说《源氏物语》里的"常夏花"即指抚子。花语是"坚毅、专情、大胆以及慧诘"，通常用于形容传统的女性和女人坚毅的精神，因为它是一种生命力很强的植物。——译注

③ 中文书写的"抚子"日本最早是从唐朝引进的，为了区别，日本人将中国来的石竹叫作"唐抚子"，日本原产的叫作"大和抚子"，此后还常把具有传统美德的女子也称为"大和抚子"。抚子是日本文学中"秋天七草"之一，秋天七草的说法首见于《万叶集》中山上忆良的《秋之七草歌》，分别指葛花、瞿麦、兰草、牵牛花等。在《万叶集》中抚子多被称为石足或瞿麦。——译注

所以其间必有关联。然而《牛津英语词典》[①]认为，"小眼睛"和石竹类之间有何关联不明。但通过该词典，我们至少可以清楚地知道石竹的语义变迁过程：在1720年左右石竹的意思是接近自然色的粉红色，"接着在1767年左右，该词义转为'体现某种事物最完美的状态或水平'，1827年左右又成为意指'美人或绝妙的东西'"的词汇。[②]

实际上，Pink这个词汇莎士比亚也频繁使用。在《罗密欧与朱丽叶》（*Romeo and Juliet*，约出版于1595年）第二幕第四场中，罗密欧与茂丘西奥（Mercutio）打无聊嘴仗时也出现过这个词汇。

> 茂丘西奥：嗯，在礼节方面我被奉为一代精华（译按："精华"此词读音原文标注为Pink）。
>
> 罗密欧：精华是荣誉的异名吗？
>
> 茂丘西奥：的确是那样的。
>
> 罗密欧：那么，我的舞靴有荣誉。你看，满是窟窿（译按："窟窿"此词读音原文也标注为Pink）。
>
> 茂丘西奥：有了。现在我们比潇洒。[③]

在这里，Pink除了有"精华"的意思之外，还有"窟窿"这个近乎下流的意思。

再看莎士比亚《安东尼与克里奥佩特拉》（*Antony and Cleopatra*，1607—1608），该剧第二幕第七场尾声的合唱曲中也出现了Pink这个词汇：

> 都请来一下。你、葡萄王、睡眼蒙眬的胖子。[④]

----

① 《牛津英语词典》是目前最全面和最权威的英语词典，可谓英语世界的金科玉律。第一版出版的时间是1894年。1989年出版第二版，收录了301100个主词汇，字母数目达3.5亿个，20卷，21728页。词典还收录了157000个以粗菱形体印刷的组合或变形的词汇，以及169000个以粗斜体印刷的短语和词组，使词典收录的词汇达到61万余个。另外，词典共列出137000条读音，2493000个词源，2412400个例句。很多词汇从公元八九世纪起释义，每一项释义更是将每一百年的用例列举一至两个。因此，与其说它是一部英文词典，不如说是一部英语史巨著。——译注

② 参见春山行夫《花的文化史》石竹与康乃馨。——原夹注

③ 原文未标注出版信息，仅写"坪内逍遥译"。——译注

④ 同上。——译注

其中的"睡眼蒙眬",原文是 Pink eyes(粉红色的眼睛),故有与荷兰语的词源接近的意思。另一方面,也带有某种好色的意味。若不与康乃馨的心理联想结合起来,在欣赏戏剧台词时其趣味将大打折扣。

康乃馨的学名 Dianthus Caryophyllus L. 的 Dianthus,意为"神之花"。卡尔·冯林奈①之所以将其命名为抚子科(石竹属),乃因他通过泰奥弗拉斯托斯②的《植物志》得知有 Dianthus 这个词汇,故将它和来自古代阿拉伯的重要贸易货物——丁字(丁香)——Karyphillon 组合起来,才形成今天这个种名和属名的。然而在此之前和文艺复兴期间,康乃馨是"肉"香扑鼻的"人类之花"和"肉体之花",令人思此意趣盎然。

二

对探索某事物表征的社会通行的象征作业和探索表现于某艺术作品中的结构性、形态性要素的象征作业,必须加以严格的区分。进一步说,探索作为表现形式本身的艺术作品所具有的自身功能,即"艺术的象征"的作业,与作为一种比喻、清晰可见的"艺术中的象征"全然不同,它不外乎是一种作为显示肉眼不可见的生命力和生命感的绝对性意象,即一种单一且不可分割的有机体构成的探索,因此,如果逐字逐句将其换说成其他的词汇,则只会陷入非理性的思考。严格说来,它不得不拒绝语言的探索。因想法不同,有人可以将语言本身视为一个"象征体系",但这种象征,不过是一种符号而已。而且,符号在唤起思想时几乎不可能仅作为一种事物而孤立地存在,而必须依靠一个体系即整体(集合)才能存在,故可谓我们须探索的对象,应该只是诸符号构成的一个体系。此时我们不可忘记,即使以个人的心理、生理操作法去分析符号的机制,也绝不可能把握其本质,而只是在做符号本身的分

---

① 卡尔·冯林奈(Carl von Linné, 1707—1778),瑞典博物学家,导入"二名法"(一种正确的生物科学命名法,将属名放在前面,种名放在后面),明确了种的概念,确立了生物分类学的体系,主要著作有《植物的种》《自然的体系》。——译注

② 泰奥弗拉斯托斯(Θεόφραστος,约公元前372—公元前286),古希腊哲学家和科学家,先后受教于柏拉图和亚里士多德。泰奥弗拉斯托斯以《植物志》《植物之生成》(这两部著作在植物学史上最具权威性,其影响力持续了1500多年。18世纪伟大的分类学家卡尔·冯林奈对泰奥弗拉斯托斯敬佩不已,称其为"植物学之父"),以及《论石》《人物志》等作品传世。除此之外,他一生中共完成227部——有人说是400部——有关宗教、政治、教育、修辞学、数学、天文学、逻辑、生物学和其他学科的著作,包括心理学。——译注

析。因为符号和思想的关系，不是被先验地决定的，而是在各时点被置入两种联系（通时和共时）的"伞下"表现出来的。

这么说总让人感觉以上话题异常复杂，下面拟尽可能简单易懂地解释和介绍现代语言学研究的象征和符号的学说。现代最新的语言学已摒弃过去那种，比如说乌拉尔—阿尔泰语系①如何如何，音声的变化如何如何这一类琐碎而穿凿附会的研究方法，而是直接研究人类的思维方式、意识的保存方式以及它们与现实的关联方式。创建出这个新语言学的是费尔迪南·德·索绪尔②，但就其思维方式本身而言，我们在早先的黑格尔和马克思的学说中可以辨认出它的足迹。黑格尔在《美学》

---

① 乌拉尔—阿尔泰语系（又称突雷尼语族）是过去某些语言学家提议设立的语系，目前通行的方法是将其分设为两个语系：阿尔泰语系和乌拉尔语系。其中较大的语言有满语、土耳其语、阿塞拜疆语、土库曼语、哈萨克语、吉尔吉斯语、乌兹别克语、维吾尔语、萨拉克语、蒙古语、芬兰语、爱沙尼亚语和匈牙利语。但是对朝鲜语和日语是否属于乌拉尔—阿尔泰语系有争议，有学者认为它们属于孤立语系，另有学者认为应属阿尔泰语系（当然也就属于乌拉尔—阿尔泰语系），也有学者把日语和11种琉球语方言一同编入日本语族。——译注

② 费尔迪南·德·索绪尔（Ferdinand de Saussure，1857—1913），瑞士作家、语言学家，是后世公认的结构主义的创始人和现代语言学理论的奠基者。索绪尔将语言学塑造成为一门影响巨大的独立学科，现在该结构主义语言学已越出语言学的范围而影响到人类学、社会学等邻近学科，直接导致这些学科中的"结构主义"思想的形成。并且索绪尔还认为，语言是基于符号及意义的一门科学，现在一般通称其为符号学。由于本书强烈地受到索绪尔结构主义语言学的影响，所以为便于读者理解作者斋藤正二的思想，以下需要简单介绍索绪尔的几个学术观点：

语言和言语。索绪尔把言语活动分成"语言"（Langue）和"言语"（Parole）两部分。语言是言语活动中的社会部分，它不受个人意志的支配，是社会成员共有的，是一种社会心理现象。而言语是言语活动中受个人意志支配的部分，它带有个人发音、用词、造句的特点。但是不管个人的特点如何不同，同一社群中的个人都可以互通，这是因为有语言的统一作用的缘故。索绪尔进而指出，语言有内部要素和外部要素，因此语言研究又可以分为内部语言学和外部语言学。内部语言学研究语言本身的结构系统，外部语言学研究语言与民族、文化、地理、历史等方面的关系。索绪尔指出，研究语言学，首先是研究语言的系统（结构），开结构主义语言学的先河。

语言的能指和所指。语言是一种符号系统，符号由"能指"（Signifier）和"所指"（Signified）两部分组成。所指就是概念。能指是声音的心理印迹，或音响形象。索绪尔又指出，语言符号有两个特性：a. 符号的任意性；b. 符号构成的线性序列，话只能一词一句地说，不能几句话同时说。同时，索绪尔又有两点补充：a. 语言始终是社会成员每人每时都在使用的系统，说话者只是现成地接受，因此具有很大的持续性。b. 语言符号所代表的事物和符号本身的形式，可以随时间的推移而有所改变，因此语言是不断变化和发展的。

共时语言学和历时语言学。索绪尔创造了"共时"和"历时"这两个术语，分别说明两种不同的语言研究。他特别强调共时研究，因为语言单位的价值取决于它所在系统中的地位而不是它的历史。语言学家必须排除历史，才能把语言的系统描写清楚。——译注

第三卷"建筑"章中说过："在语言中，表达手段是由符号，即由外部任意的某个物件构成的。相反，艺术不能使用单纯的符号，但可感的现实性必须给予其意义和功能。……在我们看现实的活狮子时，一瞥后眼中只留下它的形象，故那只狮子和作为画面再现的狮子之间没有任何不同。然而，再现中包含着超越某种现实的东西。再现显示着形象首先存在于表象功能中，它是从人类精神及其创造活动产生的。"之后黑格尔又指出：仅再现一只狮子，一棵树等，是无法成为艺术的。在进入象征问题后他又明确说明："表示某个一般意义功能的建筑物，不具有该表示功能之外的目的，因而其自身形成了某个本质观念自我充足的象征，该象征具有某种一般价值的精神的沉默语言。"也就是说，不管是希腊式的柱子，还是罗马式的圆穹顶，抑或是哥特式的尖拱顶，这些符号自身不具有意义功能，而只有被嵌入建筑物的总体中才具有意义。由此可见，现代语言学在走上黑格尔开拓出的道路的同时，又认为词汇、象征、符号都仅成为表达意义的整体中的一部分（换言之，即表达一种关系），若一个个拆分开来看则没有任何意义。

如此看来，不认为某种特定的花可先验地表现某种特定的象征则更为合理。我们收到他人送来的一张纸片，若上面印有松竹梅的图案，就会觉得该赠品非常吉利，但若发现该纸片带有莲花水印，则心情立马陷入不祥之中。这是因为我们已经习惯性地认为，松竹梅是长寿、喜事、幸福的象征，而莲花则是佛事、丧事、避讳的象征。但是，在这些植物原本的性质当中却不会有任何吉凶、幸与不幸等要素等。通过用某种植物象征某物，"原本的那个"植物会被推至后方，代之出现一个与真实的现实实体迥然不同的、被赋予了价值的实体。在这种场合，就像心理分析学家所说的那样，若说内在于人的意识并由其深层浮现出来的象征集团的森林、岩石、木棍、洞穴、水火、大地、天空等事物具有实体性，那么它们还能成为我们的考察对象，但若说有吉祥的植物和不吉祥的植物对立、相互排斥的情况，则不值得我们特意从那被赋予其他价值的实体中寻找出"特权的"分量，而充其量只能从中看见社会习俗的反映或适用的情况。虽说这是古人，不，史前原始氏族使用并使其神圣化的象征功能，但它绝不是我们现代人所不知道的超自然能力的产物，而只是和我们社会相同的思维和语言学程序的产物。图腾、纹章、咒术的巧思、标语等也与我们的逻辑学家、数学家赋予的意义和符号无大差异。某种花表征①的象征意义也无须作为我们难以接近的"神圣"对象加以考察，而只需把它作为某个符号体系中的一个符号进行考察即可。

刚才我们引用过松竹梅的例子。其实，日本人坚信在樱花中可以先验性地找到的情感象征，也可以通过与世界各地人类相通的知性活动和语言学的程序，得到极合理的解释。总之，日本人在樱花中看见的无数象征，只不过是被组合进明治维新以后天皇制绝对主义国家体制极力推行的"价值体系"中的一些固定的符号学单位而已。众所周知，许多有为的日本青年正是将赋予樱花的价值（伪实体）坚信为实体，才徒然地死在战场的。菊花的象征也是如此。许多肩扛刻有皇室纹章②枪支的年轻士兵，不知背负着多少不公平的苦难。赋予实体性于象征的这种古代思维方式，在今天必须进行彻底的反省。

接受战前教育的四十二三岁或更大年纪的日本人都有这个经验，一听到菊花立马就会联想到它是庄严的皇室的象征。相反，要想到它是植物的实体却要花费许多时间。而且，在意识到这是反理性的思维方式之前也要花费极长的时间。但即便如此，他们与明治时代的人们相比，也还是有机会接触到菊花实体的。从这点说他们应该是幸运的。明治时代的人们一见到菊花，立马就会紧张起来，采取直立不动的姿态。

---

① 表征，在原文中此词汇是"表象"（representation），与我们现在所说的表征（representation）意思相同或相似。表征是信息在头脑中的呈现方式。根据信息加工的观点，当有机体对外界信息进行加工（输入、编码、转换、存储和提取等）时，这些信息是以表征的形式在头脑中出现的。表征是客观事物的反映，又是被加工的客体。同一事物，其表征的方式不同，对它的加工也不相同。例如，对文字材料，着重其含意的知觉理解和对字体的知觉就完全不同。由于信息的来源不同，人脑对它的加工也不同。信息的编码和存储有视觉形象形式和言语听觉形式，抽象概念或命题形式。那些具有形象性特征的表征，也称表象，但它只是表征的一种形式。——译注

② 菊花并非日本的本土花卉，由中国引进。进入日本后其高洁、祛邪、长寿等寓意都被保留下来，并且逐步成为皇室纹章。起源于镰仓时代的后鸟羽上皇特别喜爱菊花，将它作为自身的印记或标志。之后的几任天皇都沿袭这一传统，也将菊花作为自身的纹章。据说在南北朝时期，南朝皇室用的是十六瓣菊花纹章，北朝皇室用的是三十二瓣菊花纹章，但这种说法有矛盾之处，因为当今的日本皇室是北朝天皇的后裔。现实的情况是，十六瓣菊花纹章代表着日本皇室的家纹。由于日本法律没有确立正式的国徽，因此日本人在习惯上就将日本皇室的家徽"十六瓣菊花纹章"作为国家徽章使用。——译注

　　代表 19 世纪法国文学的作家皮埃尔·洛蒂①，继著名的《阿菊》②
（1887）之后又发表了《秋天的日本》（1889）。这本书是根据 1885 年
他以海军大校军衔担任凯旋号练习舰舰长访问日本时的体验写出的见闻
录散文集，其中收录了描摹赤坂离宫③观菊御宴（11 月 10 日）的文章。
洛蒂以其独特而阴郁的笔调，叙述了当天宫中女官和阁僚夫人万分紧张
的心情，以及围绕她们的整个庭院充溢的忧郁气氛：

　　　　毫无疑问，此御所也一定被压迫至极其低矮甚至崩溃的程度。
这种压迫感在我们所待的地方用肉眼是无法见到的。只有老树的枝
梢冲出围墙，遮蔽俗眼，呈现出略微阴郁的巨大神圣树林的景观。
　　　　在那个涂着黑色油漆的令人毛骨悚然的大门上方覆盖着庄严的
屋顶，屋脊上朦胧展现着怪兽的身影。此即皇室大门。此门让我们
通往铺石板的大庭院，不，毋宁说是通往大广场的出入口。进入这
个广场后感觉周遭一下子寂静了下来，但仍无法隔绝来自街道的喧
闹声。不过，这里总让人觉得漂荡着一种庄严到窒息的静谧感。这
里有数位穿着类似法国门卫或卫士服装的警卫一动不动且悄无声息
地站立着，还可见到马夫紧拉的骏马和载来皇族、大臣的素雅而漂
亮的马车。我们感到有一种庄严的气氛在支配着这种静谧。这与其

---

　　① 皮埃尔·洛蒂（Pierre Loti，1850—1923），本名路易 - 玛丽 - 朱利安·维奥（Louis-
Marie-Julien Viaud），法国小说家。自布雷斯特海军学校毕业后以士官身份航行于世界各地，并
以航海中访问的地方为题材写出了不少带有丰沛异国情调和强烈感官性的小说和游记，其中包
含记叙与当地女性恋爱、生活的浪漫小说。1885 年和 1900 年二度滞留观察明治时代的日本，
陆续发表了《阿菊》《日本的秋天》《三度见到梅花的春天》等作品，于其中辛辣地描写了烟
管、木匣枕、被褥等对当代日本人来说已十分遥远的风俗习惯。此外还著有《洛蒂的结婚》
《非洲骑兵》《冰岛的渔夫》等作品。1891 年成为法兰西学士院会员，1910 年以海军大校身份
退出现役。——译注
　　② 1885 年士官皮埃尔·洛蒂和待修理的军舰一块停靠长崎港，在滞留的 3 个月时间里与
日本姑娘阿菊度过了短暂的婚姻生活，后来他厌倦了这种生活方式，为在新的天空下追求新的
生命离开日本。后来洛蒂根据这个体验写出了《阿菊》这部长篇小说，于 1887 年发表。这部
小说描写了长崎的风光、当时庶民的风貌及生活方式等，多少带有一些好奇和追求怪诞的心
理。——译注
　　③ 位于东京都赤坂的皇室离宫，原为纪州家（德川氏三家之一）宅邸，1872 年成为天
皇离宫，1873 年改造为临时皇居，1888 年开始用于"东宫御所"，1909 年于其中建成西式建
筑宫殿，用于招待外国宾客，1923 年再次成为"东宫御所"。第二次世界大战后称"赤坂御
苑"，于其中设立国立国会图书馆。1974 年以后改造为国家迎宾馆。——译注

说是具有宴会感，倒不如说是具有众人齐聚一堂服丧（Deuil）或为此准备的庄严感。①

"观菊御宴"的原语是 L'impératrice printemps，意为"皇后陛下春"（女王陛下，其名为春），以谒见昭宪皇太后美子为主要的活动内容。以上叙述见于"观菊御宴"的文章之首。在洛蒂的眼中，宫廷菊花宴的庄严场景竟然是"众人齐聚一堂服丧"的景象，这一点值得我们高度关注。明治十八年（1885）是狂热的皇室崇拜教尚未发挥其决定性作用的一个年份，但洛蒂的一双艺术慧眼就已预见到此间还有的寓意。如他指出的那样，日本皇室仪礼及与此相关的各种象征功能既然是"庄严"的，那么称其为"众人齐聚一堂服丧"就再恰切不过了。进而言之，既然说与菊花有关的意象也是庄严、尊贵和长寿的，那也许就可以说它反映的是服丧、阴郁、令人毛骨悚然的情感范畴。至少我认为法国人是这么看的。

然而此时我们要说，法国人酷爱的"国花"百合和鸢尾②本身也既不像法国人感觉的那样神圣，亦无法唤起威严和权势的意象。百合和鸢尾曾用作长期支配法国的天主教教会和路易王朝的纹章，和日本皇室纹章菊花一样，都有着禁止普通百姓轻率使用它的历史。正因为有这种社会基础，所以法国人被很好地调教成不得不先验地热爱百合和鸢尾。其象征功能和日本人将樱花和菊花视为"国花"是完全相同的。但冷静观察后可以认为，它并不像法国人自己坚信的那样是一种命运和必然。

所有被称作"国花"的植物都一样。反过来可以说，如果没有象征等，那么某个社会就会在需要的各个时点创造出一个象征物来。从这个理由说它更适合合理的使用规则。

---

① 据皮埃尔·洛蒂著，村上菊一郎、吉水清译《秋天的日本》，青瓷社版。——原夹注
② 鸢尾，鸢尾属（Iris L.）植物的一种。属于多年生草本植物，有块茎或匍匐状根茎；叶剑形，嵌叠状；花美丽，鸡冠状花序或圆锥花序；花被花瓣状，有一长或短的管，外弯，花柱分枝扩大，花瓣状而有颜色，外展而覆盖着雄蕊；子房下位，胚珠多数，果为蒴果。鸢尾属约300种，鸢尾原产于中国中部及日本，少数可入药，鸢尾根茎为诱吐剂或缓下剂，具消炎作用。鸢尾花大而美丽，叶片青翠碧绿，观赏价值很高。——译注

又比如向日葵，它是苏联的国花①，也是秘鲁的国花②。三好学③《人生植物学》说，"国花"是"某国国民最喜爱之花卉。此中并非有深刻之理由，而乃往昔之历史、习俗自行规定。之所以视某花为国花，一是因为其乃当地固有且普遍之植物，二是因为该植物之美之性状颇多，尤为人喜好。各国美丽之花朵不少，而迄今被视为国花者仅限于一种，绝非偶然"。④ 如按此说，那该如何理解俄罗斯是北半球寒冷的国家，而旧印加帝国的秘鲁位处南半球的高原地区，如此相距遥远、条件不同的两个国家同时都以向日葵为国花？与此相同，郁金香也是如此。与北欧相邻的荷兰和中东（西南亚）的伊朗也同时以郁金香为国花。

向日葵（Helianthus annuus L.）是原产于北美南部的菊科一年生植物。茎粗，叶片硕大且多短毛，生长迅速，夏季在横向开出直径达30厘米的巨大头状花。因是横向开花，故有"围绕太阳旋转的花朵"的传说（不用说此传说本身是错误的）和此命名。该植物整体唤起的意象与夏季太阳的强烈印象刚好重叠。在印加帝国（1200—1533）据说有侍奉于太阳神殿的"太阳处女"，住在神殿附属的尼姑院，除参

---

① 苏联和现在的俄罗斯人民都热爱向日葵（Sunflower，又叫太阳花），将它定为国花。为何他们都将向日葵定为国花理由不详。据译者猜测，可能是因为苏联位处日照较少的地球北部，而向日葵乃方向往光明之花，与当地人的心理暗合，可为他们带来美好希望。另外，向日葵全身是宝，将自己无私地奉献给人类，亦可为苏联和现在的俄罗斯人民带来福利。相反，中国人对向日葵的关注较少，亦缺乏写向日葵的诗篇，咏它多为寄托忠君的思想。"匪以花为美，有取心向日。孤忠类臣子，恒性若有德。"李赞的这首诗可为代表。司马光的《客中初夏》也咏花明志，但讲的是人品："四月清和雨乍晴，南山当户转分明。更无柳絮因风起，惟有葵花向日倾。"此诗以柳絮与葵花对比，说一则随风飘荡，一则忠诚恒守，轻贱与高尚，天地之别，泾渭分明。——译注

② 秘鲁人也以向日葵为国花，或许是因为他们崇拜太阳神。例如，他们每年冬至日都要举行祭祀活动：在头戴假发和面具的男主祭人主持下，一连三天膜拜初升的太阳，并和着民间乐曲跳太阳舞，以示对太阳神的祈祷。由此秘鲁人都偏爱向日葵，将它视为民族魂，并称其为"太阳花"。不过，和三好学所说不同，秘鲁有两个国花，另一个是坎涂花（Cantuta）。坎涂树是安第斯高原上的野生树木，虽生长于寒冷干燥的严酷环境之中，但仍会绽放出红、黄等鲜艳颜色的花朵，故坎涂花在当地又被称为"印地圣花"。——译注

③ 三好学（1862—1939），植物学家、理学博士，日本植物学奠基人之一。毕业于东京帝国大学植物学科，曾留学德国，归国后任东京帝国大学教授，教授植物学，对植物生理学和生态学造诣颇深。帝国学士院会员。晚年致力于天然纪念物的保护，被称为日本的樱花研究权威，俗名樱博士，尤以樱花和菖蒲的研究第一人而广为人知。著有《植物学讲义》《山樱的研究》等。——译注

④ 三好学：《人生植物学》第十二章 植物之美之性状及其应用。——原夹注

加宗教仪式外，平时还要纺织祭祀用布匹，酿制玉米酒。祭祀时要头戴模仿向日葵花的纯金头冠，胸佩和腕戴同样是模仿向日葵花的纯金装饰品。印加帝国太阳神殿和向日葵花的组合，或证明了印加人的神殿位于宇宙"中心"而纯金制的向日葵乃"宇宙木"这类的想法。宗教学者米尔恰·伊利亚德①说过："在拥有三个宇宙界——天上界、地上界、地下界——这种想法的文化中，中心构成了诸界的交会点。在次元②可能分裂的同时，这三界可能相交也正因为此。"③ 本书的目的不是讨论这个规模宏大的神话地理学，故不就此展开，还是将话题拉回以人类为中心的地理学。在16世纪初西班牙征服者大肆掠夺和破坏新大陆的过程中印加帝国最终灭亡。向日葵和其他新大陆栽培植物（马铃薯、番薯、西红柿、可可豆、菠萝、草莓、黄瓜、花生、栗子、榛子、烟草、塔威豆［Tarwi］④、玉蜀黍、辣椒、龙舌兰、仙人掌等），以及观赏植物（大波斯菊、大理花、月见草、太阳花、紫鸭跖草）一道被这批强盗带回欧洲。这些原产于新大陆的植物因适于栽种在欧洲的贫瘠土地和干旱土地上而蓬勃生长，有时还帮助当地人度过饥荒。向日葵的果实可炒食，可榨油（用向日葵油料理时其美味可匹敌橄榄油、杏仁油），故在拯救长期处于恶劣条件的北欧、东欧农民的困苦时发挥了很大作用。向日葵非常珍贵，不仅是果实，它的叶片还可以做家畜的饲料（不用说，油渣也可以做饲料），茎部可以剥取纤维（也能成为造纸材料），花可以提取黄色的染料，枯枝烂叶可以做燃料，燃烧后的灰烬可以做肥料。总之全身都

---

① 米尔恰·伊利亚德（Mircea Eliade，1907—1986），罗马尼亚出身的宗教学家、文学家。在布加勒斯特大学学习哲学后赴印度留学，从文献和实践两方面研究瑜伽，获博士学位。之后在布加勒斯特大学教学的同时，还活跃于罗马尼亚文坛，写出许多小说和评论。第二次世界大战中作为使馆文化参赞派驻伦敦和里斯本，战后在巴黎大学、罗马大学等校教授宗教学，后接受芝加哥大学邀请赴美。著述颇多，如《永远回归的神话》《萨满教》等，给欧美宗教学界以强烈的影响。其基本理论是对应于地球社会形成的新人道主义，并试图通过神话、象征、仪礼等的研究，证明这个世界存在超越历史、文化差异的人类共同基础。文学作品多半是幻想小说和神秘小说。——译注
② 次元（Dimension），与所谓的代数或方程式无大关系，只是关联而已，更多表示的是维度或独立空间（如位面一般属性的空间）。——译注
③ 米尔恰·伊利亚德著，前田耕作译：《意象与象征》第一章"中心"的象征主义。——原夹注
④ 塔威豆，又称印第安（珍珠、安第斯）羽扇豆（Indian［Pearl，Andean］Lupin）。——译注

可以利用。

据春山行夫①《花的文化史》介绍，"今天大量栽培向日葵的有俄罗斯（南俄罗斯）。据战前统计，推定的年产量是 200 万吨，20 世纪 50 年代一跃为 500 万吨左右，产量在世界最高。第二位的是阿根廷，74.8 万吨。罗马尼亚第三，21 万—31 万吨。保加利亚第四，18 万—24 万吨。南斯拉夫第五，5 万—12 万吨。土耳其第六，6 万—9 万吨"。又据春山说，"游记和小说中经常出现俄罗斯人嚼向日葵籽的场景。他们可以生吃向日葵籽。在观看柴可夫斯基音乐电影《进军莫斯科》时，莫斯科的酒馆正面壁板上描绘着直径 1 米的向日葵花画像。保加利亚的邮票有向日葵和麦穗组合的图案。德国植物学教科书有比较取籽用和观赏用的向日葵的插画，等等，表现出栽培向日葵的这些国家的国民性"。② 我在最初阅读春山行夫这篇文章时突然有一种想法：晚年文森特·威廉·梵高③画出的那幅向日葵作品，不用说是该艺术家内心剧烈翻腾的、狂热的"自我"激情的表现，但另一方面我们也不可忽视，他蹈袭的是自己在幼年和少年时在荷兰见到并被农民喜爱的"万能"植物的意象。在气候、地理条件恶劣的北欧，向日葵实际起到了一种"救灾植物"的作用，可谓名副其实的"生命树"。

如此跟踪探访，我们才能理解为何向日葵在被继承旧印加帝国文化的秘鲁选为"国花"的同时，还被位于欧洲北方的苏联定为"国花"。

概括说来，一般认为由某种花表征出的形而上学的象征，最终都可

---

① 春山行夫（1902—1994），诗人、批评家、记者、文化史家。名古屋市立商业学校肄业。创刊《诗与诗论》杂志，编撰《现代艺术和批评丛书》（23 卷），以及写出《二十世纪英语文学新运动》和《文学评论》，对日本现代主义文学的历史形成起到主导作用。第二次世界大战后，春山以一种独特的文化哲学实践形态，写出了《花的文化史》《啤酒文化史》《打扮文化史》《西洋杂学介绍》《万国博览会》等著作。译著有《法国现代文学的思想对立》。——译注

② 春山行夫：《花的文化史》向日葵。——原夹注

③ 文森特·威廉·梵高（Vincent Willem van Gogh，1853—1890），中文又称"凡高"，荷兰后印象派画家和后印象主义先驱，深刻影响了 20 世纪艺术，尤其是野兽派与表现主义艺术。梵高的作品受到法国现实主义画家米勒的影响。梵高早期以灰暗色系进行创作，直到他在巴黎遇见了印象派与新印象派画家，才融入到后者的鲜艳色彩与画风中，并创造出自己独特的画风。梵高最著名的作品多半是他在生前最后两年创作的，其间梵高深陷精神疾病中，最后于 37 岁那年自杀，葬于瓦兹河畔的公墓。梵高去世之后其作品《星夜》《向日葵》《有乌鸦的麦田》等已跻身全球最著名和最珍贵的艺术作品的行列，目前他的作品主要收藏在法国的奥赛美术馆和苏黎世艺术之家美术馆。——译注

以还原为一个符号，将其视为合理的符号体系中的一个符号无疑是正确的。过去被赋予特权的既成象征所具有的意义功能，完全可以消失或被忽视。按费尔迪南·德·索绪尔的观点来说就是，"语言的诸符号并非在先行的观念中，而是在共存的观念中才具有决定性/规定性（Définitive/Définie）的价值。"①"国花"这种社会习俗的象征，只要可以认为是一个语言学单位，那么也仅不过是"表现出一个关系"而已。而且正因为如此，16世纪之后从新大陆传来的向日葵现在也可以成为旧大陆荒僻之国俄罗斯的"国花"。

以上简说的"花的象征"绝不像一个铸件是固定的。它和所有现象的问题一样，是在各时点创造出的一种"关系间的关系"。这时，我们只要重新认识一下"可能的变种只有一个，可能的方法也只有一个"这个语言学符号的"共时法则"就足够了。俄罗斯人之于向日葵的关系，日本人之于菊花的关系，二者在此都完美地映射出上述"共时法则"之所在。

有"花语"一词。这是一种让特定的花带有特定的意味，并使其作为表示意志的手段的习俗。但老实说，它作为近代欧洲流行的一个交流工具引入日本后并不适用于日本人。的确如此，在各时代、各社会"共时"发现的一个可能的方法，若"通时"使用必定产生歪曲。莎士比亚将伊丽莎白②王朝英格兰社会使用的花语用于自己的作品一定会博得满堂喝彩，但后世的玄学家们若说因为莎士比亚用过，故其为永世不灭的象征则一定会出差错。毋庸置疑，语言带有通时现象，而共时现象必以通时现象为条件，这两种现象可用垂直

---

①　索绪尔著，山内贵美夫译：《索绪尔语言学序说》第六章 两种语言体系的现象与关系。——原夹注

②　这里指伊丽莎白一世（Elizabeth Ⅰ，1533—1603）。伊丽莎白一世全名为伊丽莎白·都铎，是都铎王朝的最后一位君主，英格兰与爱尔兰的女王（1558—1603年在位），也是名义上的法国女王。她是英王亨利八世和他的第二任妻子安妮·博林的女儿。1558年11月，伊丽莎白的同父异母姐姐玛丽一世去世，伊丽莎白继承王位。1559年1月15日伊丽莎白正式加冕成为英格兰的女王。伊丽莎白即位之初成功地维持了英格兰的统一，经过近半个世纪的统治后使英格兰成为欧洲最强大的国家之一。英格兰文化在此期间也达到了一个顶峰，涌现出诸如莎士比亚、弗朗西斯·培根这样的著名人物。英国在北美的殖民地也在此期间开始确立。伊丽莎白一世统治时期在英国历史上被称为"黄金时代"。伊丽莎白一世于1603年3月24日在里士满王宫去世，她终身未嫁，因此被称为"童贞女王"，也被称为"荣光女王"和"英明女王"。——译注

线和水平线为表征，有着密切的依存关系，又相互完全独立。正因为如此，所以我们绝不可忽视一个平面乃至一个时期产生的现象的分量。

一般认为，在十八九世纪英国社会，个子高的向日葵有"傲慢、尊大""假富"的寓意，个子低的向日葵有"憧憬、思慕"的寓意。而在19世纪的法国社会，向日葵却寓意着"我的眼睛只盯着你""侦查"和"移动性"。此外，虽不算花语，但在17世纪的德国社会，向日葵的纹章则用于骑士发誓对封建领主的忠诚。也就是说，它来源于向日葵朝向太阳，忠实地追随阳光那个传说。如此看来，过去印加帝国的宇宙论式象征和拯救近世俄罗斯贫困农民的物质现实性等毫无关联。"花语"，纹章，还有"谚语"等等，所有的这一切都只是特定时代的特定社会的产物而已。

总之，"花语"是一个不靠谱的东西。但若想到它只能存在于一个符号体系之中，那它就可以成为探索某时代、某社会的价值体系的手段。

最近人们喜欢的一种西洋花卉叫紫阳花（绣球花）。紫阳花的"花语"是"你很冷淡"和"傲慢"。为何紫阳花要被赋予这种寓意？我想不但不合情理甚至还有些冤枉。

众所周知，紫阳花也叫"西洋绣球"，过去从日本输出到欧洲，在那里得到品种改良后不仅变得色彩鲜艳，而且花朵硕大、厚重，呈大珠状，于昭和年间（1926—1989）从欧洲反引进到日本。

最早将日本的绣球带往欧洲的是因《日本植物志》而声名鹊起的菲利普·弗朗兹·冯·西博尔德①，他给日本原产的绣球起个学名叫"Hydrangea otakusa SIEBOLD"（译按：绣球的正式学名是 Hydrangea macrophylla ［Thunb.］ Ser.）。之所以以"otakusa"命名，是因为他在长崎时爱上了一个女人叫"Otakisan"（即小泷，长崎花街

---

① 菲利普·弗朗兹·冯·西博尔德（Philipp Franz von Siebold，1796—1866），德国医生、博物学家，1823年以长崎荷兰商馆的医生身份赴日，在郊外的鸣泷开办私塾，为人看病并进行医疗教育。门人有高野长英等一批有志青年，给日本的"兰学"发展带来巨大影响，著有《日本动物志》《日本植物志》等。西博尔德在日也有过麻烦，史称"西博尔德事件"。1828年西博尔德欲将当时禁止带往国外的地图等带出日本时被人发现。赠送地图的幕府"书物奉行"（负责图书进口和管理的高级官员）高桥景保等被迫剖腹自杀，西博尔德则遭软禁，并于1829年被驱逐出日本，但1859年他再次赴日。——译注

丸山町的一名妓女，名其扇，原姓名是楠本泷）。西博尔德大脑中的紫阳花意象，正是被虐待的亚洲女性可怜、可悲、可悯的形象。若要确定该"花语"，则似可说是"在逆境中我也要活着""节制"和"沉默寡言"。这个紫阳花明显表征着日本女性所处的地位：被束缚的身份，恶劣的劳动环境，人性的压抑，等等。更何况紫阳花开放的季节是湿漉漉的梅雨季节。西博尔德赋予紫阳花的一定是在所能想象的恶劣环境中突然（不，朦胧地）开花的女性的象征。

　　就西博尔德的植物学功绩牧野富太郎①曾做出严厉的批评："世间有不少人误认为西博尔德是一位了不起的植物学家。这主要是因为他和约瑟夫·格哈尔德·祖卡里尼②合著过《日本植物志》（*Flora Japonica*）这本巨著。然而西博尔德只是在日本收集了该书的资料，之后带回欧洲，而命名、记述这种植物学的工作则专由合著者祖卡里尼在欧洲完成，故认为这本书是西博尔德一人写出乃世人不知真相所致。""西博尔德待在我国数年，不用说随着年月的增长对我国植物的知识也在增加，但如前述，那本《日本植物志》巨著并不是他亲自写出的，而主要是祖卡里尼完成的，故仅凭该书就漫不经心地认为西博尔德是个大植物学家从根本上说是错误的。的确，西博尔德本人写过一本有关日本植物的小册子，但阅读后发现，他对我国植物的知识绝不能说已登堂窥奥，毋宁说是非常浅薄的。"③将西博尔德批得体无完肤。但阅读西博

---

　　① 牧野富太郎（1862—1957），植物分类学家，小学未毕业即独自研究植物学。1884 年获东京帝国大学教授矢田部良吉的认可，得以自由进出植物学研究室专心研究植物分类学。1888 年创刊《日本植物志图篇》。之后因不断发现、命名、记载新植物的业绩成为日本植物分类学的第一人。历任东京帝国大学助教、东京理科大学（东京大学理学部）助教、特别顾问、讲师，制作了许多优秀的植物图，为学术研究和普及一般植物知识作出贡献。著有《牧野日本植物图鉴》等。65 岁时获理学博士学位。日本学士院会员，并获文化功勋称号和日本文化勋章。——译注

　　② 约瑟夫·格哈尔德·祖卡里尼（Joseph Gerhard Zuccarini，1797—1848），德国植物学家，慕尼黑大学教授，生平信息不很清晰，现仅知他和菲利普·弗朗兹·冯·西博尔德一道研究过日本植物并出版了相关著作。此外，其对墨西哥等国植物也有详细研究。——译注

　　③ 本书作者在此仅夹注文章名《西博尔德是大植物学家吗？》，但未标注原作者名和出版信息。——译注

尔德的《江户参府纪行》①却可以发现，他对植物学的兴趣极其广泛，热情也极为高涨。从植物分类学学者的素养这点来说，西博尔德或许有所欠缺，但他在旅途中对一切都充满好奇，绝不会仅仅是看些自然景观。从"植物随笔"这个观点来看，必须高度评价《江户参府纪行》。

即使我们假定西博尔德作为一个植物学家并不足取，但仅触摸到他用自己所爱的亚洲女性的名字给从日本带回的紫阳花起个学名这种个人的心情（总觉得此间洋溢着人情味），也绝不能认为他是个微不足道的人。

这里要提请读者关注的事实是，西博尔德用以表现极富情趣的东洋女子意象的紫阳花，在经过数十年的品种改良后成为欧洲的著名园艺品种，最终被强迫拥有了"冷淡""傲慢"这些花语。然而，我们因此非难欧洲人就完全搞错目标了，其理由如以上再三陈述。因为语言的诸符号并不是在通时的先行物中，而是在共时的共存物中才具有决定性和规定性的价值。我们必须接近在改良的紫阳花（即改良后的日本紫阳花的园艺品种）中发现"冷淡""傲慢"这些寓意的现代欧洲"符号体系"，以探索他们的思维方式秘密。进一步说，我们必须正确认识到，花的象征、花的意象、花语等都是我们自身不断创造出来的东西，即使是插一枝花，我们也要努力把握它与现代社会人类竭尽全力生活的"生活方式"的关系。换言之，即使是一朵花也绝不可等闲视之。

三

椰子目椰子科植物是蔓生于东西两半球热带、亚热带的木本植物，

---

① 《江户参府纪行》又名《江户参府旅行日记》（西博尔德著，斋藤信译，东洋文库1967年版），指元禄时代（1688—1704）初期到任长崎荷兰商馆的德国医师西博尔德，随同商馆负责人再度拜谒江户幕府将军时写的旅行日记。该日记中的各种详细描述，在今天已成为了解当时庶民的生活和风俗状态及日本大自然的珍贵资料。所谓的"参府"，指在江户时代，驻长崎的荷兰东印度公司商馆负责人赴江户拜谒将军，答谢给予的贸易之便，并献上礼物的仪式活动，始于1609年。从1633年开始每年都"参府"，此后一度中止，到1850年为止共达116次。1790年以后改为每5年1次，越到幕末次数越少。当时从长崎到江户要花90天左右的时间，最初规定是正月，后来规定是三月朔日拜谒将军。商馆负责人将这种旅行称作Hofreise（到宫廷旅行），而且必须将旅途所写的日记寄回本国，因此当时的日本信息得以每年流于海外。另外，当时日本的"兰学者"有在室町的旅馆"长崎屋"拜访结束任务的荷兰人一行的习惯，故此"参府"对日本"兰学"的发展起到很大的推进作用。——译注

其种类有 1500 余种。特别对热带原住民来说，椰子科植物绝对是维持其生存和生活不可或缺的资源：在"食"的方面，可加工成清凉饮料、淀粉、糖、油脂、丹宁酸和酒；在"衣"的方面，可采制纤维；在"住"的方面，可作为建筑材料和家具用材；此外还有药用、颜料、工业制剂的用途。总之不妨认为，热带地区原住民是和椰子一道，并且通过椰子创造出自己的文化的。

因此，当我们想到热带、蒙昧民族、原始文化等概念时几乎都会毫不犹豫地想起椰子科植物的各种意象。热带地区的物质生活和蒙昧社会的个人生活绝不像身为现代文明人的我们所想象的那样慵懒、安逸和畅快，但我们在厌倦官僚产业制度和都市公害时却总会突然梦想起要躲避到椰子科植物繁茂的"常夏之国"（乌托邦）。

对我们而言，椰子树已然成为"乌托邦"的象征。然而如前一节探讨已明白无误的那样，象征本身只是社会的产物，因此就没有必要将那种有意识地使椰子与"乌托邦"结合的操作视为人类的普遍心理内容。偶尔我们会因为随着流动在日本列岛外侧的黑潮（日本海流）漂来的"椰子"（请回想岛崎藤村①的诗歌："远岛不知名，飘来一椰子"）勾起对乌托邦的向往，但那只不过是因为在弥生时代②东南亚的稻作文化③传入日本，才让日本人有了怀念原乡的心理基础。由此看来，即使我们做出这样一种合理的判断也不会有错。

诚如上述，然而我们在研究椰子和"乌托邦"的象征关系时还是会发现其中有许多东西溢出了合理主义思维的分析。

---

① 岛崎藤村（1872—1943），诗人、小说家。毕业于明治学院，曾与北村透谷等一道创办《文学界》，因发表诗歌集《嫩菜集》获得浪漫主义诗人的名声，但之后转入撰写小说，成为自然主义的代表性作家，著有小说《破戒》《春》《家》《新生》《黎明之前》等。——译注

② 弥生时代，日本考古学的时代划分，指绳纹时代后、古坟时代前的一个时代。该时代开始的指标有人认为是有了弥生陶器，有人认为是出现了稻作。时间约从公元前 4 世纪到公元 3 世纪（也有人认为是从公元前 5 世纪开始到公元 3 世纪，约持续了 800 年时间）。按日本学界的主流看法，弥生文化是受到大陆和朝鲜文化的影响而开始了水稻耕作和使用金属器具，除铜剑、铜矛、铜铎外还使用了铁器。一般分为前、中、后 3 期，也有人分为 5 期。——译注

③ 关于水稻从何处传入日本有多种说法，有人认为是从中国通过朝鲜半岛传入日本，有人认为是从中国江南地区直接传入日本，有人认为是从东南亚地区传入日本。按最新的研究结论，从中国江南地区直接传入日本的可能性最大。因此，著者上述的绝对性言论需要甄别。——译注

　　最早出现在日本古代文献中的椰子（椰子科植物）是枇榔①
（Livistona subglobosa MARTIUS。日语音读为 Birou），汉名蒲葵，日本
古代称槟榔（音读为 Ajimasa）。但是，将槟榔（见《古事记》"垂仁
天皇"② 条 "御子者坐槟榔之长穗宫而贡上驿使"）音读为 Birou（即
枇榔）来自将它混同于槟榔③（Areca Catechu LINN.）而产生的误读。
槟榔原产于马来西亚，与丛生于日本九州的青岛、槟榔岛的槟榔不
同。这里我没有责怪《古事记》修撰者的意思，槟榔在"仁德天
皇"④ 条也出现过，因为是歌谣，所以将它写为"阿迟麻
佐"⑤（Ajimasa）。

　　仁德天皇的皇后石之日卖命生性"嫉妒心"强，故入宫不久的美女
嫔妃黑日卖因恐惧逃回故乡吉备国。此时天皇见黑日卖乘船离去，吟歌
一曲："海边小船多相连，我妻初心真可怜。汝返国兮我心碎，呜呼哀
哉何日见。"⑥（歌谣编号第53）于是皇后益发怒火中烧，派家臣赶到
难波（大阪）码头，将黑日卖赶下船，命令嫔妃徒步走陆路回家，用
心十分险恶。天皇因思念黑日卖，故略施计策，说："我想到淡路岛去
看看。"到淡路岛后天皇眺望远方，又吟歌一曲："船出难波到淡路，

---

　　① 枇榔（Livistona Chinensis），椰子科常绿乔木，汉名蒲葵，日本古名槟榔。枇榔的
名称似来自槟榔，但枇榔与槟榔是不同的种类。——译注

　　② 垂仁天皇，生卒年不详，《古事记》《日本书纪》（以下简称"记纪"）中传说的天
皇，皇室谱系记载为第11代天皇。崇神天皇第3子，垂仁元年即位，都城为缠向（奈良县
樱井市北部）的珠城宫。据《日本书纪》记载活了140岁（《古事记》记载活了153岁），
葬菅原伏见陵。——译注

　　③ 槟榔（Areca catechu L.），棕榈科槟榔属常绿乔木，茎直立，高10多米，最高可达
30米，有明显的环状叶痕，雌雄同株，花序多分枝，子房长圆形，果实长圆形或卵球形，
种子卵形，花果期有3—4个月。槟榔原产于马来西亚，中国主要分布在云南、海南及台湾
等热带地区。槟榔是重要的中药材，南方一些少数民族嗜好咀嚼其果实。——译注

　　④ 仁德天皇，生卒年不详，按"记纪"所说属于第16代天皇。应神天皇皇子，据说
是在莵道稚郎子辞去王位继承权后继承皇位的。皇宫是难波（今大阪）的高津宫。仁德属
于谥号，得名于8世纪后半叶，与他在位时免除百姓3年租税有关。《古事记》说其为"圣
皇"，《日本书纪》说其为"圣帝"，这些都与儒教的德治主义思想有关。——译注

　　⑤ 此四字为万叶假名。万叶假名指与汉字的意思无关，仅使用汉字的音或训来书写日
语发音的文字。因多使用于《万叶集》而得名。例如，也末（Yama = 山）、宇美（Umi =
海）。——译注

　　⑥ 原歌谣是"冲方には　小船連らく　くろざやの　まさづ子我妹　国へ下ら
す"。——译注

眺望我国红彤彤。淡路、自凝①、槟榔岛，各各离岛入眼中。"②（歌谣编号第 54）

之后天皇又从淡路岛前进，到吉备国，见到黑日卖，吟咏了许多歌谣。

以上是"吉备黑日卖"故事的梗概。毋庸置疑，"（阳光）红彤彤（照射四方）"这首长歌谣属于"国见"③歌，因而根本就不含有思恋嫔妃的心情。相同的歌谣也见之于《日本书纪》"应神天皇二十二年"条，其中添加了两句："出身吉备我娇妻，熙熙融融曾住此"④，显得极不自然。因处理史料时修撰者的想法不同，故一书写"仁德天皇御作"，另一书写"应神天皇御作"。但不管怎么说其原型都是"国见"仪式歌谣，这一点可以确信。

问题是该如何解读"阿迟麻佐""入眼中"（训本多写作"槟榔岛""入眼中"）。实际上，无论是从难波的海角眺望，还是从淡路岛眺望，都绝对看不到这个椰树葱茏的小岛。歌谣将它和"淤能碁吕岛"（《释日本记》写作"自凝之岛也"）这个"创生日本国土"故事中出现的、仅是想象中的一个岛屿并列，因此我们完全没必要将其视为濑户内海中的一个实际的岛屿。不视其为一个特定的岛屿，而视其为一个"乌托邦岛"反而更加合理。任何一部注释书都回避推论或断定它是一个实际的小岛，可谓贤明之举。当然它们也只能如此。

然而，无论如何我们都应该知道日本神话中曾出现过一个"椰子之岛"，也不应忽略椰子科植物至少曾扮演过"乌托邦"（地上乐园）意象或象征的角色。在山岳仙境发现人类可复归的故乡这种"古代心性"一隅也确实存在着梦想海中乐土的因子。对日本古代先民来说，地理学

---

①　与兵库县淡路岛有关的一个传说中的岛屿。说是创世男神伊弉诺尊（伊邪那岐命）和创世女神伊弉冉尊（伊邪那美命）用矛搅动"像海蜇那漂浮不定的大海"（《古事记》）后，矛尖落下水滴，最终形成了一个岛屿。其所在位置有两种说法，一个是南淡路市自凝神社的所在地，另一个是漂浮在淡路岛南端 4 公里的沼岛。——译注

②　原歌谣是"押し照るや　難波の崎よ　出で立ちて　我が国見れば　粟島　淤能碁呂島　阿迟麻佐（檳榔）能　島見ゆ　佐気都島見ゆ"。——译注

③　"国见"，指天皇和地方长官登高望远，视察属国的地形地貌、景色和人民的生活状况的行为。最早属于春季的农耕仪式：于新的一年开始农事时探索适合农耕的土地，预祝秋季丰饶的行为。——译注

④　原歌谣是"吉備なる妹を　相見つるもの"。——译注

所谓的"生活空间",不知包含着多大规模的疆域。这是一个值得探讨的问题。

即使日本列岛的居民能在"椰子之岛"的椰子中描绘出"乌托邦"的意象也不算离奇。赴九州南端,我们不仅能看到与此同类的植物,也可以听到从中国台湾、中国南部沿海地区以及东南亚归来的渔民的旅行见闻。即使不能这样,我们也可以通过前述岛崎藤村的诗歌(今天很多人都知道岛崎的"经验"实际上是从柳田国男①那里听到的),知道椰子的果实会经常随着太平洋的黑潮漂流至日本这个事实。日本人从很早开始就知道了椰子。

然而,欧洲人则完全不同。虽说如此,但欧洲人也曾在椰树上看到"乌托邦"这一象征。不过若非近世以后——特别是"大航海时代"之后的欧洲人是无法想到在原有的"生活空间"——指具有良好气候和风土条件的欧洲大陆——之外,还存在着自己的"乌托邦"的。在葡萄牙和西班牙以中央集权国家权力为背景,积极推进大西洋探险事业之前,欧洲人的视野中只有意大利商业城市和地中海贸易半径圈内的异乡景观。然而,以葡萄牙和西班牙两国的殖民活动为契机,欧洲人的思维方式有了极大改变。金银的流入和商业的发展使欧洲整体富裕了起来,也诞生了所谓的"近代欧洲"。有了经济实力的欧洲在经过市民革命和产业革命之后,终于使资本主义社会代替了封建主义社会。很显然,近代欧洲是以亚洲、非洲、新大陆为"食物"才繁荣起来的。不仅如此,一小撮人还以欧洲社会的弱者即贫困阶级为"食物"独占了繁荣。在欧洲人内部产生对此的反省和批判是极为自然的事情。

与社会主义运动不同,从很早开始在艺术家内部也发出对近代欧洲文明的诅咒是一件极为自然的事情。

---

①　柳田国男(1875—1962),民俗学家,毕业于东京帝国大学,曾在农商务省工作,之后任贵族院书记官。退休后专注于民俗学研究,写出许多优秀著作,如《远野物语》《桃太郎的诞生》《蜗牛考》《海上之路》等。——译注

浪漫主义艺术运动①因被推动的社会状况和国家体制的不同，也因其抬头的时代和年代的不同而呈现出相当不同的表现形式，但至少其中潜藏着一个共同的憧憬，那就是希望设法恢复已然消失的"人和自然的统一"。不管是德国浪漫派的保守且有神灵附体的艺术运动，还是英国浪漫派的激进且反社会的艺术运动，抑或是法国的自由主义且接近民众的艺术运动，都贯穿着恢复人与自然之间已丧失的统一与和谐的愿望。借用现代进步思想史家艾瑞克·霍布斯鲍姆②的话说就是："为缓解此世间的人类对失去的和谐的渴望有三个源头。即中世纪、原始人（或与此相同的事物，比如异国情调和'民族'等）和法国大革命。"③之于反动的浪漫主义者的中世纪，之于激进的浪漫主义者的法国大革命，以及之于介于二者之间却同时包含二者的、自由而充满朝气的浪漫主义者的原始人（原始社会）这三者，都是为即将窒息于产业主义和城市化社会的敏感知识分子描绘"乌托邦"的范本。

原始社会的设定本身与其说是浪漫主义的独创，倒不如说是接受了18世纪启蒙主义的传统而使然。生活在新时代的诗人和艺术家，诅咒因机械化、商业化而造成的狭隘且物化的现代文明，尤为歆羡大自然美

---

① 浪漫主义艺术运动，是指18世纪后半叶到19世纪前半叶在欧洲兴起的文学、哲学、艺术的革新运动（有时也指该理念）。它发端于卢梭的思想和德国的狂飙突进运动，否定自17世纪以来的古典主义，尊重个性和个人的自由表现，重情绪、轻知性，重想象力、轻理性，重内容、轻形式，试图超越古典主义时代，将创作灵感指向中世纪和文艺复兴的精神，以及与自然的直接接触。该运动还与政治理想结合，成为19世纪许多革命运动的指导原理。另外，它还开创了精神分析学的道路，对现代思想产生了极大影响。表现主义、超现实主义也属于浪漫主义艺术运动的两种发展形态。——译注

② 艾瑞克·约翰·欧内斯特·霍布斯鲍姆（Eric John Ernest Hobsbawm，1917—2012），出生于埃及亚历山大城的一个犹太中产家庭，父亲是移居英国的俄国犹太后裔，母亲则来自哈布斯堡王朝统治下的中欧。在德奥两国度过童年。1933年因希特勒掌权而赴英国，完成中学教育，并进入剑桥大学学习历史。霍布斯鲍姆于1936年加入共产党，无论历史如何变迁，他始终都认为自己是一个"决不悔改的共产主义者"。从1947年开始历任伦敦大学伯贝克学院讲师、高级讲师、荣誉教授，纽约社会研究新学院政治及社会史荣誉教授。著有《工业与帝国：英国的现代化历程》《民族与民族主义》《二十世纪的历史：极端的时代》《怎样改变世界：马克思与马克思主义的故事》等。——译注

③ 艾瑞克·霍布斯鲍姆：《市民革命和产业革命》第二部 第十四章 艺术。——原夹注

和讴歌原始人即野蛮人的文化。就像诗人波德莱尔①写出"哪儿都行，只要能逃出这个世界"的诗句那样，高歌憧憬本身；就像画家欧根·德拉克洛瓦②那样，画出阿尔及利亚的女奴隶，通过异国情调批判资本主义文化；就像另一位诗人亚瑟·兰波③那样，尖锐批判基督教文明和白色人种帝国主义，之后弃笔深入非洲腹地并死在那里。

下面显示的就是兰波的散文诗集《地狱的季节》中的作品《不可能》的一节：

寒碜的理性，回到我这里——转瞬间它也消失不见！——我注意到，我的种种不快，是因为未早想到自己在西欧。西欧的泥沼哟！这不是因为我想到它的光彩已褪去，它的形式已衰弱，它的运动已错乱。……就这样！如今，我的精神，在期待东洋临终时毅然接受人类精神所蒙受的所有残酷发展。

……我的精神，就是如此期待的！

……寒碜的理性，就此结束！……精神行使着权威，它期待我待在西欧。

为让我过去的期待有个了结，有必要让此精神沉默。

我将殉教者的荣光、艺术的光辉、发明家的傲慢都给了恶魔。

---

① 夏尔·皮埃尔·波德莱尔（Charles Pierre Baudelaire，1821—1867），法国19世纪最著名的现代派诗人和法国象征派诗歌的先驱，在欧美诗坛具有重要地位，其代表作《恶之花》是19世纪最具影响力的诗集之一，被称作"有罪的圣经"，以一种病态的感觉描绘世界的丑陋、黑暗和恶行，开创了一个崭新的诗歌世界。诗集出版后不久因"有碍公共道德及风化"等罪名受到轻罪法庭的判罚。1861年波德莱尔申请加入法兰西学士院，后退出。除《恶之花》外，作品还有《巴黎的忧郁》《美学珍玩》《可怜的比利时！》《浪漫派艺术》等。——译注

② 斐迪南 - 维克多 - 欧根·德拉克洛瓦（Ferdinand-Victor-Eugène Delacroix，1798—1863），法国著名画家，浪漫主义画派的典型代表，影响了以后的许多艺术家，特别是印象主义画家。1832年德拉克洛瓦随法国驻苏丹大使莫内尔伯爵到摩洛哥和阿尔及利亚旅行，创作了大量异国风情的作品，打开了通向新的印象派的道路，许多作品表现出唯美主义的倾向。作为这次旅行成果的《阿尔及尔妇女》就是一幅以色彩的协调与交错组成的作品。这次非洲旅行是德拉克洛瓦创作的分界线，之后的许多作品因为对当局不满开始回避现实。——译注

③ 让 - 尼古拉斯·亚瑟·兰波（Jean-Nicolas Arthur Rimbaud，1854—1891），法国象征派代表性诗人，早熟的天才，16岁即开始发表诗作，给20世纪的近代诗以巨大影响。1871年开始到英国、比利时游荡。1873年发表散文诗集《地狱的季节》后又放弃写诗漂泊于世界各地，甚至到埃塞俄比亚腹地从事武器等交易。1891年因病回国，在马赛脚被切断而死亡。著名的诗集除《地狱的季节》外，还有《醉鬼船》《彩色抄本》等。——译注

我要回归东洋，回归那原初而又永远的睿智。——如今，这种想法，也是粗野的安逸之梦。①

在这里，少年天才诗人告发了欧洲近代文明的污点和傲慢，说自己打算逃离欧洲，但最终未能如愿，因此诅咒了自己。兰波为何要弃笔投身于未开发大陆的贸易商群体至今仍是个谜，但毫无疑问，他充分厌倦了近代欧洲文明。

还有一个人和兰波一样，他就是厌倦了欧洲文明的腐败和残忍，从巴黎出逃，远赴南太平洋波利尼西亚群岛中塔希提岛生活的画家高更②。他在与原住民毛利人一道生活的过程中，确信这里就存在着自己过去在胸中描绘的"乌托邦"。高更试图"对比性地写出腐败的文明人和朴素、粗暴的野蛮人"，其成果就是游记《诺亚，诺亚》（*Noa Noa*）。不用说在此前他的画布早已有了许多杰作。

《诺亚，诺亚》是高更以第一次（1893）和第二次（1895—1901）塔希提岛旅行体验为基础写出的文学作品。该作品作为对蒙昧民族的习俗和神话的民族志记述十分优秀。因为在高更的笔下，全然不见当时许多民族学家作品中显示的俯视蒙昧民族的帝国主义思维。

《诺亚，诺亚》自始至终都有对椰树的描述。高更最初到达帕皮提时对这个已高度欧洲化的港口城市颇感失望，故主动进入该岛腹地马泰亚区，住进了茅草屋③。

现在是清晨，岸边漂浮着独木舟，其中坐着一个女人。岸上有

---

① 收入《兰波全集》，雪花社，斋藤正二译。——原夹注

② 保罗·高更（Paul Gauguin，1848—1903），法国后印象派画家和雕塑家，与梵高、塞尚并称为后印象派三大巨匠，对现当代绘画的发展产生深远的影响。高更生于法国巴黎，当过海员、股票交易员，35 岁开始专心画画，他把绘画的本质视为某种独立于自然之外的东西，是记忆中经验的一种创造，而不是一般人认为的那种通过反复写生而直接获得的知觉经验中的东西。和大多数同时代的艺术家相比，他的探索在更大程度上受到原始艺术的影响，特别是他对南太平洋热带岛屿的风土人情极为痴迷，晚年在塔希提岛原住民的裸像中产生了一种强烈的人生追求心理。代表作有《黄色的基督》《塔希提的女人》等。——译注

③ 此"茅草屋"前有一个修饰性句节"Buurao（原文为片假名）木搭盖的"。查日本所有的词典和网络信息，皆未见有对 Buurao 的说明，故不知其为何植物。——译注

个几乎全裸的男人。他身边有棵枯萎的椰树。该树宛如一只下垂着
华丽的尾巴、爪中抓着巨大椰花花房的巨大鹦鹉。男人双手握着重
斧，敏捷地爬上爬下。那斧头在银色的天空划出微蓝色的光芒。下
方枯木的切口，一瞬间升腾出在过去一个世纪间一天又一天积蓄的
火热气炎。①

这是高更住进马泰亚区第一天的见闻录。是夜，在静谧的月光下，
"我虽然进入梦乡，但在大脑中仍可描绘出头顶上的广阔空间、苍空和
群星等。我从牢狱般的欧洲各家庭走出，来到遥远的这里。这个毛利人
的小茅屋一点都不会遮挡和屏蔽生命、空间、无限等的个性"。高更的
孤独感澄澈可辨。

从第二天开始我就彻底没钱了。这如何是好？我相信只要有
钱，就可以购买任何生活必需品。但这大错特错！现在为了生存，
我只能依靠大自然。大自然是丰饶而宽大的。若求它匀出一部分
树、山、海储藏的宝物，大自然绝不会拒绝。可是我必须知道如何
爬上高高的树木，如何拨开草丛进入深山。而且还必须知道如何携
带重物返回，如何抓鱼，如何潜入水中，将生长在礁岩、珊瑚上的
贝类剥离，从海中带回。

但我是文明人，而且在这种场合，是一个比居住在周围的幸福
的野蛮人差劲得多的人。在这里，并非大自然产出的金钱，对获得
从大自然产出的必需品毫无用处。我忍着饥饿，为我的处境感到悲
伤。这时，有一个土著一边喊着，一边用手势向我搭话。这种非常
富有表现力的态度显示出某种语言。

我很明白他要说的意思……我感到羞愧。

第二天后，高更和原住民之间仍然"存在着根本无法打通的隔
阂"，但他不得不承认，在这段时间，为在这丰饶、宽厚的大自然中生
活下去，金钱等是毫无用处的。而且，在他忍着饥饿，独自苦恼时，是
一个未开化的人亲切地将食物给他。高更判断，"对他们来说，我是一

---

① 据岩波书店版《诺亚，诺亚》，前川坚市译。——原夹注

个不知道他们的语言、习俗和生活中最原始且最自然的劳动的未知之人。就像对我来说他们是野蛮人一样，对他们来说我也是一个野蛮人。而且我想真正的野蛮人多半是我"。这是一种对极端自私自利的近代欧洲文明的批判性反省。

就这样，高更享受了毛利人社会的"动物性的同时也是人类性的自由生活带来的所有欢乐。而且远离了不自然，融入了大自然"。不久，他和毛利族青年结下了友谊，并宣言："毁了，此后彻底死亡了，一个曾沐浴过文明的老人！我苏醒了，或许说在我的体内诞生了一个纯粹而有力量的人更为恰当。这个有力的打击，可谓向文明和恶的最好的诀别词。……这个内部的经验，换言之即被征服。我已经成为另一个人。我是毛利人，我是野蛮人。"此后，他通过和一个十三岁少女特芙娜的婚姻生活，进入了深切包孕着部族灵魂的神话世界。但最终他必须返回法国的日子来临了。高更恳切地倾诉道：

> 再见！深情的土地哟，怡人的土地哟，美丽和自由的国度哟。我在此两年多，但年轻了二十岁，现在要比来的时候更为"野蛮"但也更为贤明地回去。是的，野蛮人，是你们教会了我这个年老的文明人许多的东西。你们这些无知的人，教会了我生活技巧，以及幸福生活的方法。

这就是尾章的绝唱部分。

高更的性格中确有许多古怪的成分。他和梵高一起生活时居然将梵高的耳朵割掉①，这个人生插曲尤为著名。然而，他厌恶安稳的市民生活，于43岁时远赴塔希提岛开始原始生活，应该说是一件不得已的事情。高更于1903年死于马克萨斯群岛的拉多米尼克岛（希瓦瓦岛的旧称）阿托阿娜部落，或许这位艺术家的真正愿望是宁愿死在他憧憬的

① 关于梵高自割或被割耳朵有几种说法。一种说法是，梵高被时时发作的癫痫病所困扰，遂割掉自己的耳朵。另一种说法是，其好友高更割掉了梵高的耳朵。即高更因为一个妓女与梵高起了争执，遂用剑割掉了梵高的耳朵。再一种说法是，梵高的耳朵是在与高更的打斗中被后者用佩剑割掉的："在妓院附近，……他俩又发生了冲突。梵高可能袭击了高更，后者为了自卫并且摆脱这个'疯子'遂掏出佩剑割下了他的左耳。"事后两位艺术家达成对此保持沉默的协议。现在能知道的事实是，高更在惊恐中离开了梵高。失去高更的梵高从此一蹶不振，两年后放下画笔，拿起手枪，结束了自己37岁的生命。——译注

"乌托邦"。即使拿他和卡米耶·毕沙罗①等一道推进的印象派画业来说，高更也已经可以称得上是巨匠，但给高更画业增添不灭光彩的，还只能说是取材于塔希提岛风物的作品群。其强烈、新颖、颇具装饰效果的画风并不单纯来自创作手法的独特，而主要来自《诺亚，诺亚》所见的反文明和讴歌大自然的精神世界。

顺便一说，显然以高更的经历为蓝本的毛姆②小说《月亮和六便士》有以下话语。它们未必都有大众文学的夸张笔调，在相当程度上我们可以理解高更晚年的画境。

> "我啊，很长时间大脑中都萦绕着那位查尔斯·斯特里克兰（译按：即小说的主人公高更）先生的形象，他在一整面墙上画满漂亮的装饰画。"他用意味深长的语调追述往事。
>
> 说实话，我也想到过这一点。我觉得那位男子，只有在这里才完全倾吐出自己。我只能这么想。他知道这是最后的机会，默默地不断地画着，并且在画中倾诉着自己对人生所知所见的一切。或许他至此才发现心灵的休憩之处。过去附体的恶魔终于被降服。与这个作品的完成——他一生都为此做出了艰苦的准备——一道，一种静谧而永恒的休憩感降临到他那个遥远而充满苦恼的灵魂之上。他一定是欣喜而亡的，因为他达到了目的。
>
> "他都画了些什么？"我问。
>
> "啊，这可不太清楚。说奇怪也真是奇怪。世界的创造、伊甸的乐园、亚当和夏娃——可以这么说吧——总之是对男人、女人、

---

①　卡米耶·毕沙罗（Camille Pissarro，1830—1903），法国印象派大师。在他去世前一年，远在塔希提的高更写道："他是我的老师。"在他去世后三年，"现代绘画之父"塞尚在自己的展出作品目录中恭敬地签上文字："保罗·塞尚，毕沙罗的学生。"在印象派诸大师中，毕沙罗是唯一一个参加过印象派所有8次展览的画家，可谓最坚定的印象派艺术大师。作品有《塞纳河和卢浮宫》《雪中的林间大道》《蒙福科的收获季节》等。——译注

②　威廉·萨默塞特·毛姆（William Somerset Maugham，1874—1965），英国小说家、剧作家。代表作有《圈子》《人生的枷锁》《叶的震颤》《阿金》等。从德国海德堡大学肄业。1897年开始发表小说。第一次世界大战期间进入英国情报部门，在日内瓦收集情报。1916年赴南太平洋旅行，此后多次到远东。1920年到中国，写出游记《在中国的屏风上》，并以中国为背景写了一部长篇小说《彩巾》。之后又去拉丁美洲与印度，发表长篇小说《月亮和六便士》。第二次世界大战时赴英、美宣传联合抗德，并发表长篇小说《刀锋》。皇家文学会会员。——译注

所有人的肉体美的赞美，或也有对庄严、无情、美丽但又残酷的大自然的礼赞，让人想到空间的无限和时间的悠久。几乎都是些可怕的东西。他画了我每天都在近距离观看的植物，比如椰子、榕树、火焰树①、鳄梨②这一类的东西。因为他老画这些东西，之后我看了相同的植物，眼光也完全变了。似乎在这些画中潜藏着精灵和神秘感，刚想到就要抓住它了，可一下子又跑得无影无踪。确实，色彩这个东西和我们每天看到的东西一样，但又有所不同。所有的色彩都带有独特的意味。对男女群像也可以这么说。人来自土块，这一点所有人都没有不同。但是，他们和地面上的东西又完全分离。创造出他们的原先的那些土块，现在还到处都有。但在同时，那些群像甚至又接近于神，其中可见到人的赤裸裸的原始本能。人类畏惧这个，因为在那里可以看到人的自身。"

医生突然竦缩双肩微笑了起来。③

毛姆是读了当时出版的唯一一部《高更传》才有了这部小说的创作构想，并用 10 年左右的时间打腹稿后于 1917 年到塔希提岛旅行。他能鲜明、细致地描写出椰林等正是由于这个原因。此小说刊行于 1919 年，很快在英美两国成为畅销书。

高更过于极端，也过于彻底，但 19 世纪欧洲的自由艺术家或多或少都会在热带的大自然中发现自己（或自我思念）应该飞往的目的地。

---

① 火焰树（Spathodea Campanulata），又名火焰木、苞萼木，木兰纲唇形目紫葳科火焰木属。一般说来，高达 15 米的火焰树是外来的品种，原产于非洲，因为树顶有鲜艳夺目、犹如火焰的花朵而得名。花冠外橙红色而内黄色，像郁金香，花比凤凰木更大而鲜艳，树叶亦较浓密和深绿。花期为冬末春初，蒴果，种子有翅，有助传播远方，复叶羽状而端尖，树皮较厚，可适应高温。现在除了香港之外，在夏威夷、东南亚，特别是我国台湾省都普遍种植。——译注

② 鳄梨，也叫牛油果（Butyrospermum Parkii Kotschy），山榄科牛油果属植物，广泛分布在非洲热带地区等，落叶乔木，高 10—15 米，胸径达 1—1.5 米，花有香甜味，花冠裂片卵形，全缘。浆果球形，直径 3—4 厘米，可食，味如柿子。种子卵圆形，黄褐色，具光泽，疤痕侧生，长圆形。花期 6 月，果期 10 月。种仁富含脂肪，为重要食用油及重要的工矿用油。牛油果的果实是一种营养价值很高的水果，含多种维生素、丰富的脂肪酸和蛋白质，以及高含量的钠、钾、镁、钙等元素，营养价值堪比奶油，有"森林奶油"的美称，一般作为生果食用，也可制作为菜肴和罐头。——译注

③ 据新潮社版《萨默塞特·毛姆全集》，中野好夫译。——原夹注

　　观看亨利·卢梭①的著名画作《操蛇的女人》（1907）和《梦》（1910）等就会发现，在常绿热带密林中都开满着不可思议的花朵，都站立着一位施魔法的女人，画面整体都弥散出一种梦幻的气氛。有趣的是，卢梭描绘的近乎热带植物的木本或草本植物，哪一株都不是《植物图鉴》所刊载的实有植物。此事已被近代研究者所证实。据说卢梭为刻画这些植物的主题，频繁出入巴黎植物园，但最终只不过是让那些虚构的、总而言之是"空想"的植物固定在画面上。那里描绘的不外乎是"乌托邦"的象征而已。

　　对近代欧洲人而言，一提到热带植物（含椰子），大脑中立刻就会形成常绿乐土的意象，和自己憧憬飞往"乌托邦"的不可或缺的视觉主题。毋庸置疑，热带植物和"乌托邦"的结合，从时代上说是殖民地扩大时期之后的事情，也是知识分子明确意识到近代产业主义城市文化的颓废状况之后的事情。艺术象征乃社会的产物，这种归纳法现在将变得更为普遍和妥当。

　　然而现在也存在完全不同的思维方式。

　　有人认为，我们人类之所以会被前述的热带森林、太阳、河流、作为母亲的大地、天空等原始意象强烈吸引，是因为人心不仅与自己的过去，还与人类整体的过去，进一步又与生物进化的远古相连，通过遗传方式继承了"集体无意识"这种潜在意象的储藏库。

　　这个"集体无意识"的思维方式是荣格发现的。弗洛伊德发现的个人无意识的存在多半要依赖个人的经验，而且其一部分是由有意识的内容组成。与此相对，荣格的这个"集体无意识"则完全不依赖个人的经验，而且在个人的一生中一次都不会被意识到，这是荣格理论的特征。也就是说，"集体无意识"是一种和人类的祖先的祖先（不，甚至包含人类之前的动物祖先）一样，体验世界并对其作出反应的素质，或者是一种潜在的可能性。个人在出生后就必须按此意识活动。正因为人

---

　　① 亨利·卢梭（Henri Rousseau，1844—1910），1871 年进入巴黎市政府海关处担任收税员而终其一生。他的闲暇嗜好就是绘画，有"关税员"的称号。常去植物园观赏温室的热带景物，创作了许多充满梦幻的作品，如《睡眠中的吉普赛女郎》《梦》等，获得了诗人的赞誉和毕加索等前卫画家的推崇。卢梭的画主题包罗万象，富于异国情调，来自他与生俱来的爱幻想的性格和热衷于创造一个梦幻世界的激情。他的艺术很难归到哪一派，但他的画法属于超现实主义。——译注

类的"集体无意识"中存在着母亲这个潜在的意象，故幼儿很容易知觉现实的母亲，也会按照一定的方式对母亲做出反应，由此成为一个有意识的实在。荣格将"集体无意识"的诸内容称作"祖型"（Archetyp）（译按：也有人译为"原型"），其中包含出生、再生、死亡、权力、咒术、英雄、孩子、无赖、神明、恶魔、老贤人、作为母亲的大地、巨人、树木、太阳、月亮、天空、风、河流、火、动物、武器、环状物等。这些祖型，并不是像经验的记忆形象那样具有完整形象的心像，而是类似于必须运用有意识的经验材料进行显影的底片。而且，祖型中的几个东西，即假面、（男性的）女性特征、（女性人格的）男性意向、影子、自己等等，在构建我们的人格和行为方式方面具有极其重要的作用。

荣格发现"集体无意识"是心理学史上划时代的一件大事。近年来，在以荣格为核心的一些人的影响下，探索宗教史、民族学、人类学、精神病学、语言学领域的象征（象征主义）的工作正在推进。这些工作在阐明与生存有关的象征主义的根源性作用，试图克服19世纪的合理主义即科学主义，恢复象征作为认识工具的资格方面都取得了相同的业绩。进一步，在阐明象征主义本身并不是20世纪的"未知的发现"，它在时间上源于远古原始时代，在空间上出现在亚洲和中美洲等方面也是相同的。当代有代表性的宗教史学家米尔恰·伊利亚德对此做过清晰的阐释："我们想说，在风云际会让西欧世界再次发现象征的认识价值时，'创造历史'的已不再局限于欧洲人这个唯一的民族。在那瞬间，若欧洲文明不愿意将自己封闭在无益的地域主义当中，就不得不考虑与自身不同的思维方式和价值标准。从这点来说，与非理性思维、无意识、象征主义、诗歌的诸经验、异国风情艺术、非具象等相关并连续催生的所有发现和时尚，都间接地对西欧起到作用。"① 伊利亚德想说的是，能关注到象征、神话、意象等对人的精神生活产生了必要的作用，是针对欧洲中心主义史观和19世纪科学主义进行批判和反省的结果。但是否我们就能主张只有非欧洲的（即亚洲的）和反科学的（即非合理的）理论才是正确的？不能，正确的说法应该是，欧洲人和亚洲人都在自身内部发现了意象和象征。按伊利亚德的说法，地上乐园的神

---

　　① 　米尔恰·伊利亚德著，前田耕作译：《意象与象征》序言。——原夹注

话在 19 世纪的欧洲社会甚至被改变为"大洋洲①乐园",并一直延续至今。

> 从 1850 年开始,欧洲的大学都竞相赞美太平洋乐园般的岛屿是无比幸福的隐居场所,但现实与此大相径庭。那里只有"缺乏变化的单调风景、不健康的风土和既丑又肥的女人"。不过,该"大洋洲乐园"的意象无论是风土上的,还是其他方面的都能经受任何"实在"的考验。而客观现实等与"大洋洲乐园"无任何关系。换言之,"大洋洲乐园"属于神学的维度。亦即,它接受和同化了被实证主义和科学主义放逐的所有乐园的意象,并再次顺应了它。连克里斯托弗·哥伦布②都坚信不疑的那个地上乐园(是他自认为发现了这个乐园!),也是在 19 世纪才变身为大洋洲岛屿的。但人的心理结构中的功能与作用保持原样而不改变。③

伊利亚德主张,不应从外部原因,而应在人的内部寻求"乌托邦"的象征出处。这种面对病入膏肓的欧洲近代文明,希望找到救济方策的有良心的人文主义者的主张非常值得倾听。但问题在于,祖型这种思维方式是通过类推的方法引导出来的。预先按照一个背离先后关系的主题,仅仅收集类似的材料进行推论,在某些场合很难不犯原理性的错误。从社会事实和语言事实相统一的角度探索象征和象征主义是最科学的做法。我虽然对此有所保留,但在此拟再度强调象征是社会的产物。

---

　　①　大洋洲这一名称使用的时间不长,约在 18 世纪以后,其表示的范围也不固定。广义上指太平洋上的全部陆地,但一般仅指波利尼西亚、美拉尼西亚、密克罗尼西亚群岛和澳大利亚大陆这四个地域。和其他大陆不同,大洋洲大部分的地方都被海洋包围,陆地面积最小,而且偏向地球的西南部。因存在这种地理的隔绝性,故澳洲大陆等迟至 17 世纪以后才被发现,在六大洲内最迟受到欧洲文明的影响。——译注

　　②　克里斯托弗·哥伦布(Christopher Columbus,1451—1506),世界著名的探险家、航海家和殖民主义者。当时欧洲帝国主义抬头,各王国开始经济竞争,纷纷通过建立海外贸易航线和殖民地来扩充财富。哥伦布的向地球西面航行适应了这种扩张需求,得到了西班牙王室的支持。哥伦布到过巴哈马群岛、大安的列斯群岛、小安的列斯群岛、加勒比海岸的委内瑞拉,以及中美洲,宣布它们为西班牙帝国的领地。哥伦布的举动带来了欧洲与美洲的持续接触,并开辟了后来延续几个世纪的海外探险和殖民领地的大时代,对现代西方世界的历史发展有着无可估量的影响。——译注

　　③　米尔恰·伊利亚德著,前田耕作译:《意象与象征》。——原夹注

四

在一至三小节中我以我们身边的洋花为例对"花的象征"做了分析，其结论可用一位欧洲哲人的话归纳如下：

> 象征主义的性质非常复杂，该性质大体言之可以分为三个要素。其一，象征主义与有关想象的心理学有关，按通常的说法，象征这个名词仅限于用在徽章、护身符这一类肉眼可见的东西上。但其二，我们不得不承认显示制度、阶级的称号等的"社会事实"常常是象征性的。其三，象征的功能常常包括命令、社会规范、禁止、约束、信仰、归属，与语言密不可分。……因此总而言之，象征功能的本质就在于属于想象的心理学和属于概念的真理之间，应该从社会事实和语言事实统一的角度对此进行探索。①

进一步向前推说，埃蒙德·奥梯古②的想法本身与维特根斯坦③和黑格尔的思考——将象征功能的理论归结为纯粹逻辑的理论思考——不免具有相同的倾向，故我个人也有保留地赞同。然而，仅就其捕捉到的象征或象征功能的三个性质（阐述方面的三条线索）而言，可谓是优异的科学成果。从对精神分析学的批判出发，通过结合语言学分析和民族学分析，弄清心理或社会的象征主义本质功莫大焉。特别是如其所说："若欲分离象征，则象征被毁，进入不可言喻的想象物中。因此，象征的各种价值，因其在语言中所起的作用不同而可被分类。之所以这么说，是因为一个经验的实在，只有将其导入人类活动参与的某个体系之中才会出现在语言层面。""大自然本身既不是'辩证法'的存在，也不是'话语'的存在。大自然是沉默的，是一种其自身不具真理的现

---

① 据奥梯古著，宇波彰译：《语言表达与象征》Ⅲ 象征。——原夹注

② 埃蒙德·奥梯古（Edmond Ortigues，1917—2005），生平事迹不详，仅知其出版过著作《语言表达与象征》（Le discours et le symbole），出版社不详，刊行时间在1970年之前。——译注

③ 路德维希·约瑟夫·约翰·维特根斯坦（Ludwig Josef Johann Wittgenstein，1889—1951），犹太人，是20世纪最有影响力的哲学家之一，其研究领域主要在数学哲学、精神哲学和语言哲学等方面，曾师从英国著名作家、哲学家罗素。从1939年至1947年维特根斯坦一直在剑桥大学教书。生前出版的著作不多，主要有《逻辑哲学论》《哲学研究》等。身后有出版社为其推出12卷本的《维特根斯坦全集》。——译注

象。只有通过行为和劳动的媒介，大自然的存在才被概念化。"① 这种通过结合人类的"生存方式"做出的课题研究是值得信赖的。

也许我们已经陷入十分深奥的话题讨论，但反过来该论题的内容却极其易懂和单纯。它说的仅是，"花的象征"并不是永远固定不变的，而只不过是各时代的人在围绕自己身边的习俗体系、价值体系和语言体系中通用的符号而已。换言之，"花的象征"只不过是发生在一个平面、一个时代的共时现象而已。其实，所有的现象都只在表达一种关系。

因此，认为今天我们习用的"花语"具有永恒不变（用专业词汇说即"通时"）的意义和概念是极其错误的。随着社会的不断变化，"花语"也会不断变化，而且将来仍然如此。因为使用"花语"此事本身毫无疑问地就是一个"社会事实"。而"社会事实"必须由关系构成，也必然反映出"关系"。

随手翻看一本书籍和手册都会读到百合的"花语"是"纯洁""洁白"和"新鲜"，山百合的"花语"是"庄严"和"高贵"。从百合的待遇来看，这是非常有名誉的。然而，这只是我们现代人生活在一见到百合便会想到纯洁、庄严等意象的这种社会诸制度中产生的现象，而百合本身却并非天生具有这种性质。

百合被注入"纯洁""庄严"等象征的第一个动机一定由以下知识构成：此花乃法兰西"国花"，而法兰西路易王朝又长期处于"天主教教会长女"的地位，故百合必然被尊为"圣女之花"，以及在此之前作为盛极一时的骑士道代表、中世纪法兰西骑士的纹章（传说奥尔良②圣女贞德③就是根据这个纹章的记忆才在旗帜和盾牌上绘上百合花图案的）上必用百合花为图案。说白了，百合之所以成为法国"国花"，就是因为路易王朝拿它当作本家族的纹章，而法国大革命之前的民众也一直尊崇百合，且该习惯延续至今。可是这个纹章过于几何学化，既可以

---

① 据奥梯古著，宇波彰译：《语言表达与象征》Ⅲ 象征。——原夹注
② 奥尔良（Orleans），法国中北部城市，属奥尔良家族所领，因在英法百年战争中被圣女贞德解放而变得著名。——译注
③ 圣女贞德（Jeanne d'Arc，约1412—1431），解救法兰西王国的少女，出生于法国的一个农家，据说她在法国和英国百年战争时因听到天使的声音而走向战场，率军势如破竹，一改战局。后因部下出卖被捕，被宗教裁判所判罚火刑。1920年被法国列为圣人。——译注

看作是百合，也可以看作是鸢尾，所以很难辨别，最终法国"国花"让人首鼠两端，不知其是百合还是鸢尾。路易王室的纹章被当作"国花"酷似日本的菊花和樱花被并列为"国花"。而一旦成为"国花"，就有人会想到赋予其至高无上的意义，此乃题中应有之义。现代法国国民原样继承先民对路易王朝纹章的敬意，到今天还为百合花注入和假托最大的寓意。其他国家的国民采取与此相类似的态度也极其自然（在此需要补充一句：有人说法国"国花"不是百合，而是铃兰［也叫君影草、草玉铃］。英语名是 Lily of the valley，即山谷百合）。

许多法国人一定对百合花抱有特别的情感。巴尔扎克①的著名小说《山谷百合》描写了一位岁数较小的男青年对住在深山领地的公爵夫人的思慕心情。他虽然心旌摇曳，但最后还是雕刻出一尊高贵、纯洁（我读的时候强烈地感觉到毋宁说是一种贞洁或贞淑）的公爵夫人木像。确实如此。这么一来可谓百合花与纯洁、纯白、新鲜的意象十分吻合，又被象征为庄严而高贵。这部小说获得该时代庶民读者压倒性人气的理由确实也可以首肯。正因为这个高山深谷间的百合，是发芽、开花在身份高贵的女性理应如此恋爱，而死心眼的男青年的单相思应该就此打住这种价值体系之中的，所以才得到全国男女的赞赏。我们不得而知是巴尔扎克的王党派精神让他不得不写出这部小说，还是他在商业活动中贯彻的投机精神使其期待一部畅销作品而写出这部小说，但其结果都是即使在现在《山谷百合》作为一部代表 19 世纪法国文学的经典小说还被广泛阅读。

或许 19 世纪的法国人比现代的法国人更多地认为，百合和"纯洁"这一象征的组合显示着一个"本质"。人类往往会将自己所希望的事物认定为问题的本质。然而实际上将百合和"纯洁"结合在一起的价值、思维体系才是法兰西市民阶层精神中固有的东西。因此，在一部分对 19 世纪法国社会的现实和风潮抱有不信感乃至厌恶感的知识分子（特别是艺术家）看来，这个百合和"纯洁"的组合产生的象征作用实在

---

① 奥诺雷·德·巴尔扎克（Honoré de Balzac，1799—1850），法国小说家，被称为"现代法国小说之父"。1816 年入法律学校学习。毕业后不顾父母反对毅然走上文学创作道路，发表了《朱安党人》《驴皮记》《高老头》等小说。其间一度参与商业活动，但不成功。巴尔扎克一生创作甚丰，写出 91 部小说，塑造了 2472 个栩栩如生的人物形象，合称《人间喜剧》。《人间喜剧》被誉为"资本主义社会的百科全书"。——译注

是臭不可闻的代名词。

其代表性人物就是青年诗人兰波。对法兰西市民阶层道德进行尖锐批判的思想家和艺术家可以举出多人，但特意举出百合花作为议论对象的却只有诗人兰波。兰波 17 岁时参加保卫巴黎公社的战斗，之后和比他年长 10 岁的魏尔伦同居，不久又与后者分道扬镳，19 岁时发表散文诗《地狱的季节》（1893），到绝笔为止时间不过两年。以下作品属于他的《初期韵文诗》，据推断发表于他 16—17 岁时在接近比利时国境的北部法国沙勒维尔和巴黎之间流浪这一段时间。

借花寄语诗人之种种物事
——赠穆休·泰奥多尔·德·邦维尔①

亚瑟·兰波

永远面对摇动的黄玉色大海
上的黯淡天空，
整夜接受宿业之报的
百合哟，其法悦一心不乱。

在我们用沙菰椰树建房的时代，
连植物也要殷勤念经，
百合或要被迫喝下佛书般散文的
无法忍受的青汁。

——穆休·邦维尔的百合哟。
和抚子花、鸡冠花一道
被授予吟游诗人的百合，
一八三〇年的十四行诗。

———————————

① 何人不详，但从后文及时代、业绩等看，当为艾蒂安·让·巴普蒂斯特·克劳德·泰奥多尔·弗廉·德·邦维尔（Étienne Jean Baptiste Claude Théodore Faullain de Banville, 1823—1891）无疑。此人是法国诗人、剧作家、批评家，与勒贡特·德·李勒和夏尔·皮埃尔·波德莱尔齐名，一道引领 19 世纪 50 年代法国诗歌的发展，后来成为"高踏派"诗歌的先驱者之一，为诗坛所重。——译注

百合哟，百合哟。和眼神不定、
蹑足行走、罪孽深重的女人
摇动的衣袖相似，那花
在那诗句中永远颤抖。

温柔的百合哟。你在洗浴时，
那沾有黄色汗渍的衬衣，
将膨胀于从可憎的勿忘草上
吹过的清晨微风。

被爱情宽恕的花啊，
首先是丁香——哦，秋千哟！
还有，森林的堇草，
黑色妖精的甜蜜唾液！①

　　此作品是为抗议在当时被称作"韵律惊险杂技演员"，也是诗坛大佬的泰奥多尔·德·邦维尔而写的四行四十联诗（Ⅰ六联、Ⅱ七联、Ⅲ七联、Ⅳ十一联、Ⅴ七联）。学长邦维尔的诗因也受到戈蒂埃②的影响而近似于高踏派，表现出希腊式异教的雕塑美，并能自由运用中世纪风格的回旋曲和叙事诗的形式，技巧精致绚烂，故他被称为罕见的押韵诗人。但要问及思想有否深度、认识世界是否正确、探索人性是否真切这些艺术家必备的素质，答案是接近于零。天才兰波不会洞察不出学长存在的这些根本性缺陷。因此他一鼓作气地写出诗歌《借花寄语诗人之种种物事》。
　　以上四行六联诗的基本主题是质问百合：你在充满绚词丽语的诗人笔下，一看就觉得凄惨哀怨，是否太可怜？读"连植物也要殷勤念经，百合或要被迫喝下佛书般散文的/无法忍受的青汁"这部分诗句，就会

---

　　①　据雪花社版《兰波全集》，金子光晴译。——原夹注
　　②　皮埃尔·儒尔·特奥菲尔·戈蒂埃（Pierre Jules Théophile Gautier，1811—1872），法国诗人、小说家、戏剧家和文艺批评家，原属于浪漫派，但不久即高唱"为艺术而艺术"，成为"高踏派"的先驱，代表作有《莫班小姐》《珐琅与雕玉》等。——译注

想起百合被迫与教会和统治者结合，失去原有的野性，垂头丧气、筋疲力尽的样子。"百合哟。和眼神不定，蹀足行走、罪孽深重的女人/摇动的衣袖相似，那花/在那诗句中永远颤抖"一联，对被技巧派诗人矮化并通俗化的百合花喷洒出公愤式的爱意：你的真实生命绝不应该这样。"被爱情宽恕的花啊，首先是丁香——哦，秋千哟！还有，森林的堇草，黑色妖精的甜蜜唾液！"一联，按日本的方式来说就像是有人怒骂：即便如"星堇派"① 一样荒唐可笑，但也要适可而止。

进入Ⅱ节后兰波抗议说，邦维尔之流的诗作如同"画有白莲和向日葵的/一见即感觉凄惨的素描旁边，永远/都有为拜领圣体的小姑娘而/画的蔷薇色的圣画版画"，这难道不是仅在歌唱千人一面、喜好小资的主题吗？

当进入Ⅲ节时兰波直接冲着邦维尔开骂：

> 哦哦，如同突然刮起的暴风，跣足
> 跑过牧场的白色猎人哟。
> 你，对植物学一无所知，
> 这样真行吗？
>
> 令人忧虑的是，你和茶色蟋蟀一道，
> 选出有毒的斑蝥。
> 蓝蓝的天际线、金灿灿的河流——
> 你搞混了挪威和佛罗里达。
>
> 然而，你现在说何谓艺术
> ——这的确所言不虚，但
> 绝不能允许模仿
> 将尤加利树折卷成十二缀音诗的王蛇。
>
> ……

---

① 星堇派，此语有两个意思：1. 指对着天上的星星和地面的堇花吟颂爱情的浪漫派诗人。具体指明治三十年代（19世纪90年代）以与谢野铁干、与谢野晶子为核心的明星派诗人。2. 指具有优美、哀怨诗风的叙情诗诗人和具有此类倾向的人。这里可取第二个释义理解。——译注

……
——诗人哟，不能不让人发笑
比自高自大还要骄傲自大！

进一步在Ⅳ节兰波指出，真正的诗歌、真正的诗人所追求的应该是明确、深远且粗野的世界。

……
或许你忘了。请顺着黑黢黢的矿脉，
寻找宛如石堆的花丛。这才叫棒！
在金发女子卵巢的硬质旁边，
有开花宝石的扁桃腺！

小丑哟。如果可能，
在闪闪发光的朱色器皿上，
铝合金汤匙都会腐烂。
请帮我盛上百合火锅的珍馐美馔！

兰波说若不是变戏法，是无法进行这种"世界的创造"的（兰波将此称作"地狱的季节"），只有将俗人都知道且满足于此的价值体系颠倒过来才符合真诗人的名声。还说若歌唱百合，甚至可以腐蚀金属。只有能盛上这种"百合火锅的珍馐美馔"才是真正的诗人。

到最后一节的Ⅴ节，兰波宣言应否定过去的庸俗诗人，创造新时代的诗作。

……
写马铃薯的疾病，
是今日诗歌的当务之急。
为创作——充满神秘
的诗歌骨骼。

如此一来，过去长久被认为是"本质"的组合——百合和"纯洁"、百合和"庄严"的相关关系就毫无价值。总之，提倡谈论植物首先就要以科学知识为依据的兰波精神，就是要邀请新的民主主义社会的来访。兰波这个年轻人的战斗，从个人的角度来说不能不终结于挫折和失败，但在思想史和文化史层面他是一个胜出者。与此同时，百合花也从过去保守、固定的"价值体系"的绳索中解放出来，作为植物有了独立行走的机会。百合拥有的"文学象征"也有了无限的可能性。

在近世①日本，森川许六②在其著《百花谱》中以令人惊讶的慧眼，对过去被尊为神灵象征的百合花作出意想不到的批判性评论：

> 百合花品种多，有笹百合、博多百合、鬼百合。颜色各异，然原本出自一个品种，乃生来低贱之花。如无乘舆阶位，仅绑前腰带、脑袋发昏、长胫步出之女人。姬百合，如十三岁左右少女，于身后结美丽腰带。

森川断言百合形态"低贱"。他有此看法与近世这一时代的现实主义有关。在此时代，老套的"文学象征"正在开始丧失其价值与功能，近世俳谐其自身也绝不会止步于保守的文学活动。将其禁锢在保守的传统艺苑的反倒是明治时代之后的俳人。因为强行推进绝对主义政治的明治近代"价值体系"需要俳人如此行动。

我们不能忽视象征及象征功能本身都是"社会的现实"这一事实。

五

即使拿前节分析的百合花来说，欧洲人按自身的想法赋予此花以

---

① 近世（Modern Age），历史分期之一，指位于古代、中世之后的历史时期。广义上与近代相同，但狭义上与近代有所区别，多指近代以前的一个历史时期。在欧洲史上一般指从文艺复兴时期到绝对王朝时期，在日本史上一般指江户时代（有时包含安土、桃山时代）。——译注

② 森川许六（1656—1715），江户时代前期至中期的俳人，彦根藩藩士，名百仲，别号五老井、菊阿佛等。松尾芭蕉晚年的门人，善绘画，蕉门十哲之一，是当时屈指可数的论客。著有《韵塞》《篇突》《宇陀法师》等。——译注

"纯白""高贵""尊严"等的象征意义，也不具备超越时代和空间的普世价值。与此高度相反，近世日本的俳人森川许六，在其著《百花谱》中却痛骂百合花"生来低贱，如无乘舆阶位，仅绑前腰带、脑袋发昏、长胫步出之女人"，对其进行彻底的批判。而现在我们的一些人却先入为主，认为出大价钱买来的百合花被人说成是"生来低贱"等心情肯定不爽，故又自负地认为，许六说的不过是一个倔老头讲的昏话，或一个矫情的风流人物讲的怪话。然而冷静一想，再认真观察一下百合花的态貌和形体，就可以看出百合花确实是"低贱之花"。就拿气味来说也有人不喜欢。但即使这样这些人还说，这也罢了，我还是要投票赞成法国人的意见。然而他们一旦心情有变，则怀疑起夸赞百合花的形象"高贵""纯洁"的法国人是否相当善于创造划时代的意义。如此一来我们明白了，若不生活在中世纪骑士道盛行时代，以及使用盾牌纹章、路易王朝的旗帜、天主教教会礼拜堂墙壁装饰等创造出具有高度政治技巧和组织化、功能化的价值体系当中，人们是无法赞美百合花乃"高贵""尊严"的。同样是法国人，例如天才少年兰波，也毫不将百合花视为高贵、纯洁之花。这个事实我们在前节已有详述。不论何花，都不把它视为一种约定俗成之物（就象征理论而言，即不把它看做是一种仪式，不把它看做是对权力服从的标志），这对近代的新的花木观赏观念而言是一种进步。它与科学共同进步。

在森川许六的《百花谱》看来，被尊为西洋花的"女王"——玫瑰也相当不堪。许六痛骂："长春花，蔷薇之一种，红白皆美，似为装点。然原为低贱之花，花盛殊久，犹如街边卖淫女子，急待日暮徘徊路面。自懂事后随其行规，近五十仍着长袖和服，无始无终不显示可恶。"考虑到许六乃蕉门十哲之一，在元禄、宝永、正德年间（1688—1716）还看不到欧洲产的大朵玫瑰，故其痛骂的价值应大打折扣，但即使这样我们也可以认为，此批判非常尖锐，正中鹄的，暴露出迂阔者最终都难以看破对方的真相。虽然我们不认为许六在做一种夸张的定罪或告发——玫瑰花正是吸吮东方人和非洲人的膏血而自肥的、可憎的英帝国主义的象征，但确如许六所说，这玫瑰花"无始无终不显示可恶"，兼具极度的执拗性、持续性和掩饰无情的自我显示、自我扩张的欲望。我们在承认并感谢欧洲人对玫瑰的进化做出贡献的同时，还不得不保留以上的认识。

另外要说的是，许六喜爱的花乃东方的名花——兰花："以兰香、蝶羽熏物，此乃先师（芭蕉——译按）搜肠刮肚后方有之名句。其佳人面貌亦可思念。问何花超越兰花，先师闭口不言。"许六也有忠诚、举止优良之一面。

《百花谱》的主导动机在于批评当时的日本文明，其开篇说："今人花之过，胜于古人之实。何时可有花实兼备之世？"在篇尾又规定了俳谐文学的原理："夫谓实之形，荔子（荔枝——译按）脸一鼓一刺，比率性男人胡渣更难看。若思吟暑题歌，可早日歇脚于此；香瓜脸圆，有山茶花之风貌，如瓠子之色青；熟柿颜面潮红，用于不善饮者与善饮者方法已旧，如今新俳谐不用；日炙梨子如按摩盲人之干瘪光头，可究俳谐之实。"这些评论，若脱离整体文脉用于考察某种对象，则可做任意解释，如今具有俳文学专业头衔的"国文学"教授已发表了各种新观点，但这些新观点尽是些让人越读越不懂的东西。俳句这东西怎样理解都行，这里仅讨论其中所写的"百花品陟"（品评花的好坏）。从我们植物爱好者的角度出发，若以辩证法的观点克服"何时可有花实兼备之世"和"可究俳谐之实"之间的矛盾，那它的主张只能是"请好好看一下植物的实际状况"。对古人约定俗成的花的象征，今人囫囵吞枣、稀里糊涂地跟着讲一些漂亮话，说过去就是如此，今天可以通用，并为此欣悦无比，这实在是不合理之至。许六实际上是在主张：必须按照经验观察事物，必须实事求是地观察事物，这才是俳谐（还包括当时的文学）的"实"（实际情形）。并且还主张：首先要根据自己的现实经验、感觉、好恶的感情、趣味进行判断，没有必要对自己不喜欢的花也勉强地说"嗯，嗯，是很漂亮"。

很显然，一个时代的"转换期"在此起了作用。森川许六是彦根藩藩士，故一定是一个不折不扣的武士，但他已敏锐地看出，决定社会的力量已不再是"大名"和武士，商人资本的新时代已经来临。说得复杂一点，即随着领主剥夺剩余劳动的体系的退缩，幕藩体制发生了结构性变化，统治阶层和幕府领导层已无法获得正确的认识和应对姿态。在此期间，武家财政日益窘困，那些十分愚笨的武士或固着于盲信对领主的忠义的武士我们不很清楚，但可称为知识分子的一些武士已开始注意到，幕藩领主经济和封建身份制度归根结底只不过是用武力决定的一项约定俗成。还有一个原因不可忽视，即如贝原益轩①在《大和本草》等中列举的一些精彩事例那样，庶民以逐渐渗透于民间的园艺技术的提高为背景，培养出一种用肉眼观察大自然（特别是植物）的态度，并慢慢产生了怀疑幕府用武力强加给他们的朱子学范式中的人类观和自然观的精神。许六在"兰学"及其他洋学热潮出现之前，就以一种经验式的现实主义方法，对人们（特别是知识分子）的先入为主观念逐步进行了解构。有人评价，许六说百合是低贱之花，玫瑰是可恶之花乃一种偏执或矫情的表现，这源于他们根本不了解历史和文学作品。

至少在我们探索花与文学象征的关系时，森川许六的《百花谱》所给予的启发是巨大的，值得大书特书。毋庸置疑，许六俳文说的百合唤起了社会底层女性的形象，玫瑰与岁数大的娼妇意象相连，也必须将它放入导致许六创造此类象征体系的"共时联系"关系中重新解释。

象征的原义是割符②、符节③或符契④。例如在木片上写上文字，并在其中央盖上印鉴，之后将其切割为两部分。事后将其中的一片与另外一片拼接对照，可做凭证。当我们知道其原义时就一定可以联想到，象征在有机组织并运营人类社会时是一个有用的工具，进一步还是一个可完全掌握复杂的人类文明的工具。一组的象征物必然被用于某些特殊的目的。没有特殊目的时人们也会为某种便利而设计、采用某个象征物。无目的、无用途，漫然想出一个象征物的情况从本质上说绝无可能。

在这里我要引用京都大学年轻哲学家山下正男⑤写的《动物与西欧

---

① 贝原益轩（1630—1714），哲学家、游记作家和植物学家的先驱。早年学医，后来开始研究朱熹著作，写出近百种哲学作品，如《益轩十训》《慎思录》《大疑录》《女大学》等，强调社会的等级及其实施的必要性，并把孔子的学说翻译成日本各阶层人士都能理解的语言。他还被尊为日本植物学之父，著有《大和本草》等。——译注

② 割符，在木片、竹片、纸片等上面写上文字，并在其中央盖上印鉴，之后切割为两部分的物证。事后将其中的一片与另外一片拼接对照，可做凭证。——译注

③ 符节，同割符。也指兵符和在任命官吏时使用的割符。中国古代称"符竹"或"符验"。——译注

④ 符契，同割符。——译注

⑤ 山下正男（1931—　），哲学家、京都大学人文科学研究所名誉教授。毕业于京都大学文学部哲学科，1958年从该大学研究生院博士课程期满退学。历任关西学院大学文学部副教授、京都大学人文科学研究所教授，著有《根据逻辑思考问题》《逻辑学史》《怎样在科学时代生活?》《思想中的数学结构》等。——译注

思想》这本非常有特色的书籍。该书的目的，乃检验一般的理论对思想
和意象的关系在何种程度上是有效的："我仅打算通过一个简单的样本，
即动物的意象来考察欧洲的思想史。所谓动物的意象，以下我仅限定为
兽类的意象。而且将该兽类进一步限定为（1）鹿、（2）羊、（3）马或
牛。因为（1）是人类狩猎阶段的动物意象，（2）是畜牧阶段的动物意
象，（3）是农业阶段的动物意象。虽然人类未必都要经历狩猎→畜
牧→农业这个线性过程，但从生产力的水平看，可以说畜牧比狩猎、农
业比畜牧要高得多。可是，在这三个阶段之后还有一个机械化生产的阶
段。通过机械进行大量生产的时代是由产业革命决定的，而人类最早进
入这个阶段的是在欧洲，由此带来了世界史的不平等发展和地域差及地
方的特性。""欧洲不仅是在世界上最早进入工业阶段的，而且还经历
了狩猎、畜牧、农业的所有阶段。换言之，即经历了四种生活形态。在
这四种不同的生活形态中，动物的意象形成了鲜明的对比，并且随着生
产形态的变化发展，该意象也在变化发展。特别是在农业阶段，欧洲出
现了大量的耕犁用的牛马的意象，并且这些牛马的意象和后来出现的机
械的意象密切相关。"① 这就是著者所要提示的主要命题，也是一个课
题假说。

接着，著者就这个课题假说即提出的命题一个接一个地进行验证。
首先，在"Ⅱ章 有角的神和魔女"中，著者以词汇为线索："欧洲的兽
类由鹿代表。英语的 Deer（鹿）用于表示能区别于鸟类、鱼类的所谓
的四足兽类，德语的 Tier-garten（动物园）的 Tier（动物）与英语的
Deer 是同一系统的词汇。法语 Béte（兽）这个词汇在狭义上也表示鹿
的意思。"提请读者注意："在欧洲城堡的大客厅墙壁上，多半都和武
器一道装饰着鹿角。可以说这象征着原始日耳曼时代之后狩猎生活的规
范和中世纪以后骑士狩猎的乐趣。鹿原本是象征日耳曼民族，特别是北
欧斯堪的纳维亚人的野兽。"之后，著者谈到福楼拜尔②的著名小说集

① 山下正男：《动物与西欧思想》序章 思想和意象。——原夹注
② 居斯塔夫·福楼拜尔（Gustave Flaubert, 1821—1880），法国著名作家，其成就主要表
现在对19世纪法国社会风俗人情进行客观、真实、细致的描写记录，还超越时代、超意识地对
现代小说审美趋向进行探索。这个"客观的描写"不仅有巴尔扎克式的现实主义，还有自然
主义文学的现实主义特点，尤其是福楼拜尔对艺术作品的形式——语言的推崇，已经包含了某
些后现代主义的意识。——译注

《三故事》中的第二个故事"圣朱利安"（原话是，卢昂圣母大教堂的彩色玻璃上画着"圣朱利安传"中的人物、动物等）：

> 领主的儿子朱利安到一定年龄后，按当时的习俗开始学习狩猎的技巧，每天都致力于打猎。某日，他将箭准确地射入一只牡鹿的额头。那牡鹿死盯着朱利安，预言说"你会受到诅咒。你一定会杀死你的双亲的"，之后死去。打那以后，朱利安为避免牡鹿所说的可怕灾难，拒绝了亲近诸侯的打猎邀请，过着悔恨的日子。
>
> 然而，打猎的诱惑实在太大了，他终于又回到狩猎的生活中去。某日因疲劳，他在返家途中看到了恐怖的幻影：过去自己在山野追赶的所有鸟兽都一块现身，组成一个圆圈包围并追赶自己。朱利安感到鸟兽正在策划复仇的方案。不出所料，当晚朱利安回到家，因意识错误，亲手杀死了自己的双亲。此后，朱利安抛弃自己的家，过起赎罪的生活，最终被基督召唤升天。①

与"圣朱利安传"很相似的故事是圣-休伯特②改邪归正的故事。说是在公元 8 世纪法国阿登③地区有个猎人，某天看见一只鹿的金黄色犄角间有个十字架在闪闪发光，之后改邪归正，脱离世俗生活，成为天主教的主教。这个故事要说明什么？在相信以狩猎为生的人难以得到救济的时代，日本的亲鸾④则鼓吹恶人即"屠沽"（猎人和商人）之徒也可得救。而在欧洲，新传入的"高等"宗教（基督教）根据教皇格里

---

① 此故事摘要由山下正男做出。——原夹注

② 简·圣-休伯特（法语：Chien de Saint-Hubert；英语：St. Hubert's Hound），有传说是 11 世纪左右比利时圣休伯特教堂的修道士，在时间和职位上与著者上文的说法有些不同。——译注

③ 阿登高地，位于法国北部、比利时东南部及卢森堡北部，默兹河东西两方的高原，是第一次和第二次世界大战中重要战役发生的场所。——译注

④ 亲鸾（1173—1262），镰仓时代初期僧人，净土真宗的鼻祖，早年在比叡山学习天台宗，后入法然专修念佛之门。1207 年遭"停止念佛"的法难被流放到越后。赦免后到关东传教并著述。主张通过绝对他力往生极乐，鼓吹"恶人正机"。著有《教行信证》等。妻子为惠信尼。——译注

高利一世①于601年发布的《适应传教地习俗》公告，在征服土著宗教
（日耳曼人的民族宗教）的过程中妖魔化古代宗教神（异教神），将其
思想打入地狱，并将所有的罪恶都归咎于异教神。不知道这个事实，就
无法解释任何问题。欧洲的恶魔头上必定长角，这是住在改信基督教迟
缓的荒野、森林中的原住民在数世纪后仍信仰的日耳曼民族宗教神的象
征。在这是否能救赎的紧要关头，教会在信众的心灵深处打上"有角"
恶魔的烙印。前述的两个圣人故事，不外乎是一种向日耳曼狩猎民族说
教，使其从自身"有角"神的诅咒中逃离出来，得到救赎的宗教文艺。
山下在Ⅲ章结尾写道："如果说异教徒的植物象征是森林，那么可以说
其动物象征就是鹿。因而异教徒的神就是有鹿角的森林神。这个神落败
于基督教神，被视为恶棍，长期存在于欧洲人被压抑的心灵深处。"

　　这里我要做些补充说明。这个鹿的意象，原先在日耳曼民族宗教文
化圈中使用时不外乎就是一个二者合一而显示出"神"的割符。但不
幸的是，因为其中的一部分割符被抛弃，故它无法再成为"神"。不仅
如此，描有基督教教会"羊"的图案的木片，还取代了被抛弃的那半
片的割符。如此一来，"鹿"立刻就只能成为凶恶残忍的"恶魔"的象
征。无论是宗教象征，还是文学象征，其可视的部分都会将不可视的整
体推入后方，在它与前述的社会价值体系的关系中随时都会有效地发挥
作用，但有时也会陷入无能或无力的境地。所谓的象征，简单说来就是
这么回事。

　　山下在Ⅱ章漂洗出羊的意象与基督教的关系："驯化、饲养野生动
物带来的畜牧业，与有意识栽培野生植物带来的农业一样，都属于革命
性的事件。""在牧人看来，一只羊在羊群中是驯服的确实非常理想。
若离群被野兽等袭击则非常危险。由此看来，对羊自身而言也可以说是
非常理想。能成群结队，而且忠实于群体，无论从希腊、罗马的市民伦

---

　　① 格里高利一世（Gregorius Ⅰ，约540—604），第64任罗马天主教教皇（590—604年
在位），中世纪教皇之父。曾当过隐修士，590年被选为教皇，595年兼任罗马行政长官，自称
天主的众仆之仆，对意大利中部、西西里、撒丁尼亚和科西嘉进行政教合一的统治，极大地提
高罗马教皇的地位而削弱君士坦丁堡大主教的地位及职权，使得罗马教皇的地位与皇帝的地位
相当。其神学思想主要遵循奥古斯丁的学说，但较少强调预定论。早期的教会对异教的态度尚
显宽容，格里高利一世发布了《适应传教地习俗》公告，称"不可急于将异教徒的祭祀、节
日改变为基督教的祭祀、节日，甚至在许多方面还必须模仿异教徒的祭祀活动"。著有《伦理
丛谈》《司牧训话》等。——译注

理观看，还是从基督教伦理观看，都具有积极正面的价值。"① 接着，山下又根据西欧社会的变化发展阐明牛马的意象："日耳曼人最早是用牛拉车，定居并开始农业之后让牛拉犁。"② 不久采用三圃式农法③后，"因为马跑的速度快，所以往返耕地的距离稍远一点也没关系。其结果是西欧村落的聚集化。……一种相似于都市化的现象出现了，并促进了新文化的发展。耕作的牛向马的转变，与革命名实相副。"④ 这种变化的结果也证明，"欧洲中世纪以来，不仅将牛马单纯地比喻为受人类的支配，也比喻为强制劳动"。最后在欧洲，机械文化取代了家畜文化，"与马向机械转变一道，机械也开始用于比喻。针对'万分紧急'这种情况，过去是说 Whip and spur（用鞭子和马刺策马飞奔），而后来则改说 To step on the gas（踩汽车油门）。另外，'像马车的马那样工作'也被改说成'像火车头那样工作'"⑤。即从比喻来看，从马的模式向机械的模式转变。山下对欧洲动物意象的变化过程进行跟踪后得出最终的结论："我们不能忘记，欧洲近代思想的自由思想、解放思想和革命思想的原点，明显是将人类视为畜生的思想。欧洲人的心性深处存在着与动物意象完全重合的奴隶意象。"⑥ 可以说这揭示了一种优秀的历史观。

如果将欧洲世界的社会发展过程视为鹿→羊→牛→马的动物意象变迁过程是正确的话，那么我们就可以将日本列岛社会的变化、发展过程看作是以下植物意象的轮替过程。即：

梅→樱→藤→枫→水仙→葵→菊。

不过，这种植物意象和动物意象的性质完全不同，动物意象是由改

---

① 山下正男：《动物与西欧思想》Ⅱ章 羊的意象群和基督教。——原夹注

② 同上书，Ⅲ章 牛马的意象和西欧世界。——原夹注

③ 三圃式农法也叫三圃制。三圃制是一种典型的西方农庄的轮耕制度。耕地大致被分为春耕、秋耕、休闲三部分，轮流用于春播、秋播、休闲。每一块土地在连续耕种两年之后可以休闲一年。当时由于生产技术的进步，特别是有轮重型犁的推广普及，大规模的土地开发增加了大量的耕地。8 世纪后，三圃制盛行于地势平坦、气候湿润阴凉、土质黏重的中欧和西欧等地。农民拥有的耕地以狭长条地的形式，与领主保有地错落相间地散布在各个耕区内；每年种植的作物种类和农作时间强制划一，农民无权安排；休闲地和收割完毕后的耕地，都作公共牧场共同使用。——译注

④ 山下正男：《动物与西欧思想》Ⅲ章 牛马的意象和西欧世界。——原夹注

⑤ 同上书，Ⅳ章 从马到机械。——原夹注

⑥ 同上书，结语 动物与革命思想。——原夹注

变了西欧世界的生产方式这种割符的关系决定的。并且，我无意特地要用植物意象的轮替这个说法来说明植物意象的变化和发展。遗憾的是，日本列岛居民最终也没有办法证明，因生产方式的发展带来的生产关系（支配和被支配的关系）的变化会直接反映在植物的意象上。充其量它只是各时代的统治阶层在政权轮替时，在他们发行的割符的另一片上盖上的"花"的意象图章而已。

在知道花的象征所具有的社会约束力和价值体系的重要性之后，若重新评价其美好度时则可知各自的花所起到的象征作用是那么令人惊讶的合法（符合规则），而绝不是胡乱的选择。若问针对何物合法，回答是针对七八世纪从中国引进的诗文和美学"范式"的合法。接下去在适当的时候我们要详细叙述《怀风藻》《万叶集》等以梅花、柳树、胡枝子、莲花为题材的吟咏，——都是忠实咀嚼《文选》《玉台新咏》句例的产物这个问题。总之，日本律令文人贵族在再创造美时，根本就没有想过要任意（随心所欲地）发挥自己的创意，而是奉守戒律，最少都要查询一下《艺文类聚》。

希望读者先了解《艺文类聚》中与植物有关的内容。按目录检索，其排列方式如下：

○第八十一卷　药香草部上

药　空青　芍药　百合　兔丝　女萝　款冬　天门冬　茱萸　薯蓣　菖蒲　术　草[香附出]　兰　菊　杜若　蕙　蘼芜　郁金　迷迭　芸香　蘹香　鹿葱　蜀葵　蔷薇　蓝　慎火　卷施

○第八十二卷　草部下

芙蕖　菱　蒲　萍　苔　菰　荻　蓍　茗　茅　蓬　艾　藤菜蔬　葵　荠　葱　蓼

○第八十五卷　百谷部　布帛部

百谷部　谷　禾　稻　秔　黍　粟　豆　麻　麦
布帛部　素　锦　绢　绫　罗　布

○第八十六卷　果部上

李　桃　梅　梨　甘　橘　樱桃　石榴　柿　栌　柰

○第八十七卷　果部下

枣　杏　栗　胡桃　林檎　甘薯　沙棠　椰　枇杷　燕薁

棪　蒟子　枳椇　柚　木瓜　杜梨　芋　杨梅　蒲萄　槟榔

荔支　益智　椹　芭蕉　甘蔗　瓜

○第八十八卷　木部上

木 [花叶附]　松　柏　槐　桑　榆　桐

○第八十九卷　木部下

杨柳　柽　椒　梓　桂　枫　予章　无患　朱树　君子　枞

桧　荣萸　楠　柞　楸　栎　楛　灵寿　女贞　长生　木槿　樗

木兰　夫栘　櫹　若木　合欢　杉　并闾　荆　棘　黄连　栀子

竹

其"美学范式"就是如此。而日本古代知识分子根本就没有想过除此范式之外还有其他的美，并且努力尽早填补自己对中国诗文美学制度的知识空白，以此作为自身的义务。这种努力从古代开始一直延续到中世、近世。当然这仅限于统治阶层（被统治阶层肯定在探索与自己的生活经验联系得更为密切的另一种"美"，而且不断有渐进式的发现）。

若更为细致分析以上提示的"植物意象轮替"的图表，则可得下图：

梅　　　　　　樱　　　　　　枫　　　　　　水仙　　　　　　桐　　　　　　　菊
柳　　→　　藤　　→　　芒草　　→　　松兰　　→　　葵　　　→
莲　　　　　　牡丹　　　　　竹　　　　　　　　　　　　　山茶花
萩　　　　　　杜若　　　　　　　　　　　　　　　　　　　菊　　　　　　　樱

这个"植物意象轮替"本身——都依据前述的"美学范式"，而且与欧洲的动物意象有根本性的不同。虽有变化但经常只是同一物的反复。

六

以上叙述明确说明了花的象征、花的意象以及花语这些东西，都必须作为各时代乃至各社会的"共时"现象加以把握。如今我们得以清晰分辨出某几组的象征物作为有机组织起特定的社会机构和制度的工具被使用了很长时间。它们创造出一个"封闭"的象征体系（或神话体系），束缚着我们日常的物质生活。

然而，人类一旦在自身内部建立起偏见和固定观念后就很难去除之。而且，当涉及整体的思维方式、倾听反对意见、以自身为批判对象（不这样就永久无法得到科学、客观的真理）这些精神态度时也不会轻易地改变自己。尤其是老人，多半都带有偏见、固定观念、单方面的看法和自我主张、自我肯定的一面。即使是年轻人，也只有一部分人能发现自己已无法对年深日久的花的欣赏方式有所改变，自觉到自己已开始老化。总之，即使能注意到"封闭"的象征体系存在，并有志于打碎它，也绝不是一件简单的事情。

今天我们期待的是一个"开放"的象征体系。所谓的"开放"，简单地说就是符合真正的民主政体的开放的意思。在这种场合，与其称之为象征的体系，倒不如称之为神话的体系更为合适。那种自由主义的、不受外界干预的、能实现人性自由舒展的"开放"的神话体系，不仅符合我们这个时代，而且还是我们生存所绝对必需的。

最早提出"开放"的神话体系的是加拿大文化史学家和文学教授诺斯洛普·弗莱①。这个体系对现代人来说日益不可或缺。而伊利亚德以及数不胜数的人类学家和宗教学家则主张上述"封闭"的象征体系和神话体系对人类的精神生活来说不可或缺。这些人不知从何时开始痛骂西欧文明产出的科学技术和产业结构的弊病，我们无法说他们已将脚踏入错误的泥沼，但大抵可以说他们最终是在嘲笑"人类的智力努力"和"历史的进步"。总的说来，这些人类学家和宗教学家比起面向未来，更看重过去的价值，倾向秉持保守的意识形态。而诺斯洛普·弗莱则接受了文化人类学和精神分析学的许多智力启发，总是将视线集中在

---

① 赫尔曼·诺斯洛普·弗莱（Herman Northrop Frye，1912—1991），加拿大文艺评论家和20世纪世界最有影响力的文学理论家，生平不详，著有《可怕的对称》《批评的解剖》等，曾风靡世界一时。——译注

人类未来的方向。或许这得益于他出生在极其缺乏历史的加拿大。借用弗莱的话说就是，"加拿大人的性格最明显之处，就在于坦率地承认加拿大之外的人类世界更为重要"。诚如此言，只有这样才能避免所有的偏见，对人类的未来有正确而客观的认识。

　　弗莱的见解概括说来就是，现代世界始于产业革命，它采用的社会形态是产业革命带来的经济结构与政治结构并列且竞争的形态。因此在今天，不论是资本主义国家，还是社会主义国家，从功能上说所有的社会都由生产者或劳动者组成。可是，由于美国及其他先进国家的生产力过于强大和高效，所以今天为了继续推动生产力的发展，就必须在各方面采取需求"放水"的政策。当然，余暇急剧增加的事实出现了。余暇在时间长度上，在接受其影响的人数上和生产劳动自身一样具有同样的重要性。我们总是从 19 世纪的观点出发，将社会在本质上看作是生产型和产业型的社会，因此余暇就只能是多余的时间和可以通过各种形式消遣打发的时间。然而，当我们凝视人生就会发现，与生产有关的时间在本质上是功能性的，每个人的特性一定是被工作和社会关系赋予的，但仅是如此人生将无聊无比。直截了当地说，现在我们并不值得向某种经济结构和政治结构奉献忠诚。那么有否我们可奉献忠诚的对象？如今我们的一般大众想发现也发现不了那个值得奉献的对象。只是因为碰到余暇扩大这个事实，万众正面临着可以获取值得奉献忠诚的对象的时代。现在已不能将余暇视为"多余的时间"或"通过消遣可打发的时间"。周末或连休时间在高速公路或海岸所见的"消遣"，并不是真正的余暇，而是逃避余暇，不过是不想直面摆在自己面前的内心课题的一种完全懈怠。余暇问题现在已成为需要锻炼和责任的"教育现象"。为解决余暇问题，我们就必须学习相关的技能，接受必要的训练，也必须开设相应的教育机构。我们的人生一半消耗在产业结构上，一半消耗在余暇结构上，但若不懂得二者统一的方法，则有可能陷入古代罗马世界所说的"面包和马戏团"的堕落形态。因此绝对有必要在本质上将余暇结构视为"教育的结构"，但不能期待我们可以依赖现在的大学教育。因为大学只不过是将过去的各种价值翻译成当代中产阶级的价值才走到今天的，只能教授被分割的各种不同的学问。不过，现在的"教养教育"（Liberal education）也可以解放众人，实现对人的宽容。又因其学习过程可与某个社会理念统合，故在本质上将其转换成教育结构的余暇结构即可。

> 教养教育的形式与其说是单纯知性的，倒不如说在更广泛的意义上是社会性的。教养教育这个社会形式我暂时称之为社会的展望，或用更专业的术语称之为神话体系。

> 不管在任何时代，一般的人对其所信的人类条件和命运都有各种的看法，如观念、意象、信仰、前提、不安、希望等，这些也都成为一个结构。我们在此将该结构称之为神话体系，将结构单位称之为神话。这种意义上的神话，即人类对自身、对自身在宇宙中的位置、对自身与神及社会的关系，以及在终极方面对自身或其他的人类从哪里来又往哪里去所抱有的关心的表现。由此可见，一个神话体系源于人类之关心，乃我们对我们自身所念之在兹的产物。人类必定根据人类中心的观点看待世界。早期的原始神话是故事，且多为有关神的故事，以自然意象为结构单位。当社会演进到具有更高的结构时，神话之间变得相互无缘，并向两个方向发展。第一个是发展成我们所知的文学，首先是民间故事和英雄传说，继而成为传统故事的情节和诗歌的比喻。第二个被概念化后成为贯穿历史思想和哲学思想的原理。例如，贯穿于吉本①的罗马史的是失乐园的神话，有关埋没的自然和理性社会的卢梭②思想深处有睡美人的神话。③

弗莱说各时代"人类的关心"产出的是神话体系，之后又说西欧文明有两个主要的神话结构，一个是制度化的基督教创造出的巨大综合体的"古代神话"体系，另一个是与现代世界同时即于 18 世纪后半叶开始出现的"现代神话"，后者在 19 世纪后达到了有限意义的现代的形式。弗莱认为，"古代神话"原为法由神定的时代的人类文明形式，而

---

① 爱德华·吉本（Edward Gibbon, 1737—1794），近代英国历史学家和史学名著《罗马帝国衰亡史》一书的作者，是 18 世纪欧洲启蒙时代史学的卓越代表。——译注

② 让－雅克·卢梭（Jean-Jacques Rousseau, 1712—1778），法国启蒙思想家和法国大革命的先驱，通过《社会契约论》和《论人类不平等的起源》等阐述了"回归自然"的思想，并主张人民主权论，对近代思想产生了巨大的影响。——译注

③ 赫尔曼·诺斯洛普·弗莱著，海老根宏译：《现代文化一百年》三 知性的月影。——原夹注

"现代神话"则因起源于人类，属于人类对自身文明负责的人类精神的产物。而且，我们时代的神话体系，应该用人类的希望和恐惧这个观点来解释。

　　我这里所说的是与自由即"开放"的民主政体相符的神话体系。我将其称为一个结构，但因为它是一个经常剧烈变动的体系，所以有时根本不好用结构这一个让人联想到固化的比喻说法。每个人都在自身最熟悉的专业影响下，按自己的方式对这个体系加以变形，或在自己的一生中还接受过若干种其他的体系。有人说神话是一种可被证明或可被反驳的真正的假说，但即便如此，这种说法成立的情况也极为罕见。因为那不是神话的功能。所谓的神话，是一种具有整合或统合功能的观念。因此，优秀的神话研究著作一般都由优秀的学者写出，但人类关心的神话体系却与真的学问有所不同，并从属于后者。在某时某个事实被证明或某个理论被彻底驳倒后，其结果也许就是神话体系的整体改变，并且，改变了也行。话虽如此，但由于神话体系也是基于某些前提的，故其需要某种程度的社会统一，也可以进行讨论、争论和表达等。神话体系并不是为了让人直接信仰的，毋宁说它是一个汇聚信念可能性的储水池。……各种各样的思想、信念和行动方针都产自这种开放的神话体系，但在这些方针被决定时，也不能允许关闭讨论的场所。任何观念，只要它不能包括它的反对观念，不能通过自我否定和自我更新加以扩散，充其量就只能是一半的真理。①

　　在这种"开放"的神话体系下，学问和艺术可优先进行，真理也被迫不断地自我否定和自我修正（这种情况在"封闭"的神话体系下是不可能实现的）。因此，"开放"的神话体系没有正典（圣典）。同样，民主主义社会也不存在知识精英。在民主政体下，万众都属于某行业的精英，这些精英集团通过自己所发挥的社会功能，激发出其他集团所不具有的知识和技能。最终，我们每一个人都可以创造出更好的世界。因

①　赫尔曼·诺斯洛普·弗莱著，海老根宏译：《现代文化一百年》三 知性的月影。——原夹注

为在我们这个世界，除了人类的创造力外，再无其他的创造力。弗莱在著作的结尾说："我们需要奉献出真正忠诚的加拿大，是我们最终没能创造的加拿大。……所谓的我们的真我，和所有国家的国民一样，是我们最终没能达到的自我。它表现在我们的文化中，但在我们的生活中并未实现。""在我们的世界，当我们看到高声的虚伪、梦游病式的领导、战战兢兢的自由、批判的压制是权力和成功的标志时，继承未被创造的加拿大的真实自我并继续向前，也许最终并不是一件那么坏的事情。"①

我们日本民众的创造行为也应如此。在插花时，每位插花"艺人"也都应该通过正确的余暇结构中的正确的教育活动，习得并创造"真实的自我"和"真实的日本人"的技术。期待我们每个人都能抛弃固守于"封闭"的神话体系的态度，跃入"开放"的神话体系中，不断而勇敢地进行自我否定和自我修正。若过去和传统中有可再生产的东西，也应不断地采用之。不偏狭，对自己的反对者（反对物）也施以博爱的精神，这才是支撑民主主义社会的思想基础。

以上我们阐明的是，花的象征——广而言之是植物、动物的象征——绝不是永远固定不变的，它只有在各个时代和社会的"共时关系"中才具有意义。百合也好，向日葵也罢，因围绕在它们身边的人的"生活方式"和"思维方式"的不同而都显示出完全不同的意象。因此，如果说某个特定社会中有某个特定的花的象征能永远保持不变，那么只能断定该特定社会是一个能给予特定的统治体制及其所反映的支配性意识形态以不变力量的社会。如果日本的大多数民众在菊花和樱花中看到的是一种永远不变的象征，那么，日本的统治体制及其所反映的支配性意识形态就永远不会发生变化。然而，正如一再说明的那样，外国人对菊花的感觉（皮埃尔·洛蒂感觉的是"丧礼"或"吊唁仪式"的气氛）和我们完全不同，外国人对樱花的感觉（在华盛顿波托马可公园散步时绝不会联想到"大和魂"）也和我们有云泥之别。从事物的本质来说，根本就不存在菊花和樱花自身固有的象征等。而这所有的一切都是某些人任意创造出来的，并且他们都被这些创造出来的象征所束缚。一旦被束缚则人类被大自然疏远，被自身疏远，被类的存在（作为

---

① 赫尔曼·诺斯洛普·弗莱著，海老根宏译：《现代文化一百年》三 知性的月影。——原夹注

人类成员的自我存在）疏远，被人（其他人的存在）疏远而愚昧至极。
我们若不确立新的（不仅是新的而且是正确的）自然观则只会永远陷
入不幸之中。

　　简单地说，就是要"变革自然观"等，但打破日本传统的自然观范
式却不容易。然而我们若对此弃置不顾，那么努力想改变社会体制和经
济结构也属于枉然。物质层面的改革先行，人的自身内部的变革滞后，
将导致官僚横行霸道的事态发生，就像在某国可以见到的那样。虽然要
花费时间和精力，但我们必须大力培育由理性主导的"开放"思维。
为此首先要运用科学、整体的认识方法接近大自然。既然是整体的，就
意味着需要实证科学的思维方式，还需要辩证法和结构主义的思维方
式。列维－斯特劳斯说："大自然本身并不矛盾。它只有在与汇入其间
的特定的人类活动的关系中才会出现矛盾。某环境具有的各种特性，将
根据活动方式采用何种的历史、技术形态而获得不同的意义。另一方
面，人类和自然环境的关系，只有将其提高至人类的层次方能理解。但
即使提高至那种境域，前述关系也只能扮演思考的对象这种角色。也就
是说，人类不是被动地知觉这种关系，而是使其概念化后咀嚼粉碎之，
从中建立起某个体系。而这个体系绝不是事先确定的，即使假定状况相
等，但针对同一种状况，也经常有几种体系化的可能。威廉·曼哈德①
和自然神话学派的谬误，就在于将自然现象视为神话欲阐明的对象。实
际上，在他们看来，自然现象毋宁说是通过神话阐明现实——其本身并
非自然界而是属于逻辑的那种现实——的一种手段。"② 我本人欲说的
话，在此全部可由列维－斯特劳斯的这个叙述所概括。追根究底，所谓
的自然观即"人类活动"本身，亦即我们的"生活方式"。

　　这个问题本来应该是文学家（或文学研究者）认真研究的重要论
题，但我从未听闻现代日本文学工作者对传统自然观提出过异议。有许
多文学工作者在年轻时曾一度对传统自然观抱有疑问，但在壮年后却回
归"日本自然美""日本语言美"的标语牌下方。今天对此问题之所在
认识最充分的无疑是政治学者。过去的政治学始终是一种单纯由市民伦

---

①　威廉·曼哈德（Wilhelm Mannhardt，1831—1880），德国近代学者，著有《拉脱维亚
的太阳神话》和《拉脱维亚—普鲁士的神话学》等，以其对波罗的地区神话的世界树等的研
究，对印欧神话学贡献巨大。——译注

②　列维－斯特劳斯著，大桥保夫译：《原始思维》第三章 变换的体系。——原夹注

理和以此为基础的制度理论构成的学问，而今天的政治学正转变为需要"自下而上"重新把握不断要求变革社会和制度的现代状况，将政治意识理论和政治活动方式理论置于社会的最底层，并以此为基础构筑政治指导理论和组织理论，进一步再以此为基础，构建政治制度理论。永井阳之助①《政治意识的研究》说："总之，政治可定义为：'为权威地分配社会价值，少数人对多数人进行通信和控制的体系。'因此，政治的总过程可以被理解为一个政治意象的通信和反馈的巨大网络。严格地说，既然意象由个人的数量决定，那么，政治学的研究就应该从那些个人的政治意识的迂回认识出发。……'制度''状况''组织'这些词汇所指的事物，总之也是一种肉眼不可见的东西，最终介于象征得以现实化。制度作为'制度象征'，组织作为'组织象征'，状况作为'规定状况的象征'进入现实的认识当中。"② 从此象征论的观点出发，可谓统治阶级的武器就是"垄断象征"。统治阶级及其领导人为让人民接受自己的命令和领导，就需要在被治者和追随者之间不断再生产出理性或情绪性的反应，其技巧就是进行"象征的操作"。政治权力由米兰达（miranda，同一化象征）和信条（credenda，合理化象征）③ 武装，并非单纯作为权力，而是作为权威建立起来的。政治学中象征的重要性就在于此。与此相关联，永井阳之助还有尖锐的阐述：

　　这里须关注的是，象征意义分为表现在外部的意义和隐藏在背后的意义。例如，日丸旗、君之代、神舆、村祭、盂兰盆会舞蹈、

---

　　① 永井阳之助（1924—2009），政治学家，毕业于东京大学，历任北海道大学教授、东京工业大学教授、青山学院大学教授。从早年的政治意识理论研究转向国际政治学研究，主张现实主义的外交理论。反对非武装中立的和平理论，鼓吹非核但应轻度武装日本。著有《和平的代价》《冷战的起源》等。——译注
　　② 永井阳之助：《政治意识的研究》Ⅳ 政治认识的结构 二 政治学的基础概念。——原夹注
　　③ 查尔斯·爱德华·梅里亚姆（Charles Edward Merriam，1874—1953）认为，单纯以武力不能永远进行统治，而必须诉诸被治者的情感和知性，使其承认统治者的正统性。梅里亚姆将此事分为米兰达（miranda）和信条（credenda）两方面说明。前者指通过纪念日、音乐、旗帜、仪式、示威游行、公开表演等情绪性、咒术性的象征形式，促使民众产生对权力和集团的归属感和一体感的方法，后者指通过理论、信条体系、意识形态等知识性、合理性的象征形式，促使民众对权力和集团产生正统性的信念的方法。——译注

冠婚葬祭、茶汤、花道、柔道、剑道、浪花曲①、小呗②、古筝等。这些东西分散开来，不用说表达的是一种非政治的象征，但这些部分的象征合为一体，就会情绪性地与传统的旧意识缠绕在一起。因此，在"复古调""走老路"这个整体的文脉中却具有极大的政治意义。③

这个英明的政治学家对日本的自然观虽一言未发，但让人读后明白无误的是日本的自然观也"具有极大的政治意义"。我自身受永井政治学理论启发和触发之处良多。

为捍卫民众日常的幸福，我们必须探索和确立新的正确的自然观。

---

① 浪花曲，一种三弦伴奏的民间说唱歌曲。——译注

② 小呗，民间通俗歌曲或民间小调，延续时间很长，从平安时代开始一直到江户时代都有此歌唱形式。歌唱时多有三弦伴奏。——译注

③ 永井阳之助：《政治意识的研究》Ⅰ序说 驱动政治的事物。——原夹注

第一章　日本自然观的范式——其确定的条件

日本自然观的文化史概要

有人说日本人天性酷爱大自然，对季节的变化非常敏感。自志贺重昂的《日本风景论》（1904）和芳贺矢一的《国民性十论》（1907）提出这个说法后它已成为常识。事实果真如此吗？

环顾四周，可见日本是一个政府率先放弃汽车废气管理，将尊重生命置于第二位，也不实施环境保护的国家。日本人夺去植物的生命，不使鸟类接近自己，污染鱼虫栖息的河流和海洋，对大自然施予暴力，如何能说自己"热爱草木，尊重大自然"呢？据说在北欧某个国家，政府征求当地人是否同意建设工厂的意见，后者回答：承蒙好意，但这样一来鲑鱼就不会洄游到江里，所以还是不要建了。与此相比，如何能说日本人热爱大自然呢？即使我想奉承国民，也无法说我们热爱大自然。

自然观本身其实是一个"社会事实"。

我们调查花和树木的历史，得到一个令人惊讶的结论：古代日本人（古代贵族知识分子）以自己的双眼（直接肉体的感觉）为窗子，对日本传统花木进行思考和评价，并发现对象的特质的事例最终为零。古代日本人亲手创造出的花的象征（神话、宗教的象征）等最终也未能检出一个。

正月作为喜庆象征使用的松枝最早见于《古事记》"景行天皇"条。也就是日本武尊赞叹吃饭时忘带的大刀居然还在而吟唱的长歌："尾津一松若为人，当使穿衣佩大刀。"[1] 但仅此还无法抽象出所谓的象

---

[1] 原歌是"一つ松 人にありせば 衣着せましを 太刀佩けましを"。——译注

征，而《万叶集》第六卷的

> 一松经年有几许，风吹音清因年深（市原王）①
> 人寿不知有几许，我结松枝祝命长（大伴家持）②

则都属于在松树下设宴饮食，歌咏松树所包孕的"长寿"象征的歌句。而且这种《万叶集》式的构思源泉都可以溯源于那些律令文人贵族必携的虎之卷《艺文类聚》。此外，我们以敕撰三汉诗集（《凌云集》《文华秀丽集》《经国集》）为媒介，再推及《古今和歌集》，还可以看到这种象征已百分之百地定型化了。

实际上，松树除有"长寿"的象征意义之外，还有"贞洁"这种象征意义。《怀风藻》中中臣朝臣大岛的五言诗《咏孤松》中有"孙楚高贞洁"一句，其出典明显就是《晋书》的"孙楚传"。平安时代初期的《文华秀丽集》有"孤松盘曲……贞洁苦寒霜雪知"的七言诗，又明显蹈袭《论语》的"子曰，岁寒然后知松柏之后凋也"。

如此一来，则可知我们作为常识的松的"长寿""贞洁"这些象征意义，并不是来自日本的感性，而只能认为是进口自中国的诗文。按日本民俗学的解释，松树是常绿树，故作为迎神的附体物而广受崇拜，但此习俗中国大陆在更早的时候就有。

说桃子具有驱鬼的咒力，柳枝可作为播种时必备的祭祀道具，竹子用于"插竹公卿"的权力标识，菊花能保障特权阶级地位永续、安全稳定，藤花可预言特定氏族子孙繁荣，莲花可联想到美女，菖蒲与庶民的幸福相连，等等，这一切都可以在中国古籍找到切实的典据。山茶花（椿）、胡枝子（荻）、槭树（枫）等这些日本人用国训③的方式赋予其权威的植物，其典据也一一可在中国古籍中找到。在彼时，古代日本人仅引进椿、枫等的神话象征意义，而利用人们未见实物（正品）的机会，随意用日本的植物代替了事。

---

① 原歌是"一つ松　幾代か経ぬる　吹く風の　音の清きは　年深みかも"。——译注
② 原歌是"たまきわる　命は知らず　松が枝　を結ぶ情は　長くとぞ思ふ"。——译注
③ 国训，用汉字注读日语的读法。——译注

之后日本的"国花"（National Flower）樱花，也是以中国诗人的樱花审美为范本，才成为植物观赏的对象的。樱花与梅花不同，我们不好断定它是否也是外来物种（樱花的原产地并不仅限于日本，在中国西南部和印度北部也可看见，这一点是明确无误的），但仅就其观赏态度而言，它不过是对起源于中国的文化行为的模仿、学习的成果而已。翻阅《古事记》《日本书纪》《万叶集》，可谓樱花被天皇、贵族垄断的事例太多，一切都历历在目。

仅例示这一部分就可以知道，日本人长久以来被灌输的民族固有的自然观，只不过是日本律令国家建设者在努力学习中国的政治和文教意识形态的同时，将其接受的成果强加给农民大众的一个认识世界的框架。

中国古代社会统治者的世界认识是，其顶点是天（皇帝），中间是地（农地），底边是人（众庶）。[①] 这种以亚细亚生产方式（总体上说是奴隶制）为基础、认为专制统治乃永远法则的学问曾大行其道，并被政治奴役。因此，天文观测、占星术、历法、药学等古代科学技术也都被用于完善、增强皇帝的政治统治，完全没有机会给庶民的幸福带来帮助。

为研究天文观测、占星术和历法，就必须考证古代中国人的"时间观"和"宇宙观"。在古代中国，作为原始科学的自然主义理论体系（含阴阳学、五行说、易学）极度发达，这些自然主义学派所做的"时间分割"被适当地嵌入国家、王朝、统治者及其统治的年代。但不用说现实的政治是优先的，而理论则不过是后来需要补充的一种事后解释。不久，从印度传来了研究长期循环问题的循环时间观，它扮演了增强古代中国自然主义理论的作用，并催生了魏晋时代的神秘而又精密的决定论式的自然哲学。我们在此既无时间，又无能力对此一一做出调查，仅

---

① 以上著者所说的与中国古人的认识差距很大。《易经·说卦》："是以立天之道，曰阴曰阳；立地之道，曰柔曰刚；立人之道，曰仁曰义。"易卦每卦三爻，从上到下排列，讲的就是天、人、地，人在天地中间。故孔子曰："三才者，天地人。上有天，下有地，人在其中。"中国古人认为构成生命现象与生命意义的基本要素是天、地、人。"天"是指万物赖以生存的空间，包括日月星辰运转不息，四季更替不乱，昼夜寒暑依序变化。"地"是指万物赖以生长的山川大地以及各种物产资用。"人"是万物之灵，要顺应天地以化育万物，最终达到"神于天，圣于地"的理想境界。——译注

需听取约瑟夫·尼达姆①有关"历法颁布"的言论即可。尼达姆说："在一个根本性的农业文明国家，人民必须知道在某个特别的时节做什么。中国的太阴历、太阳历的颁布，是宫廷统治者（天子）的神圣、灵妙的宇宙工作。接受历法是忠诚的证明，其权威颇类于中国之外的文明国家在货币上刻上统治者的肖像。"② 历法的接受即忠诚的证明一语，原出自马塞尔·格拉内③《中国人的思维》中的观察报告。历法与专制统治之间的关系我们切不可迂阔视之。

反映中国古代农业技术的书籍之一是《岁时记》。查看其转引的《礼记》"月令第六"可以知道，其中明确规定桃花开了要做什么、燕子来了要做什么、春雷响了要做什么等各项程序。总之，都按季节的变化分别驱使农民。在这种情况下，中国古代官僚不得不对桃花、燕子、春雷的行踪高度神经过敏。中国知识阶层观察自然事象的行为，不外乎只是专制统治再生产的手段而已。

日本律令文人贵族原样照搬中国古代专制君主制，并严格使其适用于日本列岛居民。他们在宫廷礼仪和农政指导层面也严格蹈袭儒教的程序。换言之即直接引进《岁时记》式的思维方式。这个思维方式被宫廷艺术集团结构化，催生了和歌的"类题"④ 和倭画的"四季绘"⑤"月绘"⑥。这些就是日本自然观的祖型。

---

① 诺埃尔·约瑟夫·特伦斯·蒙哥马利·尼达姆（Noel Joseph Terence Montgomery Needham, 1900—1995），即李约瑟，英国近代生物化学家、科学技术史专家，所著《中国的科学与文明》（即《中国科学技术史》）对现代中西文化交流影响深远。李约瑟关于中国科技停滞的思考，即著名的"李约瑟难题"，引发了世界各界关注和讨论。他对中国文化、科技做出了极为重要的研究，被中国媒体称为"中国人民的老朋友"。——译注

② 诺埃尔·约瑟夫·特伦斯·蒙哥马利·尼达姆著，桥本定浩译：《文明的滴定》第七章 时间与东洋人。——原夹注

③ 马塞尔·格拉内（Marcel Granet, 1884—1940），即葛兰言，20 世纪法国著名的社会学家和汉学家，是法国著名汉学家爱米尔·杜尔凯姆和埃玛纽埃尔·爱德华·沙畹的学生。葛兰言运用社会学理论和分析方法研究中国古代的社会、文化、宗教和礼俗，而且主要致力于中国古代宗教的研究。代表作有《中国古代的节庆与歌谣》《中国古代舞蹈与传说》《中国古代婚姻范畴》《中国文明》等。本文著者所说的《中国人的思维》，汉译本译作《中国人的宗教信仰》。——译注

④ 类题，根据类似的题目，将和歌和俳句等辑成的歌集和俳集，多写在屏风和拉窗上面。——译注

⑤ 四季绘，按季节顺序，将春夏秋冬的景物画在屏风和隔扇上，构成一连串的画面组合。——译注

⑥ 月绘，按顺序，将一年 12 个月的节庆活动和景物画出的画。——译注

从平安时代（794—1192）末期到中世（自 12 世纪末镰仓幕府建立到 16 世纪末室町幕府覆亡），日本知识分子中有少数人开始在个人层面提出独特的"自然观"。这些人出生在社会变动期，故还编织出有关个人"生存方式"的哲学原理，但从基本上说，他们不想破坏贵族文化的体制，反而理想化和美化不可二度返回的过去，并于那里追寻"生的依据"。因此要想看到带根本性的新的大众文化的创造，就必须等到战国时代（1467—1568）的动乱期。而在战国动乱被平定，日本迎来统一的气运时，人们面对的是在政治监控方面滴水不漏的江户幕藩体制。在此政治支配下新的思维方式大致全部被抑制，与过去完全相同的"自然观"在社会又重新占优，日本自然观近乎无瑕疵地保留下来。

结论如下：日本律令知识阶层从自然观方面对不具有文化的日本列岛居民进行启蒙（蒙昧原住民没有植物欣赏的习俗，即使他们肯定有一定的植物文化，也可以如此阐述），但因为此时他们将古代儒教作为唯一的范式，故其自然观本身具有反历史的功能。而且因为确立的那个范式不容易被破坏，所以中世艺术论、近世本草学和近代自然科学都动辄要为统治者服务。

从理论上说，日本人的传统自然观的特质，就在于从不曾尝试用自己的感性去把握大自然的生态和造型美，而以一种适应专制统治者单方面规定的天文、岁时、动植物的象征体系的反应方式，将其误认为自身的大自然之爱。日本人到现在仍只能通过"俳句岁时记"等的滤光器来观看大自然。正因为如此，日本才陷入了因尽量配合大企业破坏自然，过后哀悼绿地和清澈河流的境地。

我们必须放弃永无止境地保护传统自然观的做法，及时跟上社会变革的步伐，用新的范式对自然观进行变革。

从"大自然的发现"到"自然观的接受"

1　"大自然的发现"——日本列岛原住民的植物文化

日本位于北纬 35 度到 45 度之间，南北纵横 3000 公里，国土细长而狭窄。此列岛的一个很大特征，就是除极地和沙漠之外，具有所有的地形要素。这所有的地形特征基本上都要接受地质条件的规定，此外还要接受气候条件、地球历史条件等才会形成。日本列岛具有以下几个特征:（1）来自 4 次造山运动（第 1 次是出现飞騨片麻岩,形成日本列岛基础的太古代造山运动。第 2 次是堆积出深厚地层的地向斜隆起,形成巨大山脉的古生代华力斯坎造山运动。即形成日本列岛基础的安倍族造山运动。第 3 次是中生代末的阿尔卑斯造山运动。即形成日本列岛骨架的日高造山运动。第 4 次是出现绿色凝灰岩地域,日本列岛变为花彩状弧形列岛的新生代第三纪的造山运动）形成的造山带;（2）位于面临深海的大陆边缘带;（3）位于季风带;（4）属于海洋性气候;等等。在包含气候和洋流的各种条件作用下,最终形成今天这种日本列岛地形的,不用说是冰河扩大或缩小这个壮阔的地球变化。

冰河期一般分为 5 期（多瑙冰期、贡兹冰期、民德冰期、里斯冰期和武木冰期）。从标准化石来看,"日本列岛在冰川第 4 期初已经有剑齿象和原齿象了。至贡兹冰期,除了有原脊象、东洋象、中国象等剑齿象外,还有长颈鹿、麋鹿（鹿的一种）、水牛、犀牛等分布在南部中国到马来半岛的所谓的南方系动物","里斯冰期之后即旧石器时代中期,一定已有尼安德特人从南朝鲜沿着陆桥进入日本"。① 到武木冰期后期,日本已经出现了旧石器人文化,这从战后岩宿遗迹出土的石枪可以得到证明。

武木冰期结束进入冲积世,在寒冷期后地球迎来了温暖期。因海平面上升,沿着侵入陆地深处的海岸线出现了一些绳纹时代早期和前期的部落。新石器文化开始了。"在这时期,森林快速地在过去的裸地上复活。到更温暖的距今六七千年前,有证据表明相当多的南方动植物北上。……这温暖期在距今约四千年前结束,该时期相当于从绳纹时代中期向晚期转变的时代。……这时海平面又开始下降,接近于现在的海平面高度。暴露出的海岸平原布满着泥炭地、草原和森林。然而这时期寒冷的气候也频频来访。这不仅通过花粉分析等资料可以得到证明,而且根据当时堆积的火山灰中残留的冻裂搅动结构也可以得到推定。这个结构是一种由火山灰反复冻结、融化造成的复杂的土壤搅动结构（一种褶曲或流状变形）。……距今约 2500 年前开始,气候又再次变暖,不久,日本迎来了以稻作农业为特征的弥生文化。"② 同时也可谓日本文化迎

---

① 凑正雄、井尻正二:《日本列岛》（第二版）Ⅳ 旧石器时代的日本。——原夹注
② 同上。——原夹注

来了黎明，"发现大自然"的清晨到来了。

日本列岛的形成和状况大致如上，可谓历史悠久，规模宏大。而我们今天正站立在冲积世后半叶"人类的历史"的正当中。

不过与以上说法相比，倒不如说是我们开始在日本列岛生活并在今天继续生活更为恰当。我们充其量只经历了"地球历史"的一个环节。人类作为地球一个最发达的生物体，随心所欲地对其他生物集团和自然构成物进行变形或破坏，最多只持续了两万年左右的时间。从"地球历史"看这仅仅是一眨眼的时间。从今天的生态学角度看，人类也只是自然界的构成成员之一。从生物社会学看，人类若脱离生物社会的框架，与其他生物集团隔绝则一日不可存活。

根据这根本立场，我们有必要考虑日本列岛的自然环境如何，又应该有怎样的状况。一般认为，人类文明起源于常绿阔叶林。其中一个是过去覆盖地中海地区到美索不达比亚盆地的硬叶常绿林①带，另一个是覆盖中国大陆、日本及亚洲东南部的常绿樟栲林②带。宫胁昭③在其著述《植物与人——生物社会的平衡》中说："世界常绿阔叶林带的整体环境可谓一整年都看不到极端的高温和干燥季节。自然植被一年中都被常绿阔叶林覆盖。常绿阔叶林带在纬度上位于热带和冷温带之间。世界常绿阔叶林大抵可分为以月桂树为代表的硬叶树林和以樟树为代表的、主要分布于东亚的常绿樟栲林。"又说："无论是欧洲还是亚洲，都有大致相同的常绿阔叶林的世界文明体，都将其发生地周边的大自然之绿色破坏殆尽。……在欧洲，因创造出硬叶树林文化的罗马帝国灭亡，故自5世纪左右开始，世界文明的中心逐渐从硬叶树林民族的拉丁民族转移到可谓夏绿阔叶林民族的日耳曼、斯拉夫民族那里。……现代世界文

---

　　①　硬叶常绿林，生长在夏季雨量少、高温干燥，冬季稍低温、雨量多的暖温带的森林，可分为高树林和低树林，后者尤其耐旱。叶小而厚硬，树干较短而粗，有的软木层厚，显示出很强的耐旱性。如地中海沿岸的圣栎（冬青栎）、油橄榄、黄杨类植物。——译注

　　②　常绿樟栲林，指常绿樟树占优的森林，生长在暖温带到亚热带北部、雨量夏季多而冬季少的地域。占优树种的树叶厚，有表皮层，受太阳照射后烁烁发光，平时有光泽。芽鳞片状，有毛和蜡质，故可抵御冬季的寒冷和干燥。多见于从地中海沿岸山地多雨地区、喜马拉雅山脉南斜面，并经云南一直延伸至日本西南部低地等地区。——译注

　　③　宫胁昭（1928—　　），生态学家、日本地球环境战略研究机构国际生态学中心主任、横滨国立大学名誉教授，著有《日本植被志》（全10卷）、《日本植物群落图说》、《日本植被便览》、《植物与人——生物社会的平衡》等。原日本国际生态学会会长、儿童文学家宫胁纪雄乃其兄。——译注

明两大中心地的欧洲和美国的文明，在两大陆的夏绿阔叶林地带蓬勃发展。……与因民族主导权交替，硬叶树林文化向夏绿阔叶林文化转变的欧洲相比，亚洲现在文明中心地的国家仍局限在常绿樟栲林带。"① 直至近代一直属于农耕民族的日本和中国，身边仍环绕着较多的残存自然林，故可担当其文明使者的重任。

日本列岛细长狭窄，南方与北方自然环境各异，住在不同地域的居民的生活方式和生活态度（思想和文化）也大相径庭。这种状况一直延续到最近这段时间（之所以这么说，是因为这十几年在高度经济发展下中央集权统一化一直在极度发展）。因此，若泛泛地说绳纹时代日本列岛居民的整体概观如此，反而会产生许多难以说清的问题。绳纹人从何而来？绳纹文化和弥生文化之间是否具有连续性？绳纹时代是否已有稻作？这些问题确能引起人们的无穷兴趣，但从仅限于部分地区发现的遗迹、遗物是无法得出一般性答案的。

然而，当我们整理过去所知的事物时就会发现，虽说从洪积世末期到冲积世初期广泛出现的日本先土器文化绝非独立于欧亚大陆的孤立文化，但始于公元前八九千年的绳纹文化，与亚洲大陆文化相比具有显著的后进性，未受到已开始农耕和畜牧的其他文化的影响，六七千年来一直处于同质的状况。到绳纹晚期人们开始储存并栽培栗子、核桃、橡实、青冈栎果实等坚果作为食物，在部分地区还可以发现稻作的痕迹，故可推定这时已开始了原始农业，但是否能说农业经济已有一个根本性的变革，回答是还不能。要使自然采集经济转变为生产经济则要等待弥生文化的出现。始于公元前 3 世纪的弥生文化的积极意义，就在于引进大陆文化的铁器和水稻耕作。这个异质文化的登陆使日本的生产方式和生活方式为之一变，创造了建立阶级社会和国家的基础。从这个意义上说，可谓弥生文化发挥了从原始社会向文明社会转变的历史发展的过渡性作用。

这时我们要问，绳纹人和弥生人和植物的关系如何。

塚田松雄②在其著《花粉要说——人类与植物的历史》中说：在绳

---

① 宫肋昭：《植物与人——生物社会的平衡》Ⅲ 植被和人类的历史。——原夹注
② 塚田松雄，生物学家，生平不详，大阪大学、华盛顿大学名誉教授，著有《古生态学Ⅰ——基础论》《古生态学Ⅱ——应用论》等。——译注

纹时代早期，"日本列岛因与大陆分离，缺乏适当的栽培植物和饲养动物的资源是一种宿命"。在绳纹时代前期，"人们多依赖于渔捞，但在内陆地区，也有人使用弓箭狩猎日本鹿、野猪等，并根据季节采集核桃、锥栗、栗子、青冈栎果实等坚果类和葛、山芋等的根茎生活"。进一步，塚田还关注到在绳纹时代中期，特别是东部日本山区的居民已进入高度依赖植物性食物的生活状态，"虽说还未超越狩猎采集经济的生活形态，但部落集团的规模和数量已经变大变多，他们要如何获得产生高度文化的原动力？答案只能是依赖常绿樟栲树林和温带树林。长年保持稳定的森林内地表受惠于适当的温度和湿度，生长着各种各样的植物。如接骨木、荚蒾、通草、野葡萄等可食用的果实类，山芋、石蒜、天南星、姥百合、山慈姑、蕨等可食用的根茎类和树芽、蜂斗叶（款冬）、水芹、蘑菇等嗜好品植物。只要制定一个采集时间表，一年间一定将为此忙得不可开交。……在这种环境下，绳纹时代中期的日本人产生选择喜好的植物，或移植其根部，或摇落其种子，或保护自然生长的植物等的行为亦非不可思议"。在涉及弥生时代于严酷环境中栽培水稻相当不易的情况之后，塚田指出："带来水稻的移民或于其后陆续流入的中国大陆移民，还不断带来许多植物（大麦、小麦、荞麦、大豆、红豆、蚕豆、甜瓜、西瓜、桃子、杏子、麻、桑树等）和动物（牛、马、鸡等），以及铁器、木器等具有制造技术的新物品。"[①] 塚田这个研究报告，在依据花粉分析阐明植物问题方面值得充分信任。

由此可以推定，在弥生时代转向古坟时代（约 3—7 世纪）的公元 300 年前日本列岛大约有 350 万人。

或许绳纹人在看见橡花开放的树木后会攀登险峻的山路，或在河流上架桥以接近该树，之后或会在结出坚果时攀上树木采摘，并将果实搬运到自己的竖穴式建筑内。如果是这样，那么他们在从远处观察或在近处仰视橡花时大概不会有观赏此落叶乔木白花之美的闲情雅致。同样，弥生人看见稻花的心情也大致如此。不仅对稻花，而且对自身生活圈中的植物也会采取大致相同的态度。

---

① 　塚田松雄：《花粉要说——人类与植物的历史》5 黎明期日本的环境。——原夹注

如此推定大致无误的根据在于前东京大学植物学主任教授前川文夫①《日本人与植物》中的叙述。前川对经由朝鲜半岛进入日本的偃柏（圆柏、鹿角桧）仅分布在海岸险峻崖壁投以怀疑的目光："不可否认，上述分散性的分布有不自然之处。即现在的分布是过去大量的分布遭到人为破坏后遗留的痕迹。……我想可能是因为在弥生时代这个偃柏的枝条很适合包装物品被大量采摘，所以在海边易采集的地方就渐渐消失了，仅残留在人类难以行走的崖壁上。似乎我们将自己祖先滥用而形成的分布视为应有的分布。这或许是弥生时代除农耕之外又一个破坏大自然的显著事例。"② 我们只能惊讶于弥生人原来是"破坏大自然"的前辈之前辈，也必须尊重植物学家提出的这个研究报告。

如此一来，我们只能得出一个结论。即原始社会（前史社会）的人们在观看花木时仅关注到它的实用性（有用性）。换言之，他们对植物只抱有实用目的。

然而，前史人既然也是人，则不会不对"花的美丽"视而不见。过去认为原始人比我们文明人智力低劣的想法是错误的，我们应该对此有所反省。

在这方面，结构主义人类学家巨擘列维－斯特劳斯有过最好的研究成果。他在划时代巨著《原始思维》开篇，就世界各地蒙昧民族拥有惊人的识别动植物种类的能力提出："在与生物环境的极度亲密、对其的热切兴趣、相关的精确知识和对上述事物的态度和关心方面，当地人和白人外来者有明显的不同，这经常是研究者的关注之处。"③ 他还引用 E. 史密斯－博文④女士就非洲某部族的记述："住民都是农耕民。对他们来说，植物与人类一样重要，也同样亲密。而我则没有农家的生活经验，更没有信心区分秋海棠、大丽花和矮牵牛。植物和数学方程式一样经常骗人。看上去相同的东西却是不同的，看上去不同的东西却又是

---

① 前川文夫（1908—1984），植物系统学和形态学家、植物民俗学家、东京大学名誉教授。曾受教于牧野富太郎博士等，从系统学的观点重新审视植物学，将新的设想导入植物系统学和分类学。著有《日本人与植物》《日本的植物区系》等。——译注

② 前川文夫：《日本人与植物》6 两种槲树。——译注

③ 克洛德·列维－斯特劳斯著，大桥保夫译：《原始思维》第一章 具体的科学。——译注

④ E. 史密斯－博文（E. Smith-Bowen），生平事迹不详。通过网络可知其为美国近代女性人类学家，到非洲考察过土著的生活。——译注

相同的。因此我对植物和数学一样都全然不知。我自出生后第一次进入这样的社会。这里的 10 岁孩子在算术方面不比我好，但不管是野生植物，还是栽培植物，他们都有清晰而明确的名称，男女老少都知道几百种的植物及其用途。"① 结论是，"这样的事例在世界所有地区都可见到，并且容易得出以下结论。即有关动植物的知识并不是根据其有用性来决定的，而是因为知识在先，故可判定其有用或有益"。列维－斯特劳斯进一步又说："这种知识并不优先于满足物质需求或为了满足物质需求，而是为了回应知性需求。……真正的问题并不在于触碰了啄木鸟的嘴能否治疗牙痛，而在于试图从某个观点出发，知道啄木鸟的嘴和人的牙能否'一起动作'（治疗疾病只是这种一致性的各假定型应用事例之一），并且知道是否可以通过这种方式总结物和人的关系，带来一种给世界导入秩序的契机。因为分类整理程度有高有低，但比起缺乏分类整理，分类整理还是有其自身价值的。……在我们称之为蒙昧思维的思维深处，存在着一种建立秩序的需求。它在完全相同的程度上构成了所有思维的基础。我之所以这么说，是因为从共通性这个角度接近，就更容易理解对我们而言是异质的思维形态。"列维－斯特劳斯就此进行展望，说该书的主要命题即蒙昧民族的"咒术礼仪和信仰，可以说它原本就是对即将到来的科学的信赖表现"。② 我们可以不深究这个课题，但能以此确认蒙昧民族精密的植物分类（在某种场合，它或许已超越了林奈）已完美构成了"科学思维"的先驱形态即可。

这个崭新而又尖锐的人类学研究成果告诉了我们什么？

不管是绳纹人，还是弥生人，都不仅着眼于植物的有用性（以获得食物为目的），而且在看花时也部分地表现出知性要求。如此推定在眼下也许更为合适。正因为弥生人具有这种"科学思维"，故日本列岛居民才有可能走上形成古代国家的道路。弥生人一定具有某种精密的"植物文化"。

2 "被观赏的花"的传来

弥生时代在各地分别独立的小的原始国家，在经历了公元 2 世纪的

---

① E. 史密斯－博文：《笑与梦》。——原夹注
② 克洛德·列维－斯特劳斯著，大桥保夫译：《原始思维》第一章 具体的科学。——原夹注

"倭国大乱"后形成了以卑弥呼女王为首的联合国家。就《魏志·倭国传》所载的"邪马台"国今天有"九州山门说"和"畿内大和说"，这两种学说相互对立，难以决断，但弥生时代后北九州和大和成为日本的两大中心地一事却是明确的。另一方面，从考古学来看，4世纪时畿内地区出现了高冢式古坟，到5世纪日本全国都迎来了古坟文化的高潮期，故可以明确一个强大的大和国家已经建立。如果说"邪马台"国在大和，那就意味着大和王朝在3世纪就建立了，并将北九州置于自己的支配之下。但如果说"邪马台"国在北九州，那就意味着大和王朝未建立，充其量只具有与卑弥呼女王的联合国家相抗衡的势力。可以说就这两种情况。这时有第三个说法出现了，那就是江上波夫[1]提出的"大陆骑马民族征服日本说"，而且相当具有说服力。根据此说，后期古坟文化与弥生文化和前期古坟文化具有的东南亚农耕民族的和平特征有根本的不同，带有战斗性、王侯贵族性和北亚骑马民族的特性，这是具有上述文化的民族征服日本的结果。根据这个"王朝征服说"，不仅可以说明大和国家的迅速出现，还可以大致有效地解释《古事记》和《日本书纪》的传说，非常具有魅力。但遗憾的是这种大规模的征服史实，在中国或朝鲜的文献中都未有记载。现在最稳妥的做法就是我们只能将其作为一个未解决的课题看待。

还有一个必须明确的问题是，建立于4世纪中叶并形成古坟文化的大和王朝已无法忽视与大陆（中国和朝鲜）的国际关系。大和王朝从4世纪末开始在朝鲜半岛展开积极的军事行动，5世纪"倭王"们向南朝刘宋寻求确保自己在南朝鲜的军事优势地位，这些事实也都明确无误。但到6世纪，由于新罗、百济势力崛起，大和王朝不得不从朝鲜半岛退却。此间大和王朝通过建立从朝鲜半岛引进的大陆官僚制机构，在国内推进中央集权运动，这也是事实。总的说来，5—6世纪这个时代的特色就在于不断引进大陆文化。这已经不限于接受大陆的影响，还完全彻底地改变了当时日本统治阶层的整个生活领域。古坟中的附葬品——王侯贵族的武器、马具、金铜制的装饰品等可谓其典型的例证。而汉字、

---

[1]　江上波夫（1906—2002），考古学家和东方史学家。毕业于东京帝国大学文学部东洋史学科。历任东京大学、上智大学教授及古代东方博物馆馆长。研究方向是亚洲民族、文化形成史和东西方文化交流史。就日本国家的起源提出"骑马民族说"。著有《骑马民族国家》《亚欧古代北方文化》等。曾获日本文化勋章。——译注

儒教、佛教等精神文化的首度传来，比上述附葬品的意义更大。

毋庸置疑，这时从大陆传来了许多花的种子和苗木，也不难想象，与牛、马、犬、鸡等动物一道还传来了各种各样想象不到的植物。而比这些更重要的是金铜佛像的传来。可以想象，大和朝廷统治阶层在第一次看见装饰铜像的那些金属器物与金属假花时，其惊讶程度是如何不同凡响。《日本书纪》"钦明天皇十三年"（552）条记载："冬十月，百济圣明王^{更名}遣西部姬氏达率怒唎斯致契等，献释迦佛金铜佛一躯，幡盖若干，经论若干卷。""是日，天皇闻已，欢喜雀跃，诏使者云：朕从昔来，未曾得闻如是微妙之法。然朕不自决，乃历问群臣曰：西蕃献佛相貌端严，全未曾有，可以礼不？""释迦佛金铜佛一躯，幡盖若干，经论若干卷"等说的是佛教传来时大和王朝统治阶层对佛像及其装饰器物之美惊异无比的行状。钦明天皇问群臣后叹息"西蕃献佛相貌端严，全未曾有"，表明的也是对传来的新宗教之美的惊叹。此记载中虽未见"花"字，但很容易想象"幡盖若干"这些装饰器物包含金属假花。若果如此，则呈花形的这个东西显得如此美丽炫目而又尊贵的经验，一定值得大和王朝统治者叹息"未曾有之"。

这就是第一次将花视为"美"或"圣"的经验。这就是第一次知道有被"观赏的花"的存在或可"礼拜、赞美的花"的存在而发出的惊叹。一如前述，绳纹人和弥生人在看花时最早是出自它的有用性（可获得食物的）目的，后来则转为带有某种知识要求（植物分类的意识），而现在又将其提高到"审美"对象的高度，有了巨大变化和进步。

到 7 世纪，日本通过与隋唐建交，在国家层面直接引进中国文化，飞鸟朝廷（6 世纪末到 7 世纪前半叶）的豪族、贵族开始学习新的"观花方式"。此时代工艺品经常使用的忍冬、蔓草（苜蓿）图案花纹，以中国六朝文化为媒介，来自遥远的伊朗萨珊王朝①，甚至来自希腊和拜占庭帝国。众所周知，以法隆寺为代表的飞鸟艺术是当时东西文化交流的产物。

---

① 萨珊王朝（Sassan Empire，226—651），其始祖是阿尔达希尔一世，曾与罗马和东罗马抗争，在 6 世纪哈斯罗一世（Khusrau Ⅰ）时达到全盛，作为东西文化的结合点拥有可供夸赞的独特文化，后因伊斯兰教势力入侵而灭亡。日本正仓院皇家藏品中也有萨珊王朝的物品。——译注

追踪历史可以知道，以花为"美"进行欣赏的精神态度本身是与人类史的发展同步确立起来的，其自身带有"国际性"。六七世纪日本古代国家统治阶层的知识分子，以其卓越的感受性完全掌握了这种国际性的关键要点。飞鸟时代盛开的众多花朵，与其说是作为日本之花，不如说是作为"世界之花"被欣赏的。

通过"大化改新"①，日本列岛首次诞生了强有力的中央政府。这时在东亚世界，因受大唐帝国的压迫朝鲜半岛各国出现了紧张关系。日本统治阶层为应对这种国际形势施展出各种外交政策，但都归于失败。然而到 8 世纪，日本古代国家还是引进了唐帝国的成文法，并成功地建成律令制的法治国家。这明显是历史发展的巨大"飞跃"，这种飞跃同时也在日本人的植物文化方面留下清晰的跳跃印痕。

3 "自然观的接受"——与律令政治理念的不可分离性

发动"壬申之乱"（672）并成为胜利者的天武天皇（673—688 年在位）立即着手建立新的国家体制。由于此前日本列岛并不存在名副其实的国家形态等，故不采用相当的强力抑制旧贵族和人民，该天皇的政治意图就无法轻易实现。然而此时在一海之隔的朝鲜半岛，新罗正得到先进大国唐朝的支持，逐步整顿国内体制，意欲统一半岛。首先，新罗与唐组成联军，消灭了百济和高句丽二国（有必要附带说明，应百济之请派出的日本军队在白村江会战中大败），之后又成功地将唐军赶出朝鲜半岛。不用说这个消息也传到"壬申之乱"后的日本统治高层，并震动了日本知识阶层之心。他们一是有了这样下去不行的"危机感"，二是做出了为何新罗的国力变得如此强大的"情况分析"：新罗胜利的原因就在于引进唐朝的律令制，建立了以国王为核心的中央集权官僚国家体制。于是天武天皇及其身边的知识阶层立即下决心引进律令制。另一方面，唐帝国在继续构筑自己作为东亚盟主、君临四海的"册封体

---

① "大化改新"，指在大化元年（645）夏，以中大兄皇子（后来的天智天皇）为核心，中臣（藤原）镰足等革新派朝廷豪族消灭苏我大臣家族后开始的古代政治大改革。具体措施有：发布改新诏书，拥立孝德天皇迁都难波（大阪），废止私有地和私有民，通过国、郡、里制将地方行政权集中于朝廷，制作户籍，调查耕地，实施班田收授法，统一租佣调等税制。这成为古代东亚中央集权国家建立的出发点，但日本律令国家的真正建成，是在"壬申之乱"（672）后的天武、持统两朝。也叫"大化新政""大化革新"。——译注

制"，并在此构想下频频催促卫星小国接受律令制。在 7—8 世纪这样的国际环境中，有人认为日本虽小，但为主张独立国家的主权，也需要将律令制引入日本列岛。在国内外各种因素的驱动下，天武天皇在其治世的 14 年中摸索过各种引进律令制的方法，最终发布了《净御原令》，进一步又发布了《大宝律令》，在此基础上将日本建设成为一个真正的律令国家。

简单说来，律令国家体制就是消除过去有实力的豪族在氏族①单位内部私自支配土地和人民的做法，将所有的土地和人民收归国家所有（即公地公民），把旧豪族编入统一的官厅组织，使其充任国家的高级官员。为运营该组织，向全体公民征收一定数额的租税。但是这么一来，最吃亏的是人民大众。贵族官僚（据推定当时有 150 人左右）可以被授予官位和俸禄（以绢布、棉花、农具等形式），免除租税，受封田地和封户（耕种该田地），享尽一切特权。与此相对，人民（据推定当时有 600 万人左右）则如同蝼蚁，供贵族官僚随意差遣。人民越苦，则贵族官僚的生活水平和文化消费程度越高，都市文化的面貌也迅速改变。

无须赘述，日本的律令制本身仅仅是引进、接受先进大国唐朝的制度的结果。7 世纪之前的日本，在政治文化、农业技术、生活习俗方面与中国相比落后了数个世纪，故有必要填补此间的巨大落差。为此，日本律令政府高层知识分子脑海中萦绕的主题不外乎两个，一个是作为贵族官僚该如何运营中央集权专制政治，另一个是该如何运行在该时代文化理念上扮演指导作用的中国诗文教养的机制。从文学史的角度说，就是编撰《古事记》《日本书纪》《怀风藻》《万叶集》等，但只要编撰者是律令官僚知识分子，那么所有的编撰物都不会偏离上述主题。

诚然，7—8 世纪是日本古代文学灿烂开花的时代，也是日本列岛居民所赋予的艺术才华最早燃烧、升华的时代。无怪乎现代许多人踏访大和地区的古刹名寺时可以在那里发现自己的心灵"故乡"。此想法本

---

① 氏族，泛指由有血缘关系的家族群构成的集团。而在日本古代还指拟制氏族，其本质是通过祭祀、居住地、官职等结合的政治集团。其内部分为不同姓的家族群，拥有上级姓的家族群支配下级姓的家族群，最下层的是"部民"和奴婢。——译注

身并无错误，只是一早就认定从《古事记》《日本书纪》《万叶集》和大和古刹接受的"美"就是日本民族固有的美，从科学上说并不正确。若问何出此言，是因为重要的当事人即那些"美"的创造者，根本未考虑过他们自身创造出的"美"是日本人的固有之"美"，也是因为首次接受"花木观赏"启蒙教育的日本律令知识分子，在作为该"美"之一的大自然观赏方面，曾考虑过该如何将这种具有国际性质的知性行为改变为"自家药笼之物"①。

意识到本国落后的他们努力加快步伐追赶世界文明，在短时间内很快就学完并掌握了先进大国唐朝的制度，这一点值得高度评价，我们也为此感到极大的自豪。只是"日本文化"的优秀性并不在它的固有性和独特性，反倒在于它所追求的国际性和普遍性。

我要反复强调的是，《古事记》《日本书纪》《怀风藻》中实现的"文学美"或"艺术美"，绝不能说是日本民族固有的诗歌天分的产物，但也绝对不能因此得出结论说这些古典文学作品没有价值。之所以这么说，是因为这些古典文学作品的作者能在极短的时间内，迅速拉近两国整体文化间的差距，全力以赴地掌握了国际性和普遍性，并显示出实际成绩，也是因为他们在东亚世界 7—8 世纪的宇宙秩序中，通过显示习得东亚盟主唐帝国高度发达的文明制度的能力，推进了日本律令国家与渤海国、朝鲜并列，发挥出创造古代文明的作用。我们现在面对本国和外国都要大力夸示这种作用。

不过，我们不能忽略的是，引进并学习先进国家唐朝的文明制度并不单纯局限于对珍贵的舶来文化的欢迎，而不会不迅速推动接受方的思维方式的转变。所有的文明都具有这样的性质，唐朝文明制度的基础俨然存在着古代中国的自然观、宇宙观和政治哲学，就是不足称道的药物（本草）、服饰、农耕技术和制铁方法，也渗透着古代中国的思维方式。尤为关乎国家、法律、官僚政治的基础观念，更是古代中国专制政治哲学的具体化。甚至艺术（诗文）也是如此。《诗经·小雅·北山》的那个著名诗句"普天之下，莫非王土。率土之滨，莫非王臣"，不外乎要阐明和宣告本国的所有事物都归属专制君王所有。这自然意味着日本律令统治阶级知识分子在咀嚼、消化唐代文明制度时，并不单纯享受着先

---

① "自家药笼之物"，语出《唐书·元行冲传》。——译注

进文明的物质一面，而且还接受了该思想的一面。《职员令》①"第二""雅乐寮"条明确记载，"唐乐师十二人。掌教乐生。高丽百济新罗乐师准此。乐生六十人。掌习乐。余乐生准此。高丽乐师四人。乐生廿人。百济乐师四人。乐生廿人。新罗乐师四人。乐生廿人。伎乐师一人。掌教伎乐生。其生以乐户为之"，对充实宫廷音乐有所期待，当然也证明了它接受了古代儒教所重视的"礼乐"体系。亦即，移植唐代的文明制度的程度越高，其欲掌握古代中国的世界观和政治意识形态的学习效果越好。

仅就"观赏花木"来说，意识到花美并进行欣赏这种新的精神习惯，原本就是通过学习中国诗文获得的。松树应这样看待，梅花应这样欣赏，在对照这种"字帖"学习看点和重点的过程中，律令统治阶级知识分子逐渐掌握了二者关系不可分离的古代中国的世界观和政治意识形态。其典型事例见于《怀风藻》，但在创作年代与此汉诗集部分重合的长歌②、短歌③、旋头歌④的集合体《万叶集》中，可以说该情况也完全相同。日本人坚信《万叶集》属于本民族与生具有即固有的韵律感产生的国民文学的范畴，但若绵密地对其进行科学研究就可以发现，它在修辞用语直至诗歌主题、神话象征等多个维度，都是学习中国诗文的成果。万叶人的自然观得到日本人的共感（有时甚至也能获得西欧人的理解），是因为它对天地、山川、草木鱼虫的看法具有普遍性（即国际性），而并不来自只有日本人才懂的特殊性（即民族性）。到七八世纪才开始学习"观赏花木"这种艺术行为的万叶人，一面以中国诗文为范本，一面给予自己"独立"开展艺术行为的机会。每当他们从艺术角度捕捉一次大自然的事物时，就进一步加深了对古代中国自然观和宇

---

① 《职员令》出现在日本古代《养老令》（718）第二篇，共80条。而在过去的《大宝令》（701）中称"官员令"。《养老令》第三至第五篇分别是"后宫职员令""东宫职员令""家令职员令"。与唐"开元七年令"（719）相比较，日本将唐令的"三师、三公台省职员令""寺监职员令""卫府职员令""州县镇戍岳渎关津职员令"合为一体。——译注

② 长歌，和歌的歌体之一。三次及以上连续咏出五、七音形式的句子，最后以七音形式的句子结句。多半还会以"返歌"的形式附上一首短歌。这种形式多见于《万叶集》，但至平安时代以后衰退。——译注

③ 短歌，和歌的歌体之一。基本由五、七、五、七、七形式的五个句子，即三十一音组成。平安时代后长歌、旋头歌等衰退以降，和歌一般就指短歌。——译注

④ 旋头歌，和歌的歌体之一。多见于《万叶集》，上句和下句都由五、七、七三句组成。——译注

宙观及政治哲学的理解。

　　谁都有以下的经验。当我们得知《万叶集》从开篇的"提篮哟，精巧之提篮"那首长歌开始，连续不断地有400余首和歌，不是天皇或皇子的作品，就是臣子赞美天皇的作品，总之都与宫廷人物有关，就一定会产生一种疑问：这难道就是所谓的国民歌集？然而，在律令国家知识分子看来，所谓的诗歌，就是宫廷之"花"，就是侍宴随驾不可或缺的艺术。正因为他们忠实遵守着古代中国的这种思维方式，故才有以上的皇家宫廷歌作。一座山也好，一棵草也罢，吟咏它就如同礼赞帝王的伟大圣德。也正因为他们忠实实行了这种自然观和政治哲学，才有了以上的皇家宫廷歌作。

　　这种大自然的吟咏成为"原型"，日后则形成了"日本的美学"。也就是说，与中国的自然观和律令政治理念的不可分离性是"原型"，经过长时间的不断修正和变形，逐渐打磨出了"日本美"。这种修正和变形的作业非下大力气则不可持续，但我们的祖先却很好地完成了这个困难的作业。"日本美"就是经历了这种过程才形成的。不充分地检索事实，就认定只要是古老的东西就一定包含"日本固有的东西"，绝对是一个巨大的错误。不过，这不意味着古老的东西就没有价值。我们只能说七八世纪的日本律令统治阶级知识分子，目眩地面对耸立在本国停滞不动且低矮的文化前的先进国家唐朝的文化，能在那么短的时间内接受并消化之，此事实本身就堪称伟大的事业，近乎奇迹。更何况他们能通过开眼看国际性即普遍性（不用说指当时的），把握人类历史的发展规律，就更令人称奇，根本不能说其无价值。《万叶集》到今日仍烁烁生辉。

　　从藤原京（694—710）到平城京（710—784）时代，律令官僚贵族的文化意识之高令人咂舌。但不用说，这些精英吟咏"皇民如我幸无比"[①]"奈良花盛美如画"[②]，讴歌本阶级和都市生活，牺牲的却是占人口压倒性多数的农民大众的利益。这些律令官僚知识分子不管是在观花时，还是在做别的事情时，都会效仿中国大陆的先进文化，并真心地认为自己卖弄时髦的美学是符合国家利益的。此时没有办法只能如此，但

---

① 原歌是"御民われ生ける験あり"。——译注
② 原歌是"咲く花の匂ふがごとく今盛りなり"。——译注

有个问题将影响此后很长时间。

那个问题是什么？按冈本太郎①的归纳就是："奈良时代大陆文化大量涌来。这些文化包括历史上最为灿烂辉煌的中国、印度、中东甚至更远的希腊的古代帝国文化，还有高度洗练的美学。当时还处于原始朴素阶段的日本贵族，惊讶地拜倒于这种巨大的文化差异面前，并无条件地接受了外国文化。这无可指责。但从这时开始决定了日本文化的命运。而且这时可惊叹的大陆文化也陷于颓废。……日本贵族省去了根据自身的基础创造文化的辛劳，原样接受已臻烂熟的外来文化。他们忽略了外国文化在其创造过程和本国土壤中战斗的痕迹——不做作的、强烈的、可憎的痕迹，仅按自己的感觉，从趣味上接受其皮相的形式。这种贪方便的凑合主义成为此后直至现代日本上流阶级和文化领导层的传统习惯和文化意识。讽刺地说，这就是一种'投降文化'。……文化本是民族生命力的勃发，一种高度紧张感的爆发，也是一种表情。但日本文化几乎在任何时代都没有耐心等待那勃发的到来，总爱用现成的舶来品来凑合。因这方便，既更潇洒，又不辛苦。……其结果是，从生活中抽象出来的体面的趣味文化宛若日本的传统，长久持续。"② 诚如斯言。但在另一方面，我们也有必要评价一下花费了漫长时间完成了"日本化"的民众力量的聚集过程。因为历史总是从过去走到现在，又从现在走向未来，逐渐而又扎实地向前推进的。

4 "接受自然观"带来的东西

通过以上叙述我们可以知道，与其说是日本民族固有的艺术天分创造出白凤（7 世纪后半叶至 8 世纪初）、天平（729—749）时代的雄浑、华丽的古代文化，并推出"美的树木"，不如说是日本成功地移植了当时国际社会播种、栽培、出口的那些树木更为科学和客观。因为不管怎么说，7 世纪之前日本列岛可谓原始的民族文化，和作为先进大国唐朝的成熟的世界文化之间有六七百年时间的差距。我们还可以确认，七八世纪日本律令文化领导人不仅豪迈地沐浴和忍受着从高到低流下的文化

---

① 冈本太郎（1911—1996），油画家，自东京艺术大学肄业后赴法，毕业于巴黎大学民族学科。受到毕加索的影响，以抽象艺术表现古代的生命力，著名的绘画作品有《可怜的手腕》，雕刻作品有《太阳之塔》等。——译注

② 冈本太郎：《日本的再发现——艺术风土记》日本文化的风土。——原夹注

瀑布，还不断地高呼水再来吧、水再来吧这种坚韧的创造活力。不管是诗歌，还是寺庙建筑，抑或是佛像雕刻，正因为有了这种坚忍不拔的精神，才都一举获得了世界的性质（如多次记述的那样，都市里耸立的建筑物等纯粹模仿隋唐样式，和占人口压倒性多数的农民大众丑陋的居所完全无缘，相差巨大。这个事实同时具有象征国家权力强大和民众文化贫困的意义）。

　　这种创造活力的坚韧还可见于始于桓武天皇迁都平安（794）后的平安时代文化绝不输于奈良时代文化，具有活泼的运动轨迹。而且这种轨迹不仅在前一时代实施的接受唐文化的路线上碾过，还留下更清晰的疾驰而过的车轮痕迹。人们总认为平安王朝文化以孱弱无力的宫廷人物室内文化为代表，我们无法说完全没有这种情况，但事实上，平安王朝文化也具有天不怕地不怕、以力量扳倒对手的一面，可谓名副其实的坚韧文化。

　　首先，桓武天皇为逃避死于非命的同母弟皇太子早良亲王的怨灵，不惜停止建设已修建多年的长冈京，并投入巨资建造新都城平安京。为早日实现建成新都城的夙愿，天皇命令诸国①建造宫城各门，并颁给诸臣宅地，频繁亲赴工地现场。但在延历二十四年（805）最终不得不中止建设。表面的原因是"百姓疲惫"，但实际上是因为律令国家的基础"公地公民"制开始崩溃，除宫廷权势者和寺院拥有庄园外，全国各地"殷富百姓"和"富豪之辈"拥有的私田也大幅增加，"国司"和"郡司"都已无法按中央政府期待的那样管理地方政治。面对这种农村状态和地方官员的意识大改变，桓武天皇只能努力重建律令体制，连续颁布了设置"堪解由使"②、厉行修改班田制、整编军制等的政策。

　　如此看来，我们就应该再次研究平安时代初期律令统治阶级的精神主题为何。通过学习日本文学史等，我们知道桓武天皇的第二子嵯峨天皇（786—842）是位优秀的汉诗作者，也是位书法家（属于日本"三笔"之一），并且这位知识分子天皇显示出向"唐风一边倒"的艺术倾向。的确，这位天皇一定是一个杰出的文化人，但更准确地说，嵯峨帝爱好并追求唐文化，不外乎是因为他意图在日本立即再生产古代中国的

---

　　①　国，相当于现在的地区。下同。不一一说明。——译注
　　②　"堪解由使"，平安初期以降，审查在"国司"等交接工作时后任者向前任者交付的文书（解由）的官职。"令外官"之一。——译注

世界观和政治意识形态。他赋汉诗，一再在宫廷举办优雅的中国式派对，也不外乎是因为他认为，为推进理想的古代儒教德治主义政治需要这个仪式。弘仁年间（810—824），《凌云集》和《文华秀丽集》这两部敕撰汉诗集编成。前者收录了延历年间（782—806）以来的91首汉诗，其中太上（平城）天皇2首，御制（嵯峨天皇）22首，皇太弟（之后的淳和天皇）5首，藤原冬嗣3首，菅野真道1首，按身份、官职高低排列。后者收录了148首，蹈袭奈良时代《怀风藻》的编撰形式，分为游览、宴集、饯别、赠答、咏史、述怀、艳情、乐府、梵门、哀伤、杂咏等，各门类中也按帝王、臣下身份顺序排列。稍后在淳和天皇的天长年间（824—834）《经国集》编成，与前二者一道共称"敕撰三诗集"。《经国集》乃诗文总集成，共20卷，网罗了溯及迁都奈良前的庆云四年、共110年的178名作者，但现存仅6卷。全貌虽不明，但至少可以确知题名来自《文选》"卷五十二"魏文帝《典论·论文》中的那句话"文章经国之大业，不朽之盛事"。平安初期时代宫廷高涨的"汉诗热"的本质由此可见一斑。也就是说，统治阶级知识分子努力学习中国诗文，在宴席上发表自作汉诗的行为，绝不仅是文学趣味的表露，而实际是中央政府希冀重建律令国家体制不可或缺的手段。

然而，随着时代的变动，在迁都平安百年左右的时间内，藤原氏族的阀族势力迅速发展，从内部啃噬着平安时代初期帝王所希望看到的律令体制，律令精神趋向衰弱和灭亡。但即使"摄关"政治①抬头，官僚政府组织也空有躯壳般地存在，并以这个躯壳为舞台，仍在盛大上演"文章经国"的大戏。10—11世纪这200年间，日本汉文学极大繁荣。

另一方面，"摄关"政治在所谓的日式构想中逐渐获得势力。在这种体制下，从个人层面说，过去一度衰弱的和歌显示出"复活"的迹象，但通过复活和歌可以否定和对抗中式构思的汉诗的看法可谓大错特错。众所周知，平安朝日本文学接受了汉文学的决定性影响，故此间所做的一切新文学尝试都无法脱离中式美学（不用说也包含世界认知的方

---

① "摄关"，藤原氏族生女嫁天皇，以外公的身份控制朝廷事务，自称"摄政"或"关白"的简称。"摄关"政治指平安时代中期藤原氏成为"摄政""关白"掌握政权的政治形态，始于866年藤原良房任"摄政"，887年藤原基经任"关白"，其间曾二度中断，967年藤原实赖任"关白"后该制度确立了下来，1086年"院政"（天皇退任后设立的机构，其政治影响力不亚于政府）开始后走向衰退。——译注

法）的框架。首先诞生的是受汉诗影响创作的和歌、以此触发创作的和歌物语（故事）、以传奇故事（唐代新体小说）为底本创作的历史故事这三种形式。

就汉诗与和歌的对应关系，风卷景次郎[①]有准确的概括："完全承认唐代文明的优秀性，并欲与彼对等的立场并不仅限于一两个氏族官僚，它表现为后进国对先进国的一种劣等感和对抗意识的交织，具有歇斯底里的强度。从这个意义说，平安文化的形成仍与世界史有关。它不像前代那样照搬异国风情，而是在和汉折中，使汉在同化于日本人的生活、趣味和风土的范围内进行改变和引进。而且在引进的同时，日本人自身的主体也接受了汉的影响而有了变化。……汉诗对和歌的影响，可大致分为两方面，一个是诗论对歌论的影响，另一个是在大自然歌咏和年间节庆活动中汉诗感觉的形成。至少这两方面的影响我们不可忽视。"风卷进一步从歌论的角度比较和歌："本来属于日本的'和歌'，也按新引进的'汉诗'思维进行公式化的理解，若不符合汉诗思维则无法放心，所以当然要求和歌须嵌入汉诗的框架内，如此才能放心。这种观念逐渐变化发展的结果，是和歌也成为言志的文学。"[②]

在这种状况下，《古今和歌集》修成了。通过考察其"真名序"（一般认为由纪淑望写出）和"假名序"（纪贯之作）并进行比较对照，就可以明确抓住这个敕撰和歌集的精神特质。和汉两序的重复与类同，可以证明具有汉诗、和歌两种构想的文学表现，完全是由同一创造主体做出的。

在将焦点对准自然观思考时，我们有必要注意不囫囵吞枣过去的定说——平安时代"日式观念"卷土重来。因为构成平安朝美意识的"类题"[③] 或"类聚"[④] 体系，从根本上说只不过是缩小和固化了中国

①　风卷景次郎（1902—1960），国文学家，自东京帝国大学国文科毕业后，历任大阪女子专门学校、东京音乐学校（东京艺术大学）、北京辅仁大学、北海道大学、关西大学等教授。除研究中世和歌和《源氏物语》外，还写出许多文学史论著和文明批评论文，其方法在今天仍具有路标性意义。如《新古今时代》《日本文学史构想》等被编入《风景景次郎全集》（全10册）。——译注
②　风卷景次郎：《日本文学史》中古文学，每日图书馆版。——原夹注
③　"类题"，按相同的题目或季题，对和歌、连歌、俳谐等进行分类的结果。——译注
④　"类聚"，将相同种类的事项进行分类、编撰，并分别归于一处的结果。也指该类书籍，如《艺文类聚》。——译注

诗文范式的产物。《古今和歌集》中出现的植物名少得令人吃惊，其单调划一也令人吃惊。至少在《万叶集》时代还残留的、蒙昧社会固有的许多"植物分类"（"大自然的发现"）即"科学思维"（按列维－斯特劳斯的说法即"知性要求"），在《古今和歌集》及之后的歌集中已不复存在。而且，知识分子（甚至包括被统治阶层的农民大众）在所有的思维领域都忽略了"两义性"，成为只能片面看待世界的偏颇之人。这种丧失"整体性"的人，从统治阶级的角度来看是最容易驾驭的对象。

取代"发现大自然"的"接受大自然"，一方面有利于使发展中国家的日本列岛居民开明化和国际化，另一方面也使大多数的日本人在少数人的专制统治下逐渐异化。

日中律令学制的比较学问史的考察　I

1　序——为何要揭示这个主题？

我们已经摒弃了"皇国史观"，但在把握日本古代教育史和日本古代学制史时似乎还未走出既有的史观一步。因此在战败后 30 年的今天，几乎还没有古代教育史和古代学制史的研究成果。为摆脱这方面的惨状和不振，首先就要发挥质疑精神，用科学的方法进行有效的思考（现在的学术研究不具有两种或两种以上的思维方式，只存在一种思维方式，而且这一种思维方式中还包含多种"两义性"的思维方式，即时常无法忽视神话象征和艺术心情的思维方式）。其次，我们要在观察和实验的基础上提出"作业假说"，之后再进行"假说的验证"。在这个作业过程中比较教育学将起到很大的作用。因为要让教育学的某个假说成为"理论"，无论如何都需要使用比较教育学的方法进行验证。

这时一定有人提问：你到底要提出什么作业假说？这里我想提出以下四个假说：（1）日本古代学制并不是单纯的模仿，而是外部施压的产物。（2）教育改革一般都缺乏内生、自律的主体性，而多半是在国际环境中以一种紧急课题的形式强制要求完成，不得已着手实施的工作。（3）学术体系并不像当事者本人具有绝对的自信并为此坚信不疑的那样客观，相反，它却停留在某特定学者集团形成的某特定范式当中。(4) 学术变革的目的就在于破除范式，从科学革命的本质结构来说，它只能这样。因此，轻视变革范式的学术进步和教育改革最终只能流于"拆东墙补西墙"式的改革。我的意图就在于提出这四个假说并验证之。接下来我仅以（1）为核心做出报告，但实际上，若不从结构上同时对（1）—（4）进行把握，则无法提出和验证（1）的重要假说。因为使四个假说一一独立并提出，也一定无法对它们进行验证。

　　然而受时间的限制，此研究毕竟是匆忙的，所以这里只能先提出作业假说，之后说明它的验证方法、对验证的预测以及验证的基本观点、视角的设置方法。

2　日本古代律令学制绝不是单纯的"模仿"

　　过去日本教育史研究专家提出的日本古代学制理论大抵采用以下固定的说法。即日本的学制是模仿大陆制度（唐制）的产物，但没有文字的民族突然要学习、掌握完备的教育制度可谓历史的奇迹。而且，虽是模仿，但不管怎么说在某种程度上能实施这种制度，接受方（日方）一定从很早开始就有了精神准备。在今天这已经成为定说，不易变更。请看资料【1】和资料【2】。

　　资料【1】伏见猛弥①著《综合日本教育史》第二篇 中古贵族的教育
　　《宪法十七条》的登用贤人方针有了制度保障，其具体的措施就是《大宝令》"学令"规定的"大学"②和"国学"③制度。"大学""国学"制度作为教育的措施是极完善的，与现代教育制度相比毫不逊色。直至前一时代，我民族还没有文字，口耳相传是教育的唯一手段，而至此突然有此完善之教育制度，庶几可谓历史的奇迹。毋庸置疑此乃大陆制度的模仿。但即令是模仿，能

---

① 伏见猛弥（1904—1972），教育学家，1928年毕业于东京帝国大学文学部教育学科，后升入该大学研究生院学习，未获学位。历任东京帝国大学助教兼日本大学讲师、文部省国民精神文化研究所职员、"教学炼成所""炼成官"。战后被革职，1951年开始历任某校图书顾问，玉川大学讲师、教授。1965年设立英才教育研究所，任所长。著有《教育现象学》《教育维新》等。——译注
② "大学"，中央政府办的学校。——译注
③ "国学"，地方政府办的学校。——译注

如此完善，并在某种程度上加以实施，亦乃因我民族有接受此之精神准备。绝非黑暗中突现光明，此文化之黎明一定可远溯至上古时代。

　　资料【2】梅根悟著《世界教育史》第二章 古代国家教育

　　日本的《大宝令》以唐制为范本，故其中的"学令"亦不例外。但它根据日本当时的实际情况做了简化，学校不像唐制那般细分，亦不依官阶分校，中央仅设"大学"一校，其内部设明经、音、书、算四科（四道），各科设博士（明经博士一、音博士二、书博士二、算博士二），生徒定员四百人，仅算生不同，为三十人。音教唐国发音，书教汉字书法，明经即为学习唐国经书内容之预科。明经科之教材有《周易》《尚书》《周礼》《仪礼》《礼记》《毛诗》《左传》七经，此仿唐制，分大经、中经、小经。算道教材有《孙子》《算道》等，皆取唐制。有资格入学者乃"五品及以上官员子孙及'东西史部'之子"，六品及以下、八品及以上官员之子，若特别提出申请可以允许。（"东西史部"指掌管朝廷记录的归化人王仁、阿知使王子孙）

　　无论是伏见的著作，还是梅根的著作，都反映出现代日本教育学研究的水平，并且具有代表性，故我以这些文献作为研究课题。

　　我们不能说前述的理论和定说都是错误的，但冷静地观察和思考就可以发现，其中充斥着不合理之处（即反理性之处）。是否我们可以简单地断定：栖息于非洲山区（或高原）的蒙昧民族（用不好听的话说即黑鬼）或波利尼西亚群岛蒙昧民族的村落，突然涌来近代文明的浪潮，他们在短时间内学习和掌握了那些近代学术文化，就表明这些新文明接受者也"从很早开始就有了精神准备"？我们是否可以断定：在数月前还不懂得拖拉机和无线电话的蒙昧民族，在某种特殊条件下掌握了欧洲或美国的技术文明，也表明他们"从很早开始就有了精神准备"？这种事绝无可能。五六世纪的日本文化，往好里说与蒙昧社会的文化是五十步笑百步。到七八世纪，日本获得了飞速的历史发展，若正确地表述该过程，实可谓前无来者和飞跃，用连续这个词汇表述或许不太恰当。当时的日本和前面所举的非洲黑鬼和波利尼西亚社会的事例非常相似。

　　律令制的模仿、摄取和巩固，在中国对日本或日本对中国这个并列的国际关系方面并不是一件自然（或可谓自立）发生的事情，而是在很大程度上被一种具有使其可能的特殊的历史条件——换言之是一种"国际关系的历史性质"——所决定的事情。为正确而准确地说明这个问题，我们绝对有必要从整体结构上把握日中律令制。

　　整体结构把握这个术语在卢卡奇①的《历史与阶级意识》、萨特②的《辩证理性批判》、戈德曼③的《人文科学与哲学》中分别以各自的意义被使用过。前三人都复归马克思早期的思想，在对现在堕落、衰败的教条式马克思主义进行深入批判的过程中走到了一起。若站在整体结构把握——换言之即"整体的观点"——的立场上，则首先要怀疑记述式科学④的方法。正如戈德曼指出的那样，记述式科学方法的支持者们在开始自己的研究之前，都认为所给定的对象即社会事实是"自然""正常"和"不可辩驳的东西"。然而，这种"记述"的立场实际上已存在一定的"先入之见"，在有心做出研究时，"它决定了（1）就面对的现实提出或不提出什么问题；（2）决定了被赋予当前各种因素的重要性"。⑤

――――――――――

　　① 乔治·卢卡奇（Ceorg Lukacs，1885—1971），匈牙利哲学家和文学批评家，在20世纪马克思主义的演进中占有十分重要的地位。他以著名的《历史与阶级意识》开启了西方马克思主义思潮，被誉为西方马克思主义的创始人和奠基人。《历史与阶级意识》中关于物化和物化意识等问题的理解，与卢卡奇所接触的著名哲学家胡塞尔、李凯尔特、文德尔班、狄尔泰等，著名生命哲学家齐美尔和著名社会学家韦伯，以及西方马克思主义的另一重要代表人物布洛赫建立的哲学理解框架密切相关。——译注
　　② 让－保罗·萨特（Jean-Paul Sartre，1905—1980），法国20世纪最重要的哲学家之一，法国无神论存在主义的主要代表人物，西方社会主义最积极的倡导者之一，一生中都拒绝接受任何奖项，包括1964年的诺贝尔文学奖。在战后的历次斗争中都站在正义的一边，对各种被剥夺权利者表示同情，反对冷战。萨特还是优秀的文学家、戏剧家、评论家和社会活动家。萨特发表的第二部重要哲学著作《辩证理性批判》（The Critique of Dialectical Reason）实际上只是它的第一部分《实用整体理论》，第二部分一直没有完成。——译注
　　③ 阿尔文·伊拉·戈德曼（Alvin Ira Goldman，1938—　），美国哲学家，罗格斯大学哲学教授，之前还在密歇根大学和亚利桑那大学执教。曾获普林斯顿大学博士学位。戈德曼的哲学影响遍布各个领域，特别是在认识论、心理哲学和认知科学领域。《人文科学于哲学》属于认知科学与哲学的交叉研究，主要用认知科学的方法与思路讨论哲学的传统问题，是一本了解哲学基本问题与认知科学方法的入门读物。——译注
　　④ 记述式科学，指像动植物学、矿物学等那样，以记述事实为主的科学，也叫说明式科学。——译注
　　⑤ 戈德曼著，清水几太郎、川俣晃自译：《人类的科学与哲学》第二章 人类科学的方法。——原夹注

胡塞尔①的现象学的思想与此非常类似。读《欧洲科学的危机与超越论的现象学》②，可以让人难堪地知道，含自然科学和社会科学，一般性的科学并不像科学家自己认识的"科学"那样客观。若使用记述式科学的方法，某项研究成果欲阐明的诸事实所赋予的重要性，充其量只是该研究者所持有的问题意识的重要性。在这里，我们必须关注人类的意识内容、社会的变化、生产力的发展、国际间的交易，特别是对人类的事实而言最本质的社会阶级和生产关系，启动包含这些对立、矛盾的"整体性立场"带来的"辩证思维"。学制史也好，教育理念史也罢，总之，问题的历史只不过是该问题自身的一个侧面，只不过是历史整体的一个侧面。在今天，要真正科学地认识日本古代学制的发展史，就需要将实证研究（部分的结构研究）组入到使各个学制的实证研究作为部分结构的、更广泛的结构研究中去。若能坚忍不拔地持续这项工作，就可以明确把握内在于各个结构本身的矛盾和该结构本身具有的活力。在那时，我们就可以在真正的意义上科学地认识日本的学制发展史——广而言之，即教育制度史、教育思想史，总之就是教育史。而且在那时，过去先哲所犯的错误，研究者本人所陷入的失败，也都一定可以作为一个"有意义的东西"包摄在整体当中。所谓的整体的立场带来的"辩证思维"，即指这种功能。自爱因斯坦之后，科学的认识就必须是刚才所说的"整体认识"。

整体结构的把握是必需的。过去我们绝对欠缺的是对 6—8 世纪东亚世界的整体把握这种历史认识的方法。日本列岛过去发生的各事象和各事件，绝不是单纯因为内部的原因而产生的，而是作为东亚世界这个

---

① 埃德蒙德·胡塞尔（Edmund Husserl，1859—1938），德国哲学家，现象学的奠基人。现象学（Phenomenogogy）是指对心理现象的科学研究。心理现象是指个人面对某一事件所获得的立即经验，包括感觉、感情、知识、幻觉、意向、意识等。过去现象研究采用的科学方法主要是内省法（当事人自己的陈述）。而胡塞尔的现象学旨在采用科学方法将传统哲学建构成一门哲学科学。其主要观点有：（1）现象学是一个试图如其所现的那样来描述事件和行动的哲学流派。它批评那种只把自然科学所描述的东西视为真实的倾向。现象学旨在就其所有的多样性、全面性以及所有的性质来重构世界，反对那种以科学主义的哲学为基础的单向度的标准化。（2）现象学的任务不仅是要描述出现在不同语境之中的现象（工具、意向、同伴等），它更深层次的目标是要发现在生活世界中使人类行动（包括科学活动）成为可能的条件。目标是要发现人类行动和合理性的构成意义的条件。——译注

② 埃德蒙德·胡塞尔著，细谷恒夫、木田元译：《欧洲科学的危机与超越论的现象学》，中央公论社。——原夹注

"整体"中的"部分"而出现的。

3　古代东亚世界的结构——隋唐帝国与册封体制

回到当前的课题日本律令学制。

公元607年（隋炀帝大业三年，推古十五年）第二次遣隋使（小野臣妹子）到中国时提交了国书，内云"日出处天子致书日没处天子无恙，云云"，让隋炀帝大为震怒。对此国书，日本通常将焦点对准并强调圣德太子与隋的平等外交。确实，与5世纪左右的"倭五王"向南朝刘宋遣使朝贡，请求官爵，欲借中国王朝权威，确保自己在朝鲜半岛的军事统治地位相比，圣德太子的做法有了极大的改变，显示出自主外交的一面。然而，正确的说法应该是，当时中国王朝的情况有了重大改变，日本国内体制也有了翻天覆地的变化。也就是说，日本的"姓"①秩序向天皇官僚制改变，过去只不过在"姓"中地位优越的"大王"②转变为天皇。这时作为一种新的关系（从头开始做起），天皇在明显不得已的内外条件的制约下计划向中国王朝接近并欲从属于它。

仅从日本的角度看中国，是无法把握历史的整体结构的。所有的事物都是如此，光囫囵吞枣听取一方的说辞和主张就没有办法了解真相。说些豪言壮语，反而从另一面证明了自己的低三下四和从属的心情。这些事例我们在日常生活中频繁可见。因此，我们必须从"整体"来看：为何、在什么状况下说出这个豪言壮语的？其结果又带来了什么？为此有必要用全球的眼光来看待古代东亚世界全景。

仔细观看地球仪或地图，自然就可以知道哪个国家强大并拥有主导权。但仅如此也有不易接受的地方。因此有必要倾听当今对古代东亚世界具有最实事求是、最广泛认识的东洋史学家西岛定生的学说，并关注他对"册封体制"的历史思考。请看资料【3】。这里引录的是该论文"三 结语——关于册封体制"的开篇部分。

---

①　"姓"，日本古代豪族为显示政治、社会地位而世袭的称号，有臣、连、造、君、直、史、县主、村主等数十种。最初"姓"是个人的尊称，但随着大和朝廷统治能力的加强，政府可自由予夺"姓"，臣、连成为地位最高的姓。"大化改新"后的684年，天武天皇以皇室为主制定了"八色之姓"，不久世袭"姓"的"氏"开始分裂，成为"家"，并拥有政治地位，"姓"自然消亡。——译注

②　"大王"，即最高"姓"的"（大）臣"。——译注

资料【3】西岛定生论文《6—8 世纪的东亚》

在上面，我从以中国王朝为核心的册封体制这种国际秩序的角度，考察了 6—8 世纪东亚国际政局的变化。此时代东亚各国的兴亡，是以此册封体制的结构特点为媒介出现的。因而这种册封体制不仅是以中国王朝为核心的国际秩序，而且还是驱动国际政局的形式，也是其变化的场所。这里存在着册封体制自身拥有的逻辑。毋庸置疑，册封体制不仅存在于中国王朝和周边国家的关系之中，而且它原本就是中国王朝的国内秩序，属于一种以皇帝为顶点，下面是贵族、官僚的君臣关系的秩序体制。因此，中国王朝和周边国家之间形成的册封体制，就是这种国内秩序的外延部分，它具有的内在逻辑就是国内秩序的君臣关系原有逻辑的对外投影。中国王朝要求被册封的周边国家遵守臣节，厉行礼仪即缘于此，从此开始了有悖臣节则出师征讨、厉行礼仪则文明制度波及该国的册封体制历史。维护册封体制秩序，成为前述历史变化的契机。

不用说这种册封体制的形成和变化，不能单纯地理解成是它具有的逻辑的自我展开。周边国家请求中国王朝册封，一是期待借此能确立该统治者即酋长的国内权威，二是希望借此能有利于与各国进行抗争。而对中国王朝来说，与周边各国建立册封关系，不仅可以确立皇帝在中国国内的权威，还可以对册封体制外的化外国家或北部、西部的强大游牧国家显示中国王朝的权威。册封体制在现实上形成之后，编入其中的各个国家的历史性质和社会矛盾的性质都不相同，故须探讨各自的特殊条件及基于此形成的主要因素。然而这里要指出的并不是这种册封体制形成的个别因素，而是一个事实，即这个时代东亚的国际关系，一方面让各个国家保存了个别而特殊的各种条件，一方面又以册封体制这个形式为媒介得以实现，并且一旦实现后就基于该逻辑开始自我运动。另外，文明制度的波及也得以在该体制中具体实现。自 6 世纪以后，事实上未编入册封体制的日本，也因为国际关系的变化和引进中国的文明制度发展了自己的国家体制。这并非与以中国王朝为核心的册封体制无关，毋宁说是日本从该体制外部有形无形地以该体制的存在为前提接近了中国王朝的秩序。因此，这个册封体制作为 6—8 世纪的东亚国际政治体制，是一个在世界普及律令制，传播佛教、儒教的基础制度，可谓是使隋唐王朝成为世界帝国的主要因素。

众所周知，在中国王朝历史上，这种册封体制并不是在这个时代第一次出现，它是所谓的周代封建制的基本理念，也相当于秦汉时代与国内建立的爵制秩序体制一道出现的外臣制度。在汉朝初期，南越、闽越、东越和滇、濊等东南、西南各国都是汉皇帝的外臣，武帝征伐朝鲜之前的卫氏朝鲜也同样是汉王朝的外臣。这些作为外臣的周边国家，在其国内也以本国独立的法律形式普及汉皇帝的德化和礼仪，虽说汉朝的法律不直接涉及于此。这种外臣的性质，与6—8世纪、百济、新罗、渤海之于中国王朝的性质相通。律令法虽已普及，但它不是在中国王朝的皇帝权力之下施行的，而是通过各自国王的权威加以实施的。并且其内容也和中国王朝的律令不同，做了部分变通。但是，只要这些国家是中国王朝的藩臣，那么它们就要普及中国皇帝的德化和礼仪。若背德抗礼，则中国皇帝必然实施其强制力。

这就是"册封体制"。①

在此请大家再次将目光转向日本的国内体制和文化状况。

我们经常漠然地想象古代日本列岛居民在"文化创造"方面是如何有效地发挥了自己的主体性（主体作用）。然而，近年来在东洋史学、考古学、人类学、比较民俗学、宗教史学、美术史学、科学技术史、植物分类学、自然生态学、农业经济史等领域不断涌现的研究成果，已经证明那种漠然的想象完全是片面和毫无根据的。从弥生时代之前的原始无阶级社会到数百年后形成了律令专制体制，其发展速度实在迅疾。但若有人认为以此就可以把握日本国内的自生性和连续发展的过程，那么他下结论的速度不免太快。只能认为这其中存在着"飞跃"（某种意义上不能称之为"连续"）的情况。而过去的古代史观——其中当然包含皇国史观，还包含战后马克思主义历史学家的观点——却只视之为历史法则的自然实现且毫不怀疑。

我们知道了隋唐帝国的册封体制及其状况，就可以明确地找出6—8世纪日本历史发展整体过程中出现"飞跃"的原因。也就是说，我们

---

①　西岛定生：《6—8世纪的东亚》，收录于岩波讲座《日本历史 古代2》。——原夹注

应该理解，日本的律令制并不因日本方面的情况而出现，而主要是因为中国方面的情况而产生，是一个极其特殊的历史事件。正因为如此才产生了"飞跃"。

4 被迫实施的项目——日本律令学制的实际状况

在明确了"册封体制"和隋唐"世界帝国"特殊而具体的政治结构（律令制的统治机构）之后，我们很难从律令制具有普世性这个理由来看待它在日本的实施和普及，而只能理解为它受到可使律令制传播的历史条件的左右，特别是受到唐帝国和周边各国（东北部有渤海国、新罗、日本，西北部有突厥、回纥、吐蕃）国际关系的政治性质的左右。

战后日本社会移植了"民主主义政治体制"，在教育层面也做了各种改革。我们很难从这个"民主制"具有人类普遍性这个理由来看待它在日本的实施和普及（毋庸置疑，从人类的智慧角度我们在一定程度上可以这么说，而且《日本国宪法》第九十七条所说的民主是"人类多年获得自由的努力成果"也绝对正确），而不妨理解为它受到可使民主政治传播的历史条件，特别是美利坚合众国及自由主义阵营各国国际关系的政治性质的左右。这种理解更符合实际情况，其中也存在"飞跃"。与此完全相似的事情，就发生在七八世纪的日本社会。

唐帝国为了让卫星国日本尽快摆脱野蛮状态，实施"王化政治"，向日本派出了"学术使节团"。在文化艺术方面还派出了"雅乐"的舞手和歌手。《大宝律令》今已散佚，内容不明，但从《令义解》①看，其"雅乐寮"说须设置"歌人卅人。歌女百人。舞师四人。舞生百人。乐生六十人"等大量的音乐舞蹈人员。也就是说，须设置总人数达300人的音乐舞蹈人员组成的文化集团（这里补充一句，日本传统和歌的五七调和七五调，我认为也应该通过它和中国音乐的关系来理解。我过去论证了日本古代歌谣和短歌起源于中国，该成果正连载于某专业杂志。

---

① 《令义解》，针对《养老令》（《大宝令》和《养老令》的内容相差不大）做出的注释书，10卷，乃根据敕令由清原夏野、小野篁、菅原清公等编撰。因为日本的"令"皆参考中国的"令"制定，在实施过程中有各种疑问，解释也不尽相同，给实际担任工作的官员带来许多困惑，故须设立一个官方解释的标准。《令义解》就是在这样的背景下出炉的，使"令"的解释走向统一。834年开始施行。——译注

到这段时间我终于可以明确自己的想法没有错误)。

如此一来，日本作为发展中国家，为实施被强加的教育制度（学制）就必须移植《唐六典》所载的各种科目。教育目标（学问内容）也完全一样，必须学习儒教意识形态，并表现和再生产所学的东西。请核对资料【4】《日本书纪》（720）的记录，即著名的"四道将军"①条。这是正史中反映的当时的教育初始状况。虽说只不过是一个故事，但正因为是故事，所以在许多方面直率地暴露出作者（说故事的人）的政治意识形态和教育观。具体说来，即"崇神纪十年秋七月"条无意中暴露出的日本律令统治者的教化观。

资料【4】《日本书纪》

十年秋七月丙戌朔己酉，诏群卿曰：导民之本，在于教化也。今既礼神祇，灾害皆耗，然远荒人等，犹不受正朔，是未习王化耳。其选群卿，遣于四方，令知朕宪。九月丙戌朔甲午，以大彦命遣北陆，武渟川别遣东海，吉备津彦遣西道，丹波道主命遣丹波。因以诏之曰，若有不受教者，乃举兵伐之。既而共授印绶为将军。②

查《古典文学大系》本的"头注"，它就"导民之本，在于教化也"解释为"此诏为下述派遣四道将军的铺垫，乃书纪撰者所作"；就"教化"解释为"Omobukuru（译按：'化'的古日语注音。下同），与Omomukuru意同，即使其按我方之意旨面朝某方向"。请注意，这个叙述日本教育初始的记录，在《日本书纪》的撰者笔下绝对是一个必要的修辞。另请注意"教化"这个词汇，它的意思就是用武力威吓民众，让他们对中央律令统治者的说辞言听计从。令人惊讶的是，正史编撰者欲阐明的"教化"或"教育"就是使用暴力，让地方民众服从中央律令统治者的命令。

日本教育初始的记录就是律令专制统治意识形态的赤裸裸宣传。之后宗教家等也开始使用"教化"这个特殊词汇，此时必定采取"自上"

---

① 四道将军，"记纪"传承中所说的崇神天皇为征讨四方派出的将军。北陆是大彦命，东海是武渟川别命，西道（山阳）是吉备津彦命，丹波（山阴）是丹波道主命。但《古事记》中缺"西道"。——译注

② 据岩波书店版《日本古典文学大系》。——原夹注

俯视民众或地区的姿态。也就是说要强行"使其按我方之意旨面朝某方向"。即使有人不愿意这样看，但它也总让人想到日本教育史所刻下的"阶级性"和"中央集权性质"。这两种根本性质也可准确地嵌入现代日本社会。另外，日本教育的这两种根本性质（不只两种，还有许多，眼下仅将话题集中在这两种性质上），在七八世纪律令制政治机构学习、接受、巩固、再生产唐学制时期已然形成一种"范式"（Paradigm）。

律令学制的实施无论在大学寮，还是在地区学校都只追求再生产阶级社会、固化中央集权制的目的。然而，在中央的统治阶级看来，要实现以上目的，完全可以通过诉诸武力击倒竞争对手，或谄媚上级，或有其他更有效的手段，而没有必要特地到大学寮努力学习。总之，律令学制从一开始就没有任何魅力。野村忠夫①《古代官僚的世界》说："的确，《大宝律令》的立法者参照唐令设定了大学寮的科目，但从一开始就没有人期待这些科目能起多大的积极作用。在从世代相袭的门第贵族层中再生产贵族官僚这种基本构想面前，登用大学寮出身的人才并不具有多大的必然性。……该立法毋宁说具有很浓烈的装饰法制外表的色彩。日本以第阶（根据通过国家考试叙位）和荫阶（根据荫位制叙位）比例大致均衡的唐制为范本，但有意不均衡地提高荫阶的比例，此改变可以说明以上问题。"② 这明确挑明了律令学制的本质。野村忠夫说作为范本的唐制实行了公平的国家考试（确实与日本律令学制统治者本位的制度相比，可以说其比例大致均衡），但实际上，唐代学制的阶级性也极强。周予同③著、山本正一译《中国学校制度》尖锐地指出："至唐，中央及地方正系、旁系的各学校，经常以父兄的身份高下严格规定了子弟的入学资格。因此，此时代的学校制度无论怎样评价都具有不小的弹性，只能说它具有非常明显的阶级分立制。"④ 最终，本来就具有

---

① 野村忠夫（1916— ），历史学家，生平不详，著有《律令制官人社会结构的考察》《后宫和女官》《古代官僚的世界》等。——译注

② 野村忠夫：《古代官僚的世界》Ⅱ 平城宫遗迹发现的"谜"的木简。——原夹注

③ 周予同（1898—1981），中国经学史专家，1916 年考取北京高等师范学校（北师大前身）国文部。受"科学"与"民主"的新思潮影响，他和同学建立了励学会、工学会、平民教育社。新中国成立后任复旦大学教授，著有《周予同经学史论著选集》《群经概论》《周予同经学史论》《中国现代教育史》等。——译注

④ 周予同著，山本正一译：《中国学校制度》近代篇（一）科举制度下的隋唐学制。——原夹注

很强阶级性的唐代学制，被日本律令立法者根据统治者的需要进一步修改得更为虚伪。而且这种修改对日本律令学制来说显示出其唯一的独立性。它很可鄙但却是事实。

被迫实施的日本律令学制的实际状况及其本质大致如上述。

5 总结——应将律令学制置于国际环境中观察

因时间关系匆忙进入总结部分。

我的意见可概括如下：律令制或律令学制的模仿、引进和巩固，绝不像过去想象的那样，是一种在"日本对中国"这个并列、对等的国际关系上自然且自主发生的事情。正确地说，律令学制的学习和接受毋宁说是将其可能性转化为现实性的极为特殊的历史条件——换言之即"国际关系的历史性质"的产物。为正确理解这个问题，就必须在日中两国律令制的整体结构方面进行把握。以资料【3】西岛定生论文《6—8世纪的东亚》为线索，可以把握所谓的"册封体制"的轮廓。特别值得关注的是该文结尾部分的"这些作为外臣的周边国家，在其国内也以本国独立的法律形式普及汉皇帝的德化和礼仪，虽说汉朝的法律不直接涉及于此"，以及"律令法虽已普及"，"但是，只要这些国家是中国王朝的藩臣，那么它们就要普及中国皇帝的德化和礼仪"这些话语，它们尤为重要。

亦即，"德化"（王化）和"礼"具有双重结构。它们是在内部和外部保障中国皇帝秩序体制"统治逻辑"的同时，也是在内部保障日本国天皇（叫"天子"也好，叫什么也罢）秩序体制的"统治逻辑"。

冷静分析只是册封体制的一个卫星国日本的"王化主义"就可以进一步清晰地识别这个双重结构。资料【4】是暴露"教化""王化"所意味的武力征服最有说服力的史料。为何这种毫不讲理的野蛮行径可以通行无阻？简单说来就是作为卫星国的日本有必要通过这种野蛮行径，向作为领导大国的中国汇报："我们已做出努力，将'德化'和'礼'普及到我国国民中去。"这个"德化"和"礼"，就是以牺牲日本人民为代价，向中国证明"臣节"的证词。总之，"德化"和"礼"就是对领导大国中国的"臣节""忠节"和"忠诚"。更简单地说明就是，日本人民服从律令政府，就意味着日本服从隋或唐的世界帝国。它们之间具有这种的双重结构。

作为卫星国的日本提交了"德化"和"礼"这两个证词后，隋或唐就说"这太好了",并不断地将差距极大的高度文明制度和学术艺术颁赐给日本。一如上述,唐帝国将"雅乐"的舞手、歌手、演奏家作为文化使节派遣到日本。对此《大宝律令》说也要设置总人数达300人的庞大音乐集团。在唐朝看来,"你们若普及'德化'和'礼',摆脱野蛮,则我将不断输出文明制度和学术艺术并派遣使节。你们若想派出留学生,则我将提供各种便利。希望你们能成为我国的家臣,并不以为意"。册封体制下的东亚世界就是这么一幅图景。

七八世纪日本的学校、教育、教育制度的波及、普及、巩固,就是在这种册封体制下完成的。

日本律令学制是被强迫实施的。

这和战后日本社会被迫施行和普及"民主主义政治体制"的情况非常相似,也与战后进入以美国为领导的自由主义阵营保护伞(当时出现了"两个世界——以铁幕遮挡的两个世界",东欧各国进入苏联的保护伞)时紧迫的国际关系十分相似。使日本自由主义化符合美国的利益。与此相似,在日本列岛实施律令制和律令学制也符合唐帝国的最大利益。不用说,冲抵结算后获益最大的是日本律令体制的统治者。如此一来则形成了一种涵化(Acculturation)。

日中律令学制的比较学问史的考察 II

1　如何读取《怀风藻》序中的"爱则建庠序"?

之前我的研究似乎"过于刺激"。事后有人批评:你的提法我赞成,但你的资料使用过于粗略。而我认为,无论成果如何粗糙,论证过程如何牵强,都总需要有人提出这个"问题"。正因为如此,我才提出一个"作业假说",并对它进行了验证。能否很好地验证我没有信心,只是日益抑制不住以下的疑问:在研究教育史时,光摆弄日本国内的证据物件和史料是否能够了解真相?不了解国际关系力学结构的研究方法,是否只能说是缺乏"客观性"?

下面进入对本论题的探讨。

我的"作业假说"如下:有目共睹,日本律令制或律令学制是模仿、引进、巩固中国制度的产物。而所谓的模仿、引进、巩固,绝不是在"日本对中国"这种并列、对等的国际关系之上自然发生和自律生成的事情。正确的说法是，它只是使其成为可能的特殊历史条件的产物。为验证这个"作业假说"，首先就要在总体上把握日中律令制本身。下面请看史料。

资料【5】《怀风藻》

《怀风藻》序

逖听前修。遐观载籍。袭山降跸之世。橿原建邦之时。天造草创。人文未作。至于神后征坎。品帝乘乾。百济入朝。启龙编于马厩。高丽上表。图乌册于鸟文。王仁始导蒙于轻岛。辰尔终敷教于译田。遂使俗渐洙泗之风。人趋齐鲁之学。逮乎圣德太子。设爵分官。肇制礼义。然而专崇释教。未遑篇章。及至淡海先帝之受命也。恢开帝业。弘阐皇猷。道格乾坤。功光宇宙。既而以为调风化俗。莫尚于文。润德光身。孰先于学。爰则建庠序。征茂才。定五礼。兴百度。宪章法则。规模弘远。复古以来。未之有也。于是三阶平焕。四海殷昌。旒纩无为。岩廊多暇。旋招文学之士。时开置醴之游。当此之际。宸瀚垂文。贤臣献颂。雕章丽笔。非唯百篇。但时经乱离。悉从煨烬。言念湮灭。轸悼伤怀。……①

这个《怀风藻》序是日本教育史研究的重要史料之一，想来谁都一度阅读过。

有必要再请阅读的是"淡海先帝之受命也。恢开帝业。弘阐皇猷。道格乾坤。功光宇宙。既而以为调风化俗。莫尚于文。润德光身。孰先于学。爰则建庠序。征茂才。定五礼。兴百度。宪章法则。规模弘远。复古以来。未之有也"这个段落。这就是日本建立第一个学校的史料，一直受到重视。

但过去的学说始终回避"爰则建庠序"这句话，仅讨论"建庠序"该年为何年，例如：是"大化改新"（645）那年吧；是天智天皇制定"冠位二十六阶"（664）那年吧；是迁都近江那年（667）吧；不，是文武天皇施行《大宝律令》的大宝元年（701）吧；等等。可是根据门

---

① 据校注《日本文学大系》。——原夹注

胁祯二①《"大化改新"的研究》等的最新研究，人们对"大化改新"的真实性产生了疑问。因为有人认为它只是《日本书纪》撰者的杜撰而已。若真此，则吉田熊次②在《本邦教育史的研究》中的讨论等毫无意义。

不过这里还是不鞭打死者为好。我们出生于其后，自有幸运的一面（吾等平庸之辈能发现非凡先学的缺点并克服之，全赖于出生于其后的理由），所以必须订正旧说的愚论。

说旧说毫无意义或是愚论的理由，并不因为它对年号的把握有误。从我的立场来说，前辈的业绩现在毫无价值，是因为他们误读了《怀风藻》序。按索绪尔的结构主义说法，是因为他们不做"关系的解读"和"共时的把握"。也因为他们按近代的概念将"庠序"解释为"学校"。这个错误实为重大。

"爱则建庠序"的文章关系，到"征茂才。定五礼。兴百度"为止是一组（一个单位，One set）的关系。单独引出（剞去）"庠序"这个单词，无法说是正确的语言解释（现在语言学取得了很大进步，已无一人认为"剞去"式解释是正确的）。当然，我并不是说过去没有人将"建庠序"和"征茂才"结合起来，甚至这样说的人还很多，而是说将它与"定五礼。兴百度"结合起来一块考虑的论者很少。虽说也有个别人，但他们全然不采用结构的（或结构主义的）方法进行把握，因此才会呆板、机械地将其解释为建学校，学礼学等。不用说这种解释完全是错误的，事实并非如此。

将旧说断定为谬误，全拜我们的比较教育学研究之赐。

2　在《艺文类聚》"礼部"体系中把握"学校"的概念

这里请读者看的是《艺文类聚》，亦即七八世纪日本律令官僚几乎

---

①　门胁祯二（1925—2007），史学家，毕业于京都大学，历任奈良女子大学和京都府立大学教授、校长，后任京都橘女子大学校长。专攻古代史，提出"大化改新虚构说"和"吉备王国等地域国家说"。著有《"大化改新"史论》《古代国家与天皇》《吉备古代史》等。——译注

②　吉田熊次（1874—1964），教育学家，毕业于东京帝国大学文科大学哲学科。后在该校研究生院专攻伦理学和教育学。曾留学德国、法国，归国后任东京大学副教授、教授，培养了许多教育学家。除编撰修身教科书外，还担任临时教育会议和文政审议会干事、国民精神文化研究所研究员。从大学退休后被授予名誉教授的职衔，任国民精神文化研究所研究部部长。著有《教育的伦理学》《当今教育思潮批判》《教育学说与我国民精神》等。——译注

如"虎之卷"（不，我想称之为"学校指导要领"）那般手不释卷的"类书"。据小岛宪之《上古日本文学与中国文学》（上、中、下卷）说：白凤至天平时期（译按：645—749）律令文人使用的类书似乎仅限于《艺文类聚》和《初学记》。到平安宫廷沙龙时代①，据说又增加了《北堂书钞》《太平御览》《玉篇》等。《古事记》序文、《日本书纪》开篇（宇宙开辟神话）和《万叶集》中的汉文表达等似乎也都以《艺文类聚》为本，只是将其中的内容一一改头换面而已。这里所说的"似乎""据说"好像都与小岛本人无关。我在五年前左右就发表论文，证明日本美的典型"梅加樱"的组合在《艺文类聚》中就有明确的记述，《怀风藻》的诗人乘隙迅速行窃，将其作为日本美的意象。笼统地说，《艺文类聚》就类似于"文化、学术、宗教、政治的百科全书"。

《艺文类聚》的撰者是唐代的文人、书法家欧阳询（557—641）。其刊行的时间据推断是在欧阳询60岁时，即617年。那么在100年后被引进日本没有任何不可思议之处。

根据目录，可知《艺文类聚》按卷一 天部上、卷二 天部下、卷三 岁时部上、卷四 岁时部中、卷五 岁时部下、卷六 地部 州部 郡部……以及卷三十七 人部，卷三十八至卷四十礼部上、中、下编排。这里要特别关注的是"礼部"在世界整体结构中被放置在什么位置。

资料【6】《艺文类聚》
《艺文类聚》目录
卷一　天部上
天 日 月 星 云 风
卷二　天部下
雪 雨 霁 雷 电 雾 虹
卷三　岁时部上
春 夏 秋 冬
卷四　岁时部中

① 平安宫廷沙龙时代，指平安时代中期，约公元1000年前后宫廷后宫出现了许多贵族出身的女官的时代。这些女官具有很高的文化教养，使用假名创作了许多"物语"（传奇故事）和日记文学。——译注

元正 人日 正月十五 月晦 寒食 三月三 五月五 七月七 七月
十五 九月九

卷五　岁时部下

社〇按当作祖。详本篇下。伏 热 寒 腊 律 历

卷六　地部 州部 郡部

地部 地 野 关 冈 岩 峡 石 尘

州部 冀州 扬州 荆州 青州 徐州 兖州 豫州 雍州 益州 幽州
　　并州 交州

郡部 河南郡 京兆郡 宣城郡 会稽郡

卷七　山部上

总载山 昆仑山 嵩高山 华山 衡山 庐山 太行山 荆山 钟山 北
邙山 天台山

卷八　山部下 水部上

山部下　虎丘山 蒜山 石帆山 石门山 太平山 岷山 会稽诸山
　　交广诸山

水部上　总载水 海水 河水 江水 淮水 汉水 洛水

卷九　水部下

壑 四渎 涛 泉 湖 陂 池 溪 谷 涧 浦 渠 井 冰 津 桥

卷十　符命部

符命

卷十一　帝王部一

总载帝王 天皇氏 地皇氏 人皇氏 有巢氏 燧人氏 太昊庖牺氏
帝女蜗氏 炎帝神皇氏 黄帝轩辕氏 少昊金天氏 颛顼高阳氏
帝喾高辛氏 帝尧陶唐氏 帝舜有虞氏 帝禹夏后氏

卷十二　帝王部二

殷成汤 周文王 周武王 汉高帝 汉文帝 汉景帝 汉武帝 汉昭帝
汉宣帝 后汉光武帝 汉明帝 汉和帝

……

卷十七　人部一

头 目 耳 口 舌 发 髑髅 胆

卷十八　人部二

美妇人 贤夫人 老

卷十九　人部三

言语 讴谣 吟啸 笑

卷二十　人部四

圣 贤 忠 孝

卷二十一　人部五

德 让 智 性命 友悌 交友 绝交

……

卷三十一　人部十五

赠答

卷三十二　人部十六

闺情

卷三十三　人部十七

宠幸 游侠 报恩 报仇 盟

卷三十四　人部十八

怀旧 哀伤

卷三十五　人部十九

妒 淫 愁 泣 贫 奴 婢 佣保

卷三十六　人部二十

隐逸上

卷三十七　人部二十一

隐逸下

卷三十八　礼部上

礼 祭祀 郊丘 宗庙 明堂 辟雍 学校 释奠

卷三十九　礼部中

巡狩 籍田 社稷 朝会 燕会 封禅 亲蚕

卷四十　礼部下

冠 婚 谥 吊 冢墓

……

卷八十一　药香草部上

药 空青 芍药 百合 兔丝 女萝 款冬 天门冬 苄苜 薯蓣 菖蒲

术 草[香附出] 兰 菊 杜若 蕙 蘼芜 郁金 迷迭 芸香 藿香 鹿葱 蜀葵

蔷薇 蓝 慎火 卷施

卷八十二　草部下

芙藻 菱 蒲 萍 苔 菰 荻 蓍 茗 茅 蓬 艾 藤 菜 蔬 葵 荠 葱 蓼

卷八十三　宝玉部上

宝 金 银 玉 珪

卷八十四　宝玉部下

璧 珠 贝 马瑙 瑠璃 车磲 瑇瑁 铜

卷八十五　百谷部 布帛部

百谷部 谷 禾 稻 杭 黍 粟 豆 麻 麦

布帛部 素 锦 绢 绫 罗 布

卷八十六　果部上

李 桃 梅 梨 甘 橘 樱桃 石榴 柿 栌 奈

卷八十七　果部下

枣 杏 栗 胡桃 林檎 甘薯 沙棠 椰 枇杷 燕薁 樰 蒟子 枳椇 柚
木瓜 杜梨 芋 杨梅 葡萄 槟榔 荔支 益智 椹 芭蕉 甘蔗 瓜

卷八十八　木部上

木 [花叶附] 松 柏 槐 桑 榆 桐

卷八十九　木部下

杨柳 柽 椒 梓 桂 枫 予章 无患 朱树 君子 枞 桧 茱萸 柟 柞
楸 栎 楮 灵寿 女贞 长生 木槿 樗 木兰 夫栘 櫠 若木 合欢 杉
并间 荆 棘 黄连 栀子 竹

卷九十　鸟部上

鸟 凤鸾 鸿 鹤 白鹤 黄鹄 [玄鹤附] 雉 鹖

卷九十一　鸟部中

孔雀 鹦鹉 青鸟 雁 鹅 鸭 鸡 山鸡 鹰 鹯

卷九十二　鸟部下

乌 鹊 雀 燕 鸠 鸥 反舌 仓庚 鷦鹩 啄木 鸳鸯 鸡鶋 鸂鶒 白鹭
鸊鷉 鸥 鹏 精卫 翡翠 服乌

卷九十三　兽部上

马 骒骓

卷九十四　兽部中

牛 驴 ○原讹驴。据冯校本改。 骆驼 羊 狗 豕

卷九十五　兽部下

象 犀　兕 驳 貔 熊 鹿 獐 兔 狐 猿 猕猴 果然 狌狌 貂 鼠

卷九十六　鳞介部上

龙 蛟 虬 龟 鳖 鱼

卷九十七　鳞介部下 虫豸部

鳞介部下 螺 蚌 蛤 蛤蜊 乌贼 石劫

虫豸部　蝉 蝇 蚊 蜉蝣 蛱蝶 萤火 蝙蝠 叩头虫 蛾 蜂 蟋蟀 尺蠖 蚁 蜘蛛 螳螂

卷九十八　祥瑞部上

祥瑞 庆云 甘露 木连理 木芝 龙 麟

卷九十九　祥瑞部下

凤凰 鸾 比翼 乌 雀 燕 鸠 雉 马 白鹿 狐 兔 驺虞 白狼 比肩兽 龟 鱼 鼎

卷一百　灾异部

旱 祈雨 蝗 螟 蟊 贼 蜮①

　　这个资料【6】与当前我要分析的"爱则建庠序"似乎关联不大，但事实绝非如此。以上是《艺文类聚》的目录，认真阅读正文后不管你是否情愿都会发现，其中包含着从魏晋到隋唐时代构筑出高度文明的古代中国知识阶层拥有的有机而实用的知识"体系"，如宇宙开辟说、宇宙论、天文学、气象学、历法、地志、王室年代记、帝王学、人类学、伦理学、修辞学、诗学、礼仪研究、音乐理论、政治学、行政法、刑法、文体论、兵学、建筑学、农学、服饰习俗、舟车、食品学、游戏术、方术、植物学、动物学、祥瑞研究等。这个"体系"是古代中国人的世界观、认识论、处世和实际生活的原理、政治技巧、学术艺术的根据。作为这个"整体"的一个大的世界体系中的几个小的组成部分，有天有地有人，与人有关的是伦理、宗教、艺术、政治、经济、博物志。如此看来，这个一百卷的《艺文类聚》不仅记载着"百科全书"的知识，还阐明了古代中国人和现实世界的整体"存在"关系。现在我们需要在结构上（或结构主义地）把握《艺文类聚》的整体"存在"关系。

---

　　①　中文出版社刊。——原夹注

一言以蔽之，它就是古代专制统治的"一整个体系"。无论是山水，还是草木，抑或是衣食住行和宗教活动，任何一个事物都是组成"整体"的结构要素。山高花美也好，衣食住种类丰富、占卜预言流布弘通也罢，这一切都是为了使东方专制社会现实化、恒久化的一个手段而已。反过来说，赞美、礼拜某座特定的山，喜好、礼赞某棵特定的草木，都只不过是肯定、支持当时实施的专制政治。享受、复述某种山岳自然观、植物自然观、天文气象自然观，最终都只是有利于粉刷某种意识形态的工具。聪明的古代中国为政者们对此有着深刻的洞见，不仅希望民众通过经书的学习，普及和固化自己的意识形态，还意图将它广泛渗透并再生产于被统治阶级日常生活的方方面面。《艺文类聚》所显示的世界秩序结构，事实上就有这种先行目的。正因为如此，日本律令知识阶层才会那般拼命地学习和接受《艺文类聚》。

资料【6】中尤其值得关注的是卷三十八到卷四十这三卷。这里将它们抽取出来，并附上文字说明。

卷三十八　礼部上
　礼　祭祀 郊丘 宗庙 明堂 辟雍 学校 释奠
卷三十九　礼部中
　巡狩 籍田 社稷 朝会 燕会 封禅 亲蚕
卷四十　礼部下
　冠 婚 谥 吊 冢墓

"礼"是儒教思想的基础，带有各种艰深的观念论原理，但在古代儒教阶段，它近乎于今天蒙昧社会宗教中常见的"宗教礼仪"（Rite，Ritual）观念，最接近于该本体（Substance）。眼下所见的艰深原理是后来附加上的。不过请注意，这里所谓的"礼"是天子和统治阶层做出的概念规定。"祭祀"即在神和祖先面前奉上供品，接近于礼拜（Cult），充满着原始的要素。"郊丘"顾名思义就是祭火求雨之处，即距离都邑稍远的周边区域。这种祭祀称郊祀，其概念扩展后就是祭天地之义，天子冬至祭天于南郊，夏至祭地于北郊。"宗庙"即祖先的灵场。站在天子的角度说，背对王城立于左侧的是宗庙，立于右侧的是社稷。"明堂"是天子亲裔政教、朝见诸侯的殿堂，国家的重要仪式皆在此举办。"辟雍"按《说文解字》解释"乃天子飨饮之处"。而《礼记·王制篇》有"大学在郊，天子辟雍"一语，故可理解为"天子的学校"之意。有人说天子在此行太射之礼（弓术的礼仪）。另一说是雍即泽，辟乃璧，将学校的周围用水泽像璧一样环绕起来，故有"辟雍"此词。然而这些说明我们一向不得要领，难知所云。据最新的研究，"辟雍"接近于蒙昧社会常见的"男性集体宿舍"（Men's House）①。虽说这只是一种假说，但我赞成此观点。到宋代，发挥这个功能的学堂也以这种"男性集体宿舍"为自己的最早形态，此盖然性极大，不过眼下我不拘泥于己说。接着是"学校"。按金文"学"字由"效"（仿效之意）和"子"组成，意思是让孩子学习社会的成规。一旦名词化和物质化之后，"学"即成为学校的总称。"庠"即周代的学校，"序"是殷代的学校，"校"指夏代的学校或乡里（地方共同体）的学校。而"学"用于总称所有的"学屋"。再接下来是"释奠"。对此日本有 Sekiden、Syakuden、Sakuden 等各种读法，总之它用于祭祀孔子。"释"和"奠"都是置放供品的意思，即奉上牛羊等牺牲（不供牛羊等而供上蔬菜类称释菜），孔子之前的原始儒教教团当然也这么献祭，比之更早的宗教习俗中也普遍会出现这种操作。以上是《艺文类聚》卷三十八 礼部上 记载的宗教礼仪 8 个概念的简单说明。

　　下面要对卷三十九 礼部中和卷四十 礼部下做简单的说明。"巡狩"即天子到各诸侯国巡游视察之意，原先似乎是指一种狩猎仪式。"籍田"指天子为获得供神（或祖先）的谷物（后为米）亲自耕种的田地，也指该仪式。日本的"新尝"② 是指收获，但也可以将它看作是"籍田"的一种，即农耕社会普遍实施的农耕礼仪之一。"社稷"前面有简单的介绍，"社"的原义是指某集团共同祭祀的耕作神，之后演变为当地的土地神，进一步又指祭祀该土地神的建筑物，后来又由集团的共同

---

　　① "辟雍"，对此中国学者何新有精辟的研究和论述。据说这种"男性集体宿舍"的目的是防止与异性的接触。详见何新《诸神的起源》，生活·读书·新知三联书店 1986 年版，第 149—155 页。——译注
　　② 日语"新尝"有两个意思：（1）指秋季供奉新谷祭神。（2）指天子食用新谷。——译注

祭祀转指集团共同体，称其为"社"。①"稷"即谷物高粱②，被尊为百谷之长，也是五谷之神。因此，"社稷"的意思就是土地神和五谷神。这两种神对治理国家皆不可或缺，所以古代诸侯都在宫殿的右方祭祀社稷，在左方祭祀祖宗。"朝会"是天子会见诸侯的仪式。据《周礼》解释，春季的皇室仪式叫"朝"，夏季的叫"宗"，秋季的叫"觐"，冬季的叫"遇"，与季节无关的仪式叫"会"。这里无妨将"朝见""朝谒""朝觐""朝宗"都理解为一个意思。"燕会"指天子举办的酒宴。这个"鸡尾酒会"具有宗教学所说的"会餐礼仪"的意义。也就是说，既然在一块吃东西，那么就会分享同一个灵魂，如同兄弟一般，一方不会反对另一方。"封禅"指天子亲自祭天，用四方的土筑坛祭天叫"封"，祭山川叫"禅"。比如，天子巡游地方，在泰山祭天，在泰山下方的小山祭山川。之后该行为转变为天子向国内外夸耀其国威的仪式。这个过程在《史记·封禅书》中有详细的记载。"亲蚕"是为了奖励纺织业而后妃养蚕的仪式。不用说这是古代农耕礼仪之一。以上说的都是天子参与的公共宗教仪式。卷四十 礼部下说的是除天子外士大夫个人性质（说是私人亦可，但与私下［private］的意思略有不同）"通过仪式"（Rites of Passage）的辑录。"冠"是一种入会仪式，与广义的"初始之光"（Initiatory Light）意思不同，毋宁说接近于元服的意思。"婚"指婚姻仪式。"谥"是某人死后歌颂其功德赠予的称号，不用说是统治阶级的习俗。"吊"指吊唁仪式。"冢墓"在这里指与丧葬和追福有关的仪式细目。

　　以上花费篇幅对一些词汇做了解释。若不能最低程度地了解它们的意思，则有可能使我们的研究陷入空转。这么说是因为日本律令国家统治阶层知识分子不仅精通《艺文类聚》，而且还精通于其背后的儒家思想。也因为我们作为研究者，若昧于《艺文类聚》和中国诗文，则根本无法研究任何实际问题。

　　那就让我们再次寓目资料【6】，之后再转读卷三十八 礼部上、卷三十九 礼部中和卷四十 礼部下的内容，最后再冷静地（去除先入之

---

　　① 社，本书作者对此的说明较简慢和武断。有关"社"的其他意思可参见何新《诸神的起源》，生活·读书·新知三联书店1986年版，第124—141页。——译注
　　② 稷，我国古老的食用作物，即粟。一说为不黏的黍。又说为高粱。——译注

见）观察"学校"这个事物是在何种地位、何种关联（关系）之下、具有何种分量被记述的。

　　卷三十八　礼部上
　　　礼　祭祀 郊丘 宗庙 明堂 辟雍 学校 释奠
　　卷三十九　礼部中
　　　巡狩 籍田 社稷 朝会 燕会 封禅 亲蚕
　　卷四十　礼部下
　　　冠 婚 谥 吊 冢墓

　　此礼部上、中、下由"礼"（宗教仪式）的二十幕脚本构成。我们要关注的是，在古代中国人（不用说仅限于统治者和知识分子）构筑的包罗万象的"体系"中，为何他们要特意将这二十个事项放在"礼"的类别（Order）之内。希望读者不要忽视这二十幕脚本中第七幕的"学校"是如何定位的。这非常关键。

　　在古代中国，"学校"是宗教仪式环节中的一部分。正因为如此，《艺文类聚》才将"学校"放入"礼部"中。如果不是这样，那将它放入"职官部"（卷四十五至卷五十）或"治政部"（卷五十二至卷五十三）或"杂文部"（卷五十五至卷五十八）都可以。至少在欧阳询生存的 7 世纪之前，"学校"一定是宗教仪式的一部分。可以明确的是，"学校"在当时是天子进行祭祀、慰灵、祈祷丰收、朝会（其征服仪式的意味甚浓）等的场所，这个"组合"是构成宫廷仪式不可或缺的一个要素。

　　这样我们就会明白，用后人脑中的概念是无法知道古代"学校"到底是怎么回事的。结合最新的结构主义方法重新对其思考，就可以认为古代学校是超出近代概念的一个有生命的事物，如不将其纳入神话的思维（以古代儒教之前的原始儒教为对象，并非不可将其称为神话的思维）范畴，在结构上进行把握，就根本无法弄清其重要的意义。同理，中国教育史的研究也必须返回原点加以重新思考。

3　东亚古代世界和律令制的普及和实施

　　在提示结论之前，有必要再稍微明确一下《怀风藻》序中"爰则建庠序。征茂才。定五礼。兴百度"的话语本质。以下是资料【7】

《艺文类聚》卷三十八"学校"的内容抄录。

资料【7】《艺文类聚》卷三十八

学　校

《物理论》①曰：学者植也。《五经通义》曰：三王教化之宫。总名为学。《礼记》曰：古之教者。家有塾。党有庠。术有序。国有学。《周官》曰：师氏以三德教国子。一曰至德，以为道本。二曰敏德。以为行本。三曰孝德。以知○原缺，据冯校本补。恶逆。《尚书大传》曰：稷○《太平御览》五百三十四作櫌。锄已藏。岁事欲毕。余子皆学。十○御览十下有五字。始入小学。见小节。践小义。十八始入大学。见大节。践大义。《汉书》曰：三代之道。乡里有教。夏曰校。殷曰庠。周曰序。《三辅旧事》曰：汉太子○《太平御览》五百三十四作学。在长安门东书社○御览作社。门。五经博士员弟子万余人。《黄图》②曰：礼。小学在公宫之南。太学在东。就阳位也。去城七里。东为常满仓。仓之北为槐市。列槐树数百行。为隧。无墙屋。诸生朔望会此市。各持其群○御览五百三十四作郡。所出货物。及经传书记。笙磬乐器。相与买卖。雍雍揖让。论义槐下。《东观汉记》曰：光武五年。初起太学。诸生吏子弟及民。以义助作。上自齐归。幸太学。赐博士弟子。《续汉书》曰：明帝永平二年。上始帅群臣。养三老于辟雍。郡国县道。行饮酒礼于学校。魏名臣奏曰：蒋济奏。学者不恭肃。慢师酗酒好讼。罚饮水三升。晋诸公赞曰：惠帝时。裴頠为国子祭酒。奏立国子太学。起讲堂。筑门阙，刻石写经。任豫《益州记》曰：文翁学堂。在大城南。经火灾。蜀郡太守高眹。修复缮立。图画圣贤古人像。及礼器瑞物。【颂】后汉崔瑗《南阳文学颂》曰：昔圣人制礼乐也。将以统天理物。经国序民。立均出度。因其利而利之。俾不失其性也。故观礼则体敬。听乐则心和。然后知反其性。而正其身焉。取律于天以和声。采言于圣以成谋。以和邦国。以谐万民。以序宾旅。以悦远人。其观威仪。省祸福也。出言视听。于是乎取之。民生如何。导以礼乐。乃修礼官。奋其羽篇。我

---

① 为便于读者阅读，以下抄录中译者加入了必要的书名号等。——译注
② 《黄图》，《三辅黄图》的简称。——译注

国既淳。我俗既敦。神乐民则。嘉生乃繁。无言不酬。其德宜光。
先民既没。赖兹旧章。我礼既经。我乐既馨。三事不叙。莫识其
形。……【铭】后汉李尤《太学铭》曰：汉遵礼典。崇兴六艺。
修周之理。埽秦之弊。襃建儒宫。广置异记。开延学者。劝以爵
位。【诏】宋傅亮《立学诏》曰：古之建国。教学为先。弘风训
世。莫尚于此。发蒙启滞。咸必由之。故爰自盛王。迄于近代。莫
不敦崇学艺。修建庠序。自昔多故。戎马在郊。旌旗卷舒。日不暇
给。遂令学校荒芜。讲诵蔑闻。军旅日陈。俎豆藏器。训诱之风。
将坠于地。今王略远覃。华域清晏。仰风之士。日月以冀。便宜博
延胄子。陶奖童蒙。选被儒宫。弘振国学。……①

　　对平时不接触古汉语的读者来说，以上文字有难懂之感，然而这里
没有必要进行精确的解读。知道开篇的"学者植也""三王教化之宫。
总名为学"和"古之教者。家有塾。党有庠。术有序。国有学"等语
义后再浏览全篇就会明白：哦，这里写的是神秘的或超自然的（Oc-
cult）的事情。有这种印象就足够了。第十五行有"《续汉书》曰"：
"养三老于辟雍。郡国县道。行饮酒礼于学校"等，说的是在学校举行
的吃喝仪式。这明显可以让我们将学校组入宗教仪式体系。稍后的"任
豫《益州记》曰"此句句末，说学堂遇火灾需要修缮。后来在其中除
画圣贤古人像外，还画礼器和瑞物可以让我们明白，学校确实是一个学
习场所，但也是一个置放礼器和瑞物的地方。移目至【铭】，"汉遵礼
典。崇兴六艺"的"兴六艺"，总让人强烈地感觉得是《怀风藻》序
"兴百度"的出处。之所以这么说，是因为下面的【诏】有"宋傅亮
《立学诏》曰：古之建国。教学为先。弘风训世。莫尚于此。发蒙启
滞。咸必由之。故爰自盛王。迄于近代。莫不敦崇学艺。修建庠序。自
昔多故"的文字，在很大程度上也可以认为它是《怀风藻》序"调风
化俗。莫尚于文。润德光身。孰先于学。爰则建庠序"的出典。也许有
人认为这仅是偶然的一致，但因为还有人发现《怀风藻》正文中有几
篇盗作，所以仅推断该序属于原创讲不过去。

　　总之，根据以上分析，我们可以判断"建庠序"的出处，也可以推

---

　　①　据中文出版社本。——原夹注

断出其实质（我甚至想称之为"本体"）。至少从这个句子是无法证明建学校的具体事实的。能证明的只有一点，就是"学校"的概念与我们近代学校的概念有极大的差别。如果想证明在近江京①建设了"学校"这个有形设施，那么只能等待考古学发掘的成果。而且也并非不能证明，在近江朝代中国宗教的思维方式曾被引进日本并被采用。这对教育史（毋宁是思想史）来说意义重大。

以下是这次研究的结论：

在之前的研究里我借用了西岛定生的论文，对七八世纪的国际关系做了展望。也就是说，随着中国皇帝的德化和礼的内外普及，册封体制的秩序得以保障，文明制度和学术艺术也推广到整个东亚世界（请重读资料【3】）。以盟主大唐帝国为核心，作为卫星小国的朝鲜半岛三国、渤海国、日本等普及和实施了律令制，这些都来自中国皇帝的强大国际领导力，而不来自卫星小国的些微主体性（这和第二次世界大战后的情况非常相似。当时的日本急于普及和实施民主政治体制，是受制于自由民主阵营的盟主美国的领导力。若忽视这种"力学"关系，则无法把握任何真相）。"学校""庠序"等的建设也得益于"中国皇帝的德化和礼的普及"，故它们只不过是卫星小国的日本律令国家统治阶层知识分子认为必须推进的文化工程之一。日本律令统治阶层还急于并忠实地上演了《艺文类聚》卷三十八至卷四十礼部的脚本。和持统天皇频繁"巡狩""朝会"一样，为政者还建了"学校"和"释奠"。说句不好听的话，就是为了让中国皇帝满意而拼命"普及德化和礼"，急于扩充"学校"和"释奠"。

日本律令官僚知识阶层不仅在"学校"和"释奠"方面，而且在艺术观、自然观和人类观的学习和接受方面也付出了相同的努力。甚至在对植物、动物、祥瑞或灾异的思索方面也和中国一样，持续进行学习和接受。后来他们逐渐有了自信："老子这样学习中国的德化主义和礼教仪式并实行之，所以现在不能将我们视为野蛮国家。"但有这种想法

---

① 近江是日本旧"国名"之一，即"东山道"十三国之一，相当于现在的滋贺县，也叫江州，得名于"近江"过去的写法"接近于淡海"（即琵琶湖）。近江过去有都城和朝廷（天智天皇、弘文天皇［大友皇子］的朝廷）。约延续5年左右的时间，从667年迁都近江大津宫开始到672年"壬申之乱"废都为止。因在此制定《近江令》（也有人提出疑问），创作"庚午年籍"，设置"太政大臣、御史大夫"等新的官制，推进了中央集权化，构筑了律令制的基础而较有名气。——译注

不用说是从平安时代中期开始到后面的一段时间。如果说日本人开始伟大，也许就是这段时间。但另一方面，我们也不能忽视过去的盟主中国，就是从这个时期开始无法继续维持重要的册封体制。不能忽视"国际环境"是我们的研究立场。

日本教育史的出发点，甚至是日本学术的出发点，都源于对强大的国际领导人和本国最高统治人的隶属和服从。若无先入之见认识到这个事实，则即使心有不甘也会想到该问题与我们今天的教育和学术在深层次上是相通的。日本的学术"范式"现在在根源上（涉及我们日常生活的全部领域）仍几乎未受到破坏。

律令知识阶层自然观学习的一个过程
——专制统治下梅、桃、樱的观赏方法

1

日本律令官僚知识阶层学习先进大国中国的"自然观"的过程史料，可溯及《怀风藻》和《万叶集》。后来被公式化为"日本自然观"的"观念"和"事物"的组合方式，也大都由这两部诗歌集所规定。这两部诗歌集中的一部是汉诗集，另一部是和歌（倭歌）集，但准确地说，看上去完全不同的东西只是一个东西的两种表现形态。仔细比较这两部诗歌集就会认为我们所言不虚。实际上《万叶集》是一张底片（负片），上面收藏着律令官僚贵族的"统治思想"信息，而《怀风藻》则是一张相纸（正片），鲜明地显现出前述的画像。而且，《怀风藻》的成书时间按该序末尾所说是"于时天平胜宝三年岁在辛卯冬十一月也"，刚好处于《万叶集》各作品创作的高峰时节。在《万叶集》列名的人物也在《怀风藻》中写出很多的汉诗。《怀风藻》和《万叶集》在对藤原京时代（694—710）到奈良朝时代（710—784）律令官僚贵族的"思维方式"和"大自然感知方式"进行语言化和形象化方面实为一种良好的对称关系，已有数个优秀研究成果证明二者的诗歌主题和构思形式是相通的。而我则拟提出以下三个作业假说，之后再做出验证。这三个假说是：（1）二者的对立融合关系和影响关系是以当时新引进的"中国音乐"旋律和节拍为媒介形成的；（2）通过相同的教科书和教育课程学习"中国的自然观"得到的成果多少有些差异，但已成为

现实的常态；（3）该"中国音乐"和"中国的自然观"实际上百分之百是"政治思维"的表现。

　　然而因篇幅，这里我暂不对此三个假说都做讨论，眼下仅就律令官僚知识阶层是如何学习"中国的自然观"进行分析。首先要分析的是《怀风藻》和《万叶集》中梅花、桃花的"观赏方式"和"感觉方式"。

　　《怀风藻》中吟咏梅花的诗歌很多，可以想象当时的宫廷花园栽种了真实的梅树。梅树原为舶来植物，在七八世纪也引种到日本畿内。不过若问梅树具体何时在日本列岛扎根还真难以回答。从植物学的角度看，显然日本的山野不自生梅树。有人说只要回答在文献上何时出现梅树即可，但遗憾的是"记纪"中都没有梅树的记载（《日本书纪》"天武天皇元年七月"条写"高市郡大领高市县主许梅"，但这"梅"只是人名的注音，与梅树没有任何关系）。

　　《怀风藻》第十首是葛野王的作品：

五言。春日玩莺梅一首

　　聊乘休假景。入苑望青阳。素梅开素靥。娇莺弄娇声。对此开怀抱。优足畅愁情。不知老将至。但事酌春觞。

　　"素梅开素靥"意为白梅绽开白色酒窝怒放。传记说"高市皇子薨后"云云乃持统天皇十年（696）七月之事，不久后葛野王"时年三十七岁"，故此五言诗大约作于持统女皇时代。该诗以《艺文类聚》和王羲之《兰亭集序》为范本，写得相当不错。

　　若此则可推定梅树是在公元700年前后引进日本的。不用说赏玩梅花仅在当时的贵族和知识阶层中进行，显然梅花作为"中国之花"被一小撮特权阶级所独占。读《万叶集》卷第五"梅花歌三十二首"后当可更明白此事。天平二年（730）正月十三日在"大宰帅"[①] 大伴旅人[②]的宅邸举办的梅花观赏派对席上，有一批地方官员咏出以下和歌：

---

　　① 大宰帅，大宰府（今福冈市）长官，唐名都督。在律令制下总管"西海道"九国二岛（筑前、筑后、丰前、丰后、肥前、肥后、日向、大隅、萨摩九国和壹岐、对马二岛）以及对外关系和贸易事务，是九州地区外交、防卫的总领导。——译注

　　② 大伴旅人（665—731），奈良时代前期歌人，家持之父。他被《万叶集》收录的和歌多半都写于任大宰帅期间。其歌风率直而抒情，多受道教思想的影响。——译注

正月春来到，赏梅多欢笑。①（卷第五，815）　　大式纪卿

梅开永不谢，愿花到我家。②（卷第五，816）　　小式小野大夫

梅花落我家，如雪天上来。③（卷第五，822）　　大伴旅人

亦惜梅花谢，竹林莺频鸣。④（卷第五，824）　　小监阿氏奥岛

见人梅花插头游，我思都市好风光。⑤（卷第五，843）土师氏御道

梅花梦中语风流，浮樽漂酒赏无穷。⑥（卷第五，852）作者不详

　　"梅花歌三十二首"冠有著名的"梅花歌序"。而此"梅花歌序"又以王羲之《兰亭集序》为底本，这已成为定说。契冲⑦《万叶代匠记》指出，序文开篇的"天平二年正月十三日，萃于帅老之宅，申宴会也"，乃模仿《兰亭集序》的"永和九年，岁在癸丑，暮春之初，会于会稽山阴之兰亭，修禊事也"。"于时初春，气淑风和"取典于"是日也，天朗气清，惠风和畅"。"忘言一室之裹，开衿烟霞之外，淡然自然，快然自足"出处是"或取诸怀抱，悟言一室之内；或因寄所托，放浪形骸之外……快然自足，曾不知老将之至"。在此研究基础上古泽未知男⑧又概括："《万叶集》中写过五次'羲之'，一次'大王'。毋庸置疑，此因《兰亭集序》作者王羲之乃古今名家，故有意写出'羲之'，训读为书道之师即'手师'。其子王献之亦精于此道，故为区别，特意将羲之写为'大王'。先学诸家皆持此说。此事实可证，《万叶集》撰者与作家皆熟知王羲之名，至少当时首屈一指之汉文学大家大伴旅人

---

　　① 原歌是"正月立ち春の来らばかくしこそ梅を招きつつ楽しき竟へめ"。——译注

　　② 原歌是"梅の花今咲ける如散り過ぎずわが家の園にありこせぬかも"。——译注

　　③ 原歌是"わが苑に梅の花散るひさかたの天より雪の流れ来るかも"。——译注

　　④ 原歌是"梅の花散らまく惜しみわが苑の竹の林に鶯鳴くも"。——译注

　　⑤ 原歌是"梅の花折り挿頭しつつ諸人の遊ぶを見れば都しぞ念ふ"。——译注

　　⑥ 原歌是"梅の花夢に語らく風流たる花と吾念ふ酒に浮かべこそ"。——译注

　　⑦ 契冲（1640—1701），江户时代前期"国学家"、歌人。其文献学研究方法创造出日本近世"国学"的基础。著有《万叶代匠记》《古今余材抄》《势语臆断》《和字正滥抄》等。——译注

　　⑧ 古泽未知男（1914—2011），"国文学"家，毕业于东京文理科大学（东京大学前身），曾以《从汉诗文引用所见之〈万叶集〉与〈源氏物语〉的研究》获得东京教育大学文学博士学位。历任熊本女子大学副教授、教授、名誉教授，以及尚絅大学教授。著有《万叶集讲座》《〈源氏物语〉"须磨""明石"卷与汉诗文——比较考察》《〈贫穷问答歌〉与中国文学》等。——译注

与山上忆良等充分关注并读过《兰亭集序》等。"① 万叶时代知识分子的"文化意识"本质由此可征。

梅在《万叶集》中标注为"梅、乌梅、汗米、宇米、宇梅、有米、于梅",共 7 种。日语 Wume 的词源来自梅的汉音② Bai（吴音③ Mai）的讹读,此说法最为妥当。植物学家松田修④说:"梅树最初引进于九州,后渐次东进。其引进分为数次。"⑤ 此说法也很稳妥。

梅乃"引自中国之花",也是"贵族之花",这在今天已无必要再次论述。桃怎么样?众所周知,桃也原产于中国,但它是否也是"贵族之花"过去无人下过结论。

因此我提出以下观察报告:

《怀风藻》中咏桃的汉诗有八首:

大学博士从五位⑥下美努连净麻吕。一首。
五言。春日。应诏。一首。

玉烛凝紫宫。淑气润芳春。曲浦戏娇鸳。瑶池越潜鳞。阶前桃花映。塘上柳条新。轻烟松心入。啭鸟叶裏陈。丝竹遍广乐。率舞洽往尘。此时谁不乐。普天蒙厚仁。

大学头从五位下山田史三方。三首。
五言。三月三日曲水宴。一首。

锦岩飞瀑激。春岫晔桃开。不惮流水急。唯恨盏迟来。

---

① 古泽未知男:《从汉诗文引用所见之〈万叶集〉与〈源氏物语〉的研究》第二章 作品比较。——原夹注
② 汉音,日本汉字读音之一,源自唐代长安（今西安）地区所用的标准发音,由遣唐使、留学生、音博士等在奈良时代、平安时代初期带回日本。官府、学者多用汉音,佛教人士多用吴音。——译注
③ 吴音,日本汉字读音之一,源自中国古代江南地区的发音,作为佛教用语等一直使用到今天。但在平安时代,后传入的汉音为正音,吴音却被认为是"和音"。——译注
④ 松田修（1927—2004）,"国文学"家、文艺批评家,专攻近世文学。毕业于京都大学,研究生学历。历任福冈女子大学副教授、法政大学教授、国文学研究资料馆名誉教授等。著有《刺青、性、死》《日本近世文学的形成》《江户异端文学笔记》等。——译注
⑤ 松田修:《万叶植物新考》梅。——原夹注
⑥ "位",日本古代官阶的名称,其意思相当于我国古代的"品"。下同,不再一一做注。——译注

从五位下大学助背奈王行文。二首。年六十二五言。
上巳禊饮。应诏。一首。

皇慈被万国。帝道沾群生。竹叶禊庭满。桃花曲浦轻。云浮天
里丽。树茂苑中荣。自顾试庸短。何能继叡情。

左大臣正二位长屋王。三首。年五十四。又四十六。
五言。元日宴。一首。

年光泛仙籞。月色照上春。玄圃梅已放。紫庭桃欲新。柳丝入
歌曲。兰香染舞巾。于焉三元节。共悦望云仁。

此外，还有安倍朝臣广庭《五言。春日侍宴。一首》中的"花舒
桃苑香。草秀兰筵新"句，藤原朝臣宇合《五言。暮春曲宴南池。一
首并序》中的"映浦红桃。半落轻旆。低岸翠柳。初拂长丝"句，藤
原朝臣万里《五言。暮春于弟园池置酒。一首并序》中的"园池照
灼。桃李笑而成蹊"句和"天霁云衣落。池明桃锦舒"句，释道慈
《五言。初春在竹溪山寺于长王宅宴追致辞。一首》中的"桃花雪冷
冷。竹溪山冲冲"句，共 4 个用例。这 4 个用例，本来需要附上说
明，但为避免繁杂此不赘述。总之可以明确的是，《怀风藻》中咏桃
的汉诗共有 8 首。另外，与吉野川的景观有关的修辞用例还有"桃
源"和"桃源宾"，但那说的是"乌托邦"，并不指植物的桃，所以
不计入以上数字。

咏桃的作品有 8 首。从此数字看一般的人也可以推断，在《怀风
藻》时代（8 世纪律令国家建立时期）产自中国的桃树已经引进日本。
实际上，过去的植物文化志也是这么记录的，这已成为通说。然而，最
近有一本书暗示我们，此通说是很不靠谱的。前川文夫的近著《日本人
与植物》"3 小正月的御门棍①与桃的信仰"，从植物学的角度分析了
《万叶集》"卷第十三"相模国的和歌"足柄可鸡山盐麸，妾难诱拐亦

---

① "御门棍"，其制法和用途如下：将五倍子树（盐肤木）的粗枝锯成 30 厘米长，准备
两根。将一端的枝皮剥去，有时是削去，各自画上男女的脸。阴历十三日左右制作，在家门口
打入木桩后将其绑在木桩上。用此可祈祷谷物丰收，还可用于阻止恶魔进入家中。阴历二十日
拆除并烧毁。——译注

当拐"（编号 3432）①，并着眼于植物的芦（即足［柄］＝ Ashi）、动物的鸡（即可鸡＝ Niwatori）和植物的盐麸木（即五倍子树＝ Katsunoki）的双关语，得出结论："最后是五倍子树，其实它应该是桃树。但因为日本当时没有桃树，所以就用五倍子树代替桃树。说得更明白些，就是桃树具有伟大的灵力，所以代用品也可以发挥同样的灵力。换言之，它也和桃树一样，成为在上面系上丝线就可寄托信仰的对象。这种芦＝鸡＝桃三位一体的信仰，承接于扎根古代中国大陆的信仰，或由归化人携带至日本。只是他们在举行仪式时困惑于日本没有桃树，于是就在附近寻找在某些方面与桃树有同样属性的植物并做了代用。"② 前川还说明，在五倍子树、野鸦椿、接骨木、旌节花等桃树的代用品登场之前，日本是没有桃树的："曾有人报道日本东北地区有野生桃树，对马也有。但它们似乎是不久前从外部侵入的品种（在对马的乃从朝鲜侵入），或是从栽培地点逸出的品种。如果在万叶时代有野生桃树，那么它们现在就会像樱花那样漫山遍野地自由生长，但现实是没有。这足以说明当时的日本没有自生的品种，也还没有栽培的品种。这里有两个有趣的旁证。一个是《万叶集》，其中有若干首咏桃的和歌。从歌的内容判断，那些桃夹杂着两个不同的种类。即夹杂着古代口说的桃和后来眼见的桃。这里所说的夹杂，不意味着一首歌中有两种桃，而是指某歌吟咏古代的桃，以表达歌人的心情，而另一首歌又咏唱那个新出现的桃。其中存在着桃的内容的转换，至少它暗示着曾经有过新桃旧桃并用的时代，虽说时间很短。""结论是，旧桃即今天我们所说的山桃，新桃即今天我们吃的桃。说是旧桃，它出现的时间也比作为信仰的桃晚，也叫毛桃，即果皮上全是绒毛，故在名称上与山桃有所区别。新桃在全国范围内普及后被更多的人知晓，已不局限于旧桃即山桃的温暖的产地，加之果实增大，质量也不可同日而语，因此在不知不觉间毛桃的毛字脱落，单说桃了。这个过渡期就在《万叶集》歌被创作的年代。正因为如此，所以在一个歌集中才会出现新旧两个全然不同的桃。虽然写的都是桃，但若将它们都断定为今天所指的桃（并不指今天的优良品种，而是指作

---

① 原歌是"足柄の吾を可鸡山の可頭乃木の吾をかづさねもかずさかずとも"。——译注

② 前川文夫：《日本人与植物》，岩波新书 1973 年版，第 53 页。——原夹注

为植物种类的桃），则不免涉嫌杜撰。"① 前川还举出两首和歌，即：

> 对山桃木难结果②，人有此说汝不惑。③（编号 1356）
> 月照吾家毛桃下，此时心情更欢畅。④（编号 1889）

前川说，前歌的桃是"旧桃。即山桃。山桃雌雄异株，所以对面山上的桃树若是雄株就不会结果。可是大伙儿不知道是雄株，但不结果却是人人皆知的。因此，我和你之间是没有结果的，就像对面山上的山桃一样。那帮家伙都这么说，给他们说中了"⑤。后歌的桃"还是旧桃，说成是毛桃。后来的和歌单说桃了"⑥。

通过前川文夫的研究我们可以知道两件事：一、桃和毛桃有区别；二、毛桃被单说成桃的过渡期与《万叶集》歌创作的时代吻合。《古事记》"上卷"记载：伊邪那岐命因过于思念死去的老婆伊邪那美命来到黄泉国，后来被一群鬼追赶。这时他躲在黄泉国入口黄泉比良坡的桃树背后，摘了三个桃向鬼群扔去，鬼顿时慌乱作鸟兽散。伊邪那岐命在险境中捡回一条命，返回人世间。前川就此桃说："在品种改良前桃就是桃，一定是好吃的。可鬼居然不吃，这就怪了。这说明在有这个故事时桃还未被引进日本，人们不知道桃好吃。因此鬼才不吃桃子。这是很久前武田九吉⑦先生告诉我的，这个解释非常有趣。更何况伊邪那岐命在桃的庇护下捡回一条命，这明显又说明桃木具有灵力的信仰或思维方式已经进入日本，但人们还未见到桃子的实物。在这不长的时间内产生了到访黄泉国的故事。""这还显示出，在桃力的神格化未有充分进展时仅仅是信仰传到日本，但重要的桃果却未一道传来，所以只能接受它的

---

① 前川文夫：《日本人与植物》，岩波新书 1973 年版，第 55 页。——原夹注
② "难结果"意通"恋爱不成"。——译注
③ 原歌是"向う峯に立てる桃の樹成らめやと人ぞささめきし汝が情ゆめ"。——译注
④ 原歌是"吾がやどの毛桃の下に月夜さし下心よしうたてこの頃"。——译注
⑤ 前川文夫：《日本人与植物》，岩波新书 1973 年版，第 55 页。——原夹注
⑥ 同上书，第 56 页。——原夹注
⑦ 武田久吉（1883—1972），植物学家、登山家。英国驻日公使和驻清公使欧内斯特·梅森·萨道（Ernest Mason Satow，1843—1929）之子，生于东京。历任日本自然保护协会、日本山岳会、日本山岳协会等会长。著有《尾濑与鬼怒沼》《尾濑》《民俗与植物》等。——译注

抽象形态。这是一种古老形态的残留。"① 据前川说，桃核乃木质，很坚硬，去掉外侧多汁的果肉，桃核很快就干燥了，因此丧失了发芽能力，不适合远距离的船只旅行。如果此话不谬，那么，桃的信仰先于桃果传入日本的理由是充分的。

以上是前川对桃的研究。前川前不久还是东京大学理学部植物学教研室主任教授，也是植物形态学和植物系统学的世界权威。我们应该倾听此道专家和权威的学说。

前川具有自然科学家的严谨和谦虚态度，未做出桃信仰在何年传入日本、毛桃又在何年传入日本等的结论。他似乎想说，那些无所畏惧、超越常识的工作还是让头脑杂驳的文科学者去做好了。我是理科人士，只想尝试整理一下这个无所畏惧、超越常识的问题，并归纳出桃信仰和毛桃传入日本的大致年代：

（1）能见到自生的山桃的时间——公元 8 世纪初之前。

（2）仅桃信仰传入日本的年代——《古事记》成书的和铜五年（712）和《日本书纪》成书的养老四年（720）之前，但不会比这个时间早很多。

（3）毛桃实物传入的年代——从《万叶集》全部作品创作的时间开始，到扣除与（2）《古事记》《日本书纪》编撰时间重合部分所剩的时间。亦即，大约是 720 年到 759 年这段时间。

回看《怀风藻》。前述的美努连净麻吕在庆云二年（705）十二月叙从五位下，庆云三年八月任遣新罗大使，和铜元年（708）任远江地方长官，从这些清晰的履历来看，他见过桃的实物的或然率极低。山田史三方在持统天皇六年（692）任"务广肆"②，和铜三年（710）正月叙从五位下，养老四年（720）正月叙从五位上，养老五年（721）正月任"文章博士"③。这些履历也都很清晰，他见过桃的实物的或然率也极低。背奈王行文，归化人之子，神龟四年（727）叙五位下。奈良时代诗坛的后援人长屋王于神龟元年（724）晋升正二位"左大臣"，

① 前川文夫：《日本人与植物》，岩波新书 1973 年版，第 58 页。——原夹注
② "务广肆"，官阶名，在 685 年制定的"冠位四十八阶"中位列第 32 位。——译注
③ "文章博士"，在日本古代大学教授诗文和历史的教官。神龟五年（728）置定员 1 人，承和一年（834）与"纪传博士"合并，定员 2 人。平安时代后期以降由菅原、大江、藤原三氏独占。——译注

天平元年（729）毙命于某次阴谋。集权力和财富于一身建造的长屋王佐保宅邸，引种桃树的盖然性不低。安倍朝臣广庭生卒年清晰，生于齐明天皇五年（659），死于天平四年（732）。藤原朝臣宇合生于持统八年（694），死于天平九年（737）。藤原朝臣万里生于持统九年（695），死于天平九年（737）。释道慈生于大宝元年（701），死于天平十六年（744）。后面的 4 人见过桃树实物的或然率很高，但严格地说，若不能确定各五言诗的创作时间则无法贸然做出断定。

由此看来，至少可以明白美努连净麻吕和山田史三方两"文章博士"①只不过是彻头彻尾地以"中国诗文"为底本，以文字知识为基础，咏出"阶前桃花映"和"春岫晔桃开"的。

可以想象，《怀风藻》的诗人或是通过《文选》《诗经》《艺文类聚》等学到作为诗的主题的桃的知识，又或是通过《山海经》《淮南子》《风俗通义》《荆楚岁时记》等学到作为信仰习俗和咒物价值的桃的知识。从时间上说，似乎和我设定的三阶段中的（2）的年代重合。过后我要详细叙述，《怀风藻》收录的诗篇都将题材设定为季节和大自然事象，但认真分析就会明白，它最终都有赞美天子（君主）圣德的谄媚之意。咏唱桃美及其咒力也不过是称颂天子的圣德，祝祷他的长寿而已。这不外乎就是通过汉诗文的学习而习得的"古代诗歌"的基本主题。8 世纪的日本诗人丝毫都未能理解桃的美好品质和可爱形姿等。

还有一件令人困惑的事情。《万叶集》"卷第十九"卷首记录着大伴家持的一首著名和歌。此歌创作于天平胜宝二年（750）三月。此年家持虚岁 34 岁，作为"越中国国守"住在富山县。此事可以确定，但不好确定（又一个不靠谱）的是家持是否真见过桃花。

天平胜宝二年三月一日之暮，眺瞩春苑桃李花作二首

春苑桃花色辉映，树下少女人面红。②
吾园李花落满地，疑是残雪未消融。③

---

① 日本史书上未见有美努连净麻吕任"文章博士"的记录，似为作者笔误。——译注
② 原歌是"春苑 红尔保布 桃花 下照道尔 出立嬬毛"。——译注
③ 原歌是"吾園之 李花可 庭尔落 波太礼能未 遣在可母"。——译注

之所以要抄写出汉文和万叶假名，是因为我希望读者从该歌序的
"眺瞩春苑桃李花"能看出作者对"中国诗文"的模仿和学习的效果。
"春苑"和"桃李花"是汉诗的固定类题，也是《文选》等频繁使用的
诗题，《怀风藻》亦大量模仿吟唱。《艺文类聚》说："文选曰。南国有
佳人。容华若桃李。""又。艳阳桃李节。山桃发红萼"，意思酷似于大
伴家持的和歌主题。也就是说，我国律令贵族文人欲更地道地习得外国
"文化"，作为抓手多用的题材就是"桃李花"。而中国的桃或李都是乌
托邦的象征，这个公理作为当时第一流的知识分子家持不会不懂。

因此，家持的这首"眺瞩春苑桃李花"绝不是为眼前的桃花所触发
而吟咏的和歌，而是因有汉诗文素养而创作的不折不扣的"风雅"文
学。我们不能断定家持不知道桃花，因为在奈良附近或大阪周边人们有
可能见过像标本一样精心培育的桃树。但很难想象在公元750年之前桃
树的栽培在越中地区会迅速普及。将《万叶集》歌都归入"写实精神"
和"实相观入"①的成果，这种鉴赏技巧和评价方法都有些说不过去。

岂但如此，我们还是不要将家持此歌的美学、思想价值视为它属于
写实歌或瞩目叙景诗，相反，我们可以从中抽取出复杂深奥而又曲折的
思想要素。

"家持作为'越中国国守'，似乎并非专心于民政之人。即使有时
也会为稻谷借贷工作巡视内部机构，或检查新开垦的土地，但在此过程
中他并不关心民众的生活。在任职地吟咏的和歌，从内容说多半都不出
羁旅游宴之域。"② 然而在天平感宝元年（749）四月，家持却写出《陆
奥国产金诏书贺歌》（《万叶集》卷第十八，第4094—4097首，以下不
标注"第……首"），沉浸于此生从未有的感动之中。日本建造大佛的
伟业从某种意义上可谓橘诸兄③个人的事业，但大伴氏族很早就与橘氏
族保持着亲密的关系，在造佛一事上起到某种积极的作用，家持也为此
感到格外激动。总之，"越中国国守"大伴家持对农民大众没有丝毫的

---

① "实相观入"一语出自斋藤茂吉（1882—1953）的歌论，意思是不能做皮相的写生，
而要贯彻到真相中去。——译注

② 川崎庸之：《"记纪"、万叶的世界》大伴家持。——原夹注

③ 橘诸兄（684—757），奈良时代的政治家，敏达天皇的后裔美努王与橘三千代之子，
原名葛城王，本属皇族身份，后降下臣籍，受赐橘姓。橘诸兄官至正一位"左大臣"，还是光
明皇后的异父兄长，第一代橘氏氏长。——译注

同情，相反却对本家族的繁荣昌盛殚精竭虑。我没有非难家持的意思，而只是实事求是做此解释。这种自私自利的"想法"不外乎就是律令官僚贵族固有的"政治思维"。如本章开篇所说，家持一直认为，自己这么想、这么做就是作为"伟男子"必须实现永恒的真理和普遍的伦理之途径。实际上，家持在创作"眺瞩春苑桃李花"后四五个月又咏出和歌"大丈夫须留其名，后人听此亦盼名"①（此歌也改编自中国诗文）。也就是说，桃歌的"主题"和大丈夫的"主题"产自完全相同的精神状况。

可是家持的官运并不总是平坦顺利，一路通达。因藤原仲麻吕②的势力不断增长，橘诸兄的力量正日趋衰弱。若藤原仲麻吕掌握了中央领导权，则大伴一族不免会权力失坠。可以说家持在任职地越中关心的仅仅是首都奈良的政治动向。

在这种状况下家持创作了"眺瞩春苑桃李花"。而且如前所述，倘若桃的实物那时还未普及至"越中国"，那么大伴家持所作"三月一日之暮，眺瞩春苑桃李花"歌就只能解释为他面对京师的自我意识的形象化表征：奈良的宫廷文人现在正在举办汉诗派对吧。我怀念的奈良友人、女子现在在干什么呢？思念再三，眼前浮现出的影像或许就是那个放大的"树下少女人面红"。那光景与贫寒地方长官官邸的光景等大异其趣，闪耀着一种"乌托邦图画"中永恒的女性光芒。这未必不可说是自身恋人的幻影，但认真想后也让人觉得是家持本人过去从中国诗文中学到的文学形象之一。啊……，真想早日回京师啊。家持或许吟咏的是这种心情。

正因为未见过桃的实物，不，正因为眼下未面对桃的实物，所以大伴家持此歌才会带有一种令人窒息的诉求力量和热量，紧迫读者之心。

当然像大伴家持此歌的歌例不多。许多歌人只是反复模仿"中国诗文"，或对其进行改头换面。家持也好，数以百计的万叶歌人也罢，他们最终都无法逃脱自己是律令贵族文人这一约束。因为"律令政治思维"太强大了。

然而，大伴家持这两首和歌的价值不会因此有丝毫的降低。相反，

---

① 原歌是"丈夫は名をし立つべし後の代に聞き継ぐ人も語り継ぐがね"。——译注
② 藤原仲麻吕（706—764），奈良时代后期的廷臣，因得到叔母光明皇太后的信任，与左大臣橘诸兄产生对立。757年扳倒了橘奈良麻吕，任"太师"（"太政大臣"）。后因策划消灭孝谦上皇宠爱的僧官道镜失败，在近江被杀。——译注

在通过努力学习、模仿中国诗文，第一次在日本国确立了 Poetry（诗歌）形式方面却具有十分重大的文化史意义。柿本人麻吕①也好，山上忆良②也好，大伴旅人也好，高桥虫麻吕③也好，大凡被视为《万叶集》的代表性歌人，无一不是"中国诗文专业"的毕业生。正因为他们运用自己丰富的"古代诗歌"素养和学识创作了"倭诗"，才使得《万叶集》成为我国伟大的文学业绩。

归根结底，这一切都是七八世纪律令贵族官僚拥有的"文化意识"的产物，而很难说是该时代全体日本人的思维和美意识的产物。即使我们可以抽象出"《万叶集》的精神"或"万叶精神"，但那精神也不过是隐藏在国粹主义意识形态常用于赞美"大丈夫""皇民""草莽"等的修辞背后的一种"非人性的"思维方式。这种思维方式就是，只要贵族阶级自身小集团能活好，其余的数百万农民大众等饿死也好，流血也罢，一切与我无关。无须多言，若现在我们认同一部分公然主张须以律令贵族官僚的"生活方式"为范本等的论者意见，则绝不会是一种理性的选择。我们现在要从《万叶集》中学到什么？答案仅仅是它的"艺术的不可思议性"：如此坦露"人面兽心"的文人贵族是如何创作出那么美丽的作品的。艺术之神任性而又残酷的一面古今不变。

当时高级贵族官僚的人数最多也就 200 来人。中、下级官僚及跑腿的小吏满打满算全国也不足 20000 人。由这一小批人束缚、压制、统治、抢夺被推定为 6000000 人左右的农民大众正是七八世纪律令体制国家的本质。这件事现在无人不晓，但如今我们要认真考虑、仔细体会的是，这三万比一或二万比一的少数精英阶级享受的"高级文化"具有的意义。国家权力要存在，基于此的文化要创造，就需要可继续产出剩

---

① 柿本人麻吕（？—708），万叶歌人，生平不详。7 世纪后半叶侍奉持统天皇和文武天皇，官位低，但作为宫廷诗人十分活跃。也叫日并皇子、高市皇子的"舍人"。流传至今的作品有短歌和长歌，但据说他也写过"旋头歌"。凡能确认是他所写的和歌（75 首短歌和 19 首长歌）及许多被认为是他所写的和歌均收录在《万叶集》中。——译注

② 山上忆良（660—733 左右），万叶歌人，702 年（大宝二年）作为"遣唐录事"入唐。707 年（庆云四年）左右归国。从五品下、"伯耆国守"、东宫侍讲，后任"筑前国守"。具有丰富的学识，创作出许多如《思子等歌》《贫穷问答歌》等歌咏现实人生社会的真实、直率的和歌。还编撰出《类聚歌林》。——译注

③ 高桥虫麻吕，万叶歌人，生平不详。作品多见于《万叶集》。据说作为下级官吏到"常陆国"赴任，参与编撰《常陆风土记》。——译注

余价值的生产力的发展。可是一小撮贵族官僚把玩和享受的"特权"文化的等级却高出当时物质生产力的等级不知多少，难以比较。若说亚细亚专制主义文化一律如此那问题就简单了，但并非不能想象，在远离大陆的日本列岛却真的形成了固有的"特权文化"范式。也就是说，日本列岛的"文化""教养"特征就在于和祭司的职权超凡魅力相连带的个人超凡魅力（含小规模的集团超凡魅力）可以发挥效力。通过军事力量或政治手段篡夺权力的新统治者，总在想方设法通过扮演新文化的保护者和推进者的角色来增强自身的正当性（自己是正统的理由），而光通过政治制度和宗教仪式，或再通过民族心理和民族习惯是无法全面达到这个目的的。圣德太子的佛教文化，天武、持统天皇的律令法制主义文化，桓武、嵯峨天皇的汉诗文崇拜文化（"国风黑暗"时期文化），镰仓政权的禅宗文化，室町政权的舶来品文化，江户幕府体制的朱子学文化，明治维新政府的西洋文化等等，都很好地掌握并管理着那种可以学习、获得的个人（或小集团）超凡魅力的"教养"和"文化"的效力。如果始终如此，那么日本的文化功能就永远只能带有近似宗教的性质（西欧的情况是，在教养和文化的世俗化过程中，结合了私有财产和教养的市民最终与自古以来结合了王位和祭坛的统治体制产生了尖锐的对抗，只有到这个阶段，教养和文化才具有近似宗教的性质）。特别是在七八世纪的律令官僚统治机构中，律令政府以"这就是日本国的正规宗教"为名强加给人的神祇组织（实际上只不过是赶制出来的民族宗教），和模仿中国的新的文化政策（不用说只是特权机构的垄断物）这两个体系成为"双重宗教"，强有力地压迫着社会和人民。《怀风藻》也好，《万叶集》也罢，寺庙也好，佛像也罢，都是一种高级文化的体现，但是否就可以不批判而一个劲儿地礼赞其为"民族遗产"？在今天，我们只能回到历史认识问题方面看看自己如何把握我们各自的历史主体性。

历史认识问题属于与实践相关的命题，无法简单地加以解决。特别是艺术问题又属于极难分析的命题，有许多问题无法用正规的上层建筑理论进行说明。我们无法说呈现出和平且物质繁荣的"好的时代"就一定会产出"好的艺术"。同样，我们也无法说险恶、动荡且贫困的"坏的时代"反而是"好的艺术"的母胎。那么，要问我们是否可以断定艺术的历史是一种与社会的一般发展毫无关联的"自律发展的历史"，答案也是否定的。因为艺术的全部领域与社会的一般发展之间存在着几种密切关联的关系。如要举出与此问题关系最近的事例，那就是在经济高度发展的社会诞生的近世俳谐。俳谐是一种直接反映商业资产阶级抬头的这个社会发展阶段的艺术形式，所以在近世发展得很好。在近代之后也与产业资产阶级壮大这一社会发展现实一唱一和，创造出俳句兴盛的局面。随着战后经济高度发展还出现了"俳句热"。与此相对应，在政治险恶的社会诞生的古代和歌，则是一种反映了掌握物质生产手段的统治阶级的社会意识的艺术形式，所以在古代发展得很好，并在中古与宫廷贵族政治思维的成熟相呼应，创造出和歌兴盛的局面。在近代也与明治绝对主义国家思想的高涨相适应，酝酿出短歌兴盛这一社会思潮。战后十年左右，短歌达到空前的最高水平，作为表现严峻社会条件的形式充分发挥了自己的功能。如此看来，短诗型艺术的历史与日本社会的一般发展之间无疑存在几种关系。然而这明显存在的几种关系绝不单纯表现出一种平行的相位，也不是一种机械的反应装置。不用说这几种关系是不均等和不均衡的，更准确地说是充满内部矛盾和对立的。马克思在《〈政治经济学批判〉序言》（1857年8月末到9月中旬前写出的手稿）中说："关于艺术，大家知道，它的一定的艺术的繁荣时期决不是同社会的一般发展成比例的。因而也决不是同仿佛是社会组织的骨骼的物质基础的一般发展成比例的。例如，拿希腊人或莎士比亚同现代人相比。就某些艺术形式，例如史诗来说，甚至谁都承认：当艺术生产一旦作为艺术生产出现，它们就再不能以那种在世界史上划时代的、古典的形式创造出来。因此，在艺术本身的领域内，某些有重大意义的艺术形式只有在艺术发展的不发达阶段上才是可能的。如果说在艺术本身的领域内部的不同艺术种类的关系有这种情形，那么，在整个艺术领域同社会一般发展的关系上有这种情形，就不足为奇了。困难只在于对这些矛盾作一般的表述。一旦它们的特殊性被确定了，它们也就被解释明白了。"① 在举例说明希腊艺术和现代的关系之后，马克思总结："然而困难不在于理解希腊艺术和史诗同一定社会发展形态结合在一起。困难的是，它们何以仍然能够给我们以艺术享受，而且就某方面说还是一种规范和高不可及的范本。……成人不能再成为儿童，否则他就稚气

---

① 马克思著，冈崎次郎译：《〈政治经济学批判〉序言》，国民文库版。——原夹注

了。但是儿童的天真难道不使人感到愉快吗？他自己不该在更高的程度上使儿童的纯朴的本质再现吗？他固有的纯朴性格不是在儿童的本质中在任何时期都复活着吗？人类最美丽地发展着的人类史之童话为什么不该作为一去不复返的阶段而永远发生吸引力呢？有教养不良的儿童。古代民族中，有许多属于这一类。希腊人是正常的儿童。他们的艺术对我们所产生的那种强烈的吸引力，同它的生长所依据的不发达的社会阶段并不矛盾。不如说，倒是这个社会阶段的结果，不如说，同这些未成熟的社会条件——它是在这些条件下产生并只能在这些条件下产生的——永远不会再来是分不开的。"① 不过马克思的这个手稿，很难说已完全解决了艺术的问题。因此，昂利·列斐伏尔②做了补充："有必要考虑希腊人——在严酷的政治社会斗争的过程中——克服了其文化的野蛮、原始的一面这个事实。"③ 确实，若能从这个方面加以探究，则可期待完善马克思艺术问题的研究。

由此类推，《万叶集》的艺术魅力也产自历史的顽皮时代这一不发达的社会阶段，它是在这些条件下产生并只能在这些不发达的条件下产生，并且和这些条件永远不会再来是分不开的。《怀风藻》的艺术魅力也产自完全相同的历史条件。只有根据这种认识，我们才可能理解《万叶集》和《怀风藻》都是我国不可多得的文化遗产。今天我们尊重《万叶集》这部艺术作品并学习它的艺术形式，同主张将今天这个时代的各种社会条件拖回《万叶集》的时代完全是不同的事情。《万叶集》的艺术价值极其伟大，但万叶时代的各种社会条件却是不成熟、不发达的，甚至是恶劣的。我们应该从这二者的不均衡关系中洞见"艺术的不可思议"。

毫无疑问，统治阶级的思想在任何时代都是支配性的思想。作为从

---

① 马克思著，冈崎次郎译：《〈政治经济学批判〉序言》，国民文库版。——译注
② 昂利·列斐伏尔（Henri Lefebvre，1905［一说1901］—1991），法国社会学家、哲学家。1928年当选为法国共产党议员，专注在法国普及马克思主义。第二次世界大战中参加法国文艺界的超现实主义运动，1949年成为法国国立科学研究所研究员。1956年开始批判共产党内的教条主义倾向，转向修正主义，1958年被法国共产党开除。之后形成了自身独特的理论，在思想史、文学史、美学、社会学等多方面都留下业绩，著有《辩证法的唯物论》《日常生活批判》《超越结构主义》等。——译注
③ 昂利·列斐伏尔著，多田道太郎译：《美学入门》Ⅱ 马克思、恩格斯与美学。——原夹注

属于统治阶级的律令贵族文人官僚，其"自在（An sich）阶级"的经验（或自我意识）内容一定会使他们讴歌太平盛世。他们利用自身压倒性的优势地位，对被统治阶级（具体说来就是律令农民阶级）行使特权，通过显示"风雅"（精神的贵族性）的"示威"行动使自身的特权正当化，并得以逃脱自身所处的客观性，陶醉于甘美的主观性中。然而他们在统治阶级内部的上级（具体说来就是天皇和执政者）面前，又处于压倒性的弱者一方，只能不断地采取低三下四、柔弱不定、顺从而又阴险的态度，尽力维护自身已有的各种特权。

　　或许他们知道得不那么明确，但他们一定品味过律令贵族官僚的阶级和身份只是完全掌握在"他者"（天皇和执政者）手中的"某物"的经验。首先，他们注意到"他者"的俨然存在，而自身的阶级只不过是"他者"面对的"某物"而已。其次，他们不得不意识到自己的本质（更准确地说生存的现实）不属于自己，而只存在于"他者"欲望的对象中。这种作为异己的力量（疏远的力量）与个体对立的"他者"的存在而产生的结果，马克思称之为"异化"。从今天的历史视角来看，律令贵族官僚也都被牢牢地封闭在"异化"的状况当中。在制度和意识形态、所有和支配的世界当中，只能说"异化"是普遍的。不仅是被统治者和劳动者，就连统治者和能抢夺他人劳动成果的人在这个世界也被自身的行为、作品和他人异化。因而在许多方面这是一个"倒错的世界"。借用马克思的话说就是："封建的土地所有制已经包含着土地作为某种异己的力量对人的统治。农奴是土地的附属物。同样，长子继承权享有者即长子也属于土地。土地继承了他。私有财产的统治一般是从土地占有开始的。土地占有是私有财产的基础。"① 的确马克思仅说过"封建的土地所有制"，而没有说"古代的土地所有制"，但在 8 世纪中叶的日本律令社会，很早就出现了庄园的萌芽。天平十五年（743）实施的"垦田永世私财法"意味着对当时的既成事实的承认并使其合法化。我们即使不这么认识，但因立法垦田速度急剧加快也是一个不争的事实。《类聚三代格》卷第十五宝龟三年十月十四日官符有以下记录："听垦田事/右捡案内。去天平神护元年三月六日下诸国符称。奉敕。如闻。天下诸人竞为垦田。势力之家驱使百姓。贫穷之民（百

① 马克思著，藤野涉译：《1844 年经济学哲学手稿》，第一手稿 地租。——原夹注

姓）无暇自存。自今之后。一切严禁。"从此记录可知，因权贵集团驱使百姓垦田，最后甚至出现了贫穷百姓无以生存的情况。垦田启动了初期庄园的经营，最终促进了庄园的发展。从王臣到有实力的贵族、地方豪族、富农，所有经营初期庄园的各色人等都在寻求"公民"和奴婢等劳动力，或给予他们鱼和酒，或保证他们可以免除课役，或帮助他们逃跑，为追求永无止境的私利私欲使出浑身解数。总之，既是律令政府的当事人，又是政府要人的官僚贵族，虽为同一人格，但却一方面扮演着律令政治的推进者和维护者的角色，另一方面公然使用实力，采取反律令的极端行动。随着社会力量在私有关系内部不断增大，人变得越来越利己和非社会化，越来越被自身本质异化。最极端的是被统治阶级农民大众的异化。七八世纪的律令农民受到非人的待遇。对农民而言，日本列岛的大自然就是地震、火山、洪灾、冻灾、疫病、饥馑等频发的原初大自然（"第一大自然"），也是先住民浴血奋战换来的美好的大自然。而由律令政府强加的这个"第二大自然"，比"第一大自然"强大得多，也更难驾驭。也就是说，物的各种关系不断成长，束缚了所有的个人成长的机会，并演化为一种独立的力量向人类袭来。虽说在律令政治体制中最受优待的是贵族官僚，但他们只要生存在制度和意识形态、所有和支配的世界当中，就只能被封闭在一般意义的"异化"内部。"异化"是随着近代产业的发展和近代分工而日益加深的，但既然一些人"和现存的有钱的有教养的世界对立，而这两个条件都是以生产力的巨大增长和高度发展为前提的"①，所以征于古代农业生产与古代土地所有制，我们只能认为那时有"异化"的事实。但若问律令贵族官僚是否拥有这种自觉，答案却是否定的。

这里有必要强调的是，我们很难断定律令官僚贵族拥有充分的"人的本性"（人性）。换言之，我们很难断定他们是"作为创造者的人"。再换言之，社会既不会给个人以"作为人的根源性需求的自由"，个人也不会给社会创造"作为人的根源性需求的自由"的机会。前面我使用过"人面兽心"这个刺眼的词汇，准确地说应该是律令文人官僚贵族的"非人性"。但这不意味着《怀风藻》和《万叶集》的诗歌作者每

---

① 马克思、恩格斯：《德意志意识形态》第一卷 第一章 费尔巴哈。——原夹注。本译文对原引文做了必要的改动。因原引文或有误，或日文译本身存在问题。——译注

个人都是天生的人格缺陷者。首先，《怀风藻》的作者有60余人，《万叶集》的作者有540余人，除去跨集的作者总数约在600人左右。除小部分人性格有问题或是冷血动物之外，从理性上无法说他们全都有精神问题。只能说是律令文人贵族官僚在无意间丧失了人性。这显然是七八世纪日本的社会结构，以及生产力和生产关系之间的矛盾导致的结果之一。这个矛盾此后构成了平安时代日本汉文学史和中世汉文学史的基本结构，也构成了王朝和歌史和中世和歌史的基本结构。我的意图就是要研究日本诗歌作者在无意识间使用的"政治思维"。而这种"政治思维"则最直接地表现在日本古代知识分子的"自然观"中。

顺便要介绍阿诺尔德·约瑟·汤因比①就"文人官僚"是如何极端丧失人性做出的评价。他在《历史——一种尝试性的解释》中谈到古代埃及帝国文人官僚政治的悲惨罪行，还说日本"学习孔教的文人官僚，常自夸根本不会为减轻几百万劳苦大众的负担动一只小拇指。但实际上，文人官僚的手指甲很长，所以他们除了拿笔，根本不会用手去干其他的任何事情。不仅如此，想来他们在东亚发生的各种社会变化和变动中还显示出比埃及同事更执拗于贪恋权势的一面"②。又说七八世纪作为东亚新兴国家的日本律令国家，正在拼死模仿和学习律令文人官僚体制。

以上我们分析了《怀风藻》中的梅和桃。下面要进一步分析其中的樱。

《怀风藻》中咏樱的作品有两首：

正五位上近江守采女朝臣比良夫。一首。年五十。
五言。春日侍宴。应诏。一首。

论道与唐侪。语德共虞邻。冠周埋尸爱。驾殷解网仁。淑景苍天丽。嘉气碧空陈。叶绿园柳月。花红山樱春。云间颂皇泽。日下

---

① 阿诺尔德·约瑟·汤因比（Arnold Joseph Toynbee，1889—1975），英国历史学家，第一次世界大战期间供职于英国外交部政治情报厅，1919年以英国代表团成员身份参加巴黎和会。1936年，阿道夫·希特勒授予他帝国总理勋章。20世纪20年代先后担任皇家国际问题研究所部长和伦敦大学国际关系史教授。第二次世界大战期间他再次为英国外交部工作，并参与了战后和谈。著有《世界和西欧》《历史的教训》《历史学家的宗教观》等。——译注

② 原作未标明出版信息。——译注

沐芳尘。宜献南山寿。千秋卫北辰。

左大臣正二位长屋王。三首。五十四。又四十六。
五言。初春于作宝楼置酒。一首。

景丽金谷室。年开积草春。松烟双吐翠。樱柳分含新。岭高暗云路。鱼惊乱藻滨。激泉移舞袖。流声韵松筠。

先解读这两首汉诗的大意。

前诗的大意是：若论我天子所行之道，其可与帝尧陶唐氏（尧帝）比肩。若说其仁德，其可与帝舜有虞氏（舜帝）匹俦。我天子之仁爱，超越周文王掘尸改葬的仁爱，其仁德，凌驾殷汤王命解三面鸟网的仁德。移目户外，春光明媚，景色怡人，天清气爽，瑞气祥和。御苑柳绿叶新，残月高挂，山樱似火，夸耀春色。我等在云间——宫中歌颂天子的恩泽，又在日下——天子的膝边沐浴天子的香尘。我等敬祝天子长寿，千秋万代拱卫北斗——天子。

后诗的大意是：若论我所造的宝楼的景色秀丽，其可比晋代石崇的金谷别墅。此楼及附近林泉现在已迎来春天，亦可比长安离宫的积草堂。松林、春霭交融吐翠，樱柳各自含苞。仰望上方，山岭高耸，暗云逶迤。移目林泉，群鱼惊跳于长满水草的水边。舞女翻动长袖，边舞边向喷井移动。对着那个方向倾听，可在松林和竹丛深处微微听见泉水流动的欢快声响。

我们有必要关注，在前诗中，樱是在赞美天子（天皇）具有最高层次、最伟大的仁爱这个文脉中被吟唱的。在后诗中，樱是在描绘"左大臣"即当时最高掌权者的奢华宅邸及其庭院风光这一文脉中被咏出的。我们还要关注，前诗作于天皇（姑且视为元明天皇）举办的宫中酒宴席上，后诗作于"左大臣"举办的花园派对席上。最重要的是我们还要关注，作为更有用的线索，樱在汉诗作品（五言诗）中发挥着某种有机的组织作用，而且只有在与中国汉诗文的关系中才能主张自己的"存在理由"。完全忽视以上各种关注，仅说《怀风藻》汉诗中有两首樱诗，即可证明樱在8世纪中叶就得到重视，已经成为文学素材，因而樱在很早的时候就被日本民族所赞美，这只是以往的日本文化史研究大家和植物志撰者的惯用写法。梅和桃是外来品种，这一点已非常明确，但是否能确说樱就是日本自生品种，在我阅读的学术资料范围之内我觉得有必要再度提出疑问。即使是植物学家写的纯粹的自然科学研究著作，当谈及樱时也沉稳地端坐在此花乃日本的"国花"这一先入之见的宝座上，并从这个视线高度做出所有的评价。正如胡塞尔和梅洛－庞蒂[1]的著作所证明的那样，自然科学系列的许多学说，也并不像当事人即科学家自己坚信不疑的那样具有客观的自律性。不过这么说并不意味着我接下来要做的樱花研究就比他们优秀。因为它也仅起到一种"作业假说"的作用。在验证樱花只有在与中国汉诗文的关系中才能主张自己的"存在理由"之前，我们必须先大致了解一下这两首汉诗的现实依据乃彻头彻尾仰仗中国诗文和中国故事这个事实。

　　前诗的对句"论道与唐侪。语德共虞邻"，不用说依据的是古代儒教创生神话中的尧舜。敬请读者注意，作者为歌颂日本的天子（天皇）并未搬出伊弉诺神和伊弉冉神及天照大神。对句"冠周埋尸爱。驾殷解网仁"，依据的是《吕氏春秋·孟冬纪·异用篇》中的"周文王使人抇池，得死人之骸。吏以闻于文王，文王曰：'更葬之。'吏曰：'此无主矣。'文王曰：'有天下者，天下之主也；有一国者，一国之主也。今我非其主也？'遂令吏以衣棺更葬之。天下闻之曰：'文王贤矣！泽及髊骨，又况于人乎？'"和《艺文类聚》"帝王部 殷成汤"条中的"帝王世纪曰……汤王出，见罗者方祝曰：'从天下者，从地出者，四方来者，皆入吾罗。'汤曰：'嘻，尽之矣。非桀其孰能为此哉！'乃命解其三面而置其一面。更教之祝曰：'欲左者左，欲右者右，欲高者高，欲下者下，吾取其犯命者。'汉南诸侯闻之，咸曰：'汤之德至矣，泽及禽兽，况于人乎？'"对句"叶绿园柳月。花红山樱春"后面再叙述，对句"云间颂皇泽。日下沐芳尘"，依据的是《世说新语》卷下之"排调第二十五""陆举手曰：'云间陆士龙。'荀答曰：'日下荀鸣鹤'"的修辞技巧。对句"宜献南山寿。千秋卫北辰"，依据的是《诗经·小雅·天保》的"如月之恒，如日之升，如南山之寿，不骞不崩"和《论语》"为政篇"的"子曰：为证以德，譬如北辰，居其所而众星共之"。由

---

　　① 莫里斯·梅洛－庞蒂（Maurice Merleau-Ponty，1908—1961），法国20世纪最重要的哲学家、思想家之一。他在存在主义盛行的年代与萨特齐名，是法国存在主义和结构主义的杰出代表。他最重要的哲学著作《知觉现象学》和萨特的《存在与虚无》一起被视为法国现象学运动的奠基之作。——译注

此可知，采女朝臣比良夫的五言诗从头到尾都以中国诗文、中国故事、儒教古典知识为基础，并以中国历史素养为前提才得以实现作者的真情实感。

后诗"景丽金谷室。年开积草春"的"金谷"，来自《文选·潘岳〈金谷集作诗〉》李善注"郦元《水经注》曰：金谷水出河南大白原，东南流，历金谷，谓之金谷水。东南流，经石崇故居"。"积草池"语出《初学记》卷七《地部下·昆明池》"汉上林有池，十五所，……东陂池，太乙池，牛首池，积草池，池中有珊瑚，高丈二尺，一本三柯，四百六十条，尉佗所献，号曰烽火树"和《西京杂记》"积草池，中有珊瑚树，……号为烽火树，至夜，光景常欲燃"。作者长屋王是否亲自查过文献不得而知，但可以明确的是，他一定从返日的遣唐使和入朝的中国僧人等那里获得这种如同"乌托邦故事"的新知识和新信息。"岭高暗云路。鱼惊乱藻滨"部分脱胎于《文选》卷二十六谢灵运《入彭蠡湖口》的"岩高白云屯"和《过始宁墅》的"岩峭岭稠叠。洲萦渚连绵。白云抱幽石。绿筱媚清涟"。（直接出典于其他作品的部分如后述）"激泉移舞袖。流声韵松筠"依据的是《文选·长笛赋》中"状似流水"的李善注"列子曰：伯牙鼓琴，志在流水。钟子期曰：洋洋乎若江河"。同样由此可见，此诗不外乎也是彻头彻尾以中国诗文的修辞技巧和中国故事的寓意构筑而成。

从整体即结构的观点来把握这两首诗歌作品的文脉，只能说没有一个诗节（极端地说是没有一个单词）不是由中国诗文、中国故事、中国思想的断片构成。因此很容易推想对句"叶绿园柳月。花红山樱春"和单句"樱柳分含新"也是依据（具体来说就是出典于）中国文化的修辞表现。

这个推想有充分的依据。柿村重松[①]死后刊行的《上古日本汉文学史》说，采女比良夫和长屋王汉诗中的樱依据的是《文选》中沈约的诗作。就《怀风藻》的学术素养源流，柿村先做出概观："《文选》乃（日本）当时广泛阅读之文集，然模拟《文选》所收诗文之作品殆近于

---

① 柿村重松（1879—1931），文学研究家，毕业于东京高等师范研究科，曾任福冈高等学校教授等，其最大的功绩，就是在研究汉文学对日本文学影响的基础上发表的《本朝文粹注释》，并因此获得"帝国学士院恩赐奖"。还著有《倭（和）汉朗咏集考证》《不动心论》等。——译注

希。盖《文选》之雄篇巨制于悬隔海外之外人根本无法企及。然当时
为何广泛阅读《文选》？乃文字典故府库之故也。何以言之？曰由《文
选》《尔雅》并用可知。据《考课令》，取进士以读《文选》《尔雅》
者，定为试读《文选》上帙七帖与《尔雅》三帙。据《续日本纪》宝
龟九年十二月条，以唐人袁晋卿通《文选》《尔雅》音而用于大学音博
士，可证皆视《文选》与《尔雅》同类。要之，当时文人以《文选》
为主，并广采三史五经等为创作资料，以初唐体裁为榜样，发展其藻
思。"之后柿村就日本古代诗歌中成为咏材的大自然物象做以下清晰的
论断："作为诗文尤为诗之咏料之大自然物象，于天有风云雪月，于地
有山川草木。作为四时景物，于春有梅柳桃樱、歌莺游鱼，于秋有露菊
幽兰、寒蝉归雁。其他还有松、竹、草、苔、猿、鹤。此等景物支那诗
文常用，而日本古歌殆无吟咏。如梅柳，日本歌谣过去几乎不咏，而于
支那，梅乃江南之花，北方稀有，及至六朝方才屡屡吟唱，于我奈良时
代则与柳条桃花一道成为汉诗咏材。不独如此，万叶歌人亦渐始颇有玩
咏。兰菊雁猿之类作为咏材亦属舶来，尤为菊花猿声，虽云《怀风藻》
诗言及二三，然《万叶集》歌几无咏之，可见歌材喜用荻花代菊花，
鹿鸣代猿声。然奈良时代后菊花猿声俱沾惹歌人感怀。此痕迹皆说明支
那诗材经由日本汉文影响日本一般文学。咏及樱花者有采女比良夫《春
日侍宴》之'叶绿园柳月。花红山樱春'，有长屋王《初春于作宝楼置
酒》之'松烟双吐翠。樱柳分含新'。继而于平安时代诗文咏樱者不
少。因《文选》亦有沈约《早发定山诗》之'野棠开未落。山樱发欲
燃'句，故不待言（日本和歌之）文字本于支那。然樱花尤为我诗文之
一大咏材，不可不谓乃国民固有喜好使然。作为人为之咏材另有丝竹、
文酒。国民好乐嗜酒乃太古已然，而作为诗文咏材则可谓直接承继于支
那文学。由于此投合我国民嗜好，于柳樱交错之繁华街巷，又于山明水
秀之如幻仙境，标榜模仿唐风，举杯探韵当为彼时朝绅至美之享乐。"①

　　柿村说梅、柳、桃等中国诗材经由日本汉文影响到日本一般文学的
事例不少，但又说自"不待言（日本和歌之）文字本于支那。然樱花
尤为我诗文之一大咏材，不可不谓乃国民固有喜好使然"。而且还说：

----

　　① 柿村重松：《上代日本汉文学史》第二篇 上代后期 第十七章 诗文的概评，日本书院
1947 年版。——原夹注

"于柳樱交错之繁华街巷，又于山明水秀之如幻仙境，标榜模仿唐风，举杯探韵当为彼时朝绅至美之享乐。"这些说法皆略含糊，虽然他按照自己的方式尽力做了说明，但仍有不好理解之处。不过柿村毕竟明确提示了两点：一、采女比良夫和长屋王汉诗中的"樱"依据的是《文选》中的"樱"；二、樱（柳）被选为诗材发生在贵族阶级的酒宴上。可以说这两点都精确揭示了《怀风藻》诗人的"文化意识"的关键所在。

因此，我们有必要了解上文所说的沈约（沈休文）五言诗《早发定山》的原文：

早发定山
沈休文

夙龄爱远壑，晚莅见奇山。标峰彩虹外，置岭白云间。倾壁忽斜竖，绝顶复孤圆。归海流漫漫，出浦水溅溅。野棠开未落，山樱发欲然。忘归属兰杜，怀禄寄芳荃。眷言采三秀，徘徊望九仙。

日本《新释汉文大系15》"文选（下）"做以下"通释"："自年轻时我就喜欢游览远山，如今年岁已大，作为东阳太守赴任时得以亲见奇山。此定山山岭耸立于色彩美丽的彩虹（指朝霞）和白云之间。崖陡坡斜，仅山顶独圆。（山麓边）江水入海处宽阔平缓，但河湾水流颇急。野棠花开未落，山樱花绽放如火焰燃烧。寄情于兰杜芳荃，终至心迷神狂，虽念公务在身，但最终忘却归路。我徘徊不前，想采一枝芝草（仙草），盼得九仙之道（幽栖）。"

由上文大体可知此诗的主题，并且大致得以明白《文选》卷二十六南朝"行旅"诗的本质。小尾郊一[①]《中国文学中的大自然和自然观》说："总之，（那些诗）多半描写作者游览、行旅时所见的山水景色。此时作者对大自然的态度，是将大自然视为赏心悦目的美好事物，并积极地吟咏大自然。亦即，他们有这种自然观的原因之一，来自他们的游乐和奢侈的生活。宋齐梁陈天子及王公贵族的游乐和奢侈的生活，驱动

---

① 小尾郊一，生平不详，约活跃于20世纪六七十年代。博士，广岛大学教授，中国文学研究专家，著有《谢灵运——孤独的山水诗人》《杜甫的泪——中国文学杂感》《真实和虚构——六朝文学》等，合著《文选李善注引书考证》等。——译注

着他们面向山水。在游乐时所见的山水是美的，由此体现的就是那些捕捉美好山水的各种山水诗。可谓由过去的隐遁思想萌生的山水诗，通过当时的游乐思想得到更大的发展。"① 由此可以明白，日本上古的《怀风藻》诗人吟咏山水之美的精神姿态，也扎根于"王公贵族的游乐和奢侈的生活"，并来自如何学习"面向山水"的思想。南朝贵族的游乐生活后来还产生了将大自然的山水搬进庭园并欣赏之的"造园趣味"，以及将游乐庭园假山视为"游于山水"的思想。

因此，虽说是"游山水"诗，但这种"游山水"未必就必须特意穿上旅装，让足底发热走入山水深处，而这就是产出《文选》卷第二十六等南朝"行旅"诗的现实基础。山水诗扎根于亚洲停滞社会的矛盾所反映出的隐遁思想，但到那时已完全转变为统治阶级操弄的"游乐思想"。小尾的这本书对这个转变过程做出了形式批评史的跟踪。小尾郊一说："描写园内山水最多的诗是在三月三、九月九等吉日所作的游宴诗，也称为'侍宴'诗。这些诗是喜庆节日的诗，也是以君主贵族为主的游宴诗，所以通常是称颂君主贵族游宴的诗。"② 由此我们更加明确，以《文选》为范本的日本律令贵族文人官僚是如何确定自己的诗歌主题的。

所以樱花绝不是作为一个偶然的寓目物品被吟咏的，而是一个具有明确的"文化意识"、有计划地"称颂君主贵族游宴"的诗材。

2

樱花是"称颂君主贵族游宴"的诗材（准确地说是诗文的咏材）。其有力的证据还明确见于日本最早的敕撰史书《日本书纪》（720）。

《日本书纪》卷第十二"履中天皇"条记载："三年冬十一月丙寅朔辛未，天皇泛两枝船于磐余市矶池。与皇妃各分乘而游宴。膳臣余矶献酒，时樱花落于御盏，天皇异之，则召物部长真胆连，诏之曰：'是花也，非时而来，其何处之花矣。汝自可求。'于是，长真胆连独寻花，获于掖上室山而献之。天皇欢其希有，即为宫名，故谓磐余稚樱宫。其此之缘也。是日，改长真胆连之本姓曰稚樱部造，又号膳臣余矶，曰稚

---

① 小尾郊一：《中国文学中的大自然与自然观》第二章 南朝文学中的大自然与自然观 第一节 颂山水诗，岩波书店1962年版。——原夹注

② 同上。——原夹注

樱部臣。"

　　显然这个故事是说明磐余稚樱宫这个名称起源的神话传说，也是稚樱部造和稚樱部臣这个人名起源的神话传说，绝对不可归入植物樱的神话（树木神话）范畴。若强说它可归入树木神话或植物神话的范畴，那也应该有条件地承认，除去树木崇拜或植物信仰的因子，毋宁说它是主要想说明樱花与某物之间的关系起源的准植物神话，非如此则不能归入该范畴。我们只要站在客观科学的观察立场，就可得出这"履中天皇"条的记载不会超出"起源说明"的神话范畴这个结论。

　　那么，樱花与某物之间形成的关系又是什么？根据我的"作业假说"可以指出两点：一、这个"履中天皇"条所包含的"仪式思维"的关键一点，就在于樱花被用于象征帝王（天皇）的绝对权力；二、此樱花对帝王的酒宴（豪华绚烂的游乐派对）而言，是绝对不可或缺的构成要素。特别是后者，具有与已验证的《文选》山水诗"称颂君主贵族游宴"的诗材相同的要素。这个证据非常充分。可以认为，在亚洲专制国家，樱花是表征绝对权力拥有者（帝王）"鸡尾酒派对"的"神话象征"。用更易懂的话说就是，菊花象征日本专制君主举办的"花园派对"是后来的事情，而在编撰《日本书纪》的律令社会，这种"仪式的语言思维"功能是由樱花承担的。和菊花一样，樱花也是在中国文化的影响下才获得那种神话的地位。可以证明樱花和帝王（天皇）的关系的另一个史料，是《神乐歌》中"汤立歌"的"（主句）为制大君弓，我伐小樱树"[1] 和"（末句）制大君弓伐小樱，速借舟楫与棹人"。[2] 这是一个很妥帖的资料。今天的通说是：由此歌或可推测出这个日本古老传说具有可供联想到两艘并排的独木舟和小樱树的关系的某种因子。但按我的假说，这一定是在中国文化影响下形成的某种宫廷仪式。我之所以这么说，是因为在《古今和歌集》卷第二十收录的 13 首"神游歌"中，有"我撷青柳枝，莺缝（＝逢）梅花笠。莺乃报春鸟，我属梅花笠"[3] 这首歌（国歌大观编号 1081），其中的柳与梅、柳与莺、莺与笠等诗歌相关物只能是中国六朝诗文和唐诗文美学范畴的舶来

---

　　① 原歌是"大君の弓木とる山の若桜おけおけ"。——译注
　　② 原歌是"若桜とりに我ゆく舟楫棹人貸せおけおけ"。——译注
　　③ 原歌是"あをやぎのかたいとによりてうぐひすぬふてふかさはむめの花がさ"。——译注

品，而它却完整地收入神事歌中。这个被视为日本古老传说的歌谣，其实也有许多模仿中国文化的成分。以此来看，《神乐歌》"汤立歌"的"为制大君弓，我伐小樱树"也不能一律评价为日本固有的习俗。但无论如何，古代樱花和帝王（小樱树和大君）的关系是不可分离的。因为当时樱花还未进入可以离开专制君主的绝对权力或游宴活动的现实基础，作为植物观赏的对象单独存在的历史阶段。樱花被置于观赏对象，要等到《万叶集》时代的后半部分。我们经过如此多方面且全面综合的考察，可以明确一个事实，那就是这个"履中天皇"条中"时樱花落于御盏"的樱花，在具有绝对权力和地面第一等荣光的帝王（天子）举办的极尽奢华的宫廷酒宴上，发挥了凛凛不可侵犯且不可或缺的仪式象征作用。明白了这个道理，我们才可以知道将自家的山水（庭园）咏为"樱柳分含新"的长屋王为何会被圣武天皇杀掉。

接下来是《日本书纪》卷第十三"允恭天皇"条的记述："八年春二月，幸于藤原，密察衣通郎姬之消息。是夕衣通郎姬恋天皇而独居。其不知天皇之临而歌曰：'和饿势故饿，勾倍枳豫臂奈利，佐瑳饿泥能，区茂能于虚奈比，虚豫比辞流辞毛。'①天皇聆是歌，则有感情而歌之曰：'佐瑳罗饿多，迩之枳能臂毛弘，等枳舍气帝，阿麻多绊泥受迩，多儀比等用能未。'②明旦，皇见井傍樱花而歌之曰：'波那具波辞，佐区罗能梅涅，许等梅涅么，波椰区波梅涅孺，和我梅豆留古罗。'③皇后闻之，且大恨也。"其中有 3 首歌谣，按《日本古典文学大系》版似可翻译如下：（1）今宵夫似来，蜘蛛织网忙（当时蜘蛛结网被视为吉兆）。（2）解开锦绣裤腰带，仅睡今夜不言他（当时的婚姻形式是"访妻婚"）。（3）樱（指皇后）美惜不早摘下，我之心肝胜似花。

值得探讨的是第 3 首歌谣。按《日本古典文学大系》版"头注"，此短歌（国歌歌谣编号第 67）的大意是："锦簇美丽的樱花！同样是爱它（应该更早地爱）却未能更早地爱，的确令人惋惜。我爱的衣通郎

---

① 用假名书写，是"我が夫子が　来べき夕なり　ささがねの　蜘蛛の行ひ　是夕著しも"。——译注

② 用假名书写，是"ささらがた　錦の紐を　解き放けて　数は寝ずに　唯一夜のみ"。——译注

③ 用假名书写，是"花ぐはし　桜の愛で　同愛でば　早くは愛でず　我が愛づる子ら"。——译注

姬也属于这种情况。此歌将衣通郎姬比喻为樱花加以歌唱。……"① 可以推测，这个樱花已被纳入观赏植物的范畴，而且以上解释几乎没有不当之处。然而严格而准确地说，我们很难判断它是否真是一首出于单纯观赏植物的动机而吟咏的和歌。正如《日本古典文学大系》版"头注"明确说明的那样，此歌是将"衣通郎姬比喻为樱花加以歌唱"的，所以这首歌中的樱花所起的功能，只是一种表现允恭天皇情人衣通郎姬（允恭天皇皇后忍坂大中姬之妹）之美的比喻。换言之，即作为表征统治者或统治阶级集团成员的威严和荣光的象征而使用了这个植物。在这点上，它与"履中天皇"条中"时樱花落于御盏"的樱花并无区别。要而言之，樱花只与统治者和统治阶级集团成员发生联系，而与处于隶属地位的人民大众完全没有关系。甚至我们可以想到，即使农民看见自生品种的樱花开放，也会因禁忌而不敢上前观赏。纵然我们不做这种设想，也不妨可以想象农民是如何战战兢兢地远望着开放的樱花。如后所述，即使我们假定对农民而言樱花具有神圣的意味，但也没有确证可以说樱花是农民之花（农民自身可以全身心地把玩樱花）。只要依据《日本书纪》的出典，我们就只能推断樱花是"统治者之花"和"都市之花"。

通过再次验证《日本书纪》的用例，我们可以进一步推进对《怀风藻》"主导动机"的研究，还可以进一步确定律令贵族官僚的"文化意识"。接下来我们还要验证《古事记》中樱花的用例。一个假说若能经受起所有的验证，则可成为理论。如果假说是正确的，那么剩下来的工作就是彻底观察可发现的各种事实，并与假说进行对照。

《古事记》中樱花的用例也仅限于宫廷称呼或"御名代部"② 称呼。很久之前我读过山田孝雄③的《樱史》，其中说明《神代记》（即《古事记》。——译按）"番能迩迩艺能命"条中"大山津见神之女，名神阿

① 译者略去"……"中的日语古词汇解释。——译注
② "御名代"，"大化改新"前的皇室私有民，背负着天皇、皇后、皇子的"御名"（王名或宫号）。传说是为了延续"御名"而设置的部民。"部"，"大化改新"前朝廷和豪族领有的人民集团。为朝廷领有的集团就叫作"御名代部"。——译注
③ 山田孝雄（1873—1958），国语学家、"国文学"家、历史学家。富山初中肄业，自学成才。历任日本国语调查委员会辅助委员，日本大学讲师，东北大学讲师、教授。获文学博士学位。退休后任神宫皇学馆大学校长。曾获文化功勋奖和文化勋章。著有《日本文法论》《奈良朝文法史》《平安朝文法史》等。——译注

多都比卖，亦名木花之佐久夜毘卖"的"佐久夜"（Sakuya），即樱花Sakura 的讹读。但此说法过于牵强附会。若果真如此，那么"须佐之男命"条的"娶大山津见神之女，名木花知流比卖所生之子布波能母迟久奴神"的"木花知流"的"知流"，是否也一定是某种特定植物名的讹读？诚然，这种牵强附会来自本居宣长①《古事记传》的词源解释："佐久夜"（Sakuya）乃"开光映"（Sakihaya，"鲜艳地开放"之意）的约音，可见宣长也主张"佐久夜"是樱花的词源。毫不隐瞒地说，这个故事的主题就在于"大山津见神说：若将（姐姐）石长比卖送回，而单独把木花之佐久夜毘卖留下，则天津神皇子（迩迩艺）的寿命将像木花一样短暂。故此后天皇的寿命皆不长"。如果将"佐久夜"认定为樱花，那么，天皇寿命不长这个说明原因的神话，完全符合我的以上作业假说（樱花与帝王有密不可分的关系），足够让我欢喜雀跃。然而，既然是科学研究，那就应该绝对谨慎，不能因为它刚好能证明自己的假说就采用不恰当的资料。如果正确地观察，那么，Sakura 这个单词或"樱"这个汉字在"履中天皇"条中仅出现过两次（一次在篇首，一次在篇末）。篇首的是："伊邪本和气命，坐伊波礼之若樱（译按：注音 Sakura。下同）宫治天下。"篇末的是："天皇于是任阿知直等为藏官，亦给粮地。又在此御世赐名于若樱（Sakura）部臣等以若樱（Sakura）部。"此"履中天皇"条篇首的"若樱宫"与前引《日本书纪》"履中天皇三年"条"十一月"记述的"故谓磐余稚樱宫"完全吻合，篇末的"若樱部臣"也与《日本书纪》"履中天皇"条的"稚樱部臣"意思相符。《古事记》和《日本书纪》的创作年代多少有些不同，但二者让樱花（Sakura）与帝王发生关联却无差异。偏僻乡里的地名绝不用（或不称）"樱"字，卑贱的人民也不被允许使用（或称呼）带"樱"字的名字等。《古事记》中另出现过"樱井田部连"（"应神天皇"条）和"樱井之玄王"（"钦明天皇"条）这些字样，但前者是

---

① 本居宣长（1730—1801），日本江户时期"国学"四大名人之一（另三人是荷田春满、贺茂真渊、平田笃胤），日本"复古国学"的集大成者，长期钻研《源氏物语》《古事记》等古典作品，研究时运用实证的方法，按照古典记载的原貌，排除儒家和佛家的解释和影响，以探求"古道"，并提倡日本民族固有的情感"物哀"，为日本"国学"的发展和神道的复兴确立了思想理论基础。著有《本居宣长全集》（20 卷，加另册一卷，筑摩书房版）。——译注

帝王的领地名称（河内国河内郡樱井乡），后者是皇子（钦明天皇和苏我稻目之女歧多斯比卖二人生的孩子，推古天皇之弟）的名字。归根结底，Sakura 都仅用于与王权的结合（须附言一句：《日本书纪》有"若樱宫"这个神功皇后的宫殿名，但据近世以来的研究，这是后人添上的词汇，故本书不采用此用例）。

从"记纪"的用例来看，日本上古的樱花没有一个事例可以证明它单纯用于表示植物观赏的行为。当明白了这个事实，我们是否还可以蹈袭过去的通说，翻弄无根据的辞藻，说日本人自太古以来就赞美樱花？

日本人开始观赏樱花，不过是在进入《万叶集》后半时代之后的事情。而且认真地说，它在大多数场合或是用于比喻，或是用于历法，或是用于象征某个咒术和宗教信仰，纯粹用于咏唱植物观赏行为的事例少之又少。《万叶集》中的樱花歌，长歌、短歌共 43 首，其中真正吟咏樱花之美的作品仅五六首。

我记得，当自己第一次发现这个事实时可谓魂飞魄散。如今人们已经略微睁开双眼看清了"古代诗歌"的本质，并会颔首称道："嗯，是这样的。"但在过去，一提到《万叶集》人们都坚信它代表着日本诗歌最高等级的精华（即使是在今天，《万叶集》比其他歌集都更优秀的想法也还没有任何改变，但人们已从过去近乎信仰的热爱状态中苏醒过来），若不说它首首都是如珠似玉的抒情诗则有人会跟你急。然而事实绝非如此。正确地说，《万叶集》大部分作品的创作动机都不在它的诗情（艺术）要素，出自欲创作纯粹抒情诗的愿望的作品其实也屈指可数。在理解《万叶集》的作品时，我们有过于依赖近代文学理论的嫌疑，也有以近代文学理论为尺度，忽略逸出该理论框架之外的问题的嫌疑，还有未充分关注 8 世纪前叶古代日本人创作的《万叶集》受时代制约体现的"古代诗歌"特征的嫌疑。我们必须站在从整体结构性上把握"古代诗歌"文化性质的史学研究角度，重新看待《万叶集》。这样我们在遇到《万叶集》所有的樱歌都被用于形象化"人际关系"这个赤裸裸的事实时，就不会感到惊讶。同时我们要对跨越那种人事关系（更准确地说是生产关系、统治和被统治关系）的栅栏，闯入纯粹观赏植物（观照大自然）领域的少数樱花叙景歌和抒情歌的作者即优秀歌人奉上尊敬和敬畏之情。

下面到了实地验证《万叶集》樱歌的时候，但因不可能将 43 首樱歌全部罗列于此，故不得已只能按《国歌大观》编号从顺序小的开始，并按不同作者排列如下。出现过一次的作者不再罗列他的第 2 首作品。

1. 鸭君足人香具山歌一首，并短歌

传言天降香具山，云蒸霞蔚绕峰岭。春到松风池吹皱，樱花盛开林下荫。池边鸭唤母鸭回，岸边苇鸭嚣嚣群。宫人退出乘游舟，楫棹空有寂寂情。漕人不知何处去，……（卷第三，257）①

2. 梅花歌三十二首 张福子，梅花宴，宴席，
大宰府，天平二年一月十三日

梅花开后已谢去，樱花继放亦可乐。（卷第五，829）②

3. 四年壬申，藤原宇合卿遣西海道节度使之时高桥
连虫麻吕作歌一首，并短歌

白云龙田山，霜露染色时。君越彼山后，仍须长旅行。行行复行行，翻山又越岭。外敌须瞭望，最终至筑紫。分遣众手下，视察山与野。山谷回声远，蟾蜍去复回（或指一个郡的范围）。春来如飞鸟，尽速把家还。龙田冈边道，杜鹃吐红时。樱花又开放，二者相辉映。届期君归来，吾将亲远迎。（卷第六，971）③

4. 悲宁乐故乡作歌一首，并短歌

大君御天下，大和治世长，代代御皇子，奈良为首都。春季春日山，三笠田野边，樱花开不尽，郭公时时鸣。生驹飞火岳，秋季寒露

---

① 原歌是"天降りつく 天の香具山 霞立つ 春に至れば 松風に 池波立ちて 櫻花 木の暗茂に 沖辺には 鴨妻呼ばひ 辺つ辺に あぢむらさわき ももしきの 大宮人乃 まかりでて 遊ぶ船には 楫棹も なくて寂しも 漕ぐ人なしに"。——译注

② 原歌是"梅の花 咲きて散りなば 桜花 継ぎて咲くべく なりにてあらずや［藥師張氏福子］"。——译注

③ 原歌是"白雲の 龍田の山の 露霜に 色づく時に うち越えて 旅行く君は 五百重山 い行きさくみ 賊守る 筑紫に至り 山のそき 野のそき見よと 伴の部を 班ち遣はし 山彦の 答へむ極み たにぐくの さ渡る極み 国形を 見したまひて 冬こもり 春さりゆかば 飛ぶ鳥の 早く来まさね 龍田道の 岡辺の道に 丹つつじの にほはむ時の 桜花 咲きなむ時に 山たづの 迎へ参ゐ出むきみがきまさば"。——译注

降，萩枝互缠绕，牡鹿唤妻频。看山山美丽，望乡乡宜居。众多宫上人，常思天地远，繁荣接繁荣，此世可无涯。奈良虽可凭，终入新时代，紧跟天皇走，匆匆新京去。如春花易谢，若群鸟早飞。曾经是官道，如今马不行，人亦少往来，荒凉又寂静。（卷第七，1047）①

5. 羁旅作

刚过足代后，来到糸鹿山。樱花簇簇开，不谢至我归。（卷第七，1212）②

6. 山部宿祢赤人歌四首

山樱开数日，何曾如此恋。（卷第八，1425）③

7. 樱花歌一首，并短歌

少女为妆容，公卿为发饰。天皇治国处，樱花何美丽。（卷第八，1429）④

8. 返歌

去春刚见汝，逢樱花又恋。（卷第八，1430）⑤

---

　　① 原歌是"やすみしし 我が大君の 高敷かす 大和の国は 神の御代より 敷きませる 国にしあれば 生れまさむ 御子の継ぎ継ぎ 天の下 知らしまさむと 八百万 千年を兼ねて 定めけむ 平城の京師は かぎろひの 春にしなれば 春日山 三笠の野辺に 桜花 木の暗隠り 貌鳥は 間なくしば鳴く 露霜の 秋さり来れば 射駒山 飛火が岳に 芽子の枝を しがらみ散らし さ鹿は 妻呼び響む 山見れば 山も見が欲し 里見れば 里も住みよし もののふの 八十伴の男の うちはへて 思へりしくは 天地の 寄り合ひの極み 万代に 栄えゆかむと 思へりし 大宮すらを 頼めりし 奈良の都を 新世の 事にしあれば 皇の 引きのまにまに 春花の うつろひ変り 群鳥の 朝立ち行けば さす竹の 大宮人の 踏み平し 通ひし道は 馬も行かず 人も行かねば 荒れにけるかも"。——译注

　　② 原歌是"足代過ぎて 糸鹿の山の 桜花 散らずもあらなむ 帰り来るまで あてすぎて いとかのやまの さくらばな ちらずもあらなむ かへりくるまで"。——译注

　　③ 原歌是"あしひきの やまさくらばな ひならべて かくさきたらば いたくこひめやも"。——译注

　　④ 原歌是"娘子らが かざしのために 風流士の かづらのためと 敷きませる 国のはたてに 咲きにける 桜の花の にほひはもあなに をとめらが かざしのために みやびをの かづらのためと しきませるくにのはたてに さきにける さくらのはなの にほひはもあなに"。——译注

　　⑤ 原歌是"去年の春 逢へりし君に 恋ひにてし 桜の花は 迎へけらしも"。——译注

9. 河边朝臣东人歌一首

春雨淅淅下，高圆樱如何？（卷第八，1440）①

10. 藤原朝臣广嗣赠娘子樱花歌一首

话在此花一枝中，切勿简慢对待之。（卷第八，1456）②

11. 娘子和歌一首

此花一枝欲折断，只因君言多且重。（卷第八，1457）③

　　姑且引用这 11 首歌，其中有几首是纯粹植物观赏（自然观照）的作品？

　　第 1 首鸭君足人的长歌有一组景物的共现——"春到松风池吹皱，樱花盛开林下荫"，显然都是套话，丝毫没有作者凝视樱花的成分。毋宁说其诗歌构思与《怀风藻》长屋王汉诗的"松烟双吐翠，樱柳分含新"等相似，一定是作者在中国诗文的影响下，学习该松樱组合的美学的结果。更重要的是，我们须将此长歌的樱花与大宫人（歌中咏叹说他们现在不在了）联系在一起把握。可以认为，此樱花与象征"记纪"中的帝王和宫廷的樱花的功能是共通的。

　　第 2 首药师张氏福子的短歌，作于天平二年正月十三日"大宰帅"大伴旅人在自家宅邸举办的观梅派对宴席上。张氏福子乃大宰府医官，在此酒宴上侍奉。这首歌最重要的一点，就在于在律令贵族官僚举办的盛大酒宴上吟唱的"樱花继放亦可乐"。梅花是"中国文化"之花，这首歌中的樱花也是"中国文化"之花，这些花在律令文人官僚的"文化意识"中都承担着"统治象征"的作用。从整体即结构上把握，只能将其归纳为：织入用汉文书写的长序和 32 首和歌中的梅、柳、竹、莺、插头花、腾飞云中的药、风流等的诗语（歌材），全部都借用和模仿于中国诗文。遗憾的是没有篇幅对此进行详细叙述，但此短歌所吟唱

---

① 原歌是"春雨の しくしく降るに 高円の 山の桜は いかにかあるらむ"。——译注
② 原歌是"この花の 一節のうちに 百種の 言ぞ隠れる おほろかにすな"。——译注
③ 原歌是"この花の 一節のうちは 百種の 言待ちかねて 折らえけらずや"。——译注

的樱花与律令官僚政治权力的相互关系却是明白无误的。

第3首高桥连虫麻吕的长歌属于饯别之歌，吟咏于天平四年壬申藤原宇合（藤原不比等①之子，式家②之祖，养老元年［717］作为遣唐副使和多治县守等一同赴唐，归国后参与征伐虾夷和建设难波宫，天平三年任"参议"，天平九年死于流行的疫病）被任命为西海道（九州及壹歧、对马地区）节度使（军事监察官，模仿唐制设立）之时。"龙田冈边道，杜鹃吐红时。樱花又开放，二者相辉映"的文字表现，不用说根本未包含植物欣赏的因子。樱花在此长歌所起的结构性和有机性作用就在于象征律令军团的压倒性优势和凯旋时的荣光。有关此点，读该"返歌""纵使敌军千百万，何须赘言打垮来，宇合将军真男儿"（卷第六，972）③ 即可明白。

第4首长歌见于第六卷卷末，其中有文字说："以下二十一首出自田边福麻吕歌集中"。此歌吟唱过去"奈良为首都。春季春日山，三笠田野边，樱花开不尽，郭公时时鸣"，哀叹已荒废颓圮的故都遗址（从740年到744年天皇迁都于恭仁京）。其中的樱花也用于象征律令政治机构，特别是用于宣传律令"都市计划"，对该计划而言是一个不可或缺的符号。在樱花开放形成的些许阴影中，美丽的小鸟不断鸣叫，这种表现方式可谓是一种微妙的心理风景的高度形象化。"春季春日山，三笠田野边"这种实景完全有可能存在，但从作者田边福麻吕的创作心理来说，对他们这些律令官僚来说，奈良过去是都城时一定延续了许多好时光。他选择樱花极有可能是为了将此感慨（如其"返歌"表白："奈良都城荒废去，出外每见叹息长。"④ ［卷第六，1049]）象征化。因此，这首长歌也是以律令政权为背景而吟咏樱花的。

---

① 藤原不比等（659—720），奈良时代贵族，藤原镰足次子。"右大臣"。光明皇后之父。参加《大宝律令》的制定并指导《养老律令》的制定，为确立律令制度做出很大贡献。同时也开创了藤原氏繁荣的基础，是"藤原氏四家"之祖。——译注
② "藤原氏四家"即南家、北家、式家、京家四家，其祖分别是不比等之子武智麻吕、房前、宇合和麻吕四兄弟，其中北家最为繁盛，该家族从平安时代开始到江户时代一直占据着贵族社会的中枢。——译注
③ 原歌是"千万の 軍なりとも 言挙げせず 取りて来ぬべき 男とぞ思ふ"。——译注
④ 原歌是"なつきにし 奈良の都の 荒れゆけば 出で立つごとに 嘆きし増さる"。——译注

　　只有到第 5 首"刚过足代后，来到糸鹿山。樱花簇簇开"这首短歌时才第一次让人看到纯粹的抒情诗。足代和糸鹿都是和歌山县有田郡的地名。但认真思索，还是觉得其中的樱花也很难进入植物观赏的范畴。

　　第 6 首"山樱开数日"这首短歌，属于山部赤人特有的大自然讽咏歌（与"春野摘堇心驰美，不觉一夜在此过"① "立标明日摘春菜，昨日今日雪连连"② 等 4 首歌成为一组和歌）。但是否因此就可以说它是深入观察樱花美好、生动的态貌后吟咏的和歌，回答是还无法做出这种断定。它碰巧选择樱花，只是作为一种手段以形象化某个特定的"人际关系"。依愚之见，这种"人际关系"当然指的是统治阶级的某个特定的女性（或男性）。

　　第 7 首若宫年鱼麻吕"天皇治国处，樱花何美丽"歌，大意是：在天皇统治的所有国土开放的樱花都极其美丽，故此歌只能判断为是直截了当讴歌律令统治体制的和歌，其樱花是律令体制的象征。这个歌例如此直率地表明樱花这个符号在律令贵族官僚政治心理中占有的地位是非常珍贵的。它毫不掩饰地阿谀奉承统治权力。

　　与此长歌对应的"返歌"是第 8 首的短歌（编号 1430）。"去春刚会汝"中的"汝"无疑是律令统治阶级中的一员，即以"娘子"或"游士"相称的有身份的人物，他或她倾向于自我同一化（Identify）的气氛极浓。

　　第 9 首的短歌"高圆樱如何"与前述若宫年鱼麻吕的作品一道被收入卷第八"春杂歌"的组歌当中，作者河边东人属于奈良时代末期贵族官僚，故可明白该歌所咏的樱花，也仅是帝都奈良"城市计划"设计的一部分。不管作者是在任职场所，还是在羁旅之中，此樱花的观赏都不出自直接的感觉或实际的经验。在追踪雨打樱花的意象的意识流中最关键的是希望了解律令政府要人的动向。

　　特别需要探讨的是第 10 首和第 11 首藤原广嗣和娘子唱和歌中的樱花。这两首和前面验证的和歌不同，从中很难看出律令贵族官僚直率表示的"文化意识形态"，故须慎重对待。藤原广嗣是第 3 首长歌的赠送

---

　　① 原歌是"春の野に すみれ摘みにと 来し我れぞ 野をなつかしみ 一夜寝にける"。——译注

　　② 原歌是"明日よりは 春菜摘まむと 標めし野に 昨日も 今日も 雪は降りつつ"。——译注

对象藤原宇合之子，也是发动"藤原广嗣之乱"①的贵族。天平十一年
（739）大养德国（大和国）"国守"兼"式部少将"的广嗣突然被左
迁为"大宰少式"。他认为这是"左大臣"橘诸兄及其侧近玄昉和吉备
真备在背后搞鬼，故于翌年九月起兵反叛。广嗣手中拥有一万多厌恶当
时频发的饥馑和疫病的农民和豪族，气焰高涨，但最终仍败于以大野东
人为主帅的政府军，于同年十一月受刑。这个事件非常重要，暴露出律
令体制的矛盾，其结果是广嗣所属的藤原式家衰弱，南家抬头。知道藤
原广嗣这个人物，并且知道这个人物为挽回当时陷入颓势的藤原一族在
律令体制内的地位而殚精竭虑的精神状态，就可以清晰地了解此短歌的
寓意。冷静阅读歌序"赠娘子樱花歌"和歌中的"话在此花一枝中"，
就可以触摸到广嗣块垒欲裂的心理紧张状态：在律令官僚中就有我这个
对橘诸兄政权不满的人。"切勿简慢对待之"这一结句，具有不可思议
的张力。"娘子"没有必要都解释为情人。无论如何，此歌吟咏的"此
花"即樱花，只有在与律令精英的关系中才具有"象征"的分量。它
原本就不是赞美樱花之美的和歌。

就这首藤原广嗣的和歌折口信夫②有个著名的假说。据他说此歌的
原点可追溯到农民习俗的"预祝仪式"。让我们倾听一下他的著名
假说：

樱花代表三月的树花。在院子里种植的樱树称家樱。在院子里
种的树具有特别的意义。樱树原来不种在院子里，因为它是山里人
拥有的树种。因此过去的樱树都是山樱。远眺山樱樱花，可用该花
占卜水稻的收成。花若早谢即年成不好。

想来奈良朝的和歌并不欣赏樱花。即樱花不用于欣赏，而在于
实用，为占卜而种。读《万叶集》可见追求时髦的人欣赏梅花，而

① "藤原广嗣之乱"，奈良时代出现的反叛事件。天平十二年（740）年九月，"大宰少
式"藤原广嗣为去除"左大臣"橘诸兄政权中的吉备真备和"僧正"玄昉，纠集了近万兵马
在九州发起叛乱。朝廷以大野东人为主帅，派出一万七千名士兵进行镇压。战斗约持续两月之
久，最后广嗣被捕判刑。此叛乱的结果是藤原式家一时的衰弱，南家抬头，制定迁都计划的玄
昉、真备左迁。——译注

② 折口信夫（1887—1953），"国文学"家、歌人，毕业于国学院大学，历任国学院大
学和庆应大学教授。将民俗学的研究成果导入"国文学"研究，开辟出一个新的研究天地。
著有《古代研究》、歌集《春的告知》、诗集《古代感爱集》等。——译注

不欣赏樱花。樱花过去不被欣赏，而为占卜。奈良时代欣赏花的态度来自支那诗文的教诲。

"看去似乎春已到，远山枝条着花来"（卷第十，1865）①

此歌并非赞美樱花。

著名的藤原广嗣歌"话在此花一枝中，切勿简慢对待之"（卷第八，1456）是赠与女子之歌。可能他把此歌别在樱枝上送给了她。

"此花一枝欲折断，只因君言多且重"（卷第八，1457）②是对广嗣歌的返歌。读这两首歌亦可明白樱花具有一种暗示的效果，其中颇有深意。如果没有与樱花相关的习俗就不会有此樱歌。该歌具有暗示之意，是因为樱花具有暗示之意。

从此意义考虑，可以认为樱花注重于暗示，注重于预告一年的生产。花谢则前兆不好，樱花早谢则一年倒霉。这种心情后来渐渐变化发展，导致人们做出努力不让樱花早谢。叹息樱花谢去是因为惋惜。

到平安朝出现了文学态度，人们因樱花美而惋惜其谢去。但其实这么说也是有其基础的。担心花谢导致收成不好这种过去的习惯，后来在我国文学中看不见了，但民间依然流传不变。③

折口信夫这部分的假说在日本民俗学界等已成为公理，特别是"樱花过去不被欣赏，而为占卜"这句话也为大众接受。我也不想强迫自己反对此公理，只是对折口信夫的理论有不少疑问。折口信夫一边明言"奈良时代欣赏花的态度来自支那诗文的教诲"，一边又做区分：《万叶集》歌例中此乃欣赏花木，彼为占卜（暗示），采用对己说合用就用、恣意操作的"方便主义"态度。因为他从未显示出区分决定哪首歌是受到中国诗文的影响，哪首歌反映了日本固有习俗这种统一的尺度。仅就藤原广嗣的和歌而言，它到底是属于"来自支那诗文的教诲"的成果，还是属于"与樱花相关的习俗"，即"注重于预告一年的生产"的

---

① 原歌是"打ち靡き 春さり来らし 山の際の 遠き木末の 咲き行く 見れば"。——译注
② 原歌是"この花の 一節のうちは 百種の 言持ちかねて 折らえけらずや"。——译注
③ 折口信夫：《古代研究》民俗篇 第一 花的故事。——原夹注

成果？对此我总觉得折口信夫的区分是模糊的。而且他是否做了区分也让人如坠云里雾里。在固有文化和外来文化交错的历史转换期无法做出清晰区分乃不可避免之事，但说它是公理则不免让人心有挂碍。不过，从该公理的前后关系推断，折口信夫还是主张藤原广嗣和歌的源头出自农民习俗。

如此说来，它就与我上述的作业假说产生冲突。确实，藤原广嗣对贫苦农民具有某种程度的同情，特别是在左迁"大宰少弍"之后这种倾向愈发强烈。但他作为贵族精英之一员，且作为官僚精英之一人，最关心的却是如何扩大自己在律令政治体制内的势力，如何获得权力。不独广嗣，可以说所有的律令贵族官僚都具有这种念头和行为方式。律令社会中多少可以当个小官的贵族官僚，不管他个人喜欢与否，都形成了类似于"非人性"化身的冷酷性格。更何况作为律令政府的基本方针，所有的"文化政策"就是模仿唐制，原有的农民习俗都被视为"愚俗"遭到全面扼杀。在这种情况下统治阶级果真可以特意吸收被统治阶级的习俗而作歌吗？从整体和综合的视角看，广嗣的这首和歌无论如何也只能溯源于中国诗文，其观看樱花的视线也无法超越律令政治意识形态的框架。律令思维的结果就是中国文化至上，推动模仿和吸收中国文化。

斗转星移，素性法师①曾吟歌一首，讴歌平安京城大道的庄重、华美景象：

远眺柳绿混樱红，都城春天似锦绣。（《古今和歌集》卷第一春歌上，56）②

毋庸置疑，可以将此和歌吟唱的情景视为实际的景象，而且某大路因接近皇宫，也完全有可能栽种着柳树和樱树，因而我不想和过去的注释者唱反调。可是，既然我们不能忽视平安王朝文学的本质是由"模仿唐风"的文化意识形成的，那么，就无法简单地断言这首歌是在赞美

---

① 素性法师，生卒年不详，平安时代前期的歌人，三十六歌仙之一。"僧正"遍昭之子，俗名良岑玄利，出家后住云林院，后移居石上的良因院。活跃于宇多天皇时代，与《古今和歌集》撰者有亲密往来。《古今和歌集》及之后的敕撰和歌集收录其60首和歌。著有家集《素性集》。——译注

② 原歌是"見わたせば 柳桜を こきまぜて 都ぞ春の 錦なりける"。——译注

"国风文化"等。《万叶集》中梅歌有118首（占第一位的是胡枝子歌，达141首，梅歌不如胡枝子歌，但在木本类植物中梅歌位属第一），但在《古今和歌集》中梅歌已让位于樱歌，就此转变太田亮①有以下论述："恐怕此时刚健风气已失，出现了人心追逐华美的时代风潮。基于樱花在后世被比拟为武士，乃果敢之花的观点，或有人反对将樱花象征为华美，但此时代的樱花观赏目的，就在于其绚烂开放时的华美和如雪飘落时的清丽，而并非落花时的武士凛然大义。亦即，可以认为樱花是与平安朝最为吻合的花朵，犹如梅花最适宜于奈良朝。"② 然而不可忽视的是，同样是在《古今和歌集》中，同樱歌一样也压倒性地收录了许多梅歌。和《万叶集》相比，日本对梅花的文学兴趣不但没有衰减，反而有所深化。通说所说的梅花欣赏趣味衰退与实际情况大相径庭，真正衰退的其实是对《万叶集》中纷繁杂乱的野草或野生植物的知识关心。我们必须冷静面对一个事实，那就是《古今和歌集》的咏材仅局限于极少数的木本、草本植物。虽然《古今和歌集》的显著特点是樱花欣赏趣味的明显增强，但说梅花欣赏趣味已然衰退则与事实完全不符。我们还要科学地观察当时宫廷知识分子的精神状态，即梅花欣赏依旧繁盛，加之樱花欣赏异军突起。若如此观察，则可发现素性法师的"远眺柳绿混樱红，都城春天似锦绣"歌，绝非单纯讴歌平安京城大道的实际景色。更何况，此歌也不意味着平安律令贵族亲自宣布"国风文化"的到来，亦非意味着阐明自身国家意识的自觉。在素性法师的文化意识之中，一定燃烧着设法接近当时的世界文化中心——中国的诗文热情。素性法师个人是否对汉诗文有深厚的造诣和素养不明，但他作为宫廷文学沙龙的一员，一定听到过白居易诗的"小园新种红樱树，闲绕花行便当游"或"樱桃樊素口，杨柳小蛮腰"，也一定知道樱花在中国文学中扮演的重要角色。一定还学习过中国民间习俗的樱柳配对是春天或一阳来福的"象征"这些知识。当时的日本知识分子肯定还不知道晚唐诗人李商隐《无题诗》的"何处哀筝随急管，樱花永巷垂杨岸"或郭翼《阳春曲》的"柳色青堪把，樱花雪未干"，但即使这样也可以

---

① 太田亮（1884—1956），历史学家，毕业于神宫皇学馆大学，经内务省交办任立命馆大学教授。战后任近畿大学和专修大学教授。对日本的氏族制度颇有研究，著有《姓氏家系大辞典》《家族谱系的合理化研究法》等。——译注

② 太田亮：《日本新文化史》平安朝初期 第九章 文学与艺术。——原夹注

想象，他们在很久以前就习得了使樱柳配对，用以表示春天、幸福、繁荣、和平的"象征"这个知识。也就是说，所谓的"柳绿混樱红"不外乎就是"模仿唐风"的媒介表现。

于是，樱花作为一种"模仿唐风之花"开放在平安王朝贵族的文化意识之中。从这个意义上说，樱花是彻头彻尾的"贵族之花"和"都市之花"，不外乎就是统治阶级占有并欣赏的花。

叙述至此，我难以抑制地想介绍马克思、恩格斯的"樱树说"。也许有众多读者会说马克思、恩格斯怎么会谈到日本的国花樱花呢，哪有这等开玩笑的事情。但事实确如我说的那样，他们就有这样的言论，而且是与我上述"樱花是模仿唐风之花"的结论相关的重要言论。在《德意志意识形态》（1845—1846 年稿）第一卷 第一章 费尔巴哈 唯物主义观点与唯心主义观点的对立（Ⅱ）中有以下的文字：

> 费尔巴哈对感性世界的"理解"一方面仅仅局限于对这一世界的单纯的直观，另一方面仅仅局限于单纯的感觉。费尔巴哈设定的是"一般人"，而不是"现实的历史的人"。"一般人"实际上是"德国人"。在前一种情况下，在对感性世界的直观中，他不可避免地碰到与他的意识和他的感觉相矛盾的东西，这些东西扰乱了他所假定的感性世界的一切部分的和谐，特别是人与自然界的和谐。为了排除这些东西，他不得不求助于某种二重性的直观，这种直观介于仅仅看到"眼前"的东西的普通直观和看出事物的"真正本质"的高级的哲学直观之间。他没有看到，他周围的感性世界决不是某种开天辟地以来就直接存在的、始终如一的东西，而是工业和社会状况的产物，是历史的产物，是世世代代活动的结果，其中每一代都立足于前一代所达到的基础上，继续发展前一代的工业和交往，并随着需要的改变而改变它的社会制度。甚至连最简单的"感性确定性"的对象也只是由于社会发展、由于工业和商业交往才提供给他的。大家知道，樱桃树和几乎所有的果树一样，只是在数世纪以前由于商业才移植到我们这个地区。由此可见，樱桃树只是由于一定的社会在一定时期的这种交易的活动才为费尔巴哈的"感性确定性"所感知。①

---

① 据马克思、恩格斯著，真下信一译《德意志意识形态》，国民文库版。——原夹注

在此我不主张樱树是被移植或引进日本的，而仅主张樱花观赏这个行为是"历史的产物"。在这方面就如马克思、恩格斯所说的那样，"甚至连最简单的'感性确定性'的对象也只是由于社会发展、由于工业和商业交往才提供给他的"。现在很明确的就是，樱花观赏这一日本人的"感性世界的直观"形式，也是七八世纪日本律令社会统治阶级知识分子向中国诗文学习接受的"文化行为"。

叙述有些颠倒。中文（汉字）的"樱"并非今天我们说的 Sakura 这种植物，它指"山樱桃"或"毛樱桃"（Prunus Tomentosa Thunb），多半标记为"樱桃"。《怀风藻》和《万叶集》的作者作为座右铭和在宫廷酒宴上作诗、作歌依据的《艺文类聚》，收集了许多有关"樱桃"果实或花的出典，如："《汉书》曰。惠帝出离宫。叔孙通曰。古者春尝果。方今樱桃熟可献。愿陛下出。因取樱桃献宗庙。上许之""《晋宫阁名》曰。式乾殿前。樱桃二株。含章殿前。樱桃一株。华林苑。樱桃二百七十株""《宋江夏王刘义恭启》曰。手敕猥赐华林樱桃。为树则多阴。百果则先熟。故植之于厅事之前。有蝉鸣焉。顾命黏取以弄""《梁简文帝皇太子奉答南平王赉朱樱诗》曰。倒流映碧丛。点露擎朱实。花茂蝶争来。枝浓鸟相失。已丽金钗瓜。兼美玉盘橘。宁以梅似丸。不羡萍如日"等。总之，这些"樱桃"都用于"象征"高层统治阶级。然而，是否"樱桃"就是"山樱桃"还很难断定，有的本草书说"樱"即"山樱桃"，但也有本草书特意用"山豆子""毛樱桃""梅桃""绒毛桃""英桃""麦梅""朱桃"等代替"山樱桃"，以与"樱"有所区别，故我们无法概而"决"之。或许跨越天山山脉的原始人搬运过来的"樱"就是我们所说的 Sakura。不可思议的是，日本最早的本草书《本草和名》（平安时代初期深根辅仁撰）竟缺少"樱"的记述，仅写"樱桃 一名朱樱胡颓子^{凌冬不凋}一名朱桃一名麦英一名楔一名荆桃^{已上四名出释药生}橡子^{味酸出崔禹}樱桃一名含桃一名荆桃一名卖桃^{已上三名出兼名苑}和名波波加乃美一名加尔波佐久良乃美"。可是据植物学家研究，"山樱桃"传入日本是江户时代初期的事情，故平安时代初期本草学家所说的"波波加乃美"（Hahakanomi）或"加尔波佐久良乃美"（Kanihasakuranomi）只是一种未见实物的命名方式。如果这种推测不错，那么当时用《艺文类聚》的"樱桃"比拟 Sakura 的盖然性极高。

　　需要在此补充说明的是号称"樱博士"的三好学①在大正年间（1912—1926）所著的《人生植物学》。在此书中三好学明确记述："樱树乃日本所固有，但支那也有。过去人们都认为支那无樱树，但今天在支那西部和西南部山区发现了樱树。然而，它虽说也开樱花，但不如日本樱花美丽，又因为身处僻地，故自古以来不被人所知。"②但三好学从昭和年代开始不太强调此事。到战后，中国云南省和喜马拉雅山原产的樱树开始广为人知。原宽③在《喜马拉雅地区的樱树》中说："自古以来一个显著的事实就是，喜马拉雅地区特别是它东部的生物群与日本的生物群十分相像。樱类植物也是如此。这源于地史因素。喜马拉雅地区在数千年前④经过中国与日本相连，在这片区域广泛分布着相同的植物。之后因地形的变动喜马拉雅山脉隆起，以及日本海的形成日本与大陆分离，尤其是经过冰河期气候的急剧变化，在某个区域某些物种灭绝，而在其他区域某些物种适应了那里的环境得以进化（分化），各地区都出现了今天所见的纷繁多样的生物群。简言之，在许多植物群中，喜马拉雅地区和日本出现了一些可谓是从同一祖先进化出的对应物种。它们相似当在情理之中。"⑤ 原宽还论述了喜马拉雅地区的樱的种类之多及其花朵之美。如此看来，过去所说的仅有日本才是樱树的产地完全是谬说。从樱树广泛分布于喜马拉雅尼泊尔地区到中国云南省这一事实考虑，可以推论中国人或许从很早开始就知道"樱"或"樱桃"。

　　以下将话题拉回刚才介绍的《本草和名》，并就该记述的"樱桃 一名朱樱……和名波波加乃美一名加尔波佐久良乃美"的"加尔波佐久良乃美"（Kanihasakuranomi）做些论证。现代植物学家说"山樱桃"

---

　　①　三好学（1861—1939），植物学家，毕业于东京帝国大学植物学科，东京大学教授，学士院会员。通过撰写《欧洲植物学近来之进步》将植物生态学从生物学中独立出来，并且对保护天然纪念物贡献极大，著有《樱花》《最新植物学》《植物生态美景》等。——译注

　　②　三好学：《人生植物学》第十二章 植物之美及其应用 国花。——原夹注

　　③　原宽（1911—1986），植物学家，毕业于东京帝国大学理学部植物学科，历任东京大学讲师、副教授、教授。曾留学哈佛大学。原日本植物学会会长，昭和天皇研究植物的咨询顾问。退休后作为日英交换科学家头号人物赴英，为大英博物馆整理喜马拉雅山地植物，领衔编撰《尼泊尔产种子植物集览》（全3卷）。还编有《日本种子植物集览》（全3卷）、《日本种子植物分布图集》（全2集）等。其父为原枢密院议长原嘉道。——译注

　　④　原文如此，疑为"数千万年前"。——译注

　　⑤　原宽：《喜马拉雅地区的樱树》，收录于本田正次、林弥荣编《日本的樱花》。——原夹注

传入日本是江户时代初期的事情。与此话题不同,《万叶集》有 Kaniha (训注"樱皮")的用例。问题是我们该如何思考该用例。

先核对出现过 Kaniha(训注"樱皮")的和歌:

过辛荷岛时山部宿祢赤人作歌一首　并短歌

　　无法见妻与交枕,卷起樱皮造出船,插进棹櫂我划来,划过淡路野岛崎,划过印南都麻①口。辛荷岛间望我家,不分层层何青山。白云重重连天远,浦浦何处是我家。划行时时思我妻,羁旅日数已久长。(卷第六,942)②

就此"樱皮"过去有各种学说,松田修在这些旧说的基础上提出新说。以下是他在《增订万叶植物新考》中的见解:

　　樱皮此词出现在和歌中,到底指何种植物有三种说法:(1)本居宣长《古事记传》说它是上沟樱 Hahaka 或桦木 Kaba;(2)白桦 Shirakabasu;(3)如其字面意思,即樱树皮。我赞同第三种说法,根据就是 Hahaka 是上沟樱的古名,而不是"樱皮"的古名。第二种说法的白桦其树皮薄,不适合制作成物品。现在樱皮在信州和东北地区等仍用于制作工艺品或圆状容器的固定物等。据小清水卓二③调查,从关西地区古代民居遗址出土的圆状物件都用樱类树皮制作。从 Kaniha 的词源看,《和名抄》载:"《玉篇》云桦^{户花胡化反和名加波又云加仁波今樱皮有之}木皮名。"《和名抄》木器篇所载的"桦"名非今天所说的"白桦"之异名,而是树皮之名。今日制桶师父所用的樱

---

①　印南都麻为何地名不详。或为加古川河口。——译注

②　原歌是"あぢさはふ 妹が目離れて 敷栲の 枕もまかず 桜皮巻き 作れる船に 真楫貫き 我が漕ぎ来れば 淡路の 野島も過ぎ 印南嬬 辛荷の島の 島の際ゆ 我家を見れば 青山の そことも見えず 白雲も 千重になり来ぬ 漕ぎ廻むる 浦のことごと 行き隠る 島の崎々 隈も置かず 思ひぞ我が来る 旅の日長み"。——译注

③　小清水卓二(1897—1980),植物生理生态学家。毕业于东京高等师范学校理科。理学博士,历任奈良女子大学教授、帝冢山大学教授。一生致力于《万叶集》中的植物、与奈良及大和地区天然纪念物等相关的生态学的研究,以及与正仓院皇家物品和出土文物有关的植物学调查等。著有《万叶的草、木、花》《万叶植物与古代人的科学性》《万叶植物 照片与解说 修订版》等。——译注

树皮称作 Shirakabasu，也属于过去的遗风。制桶师父所用的樱树皮主要是山樱系列的樱树皮，其中以方言 Yamakaba、Sakurakannba 称谓的有丁字樱。此树生长于本州中部以西山地，过去一直用于制作桶状物，有 Kabazakura、Kanbazakura 的叫法（见上原敬二①《树木大图说》）。此名或从古名 Kanihazakura 讹转而来。如此考虑，则易于理解《和名抄》的"又云加仁波今樱皮有之"。

我根据以上数点，将《万叶集》所载的 Kaniha（樱皮）理解为如字面意思所说的樱皮，主要是因为丁字樱等樱树皮被使用，并称作 Kaniha。②

松田修作为专家，该见解我是尊重的。将 Kaniha 视为 Kanba 的旧说，作为谐音的读法自然有趣，但从畿内古代民居遗址挖掘出的圆状物件都用樱类树皮制作，以及今天制桶师父所用的樱树皮有 Kabazakura 和 Kanbazakura 的树皮这一事实来看，Kaniha（樱皮）就是如其字面意思所说的樱树皮（丁字樱）。不过如此一来，我的作业假说即樱花等于统治者的"象征"这一说法就会发生相当大的动摇，但很明确的事实是，圆木桶等是大陆的舶来品，或是受到大陆舶来品的触发而普及的物品，其制作者和管理者都与宫廷有关系。若可明确这些情况，则我的作业假说在需要修正和扩展的同时也得到进一步的推进。

古代木器的制作技术大致可分为刳、割、削、车（辘轳）这 4 种，通过其中的第 3 种技术可以制作桶状物。据河冈武春③解释："（3）将扁柏等木板削圆为侧板，用樱树皮等固定，安上底板就可以制作出桶状物或便当盒。弥生时代后期遗迹出土过桶状物，其中有用树皮制作的桶。"④ 大致来说，只有在奈良时代以降木器生产取代了过去的陶器生

---

①　上原敬二（1889—1981），造园学家，毕业于东京帝国大学，曾设立上原造园研究所，并创建东京高等造园学校（今东京农业大学造园学系），自任校长。1953 年任东京农业大学教授。一生设计过 250 座公园或庭园，著有《造园学汎论》《日本风景美论》等。——译注

②　松田修：《增订万叶植物新考》，社会思想社 1970 年版。——原夹注

③　河冈武春（1927—1986），渔村民俗、渔业史、庶民用具等的民俗研究学者。毕业于东京大学。大学毕业后任财团法人日本庶民文化研究所研究员，1982 年任神奈川大学经济系教授。创刊《庶民用具月刊》，参与设立日本庶民用具学会等。著有《海民——渔村的历史与民俗》，合著《庶民用具研究手册》《庶民用具调查手册》等。——译注

④　《了解日本的事典》Ⅲ 职业 D 狩猎与林业。——原夹注

产之后，木器制作技术才开始发展起来。因此，木器生产的出现是与律令社会的出现相对应的，而且是在庄园制的发展过程中而改观的。可以讨论的是旋工（辘轳车工）和漆艺师的结合，但这种结合归根结底也是出于贵族社会的需要。河冈就旋工的记述非常具有参考意义："旋工以滋贺县爱知郡小椋村（今神崎永源寺町）为大本营，当地人都以惟乔亲王①为职业神。传说惟乔为寻找好木材曾踏遍全国的山山水水。这种传说和旋工的文献现在还都无法得到明确的说明，但从与铸造师的性质相似的文献等来看，过去曾有一个时代旋工属于朝廷的供奉人员，隶属国衙。""据旋工的文献，朝廷曾赋予诸国旋工、制杓工、油漆工、工艺品旋工②这 4 种人以特权。有人说这 4 种职业的总称就是旋工。若真如此，那么大部分做木工的人都可以是旋工。不包含在这个工种的是制桶工、锯厚板工、锯薄板工。前者制作的'圆桶'等用古语来说就是'桧物'③，除四角食案、三宝漆器④外，还指将薄板弄弯，用 Kanba即樱树皮固定后制成的长把杓子和饭碗。扁柏最容易弯曲，还有香味。观看中世的画卷，可知扁柏的用途非常广泛。据柳田国男说近江的桧物庄是一个古老的庄园，也叫甲贺郡，其东面延伸至今天的日野町旁。在接近京都的地方制作宫廷御用的'桧物'就是该地名的由来。"⑤ 总之，以旋工这个总称为代表的木器生产者在某种关系上直属古代宫廷，处于律令官衙的管辖之下。这种大致可以确认的事实我们应该都会认可。仅制桶工等不在旋工这个总称（概念）的范围之内，但也无法因此说他们与古代宫廷和律令官衙没有关系。若按柳田国男所说近江的桧物庄这个地名来自制作宫廷御用的"桧物"，那么在庄园制时代，制桶工等就与宫廷有确切的联系。随着今后新研究成果的不断出现，也未必不能反映出他们与律令时期的宫廷和政府要员的关系。总之，最初的制桶工等

---

① 惟乔亲王（844—897），文德天皇第一皇子，虽受父爱，但因其母非藤原氏所生，故无法成为皇嗣，历任"大宰帅、弹正尹、上野大守"等。后隐居比叡山山麓的小野村。人称小野宫、水无濑宫。——译注

② 核对原文，第 1 项与第 4 项语义似有重合。"工艺品旋工"的"工艺品"乃译者所加。——译注

③ "桧物"，指将扁柏、杉树等木头削薄，之后弯曲成圆形，用樱树皮或桦树皮等固定拼合处而制成的容器。——译注

④ 原文仅有"三宝"二字，疑有漏字。现姑且按语境译为某种漆器。——译注

⑤ 《了解日本的事典》Ⅲ 职业 D 狩猎与林业。——原夹注

出现于统治者的层面的概率极大。

另一方面，正因为圆形物件是因统治王权和贵族社会的需要而生产的，故其固定物使用樱树皮也完全可以理解。不用说，樱树皮和其他植物的树皮相比牢固得多，也富有弹性，从功效上说这也是一个理由。但是论牢固和弹性人们也可以使用常春藤和攀缘茎。特意使用樱树皮用于制作圆形物件，一定要有一个明确的理由。

通过以上的修正和扩展，我的作业假说越来越接近定型。即樱花在古代社会，至少在那时的"文化意识"当中只能是帝王（天皇）及贵族阶级的"象征"。可以说在整个古代时期都是如此。

樱花逐渐成为民众之花是在中世时期，而真正成为民众之花并被人酷爱则是在近世町人（城市居民）社会充分发展之后。本居宣长的"人问大和心何物，答曰朝日山樱花"[1] 歌的真实意思阐露于一次对话。宣长的门人兼养子本居太平在回答伴信友[2]的提问时明确说明："先师说过仅美丽清爽而已。"亦即发出感叹：啊！真美，这就是真正的"大和心"。宣长出身于市民阶级，天然禀受着不受政治思想和传统学问束缚的合理主义思维方式。《紫文要领》等甚至说：动不动就哭的女人式的愚痴才是"大和心"的特质，其中跳跃着近世民众不受物质束缚的自由感性。至此樱花才完全成为"民众之花"和"女性之花"。明治维新之后，人们已经完全忘却樱花是在中国诗文影响下发现的"王权之花"和律令官僚贵族和平安时代知识分子学习的"都市之花"及"文化之花"。若非如此，那就是专制统治意识形态巧妙地将自己的獠牙藏匿起来。国花的出现也不过是西欧 National Flower 的风气东渐，日本为对抗英国的玫瑰和中国的牡丹等急速编造出的一个概念。

如此分析之后可以得出一个结论：所谓的真正意义的"日式事物"就是在汇流于这个狭小的日本列岛的南、北、中央蒙古人种的居民，花费很长的时间逐渐创造出的文化要素。可以说，所谓的"日式事物"虽然维度很低，但无论如何也算是一种具有辩证性质的文化。

---

① 原歌是"敷島の大和心を人とはば朝日に匂ふ山桜"。——译注
② 伴信友（1773—1846），江户时代后期的"国学家"，近世日本考证学泰斗。若狭小滨藩藩士。1821 年致仕后致力于和汉学问，成为本居宣长死后的门人。著有《蕨》《假字本末》《长等山风》等。——译注

我们不能说因为古老就是"日本的",而应该说因为是大家的（整体民众的）才是"日本的"。那种认为只要是古老的就都是日本的想法,只能是不折不扣的臆想和妄见。上面我们探讨了《怀风藻》中首次出场的"花红山樱春""樱柳分含新"的樱花事例,但那只是始于咀嚼消化专制中国文化那一阶段的"美的拥有",只有到近世以后它才纯粹归于日本民众的文化财产。我们在今后也必须科学地探索"日式事物"的真相。

国粹主义者张口闭口就赞美日本民族,说:要珍视日本民众自古以来就有的美好感情;日本民族拥有自身固有的美好风俗习惯但最近被年轻人破坏;外国公民必须对日本民族的优秀予以尊重。一般说来,人群中只有无聊的家伙才会鼓噪言辞,表现出可怕的过剩自信心。与此相同,日本列岛居民中也只有缺乏省察力和判断力的家伙才具有可怕的热情,礼赞日本民族和日本文化。虽说我们没有必要对白人抱有劣等感和崇拜西方文化,但还是要客观地认识到,战后日本成为"经济大国"完全是拜吸收西方科学技术所赐,乃移植欧美资本主义体制之产物,而并非日本民族资质优秀才导致今天的经济繁荣。当年石油危机爆发,也充分证明了我国的经济繁荣只不过是空中楼阁,肤浅单薄。一时现出的繁荣也不过是社会体制和生产关系极端露骨地发挥了自身特色,即所谓的"诸矛盾"的集中表现。日本的繁荣绝非日本人的功绩。国粹主义者口口声声说的"日本民族"等词汇是一个非科学的概念。从人类学的观点来说,地球上不存在日本民族这个种族（Race）。如果一定要强调人种,那么只能说构成日本人的人种要素大部分属于南蒙古人种,剩余的部分则属于中央蒙古人种、北蒙古人种、印度尼西亚人种和阿依努人种。换言之,日本列岛居民只是原来居住在亚洲大陆的蒙古先民不断向东移动,最终像"风刮到一起的雪堆"那样形成的一个杂种民族。当然,从今天的人类学观点来说,地球上任何一个地方都不存在单一的人种,人种的形成是一个复杂的历史现象,应该将人种视为一个更抽象、更具弹性的集团。"如今具有纯粹的人种、典型的人种特征的个体这种观念消失后,人们更明确地认识到,所谓的人种,必然只是一个比较均质的集团。现代人种学的主要课题就是以集团遗传学为武器,对分散在地球各处的比较均质的人类集团进行研究。人类集团得以形成的结构,可以通过隔离、淘汰、突变、混血、遗传基因的浮动（有时小型集团的基因频度在短期内会急剧变化）得到说明。"[1] 若想在观察、研究人种这个作业方面获得积极、实践的意义，那么就有必要弄清在很长的历史过程中形成的日本人这个集团中的遗传纽带和社会联系这两方面的科学特征。关于遗传因素强烈受到环境影响这个问题，只要联想到最近日本的年轻人平均身高增加了 10 厘米以上这个事实就可轻易地得到了解。过去的人种人类学研究专门将身高、头型、皮肤、指纹、体型这些外部特征视为遗传特征，该想法在今天完全可以推翻。日本民族也并不可能作为一个先验的存在高高地飞翔在天空（如战时有人大肆鼓吹日本民族是天孙民族）。准确地说，它只是日本列岛居民创造的社会（人类集团）在历史中形成的共同体而已。日本人对在人种上与自己完全一样的朝鲜半岛居民抱有的毫无根据的优越感或蔑视感，也只是过去形成的日本社会的生产关系的一种反映而已。许多日本人至今尚未抛弃国家至上主义的想法，那也只是过去形成的经济诸条件的产物而已。

另外说到和歌，日本人都断定，如其名称所示它天生就是"日式事物"，而且毫无商量的余地。但若从整体结构上重新把握日本传统社会的经济诸关系、统治阶级的政治思维和贵族知识分子的文化意识，重新科学地用辩证法认识"和歌史的基本结构"，那么就会发现，和歌本身（至少在其构思形式和表现场所方面）包含着许多古代中国律令体制的因子。如果说和歌并非"日式事物"，则一定有人开骂：你这家伙，是不是发疯了?! 但我却要将此作为自己的作业假说，从头开始进行研究。

就和歌含有的政治思维，纪淑望[2]在《古今和歌集真名序》中的说明提供了很好的理解线索。这里我想介绍这个平安时代知识分子的"和歌观"，以便对某些人有可能立即将我的作业假说定性为发狂之举作出回应。这种史料随手可得，理应援引，而且对本书的叙述具有重要的意义，但现在还是先引用人人皆知且易理解的《本朝文粹》的事例。

详和歌 从四位下和歌博士纪朝臣贯成问

问。夫和歌者志之所之。心动于中言形于外。是以春花开朝。

---

① 寺田和夫：《何谓人种》Ⅲ 人种观的历史。——原夹注

② 纪淑望（? —919），平安时代前期的官僚和歌人，历任"大学头"、"东宫学士"、信浓国"权守"。据说是《古今和歌集真名序》的作者。——译注

争浓艳而赏玩。秋月朗夕。望清光而咏吟。诚是日域之风雅。人伦之诗友者也。不审。野相公告别矣。为西为东。在中将叹老焉。对月对日。混本昔制。未知其旨。俳谐古辞。欲闻其训。又临难波津之什献何主。富绪河之篇报谁人。子姓禀柿本。累叶之风久扇。志学山边。词峰之月高晴。宜课七步之才名。莫泥六艺之应对。（卷第三 策）

早春咏子日和歌一首。并序　　前藤都督

王春初月。子日令辰。月卿云客陪椒房之者多矣。盖浴皇泽。歌圣德也。于时亘雁桥于前池。展燕席于中岛。步沙草而徙椅。蹴踏三分之绿。携林松而徘徊。龄伴千年之阴。诚是上阳之佳猷。却老之秘术者也。况亦庭华色色。窈窕之袖添熏。官莺声声。凤凰之管和曲。命希代之胜游。课习俗兮讽咏。其词云。（卷第十 和歌序）

前者是策问问答的片段，后者是和歌的序言。以上史料皆不完整，但还请读者通过此认真揣摩引文的文意。和歌在古代律令国家体制中所扮演的角色及其本质（特别是主题）在此不隐约可见吗？进一步，构成和歌主要因素的"自然观"本质不也隐约可见吗？

《怀风藻》的文艺礼仪——"自然观的体系"

1

为探索《怀风藻》的文化意识，我验证了梅、桃、樱的用例，这个作业极为有效。如果这个作业还能把握结构主义意义上的"共时性"，那么以那些植物为代表的咏材只有在中国律令制政治思维框架中把握才具有"文化价值"，才能接近一个理论。当我们注意到即使是一首不起眼的樱歌，也只能通过日本律令官僚贵族当时作为精神活动水源地的"知觉现象学"表出时，就不会将它视为漫不经心游山玩水时的心理产物。

最近我90岁的老父逝去。今天我在纷杂的街头放眼望去尽是家父的身影。3年前家母因交通事故丧命。在过后的半年时间内我在横穿有交通信号灯的斑马线时也尽看到家母的身影，并且对在马路上急速往来

的汽车的速度感到害怕和焦虑。我记得在 20 多岁时，不管是走在路上，还是坐在电车里，看到的都是年轻漂亮的姑娘。我老婆生孩子后，我眼中又都是别人的婴儿。不管自己对现实事物如何分配注意力，也不管自认为能充分发挥客观认识的能力，但作为一个人，都无法从自己经常想的主体即自在（An sich）的主题中脱离开来。而且，事物、身体和意识常常被赋予在相同的行为当中。人的经验具有同时拥有客观性和主观性这"两义性"的特征。具体的"生"只存在于发生在这二者间的"具有张力的辩证法"所嵌入的指向之中。借用梅洛－庞蒂①的话说就是，精神既不单纯是事物的反映，也不是事物原本的证据，而是通过其运动的指向呈现（Anwesen）于事物的表现。知觉反映了与先于世界的经验即关于世界的所有思维的世界的接触②，这个知觉的真理（知觉带来的真理）正是所有认识的基础。重要的是，这个知觉是一次性的，而且可以被归纳为一个整体，其自身就可以充分证明该"明证性"③。从这点说，知觉就是行动，而且在此范围内一定有一个"行动的结构"。我们很容易认为反省和批判是知觉的行动之一，感觉是知觉的要素，但是感觉其实只不过是后来经过抽象得到的知觉的残余物。最早产生作用的是知觉，没有不受知觉支撑的意识。真理的形成从知觉出发。知觉明确告诉我们，这个世界是"诸事物被抽出的用之不竭的蓄水池"，而且，这个世界只能经常是未完成的即未经过思维加工的直接的意识内容。创造这个世界则有赖于我们的行动。我们创造世界，而世界也创造我们。世界产生于我们的知觉和他者（他人）的知觉的集成。这些知觉经过一定的比较作用，才形成相对而完整的某种意识。"知觉现象

---

① 莫里斯·梅洛－庞蒂（Maurice Merleau-Ponty，1908—1961），法国 20 世纪最重要的哲学家和思想家之一，在存在主义盛行年代与萨特齐名，是法国存在主义的杰出代表。其哲学著作《知觉现象学》和萨特的《存在与虚无》一道被视作法国"现象学运动"的奠基之作。——译注

② 也许是作者接触的译文（日译）的原因，以上的归纳十分费解。按我们的理解就是，梅洛－庞蒂认为，知觉是先于意识的，知觉材料并不是意识的对象，而是身体即主体与外物接触时外物对身体即主体最原初的呈现。知觉是先于意识反思的。知觉的来源虽然多种多样，但它们最初都是无条件地被人感知的，是没有经过人的意识审查的，所以它是先于意识的。下文中也多有这种缺陷。——译注

③ "明证性"，即胡塞尔现象学的"明证性原则"，亦即"任何一个原本给予的直观都是一个合理的认识源泉"。参见胡塞尔著，李幼蒸译《纯粹现象学和现象学哲学的观念》第一卷，中国人民大学出版社 2010 年版。——译注

学"绝不是一个完整的体系，它永远将持续进行辩证式的运动。所谓的历史，就是在诸事物中具体化即肉身化的人际关系。可以说，社会的世界就是不断地重新编织出与人类的相互关系有关的经验的意识作用的整体。我们在现代日本社会竭尽全力生存下去的"知觉现象学"，与1200年前律令官僚贵族拼死求生的"知觉现象学"相距甚远也是一件很自然的事情。

那么，形成 8 世纪律令文人贵族的"知觉现象学"的基础又是什么？一言以蔽之，那就是律令官僚贵族固有的"政治思维"体系。一如前述，家母丧命于交通事故后我满街看到的都是母亲的身影。与此相同（不，真实的一面是这种知觉的体系将持续于我的一生，而我必须更慎重地对待这种状况），进入律令统治阶层知识分子眼帘的，不外乎就是与他们随时萦绕脑间的"政治主题"密不可分的政治神话象征，和在当时的文化理念中起指导作用的中国诗文素养的机制。而且在许多场合，这二者是不可分离的。以梅为咏材的诗歌在《怀风藻》和《万叶集》中都占有压倒性多数，这个事实映射出那些作者即律令高级官僚（在《万叶集》中还包括中下层官僚）的"知觉现象学"的内部结构。以桃为咏材的汉诗在《怀风藻》中也有许多，或未见实物而咏桃的和歌居然也毫无羞色地记录在《万叶集》中，这个事实也可以成为证明那些作者的美学感觉来自一个可以归为一体的整体的"知觉现象学"的证据。以樱为咏材的诗歌也是如此。《怀风藻》中咏樱的汉诗有 2 首，《万叶集》中咏樱的长歌、短歌有 43 首，这些诗歌全部都是律令贵族官僚在宴席上的即兴吟咏，或是律令官僚制社会"人际关系"的形象表现。很明显，这个事实全拜认识律令国家体制这一历史现象整体性的"知觉现象学"所赐，并且这个整体性是由各种生产关系所形成的。这个可以归为一体的整体离开人（生物学的个人自身）是历史诸条件中的欲望、劳动、享乐的综合体这一基础事实，则无法存在，并且在今天仍无法存在。换言之，把握住起因于农业生产的性质，继而规定着文化模式和消费资料分配诸关系的体系的历史认识，就包括生物学的认识。也就是说，我们与其在大自然的诸过程中把握樱花，不如通过被历史整体化的总体而整体化的历史辩证法把握樱花。"知觉现象学"不主张事物存在于人的辩证法之外，因此在此之前我毫不犹豫地使用"知觉现象学"这个术语作为比喻，以把握律令官僚贵族的生存方式。

　　律令国家即用律（刑法）和令（行政法、诉讼法、民法、商法等劝诫人民的教令法）武装起来的中央集权古代国家。天武天皇在"壬申之乱"中取得胜利和掌握权力后，立即实行独裁政治，并为建立以天皇为顶点的中央集权国家基本组织模仿唐朝制度，编撰性质为成文法的《净御原令》。此《净御原令》今已不存，而且有学者怀疑是否有这个法令，但无论如何可以明确的是，《大宝律令》就是以此令为草案于公元 701 年制定的。律令国家是这么一种权力机构：之前的豪族被迫放弃对各自的"氏人"和"部民"的支配，成为新的官僚贵族，并以天皇（最高专制执权者）为核心，组成一个政治统合体，二者合二为一，敲骨吸髓地剥削人民。新统治者希望通过创建这种集权，解决到那时为止一直让统治阶级陷入不安的各种矛盾和问题。到 8 世纪初，圣德太子以来一直成为悬案，但在"大化改新"时基本进入轨道的中央集权官僚制终于建成，专制统治王权也开始确立。不过，在此过程中最悲惨的却是人民大众。贵族根据官职可以被授予"位"（译按：官品）和禄（作为薪金给予的绢布、棉花和农具等），得以免除租税，被赐予田地和耕作的封户，在任何方面都有特权。与此相对，人民如同蝼蚁，分为良（公民）、贱（"部民"的一部分和奴婢），但无论身份如何，都处于奴隶的状态，逃亡事件持续不断。律令政府放弃过去那种氏族集团支配氏民的做法，将各个父长制大家庭编定为户，为让户主更容易地对家族成员发挥专制影响力，强行推出"儒家意识形态"。强征租税之无情，强制劳动之残忍，征兵制度之严苛，接受这种非人待遇的人民大众仅为生存就十分不易，苟延残喘于最低生活水平之中。百姓（据推定当时有600 万人左右）生活越苦，贵族官僚（据说当时有 150 人左右）的生活水平和文化消费数量就越高，中下级官员（准确数字不详，据猜想从中央到地方不超过 2 万人）也越是公然贪污腐败。都市文化面貌也在逐渐改善，但不管是政治方面，还是经济方面（建立市场，销售剩余产品），能享受"奈良花盛美如画"的都市生活的人仅是一小撮特权贵族阶级。

　　以上是对律令国家体制这种历史社会的整体素描。生存于这个整体之中的人（以律令官僚贵族为例）是以自己的"知觉"为出发点形成真理并认识这个世界的。而"知觉"自身也无法脱离历史现象的整体而随心所欲地发挥作用。"知觉"一面追随可产生"知觉"并由"知觉"所认识的历史过程，另一面被整体化。与此同时，又作为被整体化的意识亲自现身于历史之中。人们借此必然可以把握整体化的历史现实。在长屋王或大伴家持身上检出的"知觉现象学"其实就是一个"整体"：他们不管律令农民如何苟延残喘于贫穷困苦也不给予一点同情，仅为自身荣达和安宁而左顾右盼，对高于自身地位的人阿谀奉承，成为与不加掩饰的人面兽心之人有关的所有思维、所有构想的蓄水池。另一方面，他们也成为植根于各种生产关系这一整体性的绝对性实体（Concrete）。我们必须共时和历时地认识长屋王的那首汉诗和大伴家持的那首短歌所包含的律令贵族在奢侈宴席上的郁闷和律令农民在悲惨生活中的呻吟，以及该时代所有人的杂音。总之，这一切就是历史现象的整体性，辩证法的认识不外乎就是我们自身组成的社会的整体化和我们自身行动的逻辑。我们若不将此作为我们自身的问题去分析《怀风藻》和《万叶集》创造出的历史事实，就没有做此研究的意义。

　　下面我们要最低程度地复习一下有关《怀风藻》的知识。因为若未在最低程度上获得辞书性质的知识，接下去的叙述将很难继续向前。

　　据我所知，现行辞书中就《怀风藻》做最简要记述的是西尾实①和久松潜一②编写的《日本文学辞典》。兹介绍如下："《怀风藻》，最早的汉诗集，一卷。过去有各种说法，认为撰者是淡海三船、石上宅嗣、葛井广成等，但并不肯定。成书于 751 年（天平胜宝三年）。按年代收录近江朝（662—671）以降至编撰时 64 名作家的 120 首诗（现存本少数首）。作者大部分是官员，其中夹杂有天皇、皇子、僧侣、隐士等。辑录的形式是先标示作者名和诗的数量（其中若干作者附有小传），接着标示题名和诗。诗体大部分为五言诗，格调有六朝古诗之风，但诗学意识不成熟。从诗题和内容看，最多的是侍宴从驾的应诏唱和诗（34首），其次是谶集、游览诗，明显反映出近江、奈良两朝的汉诗创造是知识分子官员在对公场合言志述怀的工具，与该时代的《万叶集》乃

---

① 西尾实（1889—1979），"国文学"家、国语教育学家。毕业于东京大学，历任某初中教导主任，东京女子大学、法政大学、日本国立国语研究所第一任所长等。除研究"中世文学"等"国文学"之外，对建立日本国语教育学也贡献良多。著有《国语国文的教育》《语言及其文化》《国语教育学的构想》等。——译注

② 久松潜一（1894—1976），"国文学"家，毕业于东京大学，历任第一高等学校、东京大学、庆应义塾大学、国学院大学、鹤见女子大学等教授。文学博士，日本学士院会员。专门研究各时代的文学理念，著有《日本文学评论史》《和歌史》等。——译注

植根于国民土壤的伟大抒情诗集恰成对照。但也不应忽视，万叶文学是通过汲取汉诗的构想和修辞技法才形成自己的文学性的。《怀风藻》收录 18 名万叶歌人的 39 首汉诗绝非偶然。另外从序文、作者小传和作品的选择态度也可以看出撰者的政治立场。此诗集与古代前期的政治状况密切相关，不仅值得文学史的关注，也值得精神史和政治史的关注。（秋山）。"[①]"（秋山）"是编撰者的略称，或指秋山虔[②]。如此简短的篇幅，能包孕如此精湛的内容，令我佩服。

　　以下做些琐碎补充。《怀风藻》诗集名（书名）的意思，由该"序"末尾部分"余撰此文意者。为将不忘先哲遗风。故以怀风名之云尔"可知。此末尾段落稍前之处，有"阅古人之遗迹。想风月之旧游"和"抚芳题而遥忆。不觉泪之泫然。攀缛藻而退寻。惜风声之空坠"的对句，可以更明显地看出《怀风藻》的编撰目的。亦即，此诗集的编撰意图是仰慕先哲留下的优秀汉文学遗风。与平安时代敕撰三汉诗集宣告文学为"经国之大业"的堂皇态度相比，可以说《怀风藻》极具个人意图，并具有显著的怀古感伤的色彩。小岛宪之[③]就其字面意义有以下解释："'怀风'也有将风揽入胸中之意。一例是初唐王勃《夏日宴宋五官宅观画幢》序'佩引琅玕。讵动怀风之韵'。但这里我不采用它的意思。此'怀风'和前述的'藻'结合而成的'怀风藻'一词，很可能是从石上乙麻吕《衔悲藻》中获得启发而使用的词汇。除前述外，《怀风藻》序引用的许多《文选》序的话中也有'瀚藻'一词。《六臣注》本也有'英藻'（《进五臣集注文选表》）的词例。另外，《学令》（《令集解》）也有'闲于文藻'（'藻者，藻丽也……文藻，文章也。古记云……文藻谓文章一种也'）一词。此'藻'在当时并非特殊用语。"[④]

---

　　① 西尾实、久松潜一编：《日本文学辞典》，学生社 1954 年版。——原夹注

　　② 秋山虔（1924— ），"国文学"家。毕业于东京大学。东京大学教授。以研究平安朝文学，特别是《源氏物语》蜚声世界。日本文化功勋获得者，著有《源氏物语的世界》《王朝女流文学的世界》等。——译注

　　③ 小岛宪之（1913—1998），毕业于京都帝国大学。历任大阪市立大学、龙谷大学特任教授。专门研究日本上古文学和汉文学。因撰有《上古日本文学与中国文学》获日本学士院恩赐奖。曾注释过《怀风藻》和《文华秀丽集》等。著有《"国风黑暗"时代的文学》等。——译注

　　④ 小岛宪之：《上代日本文学和中国文学》下，第六篇 上代的诗文学 第一章《怀风藻》的时代。——原夹注

此评论大体不失正鹄。只是我觉得《文选》中"藻"的用例共有 41 例，故《怀风藻》有可能是依据某人诗作的仿拟作品，但在这里我不坚持自己的观点。通过斯波六郎①主编的《文选索引》（三卷本，1978，台湾中文出版社）寻宝，发现"怀"的用例实为 420 例以上（其中卷第六"京都下"左太冲《魏都赋一首》有"篁筱怀风"等词例，可知它是对都市文化的礼赞），"风"的用例有 500 例以上（其中卷第十一"宫殿"何平叔《景福殿试》有"家怀克让之风"的词例，可知它是对宫廷的威严的赞美），过去的研究数字与此根本无法比拟。小岛宪之解释，这些词例对《怀风藻》的撰者来说都很熟悉，或许撰者从当时文学沙龙某个名人的汉诗作品得到启发。此说颇为稳当。

另外我还有一个作业假说，即《怀风藻》不仅是我国最早的汉诗集，还是我国最早的音乐书籍和宫廷舞乐集（也可说是雅乐歌辞集）。我提出这个假说其实来自《文选》和《玉台新咏》的启发。特别是在《文选》卷第十七"音乐上"傅武仲《舞赋一首》中，有"余日怡荡非以风民也，其何害哉""文人不能怀其藻兮，武毅不能隐其刚"的诗句。此诗说明了宫廷舞曲的来历，并借宋玉之口说"歌以咏言，舞以尽意。是以论其诗不如听其声，听其声不如查其形"。这句话和之后的叙述都不能忽视。可以很容易地想象，日本律令官僚贵族在治部省中设立雅乐寮，努力引进和推广外来音乐时应该会有以上的知识。不过我的作业假说还未验证，也缺乏验证的手段，故在此还未能鼓起勇气说明之。

接着要对小岛宪之在上面提到的《学令》做些补充。《令集解》卷第十五"学令""讲说不长条"有"凡学生虽讲说不长。而闲于文藻（译按：未长期听课而熟读文章）。才堪秀才进士者。亦听举送"的记述，还就"闲于文藻"做了注释："谓。闲者。习也。藻者。藻丽也。释云。毛诗传。闲字作娴。闲。习也。文藻。文章也。古记云。闲者训学。训宽也。文藻谓文章一种也。穴云。藻之字可求其样

① 斯波六郎（1894—1959），毕业于京都帝国大学文学部文学科（支那语学文学专业）和研究生院，曾师事狩野直喜和铃木虎雄等，获文学博士学位。历任广岛大学、京都大谷大学教授等。对中国六朝文学尤其是《文选》的研究有显著功绩，代表作有《文选李善注所引尚书考证》《关于文选集注》《关于文选之版本》《文选索引》《文选诸本之研究》等。对《文心雕龙注》的研究也颇有成就，其《文心雕龙范注补正》对范文澜的《文心雕龙注》作出补正。——译注

也。"《令集解》是贞观年间（859—876）惟宗直本①所著的私撰注释书，但收录此书的《养老律令》早已散佚，故此书及此书之前的官撰注释书还是由清原夏野②所撰的《令义解》（833 年成书）流传下来的。可以探讨的部分注释是，《令义解》说"谓。闲者。习也。藻者。藻丽也"。《养老律令》第十一编的《学令》全文由 22 条组成，详细规定了"大学""国学"的"教授"和学生的资格、教科书、入学考试、对"教授"职务评定的方法等。在这《学令》中使用了"文藻"这个字词，至少说明当时的律令社会知识分子有许多机会见到该词汇。但不能忽视的是，"藻"这个词汇是彻头彻尾的、仅由律令体制统治者掌握的高度的"文化概念"。认为这个概念已普及至 600 万人民大众中间是非常错误的。

众所周知，《怀风藻》是日本最早的汉诗集。如果假定文字和汉籍的传来在公元 6 世纪中叶，那么我们就不得不惊叹，日本人仅用不到两个世纪的时间，就将自己的汉文（汉诗文）学习水平提高到如此之高的程度，并且从中也可以看出，为摆脱后进国的落后面貌日本中央政府的热情。如果认可这一点，那么接下来的任务就是从根本上弄清《怀风藻》诗人所拥有的汉文学素养。可以说《怀风藻》吸收中国文化的具体态度是不可为而强为之的，是极其勉强的，是不用实力而用计策取胜的，说得难听点就是走江湖，"能混一天算一天"（这是日本文化的家传）。这也可以成为日本急于模仿唐制，急于咀嚼消化中国诗文（广义言之即中国文化）的证据。——翻检《怀风藻》收录的 117 首诗就可以看出，不管是主题，还是短句和词汇，无一不袭用（或改头换面于）《文选》和《艺文类聚》。甚至有痕迹显示，当时的日本文人是一面作诗，一面学习中国古典。这种行为一点也不值得羞耻，因为它证明了后进国的知识分子曾为此认真地苦恼过。

甚至其中还有一个诗例被人不容分辩地认为属于"剽窃作品"。

---

① 惟宗直本，生卒年不详，平安时代法律学家，从清和天皇开始到醍醐天皇为止连续侍奉 5 个朝代，除讲解律令外，还提交过许多与法制有关的文书，著有《令集解》《律集解》等。——译注

② 清原夏野（782—837），平安时代初期的贵族，天武天皇的皇子舍人亲王的曾孙，曾任"左近卫大将"和"右大臣"。著有《令义解》。——译注

山岸德平①和小岛宪之对此诗都做过彻底的批评和分析，说纪末茂的五言诗《临水观鱼》毫无疑问"剽窃"自南陈诗人张正见的《钓鱼篇》。据小岛宪之校订、训读的《日本古典文学大系》本（译按：略去日文释意，仅保留汉诗原文）："结宇南林侧。垂钓北池浔。人来戏鸟没。船渡绿萍沈。苔摇识鱼在。缗尽觉潭深。空嗟芳饵下。独见有贪心。"小岛的解释是，它是"尽量按照当时的国语做出的，因此《怀风藻》依据的是奈良朝语（上古语）"②。其立足点之可靠，在今天仍显示出最高的水平。顺便要读一下纪末茂这个人的简历（见该《大系》卷末的《诗人小传》）："传不详。似为藤原朝至奈良朝之人，然不明。《类聚国史》卷六十六'天长二年（825）六月纪长田麻吕卒'条载：'中判事正六位上末茂之孙云云。'而该书目录仅记'判事从七位下'。三十一岁没。"我不带成见地阅读该五言诗，感觉其格调很高，从内容上看也不算是什么不好的作品。第七句和第八句的意思是："见鱼儿为追求好的饵食贪婪地聚集过来，故思世人也有追求荣达和利益的弱点，徒有慨叹之心。"③ 搞不好这似乎成为作者自我反省的契机，或许从中还可品味出作者的感同身受。

然而一如前述，纪末茂的诗只能算是"剽窃作品"。格调之高也好，内容之好也罢，它都有所本。下面要对比二者。因山岸德平的论文《怀风藻的成书》④ 使用着一种特殊的记述方法，让人对二者的关系一目了然，故我决定引用。之后还要顺便介绍山岸德平对大友皇子的《五言。侍宴。一绝》和魏武帝的《秋胡行》的比较论述：

钓鱼篇 张正见　　　　　　　临水观鱼 纪末茂

结宇长江侧 － － － － － － － －结宇南林侧
垂钓广川浔 － － － － － － － －垂钓北池浔

---

① 山岸德平（1893—1987），"国文学"家。毕业于东京帝国大学。东京教育大学教授。对研究《源氏物语》、"五山文学"和江户时代汉诗等贡献较大，著有《近世汉文学史》《书志学序说》等。——译注

② 小岛宪之校订：《日本古典文学大系 69》"解说"。——原夹注

③ 杉本行夫注释：《怀风藻》，第 71 页。——原夹注

④ 收录于有精堂刊《日本汉文学研究》。——原夹注

竹竿横翡翠

桂髓掷黄金

人来水鸟没 — — — — — — — — 人来戏鸟没

楫度岸花没 — — — — — — — 船渡绿萍沈

莲摇见鱼近 — — — — — — 苔摇识鱼在

纶尽觉潭深 — — — — — — — 缗尽觉潭深

渭水终须卜

沧浪徒自吟

空嗟芳饵下 — — — — — — — 空嗟芳饵下

独见有贪心 — — — — — — — 独见有贪心

张正见的诗作是十二句，而纪末茂的是八句。又，大友皇子的《五言。侍宴。一绝》是

　　　皇明光日月　　帝德载天地　　三才并泰昌　　万国表臣义

公元 668 年正月三日天智天皇即位当日曾赐宴群臣，恐怕大友皇子所作的诗就是在此时称颂天智天皇的皇明和帝德的。但这首诗与魏武帝《秋胡行二首》其二①不是多少有些关联而是很有关联。

　　　明明日月光　　何所不光昭　　明明日月光　　何所不光昭　　二仪合圣化　　贵人独人不　　万国率土　　莫非王臣　　仁义为名　　礼乐为荣　　歌以言志　　明明日月光

_____

① 原作在下面的叙述较费解，恐怕是引用的《秋胡行》版本不同。现将曹操《秋胡行》其二的全诗抄录如下，请读者自己核对：愿登泰华山，神人共远游。经历昆仑山，到蓬莱。飘遥八极，与神人俱。思得神药，万岁为期。歌以言志。愿登泰华山。天地何长久！人道居之短。世言伯阳，殊不知老；赤松王乔，亦云得道。得之未闻，庶以寿考。歌以言志，天地何长久！明明日月光，何所不光昭！二仪合圣化，贵者独人不？万国率土，莫非王臣。仁义为名，礼乐为荣。歌以言志，明明日月光。四时更逝去，昼夜以成岁。大人先天，而天弗违。不戚年往，忧世不治。存亡有命，虑之为蚩。歌以言志，四时更逝去。戚戚欲何念！欢笑意所之。壮盛智惠，殊不再来。爱时进趣，将以惠谁？泛泛放逸，亦同何为！歌以言志，戚戚欲何念！——译注

亦即，第一句两诗是共通的。前诗的第二句与后诗的第五句意思相合。前诗的第三句与后诗的第五、第六句意思相通。前诗的结句和后诗的第七、第八句意思相通。曹操的诗与南陈高宗的嫡长子叔宝即陈后主的《入隋侍宴应诏》

日月光天德。山河壮帝居。太平无以报。愿上东封书。

这首诗也多少有些类似，但它与大友皇子的诗似无关系。[①]

以纪末茂的一首诗揣测《怀风藻》收录的 117 首诗的基本性质无疑是错误的。然而，这首厚颜无耻的"剽窃作品"在当时律令知识阶层中间居然会获得满堂彩这一事实是无法隐瞒的。越是创造与中国诗文近似的作品，那些律令官僚就越是会被赞赏为教养高的人，也越容易获得晋级升阶的机会。从这个意义上似乎可以说，纪末茂的作品是一个集合了《怀风藻》"文化意识"的典型。《怀风藻》这个作品并不是不同的作者借汉诗的形式各自咏出自己拥有的诗歌主题等就可轻易获得的文学成果，而是将汉诗创造视为整个目的（对律令官僚而言的"人生全部目的"）而产生的政治行为的结果，其中明显带有作为"整体性"之一的律令官僚社会诸生产关系的影子。

那么，如此学习、模仿、吸收中国诗文的《怀风藻》在诗形（诗学形态）特色上实现的是哪一种形态？下面不惮烦琐，我拟将它与《万叶集》和平安朝初期敕撰三大汉诗集做个比较。

话虽如此，但我能力有限，不能做出太大的成绩。因此要先借用冈田正之[②]之名著《近江、奈良朝之汉文学》[③] 的必要论述，对眼下欲讨论的问题进行梳理。这是因为在现阶段没有比它更好的研究成果，冈田说甚至可视为"公理"。

《怀风藻》所录之汉诗乃当时流行之诗体，显示该时代之诗风。吾等须关注者尤为以下五项：

---

① 《山岸德平著作集 日本汉文学研究》，第 85—86 页。——原夹注

② 冈田正之（1864—1927），文学研究家，毕业于东京帝国大学古典讲习汉书科。文学博士，学习院大学教授，专攻中国文学概论、中国文学史、日本汉文学史，著有《日本汉文学史》，据说它是日本第一部汉文学史的研究书籍。——译注

③ 《近江、奈良朝之汉文学》再刊本，养德社 1946 年版。——原夹注

第一，多五言诗；

第二，多八句；

第三，以对句而成；

第四，平仄不协；

第五，有常用之押韵。

第一、第二项由下表可知：

五言、七言之诗数

五言	109首
七言	7首
合计	116首

句数

一首之句数/诗体	五言	七言
四句	18首	4首
八句	72首	1首
十句	6首	
十二句	10首	1首
十六句	2首	
十八句	1首	1首
合计	109首	7首

五言诗占大部分，七言诗仅七首。至于句数八句最多，占十分之七；四句占十分之二。十句及十句以上者极少。《凌云集》《文华秀丽集》《经国集》诗显示弘仁年代前后即以嵯峨天皇为中轴之时代之诗风，然比之《怀风藻》七言诗非常之多。

敕撰三汉诗集诗数

集名/诗体	五言	七言	杂言	小计
《凌云集》	39首	46首	6首	91首
《文华秀丽集》	52首	79首	12首	143首
《经国集》	92首	75首	43首	210首
合计	183首	200首	61首	444首

第一，上表中杂言诗多以七言为主，故可证七言诗何其多也。此乃奈良朝诗风与平安朝相异之处。

第二，三集中句数多之诗不少，一首中十句及十句以上者颇多，二十句及二十句以上者有二十八首。小野岑守《归休独卧寄高雄寺空海上人》之五言诗有四十四句，空海《入山兴》杂言诗有五十句。如此长篇于奈良朝不可见，此亦与平安朝相异之处。

第三，以对句成诗。《怀风藻》仅有两首无对句，其余悉数有对句。有全诗皆以对句而成。或于前半部，或于后半部，或于中部取对。此乃作者效仿近体律诗之结果。

盖近体律诗所需之条件在于协平仄。然于第四所列举者，协平仄者极少。纯然具备五律格调者仅石上乙麻吕《飘寓南荒赠在京故友》一首。

第四，……

第五，有常用之押韵。押仄韵者五首，其余皆押平韵。真韵诗最多，有三十二首。次之为尤韵，十三首。阳、清、庚韵通用者十三首，东韵诗十首。盖真、尤韵诗多与诗题有关，亦缘于作者用韵之习惯。真、尤韵中使用文字最多者为何？

真韵是：

新、春、仁、尘、滨、人、鳞、民、陈、津

尤韵是：

秋、流、浮、游、洲、愁、留①

冈田正之列举以上五项特征，并对《怀风藻》的诗体和诗风做出准确的把握。另外，"就以上所举之五项，其由来至少有两个理由。……其一，接受了六朝诗风。从时代说，近江、奈良朝人生存之时间相当于初唐，未多接触初唐诗人之诗，尚以六朝诗为标准。五言诗多可证该事实。其二，诗学学力未到。在作诗上不易判断七言五言之难易。七言文字多，五言简短但难作。然而初学者因五言诗字少而省力却为不争之事实。《怀风藻》作者专作五言诗，除受六朝影响外，另一原因乃诗学学力不够。且八句诗多，十句及十句以上者极少，乃因其笔力不逮。平安时代作者多鸿篇巨制，可证奈良时代诗学学力未到。其押韵多真、

---

① 冈田正之：《近江、奈良朝之汉文学》，养德社，第210—214页。——原夹注

尤等二、三韵，与诗题或有关，但亦源于缺少使用多种韵之能力。"①

　　引用虽长，但有必要让读者在最低程度上了解这些情况，以便展开以下的论述。若缺乏这最低程度的知识，则无法谈论日本诗歌史和日本自然观的问题。

　　要事先说明的是，我没有对冈田说囫囵吞枣的意思。若对它投以科学的怀疑目光，则可发现其中有几处可疑的立论根据。比如，冈田统计五言诗占全诗的94%以上，其中八句的五言诗又占66%以上，这种静态的说明很难让人充分地理解。五言诗的比例占压倒性多数的理由来自六朝诗的影响这个说明好理解，但是否能够判断五言诗中八句最多，四句次多的理由是"十句及十句以上者极少，乃因其笔力不逮"？另外，说缀联十句及十句以上的诗句的能力不足，只能创作八句及八句以下的作品，是否能合理解答为何五言六句诗一首皆无的疑问？再者，四句和八句合并有90首，占五言诗整体的82%以上，是否仅表示作者能力不足，"诗学学力未到"？为何不能讲出理由，说明八句之外四句次多？是否至少我们可以认为，在八句诗72首、四句诗18首这个数值之后，占第1位的十二句诗有10首，都是四句诗的倍数？还有七言诗，四句4首（占七言诗半数以上），八句1首，共5首，占全部七言诗的70%以上。这是否也是因为作者诗学学力未到，能力不足？第1位的是五言八句诗，占压倒性多数，第2位的是五言四句诗，占相当多的比例，第3位的是五言十二句诗，其比例不小，第5位的是五言十六句诗，由四句的N倍构成的五言诗的比例占全部五言诗的98%以上。若我们追究这个严整的统计数值，是否能在其中发现某种必然性和法则性。一旦我们对此产生怀疑，那么过去在日本汉文学史研究家间通用和蹈袭的所谓的"冈田正之公理"，将只不过是一种极不科学的判断。我绝不是在轻视一代硕学冈田正之的工作，而仅想说学问绝不能违背它日新月异的前进步伐。

　　这时也许有人会问，那么你对五言四句诗或八句诗又怎么看。我自身的想法下面会说到，这里先打住，但怕"冈田正之公理"信奉者无法忍耐，故先提供一些解答的启示。说是启示，但也并非有珍藏的秘密武器，而是搬出极其普通的学说，从不同于该公理的角度去对照眼下讨

---

　　① 冈田正之：《近江、奈良朝之汉文学》，养德社，第215—216页。——原夹注

论的问题。不过这样做只能再次重复不断提出问题的程序。说是极其普通的学说，但不同的人因自身运动的指向性而表现出的"知觉现象学"在整体中所占有的位置和意指功能是不同的。因此，搬出各种各样的学说本身未必就会发挥积极的说服作用，至少它缺乏使紧抱先入之见的人警醒的积极作用。然而不管怎样，我总要提出一个自己觉得值得提出的启示。

那就是铃木虎雄①在其论文《对五言诗产生的时间的质疑》②中的言说。它批驳了中国的定论——五言诗"始于前汉枚乘、李陵、苏武等作品"。铃木难以相信前述论题的理由在于，"第一，作为起始之五言诗之本源不明。第二，五言诗之发展路径不明。第三，未见史书有关起始五言诗及其他五言诗之记载"。他注意到五言诗与七言诗不同，是突然出现的，质疑说"七言诗发展路径明确，始于楚之离骚与汉初歌谣等。于后汉末、魏初成形，至晋逐渐完成。其发展乃徐徐形成。而若于景、武之时已有枚、苏、李之作，则为何仅五言诗能如此突然发生？可称枚、苏、李之作者与《古诗》类于汉初已过于形式严整"。之后铃木聚焦于以下问题："突然发展亦可。然突发不可无原因。例如有某天才创作此类诗，而枚、苏、李等即此类天才。然因何故仅传特定之天才作品，而之后至后汉中叶二百余年间未见次于彼等之作家作品？可谓怪异。……又如某乐曲新传入支那，受此激发产生五言新诗形式。武帝乃起乐府奖励诗歌之人，然其官撰作品郊祀歌中为何不见五言诗？为何前汉乐府一般无五言诗？……民间亦有三言诗、四言诗与琴歌之七言诗，而独无五言诗？"最后铃木说："以班固、傅毅为标志，从章、和二帝开始五言诗确立。公元八十、九十年代。"并补充说明："为何于后汉确立了五言诗有两种说法。其一，杂用于歌谣等中之五言句演变为纯粹之五言诗。其二，为适于乐府歌唱有必要配合音乐产生了五言诗。这需要他日求证于从历史方面研究支那音乐之学者。"③铃木虎雄是因为怀疑五言诗起源的定论而提出自己的观点的，在暗示我们对五言诗的把握方法这一点上价值颇大。在四言诗突然转变为五言诗的过程中一定有一种突如其来的契

---

① 铃木虎雄（1878—1963），中国文学研究学家、汉诗人，京都大学教授，是研究中国古典诗歌的先驱性人物，著有《支那诗论史》《国译杜少陵诗集》等。获得日本文化勋章。——译注

② 收录于《支那文学研究》，弘文堂。——原夹注

③ 铃木虎雄：《对五言诗产生的时间的质疑》，第28—41页。——原夹注

机，说其为引进外来音乐的结果并不是铃木的创见，在中国甚至已成为一个常识。问题要归结为我们该如何把握《怀风藻》收录的五言诗（准确地说是五言诗式的思维方式）。至少冈田正之所说的因能力不足、诗学学力未到而五言八句诗多的这个公理在今天应该废弃。

另外，在今天也有必要尽量多获取一些有关《怀风藻》的诗歌形式特色的预备知识。

冈田正之说《怀风藻》的诗歌形式有五个特征，这里我要补充一个特征，那就是《怀风藻》使用了许多"双拟对"的技巧。这也是强烈受到六朝诗影响的一个证据。以下拟通过引用山岸德平的论文《〈怀风藻〉的成书》对此加以明确。

《怀风藻》诗使用不少"双拟对"技法也是强烈受到齐梁体影响的表现。盛唐之后"双拟对"用法几乎销声匿迹。以下从《怀风藻》中截取两三首"双拟对"作品。

五言。在唐忆本乡一绝　　　释弁正
日边瞻日本。云里望云端。远游劳远国。长恨苦长安。

五言。述怀　　　春日藏老
花色花枝条。莺吟莺谷新。临水开良宴。泛爵赏芳春。

此外，藤原不比等的《五言。游吉野》中也有"夏身夏色古。秋津秋气新"句。弘法大师《文镜秘府论》中也例举了"议月眉欺月。论花颊胜花"和"夏暑夏不衰。秋阴秋未归"等诗句。《诗格类聚考》记其为"双拟对"，这就是六朝时代流行的文学技巧的表现。下面看一下梁元帝的《春日篇》：

春还春节美。春日春风过。春心日日异。春情处处多。处处春芳动。日日春禽变。春意春已繁。春人春不见。（下略）

《玉台新咏》卷九有鲍泉《和湘东王春日篇》的

新燕始新归。新蝶复新飞。新花满新树。新月洒新辉。新光新

气中。新望新盈抱。（下略）

等。

湘东王即梁元帝。这种表达形式也见于《万叶集》卷十七《大伴家持赠大伴池主悲歌二首》序中"……方今。春朝春花。流馥于春苑。春暮春莺。哢声于春林"等。受这种表现技巧的影响，《万叶集》歌中亦有类似的用法：

　　良人现良所（皇后出现在有古［良］兆的佳境），人说须良（认真观看）看。良（吉）野须良看，良看今良人。（卷一，27）①

　　郎说要来时不来，郎说不来仍盼来。如此蠢事奴不做，却仍盼望说不来。（卷四，527）②

总之，"双拟对"技巧流行于六朝时期，但到盛唐以及之后却几乎为人忘却。由此我们可以理解是《怀风藻》诗受到齐梁体诗等的影响。另外，《怀风藻》诗多不严格遵守盛唐以后近体诗的起承转合和平仄的规定。这也因受到齐梁体诗风的影响。③

冈田论文举出以上五项特征，加上山岸说的这一特征，庶几可以把握《怀风藻》诗歌形式的全部特色。本书主张对对象的整体和结构的把握，认为仅从《怀风藻》诗学形式方面加以考察意义不大，但仅通过以上观察得到的非常明确的结论就是，对七八世纪日本律令文人贵族来说，五言诗（特别是八句、四句诗）的创造始终处于彻底学习、模仿中国诗文（特别是六朝诗）的过程之中。

没有任何文学根底，却突然飞来了五言诗；没有任何音乐土壤，却突然播撒进五音旋律的种子。甚至不知此世有诗宴等的日本律令社会统治阶级，在某一天却突然热衷起五言诗的创造；也无法想象此世还有管

---

① 原歌是"よき人のよしとよく見てよしと言ひし吉野よく見よよき人よく見"。——译注
② 原歌是"来むといふも来ぬ時あるを来じといふを来むとは待たじ来じといふものを"。——译注
③ 山岸德平：《日本汉文学研究》，第87—89页。——原夹注

弦乐队演奏舞乐（而它浓缩了宫廷文化的精髓和权势）的律令宫廷贵族，在某一天却突然开始陶醉于音乐的美好。拼死学习第一次听到的五音旋律的行为，不外乎就是拼死移用中国律令政治机构的同义语。五言诗和五音旋律不外乎就是新时代的象征符号。

或许刚开始对五音（部分含七音）的旋律有"强制被动"感的人们，已经被组入持续推进这种强制（不管是能动还是被动，强制都是律令专制统治阶级的家传）的文教政策的整体结构之中。如此一来，不管是渐进还是激进，在他们的身上都会产生一种"反应的机制"。在与音乐舞蹈结合的同时，人们的感受和思维会形成一定的习惯，这是一种执拗且细致的"社会化"作用。从接受该作用的一方来看，当然他们都无法回避某种的训练，同时也具有不得不拥有最低程度自发性需求的机制。律令体制为政者最大的希望，就是被统治阶级具有必须接受训练的自发性需求。如果有人希望多少沉浸在一点文化的气氛当中，并出现在律令官僚制度结构中的公开场合，那么他就会对政治权力强制要求的五音（部分含七音）旋律自发地产生需求，并进行自我训练，在通过这种持续的训练之后，最终感觉自己已拥有了朦胧的快感和隐约的美学判断力。他被古代音乐与古代诗歌的整体结构所训练，激发出学习音乐、诗歌的热情，借此习得了在律令制社会存活下去的日常思维方式和行为方式。但我们必须认为，这种学习过程最终是一种被动机制的反复。最低程度的自发性需求不会超过学习需要一种动机的意义范畴。对五音（当然含七音）的被动态度的形成，在之后很长的时间内都对古代诗歌作者的思维和行为赋予了影响因子。

2

还有更糟糕的事情。五音（含七音）旋律本身一定符合强行要求规则化和被统治化的律令制官僚政治体制的非人性要求，但却形成了一种一旦熟悉了这种学问就可轻松大量生产的机制，因而给人造成一种印象，即它是根据人的本源性自由意志和本源性表现冲动而产生的。之后，五音旋律和七音旋律的结合成为在日本诗歌史整个历史过程中始终被要求的"绝对价值"，但它在本质意义上（换言之，从把握基础结构的角度来看）只是日本古代政治史（含具有古代结构残余形态这一侧面的中世、近世、近代政治史）全航迹下的河底沉积物。然而，这个历史沉积物在古代统治阶级间的遗产继承方面作为一个"绝对价值"被传递下去，而且到中世和近世还延伸到民众的生活文化当中。也就是说，从这个阶段开始，一方面在相当程度上对自发的模仿冲动给予或被给予刺激，另一方面则开始采取新的民众歌谣（民谣、短歌、俗曲）这一形式。在律令农民企图在自己的能力范围内对此进行抵抗并且拥有将其转化为实践行动的条件这段期间内，他们一定是将五音、七音的旋律听作是象征"权力"的声音。然而随着时代发展，仅在农民的抵抗大致达至预期目的或该预期目的在根本上遭致挫折并陷入绝望状况的场合，该五音、七音则变质为"追随权力"的象征。从集体心理分析，对五音、七音旋律的亲近感和拒绝反应，并不是由"美好"和"愉快"的尺度决定的，而是由对权力的强制（或说成政治压制更为合适）"Yes 或 No"的回答决定的。一个人最初对权力强加的厚颜无耻的五音（含七音）旋律只能被动地回答"Yes"，但在反复学习的过程中最终也会形成"反应的机制"，认为是自己根据自由意志使用这个旋律的。严格说来，看上去是事先约定的这个自由，其实只是一种"虚伪的自发性"。这个虚伪的自发性（含个性主义的概念）一方面像是与己无关地随意运用五音、七音带来的政治思维，另一方面又躲藏在自身的背后。极端的事例就是成为古代和歌和宫廷汉诗惯例的即兴诗或即席吟咏的出现。酒宴的同席者和羁旅的同行者常常在吟诗作歌时为自身瞬间（或仅此一次）的想法灵光闪现所迷惑，对自己钦佩不已，认为这太简单了。可这种即兴诗或即席吟咏，在明示的文学素材和表达技法上也都被局限在极其狭隘的图式内部，多数是一些严重缺乏个性的作品。局限于五音、七音而形成的个性主义等与野蛮（不文明）状态相比无法说有多优秀，仅具有维护当时的文化的价值。《怀风藻》中集中出现的五音旋律，对企图维护和强化律令统治体制的人来说是必需的旋律，而对统治阶级来说则是完美无缺的音乐韵律，但站在今天的视角来说，它仅起到将日本列岛全部居民（据说有 600 万名）永远固定在野蛮状态的作用。五言诗和五言旋律的突然出现和律令政治统治的突然出现形影不离。

从这个意义上说，五音（含七音）诗歌通过自己的旋律和文学内容无论要达到什么目的，要倾诉什么，要描写什么，其最终结果都不会超出肯定被统治者隶属统治者的精神领域。明确地说，五音（含七音）旋律本身就是一种意识形态。

没有任何明确的证据（明确的史料）表明，在从中国引进五言诗之前日本列岛居民之间曾自然发生并亲近过五音旋律。过去说明民间歌谣有五音旋律的所有论据都来自"记纪"歌谣。但"记纪"本身就是经由律令统治阶级之手完成的汉文标记的书籍。正如门肋祯二在《"大化改新"论——其前史的研究》中说的那样，我们需要反省以下现状，即"在谈论含'改新'的7世纪社会时，需要批判《日本书纪》作者、编者用独特的手法和史观再构筑和再叙述的时代形象"，"然而，现代日本人在构筑古代国家观时仍然原样使用生活在千年以上之久的古代贵族即《日本书纪》编者的史观。"① 律令贵族知识分子编成的《日本书纪》（有必要加入《古事记》）记录、收录的"记纪歌谣"诸形式本身，其内容就更不用说了），其实都露骨地反映出由他们"独特的手法和史观再构筑和再叙述的时代形象"。因此，以这种虚构的史料为基础追寻日本诗歌原初形态的论证方法相当危险，首先就缺乏客观性。然而迄今为止对以"记纪"歌谣为史料推进诗歌研究的危险性和非客观性持有疑问的"国文学"家近乎稀有。

本书只是一种尝试，希望彻底质疑在过去的"国文学"家和文化史家当中视为公理的几个定论。从我的角度来说，如此微不足道的作业过去竟无人尝试实在是一件令人惊讶的事情。人类看来只是一种身陷先入之见而不动的怪物。因此近世初期弗朗西斯·培根才会说不打破偶像就不能掌握真理，并劝说我们要通过质疑和打破偶像才能掌握"正确的经验事实"。

在上一节我们了解了《怀风藻》的诗歌形式特色。在本节则需要深入探讨五音诗以何为主题，以何为构思的动机，以何为精神内容。

为叙述方便，有必要再次引用冈田正之《近江、奈良朝之汉文学》中的相关部分以梳理问题。一如前述，冈田学说在过去的"国文学"研究者和日本文学研究者当中成为"公理"，几乎无人敢于无视，而在现阶段也未出现超越冈田学说的研究成果。最近小岛宪之发表了《上古

---

① 门肋祯二：《"大化改新"论——其前史的研究》，德间书店1969年版。——原夹注

日本文学与中国文学 下》①，做了相当多的修正工作，但无法构成对冈田学说的根本批判。因此当前我的研究也不能过"冈田正之公理"的家门而不入。

我们务必需要先了解冈田正之称之为《怀风藻》之"诗歌内容"。

诗之形式已论。进一步须涉及诗之内容。该作当时针对何种对象吟咏最多？诗之对象乃作者思想、心情之所寓，故欲知诗之内容，则须征之于对象。若将《怀风藻》诗分类，可得下表：

侍宴从驾	34 首	集	22 首
游览	17 首	述怀	9 首
闲适	8 首	七夕	6 首
赠与	6 首	咏物	5 首
凭吊	3 首	忆人	2 首
祝寿	2 首	释奠	1 首
临终	1 首	合计	116 首

侍宴从驾诗尤多，略占四分之一，谶集游览诗次之。想来上文作者于春花秋月时命驾赐宴，唱和尽欢，名公巨卿，同人相会，成诗酒游，乃六朝以来之风尚，盛唐可观其甚。在致力于移植支那文化之近江、奈良朝，此种风流韵事之多不足为怪。本集之诗乃当时社会之反映，太平气氛氤氲，漾于纸面。

……

在儒教本位之近江、奈良朝，作者触境临事，流露出儒教思想乃必然之结果。夫侍宴应诏诗中，如将圣德比作尧舜殷汤周文乃该思想所产。纪麻吕颂"天德十尧舜"，石川石足咏"今日足忘德。勿言唐帝民"，与其谓之翻案，不如可谓占有地位。藤原麻吕释奠之诗，代表当时钦仰孔子之盛意。

……

孔子尝曰："智者乐水，仁者乐山，智者动，仁者静，智者乐，

---

① 墙书房1965年版。——原夹注

仁者寿。"（《论语》）此说乃提倡智仁之性质与山水之自然美契合一致，见之于诗者在六朝时代独有晋之王济"仁以山悦，水为智欢"（《诗记平吴后三月 三日草林园诗》）句。然本集非常之多。

来寻仁智情。释知藏

式宴依仁智。纪麻吕

望山智趣广。临水仁狎敦。居势多益须

仁智寓山川。同上

留连仁智间。犬上王

诸性临流水。素心开静仁。藤原史

帝尧叶仁智。仙跸玩山川。伊与部马养

只为仁智赏。何论朝市游。大神安麻吕

惟山且惟水。能智亦能仁。中臣仁足

仁山狎凤阁。智水启龙楼。同上

山幽仁趣远。川静智怀深。大伴王

凤盖停南岳。追寻智与仁。纪男人

地是幽居宅。山惟帝者仁。大津首

纵歌临水智。长啸乐山仁。藤原麻吕

开仁对山路。猎智赏河津。葛井广成

本集六十四人作者中有十三人咏仁智，盖一种流行欤，亦不外乎喜儒雅之思想。

魏晋时代，出于老庄之神仙思想，尤其是清谈之思想泛滥于士大夫间，亦有所波及于我奈良朝，如越智直广咏"庄老我所好"尤为明显。道公首名作"昔闻濠梁论。今弁游鱼情"，其思想亦来自庄子。

魏晋清谈乃一种危险思想，无视礼法，蠹蚀人心，流布毒害于当时社会。然我奈良朝人士不悟其害，唯嘉其风流，喜其旷达，景慕竹林之士。盖此思想专缘《世说》受之。是以作者所引魏晋之典故，多出于《世说》。

……

佛教隆盛，不让儒教，然其思想见于诗者极少。本集可入缁流之选者有四人，抒发佛教思想者不过两三首而已。

……

写恋爱情绪者《万叶集》中其歌颇多,而本集极稀,无闺怨缠绵之作,无相思殷勤之咏。仅有荆助仁《咏美人》与石上乙麻吕《秋夜闺情》二首。

契合此类诗境之七夕诗有六首,然寓眷恋艳情者不过二三。不知乃作者不作,或选者不选。总之《万叶集》多,本集少,或因歌咏易,诗吟难。或来自儒教见地,曰郑卫之音将影响名教。吾人终不知其何谓。

……

可视作风俗史料之诗不鲜,夫曲水宴与祝寿等诗是也。

……

以上乃对本集之实质即内容之观察大略。概言之,思想之醇健,气象之敦朴,乃本集诗之所长。其之所至,可并汉魏,比隋唐。殊令吾人感叹者,乃朝绅高僧之努力,及其向上之精神。汉诗乃当时之新文学,其创作并不容易。然作者励精图治,含英咀华,取彼之长,同化融合,奋力不辍。此努力之气氛与向上之精神无不充盈于本集。藤原宇合尝咏"贤者凄年暮。明君冀日新",岂非赋此信息之真相?呜呼!上有锐意创新之圣主,下有热心进取之名流。近江、奈良朝文化呈现之绚烂美观,可征于此一部诗集。①

冈田正之所说的《怀风藻》"诗的内容"特色可归结为以下四点:第一,"侍宴从驾诗尤多,略占四分之一";第二,"在儒教本位之近江、奈良朝,作者触境临事,流露出儒教思想乃必然之结果";第三,"出于老庄之神仙思想,尤其是清谈思想泛滥于士大夫间,亦有所波及于我奈良朝";第四,"佛教隆盛,不让儒教,然其思想见于诗者极少"。

或许可以通过冈田学说所指示的"诗的内容"四大特色整体把握《怀风藻》的诗歌主题,又或许有人可以尝试分类《怀风藻》的诗歌主题,提出与冈田学说十分接近的研究报告,但不能因此在推进新的研究时踌躇逡巡。"冈田正之公理"所缺乏的是对《怀风藻》汉诗作品群的整体结构的把握。比如,第一个特色将宫廷"鸡尾酒派对"和贵族音乐庆祝活动说成是"在致力于移植支那文化之近江、奈良朝,此种风流

---

① 冈田正之:《近江、奈良朝之汉文学》,第216—226页。——原夹注

韵事之多，不足为怪"还说得过去，但说"本集之诗乃当时社会之反映，太平气氛氤氲，漾于纸面"却完全误解了七八世纪的社会现实。根据我们现在的观察，律令国家建立时期的前半世纪日本社会的动乱状况和贫困状态几乎呈现出一种"野蛮"的情形，而冈田却说"太平气氛氤氲"等，宛如当时一时出现了地上乐园。或许对律令统治阶级的少数人物来说，他们确实感受到了浓厚的"太平气氛"，但对占压倒多数的被统治阶级的人民来说，"当时的社会"只能是人间地狱。最终我们只能二选其一，或将宫廷的诗会和酒宴置于七八世纪日本社会整体的状况中加以把握，或以宫廷和贵族讴歌吾世之春的事态把握日本社会整体的"太平"。通过这种方法就可以看出，相同的事实，即"侍宴从驾诗尤多，略占四分之一，谯集游览诗次之"这个事实所包含的意味是完全不同的。而且我们还会发现，在压制600万律令农民和只有少数统治阶级才能享受文化游戏的体制当中，无论如何都存在"非人性"和"野蛮性"。我们绝不能公然合法化人压迫人的社会制度，将"当时社会之反映"的《怀风藻》诸诗篇赞美为"太平气氛氤氲，漾于纸面"。"冈田公理"的致命缺陷就在于缺乏整体、结构的观点。

因此，我希望对冈田正之所说的《怀风藻》"诗的内容"四大特色一一重新做出整体和结构性的把握。以下作业虽不完整，但因为自己不能对冈田学说囫囵吞枣，所以无论好坏还是献丑于此了。

就其第一点，按冈田本人的解读，该数字列表作为"本体"（Ding an sich）显示的意义就在于"侍宴从驾诗尤多，略占四分之一，谯集游览诗次之"。其实这种解读法中包含许多问题。之所以这么说，是因为太田青丘[①]在史观上基本是冈田学说的蹈袭者，可是他在《日本歌学与中国诗学》中依据的是相同的数字列表，但却决不采用冈田的解读法。太田不对《怀风藻》做数字统计并分级，说"侍宴从驾"的有34首，"谯集"的有22首，分别属于第1、第2位，也不去证明这属于"太平气氛"，而是将"侍宴从驾""宴集"以及"送别"合并处理为"仪式性的题材"。这给冈田学说注入了从未有的新专题观，从这个意义上可

---

① 太田青丘（1909—1996），歌人、中国文学研究者，《潮音》主编，日本法政大学名誉教授。毕业于东京大学研究生院，曾任文部省国民精神文化研究所研究员。著有歌集《国步之中》《亚洲之脸》，研究评论著作《唐诗入门》《太田青丘著作选集》等。——译注

以说它超越了冈田学说。以下介绍太田青丘的观点：

先看《怀风藻》的题材，其中大量出现的有"侍宴从驾""宴集"（含送别）这些仪式性的题材（二者合并约占整体的五成）和如"游览"等咏叙自然的题材（约占一点五成），以及含七夕在内的咏物的题材（约占一成）（请详见冈田正之博士《近江、奈良朝之汉文学》）。与"记纪"歌谣等相比这个特征十分明显。我们不能忽视这些现象受到六朝诗文影响，以及该影响在《万叶集》及之后的诗歌中也清晰可见这个事实。

在中国，"侍宴从驾""宴集"这些诗继承的是《诗经》中《雅》的系统，它接受六朝以来的风尚，多见于六朝诗，在《文选》诗的类目中被标记为"公讌"。另外，标记为"祖饯"（送别）的类目与宴会的关系颇深，它特别给《怀风藻》"送新罗使人"诗（随附在长屋王宅宴集中，有10首）以很大的启发。

与之相反，六朝诗另一个代表作品集《玉台新咏》以咏美女的宫体诗为主，但几乎未见有所谓的宫廷侍宴诗。由此也可以凸显《怀风藻》"侍宴诗"的创作背景是《文选》。不过，《怀风藻》和《文选》的"侍宴诗"存在着学习和被学习的区别，其规模的大小、表达的精粗难免有巨大的差异，但不可忽视的是，我国诗人通过这种崇尚格式的庄重而又有技巧的咏作，知道了艺术的艰深，磨炼出自己的技巧。而这种结构布置之精、对句安排之妙的感化作用，与《万叶集》"侍宴从驾"等长歌也并非没有关系。

接下来是《怀风藻》的"游览"诗。此类诗远在《楚辞》中就可见端倪，直接源于《文选》的"游览"类目。《文选》的"行旅"类目也给此类诗以很多参考。

《怀风藻》诗多短诗（四句的有22首，八句的有74首，共有96首，占总歌数117首的约六分之五），虽说其水平远逊于《文选》所载六朝诗的叙景、自然描写诗，但在开眼于叙景这个方面意义重大。……《文选》"游览"诗对我国上古文学的影响意义，就在于和下述的"咏物"诗一道，在提高自身对他物乃至对自然的认识意识方面出力甚多。

《怀风藻》"咏物"诗的内容乃孤松、月亮、雪、美人等，不用说受到六朝的影响。中国诗歌咏物的先例可追溯于屈原的《橘颂》（《楚辞》九章之一）、宋玉（战国时代）的《风赋》《高唐赋》等。赋这种文学形式乃韵文之一种，赋的原意是铺陈，故与咏物有不浅的关系。……然而《文选》除咏七夕外，可明确称之为咏物的诗很难看到。《怀风藻》的咏物诗多半是从《玉台新咏》中学习而来。

总之，以上的"游览"诗和"咏物"诗给日本的叙景诗指明了方向。可以认为，这些诗对促进《万叶集》《古今和歌集》及之后歌集的叙景、自然描写的精细化做出某种贡献。[①]

太田青丘对题材（对象）的分析虽然忠实地蹈袭了冈田正之的对象分类表，但超越了冈田所显示的"侍宴从驾诗尤多，略占四分之一，谶集游览诗次之"的数值事实主义（这种事实主义作为当时通行的实证主义之一种，其实是19世纪经验科学所向披靡时的制度遗物植根于日本学界的表现）。太田就《怀风藻》诗人作为范本的中国诗文（主要是《文选》）引进了新的主题分类法，提出了另一种的解读法（物类表的读法）：（1）"侍宴从驾""宴集"（含送别）约占整体的五成；（2）"游览"约占一点五成；（3）"咏物"（含七夕）约占一成。并且展示了一种形式发展史的观点：（2）"游览"和（3）"咏物"为日后的大自然吟咏和叙景诗做了准备。可以说，太田青丘的这种见解补充了冈田正之以来的定说，并给此定说吹入了新的生命。

然而，如果要问太田学说是否从动机（发端）到影响关系（结果）上都对《怀风藻》诗的内容有了本质把握，回答是否定的。我属于高度评价太田学问和功绩的成员之一，但仍有疑惑，是否太田的研究成果在无意间更多的是基于文学中心主义的前提。阅毕名著《日本歌学与中国诗学》，我产生了一个疑问：热衷于中国诗文和中国诗论的古代日本歌人是如何展开自身具体的物质生活的？毫无疑义，以上的疑惑和疑问只是对过去日本文学研究（含日本汉文学研究）整体的一种简单（Primitive）的个人感想。最近我对任何一位"国文学"家在研究诗歌

---

① 太田青丘：《日本歌学与中国诗学》上古篇 给予上古歌学影响的中国诗学，弘文堂1958年版。——原夹注

时都说《万叶集》和《古今和歌集》好这种普遍倾向（它将文学至上的前提预置为自明之理）感到一种无法消解的焦躁感：其实没有文学不也可以吗？为了这种半生不熟的文学就需要让周遭的无辜者付出难以计算的惨痛代价吗？难道我们不可以否定因统治阶级玩弄古代诗歌而导致数百万律令农民只能处于严苛状态、濒临死亡的事实吗？如果我们意识到这些后就无法无条件地赞美日本古代诗歌是"美好的"和"反映人的真实一面的事物"。因为这种古代诗歌将他者（其他的大多数人）赶入非人的被压迫状态，仅仅通用于统治阶级少数人的制度仪式和最适于表现喜怒哀乐的绝对价值也是不断试错、胡乱摆弄的产物。"统治阶级的思想在每一个时代都是占统治地位的思想。这就是说，一个阶级是社会上占统治地位的物质力量，同时也是社会上占统治地位的精神力量。支配着物质生产资料的阶级，同时也支配着精神生产的资料。因此，那些没有精神生产资料的人的思想，一般地是受统治阶级支配的。占统治地位的思想不过是占统治地位的物质关系在观念上的表现，不过是以思想的形式表现出来的占统治地位的物质关系。"① 就本书的课题而言，太田说《怀风藻》诗约五成是由"侍宴从驾""宴集"（含送别）等仪式性题材，约一点五成是由"游览"构成，约一成是由"咏物"构成，总之约七成半是由宫廷贵族占有的仪式性题材和咏大自然即叙景的先驱性题材构成，并通过这种数值特点仅将其解释为"这些现象受到六朝诗文影响，以及该影响在《万叶集》及之后的诗歌中也清晰可见"，这是否可以说是很不充分？若采取文学具有绝对价值的立场，仅抽象出形成各时代统治阶级社会上层建筑的社会意识（完全舍去阶级关系的现实基础），以此跟踪前一个时代的艺术样式对后一个时代艺术样式的影响当然可以万事大吉。并且，在面对五言诗（含部分七言诗）被律令时代统治阶级引进、接受之后，大部分都在宫廷或在官僚贵族举办的"鸡尾酒派对"上发挥了重要的"文化功能"这样明确的社会事实，如果从文学的角度（更准确地说就是以文学至上主义为前提）来看，自然可以单纯地用题材频度高的"诗的内容"这种规定加以解释。然而，如果将诞生《怀风藻》的社会看作是一个"整体"（它是一个比所谓的阶级社会结构体更大的概念），那么我们只能解释为：大部分的五言诗

---

① 马克思著，古在由重译：《德意志意识形态》Ⅰ 费尔巴哈。——原夹注

（含七言诗）作为宫廷、贵族侍宴从驾、参加宴会、送别、山水观赏的必要工具这个事实本身，就是五言诗（含七言诗）对权力和压迫进行集约式合法化的最好证据。每多创作一首五言诗，就更多地映射出执权者讴歌"吾世之春"，而被压迫的人民大众则呻吟于现世地狱坩埚中的时代结构场景。律令文人贵族作为统治阶级在掌握绝对权力的同时还被迫绝对服从帝王（天皇），故掌握了服从权力可带来真正的和平、美和道德行为这种生活规范（不用说在理论上只是"幻想"）。从理性的眼光来看，这仅创造了一个反自然、反理性的社会，但律令贵族却对此毫无感觉，沉醉于与保障新的"真理"和幸福的儒教意识形态结合的五言诗音响中。我们如不能把握这个最重要的"特色"，那么就无法抓住"诗的内容"。

包含儒教在内的各种思想看上去与现实毫无关联，属于很久以前的理论，但实际上，创造并支持这些思想的人只有依靠这些思想才能在他们生存的时代展开具体而实际的活动，才能一一对应明确的制度性和日常性的生活并做出行动。各种思想和各种思想的主人被该时代的条件制约，并对该条件做出反应。我们如果对此视而不见，那就无法理解任何事物。

仅有不足200人的律令贵族官僚对600万律令农民的苦难不管不顾，只知道享受"鸡尾酒派对"、游山玩水和发表汉诗，这是一种多么可怕的精神现象！能感觉恐怖来自我们现代人的理性作用，但《怀风藻》的作者根本不会认为自己犯下了"彻头彻尾的非人"的野蛮行为。岂但如此，就像冈田正之所说的那样，还有人将它作为"太平气氛"的证据而不断赞扬。然而，我们不能忽视在整体结构上把握七八世纪的日本社会，特别是要关注《怀风藻》"诗的内容"和政治主题就表现在宫廷贵族对人民大众的残暴和对帝王（宴会的主办者）的卑屈方面。侍宴从驾、参加宴会、送别既然是那种文学的题中应有之义，那么它们就一定是当时社会的事实。

若深入《怀风藻》作者的内心世界对该作者珍视的"政治思维"进行精神分析，那么所谓的汉诗文达人也就是一种意象（Imago）。他尤其是一种"权力的意象"：通过奢侈的酒宴和中国诗文及舞乐，在物质方面炫耀自己站在高处（微不足道的农民大众自不待言，甚至还可以遥遥俯视中下级官员的高处），具有律令统治者的理想形象。所谓的意象，即人在幼年期所酷爱的一种理想形象，也指后来支配此人行为和思维的"压抑心理"（译按：久积的情绪）。众所周知，日本从很早开始就规定了律令官僚贵族可以通过荫位制①等获得各种特权，但迄今为止尚未有人深入到置于这种环境中的甲某或乙某的内心世界进行科学的分析和研究。人们使用威廉·赖希②的精神分析法自然可以获得许多成果，但一旦开始试行也许就会感到困难而放弃。我的看法是，若某人从幼年起就被教育和学习"这就是 Mr. 律令官僚社会"，之后在自己塑造形成理想形象（即意象）的压抑心理中又预置了理解和创造汉诗文（亦可含有朗诵和舞乐化的行为）这个条件，那么在成年后，他当然就会努力接近这个必要的条件。藤原宇合一定会在父亲藤原不比等的身上看见这个"权力的意象"。大伴家持也一定会在父亲大伴旅人的身上看见这个"权力的意象"。而且这时带有咒术性质，也就是将权力意志立即转移到美学空间的五音旋律每时每刻都会响彻和萦绕在他们的耳边。

最终，"Mr. 律令官僚社会"和自我同一化造成的"权力幻想"的发散就是汉诗文的创作，或是文学酒宴的分享（Participation），或是填有以自己所写汉诗为歌词的舞乐的上演。而且，五音旋律也成为律令政治体制统治者祝贺现实的仪式的必要元素。五音旋律从诞生起就未被赋予反映人的真实的功能，而只被期待具有扩大和肯定社会矛盾的意识形态功能。律令式的自然观也可以说是同样如此。

接下来还要观察和验证宫廷和歌史的传统，现在要预先说明的是，通过此漫长的传统归纳出的"和歌的构思"，也不过是由上述"权力幻想"的心理能源点缀的统治者本位社会认识的思维方式。和歌的旋律，根据其自身的功能就不曾有过一个不反映天皇和贵族官僚统治意识形态的事例。贵族阶层子弟在少年时通过自己被强迫学习和歌的做法，已完全知晓了和歌的达人不外乎就是"权力的意象"，也完全知晓能列席和歌比赛大会（汉诗会更不必说）就意味着可以获得掌握权力的机会。侍宴从驾、参加宴会、送别等文学题材则发

---

① 荫位制，因父亲、祖父的荫庇赐予子孙官位的制度。具体指皇亲，五世王之子，诸臣三"位"以上者的子、孙（荫孙），五"位"以上者的儿子（荫子）到21岁时不用参加国家考试就能被授予位阶的制度。——译注

② 威廉·赖希（Wilhelm Reich, 1897—1957），奥地利精神分析学家，通过结合弗洛伊德精神分析理论和马克思主义的社会批判理论，并在肯定性的基础上发展出自己的独特理论。之后着手研究奥尔根（Orgone＝生命能源），著有《性格分析》《性的革命》《法西斯主义的群众心理学》等。——译注

挥着让他们有机会熟悉专制政治行政技巧的功能。不用说这种技巧并非可以简单习得。"摄关"时代后此类事情已司空见惯，至今仍有像曾弥好忠①那样的"落第生"。但在专制体制已经稳固的七八世纪多半必须考虑现实的功用，尽早习得扶强驱弱式的五音构思。

　　当然，这里要讨论的是日本古代诗歌（具体则指《怀风藻》和《万叶集》）的创作场所具有何种性质。换言之，《怀风藻》汉诗作者和《万叶集》歌人无论是否喜欢都被选定的状况具有何种性质。我们不能说汉诗和长歌、短歌的美与特定个人的才能、知识储备和人性无关，但准确地说，这些美应该是在与那些个人发现自我的状况的纠葛中产生的。具有普遍性质的法则并非作家的人性（性格等人的心理特性的总和），而是环绕于他们身边的多重规定的边界。置身于这种状况之中，谁都会创作这种汉诗和长歌、短歌。我们有必要从整体和结构上把握这种普遍性，而且它必须是今天艺术批评的任务。借用萨特②的话说就是，有必要以"人是实干家（un agent），又是演员（un acteur），粉碎自己的人格，或解决自身的纠葛，在现实的矛盾中生存"③的姿态，把握我们自己的人生（作为历史的人的存在）。简言之，我们无论是在解释长屋王的汉诗作品时，还是在解释柿本人麻吕的长歌、短歌时，若仅观照他们内心深处的意志和激情（斋藤茂吉④将柿本人麻吕称为狄俄尼索斯式的诗人），其实也只能陷入一种极大的不公平。他们内心世界律动的纠葛和对立是一个价值体系，一个权利体系，一个伦理体系，一个

　　① 曾弥好忠，生卒年不详，平安时代中期歌人。曾任"丹后国"小官，始终屈居"六位"官阶。虽说善于作歌，被称为中古三十六歌仙之一，但因性格乖戾，故终生未遇到朝廷优待。始创"百首歌"这种和歌形式，著有私家集《曾丹集》，有90首和歌入选《拾遗和歌集》及之后的敕撰和歌集。文后的"落第生"大概是指永观三年（985）他未被通知参加园融院"子日御游"而擅自参加，被人强拽领子赶出的逸事。——译注
　　② 让-保罗·萨特（Jean-Paul Sartre, 1905—1980），法国20世纪最重要的哲学家之一，法国无神论存在主义的主要代表人物，西方社会主义最积极的倡导者之一，一生中拒绝接受任何奖项，包括1964年的诺贝尔文学奖。在战后的历次斗争中都站在正义的一边，对各种被剥夺权利者表示同情，反对冷战。他也是优秀的文学家、戏剧家、评论家和社会活动家。——译注
　　③ 萨特：《神话的创造者》，收录于《萨特对谈录》。——原夹注
　　④ 斋藤茂吉（1882—1953），歌人、青山脑医院院长，毕业于东京大学医学部。曾投入伊藤左千夫的门下，和岛木赤彦等一道成为短歌杂志《紫杉》的核心人物。著有歌集《赤光》，还写出众多的研究评论集，以巨著《柿本人麻吕》获学士院奖。日本艺术院院士、日本文化勋章获得者。——译注

人类观体系。他们是否具有这种自觉，是否坚守了完全意义的"人性"，回答可能各有不同。但唯一可以明确的是，他们都曾按照自己的方式在被选定的状况下努力地生存。最近梅原猛[①]出版了《水底之歌》（上、下二卷，新潮社），解开了柿本人麻吕的死亡之谜，并且很好地把握了我们经常忽略的一些重要问题。我们在过去已经养成了一个习惯，即在阅读汉诗与和歌时，一旦某些部分（主要是在修辞方面）触动了自己的心灵就断定它是"名诗"或"秀歌"。可没想到，在许多场合，原作者只不过是觉得在宫廷"鸡尾酒会"上应酬一把即可，随口（在某些场合甚至不吝阿谀奉承，以致让同席者自叹不如）吟出的一首汉诗或和歌而已，但千年之后我们却不知所以，反复移入感情，最终将其捧为"名诗"或"秀歌"。过去和歌史家（这种专业的工作过去大抵都是短歌作者自己充任的，故一开始就不能期待他们有客观的学术成果）所做的研究，大抵都是这一类的工作。坦率地说，他们因为对作品创作的场所关注不足，对某作者被选定的状况观察不足，故在研究和歌史时充其量只进行了"样态史"的追踪。所幸的是，近年来松田武夫、桥本不美男、藤冈忠美、荻谷朴等都展示了自己的平安和歌史的研究成果。无论别人喜欢与否，它们都显示出一种需要推进对"场合"的分析和考察的趋势。久松潜一对这种趋势报有好感，在《短歌研究》上发表了《短歌的场合》一文，开篇即说："短歌及其他诗歌与小说不同，篇幅很短，故在发表的场合有种种限制，这也是它的特点。"之后他将论点集中在"发表的场合"，就和歌史做出考察。在篇尾结论部分，久松潜一做如斯说：

> 短歌在何种场合吟咏，又在何种场合发表，在考虑短歌方面很重要。而在何种季节吟咏，还与以何种年中节庆活动为背景而咏出有关。许多歌集篇首的立春之歌，其春歌也是在各种场合吟咏、发

---

① 梅原猛（1925— ），哲学家。毕业于京都大学。历任立命馆大学、京都市立艺术大学教授、校长，1987 年首任国际日本文化研究中心所长。对文学、历史、宗教等都提出过大胆的假说，确立了"梅原古代学"。还提出自身独特的日本文化论，认为绳纹文化现在最多地保存在阿依努和冲绳的文化中。曾获日本文化功绩奖和日本文化勋章。著有《梅原猛著作集》（全 20 卷）、《地狱的思想》、《隐藏的十字架——法隆寺论》、《法然》等。——译注

表的。①

　　久松就《短歌的场合》的归纳大体是正确的。但他的观察与冈田正之和太田青丘学说一样，都缺乏"整体和结构的把握"。既然谈到短歌（和歌）在何种季节吟咏，以何种年中节庆活动为背景咏出，那就应该深入到该结构中去把握该短歌（和歌）固有的季节感属于何种"自然观体系"的一部分，以及从整体上去把握和揭示短歌（和歌）无法脱离年中节庆活动（这里明显指的是宫廷仪式的年中节庆活动）的理由。如果不是这样，那么就无法掌握短歌（和歌）的本质。我的回答有两点：一、所谓的构成部分短歌（和歌）季节感的日本古代诗歌的"自然观体系"，要言之不外乎就是专制主义政治思维的反映。二、年中节庆活动和岁事记（《岁时记》）这些生活技术，最终也只起到从侧面增强专制政治体制的作用。杜尔凯姆②说过："自然观体系和宇宙观体系是特定社会的结构特色的反映。"③ 我们必须遵从这种正确的结构把握方式。省去这种最基础的观察，不惮美词丽句，说日本人热爱大自然，歌人、俳人对季节变化敏感，日本民众通过活用年中节庆活动和《岁时记》发展出民俗的睿智，等等，岂不等于空谈？

3

　　《怀风藻》"诗的内容"（按照冈田正之用语）被分为侍宴从驾、参加宴会、送别，这些占总诗数的50%，加上游览、咏物等诗约占90%，都属于律令官僚贵族公共生活领域。这些数值可明显证明那些诗歌的创作动机与宫廷固有的"礼仪"思维不可分离。然而从别的角度观察，这些统计数据还有力地证明"诗的内容"本身已经构成了"文艺的礼仪"。我们不用日常生活层次中普遍使用的"语言"（langue）表达，而拟通过假托为非日常、非通俗维度的神话符号意义的"语言"

---

　　① 久松潜一：《短歌的场合》，收录于《短歌研究》1974年1月号。——原夹注
　　② 埃米尔·杜尔凯姆（Émile Durkheim，1858—1917），又译为迪尔凯姆、涂尔干、杜尔干等，法国犹太裔社会学家、人类学家，法国首位社会学教授、《社会学年鉴》创刊人。杜尔凯姆发展了康德的实证主义，认为社会诸事实是超越个人意识的、在经验上可观察的"物"的存在，确立了客观主义的社会学方法论，给后来的人文社会科学等领域带来巨大影响，与卡尔·马克思及马克斯·韦伯并列为社会学三大奠基人，主要著作有《自杀论》及《社会分工论》等。——译注
　　③ 埃米尔·杜尔凯姆：《人和逻辑》Ⅰ 分类的原初诸形态。——原夹注

（écriture）思索，就可明白无误地确认这就是一个创造出人工秩序的"礼仪"行为。

这里需要从一种新的视角接近目标的作业。本书似乎一次又一次地犯了偏题的毛病，说实在的我也不想这么做，但之所以要这么做——彻底地说明已成为论题的对象，与其说是因为我个人的癖好，倒不如说是因为自己想运用整体认识（辩证的整体认识）的方法，通过对诗歌作者的创作动机和过程的分析，使本课题成为永恒的"溯行式"发现作业。

"文艺礼仪"的文化、政治功能为何？可以说它就是一种将日常的现实带回或上升到非日常维度（或被相信是可置于神话、宗教维度的"神圣"的那一方面）的行为。应该认为，从某种意义上说，该行为是一种在连根拔去人的日常繁杂经验存在基础后的纯粹的言语行为，但同时这种行为也被与其他种种行为和过程有着特定逻辑关系的、所谓的整体世界运动所决定。按罗兰·巴特①的归纳，"文艺礼仪"功能也就是"为了在事实的帝国中维持等级制度"②。罗兰·巴特通过法语动词单纯过去形和第三人称分析了西欧社会的故事和小说的语言（écriture），但并未分析东方国家的文学传统。然而，通过语言（écriture）这个新概念，我们可以逐步推动眼下对《怀风藻》"诗的内容"（不用说与"诗的形式"不会无关）的探索进程，故请读者允许我在下面将语言（écriture）作为辅助工具进行探索。罗兰·巴特就该单纯过去形这个"从法语中消失，但属于支撑故事的础石且仍旧显示为一种艺术的"动词时态做以下说明："动词通过单纯过去形在暗中成为因果关系的一部分，参与到被决定的连带行为的总体中来，像某种有意图的代数符号一样发挥着作用。动词支撑着一时性和因果性之间的暧昧关系，同时又引入某种展示即故事的易懂性。动词是所有宇宙结构的理想工具就因为这

---

① 罗兰·巴特（Roland Barthes，1915—1980），法国作家、思想家、社会学家、社会评论家和文学评论家。他早期的著作阐述语言结构的随意性及对大众文化的一些现象提供了分析。如《神话学》（*Mythologies*）一书分析了大众文化。《论拉辛》（*On Racine*）在法国文学界造成轰动，使他成为敢与学院派权威抗衡的人物。他后来有关符号学的作品包括较激进的《S/Z》（*S/Z*）、研究日本而写成的《符号帝国》（*The Empire of Signs*），以及其他一些重要的作品。这使他的理论在 20 世纪 70 年代受到广泛的关注，并在 20 世纪有助于把结构主义建立为一种具有领导性的文化学术运动。1976 年罗兰·巴特在法兰西学院担任文学符号学讲座教授，成为这个讲座的第一位学者。——译注

② 罗兰·巴特：《零度的语言》Ⅱ 小说的语言。——原夹注

个缘故。它是宇宙发生说、神话、历史、小说的人工时态。它设想了一个被构筑、被提炼、被回归于有意义的线条的世界，而未设想出一个被抛弃、被陈列、被交出的世界。单纯过去形的背后总是隐藏着一个造物主或神这样的剧情解说人。而世界一面被叙说一面被阐明，一个个事件都不过是一种将就的安排。单纯过去形正是一个解说员为将现实的爆炸物带回到既无密度又无容量扩张、瘦削而又纯粹的动词那里而使用的符号。而且，这个动词正起到尽早将原因和结果联系在一起的唯一功能。""这些东西将从存在的颤抖中解放出来，拥有代数的稳定性和结构。这些东西就是记忆，但它是一种利益相关方比持续需要更多考虑的有益的记忆。……因此，归根结底单纯过去形是某种秩序，因而也是某种快感的表现。拜其所赐，现实将变得不再神秘，不再不合逻辑，每次都将归集于创造者的手中，并被抑制，成为明快而又几乎可亲的东西。不言而喻，现实承受着他（译按：原文如此，似为"它"）的自由、巧妙的压力。"罗兰·巴特的中心论点就是，最终单纯过去形叙述的"故事的过去"已成为文艺安全装置的一部分，它作为秩序的模型（意象）构成了缔结于作者（作家）的正当化和社会的稳定（平安无事）之间的众多形式契约之一。继续推进这种观点，结论只能是，单纯过去形这种叙述方式当然是一个公开的谎言，仅在指示它是谎言这个方面描绘出显示可能性的真正的领域。就这一点罗兰·巴特还说明："小说和被叙说的历史的共同目的就是疏远事实。也就是说，单纯过去形不外乎是社会欲掌握自己的过去和可能的事物的行为。它设定了可信任的内容，但该内容明显是幻觉。单纯过去形是形式辩证法的极限，它给非现实的真实不断披上真实而公开的谎言外衣。"① 这一系列的功能正是"语言"（écriture）的行为。诚然，由音读汉语词和训读汉语词组成的日语没有单纯过去形，日本古代诗歌也未使用小说的要素和故事的要素，更没有第三人称的叙述形式，但重要的并不是单纯过去形和第三人称，而是由前二者代表的语言（écriture）概念。再次梳理"文艺礼仪"的所需要素就可以明白，上述语言概念岂但是仅仅通用于欧洲文化圈的概念，甚至还可以成为有利于解决我们所面临的问题的有效关键概念。

返回《怀风藻》加以考察就应该做出以下解释：《怀风藻》中"侍

① 罗兰·巴特：《零度的语言》Ⅱ 小说的语言。——原夹注

宴从驾""参加宴会""送别""游览""咏物"等构成了律令官僚贵族公共生活（不用说他们也执行着行政、司法的任务，但实际业务则委托中级以下官员完成，作为高级官僚的贵族仅在几处枢要机构参与决策，此外的大部分工作则集中在运转、维护律令统治机构的安全机制上）要素的"礼仪"行为，吟咏这些行为的作品占压倒性多数这个事实，说明《怀风藻》诗人的精神主题（可改称第一主题［theme］）是以通过创作和奉献文艺作品来正当化和赞美律令专制统治为目的的。也就是说，《怀风藻》诗人每表达出一个"礼仪"，就是向统治者（专制君主）宣誓自己绝对忠诚，就是向体制（律令政府）作证等级制度的正确，就是向被统治者（农民大众）宣告我要压迫，就是向大自然（草木山川）宣告我应占有并神圣化之。对律令官僚贵族而言，它起到肯定和维护眼前万事如意的现状并使该愿望物质化的作用，也起到使自己从孤独、不安、疏远感中解放出来并使心灵休憩的该感情物质化的作用。说日本帝德之高可匹敌中国尧舜之德，说山川仁智故我皇可游乐于吉野神仙之境，将中国思想（中国诗文）适用于日本律令社会的"礼仪"方法正是《怀风藻》惯用的政治语言（écriture）的构成要素。平安时代初期汉诗文竟显繁荣，并非单纯刻画出文学样式的隆替轨迹，而只不过是企图重建强有力律令政治体制的手段。

日本古代诗歌始于"记纪"和《万叶集》，约300年间其政治语言（écriture）的灯火不灭。取代汉诗抬头而起的和歌，看上去是一种可充分发挥功能，保持个人文学意图和个人肉体结构之间均衡的语言形式（用罗兰·巴特的话说是"文体"）。但实际上其最初也不过是具有某个集团的目的，通过少数几个固定的类题和礼仪方面的咏材，表示支持和忠诚于稳定不变的既有政治体制的产物。和歌的修辞、表现方法和比喻（请注意比喻一定假托于大自然）之美，也不过是作为当事人的歌人和墨守传统论者肆意僭称"日语的极致美"和"日本文学的大自然美"的结果，是否真"美"要等待今后自然科学研究的判定。和歌自身并不可能具有真正意义的创作方法（存在经验的发现方法），充其量只是一种表现方法（在代数式的少数关系中洗练语言的方法）。一言以蔽之，古代和歌就是一个表现贵族官僚固有政治思维的符号总称，换言之即政治语言（écriture）。其修辞、表现方法和比喻越是经过美的洗练（其自然观越是精巧组合），贵族统治体制越是稳定，贵族个人就越是可以梦想乌托邦打发时间。当我们想到和歌构思的场所、发表的场合和记录的场地，就只能更做如此之想。

我们过去是否对此毫无疑问，过于简单（毋宁说是机械反射式）地将和歌和其他文语体表现的差异归结于"诗"和"散文"的差异？是否在引进和普及欧洲的艺术论和诗论之后，将自己理解的诗的特性和散文的特性这些属性类别毫无反思地、独断地、原样地套用为和歌（短歌形式）和非和歌形式的文章表现的差异，并且大费周章于强行区分二者？然而这些处理方式如此大费周章，却在今天还显现出不足。岂但不足，甚至是犯了巨大错误。

一如上述，和歌绝不是可归入"诗"的语言形式，而只能是属于"语言"（écriture）的语言形式。和歌和其他文语体表现的差异，绝不表现在"诗"和"散文"的差异，其实表现的只是 écriture 和 langue 的差异（有的场合表现出 écriture 和 style［文体］的差异）。铺陈开来说，歌人绝不是"诗人"，但不用说也不可能是"散文家"，而是创造语言（écriture）的人，用罗兰·巴特的话说就是写作的人、操弄文字的人（écrivant）。创作政治文章的人，以宫廷贵族思维胡编诗文（准确地说，也可称之为一种诗文）的人，对人民大众毫无爱意只耽于自我本位的文学享受的人，这些人就叫做"歌人"。从柿本人麻吕开始一直到纪贯之、藤原定家，没有一人不是操弄文字的人（écrivant）。

也许需要对语言（écriture）概念不熟悉的读者做些解释。不过要做解释，动辄需要数页的篇幅，比起我多费口舌，直接引用首次确立语言（écriture）概念的罗兰·巴特的学说（译按：为避免词汇和语义混淆，以下译文中直接使用 Écriture 以代替罗兰·巴特的"语言"），或许读者更能正确理解我的意图。

所有的 Écriture 都显示出与国语无缘的栅栏的性质。Écriture 绝不是传递的工具，也不是普通语言的意图可以沟通的开放的通道。通过言语传递的是一个无秩序的整体，它给言语以一种将该无秩序保持在永恒的、暂缓执行状态的那种被强迫的趋势。与此相反，Écriture 是一种以自身为粮食而得以生存的凝固的语言，它岂但全然没有将这一系列近似物的趋势托付给其自身欲持续的任务，反而该任务不外乎就是通过自身符号的单一性和影像，刻印出在任务被创造出来之前就已经构建的言语的意象。Écriture 和言语的对立，表现在前者经常是象征性的和内向的，看上去是清晰地面对言语的秘密斜坡。而后者，只不过是仅其趋势具有意义的、空虚的符号的持续。言语全部都保持着这些单词的损耗和这些经常被搬运到更远处的泡沫的状态，言语只存在于它作为仅去除单词的动态尖端的这种贪欲行为可明确发挥自身功能的地方。

　　然而，Écriture 总是扎根于言语的彼方，它不像线条一样，而是像胚胎那样发展着，反映出某种本质，并以其秘密做出威吓。Écriture 是反传递的，它威吓人。因此，在何种 Écriture 中都可以发现既是言语同时又是强制权的客体（objet）的暧昧性。亦即，在 Écriture 的底部，已不是言语的不可知的"状况"（circonstances），而有着意图的目光。这个目光可以像在文学中的 Écriture 那样燃起言语的热情，但也可以像在政治中的 Écriture 那样，成为刑罚的威胁。Écriture 这时背负着将各种行为的现实性和目的的理想性一口气连接起来的任务。权力或权力的影子一定要创造出价值论的 Écriture 的道理就在这里。在这种 Écriture 中，普通事实距离价值的路程在被给予叙说的同时又被给予判断的语言空间被省去了。语言成为不在现场的证明（换言之，即在他处并正当化自己）。这对于各符号的单一性不断被下方或超语言地带魅惑的文学 Écriture 来说也是真实的，而政治 Écriture 则更真实，因而语言 Écriture 在代表威吓的同时还是赞美的。事实上，权力和斗争产生了更纯粹的 Écriture 典型。

　　　　……

　　无疑各自的体制都拥有自身的 Écriture，其历史还没有被书写。Écriture 在人们的眼中是一种被严格限制的言语的形式，但它通过自矜的暧昧视其为权力的存在。换言之，它同时包含权力的实体和希望被隐藏的姿态。因此，政治 Écriture 的历史将成为最好的社会现象。例如，法兰西王政复古时代提炼出了阶级的 Écriture。拜其所赐，断罪就似乎成为古典（主义）的"自然"的自然结果，它可立即实施弹压。……在此，Écriture 像是在发挥良心的作用，通过保证现实性的正当化行为，同时以通过欺诈的手法使事情的肇起和向最远方的转变一致起来作为自己的使命。这些 Écriture 的事实是所有权威体制固有的事实，可称为警察的 Écriture。例如，众所周知，"秩序"此词永远以弹压为内容。①

借此我们大概可以理解 Écriture 为何内容。无论某人如何冥顽不化，但他在最低程度上都会承认日本汉文学只是律令制贵族政治体制的 Écriture。

查看《本朝文萃》（1037—1045）的目录顺序也可以明白这个事实。卷第一"赋"有天象、水石、树木、音乐、居处、衣被、幽隐、婚姻；"杂诗"有古调、越调、字训、离合、回文、杂言、三言、江南曲、歌。卷第二有"诏""敕书""敕答""位记""敕符""官符""意见封事"。卷第三是"对册"。卷第四有"论奏""表上""表下"。卷第五有"表下""奏状上"。卷第六是"奏状中"。卷第七是"奏状下"。卷第八是"序甲"（分有"书序""诗序一"，后者分为天象、山水）。卷第九是"序乙"（作为"诗序二"配有帝道、人伦、人事、祖饯、论文、居处、别业、布帛灯火）。卷第十是"序丙"（作为"诗序三"配有圣庙、法会、山寺、树）。卷第十一是"序丁"（作为"诗序四"配有草、鸟、和歌序）。卷第十二无大类别，配有祭文、咒愿文、表白文、发愿文、知识文、回文。其后有"愿文上"（分为神祠修缮、供养塔寺、杂修缮）。卷十四以"愿文下"（分为追善文、讽诵文、答申文）结尾。也就是说，律令政治统治体制大张旗鼓宣告自身权力存在的 Écriture，和希望自身权力被如此赞美的 Écriture（咏日月，咏季节和山水，咏梅、樱、枫、菊，总之包括所有的"花鸟风月"），这两种 Écriture（结果是同一个 Écriture）正是日本汉文学语言思维体系的全部。从《怀风藻》到《凌云集》《文华秀丽集》《经国集》，再到《和汉朗咏集》，没有一个诗集不存在政治 Écriture。无论如何甜美地吟咏春鸟，无论如何微妙地咏唱秋菊，汉诗作者都不过是在公然（在社会上）声明我国体制是安全的，并且有必要维护它。"诗言志"的"志"舍此无他。

然而，这里一定有许多论者会反驳说：和歌与汉诗不同，和歌完全出自个人的思维。特别是《古今和歌集》，它的出现就是对"国风黑暗时代"文学思潮的反动，之后的和歌文学也无一不是对中国文学的

---

① 罗兰·巴特著，渡边淳译：《零度的语言》Ⅱ政治的语言。——原夹注

"大和心"式的反击。过去的和歌史研究必有此说，而这也成为"定说"。假名文化对真名文化（译按：中国文化）的胜利是对"摄关时代"宫廷女性文学而言的，若仅关注文学作品本身的确可以这么说。

可是，若将随着律令政治机构崩溃出现的古代末期权力结构变化的过程纳入整体的视野重新观察后就可以发现，所谓的平安王朝文化的原始动能绝不是由反中国的政治思维要素形成的。所谓的和歌思维，只能在汉诗思维（中国专制政治思维）先行的维度上才可能形成，实际上只是代行部分汉诗思维的变奏曲。最新的"国文学"研究成果正在不断阐明以《古今和歌集》为首的"八代集"各作品具有中国文学影响因子这个事实。也有人借用"比较文学研究"的透镜在审视《万叶集》后"国文学"中显现的日中两国文化交流的关系。其实古代日本文学的"素胎"（形态心理学术语）是中国文化，描绘上去的"图案"即日本诗歌。过去的日本文化观认为，早期我国总有一种民族固有文化走在前头，之后在此基础上引进了外来文化，但这种观点总觉得牵强。也许国粹论者听后将极为不满。若我们不断质疑先入之见，溯行向前，那就可以发现所谓的日本固有文化一个未见。毋宁说真正的"日式事物"原本就是对外来文化的模仿。它指的是经过很长时间这种模仿的东西就成为自家的东西，再经过打磨改造，又成为与"本尊"（即外来文化）形似非似的别种文化的过程或结果。神祇祭祀，吊葬仪式，美术造型，乐器演奏法，植物文化，食品制造术，等等等等都是如此。从学术诗文来说，在和歌从汉诗中蜕变出来的过程和效果中我们可以看清"日式事物"的真正面目。请关注前引《本朝文萃》卷第十一"序丁"部分。"诗序四"刊载了"草"诗18首、"鸟"诗5首，还并列了11篇和歌序（附序题）。正因为对该时代的人而言，和歌也构成了汉文学体系的一部分，所以被赞为公平无私的撰者藤原明衡①才会如此编排。至少可以认为，构成汉诗文这个平安朝宫廷贵族 Écriture 的要素之一就是"和歌"，所以才有如此堂而皇之地将和汉两类文章编入《本朝文萃》的举动。我们在探明和歌的本质时，动辄将明治以后的短歌（这些和歌受到

---

①　藤原明衡（989？—1066），平安时代后期的汉诗人、官员和学者。曾任"文章博士""大学头"（中央政府学校校长）。编有《本朝文萃》，还著有《新猿乐记》《明衡往来》等。——译注

西欧文学的影响和刺激，最终部分地从"和歌 Écriture"中成功地脱离出来，并且部分地获得了反贵族即民众的要素）奉为圭臬进行考察，但古代和中世的和歌却绝非普通人可以轻易接近的文学形式。古代和歌只有配置在律令思维即汉文思维的体系当中才能主张自身的自律性，换言之即以从属于汉诗为前提才能获得自身的存在理由，这就是当权者的 Écriture。

顺便要说明，即使是在现在，右翼思想家和国粹主义理论家在自杀和临终时，或是在面临有必要最大限度地激奋和燃烧自身怀抱的政治信条时，也都一定会通过和歌形式（以七音、五音的旋律传递的方法）表露心迹。过去对此的解释是因为和歌的形式最为集中地反映了日语之美，因为和歌的构思本身具有高度的交际功能，因为人类在生命极限状态时的呼吸在生理上被极度纯化时的音声就是31音[1]这个形式，等等。而具有进步思想的相当多的知识分子，实际上大抵也对这种暧昧不清的解释囫囵吞枣，根本不做探究。若按过去的这种解释，那么结论只能是，和歌形式之外的所有诗形、所有文学形式、所有语言活动领域使用的日语都不美，对新的语言美的探索等面向未来的工作从一开始就必定是无意义的。由于事先即得出当今通行的语言艺术都不如和歌这个结论，故现在有人认为，现代短歌（含现代俳句）过于粗糙，其美学和社会的功用价值都远逊于短诗形文学之外的文学类型。不管从哪个角度说明，日本语美的极致即和歌的形式这个自古以来的"格言"和与此相关的近代之后的学者说明，都无法得到科学的验证。此时若引进上述"Écriture"的概念，将七音、五音的旋律作为政治 Écriture 来把握，就多少可以得到一些崭新而又完全有效的解释。无论人们喜欢与否，至少可以从语言科学（符号学）方面说明七音、五音的符号体系曾与专制统治的政治思维结合在一起，而且在今天二者仍形影不离。就眼下全国可见的路标"日本太狭小，如此行车急嘘嘘，你要去哪里"这17个音（俳句形式），也可用 Écriture 给予相同的解释。也就是说，七音、五音的旋律到现在也最适合表明当权者的意志。此外并非玩笑，还可说明以下社会现象：长年接触短歌（俳句亦同），作者无论喜欢与否都会在无

---

[1] 31音，指和歌的短歌，因为和歌中的短歌由5、7、5、7、7共31个字符组成。——译注

意间对权力抱有幻想，并且频繁有种心理冲动，希望在政治和制度方面统治歌坛（在俳坛亦同）。由此可见，引进新的"Écriture"的概念，将会开辟出一个全新的视野，看清和歌形式与七音、五音调的本质。

在明确《怀风藻》"诗的内容"与律令官僚贵族固有的"礼仪"思维密不可分此事之后，为探索其政治、文化的本质，需要引进"Écriture"的概念，为此上述话题出现了分散，以下必须返回正题。①

前述冈田论文举出的"诗的内容"第二个特点是："在儒教本位之近江、奈良朝，作者触境临事，流露出儒教思想乃必然之结果。"冈田断言"在儒教本位之近江、奈良朝""流露出儒教思想乃必然之结果"，犹如言说一个几近不言自明之理，但此说果真合适吗？说近江、奈良朝的政治意识形态是儒教主义并无任何差错，但若不审核以下三个问题——当时的官僚贵族在何种程度上学习儒教和经学，他们认为该用何种态度接受儒教，并用何种方法接受它——就无法做出"儒教本位"和"儒教思想的流露"这种肯定的回答。可以明确的是，圣德太子在《十七条宪法》中除《五经》外还化用了《论语》《孟子》《老子》《管子》《墨子》《韩非子》《史记》《汉书》《文选》等经典话语，即引进了儒教思想，但接受一方在何种程度上做出了主体性和能动性的准备这一点是相当令人怀疑的。必须慎重地测定在百年后的奈良时代，儒学思想在何种程度上得到咀嚼和消化，其进步的程度（量）和深度（质）究竟为何。田所义行②在《从儒家思想所见的〈古事记〉研究》中就律令国家体制形成前后儒家思想接受的过程做了全球性的俯视：

　　　　总之，这些都是在《古事记》成书之前传到日本并被宫廷人士读过的中国书籍。它们都成书于汉魏以后的中央集权封建国家，是为发展和维护封建国家和社会精心编撰的学问教材。必须考虑这些代表封建国家御用学问的中国教材被带到日本奴隶社会统治阶级古

---

① 原文语义重复，此处译者略去几句话。其大意是本文要研究冈田论文所说的"诗的内容"四个特点。——译注

② 田所义行（1897—1954），毕业于东京帝国大学文学系，汉学家，曾任日本女子大学教授等，著有许多研究中国文学、思想的书籍，如《虚无的探究——以老庄思想为主》《中国的世界国家思想》《社会史上所见的汉代思想和文学的基本性质研究——以五经和韵文为主》《孙子》《新评唐诗》（上、下）等。——译注

代官廷人士那里后，其吸收和接受经历过哪些过程。

……

日本社会是由其自身的地理自然环境和栖息于此的人群等各种条件相结合而形成的。这种社会在人智未开、蒙昧野蛮的远古时代，被地理自然环境严重制约，人的社会生活也属于一种经常被地理自然环境制约的、直接的"物质社会"生活。随着人智渐开，日本人从直接的"物质社会"脱离出来，以物质的生产和交换形成的经济条件成为社会的核心和基础。这种人智的一般性开蒙是以人的社会性为基础的，人口的增加、与此相关的生存竞争等种种社会条件是开蒙的决定性环节。这个决定性环节之一，就是日本古代社会引进了与过去的社会思想不同的中国思想。

总之，日本思想是在日本自身社会中以该社会为母体和基础而产生的。思想产生的缘由并不单纯是思维，也并非仅仅依靠既有的思想。思想本身一定受到既有社会的制约，并非是在既有思想上堆积了一种新思想，显示着一种新变化的表现。新思想的产生表明了旧社会的崩溃和新社会的诞生。在思想更新之前，一个新社会已经出现，新思想就是以这个新社会为基础而产生的。因此，如果说有思想史的话，那么它无法从"自思想至思想"即其中具有的紧密的因果关系中寻求，而应该从"自社会至思想"这个因果关系中获得。

……

如上所说，传到日本的儒教教材诞生于中国汉代的封建社会，因而它适合封建社会，拥护并试图正统化封建思想。然而这种中国教材传到日本时，日本还不是封建社会，仍处于奴隶社会之中。因此，中国的儒教教材与日本社会自然发生的思想是异质性的，日本社会一定会对它产生相当的抵触感，不会原封不动地融入这种教材。……

即使如此，日本社会还是吸收了这种异质文化，因为在中国传来的儒教思想和学问当中，除了封建社会必然会产生的要素之外，还附着一些以自由民（他们高居先秦过渡期社会的奴隶之上）的生活为基础产生的思想和学问，所以在当时的日本奴隶社会，统治者不认为它们有多么异质，反而逐渐接受和消化了它们。这意味着它们与社会自然产生的思想等毕竟是一致的。

《十七条宪法》中引自《论语》的话语较多，而引自《五经》的话语——除去《礼记》——却不很多。……之所以除去《礼记》——《十七条宪法》中引自《五经》的话语意外地很少，是因为《五经》在中国汉代封建社会是指引该社会的学问思想，比《论语》更受到尊重，可以说与封建思想联系得更为密切。与此相对，《论语》中则蕴藏着奴隶社会自由民的思想，故当时处于奴隶社会的日本人对《论语》有更强烈的亲近感。可以说同为异质的东西，但日本人感觉最亲近的还是《论语》。因此在圣德太子的《十七条宪法》中引用更多的还是《论语》的话语和思想。

这个说法同样也适用于《大宝律令》和《养老律令》的《学令》。学生可以从《易经》《尚书》《诗经》《周礼》《礼记》《春秋》等中任选一个经书专修，但专修《论语》或《孝经》的却可以兼修这两个科目。兼修乍一看有轻视的意思，但实际上并非如此，因为每位学生都必须学习《论语》和《孝经》，故这两个科目还是被看得很重。之所以对专修《易经》或《尚书》等一般都无要求，而要求所有的学生都必须学习《论语》和《孝经》，就是因为对当时的官廷人士而言，《论语》和《孝经》非常具有亲近感，也意味着《易经》《尚书》等并不那么可亲。

《论语》和《孝经》为何会引起古代官廷人士的亲近感？那是因为《论语》和《孝经》在提倡社会生活的个人道德。《论语》的"仁""礼""信""忠"在封建社会是一种封建思想的装饰，但对奴隶社会的自由民来说却不是生活的单纯装饰，而具有自我扩充的本质。《孝经》中的孝道在封建社会时也具有功利的性质，故很难让古代日本人理解，但原始的孝道原本是基于亲子爱情的孝道，故容易为古代日本官廷人士接受。①

通过田所义行的"透视法"我们可以清晰地看出《怀风藻》"诗的内容"中儒教主义的实质为何，此即儒教思想这一新思想的出现和传来

① 田所义行：《从儒家思想所见的〈古事记〉研究》第一章 总论 三《古事记》成书前后儒教思想接受的一般性考察。——译注

是因为"旧社会的崩溃和新社会的诞生"。之所以日本当时特别重视儒家思想中的《论语》又是因为这个经典"蕴藏着奴隶社会自由民的思想，故当时处于奴隶社会的日本人对《论语》有更强烈的亲近感"。《论语》所说的仁、义、信、忠等德目"对奴隶社会的自由民来说""不是生活的单纯装饰，而具有自我扩充的本质"。它是奴隶社会（也可改称为专制国家）自由人中的自由人——统治贵族"提倡"的"社会生活的个人道德"，但这些人通过为上述机会主义德目提供"不在现场"的证明，欣喜地享受着自己益发成为自由人的快乐。通过强制实施律令社会体制最早获得极其有利地位的自由人（官僚贵族），事后却装出一副与己无关的样子，吟咏起"智者乐水，仁者乐山"等诗题，或不顾 600 万农民大众的苦难，每当有派对或招待会时就沉浸在"欣喜儒雅的思想"当中。

《怀风藻》"诗的内容"的第二个特点——"儒教本位""儒家思想的流露"和"儒雅"大致就是这样的东西。只有出现田所义行所说的"新社会的诞生"这个严肃的历史事实，才有可能存在这第二个特点。

我们不可忘却的是，儒家主义或儒家思想在贵族社会具有的"亲近感"，说到底也只是在律令中央集权统一国家的统治权力确立之后才有的社会心理。如果没有出现律令社会，那么就不会有宫廷贵族接受儒教主义意识形态和儒家思想文艺的基础。接下来我们还要追问，如果没有律令制和天皇制的一体化，那么是否就没有儒教主义教化（律令即专以教化为目的的法律）的渗透和强制？

这个问题对探明《怀风藻》的文化意识极其重要，故需简单涉及。

基于成文法的律令官僚政治机构和允许天皇个人恣意妄为的天皇专制政治组织至少在原理上具有对立的一面。然而在事实上，律令政治形成并开始运转的时期和古代天皇专制主义形成高潮的时期高度一致。这件事情明显是矛盾的。就此问题古代史学家做过各种讨论，其中直木孝次郎[①]提出过以下疑问："是否可以说天皇一族作为官僚占据着律令政府的中枢地位，所以在事实上天皇制已与律令制融合，相互强化。"之

---

① 直木孝次郎（1919—　），历史学家，毕业于京都帝国大学，历任大阪市立大学、冈山大学、相爱大学、甲子园短期大学名誉教授。文学博士。日本古代史研究的代表性人物，著有《日本古代国家的结构》《日本古代氏族和天皇》等。——译注

后直木又从"希望探讨天皇一族在何种程度上进入奈良时代律令官僚组织，明确天皇权力的部分基础"的视角开展研究。直木首先对与皇室有密切关系的中务省①和宫内省在律令官制的"二官八省"②组织中规模最大这个事实做出数字统计，并对这个事实展开分析："《大宝律令》以前或持统天皇朝代以前，皇室的权力与权力机构非常强大，故以此官制化的中务、宫内二省的构成规模也很庞大。可以认为，在建立律令制度的过程中天皇有意识地将自家的权力组织纳入到律令制中。但从另一方面考虑，也可以说过去直接围绕在具有无限权力，并且对此权力毫无制约力量的天皇的身边机构，作为律令制的一部分被制度化的这项措施，将天皇的地位从绝对性拉低至相对性。的确，律令制有抑制天皇专权的一面，但若问律令制以前天皇的地位是否绝对强大，回答是未必如此，就如人们在崇峻天皇被暗杀和苏我氏族兴起这些事件中所能看到的那样。这时即使对天皇专制加以限制，但天皇制和律令制的融合对维护天皇权力也是极其有效的。我们不能忽视支撑天皇权力的组织被嵌入日本律令官制这一事实。从原理上说，天皇制和律令制的融合似乎是二律背反，但现实中确实存在相互强化的一面。"③ 直木还就《选叙令》中的"荫品制"阐明了以下事实：在以保证贵族世袭高品、高官，维护特权地位为目的的这项制度中，皇族在政治和经济方面享受着无与伦比的特权。"可以认为，这个荫品制和官位制的结合对维护天皇一族特权地位具有相当有效的作用。也可以说，作为皇族的族长天皇因此可以得到律令制的保护。在这方面天皇制和律令制不存在二律背反。"④ 直木还进一步分析了八省长官和皇族势力的关系，说司法、财政、军事这些重要政府部门的要职都掌握在皇亲和皇亲出身的官僚手中。接着直木再

---

①　中务省（又称内务省），古代日本依照律令制所设置的八省之一，唐名为中书省。"中"为禁中之意。中务省负责辅佐天皇、发布诏敕与叙位等和朝廷相关的职务，为八省中最为重要的省。一说在《大宝律令》以前与宫内省一道位居六省之上。——译注

②　"二官八省"，日本古代律令制官厅组织。狭义上指"太政官"和"神祇官"二官和中务省、式部省、治部省、民部省、兵部省、刑部省、大藏省、宫内省八省，广义上指由此"二官八省"统辖的"职、寮、司、弹正台、卫府"等中央官厅及"大宰府"、诸国等地方官厅的、律令制全部官厅组织的总体，一般人们按后者的意义使用。——译注

③　直木孝次郎：《律令官制皇亲势力的考察》，收录于《奈良时代史的诸问题》，塙书房，第263—272页。——原夹注

④　同上书，第274页。——原夹注

次考察了中务省和宫内省的内部结构，尖锐地指出："大和朝廷的遗制是以宫内省和大藏省为主，这被律令官制所继承。天皇家族将此二省特别是宫内省置于自身的控制之下，是考察律令制天皇权力性质的线索。也就是说，天皇家族将"大化改新"之前的政治组织吸收、重组到律令官制中这一点，一方面显示了它作为律令制领导人的进步一面，另一方面又显示了将古代组织置于自身支配下，以此作为权力基础的保守一面。"① 最后在"结尾"部分做出总结：

> 总之，日本的律令制在形式上借用了中国的先进法制，但实际上它不拒绝"大化改新"前的传统，而是在各方面都认可了大和朝廷统治阶级的特权。其中拥有最高权力的天皇家族的特权被大幅度地制度化于律令官制中。天皇家族通过该特权和"大化改新"之前或"大化改新"所获得的势力掌握了律令政治组织的中枢。一如上述，这种努力获得了相当大的成功。在律令制的规定之外，天皇家族保持的政治、经济势力也达到相当的规模。在律令制内部，天皇家族也拥有巨大的能量。在厉行律令制的奈良时代，天皇拥有强大权力的一半理由就在这里。律令制和天皇制在原理和现实方面都具有相互强化的一面。至少日本的律令制为存续天皇权力做了许多让步。也许可以说是强大的日本天皇权力让律令制有了那种变形更为合适。律令制形成期最大的政治领导人天武和持统两天皇的苦心不就在这里吗？与天皇制结合的律令制就这样建成了，同时在拥护律令制的情况下古代天皇制也形成了。②

如果说律令制和天皇制的一体化（相结合）是不可动摇的历史、社会事实，那么根据"新社会的诞生"才促成"新思想的产生"这个原理，当然儒教主义必须与天皇制的形成结合在一起。事实上，《怀风藻》已将儒教主义和山水趣味编织到"帝尧叶仁智""山是帝者仁"等服从、礼赞天皇权力的语言（Écriture）中去。

---

① 直木孝次郎：《律令官制皇亲势力的考察》，收录于《奈良时代史的诸问题》，塙书房，第290—291页。——原夹注

② 同上书，第291页。——原夹注

由此可以明白，《怀风藻》"诗的内容"的第二个特点即儒教主义，与其第一个特点紧密结合，难以分离。从结构上把握，其结果也只能如此。为建立"文艺的礼仪"，儒教主义就应该是一种不可或缺的文教意识形态。

冈田正之"公理"所显示的"诗的内容"第三个特点集中表现在以下方面："出于老庄之神仙思想，尤其是清谈思想泛滥于士大夫间，亦有所波及于我奈良朝。""魏晋之清谈乃一种危险思想，无视礼法，蠹蚀人心，流布毒害于当时社会。然我奈良朝人士不悟其害，唯嘉其风流，喜其旷达，景慕竹林之士。盖此思想专缘世说受之。"我本想对此加以严密的探讨，但在此留给我的篇幅也少。另外，今天对冈田讨伐的作为"一种危险思想"且"流布毒害于当时社会"的神仙思想、清谈思想、道教、道士法术①的研究已很深入，有关各概念间明确而微妙的差异的研究也在发展，我原想也应就此一一阐述，但篇幅亦不允许。以下仅引用下出积与②《日本古代的神祇与道教》③的必要部分以供参考：

　　先说结论。翻阅"大化改新"之后的政治史，人们会惊讶于意外事件与动摇当时政界的事件的结合。请注意，这各种政治阴谋事件动辄就会与道咒联系在一起，它作为威胁政敌的有力手段的倾向非常明显。

------

　　① 道士法术。道教继承原始巫教的法术，将其精细化、道教化后成为道教法术。其基本原理即弗雷泽爵士（Sir Frazer）《金枝》（*The Golden Bough*）中所称的交感巫术：根据类似律或象征律，以为凡相类或可互为象征之物皆能在冥冥之中相互影响。因此"同类相治"的原则即为道教法术以恶治恶，借超自然法力以克制超自然的精怪、物魅等恶物。道教兴起的六朝时代正是精怪、物魅传说最为繁盛之时代，因而道教特别强调其法术。其法器中诸如符术、咒术与宝剑、宝镜、印章等物大都取法于阳间灵威之物。符术多用汉代的文书或巫师咒语，属文字巫术；宝剑为服佩之物，乃杀人凶器和权威象征；印章则是官府信物，具有灵威作用；至于宝镜，则为明澈万物的宝器。其制作过程既需巫术护持，而饰物又多灵禽异兽与星辰等，更增益其灵力，故在道教除妖禳祓的仪式中，凡此诸物均成为克制凶恶鬼物的法器，发挥其抚慰民众畏惧凶物的功能。——译注
　　② 下出积与（1918—1998），历史学家。毕业于东京帝国大学，明治大学名誉教授。1975 年以《日本古代神祇与道教》获得东京大学文学博士学位。研究领域为宗教史，专攻道教与神道等。另著有《神仙思想》《道教 其行动与思想》等——译注
　　③ 下出积与：《日本古代的神祇与道教》第四章 律令体制与道士法术 第一节 道士法术的存在形态，吉川弘文馆 1962 年版。——原夹注

从"大化改新"到奈良时代末期一个多世纪的期间，是古代贵族发展最为充分的一个时代，也是日本在大陆文明的影响之下文化发展光彩夺目的一个时期。但在其背后，也正因为那时还是古代贵族向律令贵族转变的时代，所以几大错综复杂的势力的消长都表现为与繁荣的文化不般配的众多悲惨的权力争夺阴谋事件。而在这种场合，特别需要关注的是在这一系列悲惨事件中政治败北的人物都几乎直接或间接地与道士法术有关。当然这并不是说道士法术本身构成了政治阴谋的主体。但说起阴谋，道教法术就会出场这个事实，则完全可以让人联想到那时的人们已认可道士法术作为政治手段的利用价值，或让反对自己的势力使用道士法术，即可非常有效地葬送对手这一功效。

如此看来，说《怀风藻》"诗的内容"第三个特点是"出于老庄之神仙思想，尤其是清谈思想"是不对的。它从一开始就不是什么"危险的思想"。就"和气王事件"①　（764）和"井上内亲王事件"②（772）《续日本纪》使用了"巫鬼""巫蛊"这些词汇，但这些魔法都意味着道士法术。"橘奈良麻吕事件"③（757）也暗示着他使用过道士

---

①　"和气王事件"，和气王（？—765），天武天皇曾孙，"中务卿"三原王之子，奈良时代的皇族，曾降为臣籍，官拜从三位"参议"。后因称德天皇无后，皇太子事未决，故和气王为谋求皇位，委托当时著名的巫女纪益女施咒，并与"参议"兼"近卫员外中将"粟田道麻吕、"兵部大辅"大津大浦、"式部员外少辅"石川永年等商议谋反。由于计划败露被捕，被流放至伊豆国。在流放途中被绞杀于山背国相乐郡。——译注

②　"井上内亲王事件"，井上内亲王（717—775），圣武天皇长女，5 岁时被卜定成为斋王（出仕伊势神宫的未婚皇女），30 岁时还俗返回平城京，数年后成为白壁王（天智天皇之孙）妃子。称德天皇驾崩后白壁王由藤原百川和藤原永手推荐即位，称光仁天皇，井上内亲王也因此成为皇后，其子他户亲王成为皇太子。然而光仁天皇后来欲立另一个妃子高野新笠（百济归化人后裔）所生的山部亲王（后来的桓武天皇、他户亲王的异母兄）为皇太子，这时井上内亲王感到危险，终日饮酒，装疯卖傻。772 年井上内亲王被密告施行巫蛊（让巫女咒杀天皇），以大逆罪名被夺去皇后名号，同年他户亲王也受连坐被剥夺皇太子称号，成为废太子。——译注

③　"橘奈良麻吕事件"，指 757 年橘奈良麻吕（721—757）等企图废除孝谦天皇和杀害藤原仲麻吕被处罚的事件。其背景是在奈良时代，藤原南家的藤原仲麻吕受到光明皇太后及孝谦天皇的宠幸，因此其势力迅速崛起，排挤了原本居于日本政治中枢的橘诸兄及其子橘奈良麻吕。橘诸兄被迫辞官后不久便郁郁而终。因此橘奈良麻吕意图推翻当时以藤原仲麻吕为核心的政治体制，但还没有发动政变即遭人告密。橘奈良麻吕及其主要同党全部下狱，并死于狱中。——译注

法术。特别是"长屋王事件"① （729），该王失败的原因是"左京人从
七位下漆部造君足、无位中臣宫处东人等告密，称左大臣正二位长屋王
私学左道，语倾国家"。"左道"即道术，由此明确可知为何长屋王会
轻易地败于藤原氏族。重要的是，长屋王的沙龙正是诞生《怀风藻》
作品群的主要舞台之一。要而言之，在作宝楼交欢吟咏的五言诗和七言
诗正是长屋王"政治思维"的直接表现和政治立场的直接提示。老庄
思想和神仙思想及其派生的山水诗也都必须从"政治思维"的角度理
解。长屋王不幸败于政变，但即使他不下台，得以全身而退，该作品的
语言（Écriture）也不会改变。再次借用下出积与的话语进行总结："律
令体制与道士法术的上述关系并非在思想上认识道教后得到的结果，而
是由于道士法术的发展方向含有与律令国家统治阶层相对立的问题而造
成的局面。另一方面，采取坚决镇压方针的贵族阶层对喜好神仙思想、
渴望道法药方的做法却不感到矛盾和怀疑。这基本上是因为民众道教的
构成要素只是通过一些相互间非逻辑的关系而形成的，但与其说这是道
士法术自身带有的内部因素造成的结果，倒不如说是属于统治阶层的他
们为保全自身地位而显示出的何等敏感的警戒心理和多么富有行动力的
产物。"②

　　的确，神仙思想和道教、道士法术原本是缺乏"政治思维"因子
的，但在镇压对手、屠杀政敌的律令贵族眼中，它们却是不折不扣的
"政治思维"之一。摄取、接受大陆文化的方法必然要被注入该时代统
治阶层的"政治思维"，这在追踪后来的历史进程时看得非常清楚。

　　最后，冈田正之"公理"所显示的"诗的内容"第四个特点可以
集中在"佛教隆盛，不让儒教，然其思想见于诗者极少"这句话上。
遗憾的是这里也无篇幅对此话语进行探讨，但有人常说的奈良时代文化

---

　　① "长屋王事件"，如后文所见，有人说长屋王（676—729）"私学左道，语倾国家"，
指的或是当时有人从佛教的角度将道术和符禁之类的东西看作是邪术，而长屋王却在偷学道教
的咒术，以此咒杀天皇，颠覆国家。然而因为天武天皇也醉心于道教，又因密告无具体内容，
而且从当时长屋王在政界的地位考虑他也无必要做此事，故天皇未对长屋王立即采取措施。不
过后来天皇想到半年前未满1岁的儿子夭折，可能与长屋王的施咒有关，故失去冷静的判断
力，命令"式部卿"藤原宇合率兵包围长屋王官邸，让武智麻吕率政府高官进屋取证，以判
断密告的真伪。——译注
　　② 下出积与：《日本古代的神祇与道教》第四章 律令体制与道士法术 第一节 道士法术
的存在形态，吉川弘文馆1962年版。——原夹注

就等于佛教文化显然是谬说。以笹川临风①《日本文化史》为代表的这种谬说在很长时间内都通行无阻，冈田所谓的奈良时代文化即佛教文化说也犯了同样的错误。因为今天有新的研究成果证明，律令社会的佛教带有强烈的天皇家族（及有实力的贵族）私人信仰的性质。这里也无法详细说明，但佛教信仰被固定在国政层面确是事实。因无篇幅，故以下仅引用井上光贞②《日本古代国家与佛教》的必要部分以供参考：

> 律令时代的佛教特色在于国家佛教。这里将其命名为律令国家佛教，并可指出它的几种性质。第一，国家控制寺院和僧尼。第二，在其控制范围内国家对佛教的保护与培植。第三，与其说是国家期待普及佛教的哲理和思想，倒不如说是期待该咒力给国家带来繁荣。因此，佛教作为一个普遍性的宗教原本应该与咒术宗教做正面的斗争，但它在这时却呈现出一种与咒术宗教的民族融合并受其包容的景观。③

如此看来，只能说《怀风藻》"诗的特点"显现出佛教"思想见于诗者极少"的结果，而绝非汉诗作者"内部的主题"所为。律令社会统治阶层拥有的"政治思维"在此又消极地规定了诗篇的内容和素材。

以上叙述也许没有多大的价值，但它却真实地证明了《怀风藻》诗人在即兴创作五言诗、七言诗时也经常一边关注权力的动向（观察律令政府执政者的心理），一边连缀着自己的诗句和文字。

所谓的《怀风藻》"诗的内容"彻底贯彻着讴歌、维护律令政治体制，并誓言为此献忠的主题。我国最早的汉诗集就是通过将政治权力滑

---

① 笹川临风（1870—1949），评论家，毕业于东京大学，参与杂志《帝国文学》的编辑工作，通晓日本近世文学与美术，尽力保护日本古籍，著有《日本绘画史》《东山时代的美术》等。——译注

② 井上光贞（1917—1983），史学者。井上馨曾孙，原首相桂太郎之孙，毕业于东京帝国大学文学部国史科，退休前任东京大学名誉教授。用实证主义的方法研究日本古代史，对探明日本国家和天皇的起源、古代佛教史、古代日本与东亚的关系等做出很大贡献，由此确立了战后日本古代史学的基础。1981 年任日本国立历史民俗博物馆首任馆长。著有《日本古代史之诸问题》《日本国家的起源》《日本古代国家的研究》等。——译注

③ 井上光贞：《日本古代国家与佛教》前篇 律令国家与佛教 第二章 律令国家佛教的形成，岩波书店 1971 年版。——原夹注

向知识权力而写出的。这意味着《怀风藻》给日本的诗歌史和自然观史都规定了一个不可动摇的范式。

《万叶集》的政治思维——位于自然观深处的观念

1

一说到日本自然观，我们一般都会毫不踟蹰地搬出"记纪"歌谣和《万叶集》，并随意从中抽出若干事例，信口开河地说古代日本人就是这样观照大自然的。名震四方的大西克礼①的《万叶集的自然感情》和冈崎义惠②的《日本艺术思潮》等采用的就是这种方法。

本节拟讨论的是不同的自然现象在《万叶集》中是如何被吟唱的，以及流淌在不同作者心里的自然感情具有何种美学特征。在讨论这些问题之前，我们需要面对一个必须明确的根本问题。

任何一个日本人都对《万叶集》具有一定的常识。然而，令人意外的是没有人思考过这些常识是否正确，特别是在战中、战前接受教育的人群的《万叶集》观故态依旧，令人错愕。我也是那个时代的成员之一，在青少年时期接受的恶毒且阴险的法西斯教育，让我学到的《万叶集》观也错误连连。这些《万叶集》观或曰其乃讴歌忠君爱国志向之歌集；或曰其乃罗致所有国民阶层情感而成之民族古典；或曰其乃摆脱过去模仿支那文化弊病，创造独特日本文化之大金字塔；或曰其乃通过朴素、直率、宏大的风格，证明日本民族优秀之语言艺术；等等。因为教科书和考试参考书都这么写，所以若不背诵、记忆则会留级，无法升

---

① 大西克礼（1888—1959），美学家、日本比较美学的先驱人物。毕业于东京帝国大学哲学科，退休前后任东京帝国大学名誉教授。大西将席勒和黑格尔等的美学思想运用于日本美的研究，其结晶就是《幽玄和物哀》等著作。还将京都帝国大学教授深田康算未全部译出的康德的《判断力批判》最终完整译出。退休后隐居于博多，继续从事研究和著述。著有《美学原论》《美意识论史》《东洋的艺术精神》等众多著作、译著和论文。——译注

② 冈崎义惠（1892—1982），日本"国学家"、文艺学家。毕业于东京帝国大学，后任东北大学教授。创立日本文艺研究会并任会长，后当选为日本学士院院士。早在东大就学期间就受到大塚保治美学讲义的影响，试图开展以美学为基础的日本文艺形式论的研究，以求摆脱"国文学"的杂学性质。1934 年正式提出创立日本文艺学的主张。1962 年为追求日本文艺学形成的基础，提倡建立史的文艺学，逐渐形成了独立的学说体系。著有《冈崎义惠著作集》（全 10 卷）。——译注

入上一级的学校。第二次世界大战行将结束之前，我好不容易燃起了学习热情，但因政府动员学生参战我无法上课，只能晚上拖着疲惫的身体回到宿舍读书，那些书多半都是像保田与重郎①《万叶集的精神——其成书与大伴家持》这类的东西。战争末期人们只能获得这种宣传国粹主义、赞美战争的书籍，因此我开始阅读保田的那本书。该书开篇即说，"壬申之乱"时大海人皇子为对抗醉心于外来文明的近江朝廷②，保卫固有文明而奋然跃起，积极战斗。开篇还引用柿本人麻吕的长歌"度会斋宫神风吹"③云云，说："人麻吕在此歌中讴歌伊势的神风，与《日本书纪》和《古事记》的精神相通，显示出他在面临事变时祈祷出现神示的一个事例。也就是说，他通过神示，知道了有与近江的西戎之风相对的净见原④皇朝神祇之道，心有稍安，但仍痛苦不已。""人麻吕正是一个在面对这种重大的时刻，以正确的诗歌形式，讴歌彪炳千古的臣民之道的诗人。"⑤这是一种"大君（天皇）绝对主义"学说，以慷慨激昂的美文语调，煽动所谓的"今日青年"走向战场赴死。毋庸置疑，这种《万叶集》观毫无学术价值。在这煽动人心的国粹主义政治家眼中，只要有陶醉于天皇存在的"草莽言志诗情"即可，完全没有真正意义的"人民大众的幸福"等。而丰富了明治时代以来日本人思维的"实证主义、进化论、自然主义文化观、世界文化史观、唯物主义思想"的思潮，在其眼中充其量也是一种"近代之恶"。从今天的眼光来看，这明显是一种"疯狂的"《万叶集》观在阔步横行。凡此种种，都应该是那个时代最坏的文化状况的表现。如今距离战后已有28年，人们可以再次看到过去那种"疯狂的"历史观和社会观正在重整旗鼓，但我们必须坚持理性思考，直至永远，并绝对需要警惕我们成年人的反

---

① 保田与重郎（1910—1981），小说家、日本浪漫派文学的核心人物，也是日本战前战后时期代表性的右派文艺评论家，毕业于东京帝国大学美学科美术史学科，二战前曾随日军"采访"中国，意图使"大东亚战争"正当化。1948年被开除公职。著有小说、随笔及文艺评论集等数十种，今有《保田与重郎全集》（共40卷）存世。——译注

② 近江朝廷，指建都于今滋贺县大津市的天智天皇朝廷。——译注

③ 原歌是"渡会の　斎宫ゆ　神風に　い吹きまどはし"。——译注

④ 净见原，奈良县吉野郡吉野町国栖净见原神社的祀神是天武天皇（当时的大海人皇子），故这里所说的净见原既指地名，也代指政治人物。而当时的大海人皇子只是地方的一个豪族。——译注

⑤ 原文无注释。根据前述，它摘自保田与重郎的《万叶集的精神——其成书与大伴家持》。——译注

理性行为正在毫不在乎地将茁壮成长的年轻一代推入不幸的悬崖下方。

我并不是要过低评价《万叶集》。岂但如此，我甚至还认为正是《万叶集》才代表着日本诗歌的最高峰，有时还想对近年来文坛风潮（不用说歌坛也包括在内）污称《古今和歌集》和《新古今和歌集》比《万叶集》价值高的倾向正在走强表示抗议。我们应该反省正是因为正冈子规确立的明治民族主义美学，《万叶集》才获得了过高的评价。不！正确地说，我们应该给正冈子规过低评价的《古今和歌集》恢复名誉的机会。然而，这种反省和将《古今和歌集》的文学价值置于《万叶集》之上的想法其实分属不同的范畴。接受子规所谓的"纪贯之之劣歌亦使《古今和歌集》不足取"（《与再歌书》）的过火而偏狭的修正意见，同将《古今和歌集》置于最高等级的歌集，不意味着一定会到达同一的归着点。以我个人的尺度衡量，《古今和歌集》绝对比之后的任何一部歌集优秀，但它面对《万叶集》时只能说是遥不可及。若问以何种尺度做出这种价值评价，我只能回答《万叶集》洋溢着对所有艺术作品而言都最重要且必须有的"原始活力"，它是位于日本文学史最高峰的光辉歌集。如本书所明确的那样，《万叶集》诞生的七八世纪是前所未见的"悲惨时代"和"令人厌恶的时代"。《万叶集》诞生的天皇律令社会是前所未有的"非人性社会"和"黑暗的社会"。《万叶集》的作家绝非每日生活悠然，也绝不会沉溺于优雅的生活当中。极端地说，他们总是暴露在生命的危险之中，也总是在人的背后发泄着不平和不满。不管是住宅，还是食物，抑或是穿着，都与精美和丰裕相距甚远。置于这种恶劣环境中的作者，一旦作歌或雕刻，要留下空前绝后的杰作岂非令人惊讶的事情？白凤时代（7 世纪后半叶至 8 世纪初）和天平时代（710—794）的作者正是因为受惠于坚强的"原始活力"，突破了那悲惨而恶劣的条件，才创造出那种杰出的和歌和雕刻。可是 20 世纪后半叶的人们早已无法拥有这种原始的活力。我们之所以在看到《万叶集》和白凤雕刻时会感到一种强烈的感动，就是因为被那种人心内部沸腾的动能所冲击。可《古今和歌集》的作者已不可能放射出如万叶时代歌人般的强烈动能。这就是《古今和歌集》无法与《万叶集》匹敌的根本原因。

我们必须注意不对《万叶集》抱有一切的先入之见和偏见。为此要做到以下三点：第一，必须磨砺出自由、灵活的质疑精神；第二，必须进行经验科学式的精密观察，梳理由观察收集到的各种事实；第三，必须对收集、整理的各种事实倾注冷静而透彻的理性，发现在这各种事实中的原因和法则。这些方法可称为"科学归纳法"。我们在学术研究时若不能在最低程度上履行这种手续，则无法探知被隐藏的"真理"或"真实"。

但不是说学术研究仅仅依靠"科学归纳法"就可万事大吉。"科学归纳法"是所有学术研究的基础或出发点，没有这种方法就不可能存在学术本身，但仅仅依靠它则无法实现正确的科学研究。武谷三男①在其著《物理学入门》（上）中说过一个有趣的故事：在大阪中之岛岸边，我看到一位衣裳褴褛的街头魔术师在表演魔术。"这个魔术并非特别精彩，但我再认真看也发现不了它的秘密。他在空便当盒盖上手绢后又掀起，拿出一只鸡蛋。再盖上掀起又拿出一只鸡蛋。……每次盖上掀起拿出时我都更加认真观察，思考其中的秘密。我好歹是一个科学家，不可能被人糊弄。在瞪大眼睛观看并思考了所有的可能性后我最后还是没能拆穿他的秘密。……于是我考虑，从经验论的立场思考它会怎样呢？这时我记述了给予我感觉的经验，并将此表述为法则的形式：在空便当盒盖上手绢后又掀起，拿出一只鸡蛋。又在空便当盒里放入鸡蛋，盖上手绢后掀起鸡蛋变没了。……但这是科学吗？这种仅靠感觉经验的法则记述的科学论，不仅不会催生某种正确的科学，还容易使人陷入某种圈套。"在写出这个引言之后，武谷将对经验论和实用主义的批判概括为：它们是在"未经科学研究，仅按自己的需要收集事例后就得出结论的理论。在医学方面，根据价值判断，单纯关注一个个的事例，做出统计学的处理方法是非常困难的，而且各种各样复杂的因素还纠结在一起。在这种场合，未经周到的研究是无法做出判断的。事实上，我们经常会判断，事先宣传的良好疗效不久后就完全没有疗效，其道理就在这里。……在这种领域，必须预设充分的比较对象，端正统计学的基础，十分慎重地分析各种因素"。"我们必须意识到，科学仍然是逐步正确认识作为对象的物体的。要根据对象的各种性质，给科学的各领域赋予性质。科学是逐步掌握无限复杂的大自然的各种性质的。因此很明显，

---

① 武谷三男（1911—2000），物理学家，毕业于京都帝国大学理学部，立教大学教授。曾与鹤见俊辅一道创办思想科学研究会机关杂志《思想的科学》。在素粒子研究方面贡献良多，同时还从科学家的社会责任感出发，对原子能的和平利用等积极建言，著述很多，被收录于《武谷三男现代论集》（共 7 卷）和《武谷三男著作集》（共 6 卷）中。——译注

在某种程度上掌握大自然的、某个阶段的自然科学是受到制约的。而过去的各种哲学却将这种东西当作科学的本质，并使其固定下来建立起科学论和认识论。……然而，在更多地认识大自然和科学发展之后，很自然地那种制约就被打破，未意识到此的科学论随即崩塌。要树立正确的科学方法论，首先就要认识我们面前存在的客观的大自然，其次是不要将某时代的科学受制约的那一面固定下来，而要把握住科学发展的内容方面。"① 以上是武谷三男所说的科学发展论的要点。

换言之，根据人类的实践和科学的认识的这种联系，逐渐累积自己的观察、实验、经验的活动，才是正确的"科学思维"。人类的认识是作为人类的实践一环而形成的。从历史来看也可以知道，通过从人类之前的猿猴阶段到智人阶段长时期的人类行为的积累才创造出人类的思维。因果性问题和必然性问题绝不是固定不变的，实际上是通过人类的实践才能解释清楚的。只有牢牢把握以下认识，即知道抓住大自然某方面的某个部分，并知道如何去作用于它，才能实现人类所期待的目的，这时我们才能正确地把握大自然。与此同理，只有站在实践的立场，即抓住社会某方面的某个部分，并知道如何去作用于它，才能实现把握社会结构和社会发展法则的目的。若无正确的"科学方法"，就不能认识真理或真实。

辩证法的初步命题是，决定真理或真实的是"整体"。这个命题并不意味着整体优先于部分，或整体超越部分，而意味着整体构筑的结构和功能决定着所有的特殊关系。与现代社会有关的各问题讨论暂告一个段落，下面仅思考《万叶集》诞生时的社会。如此一来，则我们不管喜欢与否，都不得不涉及作为一个"整体"对那个社会产生影响，并让各个歌人都采取一种明显超越其私生活范围的感情和行动的"政治思维"。不用说，即便使用相同的词汇"整体"，但其中既有包含纷繁复杂诸要素的"总和式"的整体，也有与此不同，于其中内含自律的统一性原理和带有对立背离性与不可分离性的"整体性"的整体。我们必须仔细品味这些区别，并且认为不妨有这种研究法（或理解法），即详细了解各万叶作家在何时、何处诞生，创作了哪些作品，又表现出何种艺术特征，之后将这些全部的知识聚集在一起，形成一个结论，说这

① 武谷三男：《物理学入门》（上）何谓科学？岩波新书 1952 年版。——译注

就是《万叶集》的全部。过去的万叶学者累积起来的业绩，大抵都是这种研究成果，而且这种成果必须得到相应的高度评价。然而若站在辩证法的立场，要确认事实和了解真实时，亦即要认识"整体性"时就应该知道，过去看上去是中立而偏离价值的形式上的诸事实都会基于自己的根据，要求恢复自己的正当性，并返回"政治存在"的地点。因此，了解真实就等同于我们不可避免地要采取激烈的批判。我们越想了解《万叶集》的真实，就越会热衷于理性破坏的作业。最终我们必须做出重大的选择，即该如何做出历史实践的"认识"和"批判"，认识到过去作为知识和学问的自明之理的《万叶集》观，只不过是在今天仍留有遗响的"统治者逻辑"和"天皇制思维"的产物。科学研究《万叶集》的工作，必须是明确我们今天置身其中的历史各条件的实践行为。通过明确这种历史各条件的实践行为，我们就可以具体而有效地对我们的未来进行展望。

探索以《万叶集》为主的日本古代诗歌本质的工作，首先要从明确给予万叶歌人生活、呼吸的七八世纪的社会以"整体"影响的"政治状况"和"政治思维"这个程序开始。

或许因人而异，有人会非难说政治与《万叶集》的艺术价值没有半毛钱的关系。有人还会反驳，老子喜欢柿本人麻吕、山上忆良、大伴家持艺术作品的美和高尚即可，他们处于什么社会地位、有哪些私生活等并不是什么了不起的问题。这种非难和反驳也有道理。从我自身来说，将万叶歌人视为今天我们定义的"诗人"和"艺术家"也是一件无比畅快的事情。然而，一旦我们站在科学的立场来追究事物的真相，那么不管自己喜欢与否就都会意识到"古代诗歌"绝不属于现代意义的文学艺术范畴。"古代诗歌"的本质是"政治思维"的产物。若要从"整体"上把握《万叶集》（《怀风藻》更是如此），那么就必须紧扣"古代诗歌"的性质。

为做最低程度的学习准备，我们需要检索汉字（汉语）"诗"和"歌"的原义。

说到"诗"的原义谁都会想到《书经·舜典》中的"诗言志，歌永言，声依咏，律和声"。还有许多国人会想到《诗大序》的"诗者，志之所之也。在心为志，发言为诗。情动于中而形于言，言之不足故嗟叹之，嗟叹之不足故永歌之，永歌之不足，不知手之舞之足之蹈之也"。

和《礼记·乐记篇》的"诗言其志也，歌咏其声也，舞动其容也"，以及《蔡传》的"心之所之谓之志，心有所之必形于言，故曰诗言志。既形于言则必有长短之节，故曰歌咏言"。这说明日本的知识分子从过去开始就认为，诗就是言说心中自然涌出的感情的东西，而言说时自然的音响节奏形成的就是诗、歌、舞等。只要按古典的字义读解，或按字义进行抽象、观念的解释，那么重复一遍传统的诗歌欣赏即可。然而要以科学的态度把握"诗言志，歌永言"，那么首先就必须明确该出典的《书经》《诗经》《礼记》是以何种目的创作的；其次是要追究在那种目的中该对句具有何种意义。也就是说，整体和结构性的把握是最需要采用的研究方法。

那么，这个"诗言志，歌永言"对句在结构上具有什么意义？就此问题我打算在论及平安朝官僚贵族汉文学作品时做细致入微的解释，在此仅做简单说明："诗言志，歌永言"这个对句只有在儒教政治意识形态中才具有极大的价值，而绝不是纯粹的艺术论和文学论所提倡的概念（作为文学论提出"诗"要等到五六世纪六朝文学兴起的时代）。这是一个重大的提示。

为此需要明确我对儒教的看法和对历史的认识。儒教起源于氏族制原始社会乡党（年龄阶层共同体①）老人（据金文，"儒"字明显表示"有须老人"的意思）所教授的宗教礼仪的修炼和以此对共同体成员的教育。这个原始社会固有的宗教礼仪，随着社会组织向宗族封建制转变发展成表达阶级意识形态的工具，最终分为礼和德，到春秋时代作为一种"国家学"转而仅强调道德。从而"以礼为核心"的原始儒教进入"以五经为核心"的儒学时代，在这个转换期出现的天才人物就是孔子。所谓的孔子思想，其特征就是为在粗野的春秋时代求生存而探索建立的"封建道德"，其中自然也会存在某种局限。然而儒教在孔子死后400年后被公认为汉代国家的正统学问，之后长期（到清末延续了两千多年）获得中国"国教"的地位。儒教在汉帝国爬上国教位置的理由在于它可以确立以天为原理的王权，整顿滴水不漏的官僚机构，调和政治的道义性和技巧性等，总之作为使中央集权政治体制合理化的意识形

---

　　① 这个注释只是作者个人的理解。中文和日文辞典"乡党"皆指"乡里、家乡、老乡"等。——译注

态没有比它更好的理论。在诸子百家中唯有儒家获得昌盛的机会并不是因为儒家思想有什么特别优秀之处。成为国教的儒教优先与国家权力结合，已使其丧失活泼的学术精神，取而代之的是人们热衷于奉其为经典，最终将孔子神格化。所谓的东洋专制主义，不外乎就是在无数的佃农集合体即中国的经济社会另一端不可避免地存在的中央集权统治不断再生产的政治机制，而为了在理论上使该政治机制的存在和永续正当化的就是儒教。日本引进古代儒教是在律令国家仿效唐制、遂行中央集权政治，认为有必要对此进行理论化之后的事情，也就是为了再生产阶级统治，作为官僚教育教科书而引用经学之后的事情。然而成问题的是七八世纪的日本人未能充分咀嚼消化这些东西，不久就将经学去除，只剩下汉文加以学习，并将此立为"文章道"①。中世末期日本引进朱子学，该学问成为在社会内部支持德川幕府体制强有力的政治意识形态，阻断了人民大众的自由思考。明治维新以后确定了作为近代教育方针的《教育敕语》核心思想，强调以天皇神格观为基础的封建家父长制道德，而该众多德目又多基于儒教体系。在日本败于第二次世界大战和该儒教意识形态被推翻之前，大多数日本人民对此迎合部分特权阶级和统治者的极不公正的行为规范都坚信不疑，视其为永远的真理。即使到今天，在50岁以上年龄的人（多半都是体制内人物）当中仍有人相信儒教道德蕴含着永远不灭的真理，但那固然都是一些毫不足取的谬论。极端地说儒教等不值得一瞥。当想到如此令人厌烦的政治、宗教意识形态居然能通行两千余年，给东亚社会带来贫困和停滞，就会产生一种非常可怕的感觉。

　　将组入这种儒教意识形态中的"诗言志""诗者，志之所之也""诗言其志也"等"公理"视为接近于某种美学思辨的东西，明显是一种谬误。本书将逐步揭示所谓的"志"的真相即实际内容为何，但面对那些或许对我依据的古代史观抱有反感的读者，我想先引用具有极端正统学风的现代儒家的意见以作参考。以下是狩野直喜②在《支那文学

---

　　① "文章道"，日本律令制大学"纪传道"的别称，指学习中国史学、文学和作文的课程。——译注

　　② 狩野直喜（1868—1947），汉学家、历史学家，毕业于东京帝国大学汉学科，曾留学法国，掌握了当时最先进的文献学研究方法，回国后任京都帝国大学名誉教授等。与内藤湖南、桑原骘藏并列为"京都支那学"创始人之一，著有《支那哲学史》《支那文学史——自上古至六朝》《支那小说戏剧史》《两汉学术考》等学术著作。——译注

史》中的论说：

> 大体上可谓诗于支那之古代乃政治工具。问何出此言，答案乃如前述因支那古代政治与道德互为一体，不可分离，且于道德中最重要者即礼。换言之，人于家族间或社会中皆有秩序，绝不可超越之。然而，唯止于以礼束人则世间过于逼仄，有枯燥无味之虞。故先王于重秩序与道德制裁之同时，又不轻视人情，依诗以宣泄之。例如，于君臣父子夫妇间亦以礼言之时，虽有相互间之严格秩序，然世间并非独有仁君慈父良夫。故作为人情，不能不对此怨怼。男女关系亦同。男女相爱乃自然之情，故压抑之乃无理之事。既如此，则人之感情可依诗宣泄之。然作为支那古代思想，其感情如何激烈，亦不可逾越广义之道德范畴。例如可对君父怨怼，然其内不可无盼君父返回正道之所谓一片忠厚之意。例如，《诗经》有《谷风》篇。此乃妇人为夫抛弃，怨其无情，追怀互爱经营一家往事之诗。然其言语之中，有离夫家时就家事与夫之谆谆之言……毋逝我梁，毋发我笱，我躬不阅，遑恤我后。……此等可谓诚得诗人忠厚之意。

> ……不仅可如此宣泄感情，而且古代政治家还认为可以诗作为察政治得失、知人情良否之最好素材。是以周之盛时，有采风之官搜集民间歌谣献于朝廷，大师将此合于乐律，用于宗庙朝廷，用于乡党邦国，于学校训迪士子，亦以诗教为其主也。……春秋贤士大夫等如何与之相通，答曰依《左传》诸书所记得以知此。孔子教门人曰诗书礼乐，而诗于其首，或曰"小子何莫学夫诗""不学诗，无以言"。此外见《论语》《孟子》诸书，引用之格言亦多出《诗经》《书经》。①

我们面对这个卓越的现代儒家的证言，特别是面对引者所加下圆点的文字，即便有人抱有先入之见或独断见解，也无法轻易断言"诗言志"等格言乃美学思辨和文学理论构想的产物。从用结构性把握的思路

---

① 狩野直喜：《支那文学史》第二篇 春秋战国时代的文学 第三章 经书之文，水篶书房1970 年版。——原夹注

进行研究的立场来说，古代中国知识分子所说的"诗"就是彻头彻尾的"政治思维"。广而言之，含神话和英雄叙事诗的"古代诗歌"就具有这种性质。

而且，七八世纪的日本知识分子首次知道有文学形式的"诗歌"时（之前日本的确有作为"Folk-songs"的"和歌"，但不用说一定没有文学这个意识等），他们一定是从中国学到了"何谓诗"，又"何谓歌"的。

首先，万叶时代始于7世纪中叶以天皇为权力顶端的古代律令国家确立时期，结束于8世纪中叶该律令国家直面的动摇、不安时代。指导这个中央集权政治体制的政治、宗教意识形态固然是"儒教主义"，在新引进这个统治人民的原理之前日本有村落式的人际关系，但实际情况是在当时它们都被斥为"旧俗"和"愚俗"。这又需要我们把握产出《万叶集》的"整体"状况。

所谓的律令政治机构，简单说来就是以天皇为权力顶端的极少数贵族官僚（据推定当时有百数十人），以法律统治据推断有 600 万左右的人民大众，将专制统治权力集中在中央的体制。而在氏族社会，各豪族在各自的血缘拟制政治组织中分散行使世袭特权并统治人民。一种新的强大、集权的中央政府，统合、吸收了该统治人民的原有体制，构建并运营着在原理上完全不同的官僚政治体制，这就是律令机构。此前基于固有世袭特权，具有相当强大力量的豪族统治阶级为了维持现状，采用了巧妙滑向律令国家中央官僚地位的策略。因此可以说形成旧有氏族社会的阶级结构几乎没有被改变。这个压制人民的新型官僚制度的原理和机构模仿的是大唐帝国的统治方式，但它却不通过选拔考试从人民中录取官吏，而是让过去的统治阶级独占国家官僚地位。

所谓的律令体制也并非他物，只不过是原有的王朝君主和统治阶级还坐在原来的座位上创建出的一个新的国家形态（或统治体制）而已。在这种国家形态下，过去的共同体成员仍被固定在人格上的奴隶状态（即以家内奴隶制为隐性基础），仅在名义上收到一份煞有介事的国家公民证书，而实质上就如同是过去家长制下的家族成员，只不过是在这时转换为国家的奴隶而已。制度亦并非他物，也只是潜在于原有的共同体社会的家内奴隶制被强行扩大为国家规模之后而显在化的产物，从原始共同体社会转变为阶级社会而已。律令制古代国家的农民大众，苟延残喘于无法想象的贫困状态之中，连梦中都无法想到在这个世界上还有"诗歌"这个东西。《万叶集》就是这个可恶时代的产物。

为获得有关《万叶集》的真相和真实信息，我们必须对作为一个整体的万叶时代做结构性的分析和辩证的了解。

2

毫无疑问，日本律令古代国家的形成属于以中国为盟主的东亚世界宏大"历史脉动"的产物之一。从很早时就受到大陆文明的刺激并与中国交流的日本统治阶级诸势力，以一种意外敏感的方式对应着东亚世界的形势变化，在某个时候与朝鲜半岛的特定势力勾连，而在另一个时候又转变为牵制半岛的一种势力，即利用离岛的良好条件狡猾地奔走钻营于多方之间，以获取实际利益。在 7 世纪后半叶新罗制霸朝鲜半岛，首次实现韩民族的半岛统一之前，日本有实力的氏族在政治组织直至生活文化多方面都向朝鲜半岛学到许多东西。然而当日本的统治阶层和知识阶层看到隋、唐这样巨大的统一国家后，却转而注目于连新罗都仰为范本、希冀以此强化国力的最高级的中国文明（即唐朝文明），继而就着手积极引进唐朝文明。不用说，日本首先引进的是官僚制度和土地政策。

人们都说"大化改新"确立的中央集权统一国家是中国政治思想的产物。而且，这个通说见于《日本书纪》的记述内容并可以置信，故无反驳的余地。但若看到《日本书纪》是根据修撰者（天武天皇和持统天皇）的需要有所选择地写成的，则可认为其中包含着某种意图，并有放大"大化改新"这一政治事件作用的可能（如此看待此事反倒更为客观）。门胁祯二的《"大化改新"论——该前史的研究》是一个具有划时代意义的研究成果，它对是否存在"大化改新"这个历史事实以及该历史意义何在提出很大的疑问。我作为同时代的人全面赞同门胁的学说，对门胁所说的"现代日本人的古代国家观念的形成仍原样照搬生存于千年以上的古代贵族编撰的《日本书纪》的史观"抱有不满，对他所说的"需要就《日本书纪》撰者运用独特的手法和史观对包含'大化改新'在内的 7 世纪日本社会进行再构成、再叙述的时代图景展开批判"[①] 也无比向往，并且从中发现了我身边紧迫的问题意识。本来

---

① 门胁祯二：《"大化改新"论——该前史的研究》后记，德间书店 1969 年版。——原夹注

我想在此介绍一些门肋的观点，但无篇幅只能割爱，仅希望人们能关注以下三点：一、虽说"大化改新"只是一个无人知晓的历史事件，但它却具有未必能说清楚的存在（实在）要素；二、从"大化改新"仅载于《日本书纪》这一点看，它具有天武天皇和持统天皇任意捏造或改编的成分；三、若追究"大化改新"被赋予的"政治思维"，就可以意外地发现《万叶集》的明显写作动机。

许多人在思考"大化改新"的历史意义时甚至未能脱离过去的皇国史观。也许现在已无知识分子生吞活剥皇国史观，但我经常看见在某些研究领域有些研究者依然成为皇国史观的俘虏，不免感到错愕。如此看来，我们还是要了解一些错误的历史解释范本即皇国史观的知识。用皇国史观对"大化改新"进行的历史解释有许多，例如乙竹岩造[①]就说过："应该说圣德太子崇高的理想在现实和政治上得到实现即大化改新。它意味着打破氏族制度的余弊，高扬一君万民的国体。'氏上'[②]在率领氏人各掌其职侍奉天皇、翼赞天业时，氏族制度符合国体，发挥过妙用。但氏族专横，党阀相争，侵犯皇室尊严时，氏族制度就暴露其余弊，最后走向尽头。""打破如此弊端并避免走向尽头，高扬国体真正姿态的大化改新领导人实为中大兄皇子。他通过周到绵密的谋略，并得到中臣镰足等人的襄助，以其果敢的行动一举诛灭苏我氏族，但却不以此大功登上皇位，而是作为皇太子进行重要的百政改革，前后二度时间达到 16 年。（中略）他率性将其所有的土地和人民奉还于天皇，清楚地表明皇太子所拥有的国体观和改新原理。国号定为日本，年号改作大化，废除氏族世袭官制，组织起以登用人才为原则的八省百官新政府，新设国司、郡司地方行政机构，建立班田收授法和租庸调税制的经济组织等，诚为国家经纶之一大革新，乃与'大化改新'名实相副的划时代伟大事业。……中大兄皇子能遂行如此伟大事业，盖基于其新型之教养。皇太子曾与镰足一道师从南渊请安学习儒学，又登用高向玄理、僧

① 乙竹岩造（1875—1952），教育家，毕业于东京高等师范学校，曾与平出铿二郎、吉田熊次等人制定小学修身课本，以及与芳贺矢一等一道编撰《修身》和《国语》等国定教科书，并出版过《小学教授训练提要》。曾在柏林、耶拿、莱比锡、巴黎、剑桥等大学留学，归国后兼任文部省督学官。著有《实验教育学》《新教授法》《日本庶民教育史》（三卷）等。——译注

② "氏上"，氏的长老。"大化改新"之后由朝廷任命，到平安时代一直作为一族的宗家，统率氏人服侍朝廷，司掌祭祀祖神、推荐叙爵、处罚等事务。——译注

旻等人，采用隋唐制度，坚决实行大化改新，在日本实现了摄取大陆文化的现实效果。而且皇太子于心底深处坚持国体观念，以外来文化为羽翼与文饰，于实体上展示我国本来的身姿，继承先前的圣德太子态度，在政治上显现日本教育之大本，宣布实施政教如一的国民教化。"① 按皇国史观看来，天皇或皇太子不断杀害自己的政敌是"大功"，学习隋唐专制政治、压迫人民大众是"国家经纶之一大革新"，引进大唐帝国的统治方式即官僚制度原理和机构，但不开辟选拔考试（科举）、登用官吏之道路，原封不动地温存构成此前氏姓社会的血缘拟制政治组织和统治人民的既有体制，让旧豪族的统治地位滑向律令国家中央官僚地位的技巧是"以外来文化为羽翼与文饰，于实体上展示我国本来的身姿"。按这种皇国史观看来，万叶时代的一个重要事件即平城京的建设，它"在反映了大化改新之后中央集权专制机构的同时，还象征着我国国力的充实和国家意识的高扬。虽说这种样式参考了若干唐制，但与唐相比，其面貌丝毫不差。需要这种帝都的我国国民精神明显存在这个强烈的国家意识。""'奈良之城花簇簇，皇都如花逢盛世'②这种万叶歌人的感怀，同时代言了当时全体国民的心境。夸耀这种帝都，祝祷这种圣代的举国一致的气氛，其自身就是一种伟大的教化力量。所有奈良朝的文化深处都内藏着国民的自觉，特别是有人讴歌了'欢遇繁荣御圣代，生我御民有灵验，因遇天地兴盛时'③"。④ 就《万叶集》乙竹岩造说："其素材千种万样，但其精神和风格却有一种显著的特色。即自远古以来就作为祖型存在于国民思想中的国体观念和基于此的国家矜持成为其根本精神，它因朴素雄健的风气更加发挥出强大的力量。它虽然摄取了外来文化，但不为其重量所压倒，而在自身根底深处把持住勃勃的固有精神，后来贺茂真渊对《万叶集》有所体得，称其为'自然、正直、雄壮之心'或'大丈夫精神'。这种精神风尚在近世复兴，于现代高扬，永远成为日本文艺复兴的原动力。它不仅是歌道的一个流派，而且是长

---

① 乙竹岩造：《日本国民教育史》第一篇 第二章 上古的教育，木黑书店。——原夹注
② 原歌是"あをによし奈良の都は咲く花の匂ふがごとく今盛りなり"。——译注
③ 原歌是"栄ゆる大御代に合ひ奉れる歓びは御民我れ生けるしるしあり天地の栄ゆる時にあへらく思えば"。——译注
④ 乙竹岩造：《日本国民教育史》第一篇 第二章 上古的教育，木黑书店。——原夹注

养国民精神的源泉，所谓'万叶精神'的日本国民教育史的意义就在于此。"[1]

原本这个皇国史观就没有科学根据，而只承担着为遵循和强力推行《教育敕语》这个日本近代文教政策的辅助作用，不过是"历史教育"的产物。日本战败后一段时间，曾广泛地对这种被政治严重歪曲的历史观做过反省，但最近这种反省的力度有所减退，但无论如何皇国史观都是一种错误的历史认识。我们必须站立起来，与这种"反理性的"观点做坚决的斗争。这里特别想对短歌作者说几句话：说短歌保有1200多年的生命，因而是有价值的，以及短歌是一种完美的诗型，举世无双等等，若固执于这种想法，只能说是丝毫未脱离皇国史观。因为对短歌的这些想法，与天壤无穷、万世一系、世界无双等思维方式几乎没有距离。

我最近才发现，只要我们具有严肃的批判能力，皇国史观也可以起到"反面教员"的作用，即扮演坏的榜样角色。这种榜样实在不应该出现。

实际上乙竹就《万叶集》所表示的观点就让人觉得出乎意外、不合情理和毫无道理，属于一种无根据的推论。如他所说的"自远古以来就作为祖型存在于国民思想中的国体观念和基于此的国家矜持成为其根本精神"就是一例。在这里我要提请试图从美学和艺术观照方面欣赏《万叶集》的人注意，皇国史观不能帮助你做到这一点，此歌集的根本主题就是思考如何支持、礼赞天皇专制，如何大胆而厚颜无耻地端坐在基于上述思考的支配国家权力的宝座上。换言之，皇国史观在无意中刚好映射出《万叶集》的根本精神不外乎就是百分百的"政治思维"。乙竹进一步还比较了《万叶集》和《古今和歌集》，再次强调"《万叶集》将敬神、忠君、爱国的至诚朴素、直接、雄浑、刚健地歌唱出来，而《古今和歌集》则赞赏、怜惜花鸟风月，倾诉虚幻无常的恋情，极尽技巧于端庄的丽词和流畅的声调，清晰地反映出平安时代的风尚"[2]。断言《万叶集》的主题就是"敬神、忠君、爱国的至诚"。显然这个皇国史观提示的万叶观是错误的，但错归错，它所树立起的天线却敏锐地

---

① 乙竹岩造：《日本国民教育史》第一篇 第二章 上古的教育，木黑书店。——原夹注
② 同上书，第一篇 第三章 中古的教育，木黑书店。——原夹注

捕捉到《万叶集》发出的电波——这就是天皇制律令国家机构的"政治思维"（其实这种"政治思维"也从《古今和歌集》的内部发出电波，但不巧的是因为存在"摄关制"这个特殊的中继装置，故20世纪皇国史观的性能马虎的天线似乎未能很好地接收到这个信号）。我之所以将皇国史观看作是"反面教员"，其道理就在这里。

　　那么我们该如何正确把握"大化改新"的历史意义？我认为真正的历史认识应该将国家权力和人民大众的对抗关系与紧张关系纳入视野，从整体结构上把握事实和史料。从总体上通过各个侧面、各种关系、各种过程的内在关系和相互作用来把握作为一个整体的社会和该社会的发展及社会生活的方法论科学，将给我们带来更正确的历史认识。然而，历史唯物主义作为社会发展法则的科学，作为社会生活各现象的研究方法，不仅给我们带来正确的历史认识，还提示了与我们在现代社会中的"生活方式"直接相关的重要命题。让－保罗·萨特在《辩证理性批判》一书中说过："辩证法只要作为可知性的法则，作为存在的合理结构是完全必然的，那么其方法就是有效的。唯物辩证法具有意义，仅存在于在人类历史的内部确立物质各条件的优势的场合，而这种优势要通过处于某种状况的人的实践来发现并拥有。一言以蔽之，如果存在辩证法的唯物论，那它就必须是历史唯物论，即必须是内部产生的唯物论（Matérialisme du dedans）。也就是说，创造这种理论，拥有这种理论，根据这种理论生活，知道这种理论，完全是一件相同的事情。因此，若这个唯物论存在，那么它只能在我们社会世界的界限内才具有真理性。"① 萨特还说："辩证法是作为创造社会的运动内部的社会理解而出现的。""辩证法的法则，就是要发现我们自身组成的社会的整体化，以及社会运动造成的我们自身的整体化。也就是说，辩证法不外乎就是实践。它是在形成和维持自身的一个整体的同时，还可以被称作是行动的逻辑。"② 如果将这种意义的历史辩证法即内部产生的辩证法用于解释我们自身的行动逻辑，那么"大化改新"的历史意义又在哪里？

　　本来应该由我在实践上回答这个问题，但因为前辈对此已有精彩的

---

　　① 让－保罗·萨特著，竹内芳郎、矢内原伊作译：《辩证理性批判》第一卷 实践的总体理论 序论 A 独断的辩证法与批评的辩证法Ⅸ。——原夹注

　　② 让－保罗·萨特著，森木和夫译：《马克思主义与存在主义——有关辩证法的讨论》。——原夹注

论述，故还是引用他们的学说。羽仁五郎①根据在"大化改新"之前一个世纪发生且在《日本书纪》留下痕迹的 12 个事例说："过去的历史学家都忽略了在天皇制贵族国家奴隶制统治之下，日本人民叛乱、逃亡、死亡的不安事实在《日本书纪》也有所反映。它证明了大化改新是针对这些事实的，日本人民对奴隶制统治的反抗和逃亡以及在这种奴隶制统治下的死亡，是大化改新的根本性原因。"② 进一步羽仁五郎阐明："奴隶制统治下人民的不安转变为统治阶级的不安，也成为所谓的任那③的问题即朝鲜的问题，这个问题未能解决又有了佛教问题"，最终导致了统治者或早或晚都要采取办法解决这些问题。羽仁五郎叙述的重点是："人民对奴隶制统治的反抗是大化改新的根本原因，由人民的不安转变为统治阶级内部的不安是大化改新的第二个原因。针对这些不安，正如《日本书纪》'推古纪三十一年'（623）条所说的那样，他们意识到'大唐国者，法式备定，珍国也，常须达'。"为消解和解决"大化改新"的两个根本原因即人民的反抗和由此产生的统治阶级内部分派斗争的不安及这两种事态，"在所有方面都向朝鲜或中国学习统治技巧的天皇制政府，在所谓的大化改新中以国家规模引进大陆式的农奴支配制度，取代了过去的奴隶支配制度"④。对羽仁五郎的这个学说井上光贞做出批判："即使在结果上没有部民向公民转变的阶级变革（羽仁氏承认是一种变革），但从根本的倾向来说也应该承认这一点。不过与其这样认识，倒不如认为这是一个基础性的方向，故所谓的改新是一种反革命行为。因此可以从不同的视角支持阶级变革说。不过，记录中很少反抗的事例，使该论据显得稍不靠谱。"⑤ "大化改新"是天皇制政府与贵族阶级为自己的利益而断然实施、牺牲占人口 99% 以上人民大

---

① 羽仁五郎（1901—1983），马克思主义历史学家、历史哲学家和现代史学家，参议院议员，日本学术会议议员。曾先后入读东京帝国大学法学部和文学部史学科，并为学习历史哲学而留学德国和访问意大利，在那里开始研究现代史和唯物史观，著有《转型期的历史学》《幕末的社会经济状态、阶级关系与阶级斗争》《历史学批判叙说》等。——译注
② 羽仁五郎：《氏族社会》大化改新。——原夹注
③ 任那，4—6 世纪左右日本对朝鲜半岛南部的伽耶各国的呼称，而实际上它是伽耶各国中的金官国（今庆尚南道金海）的别称。《日本书纪》认为它在 4 世纪后半叶处于大和朝廷的支配下，设有日本府这个军政机构。就此"任那日本政府"现无定说，但一般认为它指与伽耶各国结成同盟关系的倭和大和朝廷的使节团。——译注
④ 羽仁五郎：《氏族社会》大化改新。——原夹注
⑤ 井上光贞：《日本古代史的诸问题》大化改新研究史论。——原夹注

众的幸福的政治事件，这一点在今天的进步历史学家中已然成为定说，不可置疑。因此"大化改新"绝不是一个应该赞美的光明事件，相反却只能是一个将日本列岛大多数人民置于"不幸"中的令人厌恶的黑暗事件。北山茂夫①说："从农民的角度来看，他们的耕地全部被新国家所控制。公民和口分田的关系属于占有权者的关系。从根本上说，耕种土地的生产者出现在新国家的户籍制度上其实是被置于人身隶属的状态之中。应该说比起部民时代，中央的权力控制变得更强，地方的农民踏入'国家公民'的时代后其人身自由大受限制。"②应该说这些见解等与前述的羽仁五郎学说一道，都是用历史唯物主义武装起来的卓越的历史认识。

　　本书的目的是阐明《万叶集》的主题即律令官僚贵族（也可以称之为律令统治阶层知识分子）的"政治思维"。而为了阐明律令官僚贵族固有的"政治思维"，就必须对其有个整体、结构性的把握。虽然我就开启官僚统治道路的"大化改新"的叙述相当粗略，但我绝不想偏离轨道绕弯路而浪费时间。我想明确一点，即"大化改新"是国家制度的改革，它来自外国僧人直接带来的东亚各国勃兴的见闻、由滴水不漏的官僚制度贯彻的大唐帝国的法制和政治制度的知识，以及对维持专制主义极其有利的儒教主义意识形态的关心等，总之它直接以中国的"政治思维"为范本，并悄悄地策划、构思并转为实施。即使是皇国史观也明确承认"大化改新"是受到外来思想的影响后才出现的。不过作为一个正确的历史认识，我们必须明确"大化改新"绝不是一个值得称赞的思想史的事件，而是一个将人们置于永远不幸的令人厌恶的政治史事件。不歪曲这个令人厌恶的事件，视其与不视其为令人厌恶之间产生的认识差异（一如前述，此差异由现代人的"生活方式"所决定），将在人们对律令官僚统治"政治思维"的态度（或许可以说是反应）上产生巨大差距。

　　正确地加以限定，可以说《万叶集》的主题即"政治思维"就是

---

　　① 北山茂夫（1909—1984），日本史学家（专攻日本古代史），毕业于东京帝国大学文学部国史学科，历任立命馆大学教授等，年轻时曾倾倒于专攻西洋史的羽仁五郎，为学习近代史而升入东京帝国大学研究生院，在古代史研究方面取得重要的功绩，著有《奈良朝的政治与民众》《日本古代政治史的研究》《王朝政治史论》等。——译注
　　② 北山茂夫：《大化改新》第一部 大化改新史 6 天下的公民。——原夹注

律令官僚贵族固有的社会观，再进一步推广来说，也许就是贵族的思维。津田左右吉①在《文学中所见之我国民思想的研究》第一卷 贵族文学的时代（1916 年 8 月第一版，1951 年 7 月改订版）中将《万叶集》视为"贵族文学"，其功绩可谓至今不灭。津田的一双慧眼超越了昭和时代以后的支配性史观——《万叶集》乃"国民文学"，并始终放射出光芒。但令人吃惊的是，到今天还有人一提到《万叶集》就不加批判地说它是"国民歌集"和"民族文学"。如此盲目相信的原因就是缺乏对产生《万叶集》的律令政治机构和万叶时代的贵族思维的正确历史认识。

津田左右吉在该书中将所谓的"贵族文学的时代"规定为从上古到平安时代末镰仓时代初这一漫长的时期，并在第一篇"贵族文学的发展时代"这个标题后立一个副标题"从推古朝代前后到天长、承和年间的约二百五十年间"，在第二篇"贵族文学的成熟时代"这个标题后立一个副标题"从贞观年间前后到万寿年间约一百七八十年间"，在第三篇"贵族文学的停滞时代"这个标题后立一个副标题"从长元年间左右到承久年间左右约二百年间"，各自做了区分。津田所做的时代区分是否严密妥当今天已无追究的必要。我们眼下的课题研究需要做的第一件事情是再次确认将《万叶集》视为"贵族文学"的眼力的正确，第二件事情是校准将《万叶集》置于"贵族文学的发展时代"这个透镜中的视准的精粗。

津田左右吉的《文学中所见之我国民思想的研究》一开始就阐明和歌文学的本质是"贵族文学"，并根据他的合理主义立场，从"记纪"歌谣、《万叶集》等古代抒情诗歌中捕捉到"贵族的性质"。津田学说的出发点在于：日本列岛引进新的文化时"贵族、豪族采用了该新事物，此后日本只能接受间接引进的支那文化的引导。然而这种支那文化的引进方式和支那文化的特殊性质也对我国文化产生了种种不良影响。

---

①　津田左右吉（1873—1961），史学家，毕业于东京专门学校（之后的早稻田大学）国语政治科。早稻田大学文学部教授，兼任东京帝国大学法学部讲师（东洋政治思想史），因以史料批判的观点研究《日本书纪》和《古事记》而广为人知，获从三品一等瑞宝章和文化勋章。著有《文学中所见之我国民思想的研究》。在这个著作中津田对形成日本思想的中国思想的影响持否定和消极的态度，主张日本文化的独立性。另著有《新撰东洋史》《古事记与日本书纪的新研究》《神代史的新研究》等著作。——译注

其中之一是采用支那文化乃政府的工作，从百济或支那官府获得并首先采用支那文化的是朝廷与贵族。因此以该文化为主要因素形成的我国上古文化自然带有贵族的性质。他们采用的是文字、工艺品及其制作技术，而这些东西都先使用于贵族的生活。"① 津田还认为，一般民众被置于贵族文化的圈外，其中一个原因就是那个外来的新文化是中国的。津田说：

> 支那文化，其本质属于统治阶级的上流文化，并非民众文化。文字、以文字相传的知识、用文字写出的文学、所有的工艺品都是如此。支那文字乃表意文字，一语一字，该字体如此繁复，仅从这点来看民众要了解掌握也极其困难。事实上民众也几乎不懂文字。文字的这种性质象征着支那文化的性质，所有的文化终归都从属于统治阶级。民众的生活直至今日大致如同古代。例如，农耕很少创新，未出现新的技术，因而有关农业的知识几乎不能形成一种知识。并非完全没有形成，有关农业的著作也有许多，但那并非农民自身的产物。以学自支那的文化为要素形成的我国上古文化乃贵族文化，其理由就在于此。
>
> ……
>
> 至于学习文字和书籍，因难懂难学，故使人觉得其价值更高，学习欲望更为强烈。此欲望之强烈与拥有习得的能力乃发展我国文化的重要原因。然而，学习原非日本自身创造的东西，以及需要花费漫长的时间，久而久之会让知识分子养成任何事情都模仿支那的风气，并培养出与其从自身生活中创造自身的知识，不如让自己适应已有的支那知识，且将自己嵌入支那文化模式，以此看待自己的态度。这些事情自然会伴有崇拜支那的念头。不想创造自己的知识，追求他人赋予的东西，欣喜并总是忙于迎接传来的新事物，这种延续后世的知识分子风气具有遥远的历史根据。

进一步津田就文学的发生发表了以下意见：

---

① 津田左右吉：《文学中所见之我国民思想的研究》序说及第一章 上古国民生活瞥见。——原夹注

　　与民谣性质不同的和歌出现了。上古人的个性不太发达，故表现于和歌的思想和感情与民谣并无大的差别，但其作者必须经历多于一般民众的心理磨炼，具有特殊的智能和知识。以当时的状态而言，可以推测那些作者是贵族、豪族或与其相伴的知识分子。因为贵族、豪族因工作会遇上各种事情，积累各种经验，知识分子在某种程度上熟悉了汉字，因此能得到某种知识或知道如何使用它们。在出现前述上古文学的抒情倾向的同时，也出现了贵族性质，故创造该贵族文学之一的和歌与使用汉字如影随形。用汉字书写似乎也是帮助和歌形成的原因之一（参阅第一篇 第二章）。这大致始于 5世纪末 6世纪初。此时间原本不过是一种推测，但想来大致如此。

　　上古文学发源于抒情歌谣，具有贵族性质，这自然制约了其主题和内容。

　　……

　　我国上古文学由此作为贵族文学而成形并发展，因为当时的整体文化都是贵族式的。①

　　由上可见，津田明确地将包含文学在内的上古整体文化定性为具有"贵族性质"，并明确指出该"贵族"文化从头到尾都不外乎是"支那文化"（中国文化）。另外还明确地识别出没有什么东西可称为日本列岛固有的文化等。他与明治二十年代（19 世纪 80 年代）之后抬头的民族主义文化观（这些观念在今天仍通行无阻）对决，提出了合理主义和世界主义，故在当时具有划时代的意义。我在上面说他创建了不灭的功绩，其理由就在于此。

　　本来说到这里就可以了，但再次阅读津田的上述文字总觉得哪里有些怪异，或语感有些可疑，总之让人耿耿于怀，无法释然。

　　我个人认可津田左右吉的古代研究成果，但总无法避免在阅读途中与它说声"再见"的念头。若问何出此言，回答极其简单，即从上引的文字也可看出，津田先入为主的观念中具有一种可怕的蔑视中国观。众所周知，津田在明治年间的日记中将中国人称作"Chian 公"，将朝

---

① 津田左右吉：《文学中所见之我国民思想的研究》第二章 文学的萌芽。——原夹注

鲜人称作"Yobo",那带有蔑视中国的观念肯定会作用于他那伟大的著作。思此不免感到遗憾。

我们该如何评价作为历史学家和思想家的津田左右吉?就此家永三郎①在其著《津田左右吉的思想史研究》中做过详尽的评论,故我无必要在此再做补充。家永三郎确认了津田左右吉的蔑视中国观,而且对其动机还显示了同情的态度:"如概述所说,在津田所批判的前近代要素中,从中国引进但与日本人的'实际生活'偏离,然而在知识和观念上却具有权威的'支那思想'占有很大的比重。津田为有效地批判日本的前近代思想,进一步还溯及'儒教的实践道德'等中国思想史,间接而有效地打击了日本的占支配性的正统道德。对津田而言,'支那'是日本传统中负面要素的根源,背负着必须加以彻底批判的宿命。一方面津田认为,西方近代文化是具有普世性的文化、日本接受西方近代文化不是'西方化'而是'世界化';另一方面,津田认为中国文化是不具有普遍性的'支那'特殊文化。津田'脱亚'的近代主义在客观上存在很大的问题,但必须承认,在以儒教为核心的前近代意识形态被正统道德支持,扮演着温存、再生产日本的前近代性的战前日本,这种与前近代封建主义所做的斗争能走到津田所做的这个地步,也算是一种大势所趋。"不过家永同情归同情,但并不肯定津田蔑视中国的观点。家永做出的评价十分准确:"只要从中国是必须批判的万恶之源这个角度进行研究,以此看待现代中国,那么要看清在现代中国源源不断前进的巨大历史潜流是困难的,这就是所谓的宿命吧。"家永对津田蔑视朝鲜的观点也做出了正确评论:"津田完全是站在'帝国主义'的立场对朝鲜进行批判的。应该说这无法否定。"②

即使是像津田这样的合理主义者和世界主义者也具有这种缺陷或局

---

① 家永三郎(1913—2002),历史学家(日本思想史)。毕业于东京帝国大学文学部国史学科,东京教育大学名誉教授、文学博士(东京大学)。年轻时因发表《上古倭画全史》和《上古倭画年表》获日本学士院恩赐奖。早期研究日本古代思想史,特别是佛教思想史,但后来逐渐扩大了研究领域,并在其后半生加强了反对权力的态度,从第二次世界大战到其他领域皆有思考、探索和批判,比如在他撰写的日本史教科书中就涉及南京大屠杀、731部队、冲绳战役等。家永曾对文部省教科书"审核标准"不当提出过三次诉讼,希望法院判定"审核制度"违宪。著述甚多,合集为《家永三郎集》(共16卷)。——译注

② 家永三郎:《津田左右吉的思想史研究》第二编 津田史学及其思想立场(上)第二章 津田史学的基本立场。——译注

限，可以说仍然是时代状况之使然。如果津田已经敏锐地识别出日本的上古文化（含上古文学的抒情倾向）具有"贵族性质"，并敏锐地嗅出那是百分百的"从支那学到的知识"，那么就应该追究支那（"支那"是一个令人厌烦的表达形式，从这也可看出津田蔑视中国的观念）的思想是如何驱动日本贵族的，又是如何扎根于日本民众的生活的。事实是中国的思想驱动了律令贵族，并逼苦了律令农民。这并无疑问的余地，我也不想否定它。然而，既然日本列岛的居民在整个日本文化史中都接受了中国文化的恩惠，那么将所有的坏事都归咎于中国的态度是否反理性？读津田的名著《支那思想与日本》战后版的"序言"（写就于1947 年 2 月）有一种匪夷所思的感觉："我认为，日本的文化是通过日本民族生活独自的历史独立地形成的，因此与支那的文化完全不同。日本和支那具有不同的历史和不同的文化，分属两个不同的世界。在文化上不存在包含二者的一个东洋世界和一种东洋文化。日本在过去虽然引进了许多支那的文化，但绝没有被包裹在支那的文化世界当中。从支那引进的文化对日本文化的发展确有很大的助益，但在同时也成为妨碍和扭曲日本文化发展的力量。尽管如此，日本人还是发展出日本人独自的生活，创造出独自的文化。日本过去知识分子的知识偏重于支那思想，但那与日本人的实际生活偏离很大，对日本人的实际生活没有直接的作用。日本和支那，日本人的生活和支那人的生活完全不同。"① 这么说果真可以吗？说"不存在包含"日本文化和中国文化"二者的一个东洋世界和一种东洋文化"等只能说是谬论。

由此可见，津田一边对日本上古文学（上古和歌）做了冷静透彻的考察，一边又因为存在蔑视中国和中国思想的先入之见，在理论展开上犯了极大的错误，实在令人感到遗憾。

然而，我认为还是要表彰津田左右吉的功绩，因为仅有他一个人在过去将和歌文学的本质定性为"贵族文学"。

我们现在只能认为，没有中国文学的影响，特别是中国汉诗文的影响，就没有和歌的诞生。通过以上讨论，我们在最低程度上至少明确了这件事情。现在已经很清楚的是，和歌最早的作者属于贵族阶级，而决不是农民（即广义的人民大众）。农民或许都不知道和歌是什么东西。

---

① 津田左右吉：《支那思想与日本》，岩波书店 1937 年版。

如此看来，我们是否可以像过去的定说那样，简单地将《万叶集》说成是从庶民歌谣向短歌的过渡性产物？现在是否有必要怀疑这一点？为考察长歌形态和短歌形态之前的诗型，人们过去通常是仰赖"记纪"歌谣的素材，而当我们解剖了《古事记》和《日本书纪》的编撰情况，是否就可以设想"记纪"歌谣反倒是虚构于短歌在汉诗影响诞生之后的事情？不用说这只是设想，但若弄清《古事记》《日本书纪》《万叶集》的成书情况，我们就可以知道——记载在那些文献中的许多东西难以置信。如今有关诸神、天皇、氏族的行状的疑点已经十分清晰，但怀疑那些诸神的故事、天皇的故事、氏族的故事的学者，也对随附在那些故事的歌谣与和歌的可信程度保持事不关己的态度。正如故事是可疑的那样，随附于故事的歌谣与和歌也一样值得怀疑。在所有值得怀疑的事物当中，仅有两件已很明确的事情就是，和歌文学是在中国文化影响之下诞生的，其创作者和欣赏者乃贵族。正确的程序应该是，以已经明确的事实为线索，踏入尚不明了的领域。

　　附带要冷静地说明一句，我们所谓的"贵族"这个概念或"贵族"这个社会身份，实际上是从中国引进的舶来品。天皇制这个政治意识形态实际上也是从大陆（朝鲜三国，进一步是其本家中国）引进的新的政治思维，并不是日本列岛在传统上延续下来的思想。这件事许多人都有误解，但它对有志于科学把握日本诗歌史基础结构的研究工作起到了极其重要的线索作用。和天皇一样，"贵族"（不用说过去并未使用过这种词汇）这个概念也只来自中国的政治思想。因此在追究律令官僚贵族的"政治思维"时，希望有人事先想到，最终扮演"王牌"角色的是儒教意识形态和统治人民的官僚制度的逻辑。

3

　　《万叶集》鲜活形象地反映着律令贵族官僚的思维方式、感触方式和倾诉方式。《万叶集》吟咏的山川草木或社会事象，绝不是农民眼中的山川草木或社会事象，其咏材化的自然情感和人生哲学，也绝不是占人口大多数的人民的自然情感和人生哲学。从这个意义上说，我们不可能从《万叶集》中复原和再生万叶时代的全貌。仅有贵族阶级的眼睛，仅有掌握了中国式教养的知识分子的眼睛在《万叶集》中闪耀着光芒。用这种说法也许最为合适。应该认为，人们经常所说的"一味地""雄劲地""写实主义"等都是贵族阶级知识分子的思维产物。

从原理上说必须是这样的。

波伏娃①女士曾有过尖锐而准确的发言："按我的看法，如果不是一个极其天真的读者或儿童，就几乎没有人认为可以凭借一本书就轻易地参与到现实的生活中来。就说我，我很明白自己阅读《高老头》时并不是逍遥在巴尔扎克时代的巴黎，而是逍遥在巴尔扎克小说里的巴尔扎克世界当中。"②看上去这只不过是一个毫不足道的看法，但我们却可以想象，有许多人像波伏娃女士所说的那样，像一个"天真的读者或儿童"，"认为可以凭借一本"《万叶集》就"轻易地参与到"万叶时代社会"现实的生活中来"。至少他们就《万叶集》已经养成了这种鉴赏思考的习惯。岛木赤彦③的《万叶集的鉴赏及其批评》和斋藤茂吉④《万叶秀歌》的叙述都极具魅力，且富于说服力，但不论人们听后喜欢与否，他们都只能成为一个"天真的读者"。我们只是不得已被艺术家岛木赤彦和斋藤茂吉与《万叶集》之间的关系的"特权"美好所感染。说"只是"意味着从客观、科学的角度研究《万叶集》的本质来说确实如此，也绝不意味着二者的万叶鉴赏毫无价值。艺术家和文学家的工作只是一种"特权"的行使：只要能彻底表现一个作家对自己的一种

---

① 西蒙娜·德·波伏娃（Simone de Beauvoir，1908—1986），又译作西蒙·波娃瓦。法国存在主义作家，女权运动的创始人之一。毕业于巴黎高等师范学院，获巴黎大学哲学学士学位。1945 年与让 - 保罗·萨特、莫里斯·梅格 - 庞蒂共同创办《现代》杂志，致力于推介存在主义观点。她出版的《第二性》在思想界引起极大反响，成为女权主义经典。小说《名士风流》获龚古尔文学奖。——译注

② 西蒙娜·德·波伏娃著，平井启之译：《文学可以作甚?》"讨论"。——原夹注。查日本所译的波伏娃作品，发现其中未包含《文学可以作甚?》这本书。而按日本网站辞典介绍，写出这本书的是伊夫·安东宁·伯杰（Yves Antonin Berger，1931—　）。她是法国批评家和小说家，著有评论集《帕斯捷尔纳克》（Boris Pasternak，1960）、《文学可以作甚?》（Que peut faire la littérature，1965）、《美国》（América，1975）和小说《南》（Le Sud，1962，获法国文学奖之一的"女性奖"）。——译注

③ 岛木赤彦（1876—1926），歌人。毕业于长野师范学校，曾任小学教员和校长，师承歌人伊藤左千夫。创办杂志《冰室》并参与编辑明治、大正时代的杂志《紫杉》。作歌立足于写生主义，实践其严峻孤高的"锻炼道"（赤彦歌论的关键词，指《万叶集》作者不论做何事都显示出严肃、认真对待的态度："永久的彻底即平时的锻炼，平时的锻炼即终生的苦行"）。著有《太虚集》《歌道小见》等。——译注

④ 斋藤茂吉（1882—1953），歌人、精神科医生。毕业于东京大学医学部。师承歌人伊藤左千夫，参与编辑杂志《紫杉》。曾作为长崎医专教授留学德国，后任青山脑医院院长。作歌 17000 余首，除出版歌集 17 册外，还留下《柿本人麻吕》及其他评论集和随笔集。获日本文化勋章。——译注

真实，那么他的艺术作品或文学作品就有存在的必要。再次借用伏波娃女士的话说就是："一个作家若能表现出一种真实，自身与世界的关系的真实，以及自身世界的真实，那么不管其文学作品是否能对人产生力量都可以存在。"在这方面它与学者所做的科学研究有所不同。伏波娃女士还说："在学术研究方面，作者事先被给定了一个既有的内容。他有索引卡片，有笔记，可以写出历史书籍和数学书籍，但他除了将自己想说的事情用简单明了的形式写出之外，并不想做其他的事情。亦即，那些事情已经以草稿的状态存在他的稿纸上面，他只须将它们整理出来即可。这就是他的全部工作。"① 从文学家或艺术家的角度看，学术研究等仅有这种分量。倘若如此，那么学术的真实和文学的真实只能永远处在两条平行线上，但这也是没有办法的事情。问题是要清楚地识别，赤彦和茂吉的万叶著作终归都是艺术作品。也就是说，赤彦和茂吉的万叶鉴赏和万叶研究的特征，就在于赤彦和茂吉各自发现了自己与《万叶集》的关系。文学的"特权"就在于可以"歪曲"1 加 1 等于 2 这个众人的自明之理，主张 1 加 1 可以等于 3 或等于 4，而且可以得到众人的理解。有人若觉得反感，认为此话愚不可及，那么最好尽早与文学艺术告别。然而，若不是 1 加 1 等于 2 这样简单的论题，而是与活生生的人的事实有关的论题，那么在很多场合，就很难定夺是用科学研究的方法正确，还是用文学探索的方法正确。纵然我们可以看穿文学家的探索在结论上是错误的，但也不容易破解他的说法和他所说的事情之间的不可分离性。这时我们只能向他的说法（即探索的节奏）表示的某种真实（即文学的真实）脱帽致敬。不仅针对《万叶集》，而且针对后来的《古今和歌集》和《新古今和歌集》我们也可以这么说。总之，过去谈论和歌与和歌史的那些千百卷著作都像是在谈论真实（真理），我们在面对那千百卷著作以那种说法（即探索的节奏）表现出某种的真实（说其为文学的现实可能更为易懂）只能脱帽致敬。在上千年的和歌史中歌学即歌论的传统悠久而牢固，其原因就在于此。冷静思考后谁都可以明白，文学的真实（这时将它说成是歌论的真实更为准确）和科学的真实不能混同，它们属于完全不同的范畴。如此明白的道理为何"国文学"家（更准确地说是

---

① 西蒙娜·德·波伏娃著，平井启之译：《文学可以作甚?》"讨论"。——原夹注

和歌史研究家）会视而不见呢？

　　顺便还要将我胸中的块垒倾吐一空。我之所以要引用波伏娃女士尖锐而准确的言论，是因为想提请大家关注，我们在阅读《高老头》时有了"自我同一性"的体验（要分析文学作品的鉴赏过程，读者必须将作者和自己视为同一个人），就此波伏娃女士明确地向我们指出：我们"不能逍遥在巴尔扎克时代的巴黎"，而只能是"逍遥在巴尔扎克小说里的巴尔扎克世界当中"。波伏娃女士这个言论根据何在？对此我禁不住有一种诱惑，想通过介绍胡塞尔和梅洛 - 庞蒂的现象学学说进行解释，但在这里还是克制此冲动。既然引用了巴尔扎克的小说，那么还可以引用柏拉图的《对话录》和亚里士多德的喜剧。在那些从社会经济史上详细把握古代雅典都市国家的人士的眼中，柏拉图所描绘的雅典市民生活和精神生活，对他这个贵族出身的政治家和哲学家来说是多么的自我本位；与此相同，亚里士多德所描绘的雅典的风俗和人物群像，对他这个保守地主阶级的代言人来说也是多么的自我本位。同样是谈论苏格拉底，柏拉图将他塑造为一个凛然不可侵犯的完美哲人和圣人，而阿里斯托芬则将他说成是那里无数轻薄才子中的诡辩家，二者的说法完全不同。我们不知道要相信哪一个人，或许两人说的都有道理。不过要说何者正确，我只有保留地对柏拉图塑造的苏格拉底肖像中的哲学真理和亚里士多德塑造的苏格拉底肖像中的文学真实脱帽致敬。因为反映科学真实的苏格拉底肖像，若不在了解其他更有泥土气的诸事实之后绝不能把握；若不在把握诡辩家的思想史特征、公元前 5 世纪左右雅典手工业化和都市化的社会经济史的变革过程、关于俄狄浦斯信仰传播状况的宗教史意义等有关雅典市民苏格拉底人格形成的所有要素之后绝不能轻易谈论之。

　　就我们眼前的课题《万叶集》而言，在其二十四卷 4500 余首和歌当中，留下最多和歌的氏族是大伴家持一族，其比率占总体的 17%，故无疑大伴家持在编撰者中扮演着重要角色。实际上当时最大的执权者藤原氏族及与藤原氏族有关的作者的歌数很少，从这个事实也可以看出，此歌集贯穿着大伴氏族极其"个人化"的编撰理念，这在今天已成为定说。设若编撰者是大伴家持，那么所谓的《万叶集》世界又将是一个怎样的世界？仿效波伏娃女士的话说就是：我很清楚，"我在读《万叶集》时并不是逍遥在大伴家持时代的奈良，而是逍遥在大伴家持短歌里的大伴家持（编撰的歌集）世界当中"。或许这种说法过于粗糙，但至少比接触《万叶集》就能逍遥在那个时代实际存在的诸事实当中那种粗糙的想法稍微要精确一些。

因此，我们如果要客观、科学地把握《万叶集》的特征和性质，那么眼下就不能忽略对大伴家持个人或大伴氏族整体的"政治思维"的探索。不用说，大伴家持个人或大伴氏族整体的"政治思维"不能脱离律令贵族官僚整体的"政治思维"而独立存在，因此要深挖下去，就一定会遇上这个问题。但在这之前要确认《万叶集》的世界，实际上就是要通过大伴家持个人或大伴氏族整体的"鲜活"气息加以把握的世界。就此藤间生大①和北山茂夫都有妥帖而精确的分析，但这里还是要引用上田正昭②的提示："从某种意义上说《万叶集》的确带有大伴家持的气息。卷三之后的《万叶集》也可以说是在律令体制中被边缘化的大伴家持的史书。虽说它肯定是歌集，但从我的立场来看，《古事记》是天皇家族的私人历史记录，《日本书纪》是以藤原氏族为代表的、具有国际感觉的律令官僚的史书，而《万叶集》则是倒映着大伴家族历史的歌书和史书。根据这种意义去读《万叶集》，就可以明白它在编撰时为何将极大的重点放在像有间皇子③等那样死于非命的人的身上。"④ 为了弄清《万叶集》的真相，首先就要从整体和结构上把握产生该歌集的时代社会，其次是了解大伴氏族在这个整体中所占的地位，之后才能欣赏各个作品的美，而不是相反。

过去我们在解读、欣赏《万叶集》时多半是按照自己的心愿，阅读自己喜爱的和歌，之后就陷入于已掌握了《万叶集》的本质及全部诗歌的错觉。可以说这种读法司空见惯。若将重点置于文学的真实（不用

---

① 藤间生大（1913— ），史学家，毕业于早稻田大学，专攻日本古代史和东亚史。毕业后根据马克思主义立场进行研究，发表过《日本古代国家》的著作。曾在民主主义科学家协会书记局等工作，1946 年任熊本商业大学教授。著有《埋藏的金印》《近代东亚世界的形成》等。——译注

② 上田正昭（1927— ），史学家，毕业于京都大学，任京都大学教授，1991 年起改任大阪女子大学校长，但在国学院大学时曾师承折口信夫。精通"国文学"、考古学和民俗学，故可以从多方面把握日本古代社会。还和金达寿等人一道研究朝鲜文化对日本文化的影响。著有《日本神话》《日本古代国家形成史的研究》《日本人之心》等。——译注

③ 有间皇子（640—658），孝德天皇皇子，在齐明天皇时以欲谋反为名被杀于纪伊国藤白坂，《万叶集》中收录两首他赴死时充满哀怨的和歌。——译注

④ 上田正昭：《历史和人》日本的原点，朝日新闻社编。——原夹注

说这里所说的文学的真实意味着欣赏者可以行使自己的"特权"），不妨可以采用这种读法。从原理上说，只要有 100 个欣赏者，就有 100 种文学的真实。然而在事实上，100 个欣赏者的欣赏行为几乎都不可能通往文学的现实。因此，我们凡夫俗子要按照最正确（或接近正确的次正确）的方法欣赏方才妥帖或稳当。那么果真有文学解读和欣赏的"正确的方法"和普遍、妥当的原理吗？要回答这个问题很困难。现在唯一可以明确回答的是，形成文学的语言的功能发挥在时间上经常是线性和继起的，单词和句子的结构要素因配置和结合的差异变化经常会形成一个新的意思，发挥新的功能。这里有必要着眼于文章对单词和句子的作用。过去的语法仅以单词和句子为研究对象，主要是分析句子，但新的语言理论主张要先从文章层面进行研究。今天的国语教育正在以此新的语言理论为基础开展，并取得惊人的发展。若要真正科学地把握《万叶集》的本质和性质，不，若要一一科学地把握该二十四卷 4500 余首和歌，首先就要在整体和结构上把握《万叶集》这个鲜活生命的真相。我们即使将《万叶集》的部分真实尽可能多地汇聚在一起，但最终也无法抓住该整体的真实。若将部分的真实说成是整体的真实，则无异于学术欺骗行为。

最近我阅读了梅原猛的《黄泉之王——高松冢》（新潮社，1973），受到极大的冲击。此乃《隐藏的十字架——论法隆寺》（新潮社，1972）的续篇。后者提出法隆寺是镇压圣德太子死灵的寺院的假说，其中以高松冢的被葬者没有头盖骨、附葬品的剑没有刀身、作为王权象征的壁画中的日月和玄武被破坏这些情况为线索，推断古坟是封闭死灵的地下牢狱。最后得出结论：人们关心的被葬者是文武三年（700）七月被太上天皇（持统女皇）杀害的弓削皇子[①]。对这个结论学界有许多反对的声音，但无法在短时间内做出赞否的意见，可我还是要支持梅原猛。就此我有一个书评，附在拙稿（《国文学》1973 年第 10 期）后面，恕不在此重复说明。我受到冲击的是梅原猛显示出的学问探究态度的求新、认真和勇气。梅原猛说："真理是一个体系。我年轻时阅读黑格尔的作品，曾数度读到这句话，但很长时间我都无法清晰地理解这句话的

----

① 弓削皇子（？—699），飞鸟时代（奈良时代前期）的歌人，天武天皇第六皇子。《万叶集》中录有他作的 8 首和歌，歌风晓畅，时有无常感。——译注

意思，只能和尼采、克尔凯郭尔①一道暗自发发牢骚：体系，纯属子虚乌有。真实的东西并不是体系。它是鲜血涌动的存在。……在有了长期的思想阅历之后，我无意间开始了日本的古代研究。通过该研究我明白了黑格尔那句话的真实性。我从假定藤原不比等是《古事记》和《日本书纪》的作者开始了古代研究，一旦我采取了这种视角，古代史就为之一变。比如，法隆寺＝镇魂寺说，柿本人麻吕＝死于处刑说，都是追求这种假说的结果，也惊骇了许多有常识的读者。而这种新视角在体系这方面比过去的视角要优越得多。发掘这个被隐藏的巨大体系是我眼下的课题。在形成这个体系的历史之中，高松冢古坟将占有非常重要的位置。"梅原猛还说："对学者而言，论证的过程比结论重要。苏格拉底和许多人对话，但他几乎没有做出结论。他像害怕电鳐似的对所有的确说都投以怀疑的眼光，而只有这种怀疑才能发现真理。"进一步梅原猛又说："如果我们害怕犯错，不敢做任何认识的冒险，那么学术根本就不能发展。学术的飞跃发展总来自提出看似轻率的大胆假设。"②

我特别敬佩该书"第三章 这里也有悲剧"所提出的《万叶集》本质论："《日本书纪》是以藤原氏族为核心的执权者的史书。它将对自己不利的一切事实都故意删除了。与此相对，《万叶集》是由因以藤原氏族为核心创造的律令制而衰败的大伴氏族编撰的。这里有执权者的目光和反叛者的目光。此间有一种意志在起作用，即忠实地书写被执权者抹杀的事实。《万叶集》将深切同情的目光挥洒在被权力杀害的人们的身上。""因此，仅在一处出现，而在另一处不出现的人物是最值得我们关注的人物。《日本书纪》出现的藤原不比等，《万叶集》出现的柿本人麻吕，在两书中故意忽视的这两个人物的对立可以更好地说明这个时代的历史活力。……弓削皇子在《万叶集》中与大津皇子并列，在天武天皇的皇子中最有个性，但他在《日本书纪》和《续日本纪》中

---

　　① 索伦·克尔凯郭尔（Soren Aabye Kierkegaard，1813—1855），丹麦宗教哲学心理学家、诗人，现代存在主义哲学的创始人，后现代主义的先驱，也是现代人本心理学的先驱。曾就读于哥本哈根大学，后继承巨额遗产，终身隐居在哥本哈根从事著述。他反对黑格尔的泛理论，认为哲学研究的对象不单是客观存在，而更重要的是从个人的"存在"出发，把个人的存在和客观存在联系起来。并认为哲学的起点是个人，终点是上帝，人生的道路也就是天路历程。著有《非此即彼》《恐惧与战栗》《人生道路的阶段》等。——译注

　　② 梅原猛：《黄泉之王——高松冢》第五章 可能的送葬，新潮社 1973 年版。（下圆点由引者作出）——原夹注

几乎不出现。"① 梅原猛通过整体性的考察，将焦点集中在弓削皇子身上展开叙述：

弓削皇子薨时置始东人作歌一首并短歌

支配万物我大君，如日高照日之子。遥坐天宫多神圣，不可思议实惊恐。夜以继日为民忧，坐卧哀叹心不甘。（卷二，第 204 首）②

反歌一首

大君如神，天云层积，如隐如藏。（卷二，第 205 首）③

短歌一首

志贺岸边微波涌，频频不断翻滚来，如此我常思君在。（卷二，第 206 首）④

这是一首过去谁都没有关注的平凡长歌。特别是将《万叶集》视为写实和歌的《紫杉》一派的人物，说这些歌根本不值得一瞥。的确，这一定是一首平凡的和歌，但或许《万叶集》的编撰者在这首平凡的和歌中赋予令人惊讶的深意。

我希望有人关注这首和歌在《万叶集》中的地位及其内容这两点。这首歌在卷二的挽歌中。我认为《万叶集》的重点在卷一和卷二。自贺茂真渊（1697—1769）提出《万叶集》乃"重撰说"以来这个说法都很有说服力，但即使采取"重撰说"，卷一和卷二也都无法从《原万叶集》中拆分出来。卷一和卷二是《万叶集》的核心，它不仅收录了重要的和歌，还叙述了其基本的思想，使《万

---

① 梅原猛：《黄泉之王——高松冢》第三章 这里也有悲剧，新潮社 1973 年版。——原夹注

② 原歌是 "やすみしし　わが王　高光る　日の皇子　ひさかたの　天つ宮に　神ながら　神と座せば　其をしも　あやにかしこみ　昼はも　日のことごと　夜はも　夜のことごと　臥し居嘆けど　飽き足らぬかも"。——译注

③ 原歌是 "大君は神にし座せば天雲の五十重が下に隠り給ひぬ"。——译注

④ 原歌是 "ささなみの　志賀さざれ波　しくしくに　常にと君が思ほせりける"。——译注

叶集》成为《万叶集》。若按不同的作者零零碎碎地阅读《万叶集》歌，那绝对读不懂《万叶集》，就像是我们将剧中人物的台词与剧本分开来读一样。①

我在上面说过"很敬佩"这句话，是因为梅原猛说过并被我特地加上下圆点的那些话。还因为梅原猛说过，若按不同的作者零零碎碎一首一首地阅读《万叶集》，那就好像将戏剧中的台词抽出来阅读，是绝不能理解《万叶集》的。

如果说按不同的作者零零碎碎一首一首地阅读就绝不能理解《万叶集》的说法是正确的，那么从组成那一首首和歌的语句中抽取出某个植物名、动物名和天文岁时的事项，也一定无法让人理解万叶人的自然观。过去的"万叶自然志"完全不考虑形成《万叶集》的基础结构，而是任意地抽取出松、梅、马、雷等等，说万叶人具有如此的自然情感，并推导出简单的结论，以此宣告万事大吉。但这种做法是否与学术和科学名实相副到今天已非常值得怀疑。若不能从"整体"的视角重新把握是何人，在何种状况下，出于何种动机，吟咏何种特定的自然现象，就无法理解《万叶集》中的大自然和它对大自然的看法。

然而，我的论点与梅原猛的论点自然也有不同之处。我想在整体"古代诗歌"拥有的贵族官僚"政治思维"中重新把握《万叶集》。只有在抓住这个"政治思维"的整体性后才有可能知道如何发现"大伴家持的动机"。因为律令政治机构若不引进汉诗文则不可能存在。

通过以上叙述，可以大体证明成为《万叶集》主题的"政治思维"不外乎就是律令官僚贵族固有的社会观。广而论之，这种"政治思维"似乎还可以换说成"贵族文人的思维"，也似乎可以换说成"古代都市的思维"。总之，不外乎就是一小撮律令官僚贵族才被允许拥有的"统治的思想"。《万叶集》4500余首和歌的主要特征就是歌唱"统治的思想"。

---

① 梅原猛：《黄泉之王——高松冢》第三章 这里也有悲剧，新潮社 1973 年版。（下圆点由引者作出）——原夹注

　　"东歌"① 和 "防人歌"② 的混入从结果上看只不过是增强了那种"统治的思想"。如果有人主张"东歌"和"防人歌"才反映《万叶集》本来的面目，那么只能认为该人缺乏从整体和结构上把握《万叶集》的思维能力。因为收集"东歌"和"防人歌"的工作始终是通过贵族进行的。不用说我们应该尊重那些逃脱了律令贵族官僚自私的视线，好容易才抛头露面的民众的哀叹和抗议的姿态，但主张这些民众和歌反映了《万叶集》的主要特征则绝对是错误的。第二次世界大战期间有些诡辩性言论甚嚣尘上，在挥舞"万叶精神"这把大刀后说它是"草莽民众"输诚尽忠的表现。对这种诬说我们只能说是荒唐之至。事实上 600 万左右的农民大众甚至根本不知道在这个世界上有《万叶集》这个歌集。再说草莽能有时间去考虑什么精神吗？

　　任何时代，统治阶级的思想都是那个时代的支配性思想。可以随心所欲掌握各种物质生产手段的阶级，换言之就是拥有社会支配性物质力量的阶级，同时也是拥有社会支配性精神力量的阶级。也就是说，所谓的某个时代的支配性思想，正是支配性物质诸关系的观念性表现，正是采用了思想这种形式（或观念形态）的支配性物质诸关系。不用说构成统治阶级的甲乙丙等各自都有自己的意识，都能进行自己的思考，表达自己的情绪。然而这每一个人，作为处于压倒性优势的阶级成员之一，只要想支配和掠夺近乎陷于无权状态的劣势阶级（不用说他们是在人口比率上占多数的人民大众），只要能指导性和决定性地规定历史的某个特定时代，就会在尽可能广的范围内扩展自己的意识、思维和情绪。因此我们可以假定，当有一个被赋予天才般想象力的统治阶级成员在无法抑制自己的想象力和推理能力飞翔时，这个天才般的贵族当然就有可能从自己所属的阶级脱身，或投身于大自然的山林中，或混迹于违法者的群体当中，总之会做出一个决断。然而现实的情况是他很难做出这种决断，因为作为一个普通的统治阶级成员，他甚至不会意识到有做出这种决断的必要，只要将自己所属阶级的支配力所及的世界作为一个

----

　　① "东歌"，《万叶集》卷十四收录的日本东部地区的和歌，使用方言，其中混入少数因工作到"东国"的贵族的作品，而大多数则属于在劳动和举办礼仪等时吟唱的民谣和在宴席时歌唱的和歌等，一般认为是"东国"人共有的歌谣。因而作者皆不明。——译注
　　② "防人歌"，指驻扎在当时边境的战士吟唱的和歌，收录在《万叶集》卷十四和卷二十，使用"东国"方言，多为咏唱亲子、夫妇离别之悲的作品。——译注

"存在"欣赏即可。不仅如此，他们还会亲自掌握作为一般意识、一般思维、一般情绪（借用他们占有的词汇，即"永远的真理"和"普遍的思想"）"生产者"的支配权，甚至规定自身时代的思想的生产、分配和积累。

由此可见，即使是在统治阶级内部也开始出现精神生产和物质生产的分离，导致该精神生产的一部分人作为专业的思想家（意识形态专家）现身于世。此时在统治阶级中除专业的意识形态专家之外，其他人对"永远的真理"和"普遍的思想"都采取被动和接受的态度。因为除专业的意识形态专家以外的其他人多半都是在现实和政治局面中积极从事具体工作的统治阶级成员，没有时间去研究与他们自身有关的思想和意义。即使有这种工作分工，但因此需要合作产生的一种社会力量，作为某种自身之外、从某个遥远的地方传递过来的"他力"也强烈地现身于世。显然这个力量只是自身阶级的共同幻想，但现在已作为一种"独立"于他们自身的"普遍的"力量强制性地作用于他们自身。在这个力量面前，构成统治阶级的每一个人都不清楚它来自何地，只是服从了事。这里明显出现了一种"异化"现象，但本人根本浑然不觉，而只坚信真理、秩序、现实、大自然都永远是自身现在意识、思考、感受的那些东西。

就眼下的具体问题而言，律令体制贵族阶级将"敬神""忠君""孝""典雅"等观念视为永远的真理，但我们如果不去努力精确观察产出这些思想（观念形态）的诸条件和这些思想的生产者的本质，就会非常简单地（非常武断地）得出"敬神""忠君""孝""典雅"这些普遍的生活原理已经现实化了的结论。律令官僚贵族如此盲信是一件无奈的事情，但生活在现代的我们应当绝对避免犯下误判"事物本质"的错误。首先我们需要磨亮科学历史观的武器，培养起对此世界整体把握的态度。而所谓的"万叶自然观"也不过是律令官僚贵族生产（或再生产）的思想（观念形态）。因此，认为以此可以发现日本列岛居民被先验地赋予人种学的才能是不科学的。

"花鸟风月"是人际关系的比喻
——分析《古今和歌集》的自然观

《古今和歌集》（经常被略称为《古今集》）是奉醍醐天皇之命，

于延喜五年（905）左右由纪贯之、纪友则、凡河内躬恒、壬生忠岑等宫廷文人官僚编撰的首部敕撰和歌集，但其完成时间有延喜八年（908）说和延喜十三年（913）说两种，至今未有定论。一般说来《古今集》有以下几个特征，即此歌集有"真名"（汉字）和假名（日文）序，共二十卷，全部采用七五调，拥有智慧、委婉、优美的技巧，收录歌数一千数百首，出咏歌人120余人，取代了过去以汉文学兴盛为基础的"唐风文化"，成为日本民族独有的"国风文化"抬头的契机，等等。

如此理解毫无谬误，但近年来随着"国文学"研究的进步，以上说法即所谓的常识开始受到质疑。小泽正夫①在《〈古今集〉的世界》中着眼于"国风"这个词汇是出现在桓武天皇发布的"宣命"（用日语写的传递天皇命令的文书）中的，说"这个'宣命'所说的'国风'，广义说来就是'诸国的产业和人民的生活'这些意思，但狭义说来即'各国'的风俗，更狭义地说就是'地区的民间技艺'。……由此可见，我国在很早的时候古代天皇就关心地方的民间技艺，这在国史上时有记录，其中存在着古代中国文学思想的影响"。小泽还引用《诗经·国风》篇说"'国风'起源于王者巡狩"，并阐明"这个文学思想在天武天皇以来让历代天皇关心民间歌舞音乐"。②

下面引用小泽的记述以了解"国风"的原意：

> 《诗经》的"国风"由十五国的诗歌组成。比较而言，其中多半为中原各国的诗歌，但即使这样，收集的歌谣还包括各国的歌谣。因此，"国风"的"国"是诸国的"国"的意思，并不意味着天下国家的"国"。中国《诗经》的"国风"和日本桓武天皇"宣命"的"国风"意思是一样的。只是到年份很晚的江户时代，"国风"的"国"字才带有日本国的意思，"国风"或"国态"这些词

---

① 小泽正夫（1912—2005），"国文学"家，毕业于东京帝国大学国文科，1961年以《关于古代歌学形成的研究》获东京大学文学博士学位。历任爱知学院大学教授、中京大学教授、爱知县立大学名誉教授。1989年获"绶缓褒章"。著有《万叶歌人的思想与艺术》《古代歌学的形成》《〈万叶集〉与〈古今集〉古代宫廷叙情诗的谱系》等。——译注

② 小泽正夫：《〈古今集〉的世界》第一章《古今集》的世界 一、"国风"的世界，塙书房1961年版。——原夹注

汇才拥有与"国粹"这个词汇相同的意思。藤原定家①《每月抄》中有"首先，和歌须有和国之风"的用例，但它实际上反映的是镰仓时代将和歌神秘化的思想，而当时的和歌尚未与国粹主义相结合。《我宿草》即使并非太田道灌②的著作，但也有人说它的成书时间不会晚于近世（译按：日本史指江户时代［有时也包含安土桃山时代］）初期。这本书将东夷、西戎、南蛮、北狄的风俗称作"国风"，但紧接在下面他又将神道称作"国风"。（中略）最终"国风"此语完全带有国粹的意思，它是在"国学"一语取代"和学""古学"，"国歌"一语取代和歌并开始使用，即近世中期之后的事情。

可以说 9 世纪初左右日本使用的"国风""风俗"这些词汇没有丝毫的国家意识。不如说它是"古风"，甚至带有乡下意味即土气的意思，与"土风的歌舞"（《日本后纪》"弘仁元年十一月"③条）等语汇为同义语。

我以"国风"这个词汇为线索推进自己的论述，希望让这个词汇代表中国古代文学影响日本的一个方面。我国在古代受到中国文学思想的影响，对我国的"国风"寄予很大的关心，但这种关心在 9 世纪初左右开始逐渐淡漠。换言之，这意味着古代中国文学思想和接受此影响的古代日本文学思想渐次式微。④

如此一来，则过去通行解释的"国风"是日本风情，"唐风"是中国风情等日本文学史的常识将危如累卵。因为桓武天皇"宣命"中的"国风"一语及其概念完全来自"起源于中国"的政治思想，所以将

①　藤原定家（1162—1241），镰仓时代前期的歌人，撰有《新古今集》（共撰）和《新敕撰集》，歌风绚烂、精致，代表着和歌的新古今调。另著有歌论书《近代秀歌》《每月抄》《咏歌之大概》等。还从事《源氏物语》《古今集》《土佐日记》等古典的校勘工作，其书法风格被后世称作"定家流"，为江户时代的茶人所珍重。——译注

②　太田道灌（1432—1486），室町时代中期的武将和歌人，扇谷上杉家的重臣。1457 年开始筑造江户城。后因山内上杉家族施用计策，被主君杀害。熟知兵法，和汉学问兼修，擅长作和歌。——译注

③　其实《日本后纪》的这个说法也受到中国文学思想的影响。见李白诗《古风五十九首》"情性有所习，土风固其然"。——译注

④　小泽正夫：《〈古今集〉的世界》第一章《古今集》的世界 一、"国风"的世界，塙书房 1961 年版。——原夹注

"国风"与汉文学（中国诗文）对立的想法无法成立。

这里没有时间过度纠缠与"国风文化"有关的词义，也没有这个必要。我的论题在于重新审视过去有关《古今和歌集》的"国文学"通说。

上面以小泽正夫《〈古今集〉的世界》为线索做了评述，以下拟单刀直入切入该书的重点。小泽论著的主旨可概括如下：

> 《古今集》代表的 10 世纪的和歌，是继 9 世纪弘仁前期汉文学之后兴起的文学现象。《古今集》作为和歌集是在 8 世纪中叶万叶和歌衰败后于 150 年后的 10 世纪初才复活的。如上所述，平安时代初期汉文学兴起，它是一种在与《万叶集》歌不同的基础上产生的文学。但平安时代初期的汉文学给《古今集》的和歌形成产生了影响，可以说产生这个汉文学的基础和产生《古今集》的基础并无太大的区别。我在这里当然可以就"国风的世界""汉文学的世界"和"《古今集》的世界"这三个世界做一种可能的区分，但其实第二个世界和第三个世界区别不大，就像第一个世界和第二个世界无大区别那样。①

也就是说，小泽所说的主旨就是，"汉文学的世界"和"《古今集》的世界"的差异比"国风的世界"和"汉文学的世界"的差异要小得多。其理由是"产生这个汉文学的基础和产生《古今集》的基础并无太大的区别"。不仅是小泽，而且战后"国文学"家新锐对《古今和歌集》的看法也大体固定在这个说法上。

实际上，最早且最清晰地提出这个想法的是风卷景次郎。风卷尤其重视成为日本中古文学基础的汉文学资源，将平安时代文学的本质及其发展过程归纳如下："平安时代由日语书写的文学是在汉文学的深刻影响下诞生的。同样是古代文学，但若将奈良时代的文学称为上古文学，那么为区别它可以将平安时代的文学称为中古文学，以显示其样态的不同。然而中古文学首先出现的是受汉诗影响的和歌和由此启发的物语

---

① 小泽正夫：《〈古今集〉的世界》第一章《古今集》的世界 一、"国风"的世界，塙书房 1961 年版。——原夹注

（译按：传奇小说），其次是各种散文中有所传承的历史小说。"也就是说，风卷认为平安时代文学有汉文学做基础，首先产生的是"受汉诗影响的和歌"和受此启发的"物语"。然而这个"物语"蕴含着问题："'定居'在假名中的物语绝不是民族的传承，而是基于传承的传奇。它一面使用语言幼稚阶段的'定居'写法，另一面又显示出创作的慵懒，具有一种超越今天只能通过书写①进行创作的人们想象的特征。""神婚故事、天女下凡故事、天女升天故事，绝不是某个氏族的正确传记和创作，而多半是有人在伴随今天不很被人了解的古代民族的产生和迁徙，借用分布在世界广大地区的故事类型，叙说该氏族出身的故事。因此我们若从氏族传承的说法中解放出来，就可以知道，同一个古代故事经由巧妙地与该氏族的境况结合之后，会一点点地改变其形态，成为该氏族出身的故事。并且，由于主要故事都是人类起源时的故事和将子孙留在人界、自己返回神界的故事等，故这些故事全部都是'很久很久以前'②的故事。""唐代传奇形成时那些极端怪异的故事自然被淘汰了，但有件事情极其明了，即那些传奇小说的核心也都是在叙述神鬼怪异。日本的物语也以唐代传奇为媒介，在日本语或假名的世界中完美现身。"③换言之，和歌是在汉诗的影响下创作，"物语"是以"唐代传奇"（唐代小说）为媒介完美现身的，即都拜"中国文学"之赐产生。

至此要将焦点集中在《古今和歌集》上，特别是要借用风卷景次郎的明快话语说明汉诗与和歌的关系。

当先进文化像波浪涌来的时候，所有的东西都不可抗拒，都被认为是优秀的。原本这里就有的"歌"若不也按照新来的"汉诗"做法正式果断地适用之则无法安心。因此当然会要求和歌必须嵌入汉诗的框架，事实上也只有这样才能放心。在这徐徐产生的观念的变化过程中，和歌也成为言志的文学。这是日本人走出的重大变化

---

① 原文为"書く"，意思是"写、画、作"。揣摩这句话的意思可能是指古代人用口语创作。——译注

② 如《今昔物语集》，古代日本人在开始叙说故事前总会用这个套话，大意相当于我们讲故事前说的"很久很久以前"。——译注

③ 风卷景次郎：《中古的文学》（论文），收录于《日本文学的历史》，每日图书社。——原夹注

的一步，这时和歌也被认为具有和诗（日本语的诗）的性质。

　　事实上，《古今和歌集》这个敕撰和歌集正是在这种意识改变的基础上成书的。能够证明这种观念变化的是《古今和歌集》序的文学思想。序分假名序和汉文序，假名序由纪贯之、汉文序由纪淑望写出，但何为正本、何为改写至今议论纷纷，莫衷一是。我怀疑汉文序是正本。这暂且不说，就是这前与后的问题本身也包孕着许多问题，比如对和汉两文的表达逐字逐句地进行对译，即使将任一序言都看作是正本也并不感到不自然。或许这会让人直接感受到使用《万叶集》创作时的日语是很难写出这个假名序的，而且它与古汉语相距甚远。《万叶集》卷五、卷十九和卷二十的古汉语十分接近中国古文，但日语散文很难移用之，其根本原因就在于用万叶时代的日语和古汉语作文的构思是无缘的。因此，《古今集》和汉两序的相似和接近表明了这两种构思样式的文学表达并非不同的东西，而是由一个创作主体产出的。不久和歌即成为和诗，它与汉诗的差异不外乎仅仅是日语和汉语的差异。

　　在此之前延续了一个世纪、约数代人从15—16岁时即开始学习《文选》的教育过程。这被接受了唐代的制度、仪式、服制、家具等而产生的日本人文化感觉所证明。这个新形成的感觉对日本人在年中节庆时也引进唐代风俗不认为有何不自然。例如，一月七日的七天正月、十六日的踏歌、三月三日的曲水宴、五月五日的猎药草（此后转为菖蒲节，于当天换挂避瘟彩绣球袋）、七月七日的七夕节、八月十五日的名月宴、九月九日的重阳节，当时的日本人已忘记了这些节庆在唐代属于民间活动，而多半将其视为使宫廷生活更显庄严的祭典活动。当这些唐代风俗成为季节运行的刻度时，它与祈年祭、镇花祭、水无月祓、新尝祭、追傩等氏姓社会之前就有的古代生活刻度混合，产生出一种大自然和新季节的感觉。这种感觉主体开始支配日本人的自然观，这时的大自然已不是过去通过祈年祭和新尝祭等可接触的神与人的大自然，形成了一种脱离锄锹的欣赏对象。新文化感觉的形成即如上述。与万叶歌人的主体还是同田园和神明结交的人们不同，这时的和诗主体是都市人、读书人、薪俸工作者。诗已不再是异国的表现，而逐渐让人感到是老朋友。在此过程中和歌也在不知不觉间向异国的构思靠拢。

引进外国文化的汹涌浪潮平稳下来约在文德年间（850—858），在此空档期出于一种新的考虑和歌在宫廷复活了。光孝朝代（884—887）和歌一定再次被人吟咏。不用说我们不能认为这时的和歌创作与汉诗的创作对立是在天皇驾临的宴席上突然出现的，但二者之间的落差很小却明白无误，和歌在后宫集会和普通生活中更显生动地吟唱开来。例如，屏风来自中国，最初上面画着唐画，而开始画上倭画后上面书写的和歌就代替了赞。女御①、更衣②新入宫时，后宫诸殿准备的新家具中一定会有屏风，在上面写上屏风歌具有固定的目的。

继于屏风歌之后出现了和歌比赛活动，这是后宫生活中的一项集会活动。"宽平时代（889—898）后宫和歌比赛"在这种活动中是一个标志性事件。那时先让有名的歌人咏歌，之后他们率领左右两组的人比出胜负，并在那些和歌旁一首一首地附上汉译，由菅原道真写序，于宽平五年（893）编出《新撰万叶集》（有上下两卷，但下卷和歌的汉译过于稚拙，不可能是道真的作品），此事值得关注。不仅和歌附上汉译，而且道真还写了序，从这件事大致可以知道，和歌是依附于汉文学才在宫廷逐渐复活的。③

引文稍长，是因为我无论如何都希望读者能够明白《古今和歌集》和中国汉诗文的关系。

以上引用的风卷和小泽的论文都说，《古今和歌集》的世界和平安时代汉文学的世界差异极小。而且风卷和小泽都总结，《万叶集》受汉文学的影响很小，但站在这个立场重新看待《古今和歌集》时则会看出它带有平安时代初期汉文学的浓厚影响因子。然而我个人认为，无论从"美学的尺度"来看，还是从"自然观"来看，《万叶集》都不过是学习中国诗文范式的产物而已，因此在重新界定《古今和歌集》的美

① "女御"，位于"中宫"之后，乃为天皇侍寝的高级女官，主要来自"摄关"的女儿。从平安时代中期以后"女御"被拥立为皇后成为常态。——译注
② "更衣"，平安时代后宫女官之一，位于"女御"之后，负责为天皇更衣，也为天皇侍寝。——译注
③ 风卷景次郎：《从〈万叶集〉到〈古今集〉》（论文），收录于《朝日研讨会·古典文学之心》。——原夹注

学和自然观时，更需要将其评价为是更多地学习中国诗文（从本质上说，是基于古代中国政治意识形态）的成果。

认真比较研究日本文学和中国文学就不得不承认以上结论。眼下小岛宪之正在陆续发表他的研究成果《"国风黑暗"时代的文学》（共四卷），而且他在面对初学者的演讲中证明了现在被认为是日本抒情精粹的"秋季哀愁"其实也始于对中国诗文的模仿：

　　说《万叶集》没有吟咏秋季哀愁之歌绝无问题，但到平安时代初期，日本汉诗中出现了这个题材。然而认真调查安世①的诗和同时在场的诗友的诗就可以发现，那些诗几乎都模仿潘岳的《秋风赋》和《艺文类聚》等吟咏的悲秋诗。因此"秋季哀愁"这个概念是通过汉籍才获得的。最近观看电视相声节目，见有两个人登场，在类似小品的节目②中说"秋季非常悲愁""寂寞凄凉"等，但这个概念原非日本的产物。平安时代初期这个"秋季哀愁"的概念通过书籍传到日本，不知何时转为日本的观念。由此可见，中国给日本文学或日本人的想法带来的影响非常之大。又比如"孝顺父母"这个思想也始于奈良时代以前，并出现在奈良时代官吏选拔考卷当中，但它仍是从汉籍中学到的思想。从这个意义上说，日本的文学或以"孝顺"为代表的日本儒家思想也是从很早时就开始接受的中国思想的产物。"秋季哀愁"当然是日本人的观念的一部分，但其实它是在平安时代初期向中国学习之后成为日本的观念的产物。平安时代官僚正是通过这种方式创作出秋季悲诗的。

　　……

　　由此可见，《古今集》时代除有万叶因素外，还有所谓的中国思想因素，故仍可说是"国风"衰微的时代。反过来却可以说，《古今集》是赞美汉风即汉诗时代的成果之一。论及和歌复活时它

---

① 良岑安世（785—830），桓武天皇之皇子，平安时代初期的皇族和贵族。因生母（名百济永继，女官）身份低贱，故在政治上进步缓慢。精通汉文，乃《经国集》撰者之一，尤精汉诗，作品收录于《凌云集》2 首、《文华秀丽集》4 首、《经国集》9 首。另与空海私交很好，《性灵集》也收录许多安世赠予的汉诗。——译注

② 原文为"枕"，日本曲艺之一，即在讲滑稽故事前说的一些预告故事内容的短小笑话。——译注

们的语言表达不能忽视汉诗的成果。在这点上，说《古今集》时代
是平安时代日本式的观念在炫耀其优美的时代，不存在中国思想因
素的讲法未必正确。①

一如该演讲所说，许多日本人一提到《古今和歌集》就按照先入之
见，说它反映了"日式文学"的真正面貌，但这种说法是完全错误的。
七夕之歌、雁之歌、闺中艳情歌等，全部都是接受中国诗文影响的
产物。

希望读者不要误解，绝对不要认为我的结论是这些和歌没有价值。
应该说《古今和歌集》在以中国诗文的美学和自然观为基础这一点上，
反而获得了"国际性"和"普遍性"，因而具有精神史的价值。

问题在于好不容易获得共时性的"国际性"和"普遍性"在那时
的宫廷社会开始受到限制，最终作为一种历时性的法则固定下来。在获
得当时（9—10 世纪）国际社会通用的"美"和"自然观"时情况尚
好，而将此视为永久不变的"美"和"自然观"则带来了之后使日本
人精神生活贫乏且狭隘的结果。在祖家的中国，宋朝完成了农业技术的
革命，美学观和自然观因此都迅速发生了变化，但日本列岛的知识分子
却未注意到这一点，永远固定在9—10 世纪的标准上纹丝不动。因为当
时适于将美学观和自然观固定下来的社会结构和生产关系还停留在"停
滞"状态，这对日本民族而言是巨大的不幸。

一般能举出的《古今和歌集》的特色在于"序词"②（多见于"歌
人不详"歌）、拟人法（受到汉诗修辞法的影响）、缘语和双关语（此
技巧适用于男女间赠答歌）、比喻（用于表示颂赞等的和歌和屏风歌等
郑重其事的和歌）这些与技巧有关的表达方式，以及在修撰时经缜密计
算的主题的结构化这种宫廷社会层面的考虑等。以上所举的各种特色均
无大谬，但我却有其他想法。这里抛开复杂的议论先看作品。

---

① 《从〈万叶集〉到〈古今集〉》（论文），收录于《朝日研讨会·古典文学之
心》。——原夹注。原文此处夹注有误，该作品的作者是风卷景次郎，而非小岛宪之。但该演
讲内容由小岛宪之写出。标题不明。——译注
② 序词，在和歌和某种韵文中，为引导出某个语句而在它的前面放置的修辞性语句。与
枕词有同样的修饰功能，但枕词原则上用五音，而序词不受字数限制，可自由创造。其作用与
《诗经》的修辞手法之一的"兴"相似。——译注

以下列举的都是吟唱樱花的和歌，可谓脍炙人口：

见染殿皇后御前瓶中樱花

　　年龄虽到不服老，观花全无寂寞情。① （卷第一　春歌上，52）。
藤原良房②

见渚院樱花

　　世上无樱花，春心常皎皎。自从有此花，常觉春心扰。③ （卷
第一　春歌上，53）在原业平朝臣

今年三月闰月

　　今年春日长，久赏樱花艳。虽说赏樱多，人心终不厌。④ （卷
第一　春歌上，61）伊势

赠来赏樱花诸人

　　诸君探访来，但见樱花开。他日樱花谢，人情未可衰。⑤ （卷
第一　春歌上，67）凡河内躬恒

咏赠僧正遍昭

　　樱花如欲落，即落勿彷徨。故里无人至，谁来赏汝芳。⑥ （卷
第二　春歌下，74）惟乔亲王

---

　　① 原歌是"としふれば　よはひおいぬし　かはあれど　花をしみれば　物思ひもな
し"。——译注
　　② 自此开始的五言译歌引自 https：//tieba. baidu. com/p/151567979？ pid = 1354889114
&cid = 0&red_ tag = 2097070939（译者不详）。引者对其中部分译歌的舛漏做了修正。七言译
歌由本书译者作出。——译注
　　③ 原歌是"世の中に　たえて桜の　なかりせば　春の心は　のどけからまし"。——
译注
　　④ 原歌是"さくら花　春くははれる　年だにも　人の心に　あかれやはせぬ"。——
译注
　　⑤ 原歌是"我が宿の　花見がてらに　来る人は散りなむ　のちぞ恋しかるべ
き"。——译注
　　⑥ 原歌是"桜花　散らば散らなむ　散らずとて　ふるさと人の　きても見なく
に"。——译注

心情厌烦时下帷避风期间见折樱散落

垂帷密室间，不觉春归却。犹待樱花开，谁知花已落。① （卷第二 春歌下，80）藤原因香朝臣

樱花散落

大地天光照，春时乐事隆。此心何不静，花落太匆匆。② （卷第二 春歌下，84）纪友则

无题

春雨降如此，人间热泪新。樱花飘落甚，不惜恐无人。③ （卷第二 春歌下，88）大友黑主

亭子院歌会时作

风起樱花落，余风尚逞威。空中无水处，偏有乱花飞。④ （卷第二 春歌下，89）纪贯之

无题

花色终移易，衰颜代盛颜。此身徒涉世，光景指弹间。⑤ （卷第二 春歌下，113）小野小町

例举的 10 首和歌都是吟咏樱花的。应关注《古今和歌集》"春二月"的主题全部由樱花构成，但大体说来，卷第一"春歌上"歌唱"开放的樱花"，而卷第二"春歌下"则主要歌唱"散落的樱花"（部

---

① 原歌是"たれこめて　春のゆくへも　知らぬまに　待ちし桜も　うつろひにけり"。——译注
② 原歌是"久方の　ひかりのどけき　春の日に　しづ心なく　花の散るらむ"。——译注
③ 原歌是"春雨の　ふるは涙か　桜花散る　を惜しまぬ　人しなければ"。——译注
④ 原歌是"桜花　散りぬる風の　なごりには　水なき空に　浪ぞ立ちける"。——译注
⑤ 原歌是"花の色　はうつりにけり　ないたづらに　我身世にふる　ながめせしまに"。——译注

分地方再度插入"开放的樱花"，目的是达到起承转合的效果，通过复式结构表现樱花的自然变迁和寄予樱花的人的感情的变化），不妨将其视为在整体上表现 10 世纪左右的歌人心中的美好世界。吟味那些和歌，在原业平的《见渚院樱花》沉溺于樱花的娇美中，做出一种与事实相反的假设：如果这个世界没有樱花就好了。凡河内躬恒的《赠来赏樱花诸人》想象樱花飘散后的场景，之后又多少带有点嘲讽的意味，想象大概会产生恋情。"春歌下"的惟乔亲王、藤原因香、纪友则、大友黑主、纪贯之、小野小町的和歌，或显忧郁的，或以一种陶醉后的出神状态吟咏"散落的樱花"，仔细追寻下去都与"人世无常"有关。但即使不如此穿凿附会，也大体可以判断出平安王朝的人们对樱花的感情和心情。

由此可见，日本人在从 9 世纪初到 18 世纪末的约 950 年间，每看到樱花就赞赏它的美丽，哀惜它的散落，感到世事的短暂和无常。樱花带有杀伐之气，与黩武思想结合，只是在接近江户时代末期的文化年间（1804—1816）平田笃胤[①]和大国隆正[②]等好战的国学家开始提倡那些理论之后的事情。第二次世界大战时有人诬称像樱花那样瞬间散落就是武士道的极致等，将众多有为的年轻人强行拽入战场，但那种军国主义的樱花观仅仅是故意歪曲原有"樱美学"的产物。如上可见，《古今和歌集》的歌人显示的樱花观赏态度是最正统且最"日本式"的。

就本居宣长吟咏樱花和"大和心"（或"大和魂"）关系的那首著名和歌"若问大和心何物，朝日映红山樱花"[③]的真意，在近世及以后的日本人中间引起了出人意外的误解。就此歌宣长的门人、后成为养子的本居大平曾在回答伴信友[④]的提问时留下以下话语，应该最为正确：

---

① 平田笃胤（1776—1843），江户时代后期的"国学家"，"国学四大人"之一。作为本居宣长殁后的门人致力于"古道"的学问，使复古神道体系化，并以其"草莽国学"对尊王运动产生巨大影响。著有《古史征》《古道大意》《灵能真柱》等。——译注

② 大国隆正（1792—1871），幕末的"国学家"、歌人。津和野藩藩士，曾跟随平田笃胤学习"国学"，并进入昌平黉学习汉学，向村田春海学习和歌、音韵，甚至研究西洋学问和梵书等。著有《六句歌体弁》《语汇之道》《古传通解》《本学举要》等。——译注

③ 原歌是"しきしまの　やまとごころを　人間はば　朝日に匂ふ山桜"。——译注

④ 伴信友（1773—1846），江户时代后期的"国学家"，近世考证学的泰斗。若狭小滨藩藩士。1821 年致仕后倾力于和汉学问，成为本居宣长殁后的门人。著有《蘽》《假字本末》《长等之山风》等。——译注

问:"朝日映红山樱花"歌吟咏之本意何在?敬请回答。

答:先师说过仅美丽洁净而已。

　　也就是说,宣长吟歌的本意是,无须许多夸张的理由,只要对着樱花发出感叹"真美"就是"大和心"的神髓。宣长出生于富裕的城市居民家庭,自己也是医生,自然具有合理主义的思想,看穿了封建统治者强加给人民大众的儒教(朱子学)意识形态充满着做作和欺骗。他认为《源氏物语》中的出场人物按照赤裸裸的人的感情和欲望生活就是"知物哀"。读宣长的初期作品《紫文要领》可以知道,有人非难光源氏及其他人都如同女子孩童,没有一点男子气,宣长回答:"是的,皆与女子孩童无异!"并断言不毅然决然、孱弱、嘟嘟囔囔、松松垮垮、愚笨等才是人的不事伪装、真实一面的体现,而自作聪明、显示伟大只不过是在矫情。他还断言:"在描写武士毅然决死战场时通常都会刻画他的行为如何勇敢,值得称道。但若追究彼时他心中之真实想法,如实写来,则武士一定会眷念故乡之父母,也想见一眼妻子与儿女,多少也会惋惜自身生命。此为人之常情,不可避免。无论是谁,无情无意,则草木不如。若如实写来,则武士如同女子孩童,凡心未泯,愚钝至极。"从处女作《排芦小舟》开始,宣长就一直采取客观主义的态度,说"人情者,如幼稚小儿女也。"最终宣长认为,《源氏物语》的宝贵价值就在于它不加伪饰地表现了女子孩童的愚钝心情,主张"大和魂"就是不伪饰的真实"人情"(人性),并抗议说汉学家所说的"士道"全都是欺骗。

　　要说明的是"大和心"或"大和魂"这些词汇都出现在平安时代中期。

　　最早使用"大和魂"这个词汇的是 10 世纪末或 11 世纪初的作品《源氏物语》。在该物语"少女卷"中有一句话,即"须以'才'为根本,再驱使用于世事之大和魂方为牢靠"。这里所说的"才"指汉学知识,当时的全部学问就是知晓中国的典故,精通诗句。"才"好是男子的骄傲和有名誉的男子的必要条件。而"大和魂"指"性情、会关心人、用心"等,意味着一种自主的气魄、心理状态、思虑周详等处世的经验和才能。因此《源氏物语》"少女卷"的这句话可以解释为,日本人独特的"魂"的功能若不以汉学教养为基础就不能适当且充分地发挥出来。

　　第二个用例出现在赤染卫门的俳谐歌中。该用例出现的时间或许比《源氏物语》还早，被收录在《后拾遗和歌集》"第二十俳谐歌"的末尾，采用妻子赤卫染门以和歌回复丈夫大江匡衡作歌的形式：

　　　　めのとせむとてまうできたりける女のちのほそく侍りければ
　　　　よみ侍りける儚くも思ひけるかなちもなくて博士の家の乳母せむ
　　　　とは（1219）大江匡衡朝臣

　　　　かえし

　　　　さもあらばあれ大和心し賢くばほそぢに付けて荒す計ぞ
　　　　（1220）赤染卫门

　　这两首酬和歌的大意是，作为汉学（"文章道"①）博士的大江匡衡，看见上门的乳母即赤染卫门的扁平乳房唱道："不！太不靠谱了。她的乳房如此干瘪，怎能做我文章博士之家的乳母呢？"这时才气勃发的赤卫染门以歌回答："这无妨。我虽无汉学素养，但使用假名的能力超强。我可以此性情为武器，即使被你戏耍的乳（译按：日语的'乳'和'知'发音相同，意通'汉学'）房小一点，但我仍能麻利地养育儿童。"原本俳谐歌在文学上不能称之为品位高的和歌，这两首酬和歌的有趣之处在于，匡衡在炫耀"博士之家"即汉学大家的男性权威，对此赤染卫门显示出自己的"大和心"即善于使用假名的女性性情。所谓的"大和心"即"女汉子"的性情。

　　通过这两个用例可以知道，"大和魂"或"大和心"诞生于假名（和文）文化取代"真名"（汉文）文化的时代思潮当中。换言之即日本在进入女性文化取代男性文化时期后的本土意识的首次自觉。在这种"国风文化"兴起的过程中和歌复活，取代了汉诗，并有了《古今和歌集》。《古今和歌集》整体洋溢的那种"女人气"和"机敏"感觉才是

———————————

　　①　"文章道"，律令制中央学校"纪传道"学科的别称。指学习中国史学、文学，并学作文的课程。——译注

"大和心"的神髓。《万叶集》中樱歌的数量仅占到梅歌数量的三分之一，但在《古今和歌集》中樱歌的数量却超过梅歌的数量两倍以上。这只说明当时的趣味有了转换，樱花从男性之花转向女性之花。樱花确实就是"女性之花"。

本居宣长山樱花歌的"大和心"即"女人心"，它歌唱的樱花就是"女性之花"。

返回正题，自近代之后《古今和歌集》的价值受到不正当的轻视，令人遗憾。明治和歌革新运动的领导者正冈子规一口咬定"《古今和歌集》乃不足取之歌集"。从子规文章的前后关系来看，他只不过是在与《万叶集》做比较时得出这个结论的。结合当时旧式歌人奉《古今集》为金科玉律的事实，最终《古今集》被贴上"不足取之歌集"的标签。而且在明治、大正、昭和这三个时代还形成了可与《万叶集》对抗的是《新古今和歌集》这个新观点。实际上与《古今和歌集》的研究书籍相比，《新古今和歌集》的研究著作更多，特别是在第二次世界大战后掀起了"中世热"，主张《新古今和歌集》乃最好的歌集的观点甚嚣尘上。

然而，如果有人冷静地观察就会看出《古今和歌集》比《新古今和歌集》在艺术创造力方面优秀得多。从宏观上看也会明白，日本文学和艺术的整体从平安时代以后一直到镰仓、南北朝、室町时代，在语言艺术和造型艺术方面是每况愈下。在诗歌方面无论如何"记纪"歌谣和《万叶集》都是一座高峰。《古今和歌集》虽不及《万叶集》，但仍将其后的二十部敕撰和歌集甩在后面而高高耸立。特别是《古今和歌集》在首次发现"大和心"方面居功至伟。

我们已经对《古今和歌集》咏樱的几个歌例做了考察，阐明了王朝时代的人们在吟咏樱花时总像是在啜泣，陷于阴郁的心情当中。并且明确了按那种方式看樱花，或低声哭泣，或郁闷不堪，从本质上说就是"大和魂"在起作用。因为从诞生《古今和歌集》的社会基础当中人们可以追踪到那极其"女性化的事物"现实化和具体化的过程。这时急追唐风的文化思潮依然强劲，但逐渐转向日本化的风潮已然出现，与此相应的社会条件正在完备。

敬请读者再次阅读第一个歌例（《国歌大观》第52号）。这首歌集中且典型地体现出《古今和歌集》的本质。以下考察它的背景。

桓武天皇迁都平安京（794）以来，希望重建律令国家，其间虽有曲折，但总算推进了"中央集权体制"。原本日本律令直接引自中国法制（唐制），故以适合日本国情、采用实用主义为原则，设立了"令外之官"①等，但整体的文化色彩始终都是模仿"唐风"（摄取中国文化）。催生出平安时代初期文化之花，被赞颂为"弘仁之治"的是以无比热爱汉文化的嵯峨天皇（809—823年在位）为代表的当时的知识阶级。除编撰出《弘仁格式》和《新撰姓氏录》等外，嵯峨天皇本人还是"日本三大书法家"之一，可见该"唐风文化"的潜在活力如何强大。还有一个同样可称为平安时代初期文化之花，亦被称为"贞观之治"的年代，这个时代始于清和天皇（858—876年在位）9岁即位，外祖父"太政大臣"藤原良房代行政务，即开启的所谓的"摄关政治"时代。在美术史上这二者被合称为"弘仁、贞观文化"，具体则指在平安时代初期约100年间兴盛的密教艺术。总之，它显示的是天平艺术和藤原时代艺术过渡期的文化。

实质上让"唐风"文化（汉文文化）向所谓的"国风"文化（假名文化）大转变的是在宇多天皇（887—897年在位）和醍醐天皇（897—930年在位）治世之后，从历史学的区分来说，它可谓是与"摄关政治"并行的文化思潮。具体来说，藤原良房的养子藤原基经在宇多天皇即位第一年的仁和三年（887）颁布"关白"诏书。"关白"的意思是所有政务必须"关白"②（报告）"太政大臣"，从某种意义上说，"关白"掌握了专制统治者的权力。此后大凡（之所以这么说，是因为例外地出现了像菅原道真的竞争对手藤原时平那样中断"摄关"制度、试图恢复天皇亲政的革新派"左大臣"）都由藤原氏族的"摄政""关白"主宰朝政。"摄关政治"的顶点不用说出现在藤原道长和藤原赖通的父子时代。在与此"摄关"时代顶点相当的时期，文化名人辈出，如紫式部、清少纳言等女流假名文学作家，藤原行成等书法大家，巨势金冈等倭画作家，定朝等佛像制作大师。藤原文化大约终止于11世纪后半叶。

---

① 令外之官，指律令的"令"规定之外的官职和官厅，如"内大臣、中纳言、参议、检非违使、藏人所、近卫府、摄政、关白"等。——译注

② 参见《后汉书·霍光传》："诸事皆先关白光，然后奏御天子。"——译注

在思考"摄关"时代文化思潮时就不得不思考开启"摄关"制度的藤原良房的历史地位。藤原良房（804—872）是"左大臣"藤原冬嗣之子，因受天皇重用娶皇女洁姬为妻，后来又为了将其妹顺子之子道康亲王立为皇太子而发动"承和之变"，废东宫恒贞亲王，最终成功地让道康亲王成为文德天皇。之后又让其女明子以皇妃身份嫁文德天皇，再让外孙惟仁亲王成为清和天皇。清和天皇即位翌年的天安二年（857）良房成为平安时代首任的"太政大臣"，之后又通过贞观八年（866）的"应天门事件"杀掉政敌伴善男，成为人臣第一的"摄政"。良房运用与生俱来的政治手腕，耐心地干掉一个个政敌，最终与皇室联姻，掌握了最高的权力。

请关注藤原良房的那首"年龄虽到不服老，观花全无寂寞情"歌。歌序是"见人在染殿皇后面前将樱花插入花瓶而咏"，将自己的女儿、文德天皇的皇后且是清河天皇的母后明子称为"染殿皇后"。歌的大意是自己已是老人，但看樱花绝无寂寞冷清之感。毋庸置疑，在潜台词中"花"指自己的女儿明子。这首歌和150年后良房的第5代孙藤原道长的名歌"此世当为我而有，犹如满月不曾亏"① 恰成对照，可谓"摄关"政治始于"花"而在这时走向"满月"。

不可忽视且重要的是，藤原良房极尽荣达的直接契机乃女儿明子即位"染殿之后"创造的。《古事记》和《日本书纪》也记载着诸多将婚姻用于政略的事例。然而在那些场合女性不过是用于苦肉计，作为野心勃勃的男性的临时代用品，二人在表面上也有夫妻关系，但妻子随时都暴露于危险之中，不知何时将被丈夫杀掉。可是在藤原良房开创的闺阀政治当中，这种政略婚却与过去的迥然不同，女性（特别是女儿）是作为一种担保物或投资物恒久地起到极其重要的作用。这个重要的财产在未来都不断地按照复利法产生莫大的孳息。不用说这个现象仅发生在贵族阶层，但历史上从没有像这样父母珍视女儿的时代，也从没有像这样女儿可以梦想坐上所谓的玉轿的时代。男子生下来脑子管用即告万事大吉，但女子却拥有使婚姻成为人生第二个机会的可能。当时不仅是贵族，而且中流阶级的父母也都梦想让女儿到宫中服务，使女儿和自己都

---

① 原歌是"この世をばわが世とぞ思ふ望月の欠けたることのなしと思えば"。——译注

走向荣达。《源氏物语》"帚木"卷"雨夜（女性）品评"一段曾露骨地说出当时的女性观。在这个时代，除了占人口绝大多数、苟延残喘于地方行政长官压榨的贫农阶层之外，多少有些知识的社会阶层都接受并再生产了这种"女性观"。

因此，我们不能仅仅在表面上接受对《古今和歌集》的"女性的""具有喜好理性比喻的精神""贯穿着委婉、优美的技巧"等的文学史性质的评价，还要看到作为《古今和歌集》显著特征的"拟人化"（也可说是表现大自然或动植物具有与人同样的情感、进行相同活动的修辞法）除了有原始宗教感情和汉诗文影响的原因之外，还如实地反映了王朝人士以女性为核心、无法不关心广泛的"人际关系"的生活逻辑。另外也要看到，"缘语、一语双关语"的技法用于男女间的和歌赠答和君臣间的问候是《古今和歌集》原有的姿态。如此说来，上述的"比拟"技巧也仅专用于宫廷社会的献歌和屏风歌等礼仪式的和歌。大自然和动植物都只不过是象征一定的"人际关系"的媒介和手段。

通过以上叙述，我们可以大致明白《古今和歌集》吟咏的大自然都只是王朝贵族"人际关系"的比喻。之后称为"花鸟风月"、宛如日式抒情极致的概念，其原意也绝不是纯粹的大自然爱。"花鸟风月"这个词组最早出现在约成书于室町时代的汉文体范文例集《庭训往来》中，原话是"夫花下之会事，花鸟风月者，好士之所学"，所以它是较新时代的美学规范。然而"花鸟"已经使用在《古今和歌集》"真名（汉文）序"中："至有好色之家。以此为花鸟之使。乞食之客。以此为活计之谋。""假名序"说是"设若好色之家，中有埋木，不为人知也。其实皆落，其华孤荣，不登殿堂，更劣于出穗之芒草"。其前半句的意思指"埋没于好色人群之中，如炭化木般不为人知，仅为好色人群所喜好"。后半句的意思是，"即便公开，也不是可以拿得出手的东西"。[①]也就是说，"花鸟"只不过是在非光明正大的场所，即阴暗的角落偷偷摸摸地暗通款曲这种行为的代名词，总之是男女间"人际关系"的比喻。进一步说，"花鸟之使"指唐玄宗为收集天下美女派出的使者，也指周旋于男女之间的使者或媒人，只表示极其强烈的欲望和爱恋等意

---

①　据《日本古典文学大系》"头注"。——原夹注

思。查诸桥辙次[①]《大汉和辞典》卷九可见以下解释："花鸟使，唐开元年间带着采择天下美女填入后宫的任务年年派出的使者。又，天宝年间为司宴而选出的六宫风流艳态者。转喻男女之间的媒人。恋情使者。《唐书·吕向传》：开元年中，召入翰林，时帝岁遣使，采择天下姝好内之后宫，号花鸟使。《天中记》：唐天宝中，天下无事，选六宫风流艳态者，名花鸟使，主宴。《元稹·上阳白发人·乐府》：天宝年中花鸟使，撩花押鸟含春思。"[②] 这个元稹（779—831）是可与白居易媲美的中唐诗人，该《元氏长庆集》与《白氏文集》一道被运至日本，因此事事实清晰，故可认为它对日本的汉文学产生了极大的影响。无论我们做何猜想，"花鸟之使"的原意在此都明白无误。因此"花鸟"的原有概念不管做任何扩张性解读，而都只是作为在暗中反映某种"人际关系"的手段，此外别无积极意义。换言之，花就是花，鸟就是鸟，而并非他物——直接通过感觉观赏动植物的姿态在此全然不见。

先前我们在探讨樱歌后发现，《古今和歌集》的歌人对樱花的植物生态非常不关心，这令我们大为惊讶。但或许有人会怀疑我们仅将例证限定在咏樱的和歌里，故下面要举出咏松的歌例，请那些人士用自己的眼睛再确认一遍：

宽平帝时后宫歌会所咏

松绿寻常色，四时不变形。春回大地绿，松树也增青。[③]（卷第一　春歌上，24）源宗于朝臣

宽平帝时后宫歌会之歌

大雪严寒日，年当岁暮时。枫叶终变色，不变是松枝。[④]（卷

---

① 诸桥辙次（1883—1982），汉学家，毕业于东京高等师范学校（现筑波大学），曾留学中国，因受大修馆社长铃木一平的邀请，于1928年开始编撰《汉和辞典》。后因战争一度中止，战后继续编撰，1955年刊行《大汉和辞典》（共13卷）第1卷，1960年全部完成。总页数约15000页，收录汉字49964字，在日本的《汉和辞典》中规模最大。另著有《诗经研究》《儒学的目的与宋儒的活动》《支那的家族制》等，1965年获日本文化勋章。——译注

② 诸桥辙次：《大汉和辞典》。——原夹注

③ 原歌是"ときはなる　松のみどりも　春くれば　今ひとしほの　色まさりけり"。——译注

④ 原歌是"雪ふりて　としのくれぬる　時にこそ　つねにもみぢぬ　松もみえけれ"。——译注

第六 冬歌，340）佚名

良岑经世四十寿辰代其女祝贺

万代如松寿，祝公定可期。松阴长鹤立，托庇万年时。① （卷第七 贺歌，356）素性法师

秋

住吉松原广，秋风吹怒号。如海翻白浪，更听风声高。② （卷第七 贺歌，360）凡河内躬恒

无题

此别将何往，前程稻叶山。诸君如待我，闻讯即时还。③ （卷第八 离别歌，365）在原行平朝臣

无题

夕照山头树，松针四季同。正如心上恋，永远属精忠。④ （卷第十一 恋歌，490）佚名

无题

风吹浪打岸，洗出岸松根。我有哀音出，衣襟满泪痕。⑤ （卷第十三 恋歌三，671）佚名

人谓此歌乃柿本人麻吕所咏

自我见它有岁月，住江岸松经何年?⑥ （卷第十七 杂歌上，905）

---

① 原歌是"よろず世を　まつにぞきみを　いはひつる　ちとせのかげに　すまんと思へば"。——译注

② 原歌是"住のえの　まつを秋風　吹くからに　こゑうちそふる　おきつしらなみ"。——译注

③ 原歌是"立ちわかれ　いなばの山の　峯におふる　松としきかば　今かえりこむ"。——译注

④ 原歌是"ゆふづく夜　さすやをかべの　松のはの　いつともわかぬ　こひもするかな"。——译注

⑤ 原歌是"風ふけば　浪打つ岸の　まつなれや　ねにあらはれて　なきぬべら也"。——译注

⑥ 原歌是"我みても　ひさしくなりぬ　すみのえの　きしのひめまつ　いくよへぬらん"。——译注

无题

住江岸松若为人，我欲问它今高寿。① （卷第十七 杂歌上，906）佚名

无题

岩上小松谁种植？种时祈祷万年长。② （卷第十七 杂歌上，907）佚名

人谓此歌乃柿本人麻吕所咏

就此生涯告结束？我非高砂尾上松。③（卷第十七 杂歌上，908）

无题

谁可做我好朋友？高砂名松非故人。④ （卷第十七 杂歌上，908）藤原兴风

答歌

如待高师海岸松，唯惜无缘可相见。⑤ （卷第十七 杂歌上，915）纪贯之

陆奥歌

送夫离家赴京城，恋见盐釜湾老松（谐"待"意）。⑥（卷第二十 大歌所御歌，"东歌"1089）佚名

---

① 原歌是"住吉の 岸のひめまつ 人ならば いく世かへしと とはましものを"。——译注

② 原歌是"梓弓 いそべのこまつ たが世にか よろづよかねて たねをまきけん"。——译注

③ 原歌是"かくしつつ よをやつくさん たかさごの をのへにたてる まつならなくに"。——译注

④ 原歌是"たれをかも しる人にせん たかさごの まつもむかしの 友ならなくに"。——译注

⑤ 原歌是"おきつなみ たかしのはまの はままつの なにこそ君を まちわたりつれ"。——译注

⑥ 原歌是"わがせこを みやこにやりて しほがまの まがきのしまの まつぞこひしき"。——译注

无题

我若对卿有异心，海浪越过末松山。①（卷第二十　大歌所御歌、"东歌" 1093）佚名

冬之贺茂祭歌

贺茂神社姬小松，万代千秋色不易。②（卷第二十　大歌所御歌、"东歌" 1100）藤原敏行朝臣

以上 16 首是《古今和歌集》收录的全部 "松" 歌。此外，以下还有含 "松" 的 "缘语" 即 "等待" 的 8 首 "松" 歌。但这 8 首从意思上说与咏 "松" 的题材完全不同，故与上引的 16 首歌分开说明。

请仔细品味这 16 首 "松" 歌。

令人惊讶的是，直接从感觉上吟咏作为植物的松树的作品在这 16 首中 1 首未见，而都表示以下三个内容：（1）作为长寿的象征进行祈祷（"松常青""万代如松寿""万年时""几多世代"）；（2）作为节操的象征加以礼赞；（3）用于双关语表示 "等待"。第 1 首歌表明愿望：自己能像道教所说的那样不老长寿。第 8 到第 12 首和第 16 首也一样。第 2 首（《国歌大观》编号 340）稍难理解。据《日本古典文学大系》"头注"，"枫叶终易色，不变是松枝" 说的是 "不管松树到哪里都不会像枫叶那样变色。《论语》谓：岁寒，然后知松柏之后凋也"。也就是说，这首歌表明的是臣下托松树节操坚贞，誓言对帝王忠贞不二。仅第 4 首看上去好像是吟咏大自然的作品，但此歌有歌序 "内侍司长官兄右大将藤原朝臣四十寿辰时写于四季画屏风之歌"（《古今和歌集》中 7 首歌有此歌序，这首歌属第 4 首），包含着谄媚 "内侍司" 长官（女长官）藤原满子之兄藤原定国的意思，故不能认为此歌在吟唱作为植物的松树。而以下的 8 首歌无论是恋歌还是酬和歌都与双关语的 "等待" 有关：

---

① 原歌是 "きみををきて　あだし心を　わがもたば　すゑのまつ山　浪もこえなん"。——译注
② 原歌是 "ちはやぶる　かものやしろの　ひめこまつ　よろづ世ふとも　色はかわらじ"。——译注

无题

宅近植梅花，待人松树下。梅香四处飘，疑是袖中麝。① （卷第一 春歌上，34）咏者不详

无题

等待（音谐"松"）何许久，五月悄来临。杜宇啼山上，方知岁月侵。② （卷第三 夏歌，137）咏者不详

闻杜鹃啼于山而咏

杜宇鸣松山，待人人不还。我闻凄切意，忽忆恋人颜。③ （卷第三 夏歌，162）纪贯之

小竹、松、枇杷、芭蕉

待（"松"）君时已久，日数早经过。希冀相逢意，人人习见多。④ （卷第十 物名，454）纪乳母

无题

独宿和衣卧，空床转辗思。今宵待（"松"）我者，宇治有桥姬。⑤ （卷第十四 恋歌四，689）咏者不详

宇治玉姬

待（"松"）人人不来，入夕秋风起。萧瑟是风吹，悲哀何可止。⑥ （卷第十五 恋歌五，777）咏者不详

---

① 原歌是"やどちかく 梅の花うゑじ あじきなく 松人のかに あやまたれけり"。——译注
② 原歌是"さ月松 山郭公 うちはぶき 今もなかなん こぞのふるごゑ"。——译注
③ 原歌是"郭公 人松山に なくなれば 我うちつけに こひまさりけり"。——译注
④ 原歌是"いささめに 時まつまにぞ 日はへるぬ 心ばせをば 人に見えつつ"。——译注
⑤ 原歌是"さむしろに 衣かたしき こよひもや 我を松覧 宇治の橋姫"。——译注
⑥ 原歌是"こぬ人を 松ゆふぐれの 秋風は いかにふけばか わびしかるらむ"。——译注

无题

　　住江有古松，松树长终古。久待无人来，相思亦太苦。① （卷第十五 恋歌五，778）咏者不详

无题

　　住江有古松，久待无人至。芦鹤发哀声，随声终日泪。② （卷第十五 恋歌五，779）兼览王

　　由此可以得出结论：《古今和歌集》的歌人从一开始就没有开眼于松树的植物美和造型美，他们所爱并执拗于的是松树被赋予的儒教教规和道教憧憬。梅歌、菊歌、枫歌等概莫能外。

　　如果这就是《古今和歌集》的特色，那么我们作为现代人只能做出批判。若此，则正确的方法就是要更准确而敏锐地把握这个古典歌集的本质。毕竟这个歌集经得住时间的考验。

　　需要再次确认的是以下事实，即《古今和歌集》的撰者和作者都具有各自不同的氏族谱系和官职地位，以及相互的"人际关系"，并以其各自的诗歌才能加入到这个作家群中来。

　　因此最正确的说法就是，我们不应该将下令敕撰的醍醐天皇（其身后有宇多天皇的意志）、4 名撰者（纪贯之、纪友则、凡河内躬恒、壬生忠岑）和在原业平、小野小町、僧正遍昭等歌人群体看成是不同的个体存在，而应该认识到他们是一个在相互的社会关系和相同的时代思潮下的"统一体"。松田武夫③指出："《古今集》修撰时与皇室有关的作者组成了一个集合体，要求具有相当实力的作者加入到这个群体中

---

　　① 原歌是"ひさしくも　なりにける哉　すみのえの　まつはくるしき　物にぞありける"。——译注
　　② 原歌是"住のえの　まつほどひさに　なりぬれば　あしたづのねに　なかぬ日はなし"。——译注
　　③ 松田武夫（1904—1973），"国文学"家、作家，毕业于东京帝国大学文学部国文科。1956 年以《金叶集的研究》获东京大学文学博士。历任陆军士官学校、宇都宫大学、专修大学、二松学舍大学教授。专门研究"敕撰和歌集"及平安时代的文学。著有《平安时代的文学》《王朝和歌集的研究》《敕撰和歌集的研究》等。——译注

来。"① 并特别就"贺歌"指出："《古今集》收录了与宇多天皇、醍醐天皇的祖先、光孝天皇和醍醐天皇的外戚藤原基经有关的人士的贺歌。其中也存在撰者的考虑，也就是该卷贺歌的主题。"② 此乃真知灼见。不管是以春日地区的大自然为题材表露出自己喜悦的心情，还是吟咏秋日的景物，进行抒情表白，《古今和歌集》的主题就集中在以"委婉优美的技巧"，"智慧"而又"女性地"表现宫廷社会的"人际关系"。

更清晰地说就是，在《古今和歌集》的世界中，吟咏梅、樱、菊、松本身都构成了臣下（宫廷官僚）对帝王（执权者）的"服从礼仪"。

不过若单纯地切割出政治因素，则会忽略《古今和歌集》包含的"艺术创造"部分。当我们从撰者思考的"结构意识"重新看待此问题时，唯一可以明确的就是，在以"摄关"阀族政治取代律令国家法治主义为背景的平安贵族日常生活感情中，一种被清晰认识的"物哀""伤感"等忧郁、绝望的因素成为"创造力的源泉"。而且，因闺阀体制逐日强固，其他的人在面对是否可荣达的问题时只有将自己交付给命运的安排。因此在这个时代，愚昧的占卜术流行了起来。有文才的人只有攀附文学才可以勉强打开处世的通道；有女儿的中流阶层的父母将自己最后的机会放在让其女入宫的赌盘上。在 9 世纪末到 11 世纪中叶的"摄关"时代，如果有人不将关注的目光盯在以藤原北家为原点的人伦组织（社会关系）的变迁上，那就无法度过自己真正的人生。因此知识阶层不管是春夏来到，还是产生恋情，抑或是出外旅行，其思考的结果一定是想到"人际关系"。对山川草木咏叹，该咏歌也一定与"人际关系"的意象重合。因而说《古今和歌集》是理性、知性且纤细的，但那理性、知性且纤细的内核也不过是与"人际关系"有关的理性、知性和纤细。于是在不通用"汉才"（执权者的思考）的场域"大和魂"（人际关系的施用方式）就会发挥功效。

如此说来，也许有人会觉得《古今和歌集》是一部极端无趣的歌集，因为它的"抒情和歌"从一开始就不外乎是这些东西。《万叶集》也同样如此。一首一首分析过去，其多半也都是比喻"人际关系"的歌曲。由于它以中国"古代诗歌"为范本，一开始就打定要"诗言志，

---

① 松田武夫：《平安朝的和歌》。——原夹注
② 松田武夫：《〈古今集〉的结构研究》。——原夹注

歌咏言",故只能出现那种的和歌。当我们阅读到《万叶集》和《古今和歌集》的作者转托于自然描写以表现自己生活的郁闷和不如意的和歌,就不禁泪湿衣襟。《古今集》歌者中像惟乔亲王和小野小町那样的人很多,创作出无数令人泪湿衣襟的作品。这种柔弱无力和多愁善感,无论从何种角度考虑都并非来自纯粹的自然观照,毋宁说来自"人生观照"。仅就秀歌而言,《古今和歌集》的功绩就在于它开拓了"人生观照"这种新的艺术次元。

从自然观这个角度看,《古今和歌集》在确立并体系化春夏秋冬四季的门类这点上给后来的日本文学和造型艺术以巨大影响,但即使如此也应该认为,它仅仅是在结构上意识到该季节感是一种介入并融合于"人际关系"的生活元素。正是出于有了人的喜怒哀乐方能感觉四季自然之美这种精神态度,才有了四季的门类。从这个意义上可以说,在政治理念方面《古今和歌集》仍停留在"古代诗歌"的圈子里,但它已经在一点一点地脱离中国诗文的影响。变形和改良是"日本文化"的精髓,而中世、近世的歌学家(知识分子)却在举办"古今传授"① 等神秘的仪式,执念于将与此相反的问题固定下来。

① "古今传授",日本歌道传授的方式之一。指中世以来用秘传的形式,将《古今集》中难解的和歌和语句的解释由师父传授给弟子,如"三木""三鸟""三草"等。——译注

第二章　日本自然观的形成与巩固

"文章经国"和"君臣唱和"的世界
——敕撰三汉诗集的自然观

1　《凌云集》的自然观

《凌云集》（正确的说法是《凌云新集》）和《文华秀丽集》《经国集》一道被通称为"敕撰三诗集"（也称"敕撰三集"）之一。

《凌云集》是小野岑守（小野篁①之父，政治嗅觉灵敏，任"大宰大弍"时曾上报九州农民的贫困状况并设置了"公营田"等，后荣登"参议"职位）受嵯峨天皇之命编撰出的日本最早的一部敕撰汉诗集，于弘仁五年（814）成书。小野岑守经与菅原清公②、勇山文继③等商讨后交贺阳丰年④审阅，之后呈献天皇。此集收录了延历元年（782）至弘仁五年23位作者所作的90首诗，其中最引人注目的是被采录的嵯

---

① 小野篁（802—852），平安时代前期的贵族和文人，曾被任命为遣唐使副使，但因大使藤原常嗣专横而称病不赴命，被流放到隐岐岛，后奉召返京任"参议"。博学而善诗文，撰《令义解》。——译注

② 菅原清公（770—842），平安时代前期的贵族、学者和"文章生"，年轻时曾入唐，回国后将获得的新知识用于改善朝廷礼仪，因而升任"文章博士"。参与编撰《凌云集》《文华秀丽集》等。——译注

③ 勇山文继（773—828），平安时代初期的贵族和汉诗人，从四品东宫学士。参与《凌云集》《文华秀丽集》和《经国集》的编撰。《文华秀丽集》和《经国集》各采录1首他的汉诗。——译注

④ 贺阳丰年（751—815），平安时代初期的官员、学者和"文章博士"，曾任播磨国国守等，精通经史，与淡海三船并称汉学权威，诗文收录于《凌云集》和《经国集》。——译注

峨天皇 22 首、贺阳丰年和小野岑守各 13 首、淳和天皇 5 首、菅原清公 4 首的汉诗。其余作者的仅采录 1 至 2 首。作者的排列方式按身份和官职，第 1 个是天皇，之后的按品阶顺序。这种排列方式证明了此集产自以宫廷为中心的贵族官僚的社会意识，呈现出一个金字塔的形状。说它具有宫廷中心的社会意识，是因为岑守虽与空海（精通汉学，是该朝代著名的人物。他记述汉诗文作法的《文镜秘府论》也成书于弘仁元年左右）交情颇深，但在此集中却不收录 1 首空海的作品，显示出一种将宫廷以外的人士全部摒除的思考。书名的"凌云"乃优秀诗文的意思，据说来自《史记·司马相如传》中的一句话——"飘飘有凌云之气"。

需要特别注意的是，小野岑守在《凌云集》卷首所写的"序"中不仅提示了此集的编撰目的和过程等，还提示了"敕撰三诗集"的编撰理念（不，毋宁说是进一步提出了贯穿各作品的创作理念）。

首先我们应该知道"序"的内容：

序　从五品上左马头兼内藏头美浓守臣　小野朝臣岑守上

臣岑守言。魏文帝有曰。文者经国之大业，不朽之盛事。年寿有时而尽。荣乐止乎其身。信哉。伏惟皇帝陛下。握哀紫极。御辨丹霄。春台展熙。秋荼翦繁。睿知天纵。艳藻神授。犹且学以助圣。问而增裕也。属世机之静谧。托琴书而终日。叹光阴之易暮。惜斯文之将坠。爰诏臣等。撰集近代以来篇什。臣以不才。忝承丝纶命。汗代大匠。伤手为期。臣今所集。掩其瑕疵。举其警奇。以表一篇尽善之未易。得道不居上。失时不降下。无言存亡。一依爵次。至若御制令制。名高象外。韵绝环中。岂臣等能所议乎。而殊被诏旨。敢以采择。冰夷赞洋咏井之见。不及太阳升景化草之明。斯迷博我以文。欲罢不能。辱因编载。卷轴生光。犹川含珠而水清。渊沉玉而岸润。起自延历元年，终于弘仁五年。【桓武帝至嵯峨帝之御世也。】作者二十三人。诗总九十首。合为一卷。名曰凌云新集。臣之此撰。非臣独断。与从五位上行式部少辅菅原朝臣清公。大学助外从五位下勇山连文继等。再三议。犹有不尽。必经天鉴。从四位下行播磨守臣贺阳朝臣丰年。当代大才也。迨缘病不朝。臣就问简呈。更无异论。从此定焉。臣岑守谨言。①

此序的后半部分介绍编撰的过程和参与编撰的人物，故无问题。但值得讨论的是开篇提示的"魏文帝有曰。文者经国之大业，不朽之盛事。年寿有时而尽。荣乐止乎其身。信哉"，它说明了诗集编撰和作诗理念具有何种的概念和内容。

这个"文章经国"论明显引自《文选·典论》中曹丕的文章。从残留在"正仓院"文书的史料推断，平安时代初期日本的知识分子之所以熟知这篇文章，是因为他们读过李善注的《文选》，但也可以认为是因为他们能够很轻松地了解到当时已相当普及的、抄录于《艺文类聚》的拔萃文字。那么何谓"经国"？《令集解》卷二"职员令"有"经邦论道"一语，并注解为"古记云，经国经者治也"，所以它是律令统治者相当熟悉的词汇。《日本后纪》桓武天皇诏敕（延历十八年六月五日）有"惟王经国，德政为先"、嵯峨天皇诏敕（弘仁三年五月二十一日）有"经国治家，莫善于文。立身扬名，莫尚于学"的文句，故可想象这个词汇是平安时代初期举国皆知的口头禅。"经国"即经纬、经营国家，当此大任的官僚首先要学习为"文"（文华之道）的方法。总之，确认通过"大学"学习、诗文练达的优秀人才作为官僚参与国家经营（具体工作是推进律令统治体制）的机制，就是这个"文章经国"的潜台词。

小岛宪之在其大作《"国风黑暗"时代的文学》中卷"上 以弘仁时期的文学为主"中就《凌云集》序说，这个《典论》的引用意在"说明时间的'流转'与文学的关系，意味着有人为避免保有永恒性的诗文的物理性消失而有意编撰该诗集。其中并无'文章'和'经国'的联系，也无文学的政治性，仅保持着文学具有的纯粹性和不灭性。"之后小岛又说，《文华秀丽集》"在该序中没有提到'文章经国'的效用。如其书名所示，力说'文华'的至上主义，可以说是在强调典论中的修辞一面"②。并追究了《典论》的"文章经国"的概念：

---

① 据《校注日本文学大系》本。——原夹注
② 原文无夹注，但根据前文可知引自《"国风黑暗"时代的文学》中卷"上 以弘仁时期的文学为主"。——译注

魏文帝所说的"文章经国之大业，不朽之盛事"在修辞上有两面性。一面与经国的问题有关，一面与不朽性、永恒性相关。前者带有治理国家实用性的一面，后者显示其自身的性质和本质。而且从整体看，"文章"具有两面性这件事，一方面显示出文学在取代周汉以来的儒学之后的独立性，另一方面又应该说它尚未完全脱离实用性和功利性。《文心雕龙·程器篇》说："擒文必在纬军国，负重必在任栋梁。穷则独善以垂文，达则奉时以骋绩。若此文人，应梓材之士矣。"（日文解释略——引者）这也在说明文章的经国性。及至六朝时代，文学仍未必具有完全的独立性，也并未完全从政治中解放出来。

就此《典论》的"论文说"成为弘仁、天长年间的文化、文学口号的理由有种种推论。但一言以蔽之，嵯峨天皇爱好以诗为主体的异国文学乃其最大的原因。其在位和退位后的"文章"结晶即陆续推出的敕撰三大诗集，而修撰诗集的旨趣所需的就是提出某个口号。一如上述，奈良时代以来通过文献引进的文学论中有《毛诗大序》的"诗者，志之所之也"这一类的东西，也有陆机《文赋》的"缘情体物"之类的东西。然而在《文华秀丽集》序中有人却将它们移入"君唱臣答"式的君臣唱和世界当中——这些东西虽然抓住了文学的本质，但毕竟是过于渺小、微不足道的文学理论。同为政治家的君主和臣下为了悠游在"文章"的世界当中，即便说一些表面、夸大的空话，也应该会引进可经营国家的"经国"理论。这就是将《典论》的文学评论引进"文章"世界的缘由。①

小岛的学说确为真知灼见。但若问敕撰三诗集是否贯彻"文华至上主义"，就无法如此肯定地回答了。就此我们需要重新思考。

敕撰三大诗集的两部诞生于嵯峨天皇的治世，一部诞生于淳和天皇的治世，仅在这十二三年间就编撰出三部。这真实地反映出以嵯峨天皇为代表的"唐风"宫廷文化是如何兴盛和如何绚烂。一如文学史学家所说，平安时代的汉文学在嵯峨天皇的弘仁时期到醍醐天皇的延喜时期

---

① 小岛宪之：《"国风黑暗"时代的文学》第一章 序说二"文章经国之大业"。——原夹注

（901—923）属于隆盛期，而到村上天皇的天历时期（947—957）以后则进入衰退期。结合政治史重新把握这个隆替的过程，可以说平安时代的汉文学在律令制下十分兴隆，而在"摄关"制下则不断衰退。和歌与物语文学虽然兴盛于律令制因内在的矛盾而开始动摇的延喜时期以后，但根据以上观点来看，就不得不说日本汉文学兴盛的弘仁时期文化，在律令制中仍然反映出相当特殊的政治机构的特点。实际上，在9世纪前叶的30多年时间，同样是天皇亲政，但那是与前两代天皇（桓武天皇和平城天皇）有区别的极其特殊的"亲政三代"。

北山茂夫在其著《王朝政治史论》中说："镇压了（平城）上皇的叛乱后嵯峨天皇及其政府获得了政治的稳定。此后自淳和时期到仁明时期的842年（承和九年，嵯峨天皇的殁年）的亲政三代，的确继承了桓武时期的各种遗产，因而在政治史上有不少的共同点，但也明显表现出与过去极大不同的倾向。"① 其中有两个特点："第一是上皇和天皇从国政领导的方向上后退。换言之，亲政这一形态与过去相比没有变化，但皇室缺乏执政热情，亲政带有形式化的倾向。……谁都无法否认，弘仁年间可称为唐风的文运勃兴主要依靠嵯峨的喜好。这种帝王的风格与深度参与国政的其父桓武天皇和其兄平城天皇有极大的不同。""第二是嵯峨天皇的大家父长制形成的问题。古代史学家经常谈到藤原氏族的氏长者制度，但早于这个制度的是嵯峨天皇在皇室中的大家父长制。……嵯峨天皇有与同母兄平城天皇斗争的惨痛经历。在（平城）上皇于叛乱前后出家隐居在平城旧都时，嵯峨天皇都对他寄予关心和尊重，努力维持一个和谐的局面。之后继位的淳和天皇是嵯峨天皇的异母兄弟，皇后是嵯峨天皇之女正子内亲王，诞下恒贞亲王。淳和天皇后来将皇位让给嵯峨天皇之子正良亲王，即后来的仁明天皇。仁明天皇将恒贞亲王立为皇太子。嵯峨天皇虽说喜好大自然后来居住在嵯峨②，但在死之前一直都以淳和、仁明两天皇身后的家长自居。……嵯峨作为天皇或上皇，以皇统关系为轴心，广泛统辖皇族和王族，寻求王权的稳定，不让臣下特别是藤原氏族介入皇室，但并不因此疏远藤原氏族。他看好右大臣藤

---

① 北山茂夫：《王朝政治史论》第一章 律令专制的动摇与倾斜 二 嵯峨天皇以后的亲政三代。——原夹注

② 嵯峨，京都市右京区大堰川东岸的地名，可与对岸的岚山相媲美的游览胜地，具有众多名胜古迹，如天龙寺、大觉寺、广泽池、清凉寺等。——译注

原冬嗣二子藤原良房的才干，让其女源洁姬嫁给良房。清河朝代的摄政良房，在亲政三代时期也只能在嵯峨大家父长制圈子的一角占有不显眼的一席。"① 这第一点和第二点相互关联，表现出亲政三代的政治形态（特别是宫廷贵族的组织形态）。据北山说明，这意味着在皇权低落的同时，天皇或上皇为适应新时代的趋势，从桓武天皇的政治模式向前迈出了一步。"既然天皇从国政领导的方向上后退，那么政治的主导权就会转移到台阁的人手中。"这很自然，而且这时藤原冬嗣、藤原园人、藤原绪嗣、小野岑守、小野篁、文屋绵麻吕、伴善男等有为的政治家多半都活跃了起来。这些有为而贤明的高官在文学和宫廷游乐方面"与嵯峨等天皇的喜好保持一致，但他们将真正的兴趣倾注于无法掩盖衰颓面貌的国家内部问题"②。中央政府急迫解决的问题堆积如山，如"班田收授制"崩溃、地方农民贫困、流浪者频出等，于是新承担起国政主导权的贵族官僚的作用越来越大。

如此看来，《凌云集》的作者虽说仅限于天皇、皇族和贵族官僚，但此汉诗集也未必止于形象化宫廷内部的"典雅"。更清晰地说就是，越是在宫廷内部欣赏"典雅"，专制统治的能量就越大。而说到"典雅"，其中"游戏"的因素确实占到95%左右，但其余的5%也不是不能从中听到有些人（至少是执权者）的真实声音。例如，收录作品中有以下3首将惊骇读者：

从五位上行大外记兼因幡介上毛野朝臣颖人一首
春日归田直疏
于禄终无验。归田入弊门。庭荒唯壁立。篱失独花存。空手饥方至。低头日已昏。世途如此苦。何处遇春恩。

从五位下行日向权守淡海真人福良满三首
早春田园
寒牖五出花。举厨一樽酒。已迷帝王力。安辨天地久。四分一

---

① 北山茂夫：《王朝政治史论》第一章 律令专制的动摇与倾斜 二 嵯峨天皇以后的亲政三代。——原夹注
② 同上。——原夹注

顷田。门外五株柳。羞堪助贫兴。何更贪富有。

言志

孤树轮困久。三秋零落期。风霜日夜积。荣曜待何时。

或许这 3 首诗仅仅在形式上模仿《文选》（因为《文选》中有无数这样的诗），不过是一种"游戏"或形式上模仿的产物。但即使这样，我们也不能不关注小野岑守的精神姿态：他为何要特意选出这种主题的诗并收录在《凌云集》中。与将山上忆良《贫穷问答》歌收录于《万叶集》的编撰者（假定是大伴家持）相比，《凌云集》的编撰者更认真地试图理解农村的荒废和地方官吏的苦恼。律令专制主义在进入 9 世纪后不得不对被统治者阶级做出相当大的让步。

在看到这一重要的侧面之后，我们要再次冷静地解读和鉴赏《凌云集》。这时我们会发现如此热心学习和模仿六朝诗文的平安时代初期的贵族汉诗人，最终也只是从帝王贵族宴会所作的六朝前期诗歌中汲取营养，并再生产该宴会上所强调的"帝王中心"政治思想。在这点上我们有必要再次确认山岸德平所做的评论——平安时代的汉文学是近江、奈良时代汉文学的继续。从这个意义上说，既然这时的汉文学是六朝、隋唐形式的模仿，那么在创作汉诗文的文人贵族的精神姿态中就明显存在再生产天皇专制主义的意图。同样是六朝诗，其后期的则吟咏江南的美女，在阶级和地域方面该文学素材也开始了大众化。但它传入日本后，中国那种走向大众化的文学思考却戛然而止，最终蜕变为汉诗文即官僚贵族的独占物。《文选》中收录的无论是老庄式隐遁者的诗，还是随心向往神仙的诗，我们都不能认为它具有反体制的思想，但这些诗传入日本，立即就变质为高官贪婪地进入乌托邦的思想。很自然地《凌云集》中也有这种思想的歪斜倒影。有这种倒影不是因为日本人的感性恶劣，而是因为受到该时代社会结构和政治体制的作用。可以说"文章经国""君臣唱和"的诗文观和美学观（其中也包含着自然观），最终放大和增强了急于学习中国专制统治方法的日本律令统治者的念头。

我们已经知道生成《凌云集》性质的主要原因与"嵯峨及其后亲政三代"宫廷社会政治意识形态脱不了干系，故不能仅将《凌云集》理解成是宫廷沙龙的产物。由此我们应该核对《凌云集》的诗例。

以下6首是该集中的杰作：

太上天皇　御制二首
咏桃花　一首

春花百种何为艳。灼灼桃花最可怜。气则严兮应制冠。味惟甘矣可求仙。

一香同发薰朝吹。千笑共开映暮烟。愿以成蹊枝叶下。终天长树玉阶边。

赋樱花

昔在幽岩下。光华照四方。忽逢攀折客。含笑亘三阳。送气时多少。乘阴复短长。如何此一物。擅美九春场。

御制廿二首　嵯峨天皇
神泉苑花宴赋落花篇

过半青春何所催。和风数重百花开。芳菲歇尽无由驻。爱唱文雄赏宴来。见取花光林表出。造化宁假丹青笔。红英落处莺乱鸣。紫萼散时蝶群惊。借问浓香何独飞。飞来满坐堪袭衣。春园遥望佳人在。乱杂繁花相映辉。点珠颜缀鬓鬟吹。人怀中。娇态闲。朝攀花。暮折花。攀花力尽衣带赊。未厌芬芳徒徙倚。留连林表晚光斜。妖姬一玩已为乐。不畏春风总吹落。对此年叶绝可怜。一时风景岂空捐。

重阳节神泉宛赐宴群臣　勒空、通、风、同

登临初九日。霁色敞秋空。树听寒蝉断。云征远雁通。晚蕊犹含露。衰枝不衮风。延祥盈把菊。高宴古今同。

九月九日于神泉苑宴群臣，各赋一物得秋菊

旻商季序重阳节。菊为开花宴千官。蕊耐朝风今日笑。荣沾夕露此时寒。把盈玉手流香远。摘入金杯辨色难。闻道仙人好所服。对之延寿动心看。

从五位下行内膳正仲雄　二首　谒海上人　韵勒遇、树、住、澍、句、孺、务、雾、芋、聚、赋、趣

> 道者良虽众。胜会不易遇。寝兴思马鸣。俯仰谒龙树。一得遭吾师。归贪□寓住。飞流驯道眼。动殖润慈澍。字母弘三乘。真言演四句。石泉洗钵童。炉炭煎茶孺。眺瞩存闲静。栖迟忌剧务。宝幢拂云日。香刹干烟雾。瓶口挑时花。瓷心盛野芋。磬鸣员梵彻。钟响老僧聚。流览竺乾经。观释千硫赋。受持灌顶法。顿入一如趣。①

　　第一首的"太上天皇"即平城天皇。此诗乃其东宫时期的作品。山岸德平就此《咏桃花　一首》有以下评论："《怀风藻》诗为五言，格调类似于魏晋或初唐四杰等的格调。但此诗为七律，只能是受到盛唐律诗影响的产物。可与白乐天诗等相比有几分生硬感。"② 桃树是中国原生的植物，据信树和果实都有驱除邪气的灵力。该信仰、习俗很早就传入日本，并出现在"诺冉神话"于"黄泉平坂"击溃死灵的故事③当中。然而，桃树很有可能是在奈良时代中期从中国移植到日本的。此诗的"灼灼桃花最可怜"使用的是《诗经·周南》篇的"桃之夭夭，灼灼其华。之子于归，宜其室家"的典故；"味惟甘矣可求仙"则一定想到的是陶渊明《武陵桃源》中的故事；"愿以成蹊枝叶下"引用的是《史记》"桃李不言，下自成蹊"的典故；"终天长树"是一种神仙思想的象征。也就是说，此诗的可取之处在于贯穿着中国思想。

　　第二首《赋樱花》有力证明了在平城天皇时代，樱树被看做是中国式的"灵木"。"昔在幽岩下"的思想只能理解为来自魏晋乌托邦思想的影响；"光华照四方"及以下各句也带有神仙思想。此樱花和第一首的桃花完全相同，都象征着超越时空的神话世界，可以说诗的厚重在此得到实现。

　　第三首的"御制"即嵯峨天皇作品的意思。"神泉苑"是平安京禁

---

①　据《校注日本文学大系》本。——原夹注

②　山岸德平：《日本汉文学研究》中古汉文学史。——原夹注

③　"诺"指"伊弉诺尊"，即日本神话中司掌人的生命的男神，也称"伊邪那岐命"；"冉"指"伊弉冉尊"，即司掌人的死亡的冥界女神，也称"伊邪那美命"。二神交合生出国土和众神。"黄泉平坂"指位于人世间和黄泉边境的山坡。故事说男神看见女神死后不该见的肉体，引起女神大怒。她派出追兵追赶男神。男神到"黄泉平坂"坡时，摘下长在那里的 3 颗桃果扔向女神的追兵，后者即作鸟兽散。——译注

苑之一，乃桓武天皇延历年间迁都时仿照周文王的苑囿建造而成，记录说历代天皇经常在此临幸游宴。此诗说嵯峨天皇在神泉苑晚春"花园派对"上咏"落花"。说是"落花"，但并不指平安时代中期之后说法固定下来的那种樱花散落。第二联的"和风数重百花开"，将春天竞相开放的树花和草花相继凋落的情景总称为"落花"。第七联的"红英落处莺乱鸣"和第八联的"紫蕚散时蝶群惊"，明显吟咏的是梅花落后黄莺飞来时的困惑和桃花散尽蝶群翩跹而舞时的狼狈。第十一联提示"春园遥望佳人在"，之后将话题集中在"花精"和"美人的出现"上。最末二联"对此年叶绝可怜。一时风景岂空捐"叙述自我感怀。实在是一幅心情畅快的大陆春色景象。

　　第四首和第五首同样是描写神泉苑重阳节"花园派对"的作品。第四首第七联的"延祥盈把菊"值得讨论。该意思或是在吉祥征候竞相出现的时候，还采摘了吉祥的菊花，也可以理解为将菊花放入吉祥的酒杯。第五首可讨论的是第六联的"摘入金杯辨色难"，意思大约是摘下菊花放入金杯后不辨颜色。第七联的"仙人好所服"和第八联的"延寿"依据的是神仙思想。如此说来，我们只能认为这两首诗都彻头彻尾地以中国思想为范本，它们的主题就是要将中国思想用于宫廷礼仪。

　　第六首的作者仲雄王是继《凌云集》之后的《文华秀丽集》的撰者和写序的重要人物，但其生平全然不知。据《文华秀丽集》序说是"大舍人①头兼信浓守②"。《经国集》目录写作"从五位上行信浓守"。题名《谒海上人》中的"海上人"指空海上人（弘法大师）。如前述，刚归国的空海作为汉文学的指导者得到了文人贵族的尊敬。就"韵勒"云云，冈田正之在《日本汉文学史》中解释："有探韵、勒字之说法。见于《源氏物语》等。《续日本后纪》有探韵一语。盖赋诗时探得韵字，以此为用韵的基础。《怀风藻》藤原宇合《暮春曲宴南池》诗序说'探字成篇'……，此即探韵之初。《凌云集》《文华秀丽集》《经国集》多用其例，如嵯峨帝《重阳节神泉苑赐宴群臣 勒空、通、风、同》和藤原冬嗣《神泉苑雨中眺瞩。应制一首。探得初字》。此即探韵勒字之

---

　　① 律令制下隶属"大舍人寮"，在宫中从事值班、警卫及其他杂务的下级官吏。——译注

　　② "信浓国国守"。——译注

例，其类颇多。……《怀风藻》已有此例，故探韵乃六朝遗风。"① 也就是说，此五言诗的创作动机完全在于模仿"中国作风"。作者面见空海，不是为了从该高僧处获得真言密教的知识，而明显是想从这个时髦文人那里得到作诗的方法。因而诗篇整体洋溢的格调贯穿着一种好奇心：惊奇地四处观望中央寺院的内外周边，希望发现可以模仿的对象。若无先入之见地阅读欣赏第十七、十八联的"瓶口挑时花。瓷心盛野芋"（日译略——引者），就只能理解为作者在素描刚归国的文化人的生活环境，并希望自己回家后也能学会这种礼节。

　　平安时代初期律令统治阶级文化创造的行为本身，就是这样通过从中国刚返回的知识分子所带回的时髦美学迎来了一个"新的局面"。特别值得关注的是这第六首的《谒海上人》诗的对句"瓶口挑时花。瓷心盛野芋"，它怎么都不能视为在吟咏充满佛臭的供花。过去谈到"花道前史"，人们都不假思索地认为它就是佛前供花的渊源所在，但一如上述分析，总觉得并非如此。我不想将自己的观点强加于人，但既然涉及"花道前史"，今后就似乎有必要探索从中国（唐）直接引进花道的通道。

2　《文华秀丽集》的自然观

　　《文华秀丽集》是平安时代初期代表日本汉文学的敕撰三诗集中的第二部诗集，具有极高的水平。该集卷首《文华秀丽集》序说："凌云集者。陆奥守臣小野岑守等之所撰也。起于延历元年。逮于弘仁五载。凡所缀辑九十二篇。自厥以来。文章间出。未逾四祀。卷盈百余。"因此可以推定《文华秀丽集》是在第一部敕撰诗集《凌云集》修成的弘仁五年（814）之后的第 4 年即弘仁九年（819）成书的。当时藤原冬嗣、仲雄王、菅原清公、勇山文继、滋野贞主、桑原腹赤等奉嵯峨天皇之命共同负责修撰，在排列形式上主要模仿《文选》的部类。以下是它所分的 11 个部类和诗数：

游览（14）　　宴集（4）　　饯别（10）　　赠答（13）　　咏史（4）

---

① 冈田正之：《日本汉文学史》第一篇 朝绅文学时代 第三期 平安时代前期。——原夹注

述怀（5）　　艳情（11）　　乐府（9）　　梵门（10）　　哀伤（15）
咏杂（48）

　　其中的"宴集"与《文选》的"公讌"相同，"艳情"被比拟为
《文选》的赋（完全不同的仅"梵门"这一部类），可见它受到《文
选》的影响有多大。如此说来，《文华秀丽集》这个书名似乎也是受到
《文选》编者昭明太子另一部编著《古今诗苑英华集》的启发而命名
的。其特色是各部类中诗的排列方式未必与身份尊卑有关，而按被选录
的诗数多少而定：嵯峨天皇（34 首）、巨势识人（20 首）、仲雄王（14
首）、桑原腹赤（10 首）、淳和天皇和小野岑守（各 8 首）、菅原清公
（7 首）、滋野贞主、朝野鹿取、王孝廉（各 5 首）、良岑安世（4 首），
其余不过 1 至 2 首。作者总数为 28 人（序说有 26 人，或许是因为尊崇
嵯峨和淳和这两位天皇未计入在内），诗歌总数为 143 首（现存本缺卷
末的 5 首），分卷上、卷中、卷下三卷。

　　如前述，嵯峨天皇（809—823 年在位）无比向往中国，希望通过
积极移植"唐风"文化建设国家。特别值得关注的是他编撰出《弘仁
格式》和《新撰姓氏录》等并重新制定了宫廷礼仪，在个人生活方面
也垂范德行。他还是一位艺术家，被称为"日本三笔"之一，在《凌
云集》中留下诗作 22 首，数量最多，在《文华秀丽集》中留下 34 首，
实可谓名副其实且首屈一指的"唐风"文化领导人。既然有如此伟大
的文人坐在玉座上，那么当然他会刮起一股思潮，举国向"唐风"一
边倒。再说当时日本还是后进国（与中国、朝鲜比较），只有这么做才
能挽回颓势。日本于中世末期又同样向宋元一边倒，近世初基督教传来
（但并非一边倒），明治年代文明开化时期复为向欧美一边倒。如此看
来，"日本文化"形成的基本图式在嵯峨天皇的"弘仁之治"时似乎就
已成型，并且受惠于外部颇多。其实这个"祖型"源自更早的圣德太
子向佛教一边倒。日本的岛国文化除了次次向外来文化一边倒外，最终
都未获得自律、内生的发展。

　　简单说来，模仿"唐风"的一边倒思潮其实是一种追求当时先进文
化的"求新"和"时髦心理"。在日本民族的思维结构中"新"一定是
一个重要的价值标准。该理由有二，其一是因为缺乏固有的文明框架，
故必须经常追逐先进国家的文明。其二是在古代民族宗教方面有一种信

仰，即赶走产力衰退的古老精灵，转而召唤充满年轻活力的"新魂"。大而言之，在这两种原动机空转的情况下，日本人不断接受、折中、综合那一波波渗透进来的外来文化，并创造出所谓的"日本文化"。如果将"日式思维"的刻度标定为"纯粹"，那么计量器的刻度将显示为零。

嵯峨天皇的中国趣味或许会给人带来反日、反爱国主义的印象。如果这不是天皇的趣味或文化政策，那么后代的历史学家一定会加以非难。后来足利义满想要明国的铜钱和新潮物品，并执臣礼，对此朝贡姿态就有人非难是屈辱外交的极致。打砸"鹿鸣馆"①的国粹主义壮士，想来也一定准备对积极推行"唐风"模仿政策的平安时代初期的文人展开口诛笔伐。然而，这个嵯峨天皇的"求新"和"时髦心理"，不知在何种程度上奠定了后来王朝文化兴旺的基础。如此想来，这种"求新"和"时髦心理"对我们来说实在是一件幸事。现象哲学所说的日本文化形态采用的急追"唐风"的形式，其活力的质料②的确是"日本文化"的极致。

其实，从嵯峨天皇时代的知识阶层全部都属于日本原有氏族这一事实也可窥见它的性质。奈良时代修撰的《怀风藻》（751）的作者有 64 人，其中有 20 人之多是"诸番"人（归化人），但到《凌云集》时 23 个作者中仅有 4 人（菅野真道、仲科善雄、高丘第越、坂上今继）是归化人，再到《文华秀丽集》时 26 个作者中仍仅有 4 人（坂上今雄、坂上今继、仲科善雄、锦部彦公）是归化人。而且后面两个诗集的这 6 个作者都属于贵族，故可谓汉诗已由归化人之手完全转移到原有氏族的手中。不仅是文学创作，而且《弘仁格式》等法令也由日本人制定，可以说日本当时取得了极好的学习效果。

---

① "鹿鸣馆"，建成于 1883 年，由英国建筑师乔赛亚·康德设计建造，砖式二层洋楼，呈意大利文艺复兴式风格，兼有英国韵味，是日本明治维新后在东京建造的一座类似于沙龙的会馆，供达官贵人风雅聚会，是当时日本"文明开化"的象征，但于 1941 年被拆毁。——译注

② 质料，这里指哲学意义上的"质料"。康德指出：当我们被一个对象所刺激时，它在表象能力上所产生的结果就是感觉。那种经过感觉与对象相关的直观就叫做经验性的直观。一个经验性的直观的未被规定的对象叫作现象。而在现象中，那与感觉相应的东西称为现象的"质料"。一切现象的质料只是后天被给予的，但其形式却必须是全都在内心中先天地为这些现象准备好的。——译注

过去有人说弘仁时代的文化思潮未必游离于"日式思维"之外，不用说这并非是从尽善尽美的角度做出这种评价的。我们若冷静、严格地进行批评，那么只能认为日本仅凝思于外在的虚饰，缺乏内容的浮华倾向非常明显。

仅就文学而言，汉文学极尽繁荣来自唐朝文学全盛的影响，但日本流行的文章不过是模仿六朝和初唐时期兴盛的四六骈体文。唐代中国涌现出韩愈（768—824）和柳宗元（773—819）二人，革新了六朝浮华的文风，但韩柳这两位古文作者都出现在弘仁年间，故在很久后日本才开始介绍他们，也无法与他们的主张产生共鸣。因此积极模仿"唐风"的《凌云集》和《文华秀丽集》不可避免地会陷入以虚饰为主，内容空虚的美文。可以想象这种修辞上的刻意求工和音调上的快意感觉，从积极的意义上说一定会在后世的谣曲和游记①中留下痕迹，但不可否认的是它们在文学内容方面缺乏深度。从形式上看，《凌云集》大部分是七言诗，明显受到初唐风格的影响（而《怀风藻》多为五言诗，模仿陈、隋的诗风），《文华秀丽集》最多的也是七言诗，其次是五言诗和七言绝句，可以说成功地模仿了"唐风"，但在文学内容方面与中国有很大的差别。正如现代日本人作英文诗，越努力就越关注英诗的细枝末节，与作者原有的旨趣相去甚远。因为没有自信，故请中国人或渤海国人（作品收录在《文华秀丽集》"宴集"的王孝廉是大使，释仁贞是录事）提意见，若蒙夸奖则兴高采烈。

然而《文华秀丽集》中也有像巨势识人（生平不详）这样的优秀作者。他的诗融合了他与生俱来的内在旋律感和同韵律配合的适格性，无论阅读几遍都无生厌的感觉，令人钦佩。

秋日别友人　一首

林叶翩翩秋日曛。行人独向边山云。唯余天际孤悬月。万里流光远送君。（巨识人，026）

识人是否具有留学经历留有疑问，但不妨认为他是一个天才。《斗

---

① 原文是"道行文"，指叙述旅途中的风景和情怀的七五调等的韵文体文章，也用于军事小说、歌谣、谣曲、木偶剧唱词、说书、三弦伴唱乐曲等文艺作品。——译注

百草》（该作品见后）也是杰作。巨势识人（以上写作"巨识人"是略去姓的一个字，只剩三个字，乃模仿唐人的产物，这个做法以《文华秀丽集》和《经国集》为嚆矢）还有《春闺怨》和《春情》等好诗。

奉和春情　一首

孤闺已遇芳菲月。顿使春情几许纷。玉户愁褰苏合帐。花蹊懒曳石榴裙。莺啼庭树不堪妾。雁向边关难寄君。绝恨龙城征客久。年年远隔万重云。（巨识人，054）

这首诗乃奉和嵯峨天皇的《春情》（日译略——译者）诗，歌咏孤守闺房、不可压抑的悲伤。《春闺怨》也是嵯峨天皇的作品，奉和的菅原清公和朝野鹿取的七言诗也可谓该集中的精品。巨势识人的奉和诗可谓凄美的叙事诗，其中回忆"妾年妖艳二八时。灼灼容华桃李姿。幸得良夫怜玉儿。郁金帐里写娥眉"（053），怀念奔赴战场而不得归的丈夫，故"愁向高楼明月孤。片时枕上梦中意。几度往返塞外途"，说的是真切的闺中怨坐之情。这种诗已不再停留于对初唐诗的模仿，而掺入了人间真情。

可以认为，《文华秀丽集》的杰作仅限于《秋日别友人》《和春闺怨》《观斗百草》这三种主题的诗。似乎史家的评价也大体一致。巨势识人在这三种主题的诗歌中都留有杰作，宛若万叶时代的大诗人柿本人麻吕，这是历史的必然。

在汉诗的大本营中国，诗就是"言志"，诗成立的必要条件就是以一定的共同社会连带感为构思基础，倾诉对现实和人类命运的"慷慨之志"，即使在讽咏大自然时无"志"也不能称其为诗。很早之前古代儒教的政治主张就被原理化，人的粗犷感情和咒术般的生活技巧都被包括和吸收到政治之中。无须再次指出，日本的汉诗也有中国文人的"慷慨之志"。的确，日本的汉诗未能咀嚼经深思熟虑产生的古代儒教，仅进行了表面的模仿。无论是自然讽咏，还是仪式过程描写都还算成功，总之都吟咏了政治主题。而且，重建律令国家的目标在现实上越来越难以实现，宫廷贵族在陶醉于以初唐诗为原型的《春闺怨》和《斗百草》的世界之美的同时，也亲身感受到了超出作为理想的模仿"唐风"的日本现实的寒碜一面。于是所谓的"国风化"运动在某天就一定会到来。

下面一起来鉴赏《斗百草》诗：

观斗百草，简明执。一首

　　三阳仲月风光暖。美少繁华春意奢。晓镜照颜妆黛毕。相将戏逐觅红花。红花绿树烟霞处。弱体行疲园径遐。芍药花。蘼无叶。随攀迸落受轻纱。荞篱绿刺障萝衣。柳陌青丝遮画眉。环坐各相猜。他妓亦寻来。试倾双袖口。先出一枝梅。千叶不同样。百花是异香。楼中皆艳灼。院里悉芬芳。散菲蓄虑竞风流。巧笑便娟矜数筹。斗罢不求勋绩显。华筵但使前人羞。（滋贞主，126）

和野柱史观斗百草、简明执之作。一首

　　闻道春色遍园中。闺里春情不可穷。结伴共言斗百草。竞来先就一枝蒅。寻花万贵攀桃李。摘叶千回绕蔷薇。或取倒萉或尖葶。人人相隐不相知。彼心猜我我猜彼。窃遣小儿行密窥。团栾七八者。重楼粉窗下。百香怀里薰。数样掌中把。拥裙集绮筵。此首杂华钿。相催犹未出。相让不肯先。斗百草。斗千花。矜有嗤无意递奢。初出红茎敌紫叶。后将一蕊争两萉。证者一判筹初负。奇名未尽日又斜。胜人不听后朝报。脱赠罗衣耻向家。（巨识人，127）

请大声朗读这两首《斗百草》诗。在一个艳阳高照的春日，大伙儿一块到屋外。用滋野贞主（和巨势识人一样，他也省去一个姓字——译者）的话说就是"相将戏逐觅红花。红花绿树烟霞处。弱体行疲园径遐"。用巨势识人的诗说即"竞来先就一枝蒅。寻花万贵攀桃李。摘叶千回绕蔷薇"。总之，游戏的人都在煞费苦心地收集树花和草花。之后他们分别将花朵藏在怀中，集合到某个场所，"相催犹未出。相让不肯先。斗百草。斗千花。矜有嗤无"做游戏。巨势识人"斗罢不求勋绩显"，即无所谓分出优胜者，而滋野贞主则"胜人不听后朝报。脱赠罗衣耻向家"，即败者脱去衣物，沮丧地回家。两首诗描写的都是悠闲的宫人"游戏"的场景。他们都沉浸在畅快而又满足的心情当中。

"斗百草"也是从中国引进的游戏之一。《荆楚岁时记》说"五月五日有斗百草之戏"。就该起源刘禹锡诗解释："若共吴王斗百草，不

如应是欠西施。则知起吴王与西施也。"当时具体的玩法是，在端午节（儿童节）这天孩童分桌坐于席上，从左右各拿出菖蒲花，当有人拿不出花时即告失败。"斗百草"很可能是一种形式化的农耕仪式的残余，于八九世纪与其他宫廷礼仪一道传入日本。在文献方面，《拾遗和歌集》（10 世纪末成书）、正子内亲王《绘合计》、《后拾遗和歌集》、《今昔物语》、《平家物语》等都将它称为"草合"（比赛草——译者）、"草尽"。

由于"斗百草"是一种很简单的游戏，故它在宫廷仪式式微的镰仓时代以后几乎销声匿迹，仅残存在庶民阶层的儿童游戏当中。如人们在《安息花绘卷》中所见到的"草合"那样，儿童摘下莲花、堇花、蒲公英花、茅花等，各自叫出一种花名以决出胜负。这种游戏后来衍生出以草相斗的"相扑草"游戏，人们用一个"相扑草"的说法称呼紫花地丁（春）、车前草（夏）、蟋蟀草（秋）。这时的"草合"已不是嘴巴游戏，而是拔河游戏。

最好希望读者关注这种"草合"与花道等在深层次上具有极其紧密的关系。花，在作为室内装饰物被带入房间之前，不管是神篱花①、供花、簪花，还是瓶花，都是在山林中自然开放的花，沐浴着外部阳光。至少人们相信花是一种"太阳的记忆"，可以为人类社会带来丰收。如果不是这样，那么大男人们是不会为了"斗百草"游戏竞相奔走在山野之间。

3　《经国集》的自然观

《经国集》是继《凌云集》《文华秀丽集》之后的第三部"敕撰汉诗集"。该"序"（滋野贞主写就）说由良岑安世、南渊弘贞、菅原清公、安野文继、安部吉人、滋野贞主等奉淳和天皇之敕而撰，于天长四年（827）成书。"序"还说"自庆云四年，迄于天长四载，作者百七十八人。赋十七首、诗九百十七首、序五十一首、对策三十八首，分为两帙，编成廿卷。名曰《经国集》"，故一定几无遗漏收录了奈良时代以来"敕撰汉诗集"中未记载的汉诗和文章。然而遗憾的是现存本仅 6 卷，余皆散佚，但卷第二

① "神篱"，举行祭神活动时，为临时邀请神灵降临，在室内或庭院立起的榊树。——译注

十有对策文 26 篇，可上溯至天平三年（731）的文章。

书名的"经国"不用说来自《文选》卷五十二魏文帝《典论·论文》中的"文章经国之大业，不朽之盛事。年寿有时而尽，荣乐止乎其身。二者必至之常期，未若文章之无穷"。一般认为，魏文帝（曹丕）乃一介诗人，其《短歌行》《燕歌行》等流畅华美的诗风后来发挥了六朝文学先驱的作用，但从作家的能力上说与其父和其弟都无法相提并论。狩野直喜在《支那文学史》中断言："据《隋书·经籍志》有《魏文帝集二十六卷》《魏文帝集新撰十卷》《文帝集十卷》《明帝集七卷》《曹植集三十卷》。自古以来帝王一家未有文集如此之多也。然其中武帝与曹植尤为显著，文帝比之稍有逊色。一如前述，文帝诗轻俊有余，雄健处少。武帝乃权谋策士，然其中自有稳重之处。丕比之轻薄态多。毕竟此性格之差将直接影响作品。""盖文帝谑文，可谓其诗乏力。"①《魏志·帝纪》有评："文帝天资文藻，下笔成章，博闻强识，才艺兼该。"我之所以要在此粗线条地描画魏文帝的性格和诗才，是因为猜测到编撰者取《典论·论文》（此乃中国第一部文学评论作品）开头的"文章经国之大业，不朽之盛事"这两联作为"敕撰汉诗集"的题目，存在着将太上天皇（嵯峨天皇）比拟为魏文帝的心理。甚至我还有充分的理由猜测是否嵯峨天皇本身将自己比拟为魏文帝，因为与乃父、权谋策士的桓武天皇相比自己文弱轻俊许多。可是这一切都不过是假说而已，所以我从不坚持。

还是读一下前述滋野贞主所写的"序"：

> 臣闻。天肇书契。奎主文章。古有采诗之官。王者以知得失。故文章者。所以宣上下之象。明人伦之叙。穷理尽性。以究万物之宜者也。且文质彬彬。然后君子。譬犹衣裳之有绮縠。翔鸟之有羽仪。楚汉以来。词人踵武。洛汭江左。其流尤隆。扬雄法言之愚。破道而有罪。魏文典论之智。经国而无穷。是知文之时义大矣哉。虽齐梁之时。风骨已丧。周隋之日。规矩不存。而沿浊更清。袭故还新。必所拟之不异。乃暗合乎曩篇。夫贫贱则慑于饥寒。富贵则流于逸乐。遂营目口之务。而遗千载之功。是以古之作者。寄身于

---

① 狩野直喜：《支那文学史》第四篇 六朝文学 第一章 建安文学。——原夹注

翰墨。见意于篇篇。不托飞驰之势。而声名自传于后。在君上则天文之壮观也。在臣下则王佐之良媒也。才何世而不奇。世何才而不用。方今梁园临安之操。瞻笔精英。缙绅俊民之才。讽托惊拔。或强识稽古。或射策绝伦。或苞蓄神奇。或潜摸旧制。伏惟皇帝陛下。教化简朴。文明郁兴。以为传闻不如亲见。论古未若征今。爰诏正三位行中纳言兼右近卫大将春宫大夫良岑朝臣安世。令臣等鸠访斯文也。

以上六朝骈体美文，说撰写文章承载着儒家政治思想，是无限传播自身名声的宏大事业，还叙述了奉皇帝陛下（淳和天皇）之命，编撰此诗集的经纬。此"序"整体都以魏文帝的《典论》为蓝本，甚至原样剽窃《典论》的话："贫贱则慑于饥寒。富贵则流于逸乐""寄身于翰墨。见意于篇篇""不托飞驰之势。而声名自传于后"。有人说从《古事记》"上表文"和《日本书纪》"神代卷"开始，剽窃就一直是日本的"家传"，故可一笑了之，但我宁愿将此四六骈体美文看作是平安时代初期贵族官僚文人努力学习先进国文化（不仅是文学艺术，还包括政治思想和宗教礼仪）的一种表现。但无论如何，《经国集》二十卷都以《文选》为蓝本。

因此我们有必要深入考察该诗集的作品。请阅读以下两首诗：

重阳节神泉苑赋秋可哀。应制

秋可哀兮。哀秋景之短晖。天廓落而气肃。日凄清以光微。潦收流洁兮。霜降林稀。蝉饮露而声切。雁冒雾以行迟。屏除热之轻扇。授御枣之寒衣。秋可哀兮。哀百卉之渐死。叶思吴江之枫。波忆洞庭之水。草变貌以摇蒂。树□容而悬子。秋可哀兮。哀荣枯之有时。送春光之可乐。逢秋序之可悲。嗟摇落之多感。良无伤而不滋。凄承辨于岳兴。想拊衾于湛词。粤采萸房之辟恶。复摘菊蕊之延期。小臣常有蒲柳性。恩煦不畏严霜飞。（皇帝［在东宫］【淳和天皇】，010）

重阳节神泉苑赋秋可哀。应制

秋可哀兮。哀初月之微凉。火度天而西流。金应律以为玉。蟋蟋吟兮壁幽寂。蝉蜩鸣兮野苍茫。睹桐林之早凋。感节物而增伤。
白日兮爱短。玄夜兮自长。秋可哀兮。哀仲月之收成。天高兮气
静。潭冷兮水清。燕背巢而北去。鸿含芦以南征。家家畏兮朔方
气。户户起兮捣衣声。秋可哀兮。哀季月之薄寒。寒眉辇于陌柳。
晚佩落于庭兰。窈窕插萸兮鸳鸯席。簪缨饮菊兮翡翠楼。痛风景之
萧索。悲摇落之暮秋。（良安世【良岑安世】，011）①

　　第一首是淳和天皇的作品，从诗型看是"466654664666466666666667777"，
乍一见似乎该旋律的组合纷繁杂乱，但基本上诗中的每个对句都规则严整，
且都押四支韵。"秋可哀兮"的反复出现也富有艺术效果，其形式实则
极其规整。第二首良岑安世的诗型是"4666676655465566774668866"，
押韵复杂。这些诗型被称作"杂言诗"，是"敕撰三诗集"的重要标
识。很早以前冈田正之在《日本汉文学史》中就已指出："奈良时代仅
有五言、七言诗，未有杂言体。然三集中杂言体诗颇多。"② 然而就杂
言诗出现原因的研究尚不充分，现在仅川口久雄③的《平安时代日本汉
文学史的研究》在此方面迈出了一小步。川口说："三集中五言诗183
首，七言诗200首。与此相比杂言诗仅61首（《凌云集》6首，《文华
秀丽集》43首，《经国集》43首），占全部诗数444首的14％。从诗型
看，近江、奈良时代的诗以六朝诗为蓝本，五言诗占压倒性多数。之后
七言诗明显增多，超越五言诗的同时杂言诗出现了，可以说它反映了唐
诗新风尚的影响。"接着川口又说："嵯峨天皇的杂言诗（其中之一是
著名的《渔歌》）反映了弘仁时期宫廷诗坛的进步倾向，即对唐朝诗坛
的新倾向显示出一种极为敏锐的感受性和反应态度。不过从时间上说，
嵯峨天皇的杂言诗并没有中唐以后'太子赞文'和佛经变文中的韵文等
的影响，毋宁说它像滋野贞主的杂言诗《春风》（《经国集》卷十一）

---

　　① 据《校注日本文学大系》本。——原夹注
　　② 冈田正之：《日本汉文学史》第三期 平安时代前期汉文学兴盛时代 第二章 敕撰三
集。——原夹注
　　③ 川口久雄（1910—1993），"国文学"家、比较文学家，毕业于东京大学国文科。金
泽大学法文学部教授，文学博士。专攻平安朝汉文学等，后踏入比较文学的研究领域。另外川
口还是一位最早介绍新发现的《古本说话集》的学者。因知识广博，也精通西洋文艺，故川
口于1961年获得"中日文化奖"。著有《平安朝的汉文学》《平安朝汉文学的开花 诗人空海
与道真》和《西域之虎》等有关敦煌的作品。——译注

三、五、七言的组合乃'效沈约体'一样，蹈袭的是六朝的乐歌形式。但不可否认，该诗体并不单纯模仿六朝，还受到初唐以来新的一种柔软的自由律体的影响，并大胆地采用了这种新形式。"① 川口独具慧眼，看出了日本的杂言诗受到当时中国新兴起的自由诗（Vers libre）运动的影响。

很明显，弘仁、承和年间的宫廷汉文学仰仗（或作为蓝本）的是六朝文学，形式是四六骈体文。眼下讨论的淳和天皇和良岑安世的作品，其基调也基本是四六的旋律，还具有四六的美意识。但同时也很明显，两作品亦从四六旋律的制约中解放出来。第二次世界大战期间的国粹主义者若见此，一定会说这里已有了"日本化"的自觉萌芽等等，但事实是，在宫廷诗人的美意识（同时也是政治意识和宗教意识）的深处仍然可以见到一种明显要推进"中国化"的努力。

也就是说，宫廷诗人对唐朝诗坛的新动向极其敏感，终日焦急地盼望遣唐使能带回新的信息。而当他们知道唐朝正在流行一些新的诗歌形式（从初唐到中唐，中国出现了以中下层贵族和庶民为骨干的、欲打破过去烦琐的诗歌形式并转向自由律诗的新诗运动），就立即模仿试作了那种新诗。导入唐朝诗坛的新动向，不仅是因为他们认为需要更新和再生产"文学趣味"，而且还因为他们认为这对更新和再生产适应新时代的"政治理念"也不可或缺。不，毋宁说他们更觉得需要再次明确一下何为"政治理念"。将书名冠以"经国"这一赤裸裸的儒教政治意识形态的词汇，也证明了与魏文帝《典论》不同的律令政治领导人的精神姿态。

下面要返回"日本自然观"和"花道前史"的研究课题。我们要讨论的是淳和天皇作品倒数第三和第四联的"粤采萸房之辟恶。复摘菊蕊之延期"和良岑安世作品倒数第三和第四联的"窈窕插萸兮鸳鸯席。簪缨饮菊兮翡翠楼"这两处内容。

前者与后者都是对句，从意思和内容看吟咏的都是完全相同的情景（作诗的构思）。因为淳和天皇和良岑安世的作品，都属于在太上天皇（嵯峨天皇）举办的神泉苑"花园派对"宴席上对应"秋可哀"这个诗

---

① 川口久雄：《平安时代日本汉文学史的研究》上篇 王朝汉文学的形成 第一章 敕撰汉诗集与弘仁、承和年间的宫廷文学圈。——原夹注

题所作的即兴诗。淳和天皇作品的题名是《重阳节神泉苑赋秋可哀。应制》，该"应制"的说法在唐代诗题中屡屡可见，意思是受天子之命作诗。《凌云集》和《文华秀丽集》也使用"应制"的说法。《经国集》用"应制"，与按唐名将作者名缩减成三个字出于相同的心理。《经国集》卷第一末尾记载：在淳和天皇还是皇太子时，他和侍宴的良安世（当日同样吟出"秋可哀兮"诗的作者还有仲雄王、菅清公、和真纲、科善雄、和仲世、滋真主6位诗人）都按嵯峨天皇的"秋可哀"诗题献上了即兴诗。可以猜想当日太上天皇首先吟出"秋可哀兮。哀年序之早寒。天高爽兮云渺渺。气萧飒兮露团团"。之后宫廷贵族诗人一个接一个地唱和"秋可哀兮"，将满场的气氛推向高潮。因此可以认为，这些诗在很大程度上传递出派对宴席上的实际景况和气氛。

在派对高潮之际和诗人们耽于诗作冥想的酒桌上，有人放上了一个插有结满茱萸果实小枝的花瓶。对此淳和天皇吟咏"粤采萸房之辟恶"，良岑安世应答"窈窕插萸鸳鸯席"。茱萸在中国是一种比香木还要灵验的灵木，人们相信它和桃、柳等一样具有被除恶鬼和邪灵的咒力。在夏去夜长、清凉寂静的时候，将一枝这样的灵木插在瓶中并置于桌上，就是为了祛除栖息在周边空气中的恶灵。"窈窕"喻女子心灵美和仪表美，也指山水、宫殿的深邃幽美，是道教思想中的一个重要概念。"鸳鸯席"指宫廷中官吏的坐席（"鸳鸯"喻夫妻关系和睦，琴瑟和鸣是中唐以后的事情）。良岑安世想表达的意思是，因为有了插茱萸小枝的"插花"，故在幽深宫中举办的派对令人感觉更显深邃。而对淳和天皇来说，因为有这个"插花"，故现在已没有遭受邪灵和恶鬼侵害的担忧。他想吟唱的是，这里已经是一个"无忧之乡"（乌托邦），对句的"复摘菊蕊之延期"更是强化这个乌托邦心愿的表达。"簪缨饮菊兮翡翠楼"的意思也与此相同。

将结满茱萸果实的小枝插在瓶中（有时插在头上）即"插花"，在宗教和理念上希冀出现的是不老不死的仙境。必须注意，通过"插花"（"花道"的先行形态）这个行为在瞬间出现的乌托邦幻境，实际上就是百分之百从中国传来的神话体系的一个组成要素。《经国集》的作者对中国诗坛和习俗抱有异常的关心，且积极引进这些习俗，最终学会了用茱萸枝"插花"的宗教礼仪（包括其行为和理念）。

或许日本人是在这时才第一次接触到该灵木的实物。又或许在这时还未接触到茱萸这种树木本身。其理由是在《怀风藻》时代日本人还未见过菊花的实物，但他们却在作品中吟咏了菊花。因此也许和咏菊花一样，咏茱萸也仅仅是一种书面式的吟咏。如果是这样的话，那么不正好可以证明"日本自然观"或"花道前史"的形成路径之一确实就来自中国？

附记："萸"的意思在中国是"山椒①果房的形状"②，而在日本则被解释为"胡颓子"，乃误用。

《性灵集》——空海这个"完人型艺术家"所留下的足迹

首先请看以下作品：

7　山中有何乐

山中有何乐。遂尔永忘归。一秘典。百衲衣。雨湿云沾与尘飞。徒饥徒死有何益。何师此事以为非。君不见。君不听。摩羯鹫峰释迦居。支那台岳曼殊庐。我名息恶修善人。法界为家报恩宾。天子剃头献佛陀。耶娘割爱奉能仁。无家无国离乡属。非子非臣子安贫。涧水一杯朝支命。山霞一咽夕谷神。悬萝细草堪覆体。荆叶杉皮是我茵。有意天公绀幕垂。龙王笃信白帐陈。山鸟时来歌一奏。山猿轻跳技绝伦。春华秋菊笑向我。晓月朝风洗情尘。一身三密过尘滴。奉献十方法界身。一片香烟经一口。菩提妙果以为因。时花一掬赞一句。头面一礼报丹宸。八部恭恭润法水。四生念念各证真。慧刀挥研无全牛。智火才放灰不留。不灭不生越三劫。四魔百非不足忧。太虚寥廓圆光遍。寂寞无为乐以不。（日译略——引者）③

这是《性灵集》（全称是《遍照发挥性灵集》）卷第一所载的空海七言诗（也可以看作是一种杂体诗）。原诗前六句是良岑安世的提问，

---

① 山椒，辣椒的一种。——译注
② 作者未提供中国释意的来源。据日本《汉字源》注释：萸，吴茱萸或山椒的别称。——译注
③ 据《日本文学大系》本。——原夹注

概言之即"你有何乐趣要隐居在高野山呢?"对此空海回答:"你没有看到吗?你不知道吗?"("君不见。君不听"的句法多见于中国的乐府诗)。"君不见。君不听"之后是空海诗的具体回答内容。

实际上同时写作的诗歌还有两首,其一是《5 赠良相公诗一首_{五言杂言}》,其序言是"良相公投我桃李。余报以一章五言诗"。下面是四联五言诗:"孤云无定处。本自爱高峰。不知人里日。观月卧青松。"其二是《6 入山兴_{杂言}》,也采用与良岑安世的问答形式,连缀着四句华美的乐府式杂言诗:"君不见君不见。京城御苑桃李红。灼灼芬芬颜色同。一开雨一散风。飘上飘下落园中。春女群来一手折。春莺翔集啄飞空。"从以上诗歌或可推定《7 山中有何乐》就是《5 赠良相公诗一首_{五言杂言}》序言说的"三篇杂体歌"之一。但即便如此,这首诗采用的也是比较接近于七言诗的形式,故可推定是"三篇杂体歌"之外的另一部作品似乎更为恰当。抑或有散佚和错简。然而无论如何,这首诗都应该是空海在着手将高野山开创为密教修行的总道场,并于弘仁九年(818)十一月进入高野山之后创作的作品。

《性灵集》卷第一收录的是诗,卷第二是碑铭,卷第三是献给天皇等的表①文和启②文,卷第四是入唐时所写的公文,卷第五到卷第七这三卷是根据信者等的请求在做追善法事时的讽诵文。概括说来,即"《性灵集》十卷像一部豪华壮丽的画卷,通过空海的百十余篇诗文展现了当时佛教界的动向及平安时代初期社会、文化、政治等各种事象,并毫无遗憾地发挥出空海的多种才能和优越天分"③。

空海的文学活动以在他24岁时创作的处女作《三教指归》最为重要。它让代表儒教的龟毛先生、代表道教的虚亡隐士、代表佛教的假名乞儿登场,像唱戏一般展开哲学比较的讨论,最后得出结论:佛教是最优秀的思想。作为宣告空海出家的这部著作值得关注。接下来是《文镜秘府论》及其简写本《文笔眼心抄》,这两部书籍阐述的都是唐代诗文的理论,是经日本人之手完成的最早的文学概论著作和研究论著。其他的还有《高野杂笔集》(一名《高野往来集》)。此书搜集了空海委托他

① 表,臣下奉奏天子的文书,或给主君或官厅的文书。如"上表、表文"等。——译注
② 启,献给皇太子和"三后"的文书,或给上级呈报的文书。后来也指个人间的往复信件。在中国原指臣下给君主的意见书。后来也用于对等关系人物之间的书信。——译注
③ 渡边照宏、宫坂宥胜:《沙门空海》第十二章 文笔活动。——原夹注

人抄写密教经典的书信等，作为研究空海密教的根本性史料极其珍贵。空海的诗文在其早期的文字中取范于《文选》等，很好地掌握了六朝时代流行的四六骈体文，被评为日本汉文学的最高峰。入唐时期（804—806）空海还能随心所欲地说中国话，吸收了当时新的文章表现方法，并在归国后进一步磨砺出自己的汉文表达。

在评价《性灵集》收录的汉诗方面，冈田正之说过："余毋宁推崇五言之《游山慕仙》与杂言之《赠野陆州歌》《入山兴》诸篇。可谓此类诗纵横信步，显示出大师本色。""总之，大师之文辞有一种气魄与宏大之气势，不可企及。亦可谓其有负于时代风气，而未必负于伟僧之文辞。"[1] 川口久雄也说："空海有不少极度抑制思索的痕迹，藏身于生硬的五言诗的诗作，但我对那些从五言中解放出来、自由舒展的杂言诗感到满意。"并举《山中有何乐》诗为例，说："空海在静谧的自然观照中吟咏了南山禅居的生活体验。"[2]

空海即弘法大师，宝龟五年（774）——但另一说是宝龟四年，更有说服力——出生于四国赞岐国多度郡屏风浦。空海在《二十五条》"第一条"说："此时吾父佐伯氏。赞岐国多度郡人。昔征敌毛被班土矣。母阿刀人也。"也就是说，他父亲出身佐伯氏，母亲出身阿刀氏（归化人氏族，大概是学者门第），可以想象他自幼就有一个优良的教育环境。不过就佐伯氏族，伴善男[3]后来在上奏时曾明确说过（《日本三代实录》"贞观三年十一月十一日纪"）赞岐之佐伯直与大伴、佐伯两宿祢同祖，还明确说明："田公乃大僧正空海之父。"即直到此时才赐给佐伯直田公（空海父亲）的子息 11 人以佐伯宿祢的姓。从这些事情考察，空海所说是否都可听信我有些疑问。因为在上古、中古姓的赐予等是按照权力进行的，不由个人说了算。

据《三教指归》序说，空海"二九游听槐市。拉雪萤于犹忌。怒火锥之不勤"，故可以明确的是他在 18 岁后曾入学京城的"大学"（但

① 冈田正之：《日本汉文学史》第三期 平安时代初期 第三章 弘法大师。——原夹注
② 川口久雄：《平安时代日本汉文学史的研究》上篇 第二章 弘仁时期僧侣的汉文学。——原夹注
③ 伴善男（809—868），平安时代初期的贵族，善于雄辩，成为"大纳言"后又善于用权。与"左大臣"源信争执，于 866 年（贞观八年）作为应天门纵火案案犯被捕，后流放到伊豆。——译注

此京城是奈良、长冈或京都迄今仍无确说）。空海进入的是"大学""明经科"，主要学习儒学（特别是经学），因刻苦勤奋，跟随"音博士"掌握了汉语。但现实的问题是，当时即便从"大学"毕业也无法出人头地，因为在该社会结构中仅有一小撮执权者的子弟能顺利地升官进爵。多愁善感的青年空海一定对这个现实感到失望。

对空海弃儒学转而倾心于佛教的动机，自古以来在学者间就有许多议论，但不可思议的是，他们都将空海青年时期的"挫折感"作为问题。《三教指归》序轻描淡写地说"爰有一沙门。呈余虚空藏闻持法"，好像青年空海和一沙门相见是一个偶然的事情。但在该话后面空海又说："其经说。若人依法。诵此真言一百万遍。即得一切教法文义暗记。于焉信大圣之诚言。望飞炎于钻燧。跻攀阿国大瀑岳。勤念土州室户崎。"可见空海当时相当烦闷，在寻找自身的活路。"青年时期的空海后来作为一介在俗的佛教信者，跋涉于四国、近畿的山野，故成为私度僧花费了相当长的时间。换言之，从出发点来说，他走的是一条与律令佛教徒完全不同的道路。可以说沙门空海在这时已萌生了自觉。"① 空海作为和以行基②等山岳修行者（"修验道"之祖）为代表的"修验者"相同的"反律令佛教徒"，从此踏入佛教的空门。

此间空海曾到南都继续他的修行生活，不久或因得到佐伯一族的支持，抓住了入唐的机会。空海在入唐前几乎是一个寂寂无闻的私度僧，但居然得到拔擢，于延历二十三年（804）31岁时随藤原葛野麻吕入唐，在中国待了约两年的时间。空海得到中国当时最著名的僧人惠果两部大法③的传授，同时还积极收集诗文的资料。

归国后空海受到嵯峨天皇的礼遇，不用说这与空海作为僧侣具有的魅力有关，但无论如何，空海习得并通晓新汉诗文的魅力才是捕捉嵯峨天皇之心的最主要原因。嵯峨天皇不久将东寺的建设与管理工作全部委托给空海，并在空海结庐高野山的同年即弘仁十年（819）八月让空海

---

① 渡边照宏、宫坂宥胜：《沙门空海》第八章 高野山的开创。——原夹注

② 行基（668—749），奈良时代僧人，师事道昭，巡游以畿内为主的诸国，从事教化民众、挖池筑堤、架设桥梁等社会事业，被称为行基菩萨。早年因违反《僧尼令》而遭受弹压，后因提议建造大佛而被起用，并被授予"大僧正"称号。——译注

③ 两部大法，即金刚界、胎藏界两部大法。——译注

入住中务省（太政官八省之一，司掌天皇身边的事务、从事代拟诏敕等秘书工作的机构）。这说明天皇认可空海的汉诗文实力。

空海对此是出自本心或是相反情况不明，但无论如何他已成为宫廷和中央政府"不可或缺的存在"。空海成为各方面都争抢的红角儿，正是因为他掌握了可以发挥实效的新知识，并且所向披靡，还因为他具有将新知识与众人分享的魅力。而空海本人也满足于用这种形式实现真言密宗所提倡的"镇护国家""济生利民"的宗教理想。

必须返回对"花道前史"的探讨。空海诗《山中有何乐》中的"时花一掬"，从文脉的前后关系来看，明显可以认为是"供花"。对此我也并不否认。《性灵集》中还有其他用例，如《45 奉为桓武皇帝讲太上御书金字法花达儭①》（卷第六）的"释迦再生。鹫岭之会辐辏。四众重集。踊出之瑞森罗。钟磬一响赞呗断统。老幼三礼香华飘陨。……""香华飘陨"的意思即香烟袅袅，（做佛事时的）散花花瓣飘飘。

又，《46 天长皇帝为故中务卿亲王舍田及道场支具入橘寺愿文》（卷第六）中有"幡盖飘摇。轮座几千。香花飞零。相好无数。……"的文句，意思是幡和天盖在药师如来像旁随风飘摇，宛如获得转轮圣王之法位（见《大灌顶神咒经》）；供在佛前的香火和花瓣随风飞去，仿佛"相好端严"（见《华严经》）。

再者，《49 东太上为故中务卿亲王造刻檀像愿文》（卷第六）有"尔乃。妙业挥刀。真容莞尔。尊尊玉质。智智金山。香馔断结。妙花含光。……"的文句，"香馔断结。妙花含光"的意思是：在释迦牟尼佛像前供上香火和食物可断绝一切烦恼，而供花则让人想到它包含万物。

进一步在《68 播州和判官攘灾愿文》（卷第八）中还有"敬图阿弥陀佛像一躯。并写法花经二部。奉入修理伽蓝籿米卅斛。海目发采。山豪放光。贝文连珠。龙章金响。萨埵俨然。幡花飒纚。……"的文句，"萨埵俨然。幡花飒纚"的意思是：阿弥陀佛的肋佛大势至和观音威严肃穆，为佛前增添庄严的幡和饰花飞舞，长泛金光。

或许还有其他例文，但仅从我收集到的这 4 个例文来看，"香花""妙花""幡花"被人看重的功能，就是作为在佛前修炼的宗教仪式

① 达儭，梵语，意指布施（僧尼）。——译注

的咒具（散花从广义上应视为 Charm［符咒或护身符——译注］）和装饰咒具（幡、人造花和花饰在广义上可视为供神降临之物）而使用。

让我们再次回顾平安时代初期文化伟人空海在日本精神史上发挥的作用。毫无疑问，空海是日本佛教的领导者，同时也是将中国文学的精华移植到日本的"大诗人"和将中国技术文化与生活习俗引进日本的伟大的"科学家"。要而言之，空海是将 9 世纪最时尚的外国文明介绍给日本的"大知识分子"。就像 16 世纪传来的基督教文明使织（田信长）丰（臣秀吉）政权时代的人们着迷那样，空海带回的新的技术文明因其拥有的绝对魅力也让高野山信仰波及并扎根于日本全国。如果空海是一个僵硬的佛教修行者（他的竞争对手最澄确实如此），那么佛教的日本本土化时间就一定会大幅延迟。

如此看来，空海在"花道前史"和"日本自然观史"的地位，绝不仅限于将供花这个佛教仪式从前一个时代传递给后一个时代。空海在吟唱"时花一掬"时，不正是向日本人民介绍外部的时髦文明：在中国都是这样做的哟！日本人知道这个信息后一定会立即模仿。于是供花走出伽蓝，行进在普及的道路上，先是进入文人贵族的家庭，之后还进一步走向民众集体活动的现场。

顺便要说的是，民俗学者所说的"民间传承"的"弘法信仰"，若不以引进中国进步的技术文明为前提，若不以中央集权统治层管理的文化远高于地方文化这个事实为前提，那么将没有普及渗透的契机。希望众人可以公平地关注这个极其自然的事实。

另外，"完人型"文化人空海所实践的"时花一掬"这个行为，从接受方来看，可以立即治愈患者的沉疴，成功完成过去难以实现的治水工程，写出优秀的书籍，作出优美的诗文，这一切的一切都与"时花一掬"不可分离。日本的"花道前史"以空海的出现为契机，突进到将自身与真正具有创造性的所有艺术行为和科学技术发生联系的阶段。我们不得不再次认为，现代"花道"与诗作、博物学、道路建设、哲学等分离也绝对不能存活，同时与海外文化思潮动向无关也绝对无法生存。

《西宫记》——"引用汉籍思维"产生的自然观

《西宫记》是源高明①编著的有关日本典章制度的书籍，书名来自作者高明的别称"西宫左大臣"，成书年代至今不明。此书分门别类按延喜年间及之后的宫廷活动、朝廷固定或临时的仪式典礼、装束车舆的规定、法律制度等编出，但有许多地方经过后人的文字加工，异本多，卷数不一，重复错简严重。以下所举的4个例文都有一个"补"字，乃根据《新订增补故实丛书》本照录于此。《改订史籍集览》本没有"补"字，该补充部分收入卷九（共二十四卷加别卷一卷）。《新订增补故实丛书》本共二十二卷，据认为是最早的抄本，以"前田家卷子本"为底本。"前田家本所缺而《改订史籍集览》所有的部分，在《新订增补故实丛书》中都作为补充内容处理，并在该部分旁书'补'字，或加引号。"② 当然，笔者也未忘记参考《改订史籍集览》本。

《西宫记》在详细叙述各代朝廷仪式程序的同时，还精心记述了仪式书、国史、日记、宫廷记录等。本书在选择这部用汉文书写的典章制度、故实的书籍时多少感到有些彷徨，但为了追索"花道"和日本自然观，无论如何也不能忽视这部书。在迫近王朝文化的本质和真相时，仅以文学作品为线索是不够的，而需要从整体的结构上把握文学作品的生成状况。况且，《西宫记》所引的日记、记录等不仅是珍贵的史料，同时也是精彩的文学作品。因为从广义上说，文学就是"美文"。

请看《西宫记》原文：

西宫记卷五 年中活动

九月　○九日宴

"补"九记云，天历四年十月八日天晴，巳刻参入，诸司装束如常，但内藏殿上文台，立南簀子中央 左近阵记云，立第四间者，而立第三间，以装束可失，庭中文台，立舞台西北头，舞台东北西三方立菊花 东西各三本，北方中央一本 舞姬乐人座。

---

① 源高明（914—982），平安时代中期的贵族，醍醐天皇皇子，曾任"左大臣"（也称"西宫左大臣"）。因受"右大臣"藤原师尹等诽谤左迁"大宰权帅"（"安和之变"），后经赦免返京。著有《西宫记》。——译注

② 《新订增补故实丛书》"凡例"。——原夹注

"补"同五年十月云云，伊尹来仰云，今日欲给御题，见先帝御记，或书出给之，或只有给御题之由，不见具由，以词欲仰者，若有相违戾，又忽下笔可无便宜，为之如何，奏云，兼书设候于置物御机，临于其时给之如何，伊尹还云，事宜矣，如然可行者，午四刻御南殿云云，予为贯首，引列着座，见殿上装束，有相"违"去年之事，一者在（"座"）前置砚事，二者御前南厢中央间东西，各立金铜花瓶树菊花，_{式部卿重明亲王云，延长御代，花瓶者高大也，如图书御读经间，立御前之瓶，今日瓶者，是寻常随时节，览时花之瓶云云}三者殿上文台，去年立于中央间也。

"补"吏部记云，延长四年九月九日，装束如正月初七，但当御帐之最幄（"屋"）左右柱，囊盛茱萸，向外着之，以金瓶插菊花，置黑涂古机，以组给着。

"补"天历四年十月八日，有召，未刻参入，侍臣文人共就座，召博士令献题，一献后，左右（"无"）"大臣实赖"，奏余及中务卿亲王后参之由，"令"内竖召之，即升殿，庶仪准重阳宴，但茱萸不着，菊花不立，无茱萸可然，已赏菊花不立乖义。[1]

让我们先了解一下《西宫记》的编著者源高明。他也称"西宫左大臣"，延喜十四年（915）出生在醍醐天皇的家庭（乃朱雀天皇、村上天皇和兼明亲王之弟），母亲是源唱之女周子。源高明于延喜二十年降为臣籍，后娶藤原师辅（藤原忠平之子，通称九条殿）之女，历任"中纳言""大纳言""中宫大夫""右大臣""左大臣"。然而因自己的女儿成为村上天皇爱子为平亲王的妃子，源高明看到藤原氏族警惕的目光，并在"安和之变"后被流放到筑紫。此事件的起因是源满仲密告橘繁延等企图拥立为平亲王，废掉皇太子守平亲王（圆融亲王），由此源高明、橘繁延、藤原千晴等被处流放罪，不用说这一定是藤原北家家传的阴谋。"安和之变如同电光石火，一两天即有结果。这与842年（承和九年）的承和之变和901年（延喜一年）的菅原道真没落事件有相似之处。"[2]"安和之变"后设置"摄政""关白"成为常态，日本进入"摄关"家族全盛的时代。《源氏物语》"须磨（流放）"卷的原型

---

① 据《新订增补故实丛书》本。——原夹注
② 北山茂夫：《王朝政治史论》第三章 地方官强力统治的动向。——原夹注

据说就是源高明。他在政治上遭受挫折，但他精通的朝仪知识却结晶于《西宫记》。之后此书长时间成为朝廷公务、典礼的典据。源高明殁于天元五年（982）。

当我们提到典章制度和故实时，就会想到凡事皆取范于先例，极度追求形式，陈腐、沉溺于细枝末节的文化类型，而且这样想象没有任何问题。然而，若我们从结构上重新审视这些典章制度和故实，就会发现它绝不是一种单纯的文化类型。

所谓的典章制度和故实，说的就是在细部上参照过去宫廷的恒常性活动和临时性活动、官位升迁的顺序、执掌的内容和资格等的众多先例，以执行政务（此时未必指行使权力，所以不说是政治）的知识。也指拥有那种知识的人（日语正确的说法是"有识者"，简称"识者"）。后来因为成为家学专有学问，故将"有识"写作"有职"。"有识"从平安时代中期开始分为三个流派，即九条流（以藤原师辅为始祖）、小野宫流（始祖藤原实赖）和西宫流（始祖源高明）。进入武家政治时代，武家之间也产生了"有职家"。在室町时代和江户时代，幕府规定"高家"① 专门从事研究故实（与仪式典礼、活动、法令、军阵等先例有关的知识）的工作。

那么，为何在平安时代中期会出现如此繁杂的知识体系？我们知道，在延喜、天历朝代之后开始出现了一大批有关典章制度和故实的书籍，但其原因何在？世间有谓"延喜、天历之治"，它模仿过去唐太宗的治世"贞观之治"的说法，将延喜、天历两朝称作"圣代"（即像尧舜那样由圣贤施行德治仁政的时代）。正因为有人视此时代为无限美好的时代（事实上却充满着与此相反的因素），故以此时代为端绪才层出不穷地出现了一大批有关典章制度和故实的文献。这其中必有理由。

根据最新的研究成果，所谓的"延喜、天历圣代说"只不过是在以藤原道长为核心的"摄关"社会体制中一群不得志的中层贵族官僚文人学者，为倾吐自己在仕途发展中未能如愿的不满，故意将过去的时代

---

① "高家"，也叫"豪家"，江户幕府的职务名，属于"老中"管理，主要司掌仪式和典礼，除代为参拜伊势（伊势神社）和日光（德川家康神社"东照宫"）外，还担任作为派往京都的御使、接待敕使、处理与朝廷之间的文书等工作。世袭，自足利氏族以来的名门大家从吉良、武田、畠山等诸氏族中选拔充任。——译注

理想化，将其称为灿烂的"黄金时代"。就像林陆朗①在《所谓的"延喜、天历圣代说"的形成》一文中所说的那样："称延喜、天历二朝为圣代的言辞很早就出现在距离该二朝不远的年代，似乎主要在学者文人中提倡。这些学者文人从儒学知识出发，将圣代比拟为尧舜那样的古代圣贤的理想时代。而在现实中则根据不久前延喜、天历二朝的文化功绩，将那时重诗文礼仪、文运兴隆的世界理想化。为何他们要敬仰那个时代？是因为这些文人作为士大夫阶级在朝廷授予地位、官爵方面无法如愿，发牢骚说与自己的学识相比，地位却很低下，故在他们的眼中，延喜、天历二朝放射出比实际情况更耀眼的光芒。他们希望可以凭依过去的先例，增强自己的主张。也就是说，'延喜、天历圣代说'是出于学者文人处世说和升迁说的观念。"②我也有同感。事实上，最早提出"延喜、天历圣代说"的藤原笃茂、源顺、源为宪、大江匡衡等人在希望更为优待自己的"申状"（申请叙位任官和升迁官位的文书）中曾引用先例，大肆赞扬那时存在优待文人的圣风，换言之即那时为圣代。因此赞扬延喜、天历二朝的治世为王道乐土只不过是文人贵族消极的"体制批判"（说其消极，是因为他们并不具有真正攻击"摄关"政治体制的意识和能力），从这个意义上说，这种乌托邦思想只是"摄关"社会的产物而已。

　　接下来要讨论的是为何他们要如此寻求权威的先例。理由有许多，但首先要关注以下事实：如前述，最早提出"引用先例的思维"的是"摄关"社会体制中的反主流中层官员，而且包含这些中层官员的不满贵族对典章制度和故实造诣尤深。简单说来就是，反主流贵族官僚能与掌握政治权力的"摄关"家族勉强对抗的手段，仅仅是在"摄关"专制君主的傀儡即天皇的身上发现"权威"，并将天皇亲自施行的禁中仪式和年中活动的详细知识和经验图式化。这种思维的产物正是典章制度和故实。因此，在先例中寻求权威，与需要从国政中分离出来，仅固定

----

　　① 林陆朗（1925—2017），历史学家，毕业于国学院大学文学部史学科。国学院大学文学部名誉教授，文学博士，专攻日本古代史。在任国学院大学教授后还兼任该校研究生院委员长和国学院短期大学校长。著有《桓武朝论（古代史选书）》《奈良朝人物列传——〈续日本记〉薨卒传的研究》等。——译注

　　② 林陆朗：《所谓的"延喜、天历圣代说"的形成》，收录于古代学协会编《延喜、天历时代的研究》。——原夹注

在宗教礼仪层面的天皇的不可侵犯的那种权威同属一个意思。典章制度和故实讨论的是大臣开会坐哪里、"大尝会"① 时大臣在头的左面插藤花、"纳言"② 在左面插樱花、"参议"③ 在右面插棣棠花等等。这些问题无论怎么讨论，对国内产业都不产生任何影响，对律令制末期民众生活的好坏都不带来任何的变化，而且都不会给"摄关"政治社会掀起一圈涟漪。然而对反主流的贵族官僚来说，他们能运用自己的教养和知识的场合除此之外别无他所。

如此看来，可以说"引用先例的思维"确实是一种可以超越古代律令社会和"摄关"政治社会诸矛盾的方法。然而这个超越的主体自身归根到底也是统治阶级的一员，因而会留下许多而且是根本性的问题。

需要进一步明确的问题是，"引用先例的思维"已经具有明确的模式。自8世纪律令政治实施以来，掌权的贵族官僚在进行判断和做出重要决定时觉得《大宝令》的规定若不敷使用，则必须一一根据唐制（中国法制），书不离手地进行思考。阅读《令义解》④ 和《令集解》⑤ 可以知道，不仅是"明法家"⑥，就是大臣、"纳言"、"参议"这些人也十分在意中国的实例。《秘府略》这本书是滋野贞主于天长八年（831）编撰的大百科全书，其中按事物分门别类地收录了《说文解字》及1500余种的汉籍。或许它集成了当时律令行政学家作为典据的汉籍，表明了奈良时代以来日本汉文学中训诂文献学的学问形态存在着那种期盼和必要性。例如，《三代实录》记载：贞观十八年四月十日夜太极殿

---

① "大尝会"，也叫"大尝祭"，即天皇即位后亲自将新谷供奉给众神明的祭礼，每位天皇仅能进行一回。即位在七月以前则在当年，在八月以后则于翌年的阴历十一月中的卯日进行。——译注

② "纳言"，在律令制下隶属"太政官"的行政官员的官称。分"大纳言""中纳言""少纳言"。——译注

③ "参议"，参与朝议的意思（也写作"三木"），在奈良时代所设的令外官中次于大、中纳言的重要职务，从四品官员以上者选任，属于公卿之一员，一般为8人。——译注

④ 《令义解》，《养老律令》的注释书，10卷。奉敕命由清原夏野、小野篁、菅原清公等编撰。它取舍了过去的各种说法，统一了《养老律令》的解释，从834年（承和一年）开始施行。——译注

⑤ 《令集解》，集注释《养老律令》的各家"私记"而大成的法律书籍，50卷，其中传世的有36卷，于9世纪后叶由惟宗直本编撰。可惜因《令义解》的编撰各"私记"之后不再继续被人抄写。——译注

⑥ "明法家"，即"明法博士"，"明法道"的教官，即在"大学"向学生教授"律令格式"的学官。定员2人，在平安时代中期以后由坂上和中原两家世袭。——译注

失火，翌日诏下，说"请商议是否废早朝"。于是"大学博士"善渊永贞等以《礼记》《左氏传》为依据，"文章博士"巨势文雄、都良香等以《春秋谷梁传》《汉书》《后汉书》《魏志》《晋书》等为依据展开大论战，最后以后者胜出。由此可见，日本过去一旦发生某事，大臣和"博士"即一一诵读汉籍，决定对策。"格"① 就是通过这种方法变通形成的，而"式"② 却是固定不变的。"格"是儒教意识形态支配的政治手腕的产物，而"式"是以式部省为主实施的、以蹈袭旧习古俗为内容的学问知识的产物。"国史"缺少变化，多记载诏敕，自然促进了记录天皇周边少有变化的生活的"日记"。冷静观察被从行政首脑机关排斥出去的学者文人官僚转向固守"式"和形成"典章制度和故实学问"的过程，就可以说这是一个必然的趋势。池田源太③概括："延喜、天历之后急速发展起来的典章制度和故实的学问，其基础存在着《大宝令》之后文本至上的文献学精神，在内容上与'变通之道'的'格'完全不同，而和恒例、常典的'式'相同。起核心作用的有式部省。但另一方面，在详细记述天皇言行举止的'国史'之后却促进了日记和记录类的文字出现，增强了这方面的学问。从文化类型上说，它承认'先例'的权威，具有和平稳定的一面，也承担起中世文化的重任。"④

典章制度和故实属于以古代国家专制统治权力为背景的"权威"文献知识，同时还是在先例（作为人的行为在历史上首先出现的事例）中发现另一种"权威"的那个时代的新的文化类型。因为它是一个凡事皆需找到先例且须遵守的不可偏离的准绳，故在面对宫廷的官位晋升、执掌工作的内容、年中恒常或临时的礼仪活动等时说有用也算有用，说无用亦无不可，但一旦历史发生巨大转变，则可看出它实际没有

---

① "格"，为补充、修正律令之不备而发出的追加法令。以诏、敕、太政官符的形式发布。如"弘仁格""贞观格""延喜格"等，皆收录于《类聚三代格》中。——译注

② "式"，官府须参照的实施细则，现存留六部二四司及秘书、太常、司农、光禄、太仆、太府、少府、监门宿卫、计账勾账33件"式"的公文。——译注

③ 池田源太（1899—1995），文化史学家，毕业于京都帝国大学文学部国史科，奈良教育大学名誉教授。师事西田直二郎。历任奈良学艺大学、奈良教育大学、龙谷大学教授。1961年以《历史的源头和口诵传承》获得京都大学文学博士学位。著有《奈良、平安时代的文化和宗教》《传承文化论考》等。——译注

④ 池田源太：《以平安时代"文本"为权威的学问形态与典章制度和故实》，收录于古代学协会编《延喜、天历时代的研究》。——原夹注

任何作用。但即使如此，公卿和"识者"也深信不疑它是唯一的真理，并在学习和运用时乐此不疲。这种状况通行于整个中古时代。这些公卿和"识者"甚至挑起几次毫无意义的战乱，让无辜的人民吃尽苦头。从这个意义上说，典章制度和故实的学问，挡住了人类历史发展的去路，只起到给历史潮流"刹车"的作用。就我们探讨的"自然观"而言，花鸟观、四季观和天体观等顽固墨守的"引用先例的思维"不知在多大程度上阻碍了人类发展的步伐，又不知在多大程度上使被统治阶级陷入贫困和窘境之中。

在此我们必须将此作为凿岩机，以掘进探索花道史前史。此前对《西宫记》所载事项"钻探"最深的是重森三玲①的《花道前史》。就例文中天历四年十月八日的记载重森说："它记述了九月九日重阳宴的插花。在这种场合也摆菊花，可见在平安时代初期朝廷的仪式已普遍使用瓶花。""然而，这些仪式中使用的瓶花并非纯粹用于装饰，而是所谓的佛教供花的延续，其形式也未脱离供花一步。这一点有必要注意。"② 重森还说："与佛教一道传来的供花在奈良时代以后的各时代都有发展，其派生物就是仪式用花。"③ "在各种仪式上派生出一种供花式的插花。随着各种宴会、游乐、歌会及其他的仪式越来越盛大，该仪式席上就会要求各种各样的瓶花。"④ 这强化了过去的通说。作为一名花道史专家，重森并不怀疑花道的起源在于佛教的供花这个"公理"。这是否可以允许？

让我们不带先入之见重读一遍前引的 4 个《西宫记》例文。

第一个例文的"立舞台西北头，舞台东北西三方立菊花"如何能断定它派生于佛教的供花？简单说来，由重视西北头或东北西三方即东南

---

① 重森三玲（1896—1975），造园家、日本庭园史研究者。毕业于日本美术学校，之后就学于东洋大学文学部。1939 年出版《日本庭园史图鉴》（26 卷），构筑了日本庭园史研究的基础。之后在 1975 年与其子重森完途一道完成了《日本庭园史大系》（33 卷、别卷 2 卷）的写作等，在日本庭园建造和庭园史研究方面都留下巨大功绩。还著有《日本的名园》《庭之美》等。——译注

② 重森三玲：《花道前史》四 诸仪式的瓶花，收录于《花道全集》第二卷《花道史》（上）。——原夹注

③ 重森三玲：《花道前史》五 初期室内装饰的瓶花。——原夹注

④ 重森三玲：《花道前史》四 诸仪式的瓶花，收录于《花道全集》第二卷《花道史》（上）。——原夹注

西北这些方位构成的空间宇宙观，都借自中国固有的宇宙观。重阳宴也是直接从中国引进的节庆活动，在这天天皇在神泉苑或紫宸殿宴请群臣，召学者文人赋汉诗。因此"立菊花"当然是借自中国的宗教礼仪。

第二个例文说的也是学者文人益智"派对"所需的菊花。"各立金铜花瓶树菊花"根本没有佛臭等。的确在小字疏中有"读经"的字样，但根据前后关系来看，重明亲王说的"延长时代花瓶又高又大。在图书寮阅读儒学经书或相关经书时，至少要立御前之花瓶"云云，与佛教也无任何关系。

第三、第四个例文也一样。"囊盛茱萸"和"但茱萸不着"是关键句，只能解释为它是对中国宗教礼仪的模仿。毋宁说在文人和"博士"的眼中，它必须与"以金瓶插菊花"和"已赏菊花不立乖义"紧密地联系在一起。"乖义"不能解释为它违反了派生前的源头"佛教供花的规则"等。尤其在《西宫记》中，固守"典章制度和故实"的主体是学者文人贵族官僚。若说源头，他们的"引用先例的思维"也始于抱着汉籍（中国文化）原典学习。我们必须注意到古代儒教乌托邦的象征正是"花道"。

因此，古代日本知识阶层所凭依的自然观范式也借自古代儒教的象征主义体系。而且这个日本自然观的范式在此后很长时间都未被打破。

《菅家文草》——"古代诗歌"自然观的形成和解体

以下先确认一下"学问之神"和"天神"即"菅公"菅原道真的人生履历。

菅原道真生于承和十二年（845），是"参议"菅原是善的第三个儿子。其母据说是大伴氏①。字三（世称菅三即此故），幼名阿古，道真是其讳。

---

① 大伴氏，5—9世纪实力繁盛的氏族。传说是担任天孙琼琼杵尊先驱的天押日命的后裔，属于神格氏族，初姓连，684年（天武天皇十三年）被赐予宿祢姓。与物部氏一道负责大和国家的军事，在政治方面也很活跃。——译注

贞观四年（862）菅原道真叙补"文章生"①，那时虚岁才 18 岁，是过去从未有的最年轻的一位"文章生"。贞观九年（867）补"得业生"②。贞观十二年（870）接受"方略试"③，因成绩属中上勉强及格。27 岁时成为新生代官僚，先任"玄蕃助"④，负责涉外事务，后任"少内记"⑤，负责起草外交文书。有件往事比较著名："渤海国"⑥ 客使杨成规到达加贺海岸边后道真被任命为"渤海国客使慰问使"，起草过一份给客使的敕书。从这件事可以想象，道真对中国语文相当熟稔。贞观十六年（874）道真官叙从五品下，任"兵部少辅"⑦，一个月后转任"民部少辅"，在民部省工作 3 年期间据说热衷于处理地方和财税工作。元庆元年（877）转任"式部少辅"，兼"文章博士"⑧。可以说他 33 岁时转到司掌文官任用和典礼筹办的式部省工作，满足了其父辈、祖辈对书香门第的菅家子弟的期待。可是道真进入文人社会后却发现那里学阀、门阀斗争不断，相互给对方使绊子，翻转着阴郁的旋涡，非藤原氏族出身的"文章博士"当然只能孤军奋战。元庆七年（883）道真作为

① "文章生"，日本古代在"大学寮"学习"纪传道"的学生。平安时代指从"拟文章生"等中选出通过诗赋考试（省试）的学生。——译注

② "得业生"，日本古代给予从"大学"各专业课程学生中选出的少数成绩优异者的身份。修学后若考试合格即可充任"大学"教官等。730 年（天平二年）开始设立。也叫"文章得业生"（定员二人）等。——译注

③ "方略试"，"方略策考试"的简称。"方略"指在律令制下向参加官员考试的秀才出示的题目，内容涉及哲学概论和普通文化学说，属于最高级的国家考试，共出两个题目，要求用汉文回答。——译注

④ "玄蕃"，"玄"指法师，"蕃"指外蕃，此处的"玄蕃"后面省掉机构名"寮"，故有时也指在"玄蕃寮"工作的低级官吏。"助"，次官的意思，是律令制四等官中位属第二的官员。辅佐长官，长官因故不在时代理长官的职务。——译注

⑤ "少内记"，"内记"唐名"内史"，在中务省负责起草诏敕和"宣命"，发放叙位证书，记录宫中一切事项的官职。分"大、中、少内记"，各二人，选任能文善笔的人担任。——译注

⑥ "渤海国"，古代位于中国东北地区东部、俄罗斯沿海州和朝鲜北部，由高句丽族、靺鞨族人组成的国家。698 年建立震国的大祚荣于 713 年被唐封为渤海郡王，故自称渤海。该国引进唐文化，与日本也频繁往来。都城有 5 处，除国都上京龙泉府（黑龙江省东京城）外，还有"四京"。926 年被辽所灭。也叫渤海靺鞨。——译注

⑦ "兵部少辅"，"少辅"，律令制下各省的次官，位于"大辅"之后。"兵部少辅"相当于现在的国防部次官。——译注

⑧ "文章博士"，在日本古代"大学"教授诗文和历史的教官。728 年（神龟五年）设定员一人，834 年（承和一年）合并了"纪传博士"成为定员二人。平安时代后期之后由菅原、大江、藤原三氏垄断。——译注

"加贺权守"①完满地完成了"渤海国"客使的接待工作等，逐渐发挥出自己的才华。到此为止是道真前期的得意时期。

仁和二年（886）正月，"关白"藤原基经的长子——16岁的藤原时平的元服仪式结束。半个月后在发布的"春季除目"（地方官员人事异动报告）中道真被免去"式部少辅""文章博士"和"加贺权守"的职务，并被命令转任赞岐国"国守"②。时年道真42岁。道真在赞岐国府厅工作满4年时京城发生了"阿衡事件"③（仁和三年宇多天皇即位时藤原氏族发起的示威运动）。在此期间道真悄悄返回京城，关注着事件的进展，向"关白、太政大臣"藤原基经寄上劝谏书，并为"左大弁"④橘广相辩护。到此为止是道真在赞州的失意时期。

宽平三年（891）道真复归中央政界和文坛，再任"式部少辅"，补叙"藏人头"⑤，兼"左中弁"。翌四年（892）参与修撰《三代实录》，并从此时开始修撰《类聚国史》。于此前后道真获得年轻的宇多天皇的充分信任，宽平五年（893）被拔擢为"参议"和"式部大辅"，不久又转任"左大弁"，兼"勘解由"⑥长官和"春宫亮"⑦，官位急速

---

①　"权守"，"权"，意思是在定员外临时设置的官位；"守"，"国守"的简称。二者合一即"临时国守"的意思。——译注

②　"守"，长官的意思。属于律令制四等官中最高一级的官员。"国"的最高官员称"守"（826年以降，上总、常陆、上野国将"介"称"守"，将长官称"太守"）。——译注

③　"阿衡事件"，"阿衡"（《书经·太甲》曰"阿"有"信任"、"衡"有"谋求"的意思，合称的意思即"天下民众以此得到公平"），殷大臣伊尹的自称，后转为"宰相"的意思。日本后来用此称呼"摄关"。藤原基经利用所谓的"阿衡事件"，迫使天皇确认藤原氏族的权威，最终造成本族一支独大的局面。事情的原委是，887年（仁和三年）宇多天皇即位之初，在任命基经为"关白"的敕书中有"宜以阿衡之任为卿之任"的文句，故基经以"阿衡仅为地位，而无职务"为由不理朝政。为此廷臣间就"阿衡"的语义展开议论，之后天皇改变敕书。——译注

④　"左大弁"，"弁官或辨官"之一，律令制的官名。直属"太政官"，分左右两类官员，"左弁官"掌管中务、式部、治部、民部4省，"右弁官"掌管兵部、刑部、大藏、宫内4省。受理该省文书，下达命令等，是行政事务的中枢人物。左右各分"大弁、中弁、少弁"，其下还分"大史、少史"。——译注

⑤　"藏人头"，"藏人所"长官。"藏人所"是在天皇近旁服侍，司掌传令、上奏、仪式及其他宫中大小杂务的机构，创设于平安时代初期。"藏人所"长官一般有两人，一人从"弁官"，另一人从"近卫府"官员中补任。前者叫"头弁"，多兼任大、中"弁官"，后者叫"头中将"，多兼任"近卫中将"。——译注

⑥　"勘解由"，"勘解由使"的简称，平安时代初期以降在"国司"等交替工作时，审查后任者交付给前任者的文书（解由）的职务。令外官之一。——译注

⑦　"春宫"，皇太子住所。"亮"，令制下"职""坊"机构的次官。在此是皇太子老师的意思。——译注

上升。在文学方面道真也开始了大量的作品创作。是年道真撰写出《新撰万叶集》并献给天皇。宽平六年（894）道真被任命为"遣唐大使"，但建议停派遣唐使，使该计划就此终止。宽平七年（985）道真官拜"中纳言"从三品，"春宫权大夫"，超越了父辈和祖辈的官位。宽平八年（896）道真兼"民部卿"①，长女衍子入宫。宽平九年（897）道真任"权大纳言""右大将"②，醍醐天皇即位时授正三品，兼"中宫大夫"。如此异常的升擢不免遭致同僚各"纳言"的反感，道真遭遇到他们的怠工和审议抵制。道真意识到危机很快降临。昌泰元年（898）道真和"大纳言"藤原时平一道获得"内览宣旨"③的资格。昌泰二年（899）道真官升"右大臣"（"左大臣"是时平）。昌泰三年（900）道真将自己的诗文集《菅家文草》十二卷，再加上祖父清公的《菅家集》六卷和父亲是善的《菅相公集》十卷献给16岁的新帝。可是在该年6个月后宫廷内部有人提议驱逐道真，甚至三善清行也寄来急流勇退的劝告信，但道真不予理睬。到此为止是道真后期的得意时期。

昌泰四年（901）辛酉正月七日，时平、道真同时叙补从二品，但到月末，朝廷突然发布驱逐道真的圣旨，其背后明显存在着道真与时平角逐、宇多法皇与醍醐新帝对立等的原因。翌月一日，道真向流放地大宰府进发。4个孩子也随同流放远地。自出京城后两年，道真在失意中于延喜三年（903）二月以59岁去世。这属于道真大宰府流放时期。

如此看来，只能认为这个"学问之神"和"天神"的一生，就是他这位以学问出人头地、极尽荣华的"政治人物"奋斗、具有野心、交上好运、享受荣光，转而衰落的过程。这个充满戏剧色彩、饱含普通人的感情和欲望、最后以败者谢幕的行状记录，后来肯定会被日本民众喜爱和接受。并且道真后来还被赋予神格，成为人们信仰的对象，延续了千年以上之久。就北野天满宫的创建经纬，昭和初期长沼贤海④在

---

① "民部卿"，民部省长官。——译注
② "右大将"，"右近卫大将"的略称。负责天皇、君主和皇居的保卫工作。——译注
③ "内览宣旨"，指接受"摄政、关白"特别是圣旨指示的大臣可先行阅读向天皇上奏的公文，代行政务。也指准"摄政、关白"的职务。——译注
④ 长沼贤海（1883—1980），史学家，毕业于东京帝国大学文科大学国史学科，1920年任广岛高等师范学校教授。1924年为研究史学赴英、法、德、荷兰、意大利、印度等国留学。1925年任九州帝国大学国史学科首任教授。后任香椎中学校长、久留米大学教授。著有《国民思想与国史》《日本宗教史的研究》等。——译注

《天满天神的信仰变迁》（收录于《日本宗教史研究》）中提请人们注意：是真言宗的修行者为证明自己的修法无所不能才把菅神的怨灵捧上台的。宫地直一①在《安抚怨灵的思想》（收录于《神道史》上卷）中考证出是当时的巫觋之徒为宣传自身功法的效验，宣称怨灵将降灾，采用了夸张的手段而创建了天满宫的社殿。战后西田长男②在《北野天满宫的创建》（收录于《神社的历史研究》）中根据上述先行研究，进一步加以科学的论证，证明了是多治比奇子、神良种、太郎丸这些巫觋和围绕在他们身边的星川秋长、狩弘宗等俗人，以及满增、增日、最镇、法仪、镇世等僧侣，还有民间宗教人士、宗教艺人等纠集在一起，最终完成了创建北野神社这一伟大事业。可是，天神信仰本身原本就是中国传来的舶来品新宗教观念，宗教越是新兴的或越是舶来品的其传播力就越强，而且受到社会状况的影响也很大。在菅原道真本人完全不知情的情况下，天满天神信仰就此形成并得到普及。

本文探索的是道真个人诗集《菅家文草》中的"花道前史"，有可能也追踪"日本自然观"的形成过程。

请阅读《菅家文草》的原文：

第 40 首　九日侍宴，赋山人献茱萸杖，应制

茱杖肩异入九重，烟霞莫笑至尊供。南山出处荷衣坏，北阙来时菊酒逢。

灵寿应惭恩赐孔，葛陂欲谢化为龙。插头系臂皆无力，愿助仙行趁赤松。

---

① 宫地直一（1886—1949），神道史学家，毕业于东京帝国大学文科大学史学科，专攻神祇史。毕业后进入明治神宫建造局和内务省神社局工作，专职考证神社。1924 年任东京大学教授。第二次世界大战后创设神社本厅和国民信仰研究所，以其严密的考证为确立近代神道史学做出贡献，其"熊野三山"的研究也很著名。著有《神祇史》（正、续）、《神道论考》《神社纲要》《"熊野三山"的史的研究》等。——译注

② 西田长男（1909—1981），神道学家。毕业于国学院大学，师事宫地直一。国学院大学名誉教授。战前是大仓精神文化研究所研究员、东京帝国大学讲师，战后任国学院大学教授。1955 年以《试论日本宗教的发生》获国学院大学文学博士学位。著有《神道史研究》《日本宗教思想史的研究》等。——译注

第 442 首　九日侍宴，观群臣插茱萸，应制

　　单方此日插茱萸，不认登山也坐湖。收采有时寒白露，戴来无数小玄珠。

　　口嫌酒菊吹先去，身愧汤兰煮后枯。岂若恩光凝顶上，化为赤实照霜须。①

　　第一首诗的题名是《九日侍宴，赋山人献茱萸杖，应制》，与《三代实录》"贞观九年（867）九月九日"条的记述"重阳之节，天皇御紫宸殿宴于群臣。召文人命乐赋诗，赐禄各有差"相吻合。"山人"即仙人，具体或指吉野大峰一带的修行者。问题是"茱萸"。《日本古典文学大系》校订者（川口久雄）补注："'茱萸'，《本草和名》训读为'加良波之加美'，也称'吴茱萸'，学名为 Evodia rutaecarpa，属原产中国的落叶小乔木，高约 3 米，5—6 月开花，花小绿白色，果实紫红色，可入药。《类聚名义抄》及之后的辞典训读为 Kahahajikami，或有误。九月九日人们为辟邪采茱萸果实，或折枝插头，或系于手臂（《艺文类聚》九月九日）。"也许看过这个文献解释读者也全然不得要领，总之茱萸不是胡颓子（Elaeagnus。在牧野富太郎指出这个问题之前，数百年来"国文学"家、汉学家都未注意到这是个错误，实在令人惊讶），只要认为它是吴茱萸即可。现在补充说明一下吴茱萸。它属橘科落叶灌木，整体密生软毛，叶厚，羽状复叶对生。秋季结紫红色果实，球形，不可食用，但一定要吃亦无不可，入口后感觉火辣辣的，如同吃山椒。该果实可药用，做健胃剂或利尿剂使用。原产中国的这个吴茱萸今天在日本农户的庭院等地方仍时常可见，但日本的吴茱萸都是雌树，果实中没有种子，繁殖时只能插枝，成活率很高。

　　需要就茱萸（吴茱萸）特别说明的是，古代中国人相信，在九月九日重阳节这天将茱萸的果实插在头上或系于手臂（即施咒法），就可以祛除邪气，达至长寿。西汉（公元前后）刘歆《西京杂记》第三卷记述："戚夫人侍儿贾佩兰云，宫内九月九日，佩茱萸，食蓬饵，饮菊花酒，令人长寿。"晋（4 世纪）周处《风土记》说："以重阳相会，登山饮菊花酒，谓之登高会。又云茱萸会。"梁（6 世纪）吴均《续齐谐

---

　　①　据《日本古典文学大系》本。——原夹注

记》云："汝南桓景，随费长房游学累年。长房谓曰："九月九日，汝家中当有灾，宜急去，令家人各作绛囊，盛茱萸以系臂，登高饮菊花酒，此祸可消。景如言，齐家登山。夕还，见鸡犬牛羊一时暴死。长房问之曰，此可伏也。"在诗歌方面，唐代王维（699—758）《九月九日忆山中兄弟诗》吟："遥知兄弟登高处，遍插茱萸少一人。"杜甫（712—770）《九日蓝田崔氏庄诗》唱："明年此会知谁健，醉把茱萸仔细看。"此外还有无数用例。茱萸会、茱萸节、茱萸囊、茱萸女等词组都与九月九日这个季节活动有关。

有了这些预备知识后让我们把握一下菅原道真作品的大意。

修行者挂着用茱萸枝做的拐杖走进宫廷举办的重阳节派对会场。仙人模仿俗人将茱萸杖献给宫廷，想来确实好笑，但其用意是希望天子长寿不老。此仙人因从南山（吉野山）的岩石间走出，故穿着的莲叶衣裳已破破烂烂。现在他已进入宫阙（天子的居所），陪坐在重阳宴席上，见识了菊酒会。天子则褒赏和茱萸杖一块献上的灵寿（超越人类的长寿）祝愿。我想仙人献上的茱萸杖非常值得感谢，若将其投入水中一定会化为一条龙吧。之所以这么说，是因为过去将茱萸枝插在头发里作为装饰，或将茱萸果盛在小袋中并系在胳膊上都无法与茱萸杖相比。况且，此茱萸杖还可以助力仙人修行，祝祷天子宛若赤松子（神农时代的咒术师，后进入昆仑山）永享长寿不老。

需要注意的是第七联的"插头系臂皆无力"，它虽然运用了中国典故，但又说过去的做法没有效果，而只有这个新的"萸杖"才有效果，由此天皇必定长寿不老。此诗用这种方法来讨天皇的欢心。

第二首的题名是《九日侍宴，观群臣插茱萸，应制》。这首诗最适合与《日本纪略》"宽平九年（897）九月九日辛巳"条"天皇御紫宸殿，赐重阳宴。题云，观群臣插茱萸"的记述对照阅读思考。其大意是：

九月九日这天所求的长寿单方是将茱萸的果实插在头上，没有必要特地登山或游逛湖边。今天是群臣领受茱萸的最佳时候，即白露（24节气之一，约九月八日左右）降下的时节。观看群臣各自插在头上的茱萸，就如同看见无数小玄珠（发黑的小球，《庄子·天地篇》喻之为道之本体）。据说用嘴吹转菊花花瓣后喝下菊花酒可得长寿，但实际上用嘴一吹哪里会转动，反而立即被吹走，所以有一种厌恶的感觉。又听说沐浴兰汤可得长寿，但名贵的兰花经煮后枯萎，因此又有可惜的感觉。而今天受赐的茱萸就不同了，天子的恩光凝结在臣下的头发上化为红色的果实，也映照在如霜的胡须上美丽无比。如此一来，乌托邦就实现了。

可以说并不仅限于以上两首，"诗文神"菅原道真的作品大部分都引用了中国习俗和典故，但最终提示的都是礼赞和奉承天皇的主题。

读《菅家文草》及其后篇《菅家后草》，不用说都可以看到华丽的辞藻、丰富的想象力和美的观照，也可以看到悲痛的挫折人生和孤独黯淡的内心世界。正如川口久雄在《平安时代日本汉文学史的研究》中所说的那样，"道真的诗歌世界可以粗分为光辉灿烂的美好世界和平淡寂寞的世界，以及用过量的华美辞藻装饰的唯美艺术世界和伴有悲伤孤独意识的人生自然美的世界。就其一生而言，可以说其前期和后期的这两个世界交互出现。前期的世界是其作为宫廷官僚得意时期的侍宴应制作品，后期的世界是其被迫离开中央政坛，在赞州或镇西失意时期的谪居客情作品"①。

但我要进一步补充的是，侍宴应制的作品世界更完美地体现出"古代诗歌"的根本特质。

要而言之，所谓的"古代诗歌"只是儒教意识形态体系中中国官僚制度支配下的"政治思维"的表现之一。而且，七八世纪日本律令官僚贵族在首次知道有诗歌这个文学形式时（不用说日本之前有和歌这种民间歌谣，但律令政府蔑称其为"旧俗""愚俗"）一定会学习中国诗文。但这种"诗歌"对拥有600万人口的农民大众等来说，是一种无法接近、连在梦中都未曾想过的高不可攀的东西，也是一种仅限于不足200人的高级官僚享受的当时的时髦文化。我们在思考日本的古代诗人和歌人时，绝不能将今天一般的人所想象的诗人和艺术家的概念套用在他们身上。

菅原道真也是如此。说他悲痛和孤独，但那只是因为在宫廷内部出人头地迟缓或被从主流派的宝座赶下去造成的，从一开始就缺乏像现代诗人作为主题的那种存在主义式体验中的悲痛、孤独和不安等要素。这是"古代诗歌"的一种普遍性质。下面请看道真的杰作之一即他在赞

① 川口久雄：《平安时代日本汉文学史的研究》上篇 王朝汉文学的形成 第八章 菅原道真的作品和思想的特征。——原夹注

州（886—890）吟咏的作品。

第 197 首　重阳日府衙小饮

秋来客思几纷纷，况复重阳暮景曛。菊遣窥园村老送，茰从任上药丁分。

停杯且论输租法，走笔唯书辩诉文。十八登科初侍宴，今年独对海边云。①

如前述，道真因仁和二年（886）正月发布的人事异动命令，被免去"式部少辅""文章博士"和"加贺权守"三个职务，并左迁赞岐国"国守"。毋庸置疑，这出自打击非藤原氏族的某种政治阴谋。命令发布一周后在内部宴会上官妓表演了婀娜多姿的"柳花怨"舞，但道真却为即将离开这种"唐风"（中国的）世界感到悲伤并呜咽不已。一方面在任地国府厅的生活还较光明，可以接触到大自然和农民，有一种清新、惊叹的感觉，但另一方面他基本上难以忘怀宫廷宴会的奢华场景，憎恶乡村的境况。在赴任后半年重阳节这一天，他吟出了以上《府衙小饮》的诗篇。诗中提到，重阳节所需的菊花是村中老大爷送来的。茱萸是负责衙门草药园圃的管理员匀给自己的。酒杯放下后讨论的都是如何收租交税的问题。取笔写的东西也尽是些针对百姓诉状的判决书。啊！太讨厌了。自己 18 岁考中科举后，从那年重阳诗宴开始每年必定作为文官出席。而今年的重阳节却要一个人寂寞地面对南海的愁云。

时年道真 42 岁。元庆、仁和时代是"国司"统治下的农民极端穷困，藤原基经领导的中央政府试图恢复班田制，希望以"劝农"方式指导国政的年代。"885 年（仁和一年）土佐国实施了新的土地分配方案：正丁②约 5 亩、次丁③与中男④约 2.5 亩，不征税田约 1.25 亩，女子约 0.4 亩。并规定了下不为例。这大概是基于该国府的要求。"⑤ 土

---

① 据《日本古典文学大系》本。——原夹注
② 正丁，指在律令制度下承担调、庸、杂役等人头税的，自 21 岁到 60 岁的健康男子。——译注
③ 次丁，指在律令制度下的老人和残疾人（轻度身体障碍者）。——译注
④ 中男，《养老律令》中指 17—20 岁的男子。——译注
⑤ 北山茂夫：《王朝政治史论》第一章 律令专制的动摇与倾斜。——原夹注

佐国国司果断根据农民的愿望采取了行动，而邻国的赞岐国国司道真，却在啜泣般地怀念宫廷宴会，作诗略微嘲弄了当地农民和下属，以此安慰自己。

顺便要说明的是，从《类聚三代格》等史料来看，因是道真的政敌而臭名昭著的藤原时平，实际上却是一个果断推行行政改革，极有能力的政治家。他积极推出"格"的法律，公布了不少"太政官符"，重建了面临崩溃的地方行政。此外还推出"延喜庄园整理令"，严格执行自桓武天皇以来松弛的国司工作交替制度。总之，他是认真对待地方农民政策的。与时平相比，我们再偏袒菅原道真，也无法说后者是一个好的地方长官。

我认为中国思维的因子一定强烈地作用于日本的"花道前史"，但那种中国思维在被移植到日本列岛的当初，并未超越律令官僚贵族专用的"政治思维"框架。且不说天文、岁时，就是对微不足道的一草一木的形姿和阴翳，律令知识分子也可以从中发现政治意义的象征，努力作出为"稳定自身权力"所需的情绪反应，并要求被统治者也和自己一样，具有一体感的意识，分享同一情感的共鸣。这无疑都属于中国和日本古代律令国家的"自然观"体系。而到平安时代中叶"摄关"体制真正形成并从内部侵蚀律令制之机构时，才按照现实的需求将过去原生的中国思维"日本化"，并开始普及到农民大众阶层。菅原道真正是际会于这个历史转换期的人物，但他的非凡学识和才华并不带有任何可适应于这个新时代的要素，只要能作取悦天皇和讨他欢心的诗文就可荣华富贵（事实上，道真就是宇多天皇拔擢的）的文人贵族时代已经行将结束。

换言之，日本"古代诗歌"在菅原道真这个天才的帮助下到达了自身的终点，进入了等在前方的衰退和下降的通道。不过，说是衰退和下降，但那也仅是从"古代诗歌"的角度这么说的。"后古代诗歌"（其真相或好坏姑且不论）这时已取代了烂熟的"古代诗歌"，逐渐迈开了自己的前进步伐。川口久雄就此间的变化说过："堪称9世纪官僚文学绝唱的最伟大的三位诗人演出的是三重唱。此即菅原道真、长谷雄和三善清行。他们让9世纪后叶的官僚文学开花、结果、烂熟，即进入了黄金时代。然而，登上顶峰后接下来就是走下坡路。烂熟的邻居就是颓废，与构建完成接踵而至的解体化的第一步就蕴含在他们自身的内部。"

"他们将弘仁、承和年代形成的律令汉文学精神提高到前所未有的高度。与此同时他们也开启了该精神崩溃的端绪。实质上，律令文学精神因他们的死去而一道被埋葬，一个与新时代相适应的新的文学精神的胎动，已经在他们的文学思想内部出现。"①　想来这是一种稳妥而确切的判断。但我个人无法单纯地将上述"后古代诗歌"解释为一种"与新时代相适应的新的文学精神的胎动"。因为无论是天历、正历时期汉文作者练达的散文，还是在《古今和歌集》中开始集中开花的王朝和歌文学，在本质上尚未到达产生"新文学"的阶段。即使是和歌，也尚未完成对"古代诗歌"的脱胎换骨。虽说已过了全盛期和黄金时代，但"古代诗歌"的政治思维还是改头换面地在平安王朝文学的乐符上继续吹响着变奏曲。正因为如此，我才要说菅原道真这个天才人物的伟大是无与伦比的。

就此需要做进一步的考察。

通过以上分析，可以知道菅原道真汉诗文的一贯主题就是赞美天皇，讨君主的欢心。和"学问之神"和"天神"形象完全不同的道真的赤裸裸面目在《菅家文草》中暴露无遗。

然而我们还知晓，那就是赋予律令贵族文人"诗心"的"古代诗歌"的根本性质。《书经》《诗经》及其他典籍所说的"诗言志""诗者志之所之也"的"志"，不外乎就是以统治者的"政治思维"为概念和内容，仅在古代中国政治意识形态的儒教体系中才具有意义。可以想象，七八世纪以后广泛引进中国政治制度和诗文风俗等的日本贵族和知识阶层，第一次知道此世中还有"诗"这个东西一定会感到相当的惊讶，距离他们为此世还有文字存在感到惊讶经历了相当长的岁月。因为在律令政治机构未完备时，换言之即还未诞生出"贵族"这个统治阶级时，这个世界是没有必要存在"诗歌"等东西的。大概那时在被统治阶级、农民阶级当中存在着"作业歌"这一类的东西。读布赫尔②的

---

① 川口久雄：《平安时代日本汉文学史的研究》上篇 王朝汉文学的形成 第八章 菅原道真的作品和思想的特征。——原夹注

② 卡尔·布赫尔（Karl Bücher, 1847—1930），德国经济学家、经济史家、新历史学派代表人物之一。历任莱比锡大学教授等。著有经济类论文集《国民阶级的形成》和劳动科学类研究书籍《劳动和旋律》等。布赫尔还在莱比锡大学创设新闻学研究所，一直从事新闻的社会学研究，在世界上开此研究的先河。——译注

《劳动与旋律》，看到其中收录的许多世界上未开蒙民族咏唱的"作业歌"即"劳动歌"，就可以让人想象到最原始的音乐形象就是那个样子。过去的学者有的说这种原始歌谣是"音乐"，有的说是"诗"，都承认二者之间具有"连续性"（都认可其中存在"进化"的关系），而且几乎没有根据去反驳说这种通说是错误的，但我们一旦对其产生疑问，就会强烈地感觉到它前后无法自圆其说。非洲黑人和波利尼西亚未开蒙人传到今天的原始歌谣，即使一直让它进化，要达到我们所说的诗歌至少也要花费一万年时间。若没有一种非连续性的或人为的因素作用，就不会产生"诗歌"。我们在思考日本诗歌史的"曙光"时代时就必须想到，在贱如蝼蚁的农民大众中自然产生的原始歌谣，仅仅在一两个世纪中就发展成为今天我们所见到的和歌形式，其中一定有外来的因素在起作用。具体说来，中国诗文和中国音乐的引进就起到那种外来因素的作用。也就是说，"古代诗歌"诞生于中国文化圈，和中国政治思想与社会结构一道成长。它或经由朝鲜半岛，或直接穿越玄海滩①，被交到日本的统治阶级的手中。

知道"古代诗歌"的性质，就能明白菅原道真为何始终会在宫廷沙龙吟诗时引用中国典故，谄媚君主（天皇），并且会随心所欲地获得"文才"的美誉。实际上其他人也一样，也是选择美词丽句，建构五言、七言律诗，或选择大自然的美景讴歌天皇。总之作诗只是向统治者发誓献忠，所以我们不能光责怪菅原道真。

值得讨论的是，我们是否可以在那些宫廷贵族官僚身边的表象环境（此语不太确切，但用在这个场合最为适当，所以还是使用之）中使用的"黄杖"或"插茱萸"这些词汇，意外地发现此后创造"花道"公式的要素来自中国思维。如今我们只能说它是乌托邦的"象征"，但在考虑"花道"的本质时，这种中国的乌托邦思想一定是一个重要概念。

值得关注的则有，同样是"花道"的先行形态的行为，在同一个菅原道真的内心里，却会根据道真个人面对的状况的变化而显现出完全不同的宗教、咒术的意义。也就是说，道真在宫廷沙龙中创造的"象征"

---

① 玄海滩，也叫玄界滩，位于福冈县西北方海面，其东面是响滩，西面与对马海峡、壹岐水道相连，冬季波涛汹涌，非常著名。海面上有大岛、小吕岛、乌帽子岛、姬岛、玄界岛等。——译注

和他处在孤独状态下创造的"象征"之间存在着巨大的差异。我们可以将它改说成在二者之间"自然观"也存在巨大差异。

请看以下两首汉诗：

第 289 首　斋日之作

相逢六短断荤腥，狱讼虽多废不听。山柏香焚新燧火，野葵花插小陶瓶。念归观世音菩萨，声诵摩诃般若经。忏悔无量何事最，为儒为吏每零丁。

第 494 首　岁日感怀

故人寻寺去，新岁突门来。鬓倍春初雪，心添蜡后灰。斋盘青叶菜，香案白花梅。合掌观音念，屠苏不把杯。①

先分析《斋日之作》。斋日即"六斋日"，亦即每月的 8 日、14 日、15 日、23 日、29 日和 30 日。佛教认为，在这些日子四天王会判别人之善恶，而恶鬼也会寻找人的纰漏，所以人们应该慎恶修善。此诗的大意是：因逢六斋日，故我尽量不吃韭菜、小葱和鱼、肉一类的食品。必须裁决的刑事民事诉讼案件堆积如山，但我也停止不决。我焚烧的香木即山中老柏，为避讳使用新的燧石打火，并在陶瓶里插入野生花葵的五瓣小花，以此净身，圣化周边的环境，之后才专心礼拜观世音菩萨，放声诵读《摩诃般若经》。我在斋日纵情忏悔，其中最为遗憾的是什么？那就是我学儒是半吊子，为官也是半吊子，只能像现在这样孤独、零落。

这个《斋日之作》作于仁和五年（889）。那年道真 45 岁，作为赞岐国"国守"在任地为自己的不得志牢骚满腹。坂本太郎②在《菅原道真》中问道："道真与生俱来就是一个城市人，虽说谪居地不算太远，

---

① 据《日本古典文学大系》本。——原夹注

② 坂本太郎（1901—1987），史学家，毕业于东京帝国大学文学部国史学科。曾在主任教授黑板胜美的指导下参与《新订增补国史大系》的校订工作。历任东京大学副教授、教授，东京大学史料编撰所所长，日本文物保护审议会会长，史学会理事长，日本历史学会会长。1958 年当选为日本学士院会员和东京大学名誉教授。在研究日本古代史时采取既不偏左也不偏右，仅依靠史料说话的立场，具体地说就是不附和战时的国粹主义史观和战后的左翼史观。获得日本文化勋章。著有《大化改新的研究》《坂本太郎著作集》等。——译注

但还是渡海来到乡下，自然可以想象他有多么痛苦，更何况他还失去了自己擅长的'式部少辅'和'文章博士'这些官位。为何有这种调任？谁都有这个疑问。"之后坂本又分析道："可以认为当时学者间的对立斗争非常激烈，有人唯恐菅家门徒势力增大，故临时将道真赶到地方，以抑制该势力。这些人发起的运动大有功效。""若进一步地思考，还可以认为是元庆八年五月藤原基经询问诸道博士'太政大臣有无职掌'，道真过于直白地回答'无勘奏职掌'而造成的。"[①] 但无论如何，这段时间对道真来说是一个"失意"的年代，也是郁闷和无聊的岁月。

在任地第三年道真创造了《斋日之作》。他忏悔自己作为学者是半吊子，作为地方官也是半吊子，诗歌整体的基调都笼罩在无法排遣的忧郁当中，至少比过去在宫廷获得诗歌冠军时所写的华美"古代诗歌"要富有真实性。总之，道真在赞岐国担任"国守"时所写的诗歌佳作很多。

值得关注的是"野葵花插小陶瓶"这句。虽说写的是乡村生活，但可以认为它出自道真的实际经验。毋庸置疑，因为它是道真写的，故自有范本。白居易诗有"荤腥每断斋居月，香花常亲宴坐时"句，因此道真一定模仿了中国的汉诗，但他的诗却具有某种真实性。我们无法否认道真在发牢骚：真羡慕宫廷花瓶所插的茱萸及其他珍贵花草，而我现在却必须在花瓶里插上乡下的野花野草。这算是哪门子的事？不过很明显道真已看到了野花野草的美丽。

第二首的《岁日感怀》，是道真左迁大宰府第二年的正月（第一次在异乡迎接的正月）即延喜二年（902）正月的作品。坂本太郎说："道真在大宰府的生活极其悲惨。官舍空荡荡的，地板腐朽，廊道崩落。自己必须疏浚水井，编织篱笆。因缺乏屋顶盖板，雨天漏雨，打湿了衣架上的衣服，连箱中的书简也潮湿不堪。而且他身体虚弱，经常抱怨身体不适。得了胃病，烧石头暖胃也无效果。失眠之夜不断，还为脚气病和皮肤病烦恼不已。"[②]

《岁日感怀》的大意是：大年三十夜深故人来访，但不久又归去。新年像闯进门似的跑进家里。我两鬓早已斑白，因初春的雪堆积很厚，

---

① 坂本太郎：《菅原道真》第四 作为"赞岐守"的四年间。——原夹注
② 同上书，第六 结局与临终。——原夹注

故益显发白。为送旧迎新我吹去灰尘，但那冷灰添加进自己的"冷心"之后，现在的精神状态更加冷静。盛放斋戒期供养食品的餐盘里难道不是青叶菜吗？放置佛前香炉的案台上不是有个花瓶插有白色的梅花吗？我的心境益发沉静，我合掌向观世音菩萨祈祷，现在已不需要那种在岁初饮屠苏酒祛除邪气的道教习俗。因为我已皈依佛道。

多么悲痛的诗歌。第四句"心添蜡后灰"按道真的惯例依据的是白居易《渭村退居诗》的"泥尾休摇掉，灰心罢激昂"。虽说我们感觉得不十分明显，但它还是通过一种强大的张力将诗的世界和作者的内心世界紧密地联系在一起。

我们无法否认佛教的静寂世界给道真带来的影响。过去道真只想着自身的荣达和他人的毁誉褒贬，但这次得以深入这个世界，不能不说是他的挫折体验使然。

菅原道真作了500余首的汉诗，其中明确吟咏佛前供花的作品，除了前引的《斋日之作》和《岁日感怀》之外还有一首。为作参考姑引如下：

第506首　晚望东山远寺

秋日闲因反照看，华堂插著白云端。微微寄送钟风响，略略分张塔露盘。未得香花亲供养，偏将水月苦空观。佛无来去无前后，惟愿拔除我障难。①

这也是延喜二年之作。道真从都府楼眺望东面观世寺的一个分寺有感而发。道真吟唱自己已年老体衰，无法去那个东山寺上香供花，故只能在空寂的世界遥拜。这又是一首悲痛的作品。

道真过去未吟唱过一首有关妻子和家庭生活的汉诗，但却不断咏出与主上（天皇）、上司、岳父、下属乃至儿女、外孙相关的诗作，这些关系都属于纵向社会的关系。但现在他唱到这里仅有他一个人，而这一个人最终将毁灭于空寂。他还唱到，人必须在这无依无靠的环境中活下去。

以下说法有些过于公式化，道真汉诗中最为优秀的是在两个时期

---

① 据《日本古典文学大系》本。——原夹注

写出的，此即赞州失意时期（仁和二年至宽平二年，整整 4 年）和大宰府左迁时期（昌黎四年至延喜三年）。可以认为，这与他作品中出现"野葵花插小陶瓶""香案白花梅""未得香花亲供养"这些诗句有着内部的必然的联系。这个宫廷贵族诗人本性是自私的，而且喜好生活的华美阔绰，一旦被放置于不如意的状况中即产生伴有挫折和孤独意识的"抒情精神"，选择折取庭中草木的"典雅行为"。过去坐在融融日光下，运用或组合自己所学的文献知识，讴歌政教一致的"古代诗歌"的宫廷诗人（这些诗人仅认为"侍宴应制"诗是诗歌），一旦被放逐到宫廷之外，就只能深潜于吟咏"自身内部的诗歌"底处。可以说在反映道真晚年的两年间的作品《菅家后集》中也能挖掘出他的内心世界。

人只有在回归并表白真我时才知道"野葵"之美和"白花梅"之清纯。菅原道真那么喜好华美虚饰，那么希望立身出世，但他一旦跌落到失意和悲惨的最底层，就会很自然地产生插花于瓶的心情。插花这种行为的"象征"这时已从宫廷这个人工乐园转移到自身内部的世界。我们甚至可以想象，菅原道真是一面看着花瓶中的野草一面咽气的。

以下是结论："古代诗歌"的产儿菅原道真所达到的高度，必然是"古代诗歌"的最高境界。如果菅原道真一直在古代宫廷政治社会放出光芒，那么也许"古代诗歌"就不能在道真的身上完全熄灭它的火焰。由于道真在晚年突然失意，故最终诗歌迎来了发现崭新的吟咏"自身内部的诗歌"的新纪元。而且这其中多半要仰赖他这个天才人物，不是说谁都可以走向那个新纪元的。日本汉文学在此后虽然在外表上还光鲜亮丽，但实际上已经进入贫困时代。和歌文学也一样，例如我们从道真在自己得意的时期就打算编撰《新撰万叶集》① 此事可以推论，他只能继承在发现新纪元之前的"古代诗歌"的范式。毋宁说这是一个必然的趋势。最终由道真一个人在付出惨痛的代价后，因其刻意求工，获得了最高艺术家的千古美名。道真所发现的新"自然观"也完全是他个人的产物，故除外形之外，不容易为众人所模仿。

---

① 《新撰万叶集》，也叫《菅家万叶集》，诗歌集，二卷。有人说是菅原道真所撰，但其撰者和成书年代均不详。卷中在每一首用汉字书写的和歌之后都会附上相同内容的七言绝句，其资料以《宽平御时后宫和歌比赛》《惟贞亲王家和歌比赛》为主。——译注

《枕草子》——"类聚思维"的固着与再创造

　　《枕草子》的作者清少纳言过去始终评价不高，有人说她是比男人还要厚脸皮的女人，有人说她是精神分裂症患者，总之都没有好话。也许其中的一个理由是，鉴赏者在将她与同时代的女流作家紫式部相比时情感好恶在起作用，因为清少纳言的身上缺乏紫式部那种深沉的情感和人性的深度，所以前者的评价较低。不过我们若将情感好恶放在一边，就不得不承认清紫二人的精神都很优秀，都是能很好地把握永恒的人性并使其形象化的伟大女流作家，二人之优劣一时难以遽断。用现代人的话说就是，紫式部是伤感、可靠的女性，而清少纳言则是理智、有趣的女性。如果将这二位女性加上后来的《蜻蛉日记》的作者藤原道纲母①、《和泉式部日记》的作者和泉式部②、《更级日记》的作者菅原孝标女③、《赤染卫门集》的作者赤染卫门④，那么我们就几乎可以凑齐母爱型、追男型、牢骚型、老练型等这些现代女性的形态。这让人可以联想到人的本性经千年岁月的变化也不易改变。

　　然而，我们在理解《枕草子》时必须考虑两个条件。

　　其一是她在服侍一条天皇皇后定子期间，定子的兄弟伊周、隆家等"中关白家"成员没落，取而代之的"御堂关白"藤原道长掌握了天下大权，让其女彰子、妍子、嬉子等连续进入后宫。也就是说，《枕草子》奏响了走向灭亡的权门"中关白家"的挽歌，并在皇后驾崩后追忆了该没落过程中高贵的母子、兄弟、主仆间的爱情历史。特别是在长

---

　　①　藤原道纲母（936？—995？），平安时代中期的歌人，中古三十六歌仙之一，藤原伦宁之女，后因成为藤原兼家的内室，生下"右大将"道纲，故有此名。其和歌作品被收录于《拾遗集》等。——译注

　　②　和泉式部，生卒年不详，平安时代中期的歌人，中古三十六歌仙之一，大江雅致之女，和泉守橘道贞的妻子。因得到为尊亲王和敦道亲王的宠爱，进宫服侍"中宫"彰子，后嫁于藤原保昌，一生热情豪放，人称"恋爱歌人"。著有《和泉式部集》等。——译注

　　③　菅原孝标女（1008—？），平安时代中期的文学家和歌人，其父孝标是菅原道真的第五代孙。从少女时代开始即多愁善感，32岁时服侍祐子内亲王，后嫁于橘俊通。著有《夜中醒来》《御津滨松》等。——译注

　　④　赤染卫门，生卒年不详，1041年（长久二年）时约85或86岁，平安时代中期的女流歌人，中古三十六歌仙之一，其父名赤染时用，据传实为平兼盛。大江匡衡之妻。服侍于藤原道长之妻伦子，在和歌方面与和泉式部并称。据说还是《荣花物语》正编的作者。——译注

保二年（1000）十二月以后她所写的部分日记中人们可以强烈地感受
到这种因素。池田龟鉴①说过："清少纳言虽然没有想到要用那种形式
来再现'中关白家'的高贵品格，但她的作品是对主家最好的饯别。我
相信《枕草子》——至少是包含该日记部分的集成型《枕草子》是奉
献给皇后定子所生的一品宫修子内亲王的。其中可以读取作者对定子的
一颗热忱的真心，让人不禁深深地感动。清少纳言要告诉人们，您的母
后是如此美丽。"② 这个说法极其尖锐和恰切。《枕草子》日记部分描述
了"中关白家"数年间从繁荣到没落的人事变幻无常，但难以理解的
是其中并未掺杂对胜利者道长的诽谤和歆羡。可以认为，它完美地体现
了定子和"中关白家"的高贵。清少纳言最想写的正是定子在与"中
宫"彰子对立时保持"中关白家"的矜持和品格的凛然态度。这是否
就是《枕草子》的主题？

　　众所周知，《枕草子》由 4 个部分即类聚的部分、四季大自然情趣
描写的部分、随笔部分和日记部分组成，而且这 4 个部分根据重点被放
置的地方不同而评价大异其趣。若问一整卷《枕草子》要告诉我们最
重要的"主题"是什么，我的回答仍然是日记部分。

　　《枕草子》的原貌并非现在所见的这个样子，而且它在传抄过程中
还有多处被后人删改。也许那类聚的部分就是当时宫廷女流社会广为使
用的"语汇学习手册"或"联想练习题"，它混入《枕草子》中并保留
至今。比如著名的第一段"春天是破晓的时候最好。渐渐发白的山顶有
点亮了起来，紫色的云彩细长地飘横在空中"，在"练习题"中仅写成
"春天是破晓的时候最好"这个句子。于是练习者（这时是清少纳言）
就在后面空白处填入"渐渐发白的"等文字。这很容易想象。即使不
这么认为，但通过现有史料也可以推测出在"摄关"政治社会女官之
间流行着一种"类聚"或"类题"式的构想。

　　其二是清少纳言十分稔熟"类聚"思维。从"类聚"思维出发，
最后奏响对灭亡的权门的挽歌，由此完全可以看出《枕草子》的精神
形成史。描写四季大自然的部分和随笔部分仅具有形成这种精神的阶梯

---

　　① 池田龟鉴（1896—1956），"国文学"家，毕业于东京帝国大学国文学科。东京大学
教授。在使用文献学方法研究平安时代文学，特别是《源氏物语》方面多有贡献，著有《源
氏物语大成》《关于古典的批判性处置的研究》等。——译注
　　② 池田龟鉴：《池田龟鉴选集》第五卷《随笔文学》第Ⅱ部 16 赞颂皇后。——译注

意义。

　　"类聚"或"类题"思维方式来自中国诗文。而日本人原本拥有的季节感仅具有一种水田作业不可或缺的"自然历法"功能，从严格的意义上说它尚未到达"观赏"的阶段。进入《万叶集》时代日本开始出现咏月吟花的和歌，但其实它是因为中国诗文的触发而产生的，并以"咏物"的形式形成"题咏"这种文艺意识的先驱形态。然而，日本的诗歌具有明确的"类题"意识是在平安时代初期流行汉诗时从中国引进该意识之后的事情，具体说来则属于迎来六朝诗文之后的事情。"类聚"或"类题"的诗歌形式产生于六朝后期，这种新的体裁不吟咏某个具体的"物"，而吟咏某个观念的"题"，以作者的主观和感情为主，以被吟咏的对象为辅，属于六朝文化创造原理的产物。有人说平安时代初期日本人倾力模仿唐文化，故乍一见似乎消化了盛唐诗文，但尚未脱离模仿阶段的日本汉文学界接受的实际上不外乎是六朝（充其量是初唐）的形式。于是六朝诞生的"题咏"意识被移植到日本知识阶级的思维当中，并化为各种各样的宫廷游戏再生产下去，甚至不久后还成为和歌、倭画的创造原理。

　　《古今和歌六帖》（以下简称《六帖》）属于平安时代中期的诗集，成书于《后撰和歌集》和《拾遗和歌集》（都是敕撰和歌集）成书的年代之间。它从《万叶集》《古今和歌集》和《后撰和歌集》等中抽出4271 首和歌，按类题分为 6 帖 30 项 503 题。可以认为，从这时开始日本告别了汉诗的直接影响，大致形成了自己的"类聚"思维。另外，过去的和歌比赛对此产生了很大影响。可以想象《枕草子》的作者确实读过《六帖》。该帖"【六九】的歌题见于'都、葛、三棱草、驹、霰'"这些段落。《传能因所持本枕草子》（以下简称《传能因本》）在这些段落后面是"笹、壶菫、日影、菰、高濑、鸳鸯、白茅、柴、青葛、梨、枣、牵牛花"段落。小泽正夫用图表比较对照了两个版本的植物名和题名，说："这里收集的 17 个（据《传能因本》）歌题中，除'枣'之外都和《六帖》一样，这应该引起人们的关注。另外，这些歌题中有 12 个是植物名。《枕草子》'草''草之花''非花之木''花之木'段落中的植物名和《六帖》中的题名一致性极高。"结论是："概观该结果，在'草'及之后三个段落所收集的近 100 个植物名中，近半数与《六帖》的歌题一致。从《六帖》的角度看，它将歌题大分为'草'

和'木',类聚了与130种左右的草木有关的和歌。因此,《六帖》题名中三分之一强的植物名与《枕草子》的植物名一致。"①

如此看来,毫无疑义《枕草子》的"类聚"就是和歌的"类题"。虽说和歌的题咏意识在到"院政②期"《堀河百首》成书时已完全形成,但实际上在平安时代末期题咏已成为作歌的最普遍形式。

确认这个事实后重读《枕草子》,人们一定无法否认自己心中有所领悟:《枕草子》中的"春天如何如何""秋天如何如何""冬天如何如何"或"大海如何如何""岛屿如何如何""海滨如何如何",抑或"山峦如何如何""峰岭如何如何""河流如何如何",以及"太阳如何如何""月亮如何如何""星光如何如何"这种"类聚"思维,早已逸出了此后和歌文学的"类题"框架。

此时我们想到的是《艺文类聚》中那种精彩的"类聚"思维体系。以下是《艺文类聚》篇首的目录:

第一卷 天部上
　　天 日 月 星 云 风
第二卷 天部下
　　雪 雨 霁 雷 电 雾 虹
第三卷 岁时部上
　　春 夏 秋 冬
第四卷 岁时部中
　　元正 人日 正月十五日 月晦 寒食 三月三 五月五 七月七
七月 十五 九月九
第五卷 岁时部下
　　社 伏 热 寒 腊 律 历
第六卷 地部 州部 郡部
　　地部 地 野 关 冈 岩 峡 石 尘
　　州部 冀州 扬州 荆州 青州 徐州 兖州 豫州 雍州 益州 幽州 并州

---

① 小泽正夫:《古今集的世界》第七章 题咏考。——原夹注
② "院政",掌握实权的退位上皇或法皇代替天皇在"院厅"("御所")实施的政治。从1086年(应德三年)起白河上皇开始实施。——译注

交州

　　郡部 河南郡 京兆郡 宣城郡 会稽郡

　　……

　　阅读至此已无任何疑问，《枕草子》的"类聚"思维的范本就是《艺文类聚》的"类聚"思维体系，而无须顾及它是直接还是间接地参考了《艺文类聚》。我们可以想象，清少纳言不仅学习过而且还非常娴熟中国诗文。对此我在本文介绍部分已有说明。

　　那么清少纳言对中国诗文（可改说为"真名"即汉文）的娴熟程度如何？于此有必要做一番核对：

　　【106】时近二月晦日，风狂天暗，雪粉微撒。妾于黑门大屋时主殿司官员前来通报："有事禀告。"妾踱出房门来人又道："乃公任宰相书简。"掏出信看，只见上面写有下半首和歌："方觉略有春天意。"① 此歌与今日情景颇契合。可上半首该如何补上妾颇觉踌躇，乃询问来人："有何人在场？"答曰某某某某。彼等公卿皆为世人赧颜之著名人物，怎好于彼等面前示于宰相以凡庸答歌？妾颇觉苦恼，拟先请中宫赐评为好，可主上已到，正在休憩。可是主殿司官员不断催促："请快，请快。"妾思事已至此，才拙又本无可取之处，故听天由命，写道："天寒降雪错当花。"② 妾战战兢兢写出交彼带回，后一心挂念阁后不知作何评价。不消说妾欲知晓结果，但又觉得如若评价不佳，不听也罢。左兵卫督彼时尚为中将，之后谓妾："俊贤宰相等评说，犹可奏请升渠为内侍。"③

　　以上是《枕草子》第 106 段落中的部分内容。要说明的是我没有特别的理由故意要选用这段文字，因为抽出《枕草子》的任一段落都可以触摸到该作品的整体特征。

　　这第 106 段落说二月三十日风大，天空黑漆漆的，小雪纷纷落下。

---

① 原歌下半句是"すこし春あるここちこそすれ"。——译注
② 原歌上半句是"空さむみ花にまがへてちる雪に"。——译注
③ 据《日本古典文学大系》本。——原夹注

这时藤原公任来信。信上写有下半首的和歌："方觉略有春天意。"清少纳言看穿公任的心情一定与今天的天气非常相似。但因使者催促，故写出"天寒降雪错当花"后即交他带回。公任见到此答歌认为非常巧妙，惊讶不已，故奏请天皇，希望拔擢清少纳言为内侍。当然这件事是过几天后才知道的。

这个小故事到此结束，但其中的连歌为何优秀的理由到最近才弄明白。金子彦二郎解开了这个谜，说该连歌的出典是《白氏文集》卷第十四 律诗 二的《南秦雪》：

> 往岁曾为西邑吏，惯从骆口到南秦。三时云冷多飞雪，二月山寒少有春。
>
> 我思旧事犹惆怅，君作初行定苦辛。仍赖愁猿寒不叫，若闻猿叫更愁人。

此诗第三、第四句译成和歌，就是"天寒降雪错当花，方觉略有春天意"。这种再创造正是该赠答歌（连歌）的最大功绩。

由此可见，清少纳言对《白氏文集》无所不通，在第 82 段落"头中将①听他人中伤虚言"（此段落容后叙）、第 143 段落"中关白道隆逝世后"、第 278 段落"关白殿二月廿一日"等也都以《白氏文集》为范本，做出精彩的回复。刹那间清少纳言张口即能转用白诗，表明白居易已完全内化于她的素养和精神结构当中。《紫式部日记》说"清少纳言面有得色，自以为了不起，总摆出智多才高的样子，到处乱写汉字，然而仔细推敲，她仍有诸多不足之处。她总想自己比他人优秀，又总表现出比他人优秀的样子，最终将被人看破，结局也只能越来越糟"，对清少纳言做出严厉的批评。但这种评论要打折扣听，因为不管怎么说，《枕草子》随处都能看见《诗经》《史记》《晋书》的痕迹，倒映出作者汉文教养的丰富。再说，"中关白家"流淌着人称"汉学之人"高阶贵子②（二品）的血液，皇后定子

---

① "藏人所"长官，定员两名，一人从"弁官"，另一人从"近卫府"官员中选拔。前者称"头弁"，多兼"大、中弁官"，后者称"头中将"，多兼"近卫中将"。——译注

② 高阶贵子，生卒年不详，外戚藤原兼家的长子藤原道隆的妻子，陆续生下道隆的第三子藤原伊周、第一女藤原定子（后成为皇后）、第四子藤原隆家等。——译注

及其兄藤原伊周①也都具有汉学才能。因此，性格的对比另当别论，但可以说清少纳言比紫式部（此人也极具汉学才华）更经常地使用汉文学知识进行生活和创作。

　　然而学者中却有人在胡言乱语。西下经一②《平安朝文学》根据紫式部针对清少纳言的对抗意识极强这一事实，说："'清少纳言面有得色，自以为了不起'等的评论，是对清少纳言独特的'随笔'表现形式的冷淡的批评。也就是说清少纳言爱'到处乱写汉字'。然而参考《枕草子》'某人访草庵'段落，我不认为清少纳言爱到处乱写汉字，这里是否属于'到处显摆（她的）一知半解'③的误写？只有这样才构成对《枕草子》的批评，《紫式部日记》的文字才能得以生动起来。这是我30多年前的说法，无一人赞同，但我现在也不想抛弃这个说法。如果紫式部批评《枕草子》是'到处显摆（她的）一知半解'，那么就构成了对随笔这种新作品形式的冷酷批判，这很有趣。"④ 西下在这里说的"某人访草庵"段落，一般都说是"头中将听他人中伤虚言"段落。现在的书籍标记为第82段落，但异本标记为第78段落。以下抄录相关部分：

　　　　（值更的女官们）把灯火移到横木（用于装饰门框上部）下，聚在一处做"拼字"游戏，见我来都说："啊，好高兴呀！快到这儿来吧。"可我觉得提不起精神（因为中官已经睡下了），心想为何要进宫来，便坐在火盆旁，不料女官又聚拢到这里唠嗑。这时有人大声说道："某某大人驾到。"我让传话的问询："这可奇了。这时又会有什么事呢？"原来是主殿司官员来到，说："到这里有话要当面禀告。"我出去问何事，他回答："这是头中将给你的信。

――――――――――

　　① 藤原伊周（974—1010），平安时代中期的贵族，"关白"藤原道隆的第二子，被叔父藤原道长抢先一步夺走"关白"的职务，又因对花山法皇大为不敬，故左迁"大宰权帅"，后来官复本位，称"仪同三司"。——译注

　　② 西下经一（1898—1964），"国文学"家，毕业于东京帝国大学国文科，以《古今集传本的研究》获东京大学文学博士。历任第六高等学校、冈山大学、东京教育大学、上智大学教授。专攻平安朝文学，特别是和歌，著有《日本文学大系》第18卷《日记文学》、《和歌史论》、《平安朝文学》等。——译注

　　③ 此句中的"汉字"，古日语读若 Mana；"一知半解"，古日语读若 Nama。——译注

　　④ 西下经一：《平安朝文学》— 平安时代 作品的种类。——原夹注

请立刻回信。"

我想头中将很讨厌我，这会是怎样的信呢，但又想没必要马上看此信，故说："你请回吧。等会儿就回信。"之后把信放在怀里返回屋内，继续听女官们闲聊。没想到主殿司官员又折回，说："如果没有回信，就将原信退回吧。"这就奇了，又不是《伊势物语》①，我思忖着展信一看，只见青色薄信纸上字迹娟秀，但并没有让人心情激动的内容，仅写"兰省花时锦帐下"以及"下句该如何接续？"对此我如何回复才好呢？我想如果中宫还没睡下，可以请她看一下。但现在如果装出知道下句的样子，用很稚拙的汉字写出送去，也是一件很丢脸的事情。可是官员没有给我思考的时间，一个劲地催促回信，故只能用火炉里烧剩一半的炭在原信的后边写上"草庵来访有谁人"后交官员带回，此外再无其他回信。②

上文说清少纳言从"很讨厌"自己从"头中将"（藤原齐信）那里收到信，心想这会是怎样的信呢。展信一看，只见上面仅写"兰省花时锦帐下"，以及要求回答的"下句该如何接续"。其中的"兰"诗句见于《白氏文集》第十七 律诗 五，题为《庐山草堂夜雨独宿寄牛二、李七、庾三十二员外》的七言诗"丹霄携手三君子，白发垂头一病翁。兰省花时锦帐下，庐山雨夜草庵中。终身胶漆心应在，半路云泥迹不同。唯有无生三昧观，荣枯一照两成空"的第三句。清少纳言想若对方在身旁，那么就翻开《白氏文集》，回答他说这般这般即可，可他不在，无法用信如此回答。但如果装作知道的样子，用汉字写出原诗"庐山雨夜草庵中"也是一件很丢脸的事情，另外也不知道他会怎样地说自己的坏话。思来想去，清少纳言想到有一句与白诗第四句很相似的、收录在《公任卿集》③中的连歌："忘了何时有一次主上问道'草庵来访

---

① 《伊势物语》，平安时代的以和歌为叙事内容的传奇故事，作者不详。由约125个和歌故事组成，以记述在原业平这个男性的传记的形式，叙述了好色即以男女情事为主的风流生活。有人说它是以业平的歌集为原型而创作的。——译注

② 据《日本古典文学大系》本。——原夹注

③ 《公任卿集》即《前大纳言（藤原）公任卿集》。藤原公任（966—1041），平安时代中期的歌人，中古三十六歌仙之一，通称"四条大纳言"。后出家。擅长各种文艺，诗、歌、书法、管弦无所不通，且熟悉古代的典章制度。编有《和汉朗咏集》《拾遗抄》等，著有《北山抄》《新撰髓脑》《公任集》等。——译注

有谁人'，藏人所官员回复'九重花都在身边'。"于是就用火炉里烧剩一半的炭写下"草庵来访有谁人"，交给主殿司的官员。之后藤原齐信再也没有复信。

由此看来，清少纳言不仅汉文教养卓尔不群，还精通和歌，更不是紫式部所批评的那种只会"到处乱写汉字"的才女。因此西下经一将"到处乱写汉字"误断为"到处显摆一知半解"不免属于胡言乱语。当时宫廷内部一定有人认为清少纳言汉文教养出类拔萃，故"头中将"起意要揶揄她一下。没想到清少纳言回身一闪，反倒让"头中将"一败涂地。显然清少纳言的汉文教养很高，众人无法企及。"到处乱写汉字"只能解释为在汉文教养这一点上，紫式部只能完全折服于自己的竞争对手，表现出她的懊丧心情。

返回正题，我们要讨论《枕草子》的"类聚"意识。清少纳言的创作行为中有两种因子在强烈地起到作用：一方面她要与和歌的"类题"同步调，另一方面她要回溯于汉诗汉文模式化的"类聚"思维。至少她蹈袭了自元庆年间（877—885）开始宫廷社会用作开蒙教科书的《李峤杂咏》的"类聚"思维。《李峤杂咏》也叫"百咏"或"百廿咏"，在中国早已亡佚，但在日本却和《蒙求》一道成为平安时代贵族家喻户晓的教科书，内容分"乾象、坤仪、芳草、嘉树、灵禽、祥兽、居处、服玩、文物、武器、音乐、玉帛"十二个部，各部又配有十题（例如"乾象部"配"日、月、星、风、云、烟、露、雾、雨、雪"，"坤仪部"配"山、石、原、野、田、道、海、江、河、路"），各题又咏五律诗一首，共一百二十首。一般少年（极少少女）开始学习汉文时就会接受这种"类聚"分类的思维训练。因为有此思维为基础，故日本在那个时代编撰出如《新选字镜》《和名类聚抄》等"百科大辞典"。《枕草子》的"类聚"意识中也有许多地方可以认为是中国知识体系的再现。

过去的各种"花传书"或"花道指南"都频频说到用花来表达和歌之心。总之它们的意思就是要重视和歌的"类题"（题咏）。然而我们回溯到该"类题"所发生的源头，就可以从《枕草子》创作过程中所显示的"类聚"思维发现一些东西。插花这种行为，不仅广泛而深刻地表现出和歌之心，还广泛而深刻地表现出汉诗之心，不仅表现出日本之心，还表现出东亚之心。

接下来再从另一个视角重新审视《枕草子》：

【23】清凉殿东北角北面屏风上画有波涛汹涌的大海，并有狰
狞可怖的生物，如长臂国和长脚国的人形。打开弘徽殿的房门便能
看到这屏风。女官们常是且憎且笑。勾栏旁有一个大青瓷瓶，上面
插着许多开满樱花的枝条，有五尺多长，花朵一直延伸到勾栏外
边。中午大纳言到来，他穿着略为柔软的樱色袍衣，下身是浓紫色
束脚裙裤，着白内衣，上面露出红绫华美出边。适值天皇在屋里，
大纳言便在门前铺着窄地板的走廊边坐下说话。

　　御帘内女官们披着樱色宽大背心，让它宽舒地垂下后边，并露
出藤花色或棣棠色上衣，颜色多样，令人赏心悦目。许多人从半开
窗御帘下优雅地伸出袖口时，天皇居所响起了送来御膳的咚咚脚步
声，以及"嘘，嘘"的警跸声。这种悠闲晴朗的春日景象十分有
趣。一会儿送来最后一个台盘的藏人过来，奏报御膳已经备妥，于
是天皇从中门走出。大纳言从廊檐下一同进去，随后又返回到插有
樱花的花瓶处坐下。

　　中宫（皇后）将面前的隔帘推开，出来坐在门柱旁边，面对着
大纳言，姿态十分优美，近侍们不由得感到非常喜庆。这时大纳
言缓缓念出一首和歌："日月星光有轮替，三室山峰永不变。"此歌
极有意思。希望同此歌寓意一样，眼前的情景能够保持千年万年！①

　　以上抄录的《枕草子》第23段落是学习花道的人士十分熟悉的一
段文字。任何一部花道史的书籍也都会引用"勾栏下有一个大青瓷瓶，
上面插着许多开满樱花的枝条，有五尺多长，花朵一直延伸到勾栏外
边"这段话，并且大抵还会说明：这说明当时的人们已有了爱惜落花的
心情，以及对保持花的生命的花瓶拥有的深刻关心。这个说明没有任何
错误。另外，花道史的著者还引用了《枕草子》第4段落的一句话：
"将开满樱花之长枝折断，插进大花瓶中，十分有趣"，说这表明了在
平安时代宫廷社会已经产生瓶花的观赏方式，这种见解也是正确的。
　　总之，《枕草子》对研究花道史是一个不可或缺的史料，但我对这

---

① 据《日本古典文学大系》本。——原夹注

个重要的史料现在是否得到充分使用却留下若干遗憾。因为过去的研究家在使用这个文献时多半具有以摘出词汇为主的心理，倾心于单独摘取"花""花瓶"这种词汇的作业。

传统语言学认为，词汇是介于单词和句子这个二元性功能之间的一个体系。而现代语言学，特别是现代国语学则主张，在精通单词和句子这种二元性功能之前有必要着眼于文章整体。最早在语法学上确认"词汇即文章"的是时枝诚记①的《日本文法口语篇》。过去的文法只不过是将单词、句节和句子作为研究对象并进行分析。旧制中学和旧制高等女子学校的国语课只是教师面向学生说明新单词和新表达方式的课程。学生则确信只要记住单词和典故的意思，就可以理解任何文章（准确地说是一种自负）。但认真想来这种学习方法是错误的。同单词和句子在语法研究对象上是不同而独立的单位一样，文章也当然是一个独立的单位。同句子不等于单词的集成一样，文章也不会是单词和句子的集成。文章有自己的形态和功能。如上述，时枝诚记创建的"文章论"给战后的日本语法研究提供了正确的地位和范围。与时枝理论产生共鸣，并在国语教育研究的延长线上创建更具社会化、更生活化的"文章论"的是西尾实②的《语言生活的研究》。西尾探索了作为沟通社会行为的手段即文章具有的功能和结构，阐明了人类的表达和理解具有"主题""构想"和"叙述"这三个结构。"主题"就是要沟通什么，"构想"就是以何种组合方式能够沟通什么，"叙述"就是以何种音声、动作、文字、符号进行沟通。这是在日常会话、文章乃至所有领域的文化（表达）中都具有的共通的结构。而且在这个结构中若缺乏任一要素，文章（词汇）就无法成立。因此在写文章时，确立主题是一个需要从头到尾都保持关注的问题所在。在解读文章时，若不能采取从整体到部分的方

---

① 时枝诚记（1900—1967），语言学家，毕业于东京大学文学部国文学科，获文学博士学位，历任东京大学、早稻田大学教授。提出"语言过程论"，并以此为基础建立独特的日语语法体系。该语言学研究在语法研究上成就突出，人称"时枝文法"。著有《国语学原论》《古典解释的日本文法》《日本文法文语篇》《文章研究序说》《现代国语学》《国语问题与国语教育》《国语教育的方法》等。——译注

② 西尾实（1889—1979），"国文学"家、国语教育学家，毕业于东京大学。历任某初中教导主任，东京女子大学、法政大学教授和日本国立国语研究所首任所长。除研究中世"国文学"外，对创建国语教育学也贡献良多。著有《徒然草》《世阿弥的能乐艺术论》《国语国文的教育》《语言与文化》《国语教育学的构想》等。——译注

法，也就无法做到真正的理解。也就是说，若不采用从文章到词汇的阅读方法，就无法实现真正的理解。

也许话题有所偏离，但笔者绝无更换主题的意图。眼下我们都需要反省过去的花道史著者是否因为接受了传统国语教育，故在处理史料时往往热衷于从中抽出单词、句节和句子，而忽视了文章整体拥有的主题和构想。这种反省也适合我们在鉴赏古典文学之外的比如造型艺术作品时。因为在鉴赏插花作品时，欣赏者也往往醉心于其细部（相当于文章中的单词和句子），而容易忽略作家希望表达的主题。

那么，《枕草子》第 23 段落的主题到底为何？第 2 段落的"插在青瓷瓶的大枝樱花在勾栏边绚烂开放"这个叙述到底构成了哪样的主题？第 3 段落末尾的"大纳言从廊檐下一同进去，随后又返回插有樱花的花瓶处坐下"，又该如何统合在这个主题之下？回答是在清凉殿见到的"插花"这个事实或行为的意涵，只有放到整体的文章中才能显现出来（话虽如此，但以上所引的并非第 23 段落的全部。此后还有三个小段落，即皇后定子拿出白色的色纸并叠起来说："把想起的古歌各写一首在这色纸上。"于是高级女官便写了两三首"春歌"和"咏花歌"。之后清少纳言将"摄政"藤原良房的古歌"年岁虽老心不老，看花断无存忧思"① 的"看花"改作"看君"后递上去。皇后将此歌与其他的歌比较后说："就是想看这种机智的劲头嘛。"清少纳言写道，若是年轻人在这种场合也许想不到这些，但她因为年纪大，所以能想到能改写。因篇幅此不赘述，但仅是上引部分也可以构成一个统一体）。

为抓住文章的主题（及构想），最便捷的方法就是反复熟读文章的整体。我反复读过第 23 段落前半部分 40—50 次，几乎可以背诵，但每次阅读时眼前都闪现出"白日梦"，不禁热泪盈眶。情景虽有不同，但这眼泪和过去阅读宗达② 的《西行物语绘卷》（译按：即《西行法师行状绘词》）时流下的眼泪性质相同。

这是因为此文主题在于一面追忆业已没落的"中关白家"往日的荣华，另一面再生了同样年轻的清少纳言（她与橘则光有一次失败的婚姻

---

① 原歌是"月も日もかはりゆけどもひさにふる三室の山の"。——译注
② 俵屋宗达，生卒年不详，江户时代初期的画家，通称野村宗达，号"伊年"或"对青轩"等，与尾形光琳并称日本近世初期的大画家。——译注

经历，同藤原实方的婚姻也不能找到幸福。之后在 30 岁左右侍奉在定子的后宫，在那里她才首次挽回自己的青春和知性）的开朗微笑。可以肯定清少纳言是在追忆，通说推定该史实发生在正历五年（994）三月。文中的"主上"即一条天皇，当时 15 岁，"中宫"即皇后定子，当时 18 岁，"大纳言"即藤原伊周（定子的同母兄），当时 21 岁，在年轻的"中关白家"成员身上丝毫看不出未来那个家族会式微的预兆等。但后来因"御堂关白"（藤原道长）陷害，"中关白家"一举走向衰败，"大纳言"左迁"大宰权帅"，皇后定子被道长的女儿彰子赶超。晚年的清少纳言追慕在不幸中早逝的定子，试图将繁盛时期的"中关白家"的青春群像固着在美丽的"画布"之上。

如此看来，显然在第 2 段落"勾栏旁青瓷瓶"及之后的句子中所见的插花这个事实和行为，并不仅仅局限于室内装饰。

作者清少纳言通过第 23 段落要告诉读者什么？她是以何种精神状态陶醉于眼前的景象（或幻想）之中？总之，她要提示何种主题？简单回答就是，作者希望这个"白日梦"不归结于淡淡的泡沫，而须"保持千年万年"，嵌入永久不灭的模具之中。

在支持这个"保持千年万年"愿望的精神体系当中，"插花"被赋予了现实性和功能性。若不希望永生，"插花"这个行为就不会出现。

《古今和歌集》卷第一藤原良房的"年岁虽老心不老，看花断无存忧思"（如上述，此歌被清少纳言稍作修改后献给皇后定子）、《后撰和歌集》卷第三纪贯之的"但愿樱花永盛开，插入瓶中亦凋谢"①、中务②的"插入瓶中祈万代，樱花永驻不常有"③ 这三首歌，都以一种希望长寿的咒术形式吟唱了"插花"。若我们注意到这一点，那么就能想到平安时代宫廷人士绝不会无计划、无规范地将鲜花插入瓶中。他们严守规则，将春天的樱花、秋天的菊花插入瓶中。

从今人眼中看来花材是固定的，但通过将特定的花材插入瓶中这一

---

① 原歌是"久しかれあだにちるなと桜花かめにささせれど移ろひにけり"。——译注

② 中务，生卒年不详，平安时代中期的女流歌人，三十六歌仙之一。宇多天皇皇子中务卿敦庆亲王的王女，母亲是伊势，本人是源信明之妻。有 69 首和歌入选《后撰和歌集》及之后的敕撰集，著有家集《中务集》。——译注

③ 原歌是"千代ふべき瓶にささせれど桜花とまらむことは常にやはあらぬ"。——译注

行为，还是可以读出"公家"①（或社会）的意图：其中包含着某种祈祷之心。《枕草子》第 23 段落"将大枝樱花插在青瓷瓶中"的事实和行为，也表明有人在祈祷眼下的繁荣能"保持千年万年"。即使是在"白日梦"中，但这个愿望的象征不也在闪烁光芒吗？就算是一种漠然的装饰行为它也过于炫目了。为了将年轻开朗的"中关白家"人永远收敛在"神圣家族"的镜框中，无论如何都必须叙述这樱花的"插花"。或许清少纳言在临终前眼中所见的就是这个绚烂的樱花"插花"。

清少纳言确实一面将"中关白家"能永续"千年万年"的愿望寄托在樱花之上，另一面追慕不再二度返回的过去的荣光。但这个"受领"的女儿在政治上却发挥不了任何作用。她能做的充其量只是写写文章，插插鲜花。说得更明确些就是，她甚至对政治动向一无所知。山中裕②《平安时代的女流作家》说："最终清少纳言都未曾开眼于政界的深处。可以说她只是一个身份低微的宫廷侍女。《枕草子》虽然详细地描述了'中关白家'的事情，但未能从历史上把握该家族的繁盛和衰败，仅强调它美好一面。"③ 而且，我们不清楚清少纳言晚年的任何事情。同她仅写"中关白家"的荣光而不写它的没落一样，清少纳言也不想让人知道自己的零落和衰老惨景。

《源氏物语》中"春夏秋冬"存在论的意义

在此需要先引录《源氏物语》"少女"卷营造六条院的文字：

> 原有的池塘、假山，凡不称心者均拆去重建，流水的趣致与石山的姿态因此面目一新。各处的景物均按不同的女主人心意布置。例如：紫姬所居的东南区内石山高，池塘美，种有无数春花。拉窗

前有五针松和红梅、樱花、紫藤、棣棠、杜鹃等春花，布置巧妙，赏心悦目。其间又稀疏地杂种些簇簇秋花。

秋好皇后所居的西南区内在原有的山坡上栽种大红色的枫树，并从远处导入澄澈的泉水。为使水声增大，还立起许多岩石，使水流变成瀑布——这就开辟出一处广袤的原野。此时正值秋季，花朵盛开，景色之美，远胜于嵯峨大堰一带的山野。

花散里所居的东北区中，有清凉的泉水，种着夏季可望叶绿荫浓的树木。拉窗前更种有淡竹，其下方凉风习习。树木都很高大，宛如森林。四周环绕着水晶花篱垣，有如山村。院内种着"今我是畴昔"① 的橘花和瞿麦花、蔷薇花、牡丹花等夏日花木，其间又杂种些春秋开花的树木。此区东面养马，院内有跑马场，围以土墙，以供五月赛马、骑射、表演马术之用。水边种着茂密的菖蒲。池岸对面筑有马厩，其中饲养着盖世无双的骏马。

明石姬所居的西北区中，北面用围墙隔开，在那儿建筑仓库。隔墙边种着苦竹和茂盛的青松。一切布置都适于观赏雪景。冬初篱菊傲霜，柞林红艳，意满志得。此外又移植了种种不知名的深山乔木，枝叶葱茏可亲。②

"少女"卷是光源氏恋爱故事大致告终的一卷，即所谓的第一乐章的尾章。至少在京城能成为光源氏恋爱对象的女性已不复存在。为了展开故事，作者必须让一位读者完全陌生的女主人公登场。同时为了让故事能有一个停顿，作者在结束"少女"卷前还需要让几个重要人物集合于六条院。用歌舞伎的术语来说，就是齐聚六条院。甚至明石姬现在也来到了六条院。

在"少女"卷卷首作者在让光源氏了结与前斋院朝颜宫的恋情（可以认为光源氏放弃朝颜宫此事有利于他与紫上［紫姬］的爱情产生）之后，又让正妻葵上的遗子夕雾登场，并就夕雾的元服仪式及对他的教育方针展开论述，进一步还描写了割断夕雾和云井雁初恋恋情的

---

① 语出《古今和歌集》卷第三夏"五月待つ花橘の香をかげば昔の人の袖の香ぞする/橘花开五月，到处散芬芳。今我思畴昔，伊人怀袖香。"——译注
② 据《日本古典文学大系》本。——原夹注

"内大臣"的权欲熏心。接着作者举办了紫上的父亲式部卿宫的五十贺宴，显示了成为光源氏妻室的紫上的荣光和光源氏自身的威风。举办式部卿宫贺宴的场所就是建筑物中的六条院宅邸。这个六条院宅邸的建设意图，就是要利用六条御息所旧邸附近的广阔土地，构筑四季景观不同的"小区"，以显现"典雅"的世界。在光源氏35岁那年秋天，用时一年的大工程终于完工。

竣工的六条院分成春夏秋冬四个区域，光源氏和紫上住在东南面的春区，花散里住在东北面的夏区，梅壶皇后住在西南面的秋区，明石姬住在西北面的冬区。此段落前面有一句话：

> 到八月六条院完工，众人准备迁居其内。四区之中，未申向一区即西南区，原为六条妃子旧邸，现在归其女秋好皇后居住。辰巳向一区即东南区，归光源氏与紫姬居住。丑寅向一区即东北区，归原住东院的花散里居住。戌亥向一区即西北区，预留给明石姬居住。

由此可见，让4位女性分别居住在春夏秋冬4个方位的宅邸的想法明显来自中国"四神思想"和"五行说"。为了获得繁荣的吉兆，就必须蹈袭中国的宗教仪式。东为春，西为秋，南为夏，北为冬，这是按照中国的气候（特别是风向）自然产生的思想。最近发现的高松冢古坟石室壁面上的青龙（东）、白虎（西）、朱雀（南）、玄武（北）四神或曰四兽，也是与中国的风向以及星座（星宿）相结合的产物。它是一种天文历法或世界生成原理，无疑是通过高句丽传入日本的。联系"记纪"神话开篇所说的"天地开辟"神话借用了中国五行思想集大成的《淮南子》（公元前120年左右成书）"天文训"这一事实，我们可以认为，7世纪后日本统治阶级和知识阶层的世界观的深处也存在上述的"四神思想"和"五行说"。只有依据《淮南子》"时则训"的"东至日出之次，榑木之地，青土树木之野"这个以中国为中心的世界观，圣德太子才会满不在乎地托遣隋使递上"日出处之君子云云"的国书。《魏志·倭人传》同样依据五行思想，认为《淮南子》"坠形训"说过有"东方君子国"，故将该国记述为"倭国"。后来只不过是刚好东面有日本这么一个国家。关于"耶马台国"记述的争论至今未决，但若无视支撑作为地理志的《倭人传》基础的五行学说，而拘泥于琐碎的议论，则一定无功而返。无论如何我们都千万不能忽视王朝时代宫廷知识分子已摄取了相当多的中国思想这一事实。更何况紫式部的汉学修养来自其父为时的熏陶，它早已超过泛泛之辈的水平。

也就是说，作者紫式部希望对照中国的世界观（存在论），证明自己将4位女性安排在春夏秋冬4个区域，使六条院构成一个完美的"世界"是有道理的。另外还注入有关春夏秋冬的"日本自然观"（类题），用美学增强她的实在论。六条院的世界可以让"时间的四季秩序及由它支撑的美学意识服务于我统领的人际关系世界。之后按时间优美地叙述的秩序与和谐的世界，换言之即人间乐园的这个世界，可以说是光源氏超凡能力的证明"[1]。于是在读者面前就出现了这个世界的净土（乌托邦）。

由此可见，六条院显现出人间乐园的景象。光源氏计划建造六条院的事由见于"薄云"卷。当时有人与休假回家的斋宫妃子（梅壶）展开"春秋孰优孰劣"的讨论，光源氏问："春日林花烂漫，秋天郊野绮丽，孰优孰劣，古人各持一说，争论已久。毕竟何者最可赏心悦目未有定论。在唐土，诗人皆说春花似锦，其美无比。而在日本的和歌中则谓：'春天只见群花放，不及清秋逸兴长。'[2]我等面对四时景色，但觉神移目眩。至于花色鸟声孰优孰劣，实难分辩。"于是梅壶回答秋天好，紫上坚持春天优。因此才有了后来的紫上东南区的春色区和秋好皇后西南区的秋天区。这里需要注意的是，为皇后建造的秋邸极尽人工的极致，压倒周边的大自然；花散里的夏邸充满偏僻乡村的气息（部分区段设置共有资产的跑马场和马厩）；明石姬的冬邸适于在那里忍受寂寞的生活（但其北面有象征财富的仓库）；等等。它们都创造出4位女性适应各自环境，相互平等竞争的和睦理想家园。这里不将四季的排列委托于偶然的命运，而是运用她们各异的性格和势力，采用她们各不相让一步的必然意志。

从细部看，春区配有松、梅、樱、藤、杜鹃，夏区配有水晶花、橘、瞿麦、蔷薇、龙胆、菖蒲，秋区配有枫树、秋野，冬区配有霜、

① 秋山虔：《源氏物语》Ⅳ 权势家族光源氏及其周边世界。——原夹注
② 见《拾遗和歌集》。原作写作"秋のあはれをとりたてて思へるり"。——译注

雪、落叶林。毋庸置疑，这些植物等都属于和歌的类题和倭画景物画的画题（在《宇津保物语》中已见端倪），作者运用这些知识准确无误。然而，六条院这种四季的配列在宇宙论方面则提示了并非单纯欣赏大自然的、人类的命运对决意志（偶然对必然）的内在抗争。

《仙传抄》①之后的花道秘传书将和歌的类题作为季节意识的根据，并依靠佛典决定其哲学的意义。但在研究《源氏物语》等古典之后我发现，那时的人们并非不存在故意舍弃以中国的世界观为基调的四季感觉的弊端，不过既然插花这种行为的原型在平安时代宫廷社会已经出现，那么我们就不能无视强烈驱动平安时代知识分子的阴阳道、五行思想等的中国的存在论（现在暂不涉及该政治意识形态的侧面）。将四季的分立、配列及其变化与人（不用说是宫廷人士）的"生存"问题紧密结合进行思考，最终开出了王朝文化的花朵。

有必要再读一下原文。写有"各处的景物均按不同的女主人心意布置"这个部分到底意味着什么？

因篇幅仅阐述要点。这短句首先证明了以从京都王朝贵族现实孤立生活推导出的美学、阴阳五行思想为基础的"自然观"为何。在六条院的自然景致中贵族可以找到心灵休憩的场所。可以说他们发现了心灵和环境的和谐。其次证明了王朝文化的主要承担者已从男性转变为女性，与"摄关"政治社会一道到来的是女性文化压倒男性文化。在《竹取物语》和《宇津保物语》时代，是众多男性登场围绕着一位美女。而到《源氏物语》时则是众多女性登场围绕着一位贵族公子。光源氏一定是一位浪漫无边的主人公，但我们通读该五十四卷后就会明白，光源氏只不过是一位"狂言戏主持人"，在安排许多"女演员"上场或下场。"柏木"卷说，光源氏在并非己出的熏大将出生时说若是女儿就不能等闲视之，但男儿怎么着都可以。幸运的是眼下这个是男孩。由此可见女子的社会地位有极大的提高（当然这仅限于统治阶级）。"大和魂"和"大和心"正意味着在"摄关"社会提高了地位的女性之"心"。文学自不待言，绘画、雕刻、书道也都一样，可谓王朝文化都

---

① 《仙传抄》，也叫《仙传书》，是一部花道秘传书。据说是从1445年（文安二年）到1536年（天文五年）由7个传道者传下来的书籍。宽永年间（1624—1644）有木刻活字本，流布至今。——译注

是"女性之心"的开花结果。

女性将"生存"问题与自身的意志（必然）联系起来的"心意"，是王朝时代各艺术的源泉之一。

以下例文采自"蝴蝶"卷第2段落：

> 今日秋好皇后开始举行春季讲经①。亲王和公卿不想回家，就在六条院歇息，许多人换上昼用服装准备前往听经。其他家中有事之人则回去了。正午时分，众人聚集在秋殿。自光源氏以下无不参会。公卿等也全体出席。这多半是光源氏的威势使然。因此这法会②隆重庄严无比。
>
> 春区的紫上发心向佛献花。她选择八位相貌端庄的女童，分为两班，四位扮作鸟，四位扮作蝶。鸟装的女童手持银瓶，内插樱花。蝶装的女童手持金瓶，内插棣棠花。同是樱花和棣棠花，但皇后选的是最美色艳的花枝。八位女童乘船从殿前的假山对岸出发，向皇后的秋区前进。这时春风吹拂，瓶中的樱花飞落数片。天空晴朗，风和日丽。女童的船从春云暧霭之间款款而来，此情此景优雅有趣。秋区院内未特地搭起帐篷，仅将殿旁的廊房作为乐池，于其中临时摆放一些凳椅。
>
> 八位女童舍舟登岸，从南面即正面的石阶拾级升殿，奉献鲜花。香火师接了花瓶，供在净水器具旁边。紫上致秋好皇后的信由夕雾中将呈上。其中有诗云："君爱秋光不喜春，香闺静待草虫鸣。春园蝴蝶翩翩舞，只恐幽人不赏心。"③秋好皇后读后，知道这是对去年秋天所赠红叶诗的答复，脸上显出笑容。④

如以上观察，六条院是人间乐园的象征。宛如映射出这个宇宙结构论那样，东南面的春区住着光源氏和紫上，东北面的夏区住着花散里，

① 讲经，按当时惯例，每年春二月、秋八月举行法会，讲演《大般若经》。——译注
② 皇后举办的这个"讲经"会，最早见于《延喜式》："二八月，择吉日请百僧于太极殿，三个日修之。"本来是天皇举办的仪式，后来会场转移至紫宸殿，连讲3天《大般若经》。秋好皇后模仿帝王仪式举办的这个讲经会推迟了一个月，即在三月下旬举行，这也可以认为是为证明六条院极尽荣华的一个手段。——原夹注
③ 原歌是"花園の胡蝶をさへや下草に秋まつ虫はうとく見るらん"。——原夹注
④ 据《日本古典文学大系》本。——原夹注

西南面的秋区住着秋好皇后，西北面的冬区住着明石姬。如果不是新来的女主人公玉鬘的登场，那么这个乌托邦的图像将永远固定不变。

以下是《源氏物语》"玉鬘"卷到"真木柱"卷的所谓"玉鬘十帖"的世界。"玉鬘"卷从"虽然事隔十八年，但光源氏丝毫不曾忘记那百看不厌的夕颜。他阅尽了种种袅娜娉婷的女子，但想起这个夕颜，总觉得可恋可惜"写起，接着描述了事隔夕颜猝死 18 年后，光源氏收养了从筑紫来京的夕颜的遗女，并让她住在六条院夏区西厢房的经过。然而光源氏在接触到这个女孩子（世人都相信他们是父女关系）的过程中逐渐尝到心旌摇动之苦。之后"玉鬘十帖"按"早莺""蝴蝶""萤火虫""常夏""篝火""朔风""行幸"的顺序，披露了光源氏 36 岁那年的经历，就像让人一面一面翻看"月次屏风画"① 那般。在"蝴蝶"卷作者向世人展示了显现光源氏一生荣华富贵的六条院春色。

"蝴蝶"卷卷首写道："三月下旬，紫上所居春区的庭院中春景比往年更为浓烈，花色鲜艳，鸟声清脆。在别处的人看来只有此处还是盛春，觉得有些不可思议。"换言之，别处的人们惊讶地认为，紫上的春区虽已接近晚春，可就是在那里还是盛春。卷首继续叙述："光源氏命令赶快装饰即将造好的唐式游船。还在初次下水那天从雅乐寮宣召乐人来，让他们在船中奏乐。当天诸亲王和公卿都来参加。"换言之，光源氏在那天提前举办了建造中的中国式游船的下水仪式，让乐人在船中奏乐。就此船中奏乐，《紫式部日记》"宽弘五年十月十六日"条说："天皇行幸之日，道长大人命将新造的游船停靠在园中的池水边。船头装饰的龙头鹢首栩栩如生，美妙得令人瞠目。""为迎接圣驾而奏起的船乐非常美妙。"雅乐寮本属宫中游乐和举办仪式时专司奏乐的机构，但当日乐人被特招到六条院，也可谓是光源氏荣华富贵达到顶峰的标志。另外，诸亲王和众公卿这些身份高贵的人当日都来参加，亦属光源氏威风八面的标识。

在如梦如画、伴有船乐的仪式翌日，物语的舞台由宛若蓬莱的紫上春区转移到皇后的秋区。而今天开始讲经的秋区仍是乌托邦。昨天为紫上尽心尽力的光源氏今天又为皇后倾尽全力。六条院因为有光源氏，就一定会被涂抹上荣华和安泰的油彩。

---

① "月次屏风画"，按顺序将一年 12 个月的年中活动和景物画出的画。——译注

　　前年秋天，皇后给紫上寄过一信，内附一首红叶诗："闻君最爱是春天，盼待春光到小园。请看我家秋院里，舞风红叶影翩跹。"① 紫上接受了来自皇后的挑战。但那时季节不对，故紫上只能忍而不发，盼望春天的到来。秋好皇后（梅壶）在光源氏一族中身份最高，住宅也被安排在六条院中最重要的地方。然而现在紫上的地位增强，已经可以接受皇后的挑战。刚好这时已是晚春 3 月 20 日许，皇后休假回家来到六条院。碰巧皇后的秋区和紫上的春区只隔着一座小假山，乘船往来非常方便。因此为了今天开始的皇后讲经会紫上让童女手持花瓶，并用春歌回答皇后的秋歌。

　　紫上虽然应战，但将其理解为争风吃醋只是一种卑贱的曲解。其实紫上和皇后关系很好，二人仅是在争论春秋孰优孰劣。尚且皇后还接受了精美花瓶，承认紫上的胜利。读者就此可以放心，六条院的晚春正出现在这个乌托邦中。

　　问题是该如何解释和欣赏"鸟装的女童手持银瓶，内插樱花。蝶装的女童手持金瓶，内插棣棠花"和"春风吹拂，瓶中的樱花飞落数片"这两句话中的"花＋瓶"的深意。过去的花道史研究人士中没有人特别言及"蝴蝶"卷的"花瓶"和"瓶中樱"，但有多人谈到"铃虫"卷"寝台四角的帐幕都撩起来，内供佛像。后方悬挂法华曼陀罗图，佛前供设银花瓶，内插高大鲜艳的莲花。所焚的香是唐土舶来的百步香"这句话，并因此指出在贵族生活中，供花的风气是与净土信仰一块盛行起来的。甚至有人还说，从这个叙述来看，寝殿的一部分是作为礼佛的场所使用的，因为那里有供花的花瓶。然而经审视该叙述的前后关系："经堂中各种用具置办得十分周到"，"佛堂的布置装饰完毕之后讲法师进来了"，可以认为在六条院中建有佛堂更为自然。这些话出现在与柏木私通产子后出家的女三宫为自家佛像举办开眼供养仪式时，讲法师这时来这里为已经出家（不用说并非真正出家）的女三宫讲读女人可成佛的《法华经》，因此这里虽也提到"银花瓶"，但不妨认为"铃虫"卷的"银花瓶"是不折不扣的法器。

　　然而"蝴蝶"卷的"花瓶"却不能单纯视之为一种法器。换言之，我们不能像通说那样囫囵吞枣地认为，随着佛像的普及，作为该仪式构

---

　　① 原歌是"心から春待つ園はわが宿の紅葉を風のつてにだに見よ"。——译注

成要素的供花已经渗透到贵族（之后是庶民）的生活内部。我们还是应该将它视为佛教将自身擅长的融合思维（Syncrétisme）转为实践的一个良好事例。也就是说，我们应该认为，王朝贵族并非将供花和摆花瓶的仪式纳入自身的生活计划之内，而是将自身的习俗"插花"（从容器说就是"花瓶"）纳入佛教仪式之中。讲得更浅显一点，就是插花这种行为并非始于佛教仪式的启发，而是贵族在佛前供花时发现，自身民族宗教系统中传承的"永恒思念"已找到了一个造型化的实现场所（甚至可说是一个到达点）。一般说来，我们当然无法忽视王朝文学和净土思想的关系，但在解读欣赏各类原文时，无论如何都将其与净土思想结合反而是不妥当的。欣赏各种文章或句子的要点，就是要尽量准确地抓住该文章蕴含的"主题"。

请再读一遍"蝴蝶"卷的前引例文。这个段落的主题就是紫上和秋好皇后就"春秋优劣"的争论。并且还描写了胜者紫上的优秀和承认前者的皇后的安详微笑。构成这个主题的要素有船乐、舞蹈的童女、金银花瓶、出席的公卿、行香僧人、净水台等，它们都被赋予了有生命的实体。从构成一个生命有机体的段落中剔出"花瓶""瓶中樱"这些单词，并在它们身上强行加入一些本不具备的意思，绝非正确的做法。

我们不能否认，文中"紫上发心向佛献花"这一句表明了她当面向开始举办讲经会的皇后献上供花的事实，但是否就可以说"花瓶"和"瓶中樱"只具有供花的目的，回答是很难遽断说明。应该认为，在这个段落中"银瓶，内插樱花""金瓶，内插棣棠花"这个行为的重点，就在于向对方表明春天对秋天的胜利。也就是说，献上花瓶的目的以讴歌春天的生命为主，表明供花的功能为辅。从该段落的总结"春园蝴蝶翩翩舞"这句和歌的内容来看，这个结论没有质疑的余地。

极端地说，将樱花和棣棠花插入瓶中的行为所包含的咒术宗教意义（对永恒生命的讴歌和祈求）要大大超过在佛前供花的佛教仪式意义（一开始它充其量只有庄严的意义），至少在作者紫式部的内心世界里是这样的。表现在"春风吹拂，瓶中的樱花飞落数片"中的完美（所有的东西都很完美，接近于被毁伤）乌托邦景象，难道不映射出了作者的内心结构吗？

总之，王朝时代的"花瓶"是一个足以使人间乌托邦（现世极乐世界）现实化的强有力的媒体，而"插花"的行为则被倾注了人的肉身内部所蕴含的祈求的全部重量。然而随着时代的转变，末法思潮开始流布于日本，他界净土指向取代了对现世极乐世界的追求，"花瓶"所包含的原始能量急剧式微，最终只剩下提示庄严①（装饰）的功能。

《荣华物语》——极乐净土的现实化即世俗化

《荣华物语》叙述了自宇多天皇至堀河天皇15代200年间宫廷贵族的历史，内容以藤原道长的荣华腾达为主，编年体，是史书中首次用假名书写的作品。其作者过去一直认为是赤染卫门，但自契冲及其他人进行研究之后，现在一般认为前三十卷（正篇）由赤染卫门撰写，三十卷至四十卷（续篇）由他人（有人说是出羽弁②，但认为由某位佚名的女官撰出更为稳妥）续写。然而最近山中裕《历史物语成书序说》提出新的假说，认为以卷十四为界，前半部分由某位男性撰写，后半部分由某位女性写出，他们就是大江匡衡和赤染卫门二人。不过赤染卫门说并不确定，还是寄希望于今后的继续研究为好。《荣华物语》作为史书位于官撰国史及六国史的延长线上，用汉文撰写转为假名撰写，由官修转为私修，虽属编年体，但做出了自身独立的记述。与此同时，它作为一部文学作品，派生于达到历史顶点的《源氏物语》这种"创作物语"，其特色是采用物语文体，具备混杂和歌的物语形态，内含大量的会话，使故事中的场面更加形象化。概括说来，《荣华物语》通过采用编年体的形式，将史书和文学作品融为一个"活体"，这正是它的独创性。我们在这部作品中可以发现"摄关"社会的时代精神和历史意识（在日本文学史上《荣华物语》属于"历史物语"的范畴。"历史物语"除《荣华物语》外，还有《大镜》《今镜》《水镜》《增镜》这"四镜"，也包括《平家物语》等军事小说及《愚管抄》《神皇正统记》

---

① 庄严，佛教用语，显示净土等佛国及佛、菩萨等德行的美丽姿态或其修饰，用于装饰佛堂、佛像等。——译注

② 出羽弁（1007—?），平安时代中期的女流歌人。其父或为"出羽守"平季信，或为"加贺守"平秀信。出羽先后服侍过一条天皇的皇后"上东门院"彰子、其妹后一条天皇的皇后威子、其女章子内亲王，活跃于许多和歌大赛中，1033年（长元六年）在源伦子七十寿诞时曾咏出著名的"屏风和歌"。所咏和歌收录于《后拾遗和歌集》等敕撰和歌集中。有人认为《荣华物语》（续编）卷三十一到卷三十七由出羽弁写出。——译注

《梅松伦》等史论著作。这些作品的成书上限是平安时代末期,下限是南北朝。这让人觉得"院政"建立带来的对"摄关"政治体制的批判意识和对武士勃兴这种社会变动的反动意识,是创造"历史物语"最强有力的历史意识。我在此提出假说:"历史物语"的本质是借由批判的形式表达对"摄关"制度的无限爱怜。但这里不做详述)。

上面说过,《荣华物语》的独创性在于采用编年体的形式和蹈袭物语文学的创作方法。但其实《源氏物语》已经构想出4代(桐壶帝、朱雀帝、冷泉帝、今上帝)70余年的编年体史体系,至少它具有编年体史的要素。可是这个要素在《源氏物语》中仅停留于起到一种背景式框架的作用。然而,"在《荣华物语》中这种要素却是整个物语的要素,它主要用编年体的形式记述让位、即位、后宫的情况、政治要人的官位变化等,在这些方面可以看出二者的不同。从《荣华物语》来说,这正是它的独特创造"①。

《荣华物语》的正篇以皇室和藤原氏族的谱系关系为经线,以宫廷生活的片段、插曲、人物言论、年间节庆活动、仪式为纬线构成。特别是其前半部分鲜明地描写了道长驱逐自己的竞争对手、掌握权力、极尽荣华的过程。"最终以一种可谓大体的史观记述了藤原氏族北家与皇室结合并发展的历史。也就是说仿照国史的编撰方法编撰北家的发展历史。"②而这就是《荣华物语》的本质。从别的观点来看,可谓它是将"藤原道长物语"嵌入编年体宫廷社会史中。不管人们是否喜欢,但那个物语主人公在与竞争者角逐的斗兽场内不断演出优胜劣汰大剧,且因疾病缠身(其具有艺术家的狂躁气质,故经常为腰病等烦恼)和具有信仰(当时的时代风潮是不管什么宗教都可以轻易信仰,而且《藤原道长》的作者北山茂夫还证明"道长具有信仰的驳杂性")而带来的身心两面的起伏和明暗,还是编织出了《荣华物语》正篇的主题。想来这部作品的文学价值就在于它明确了明暗两种位相的交替和对应,奏响了明暗两种位相创作的交响曲。赋予"优美、吉庆世相"的油彩部分是明的位相,织染出"种种悲哀之事"的部分是暗的位相,二者浑然一体,构成美丽的王朝物语。

---

① 松村博司:《历史物语》— 历史物语。——原夹注
② 山中裕:《历史物语成书序说》荣华物语成书情况与性质。——原夹注

因此，正如人们常说的那样，仅仅一个劲地在作品中搜寻作者的净土观和无常感的侧面（即上面所说的暗的位相）未必正确。的确，《荣华物语》正篇后半部分在道长出家方面花费许多笔墨，但因此断言"这种极乐往生可以说是道长现在唯一指望的途径；记述这个愿望的实现是《荣华物语》的主要目的；记述道长的往生是赞美他的荣华腾达的方法。而这在《大镜》中是看不到的。这不是现世的荣华，而是后世的荣华"① 却不免让人感到困惑。

请看《荣华物语》的文字：

（一条院驾崩）皇后从火葬场回来后几天内都未整理夫君居室的陈设，故该状态与夫君在世时完全一样。但从今日开始，夫君过去所坐的地方安放起供念佛的佛像。僧侣大大咧咧地出入房间。见此皇后不禁悲从心来。日暮时分念佛诵经声暂歇，但后半夜诵经声再起，皇后悲伤不已，思绪万千。这时有人将前庭的瞿麦花摘下拿进屋里，皇后便将此花插进砚瓶（砚水盂）中。然而年幼的东宫敦成亲王（"岩荫"卷开篇叙述过彰子所生的二宫取代了定子皇后所生的遗子一宫，被立为东宫的经纬）却将瞿麦花揪下，花瓣撒了一地。皇后见此咏道："不知我心揪瞿麦，见此幼君泪盈盈。"② 另外，在某天夜里皇后见月光皎洁，屋里清辉一片，又咏道："宫中无不留君影，谁言如玉御殿美。"③ 在寂寞不安中四十九天的法会结束了。所有的法事都在一条院举行。那时的情景现已无须记述，但宫中男女的悲伤可谓惊天动地。四十九天的法会结束后皇后移居枇杷殿，这时紫式部寄来一首和歌："一条在世今如梦，岂止泪水湿淋淋。从此殿中搬离去，悲从心来恨古今。"④ 一品宫（敦康亲王之姊修子）移居三条院，一宫搬至一幢独立的房屋里。皇后可怜年轻的子女分居别处，经常到各处看望。⑤

---

① 佐藤谦三：《平安时代的文学研究》荣华物语。——原夹注
② 原歌是"見るままに露ぞこぼるるおくれしに心も知らぬ撫子の花"。——译注
③ 原歌是"かげだにもとまらざりける雲の上を玉の台と誰か言ひけん"。——译注
④ 原歌是"ありし世は夢に見なして涙さへとまらぬ宿ぞ悲しかりける"。——译注
⑤ 据《日本古典文学全集》本。——原夹注

话说道长的女儿彰子也成为一条院的皇后，现在又成为东宫的母亲。按理说应该要与"明的位相"交相辉映的彰子，这时是否又能显现出几分成天哀叹一条院驾崩的"暗的位相"？

皇后彰子将下人从前庭摘来的瞿麦花（这在当时是极其珍贵的花）插入无意间看到的砚瓶中。这个看上去不经意的动作意味着什么？同时《荣华物语》的作者又想通过这个行为象征什么？

首先可以明确的是，这个可爱的"插花"行为，与净土信仰没有任何的直接联系（当然它与成天念佛的皇后彰子的日常行为有间接的联系，进一步还不得不认为，当时的时代思潮整体都具有净土教的思维方式，但至少从文脉上看，它与净土信仰没有关系）。

为了弄清原文"皇后"将"前庭的瞿麦花""插进砚瓶中"的真意，我们有必要把握包含这个句子在内的整个短文的"结构"。在这一段中，作者将主题设定在描写一条院逝去后彰子皇后极度寂寞不安的"失魂状态"。而且在这个主题下，作者做了"构想"并展开"叙述"。为了叙述这个主题，作者写了僧侣的念佛声，皇后插的瞿麦花被年幼的东宫揪去，四十九天的法会，法会后一品宫、一宫必须分开生活以及皇后看望他们慈祥照顾，等等。

如此看来，将"瞿麦花""插进砚瓶中"的叙述，若离开作者要说明皇后彰子的精神状况或心理状态的"主题"就不会具有意义。这一点不言而喻。

本书之前再三说明"插花"的原初形态在于祈祷长寿不老，是一种宗教、咒术仪式的修行活动，也阐述了"花瓶"这个咒具具有的功能。《荣华物语》卷八"岩荫"的有关记述也适用于以上的说明和阐述。特别是"砚瓶"这个名称中的"瓶"（Kame）的发音与"龟"（Kame）的发音一致，可以让我们联想到在蓬莱岛的长寿乌龟。或许皇后彰子拥有的这个"砚瓶"就是从蓬莱思想的本家中国引进的舶来品，人们甚至可以想象它的实际形状就是乌龟的模样。无论如何，将瞿麦花插入Kame中都超出室内装饰的意图。

然而，这种欣求"永恒生命"、插入"花瓶"的"插花"却被下一个东宫敦成亲王揪了下来。但看到这里我们还不能说通过这个行为就可以预见这对东宫的未来不利。因为对此东宫的生母彰子只是咏出悲切的和歌，说"见此幼君泪盈盈"。它意味着彰子排除了宗教礼仪或咒术的

"公"的意义，仅表达了一个妻子和一个母亲的感情和念想，结果是"私"的要素获得胜利。

《荣华物语》的作者之所以认可这种"私"的要素，是因为此短文的主人公是皇后彰子。回顾日本历史，可以看出在平安时代社会中最早发现"私"的要素的是女官文学的作者。从此反推也可以说《荣华物语》的作者就应该是女性。

以下引用的例文是《荣华物语》卷十八"玉台"收录的《法成寺阿弥陀堂参观记》中著名的一段话，请读者和我一道大声朗读：

> 东厢中间的房间是殿下大人道长念佛之场所。东、南、北面都立有三尺左右的隔扇。其上方还有三扇隔扇。房内宽度仅可容纳一人，座垫高四寸左右，前面摆放两三张带花案的泥金画茶几，上有一尺左右的观音像。还有银制多宝塔，内装佛舍利。又有黄金佛器与琉璃壶，壶内插有瞿麦、桔梗等花枝，品种繁多且喜庆。香炉内焚烧黑色香料。另有淋洒佛前供花的水器。以上是举办供养法会时的屋内情状。房间北面还铺有半张席子大小的蔺席，上面叠放几个草垫子，还有精致的靠肘木器。常读的经卷亦非等闲之物。这是平日读经时的座席间情状。正房中柱下方有报时器。正房稍后处有佛像。中央的房间左右有高座，中间摆放礼盘。佛前有螺钿花案茶几，摆放带脚的食盘和佛器，按时令供上不同果品等。佛前各有一钵，若燃上各种名香，奇香无比。还折下各色花枝奉上。[①]

这一段对花道史研究家来说可谓一个绝好的史料，篇幅虽短，但"琉璃""壶内插有瞿麦、桔梗等花枝""淋洒佛前供花的水器""佛前有螺钿花案茶几""折下各色花枝奉上"等记述都包含其中。在"玉台"卷距此段落稍前的部分还有以下记述："花笼有花，道长说'是那个尼僧送的吗？'并摇落花瓣。看这花公卿说道：'可怜的尼僧，于初夜、中夜、后夜这三个时辰值守此花，该是怎样的功德呀。'道长于是也说：'确实了不起。'""那尼僧手捧带露水的花走进来"，在"高僧对杂

---

① 据《日本古典文学全集》本。——原夹注

役僧说应带着花笼采花时该尼僧唱道：'朝夙急采花，降露在我先'①"。夸张地说，"玉台"卷一整卷都给人以用花烘托庄严的感觉。

总的说来，《荣华物语》卷十七的"音乐"和卷十八的"玉台"这两卷对该物语全三十卷来说是一种插入式的"乐章"。前者记述了后一条天皇治安二年（1022）七月十四日法成寺金堂供养的盛典（当日后一条天皇及东宫、太皇太后彰子、皇太后妍子、皇后威子行幸、行启该寺），详细描述了十三日至十五日这3天金堂和参会显贵的情状和来此参观的民众的形态。后者相当于治安二年八月法成寺诸堂（阿弥陀堂、三昧堂、金堂、五大堂、西北院等）的"巡游录"，末尾还附有治安三年正月到三月简要的活动记载。这两卷特别是"玉台"卷的记述内容和笔致与其他卷的旨趣完全不同。最早注意到这个问题的是《日本古典文学全集》编撰者之一的与谢野晶子②。她基于《荣华物语》的作者是赤染卫门这个前提，说："从'初花'卷采用了《紫式部日记》的文字也可以推定，作者在撰写该史书时从他人的记录中引用了许多资料。而这些记录大约就是服侍宫廷和贵族的女官的日记，但其中也有男子写的日记。'玉台'卷还采用了某尼僧的随笔。"③ 在更早时和田英松④在《荣华物语详解》中指出：这两卷的叙述还引自惠心僧都（源信⑤）的《六时赞》。总之，"音乐"和"玉台"两卷的特色就在于原样采用某位精通佛典并有学识的尼僧所写的见闻录。可以认为，在《荣华物语》作者力不能及之处这两卷就已经开放过自己的花朵。

就上述经纬，家永三郎的概括最为切中肯綮："人谓《荣华物语》

---

① 原歌是"朝まだき急ぎ折りつる花なれど我よりさきに露ぞおきける"。——译注

② 与谢野晶子（1878—1942），诗人、歌人、作家、教育家，和平主义者和社会改革家。文学家与谢野铁干的妻子和11个孩子的母亲。著有诗集《乱发》《心灵的远景》等，还发表过散文集和数篇小说。另出版了《新译源氏物语》《新译荣华物语》《新译紫式部日记》《新译和泉式部日记》《新译徒然草》等古典文学的现代语译本。她还参与了《日本古典文学全集》的编撰。——译注

③ 与谢野晶子：《日本古典文学全集》上卷 解题。——原夹注

④ 和田英松（1865—1937），历史学家、"国文学"家。毕业于东京帝国大学古典讲习科，东京大学文学博士。历任东京帝国大学文学部史料编纂所职员，东京帝国大学、东京高等师范学校等教师。帝国学士院会员，叙从三品勋二等。著有《官职要解》《建武年中行事注解》《国史国文之研究》等。——译注

⑤ 源信（942—1017），平安时代中期天台宗的学僧。曾师事良源，以精通"论义"和因明学广为人知，但却隐居在横川。曾主持过"二十五三昧会"，著有《往生要集》，奠定了净土教的理论基础。还著有《一乘要决》等。——译注

上篇多有佛典的引文，但实际上其大部分是从法成寺相关记录中引用的，其他各卷的引用并不多。原因之一是叙述对象的性质不同，之二是典据的作者不同。因此将博引佛典归于《荣华物语》作者的博识并不妥当。"①

由此可以明确，"音乐""玉台"两卷原来是尼僧或某人的见闻录，后来被插入《荣华物语》。而且，这个见闻录如"音乐"卷所说，"各大人之故事，因不知而不写。想来有些事一定很有趣，唯可惜无法轻易知晓"，自始至终都坚守写实的界限；又如"玉台"卷所说，"见某处有人为汤槽烧热水，二三十名僧人在汤槽骂人"，其记录也自始至终基于事实的观察。从这点看，可以说《荣华物语》的这两卷具有关于法成寺创建的基础资料价值。也就是说，可以断定它的价值与《御堂关白记》《左经记》《小右记》《无量寿院供养记》《法成寺金堂供养记》等相当，至少比《古事谈》《扶桑略记》《日本纪略》《朝野群载》《舞乐要录》所载的相关记录史料价值要高。

还有一事不可忽略，那就是某尼僧或某人撰写的这个见闻录引用了许多佛典。文中随处可见《观无量寿经》《华严经》《往生要集》《六时赞》的文字和《和汉朗咏集》的汉诗与《拾遗和歌集》的和歌。由此可以明白作者是当时一位非常有知识的尼僧。特别值得注意的是，文中有许多典出《往生要集》《六时赞》的戏仿诗，据此可以推定法成寺艺术的思想背景。

以下请看"玉台"卷和《六时赞》的影响关系。

> 抬头见佛，有丈六弥陀如来，光明最胜第一无比。乌瑟御头绿色深，眉间白毫向右旋，宛转如若五须弥。青莲御眼湛四大海，御唇有如频婆果。体相威严端丽，紫磨金尊容无秋月之晦，有无数光明之新，普照国界，微妙净法之身具足各种相好。光中化物无数亿，光明互照永辉煌。此即无漏万德之成就。（"玉台"卷）

这一段落就紧接在某段例文之后。该例文在描写阿弥陀堂的情景之后接着就说"抬头见佛"，即抬头仰望须弥坛上。下圆点部分的描写引

---

① 家永三郎：《上代佛教思想史研究》第三部 平安时代佛教的研究。——原夹注

自《六时赞》。请比较《六时赞》的原文：

> 先参拜教主世尊，入定后始起，只见体相威严，紫磨金尊容无秋月之晦，有无数光明之新，普照国界，宫殿楼阁万色，互照永辉煌。（《六时赞》补接晨朝）

> 眉间白毫集五须弥，眼中青莲湛四大海，头旋圆光，百亿三千界，无数化佛菩萨众充满光耀之中。（《六时赞》补接日落）

> 鸟瑟绿浓，遥接空界。白毫放光溜圆，月轮高悬。眼睛青莲鲜明，面门频婆端丽。（《六时赞》补接中夜）

> 可知若集八万四千之大千世界之日轮，无漏万德庄严。（《六时赞》补接中夜）

二者联系如此紧密，可见"玉台"卷出典于《六时赞》。由此观之，我们无法否认此卷集中出现的许多"供花"与净土信仰有着密不可分的关系。

另一个明显的事实是，在治安年间（1021—1024）道长法成寺创建时代，佛前供花的行为已然完全程式化。

如果事实真是这样，那么《荣华物语》的相关记述是否可以成为"插花的起源即佛前供花"这个通说的根据？回答是这个通说非常可疑。插花并非在以藤原道长为代表的"摄关"时代以"供花"的形式突然出现，而是史前以来农耕集团传承的几个咒术、宗教要素经过古代律令体制和"摄关"社会的人文化（也可谓是中国文化的日本化）的发展过程，最后作为"供花"而定式化的。这个过程我们通过之前的古典探究可以得到验证。

然而我们若改换一个视角还可以看到，插花乃产生于净土信仰的普及这个说法中的"净土信仰"本身，其实和我国"插花"的人文化进程完全一样，也经历了上代残存的民族宗教要素逐渐发展而定式化的过程，最后作为王朝末期文化的一部分而开花结果。

　　井上光贞《日本净土教成立史的研究》和堀一郎①《我国民间信仰史的研究（二）宗教史篇》这两部大作，也是通过这种观点对净土信仰的本质做出了探索。井上光贞精确地考证出在飞鸟、奈良时代建造的阿弥陀佛像和阿弥陀净土变像中，具有明确建造时间和目的的 19 个造像有 18 个与"死者追善仪式"有关。堀一郎详细而犀利地论证了"圣"这个称呼曾用于咒术修行者、建塔造像写经等的行善者、从事社会事业等的活菩萨、念佛者等，而且这些俗圣的性质（我翻译为"反律令佛教"或"反体制"的性质）不久后被平安时代在民间抬头的"阿弥陀圣"所继承。总之，这两本大作都证明了不能将日本的净土教单纯理解为是来自中国的佛教（当然，若没有中国佛教的影响，就没有日本净土教的诞生）。日本净土教的源流可以上溯到与安葬死者的宗教礼仪和咒医、投药、建筑、土木等行当所需的咒术宗教礼仪有关的、自古以来就不断延续下来的民族宗教。

　　众所周知，日本的净土教至 10 世纪后半叶因空也②和源信的出现迎来了一个划时代的历史新阶段。平安时代中期及之后的净土教大体可分为空也系统的"口称念佛"和源信系统的"观相念佛"。然而二者并不对立，在实际的场域具有相互融合的要素。而 11 世纪左右的时代思潮在现实上使之成为可能。

　　《荣华物语》卷廿五"岭月"在描写小一条院女御宽子（道长之女）的葬礼时说："行走在前面的都是僧人，远远传来阿弥陀圣'南无阿弥陀佛'的唱念声，不免悲从心来。道长无法前去，泪湿衣襟。即使不是这种场合这种唱念声也会使人感到不安和悲哀，更何况在思念亲人时这种声音更加令人悲伤。"藤原道长归依的净土教属于源信系统的"观相念佛"净土教，但他在出家并缠绵于病床后无法满足由"听"念

---

① 堀一郎（1910—1974），宗教学家，毕业于东京帝国大学文学部印度哲学科。1935 年从该大学研究生院退学后，历任二松学舍专门学校教授、文部省国民精神文化研究所助手。战后历任东北大学、国学院大学、东京大学宗教学科教授和日本民俗学会代表理事。退休后任成城大学教授。著有《日本佛教史论》《日本上古文化和佛教》《东亚宗教的课题》等。——译注

② 空也（903—972），平安时代中期的僧人，"空也念佛"的鼻祖，出身不详。在尾张国分寺出家后游历诸"国"，从事修路、建桥、开渠等社会事业。同时还在京都东山建立六波罗蜜寺，在京都等地不问贵贱开展"口称念佛"的布教活动，被称为"市圣"或"阿弥陀圣"。948 年（天历二年）在比叡山受戒，戒名光胜，但受戒后不用。——译注

佛或"看"念佛带来的极乐净土，只能亲自"唱名念佛"，最终转为"唱"念佛。可见"听"念佛和"唱"念佛其实只是邻居。

而且，先于源信鼓吹净土教的"市圣"空也提倡的"唱"念佛"可以说与早期民间'圣人'拥有的未经分化的咒术宗教的形态和功能是相通的。空也具有我国民间信仰支持者的一贯性格，虽说这种性格是历史或传说的性格"①。"要统一解释空也的宗教诸面貌现在还过于缺乏史料。但人们知道，修行者式的思想和行基式的思想是结合在一起的，从未分化。空也的念佛也与律令时代的死者追善和阎罗思想融合，难以分离，它杂乱地继承了奈良时代以来各种民间佛教的诸要素。"②

藤原道长的信仰至晚年统归于"观相念佛"的说法过于庞杂和混淆。宽弘四年（1007），道长在金峰山正殿前灯笼下将自己抄写的15卷《法华经》《观菩萨经》《阿弥陀经》《般若心经》等收纳在铜箧内后埋入地下，并写有铭文。就此北山茂夫说：这"明显暴露出道长信仰的杂驳性——我将其称为杂驳信仰。参拜修验道大本营金峰山这一行为也明确表明了这种杂驳信仰。"③ 这确实是至理名言。这种"杂驳信仰"是道长的道心和宗教心理的产物。根据其他几个史料也可以明确推定，御堂关白通过修验道的修行者（可以认为这就是"圣人"的先行形态）很早就对民族宗教的功效利益抱有期待。道长晚年抄写《往生要集》表明他要归依净土教，也表明他绝不像其他贵族那样仅满足于"观相念佛"。

对上引卷十八"玉台"的"又有黄金佛器与琉璃壶，壶内插有瞿麦、桔梗""另有淋洒佛前供花的水器"和"还摘下各色花枝奉上"等说辞，我们是否可以按通说那样将其理解为贵族阶层净土信仰的一种范式，即它不外乎是一种极乐净土美学情绪的自我投射而形成的"观相念佛"的感觉享受？是否可以将其理解为贵族们仅仅是在"观看"由阿弥陀堂所象征的庄严的地界和声色皆美的尼僧宛若极乐的圣众所构成的现世的净土？

---

① 堀一郎：《我国民间信仰史的研究（二）宗教史篇》第六篇 第二章 空也光胜与口称市井的念佛。——原夹注

② 井上光贞：《日本古代国家和宗教》中篇 第一章 天台净土教与王朝贵族社会。——原夹注

③ 北山茂夫：《藤原道长》第三章 宽弘时代的道长。——原夹注

将鲜花而不是假花"折下……奉上"并"插入"壶内的行为，虽不好断言它就是道长个人的独创，但是否就不能理解为至少是"杂驳信仰"的宿主"摄关家"为了宫廷内外日益增多的信者，将自身珍重管理和待传授的咒术宗教礼仪之一转用于阿弥陀信仰？是否就不能理解为民间信仰用一种所谓的"平行移动"方式流入"观相念佛"中？道长的内心深处经常有两个侧面像蛇一样盘成一团，一个侧面是知识分子具有的合理主义，另一个侧面是黏糊糊的原始心性的拥有者具有的非合理性。

不用说这与藤原道长个人的具体存在有关。但若改变视角，我们可以说这也适用于人们平时所说的"日式事物"这一概念即一种文化的形成过程。律令式的向中国一边倒的文化就这样一点点地变质和改观。

以下是《荣华物语》卷二十九"玉饰"前半部分所说的将百尊释迦牟尼佛像迁入新建的释迦堂的经过：

> 道长进入安置五大尊的御堂东南侧御帘中。"女院"①（彰子）与"殿上"②（伦子）则来到药师堂北厢西侧。关白（赖通）及道长的其他子嗣在药师堂东侧勾栏下方地上铺上圆垫子，按顺位坐下。他们都穿淡鼠色的宽袍和裙裤，似乎是在为"右马入道"（道长之子显信）服丧。佛像搬进来时道长走下御堂礼拜，其他子嗣也同样进前礼拜。药师堂中间稍高处安置中尊，其旁摆放释迦十大弟子。寺门两侧立仁王像，旁边短廊摆九十九尊佛像，皆面面相对。百尊佛像前各设佛具并供花。十大弟子各有表情，有的微笑，有的尊贵，似在显示自身的才能，令人可以遥想当时的世情。迦叶尊拈花微笑，颇觉有趣。舍利佛与其名一致，骨感消瘦。富楼那年轻美丽。新释迦堂内部庄严肃穆，可喜可贺。③

---

① "女院"，朝廷赐封天皇母亲及"三后"、内亲王等的尊称。有皇居门号的称"门院"，待遇等同"院"（上皇）。该做法始于一条天皇期间称皇太后藤原诠子为"东三条院"，而自后一条天皇期间称太皇太后藤原彰子为"上东门院"之后，有"院""门院"两种说法。——译注

② "殿上"，贵人妻子的敬称。这里指道长的妻子。——译注

③ 据《日本古典文学全集》本。——原夹注

　　与此万寿四年（1027）六月的记述对照，《日本纪略》的记载是："廿一日庚寅，入道前太政大臣造力释迦如来百体，奉渡新堂也。自幼龄时被造立。"人们不难想象，百尊佛像端坐在"手舆"①上，佛体一边晃动，一边倒映在宽广的法成寺内的池塘水面，那景象该是多么的美好。对此《荣华物语》说："池塘水面倒映出的佛像，又映现在真实的佛体上。人们可以想象该姿态有多美，有多尊贵。"在叙述这个细节之后接下来的就是我们在上面引用的那段话。

　　从这段短小的文字中我们可以充分了解，《荣华物语》的作者在心中描画的法成寺即现世乌托邦的图景是如何令人陶然以乐，心醉神迷。而且这种美学的陶然以乐，感觉的心醉神迷，显示了"摄关"时代贵族归依的净土教信仰内容（宗教的心理形态）的特质。

　　其实这种美学和感觉的心理倾向在日本人接受佛教的当初就已十分明显。《日本书纪》记载：钦明天皇十三年（538）冬十月，百济圣明王献"释迦佛金铜像一躯，幡盖若干，经论若干卷"时，天皇"欢喜踊跃"，说"朕从昔来未曾得闻如是微妙之法，然朕不自决，乃历问群臣曰，西蕃献佛相貌端严，全未曾看，可以礼不？"这个"相貌端严"的词语，在孝德天皇大化二年"改新之诏"中也可见到："凡采女者，贡郡少领以上姊妹及子女形容端正者。"由此看来，日本人与佛教接触最初是以享受"相貌端严"的佛像之美这种形式开始的。这证明了原本是否定现世的超越性宗教——佛教被日本人以极端的感觉形式接受，又在日本人那里带有极端现世（现实世界中心）的性质。从这点来看，平安时代净土教信仰方式是极其"日本式"的。

　　一如前述，平安时代中期以降盛行的净土教有称作空也念佛的"唱念佛"和以惠心僧都源信为代表的"听念佛"这两个系统。前者具有浓厚的日本民族固有宗教的因子，是一种对在家庶民进行救济的佛教。后者是以批判教团的世俗化和门阀化的天台僧（以千观②等为代表）和

---

　　① "手舆"，前后二人用手抬至腰部左右的高度以搬运人或东西的工具，类似我国的担架。——译注

　　② 千观（918—984），平安时代中期的天台宗僧人，俗姓橘，专门鼓吹往生净土，曾创作出《极乐和赞》，引导民众信佛。著有《十愿发心记》《八条起请》等。——译注

文人贵族（以庆滋保胤①等为代表）为主发展起来、希望走向美的观相式极乐净土的、面向知识分子的佛教。藤原道长晚年皈依的净土教无疑属于后者，即以源信系统为主的"听念佛"，但是否他就回避"唱名"等呢？回答是否定的。"玉饰"卷后的"鹤林"卷通过《往生要集》一文描述了道长临终的过程，足以窥见道长的宗教心理。"鹤林"卷卷首说：道长斥退关白（赖通），说"如果真心哀悯我，那你就应该知道我痛恨祈祷、修法这些做法。这些做法将让我坠入地狱、饿鬼、畜生这三种恶道中。我只想听到念佛声。因此你们也绝不要靠近我"。这说明道长希望通过"听念佛"得到救济。可是同样一个道长，在临终（万寿四年十二月四日）前几天却和来探望的"女院"彰子和皇后威子有以下短暂的对话："快回去。……所有的人都不要忘记临终念佛。"这说明这时的他一心期待"唱名念佛"（"唱念佛"）。据说在十二月二日人们通过"道长念佛声不断，知道他还活着"。四日巳时（上午10时）道长咽气前"还嘴角嗫嚅，似乎还在念佛"。根据《荣华物语》可知道长确实"唱名念佛"过。因此藤原道长的净土信仰是"听念佛"和"唱念佛"的融合。说它有两个系统，但却无法明确区别。道长从年轻时开始就是一个"杂驳信仰"的宿主和坚强的"现实主义者"，只要对自己的实际人生多少有些帮助，就不管是思想还是宗教都会照单全收，而绝不拘泥于教理上的些微差异。在他看来净土就是可以满足现世愿望的场所。

大政治家同时也是优秀读书人的藤原道长在宽弘八年（1011）三月二十七日他46岁时供养了等身大的阿弥陀像和经文，并开悟道："是为后生也。"不可否认，从此开始他明确表现出对净土信仰的关心。宽仁三年（1019）三月道长因病出家。之后他决定建立法成寺，以集约化净土教艺术的形式实现了现世净土。此前一年（宽仁二年）的十月在立威子为皇后的仪式后，道长于庆祝宴会上吟出了"此世当为我而有，犹如满月不曾亏"②的歌句，并在54岁以后专心致志于信仰净土，

---

　　① 庆滋保胤（？—1002），平安时代中期的文人，本姓贺茂，担任过"大内记"兼"近江掾"。曾师事菅原文时，擅长文笔。出家后法号为寂心。著有《日本往生极乐记》《池亭记》等。——译注

　　② 原歌是"この世をば我が世とぞおもふ望月の欠けたる事もなしとおもへば"。——译注

虽然不好说那就是现世净土。这其中必然有某种理由。记录说宽弘二年十二月道长除了宿疾肺病外还患眼疾，同月十七日20岁夭折的一条天皇第一皇子敦康亲王的亡灵开始威胁道长。这个不断屠杀政敌的强硬的马基雅弗利主义信奉者一旦体力衰退，有时就会将自己囚禁在罪孽意识当中。而且作为一个聪明的知识分子，道长一定通过群盗的放火事件、刀伊①人入侵、地方农民的抗议活动、以"受领"阶层为靠山的武士阶级的崛起，洞见到自己眼前的荣华富贵无法永存。另外，时代造成的不安还使得南都北岭②在传统上固守王法（古代国家）即佛法的理念归于湮灭。在这种情况下，道长陷入专说个人救济的净土教也是一个极其自然的心理选择。特别是在他临终前的万寿二年和四年皇后嬉子和妍子相继死去，更加深了道长个人的不幸。

是否可以说走到荣华富贵顶点的道长在预感到荣华富贵之后紧接着就是衰败和崩溃时，还希冀不让这个预感在他人手中实现，并希望以建造法成寺为手段垄断净土。北山茂夫指出："在他看来，即使自己有意欣求净土，但现世也不应该是'秽土'。即使世间令人心酸不已，但法成寺所构筑的小世界也可以笔直地通往西方净土。""如果不是肺病发作，那么道长与其说是想念后世，不如说是经营现世。他超越常人，充分享受晚年的时光。"③ 如果我们站在上述道长"垄断净土"的立场，那么就可以很容易地理解北山茂夫的见解。

这种利己主义者（是否也可以说是自恋的情种）在现代艺术家和具有艺术家气质的人士当中也屡见不鲜。藤原道长是一个充分具有艺术家禀赋的利己主义者。

我们为理解"玉饰"卷所说的百尊佛迁移场景，就必须着眼于平安时代净土教的特质和藤原道长个人的资质。根据过去花道史研究的一般记述，"供花"的做法和佛教一道传来，其代表性的实例是在天平胜宝四年（752）四月九日东大寺建立时举办的开眼供养仪式上，有人将莲花盛在花盘内献给本尊卢舍那佛，等等。而且，随着平安时

---

① 刀伊（朝鲜语是"夷狄"的意思。据说在此直接袭用了高丽人的说法），即当时生活在中国黑龙江地区的女真人。1019 年（宽仁三年）曾攻入日本的筑前、壹岐、对马等地，史称"刀伊入寇"。——译注

② 南都北岭，即南都诸寺和比叡山，特指兴福寺和延历寺。——译注

③ 北山茂夫：《藤原道长》终章 无量寿院的大臣。——原夹注

代净土信仰的盛行，过去在佛教活动中用于增添庄严感的供花最终被引进个人的生活当中，其代表性的实例见于《荣华物语》建造法成寺的几个条目。这个通说并无大误，但遗憾的是它对"人造花装饰"到"鲜花装饰"这个过程没有任何说明。因此我提议，通过关注藤原道长个人的信仰内容和艺术资质，就可以进一步明确"供花"的精神要素。

这是因为有关平安时代"供花"的最早文献都与藤原道长有关。以上提到的《源氏物语》的"供花"，也是在以道长希望实现的现世净土为蓝本而描写的场面中首次出现的。只要没有发现其他可以表明不同根据的文献，那么将"供花"和道长联系在一起考虑就是客观和科学的态度。我们不能说"供花"是道长个人的发明，但至少可以说平安时代"供花"的本质与道长个人的宗教心理和审美趣味不可分离。"摄关"社会包孕的民族宗教和土著习俗的要素反而给当时已然形式化的佛前供花以新的生命。然而在另一方面，道长个人生来具有的巨大的利己主义占有欲望也让人造花变形为插花，装饰着他自身的乌托邦的一部分。

尽管如此，上引"玉饰"卷的百尊佛迁移队列也引发了道长的美的陶醉。道长最终无法自持，从五大堂上跑下来跪在佛像面前。舞台的主人公这时既不是释迦牟尼，也不是九十九尊佛，净土的重点必须是藤原道长本人的美的陶醉。道长自始至终都把佛教仪式和法会当作是美的世界来享受。就《荣华物语》"音乐"卷叙述的法成寺景象，家永三郎指出："所谓的法会应该是一种遥想极乐世界的戏剧大会。当时的人们手指参加法会的美丽僧侣队列，说：'这是一出值得一看的好戏。'从这点也可证明法会具有参观的性质。而这对现代人来说是不可想象的。"①通过法会使自己仿佛看见极乐世界是当时的一般习俗，但道真在这个法会剧目中上演了主人公的角色（不管是在政治地位上，还是精神状况上）却与其他的贵族不同。他并不被动地停留在美的心醉神迷之中，而是能动地亲自创造出艺术的法悦。

因此，当我们再次阅读引文中的"百尊佛像前各设佛具并供花"时就会发现，它并不是单纯描写佛像的庄严（佛前装饰），而应该说它在

---

① 家永三郎：《日本思想史的否定的逻辑发展》四。——原夹注

形成地界极尽荣华的人的精神世界这种艺术秩序当中具有一种鲜明的语义和象征意义。

现在插花已然属于庶民阶级，但只有在插花的主体内心出现了某种辉煌的精神燃烧才具有鲜明的语义和象征意义。从这个原理上可以说它与道长的时代没有不同。插花时的人们在新的维度上已成为创造世界这部大戏中的中心人物。

《大镜》——"风流者"的美学探索

首先要简要介绍有关《大镜》的知识。同《荣华物语》一样，《大镜》也以法成寺入道"关白"藤原道长的荣华富贵为主要内容，用假名和讲故事的方式记述从文德天皇到一条天皇万寿二年（1025）这 14 代 176 年间宫廷内外的历史，都属于"历史物语"。它由序、本纪（帝王生平事迹）、列传（"摄关"生平事迹）、藤原氏族叙事、古代传说 5 个部分组成，明显仿效中国正史的纪传体。然而《史记》是按本纪、表、书、世家、列传的形式编成。与此相比《大镜》相当繁杂，特别需要关注的是不能将它视为主要记述"本纪"（帝纪）的历史叙事。"在《大镜》中天皇的代序记述如同点缀，而重点却是对皇室和藤原氏族姻亲关系的说明。此书并不像中国正史那样具有本纪的位置和内容。"①《大镜》的另一个结构特点是全书都以戏剧的方式构成。具体说来就是作者以笔记的形式，让 4 个人各自讲述自己的见闻：万寿二年（1025）五月，有许多人参加紫野云林院的菩提法会。时年 190 岁的大宅世继、180 岁的夏山繁树及其老妻和 30 岁左右的知识型侍者这 4 个人聚在一起，为排遣讲经前的无聊分别扮演主角、配角、主角或配角的随从、跑龙套的角色谈天说地。为以"假"谈"真"，他们自然要掺杂一些"历史解释"和"人物评价"，我们可以视其为一种"史论"。就其作者过去有各种说法。古代有藤原为业②说（见《尊卑分脉》等），它

---

① 松村博司：《历史物语》三《大镜》。——原夹注
② 藤原为业，生卒年不详，平安时代后期的官员、歌人，历任"伊豆守""皇后宫大进"等。出家后称"寂念"，和其弟为经（寂超）、赖业（寂然）合称"常磐三寂"（也称"大原三寂"）。治承二年（1178）出席"别雷社和歌比赛"，敕撰和歌集收录其 6 首和歌。——译注

最有说服力。明治维新以后有藤原能信①说（荻野由之）、源道方②说（井上通泰）、源经信③说（关根正直）、源俊明④说（山岸德平）、源俊房⑤说（宫岛弘）、中院雅定⑥说（平田俊春）、藤原资国⑦说（梅原隆章）、源显房⑧说（川口久雄）、源乘方⑨说（野村一三）等。虽说这些人都难以定夺，但"无疑《大镜》的作者是与藤原氏族和源氏族这两个家族都有关系的人，而且他与道长的关系不会太远。进一步说这个人还必须是能直接听到道长说话、容易获得历史资料的人。并且这个人喜欢说话，话题丰富，说着说着话题还容易跑偏，算是一个洒脱而有文采的人士。其生存年代应该是源氏族还未能作为一种政治势力而独立的时代"⑩。对此松本新八郎⑪提出"源氏低级官员说"，说作者是在宫廷和"私廷"垫底的一个官员。是他将自己朴素、粗野的现实主义精神用于

---

①　藤原能信（995—1065），平安时代中期公卿，藤原道长第 4 子，官至正二品"权大纳言"。与异母兄"关白"藤原赖通对抗，立尊仁亲王（后来的三条天皇）为太子，成为太子的"东宫大夫"。其养女茂子所生的白河天皇即位后追赠能信为正一品"太政大臣"。——译注

②　源道方（968—1044），平安时代中期公卿，"左大臣"源重信第 5 子，官至正二品"权中纳言""民部卿"，源经长、源经信之父。——译注

③　源经信（1016—1097），平安时代后期的公卿、歌人，"权中纳言"源道方第 6 子，官至正二品"大纳言"。《小仓百人一首》收录其和歌。——译注

④　源俊明（1044—1114），平安时代后期公卿，源隆国（"宇治大纳言"）第 3 子，官至正二品"大纳言"。自其祖父源俊贤以来 3 代都官至"大纳言"。《古事谈》等称其为"能吏"，《续后撰和歌集》《续拾遗和歌集》等敕撰和歌集都收录其和歌。——译注

⑤　源俊房（1035—1121），平安时代后期公卿，源师房之子，官至从一品"左大臣"，也称"堀川左大臣"。——译注

⑥　中院雅定，也叫源雅定（1094—1162），平安时代后期公卿、歌人。号"中院右大臣"，官至正二品"右大臣""左近卫大将"。源雅实次子。——译注

⑦　藤原资国，也叫日野西资国（1365—1428），室町时代公卿，官至正三品"准大臣"，死后追赠"左大臣"。——译注

⑧　源显房（1037—1094），平安时代后期公卿、歌人，"右大臣"源师房次子，其兄是源俊房，其子有贤子、雅实、显仲、雅俊、国信、师子、显雅、雅兼等。人称"六条右大臣"。有人说其生年为 1026 年。——译注

⑨　源乘方，生平事迹不详，现在可知的是其妻为"太政大臣"藤原兼通之女"尚侍"藤原婉子（其名还写作"嫁子""娟子"等）。——译注

⑩　松村博司：《历史物语》三《大镜》。——原夹注

⑪　松本新八郎（1913—2005），历史学家，毕业于东京帝国大学。在东京帝国大学史料编纂所工作一段时间后历任松山经济专门学校（今松山大学）、专修大学教授和名誉教授。松本根据马克思主义历史学的立场研究日本的封建制，主张日本南北朝的互斗是一种封建革命。——译注

实际生活而写出《大镜》的。① 我虽然与此新见解有共感，但还是认为应将作者限定在上层贵族圈中。因为我们既然可以将编辑粗野的"短篇小说"《今昔物语集》的作者推定为上层贵族，那么认为《大镜》的作者是接近"摄关"的人物就没有任何不合理之处。

关于《大镜》的成书时间，因为本纪"后一条天皇"条有"今年乃万寿二年乙丑岁"的字样，故过去几乎所有人都认为《大镜》就是该年写出的，但到今天，大多数人都认为那只不过是假托万寿二年而已。可以认为《大镜》成书于万寿二年以后80—90年的鸟羽天皇年代。有明确的资料可以证明该作者读过《荣华物语》但觉得很不满意，因此研究过该荣华的由来。并且他还极有可能读过《今昔物语集》的母本——今已散佚的《宇治大纳言物语》。根据这些因素，我们大体上可以认为《大镜》成书的时间比《荣华物语》稍晚，但与《今昔物语集》的时间大约相同。

就《大镜》的创作目的有各种解释。总之它有一定的批判和问题意识，试图厘清"今入道殿下"（藤原道长）为何是个"优秀人物"，在他极尽世间荣华富贵之前走过哪些路程。有人认为此书对道长变相地进行非难和攻击，也有人认为此书试图强化并正当化"院政"时期天皇的亲政，对此我们都不能说它们毫无根据。但说此书的目的是要把道长从神坛上拖下来似乎有些言过其实。

我们所需要的是尽可能详细而正确地了解"摄关"社会宫廷生活的各个方面，特别是那个社会"美学意识"的形成过程。现在我们先要以花山院②为目标找到道长之前的"摄关"社会有哪些"美学的变革"或"美学世界的扩大"。幸好《大镜》中几位谈客假托庶民（或下层贵族）毫无顾忌地暴露出该时代（至少距离那个时代不远）"摄关"社会的秘密，使用的材料也相当客观。因此，虽说《大镜》创作于《源氏物语》《枕草子》和《荣华物语》之后，但它可以帮助我们发现道长之前形成的"摄关美学"。当然我这么说是有条件限制的。

请读《大镜》的原文：

---

① 松本新八郎：《历史物语与史论》，收录于《岩波讲座 日本文学史》。——原夹注
② "花山院"，花山天皇的别称。——译注

　　谁都想观看花山法皇参加一年一度贺茂祭后返回的场景。话说前一天也就是发生那场骚乱（藤原公任和藤原齐信同车从道长府上出来，路过花山院附近的近卫大街时从花山院跑出数十名警卫和杂役，用瓦砾袭击二人）事件的次日，花山法皇去参加贺茂祭。按说他不应该携带随从，但没想到他的车辇后面这时会跟着一群孩子和一个名叫赖势的"高帽"僧人（戴着高帽的山野修行僧），说起来也真够愚昧。他们对法皇的打扮——身上挂着用小橘串在一起做成的巨大"数珠"，最后一个是大橘子，就像是打成结的线头卡住小橘子，并让它和裙裤一道显摆在牛车之外，好像是在向世人说道："过去有这么好玩的东西吗？"——非常感兴趣。在紫野花山院附近，当行人注目观看时捕快前来抓人，说是要逮捕昨晚在花山院斗殴的法皇下人。……

　　话虽如此，但花山法皇所作的和歌人们却没有一首不爱吟唱，都觉得它们作得很好。然而他的歌"愿改他所望天月，其色凄美因我家？"① 等却不如人们想象的那样，吟咏时其心必苦。另外，花山法皇向冷泉院送笋时还配上一首和歌："马齿徒增似竹笋，献出我寿添父龄。"② 冷泉院见之非常感动，回赠歌曰："我之年岁送还你，儿寿千秋万代长。"③ 敕撰和歌集载有此歌，读之感觉情深意长。此类祝祷之心情我皇确实亦有，令人鼻酸。④

　　这里引用的是《大镜》第三卷相当于"大臣物语"（列传）的"太政大臣伊尹"（一条殿）条所记述的花山院行状录的一部分。它是一个不可忽视的绝好史料，可以让人明确"摄关"时代大约已经定型的"花的美学"之所在，以及照射出它的一个过程。也就是说，观赏花儿本身的美好习惯，已与视花为不可知的东西，持续使其发挥效验的咒术、宗教的功能分离，顺利地开始了独立行走。现代人动辄就认为所有

----

　　① 原歌是"こころみにほかの月をも見てしがな我が宿からのあはれなるかと"。——译注
　　② 原歌是"世の中にふるかひもなき竹の子はわがへむとしをたてまつるなり"。——译注
　　③ 原歌是"年へぬる竹のよはひはかへしてもこの世をながくなさむとぞ思ふ"。——译注
　　④ 据《日本古典文学全集》本。——原夹注

的人都喜欢花鸟，但这种过于自然的行为方式其实也只是在历史的过程中形成的。今天有人提出环境破坏和公害的问题，提倡要恢复"日本人传统的自然观"，但我们的祖先并不从一早开始就是欣赏大自然的名人。即使日本人有酷爱大自然的习性，但那也不是可谓"国民性"的先天的禀赋。因为"有关大自然的最初的各种体系的中心不是个人，而是社会"①。自然观也必须是社会的产物。日本人的"花的美学"也是在社会结构的辩证发展过程中形成的。在这个过程的一个节点（或一个插曲）中花山法皇这个天才虽是帝王，但却被迫成为"摄关"体制的一个局外人（毋宁说是边缘人），成为新美学的创造者。下面阐述该历史过程的趣味性，但此论题仅局限于探索花山法皇这个"艺术家的精神"真相。

"本纪"有花山法皇略传：他是冷泉院的第一皇子，母亲是藤原伊尹的长女。安和元年（968）花山 2 岁时被立为东宫，天元五年（982）15 岁时元服，永观二年（984）17 岁时即位，在位两年 19 岁时出家入道，出家后 22 年即宽弘五年（1008）以 41 岁驾崩。退位当晚为出家赴花山寺时花山曾犹豫过，但藤原道兼②装哭引诱他出家。到寺院剃发后花山才知道他被藤原兼家③夫人所骗，故哭了起来。后来兼家警惕地想到道兼是否会迫于情理出家，并出动源氏的家丁看住道兼。等等。略传简洁地说出花山是因为"摄关"家族的阴谋才退位的。

"列传"还记录花山法皇的种种行状：出家后在熊野勤勉修行时因祈祷有了效验，故与法师们比赛道行胜出。当父亲冷泉院住宅失火，花山法皇连夜跑去恭恭敬敬地跪在父亲的牛车前。等等。之后就是前引的"谁都想观看花山法皇那年参加贺茂祭后返回的场景"等记述。

引文中的"前一天"也就是贺茂祭当天④，花山法皇的下人数十人袭击了从道长府上返回的藤原公任和藤原齐信（见《小右记》"长德三

---

① 马塞尔·莫斯、埃米尔·杜尔凯姆合著：《人类与逻辑——分类的原初各形态》。——原夹注

② 藤原道兼（961—995），平安时代中期的贵族，藤原兼家第 4 子。"右大臣"和"关白"，曾帮助父亲哄骗花山天皇，劝他让位。世称"七日关白""粟田关白"。——译注

③ 藤原兼家（929—990），平安时代中期的贵族，藤原师辅之子，曾与其兄兼通争夺"关白"的位置，让其子道兼哄骗花山天皇，使他让位。任"摄政太政大臣"和"大入道前关白"，也称"东三条殿"。——译注

④ 此解释与原文的时间表述有出入。——译注

年四月十六日"条）。按说发生那种事情法皇要谨慎一些才是，可他却让著名的首要近臣"高帽赖势"及一大批人跟在自己的车辇后面。他们个个相貌可怖，难以尽述。但法皇的"数珠"实在有趣：它将许多小橘子像玉珠一样串在绳子上，最后串上一个大橘子卡住小橘子，非常长，并和法皇的裙裤一道伸向车外。如此可观的东西绝无仅有。可就在民众聚集在花山院所在的紫野观看法皇的车辇时捕快来了，要抓捕昨天使坏的孩子们。

虽说花山法皇精神异常，但他吟咏的和歌却脍炙人口，优美无比："愿改他所望天月，其色凄美因我家？"（望月深感一种哀愁。是因为在我家观看的缘故，还是月亮本身的缘故？我真想改换一处住宅，改看另一个明月）。

此歌乃秀歌，不会让人感到法皇是一个精神异常者。能做如此秀歌的人如何能有那种行状？思及不免令人伤感。法皇还给其父送笋，并附上和歌："马齿徒增似竹笋，献出我寿添父龄。"精神状态如此异常还能想到祝祷其父长寿，想来也真是可怜。

这里需要关注的是"用小橘子串在一起做成的巨大'数珠'，最后一个是大橘子，就像是打成结的线头卡住小橘子，并让它和裙裤一道显摆在牛车之外"这句话。法皇不用充满佛臭的无患子、水晶和珊瑚做的数珠，而特意使用充满果汁、水淋淋的橘子串在一起的特制"数珠"。这难道不是"摄关"时代宫廷的一种新的"美学发现"？至少我们在这里可以发现一种"美学再生"，它与弃用非生物的布和纸制作供花，转用鲜活的鲜花插瓶的性质是相同的。总归"摄关"社会已不满足仿制文化。因为现实的"摄关"社会已成为在弱肉强食的斗兽场里展开的人际关系的总和，它意外地成为"野性"横溢的社会。如果不是这样，那么就没有创作出《源氏物语》及其他精彩文学作品的活力源泉。

我认为，在乍一见毫无关系的花山法皇"橘子数珠"中我们可以发现一种新"自然观"。而且，这种粗野的生命奔放的行为还成为人们接受新"美学"的基础，不久则成为创造供花即插花的能量源泉。一种自然观必须是一个社会结构的反映。

并且，发现这个新自然观的人却是被篡夺皇位和被世间视为"疯子"的花山法皇。这实在有趣。从世界史看能进行文化创造的人难道不大凡都是"边缘人"？而帝王是"边缘人"这种历史状况的特殊性则更异常有趣。

　　花山这个法皇的所作所为均为艺术家的秉性使然。《大镜》作者在另一处所说的"世称该天皇'内劣外优'"，按一般的解释就是"私生活极其糟糕，但在公开场合得到贤臣的辅佐，评价颇好"。如此解释并无大误，但我个人的感觉是，"内劣外优"正好说中了一个艺术家的真相。艺术家这种人在私生活方面很难与他打交道。大凡与他有交往的身边好人都会被他伤害，或屡遭麻烦，被他弄得疲惫不堪，"一将功成万骨枯"这个格言就这样具体地展现在我们的眼前。不用说他本人完全没有这种感觉，反而会摆出一副与己无关的样子，认为能与自己这样优秀的人打交道对大家来说岂不是一种幸福。从本质上说他是无罪的。而且艺术家是非常在意外部评价的。花山法皇的所作所为除史书记载以外还有许多的不法行为都被隐瞒，但通过《大镜》我们多少可以知道这个卓越的"美意识"拥有者（即艺术家）做了哪些坏事和不良行为。不过与这位完满的优等生型帝王在背阴处所犯下的残忍和毒辣的罪行相比，这毋宁说只能算是儿戏。

　　以下引用的是紧接在上引文字后的两个语段：

　　　　此花山法皇甚至是一个"风流者"（创意设计家），创建了自己的居所。正殿、厢房、通廊等都由他亲自设计，如何铺葺桧树皮屋顶也由法皇出主意。过去是分别用竹制导水管连接在树皮缝隙上，皇居至今还采用这种做法。法皇还将牛车车厢内坐板设计成后端高，前端低，厢前安一扇大门。有这种设计后若遇上紧急情况，就可以迅速打开车门，并无须动手就可让车辆咔咔咔地自动前进。这是一种多么神奇的设计！屋内家具之精美也难以言表。长子清仁亲王病逝时法皇为诵经奉上的砚盒，其上漆方式、泥金画图案——蓬莱山、长手长足人等、金银镶边的手艺等都无可挑剔。

　　　　另外，在建造庭园时法皇说"樱花虽美，但枝条有生硬之感，树干的姿态也很难看。还是光看树梢即可"，故将樱花从中门移植到外头。人们都佩服地说，这样做比其他的种植法更好。法皇还将瞿麦花的种子撒在土墙上。出人意表的是夏秋时四处都开满了花，就像是在墙上铺上色彩缤纷的唐锦。可以想见那有多么漂亮！①

---

　　① 据《日本古典文学全集》本。——原夹注

一如上述，花山法皇被世人评价为"内劣外优"，且是一个精神异常者。然而我却认为，他虽然有许多不合常理的怪诞言行，出家后还随心所欲，耽于荒唐之事，但在那些行为轨迹背后可以看出一个狂放不羁的艺术家起伏的"自由之魂"。我还可以推测，花山法皇用充满新鲜果汁的"橘子数珠"代替给人带来冰冷感觉的无患子、水晶、珊瑚数珠的美学创意，很可能就起到用鲜花作为供花的道长时代新美学的思想先驱作用。

"摄关"时代的宫廷社会并不像一般人所想象的那样涂抹着"绘卷"① 式的美丽油彩。在"摄关"政治当事人看来，所有人都置身于吃人或被吃的角斗场内，光说漂亮话则一日都无法生存。就花山法皇来说，因自身不检点，导致藤原伊周之弟藤原隆家②从阴暗处向自己射来一箭，由此造成"中关白家"走向没落，藤原道长一族全面抬头。花山法皇无可奈何地在一旁观看着"摄关"社会可怕的角逐大戏，而这一切他在10多年前就已经体验过了。他很清楚，自己的出家和退位不外乎就是因为上了放荡伙伴藤原道兼的当，这给他带来痛苦。如此一来，他只能走到权力斗争的场外，享受着自己的随心所欲，否则就无法维系"自由之魂"的生存方式。他极有可能是在装疯卖傻。

据《荣华物语》卷第二"访问花山之中纳言"记述，花山天皇宠爱"女御"姬子的方式也很极端——"帝王宠爱她已到了荒唐的程度"。过了数月天皇竟"像变了个人似的"，荒唐到"之后的人们在梦中都想不到'有这种事'"。花山天皇对女人总是如此。据说最疼爱的"女御"忯子怀孕后花山天皇还一直黏着她，直到忯子怀孕5个月时才允许她回娘家，但不久又强要忯子回宫。之后天皇"非常高兴，白天夜晚都不吃饭，一直待在忯子的房间与她同枕共寝。宫廷上下都说：'这多么变态呀！'"疲惫不堪的忯子终于在怀孕8个月时去世，于是花山天皇"成天宅在屋里，不惜放声大哭，丑态百出"。这难道不是艺术家自恋的表现吗？而且打那以后花山天皇经常想出家，并在某天突然"人

<hr/>

① "绘卷"，也称"绘卷物"，是一种将物语、传说等用图画表现出来，并添上文字，卷起后展开可逐次欣赏的日本古代图书形式。——译注
② 藤原隆家（979—1044），平安时代中期的贵族，"关白"藤原道隆之子，"中纳言"。与叔父道长对抗后失败，左迁"大宰权帅"而流放九州。1019年（宽仁三年）因击退刀伊人入侵而名扬日本。——译注

间蒸发"。宫廷上下因此大为紧张，等找到他后这个 19 岁的帝王已经进入花山寺出家了。

《大镜》明确说明，"花山天皇出家事件"是"右大臣"藤原兼家次子道兼根据其父拥立东宫怀仁亲王的指令，实施"诓骗"花山天皇的阴谋的结果。然而《荣华物语》却仅感伤地说这个事件是一个"可悲可叹、令人哀伤之重大问题"。"《大镜》多谈及男性而忽视对女性的叙述，将后者留给《荣华物语》去完成。"① 两书之间存在较大差异。

《大镜》借大宅世继老翁之口评价花山天皇："总的说来，花山帝过度显露自身异常性格之场面并不很多，但显现出在他的精神深处潜伏着那种病原体却非常危险。"并且还补充这么一句：源俊贤民部卿说，"比起其父冷泉院之精神异常程度，花山帝之精神错乱更胜一筹"。这时入道殿（道长）笑着说："这么说太过分了吧。"花山法皇以 41 岁殁于宽弘五年（1008）二月八日。宽弘五年即道长建立法成寺五大堂那年的前两年，也是道长在金峰山抄写《法华经》等并将它们埋在山里那年的前一年。而花山法皇在去世 4 年前的五月还到道长的宅邸观看赛马。同样充分具有艺术家气质的道长一定看穿了花山法皇的"精神异常"到底属于何种性质。但在《大镜》的作者看来，花山法皇仍然只是过于精神错乱。

没过多久，出身"摄关"家庭的"天台座主"慈圆②在他所写的充满偏袒心情的史论《愚管抄》卷第三"别帖""花山"段落中说道："花山天皇 19 岁时爱上藤原为光之女，立其为后，道心无限。他确信该女此世罕有，故整日醉心于看皇后。"但后来天皇又说"此世无聊，欲出家归依佛道"。再后"虽说天皇信仰尚浅，但从那时开始直至今日人心大致相同，故有此信仰正当其时。而近来断无此事"。之后慈圆又说花山天皇接受道兼邀请，顿时起了道心并剃发。最后做出总结："花山法皇后来虽有反悔，但自始至终坚守道心，这必定拜入道所赐。"牵强附会正是此"大僧正"的独门绝技。

花山法皇果真是一个精神异常者吗？不管"摄关"社会的人如何评

---

① 佐藤谦三：《王朝文学的前后》，《大镜》与宫廷女流。——原夹注
② 慈圆（1155—1225），平安时代末期至镰仓时代初期的天台宗僧人，谥号为慈镇。"关白"藤原忠通之子，九条兼实（后任"摄政"和"关白"）之弟。曾四度任"天台座主"，被封为"大僧正"。除著有史论《愚管抄》外，还撰有歌集《拾玉集》等。——译注

价，但今天在我们看来，他都只能是一个"艺术家"或具有"艺术家气质"的正常人。在他的身上我们可以看到一个创造"美"的主体存在。正如本文开篇所引的那样，《大镜》的作者同时也说"此花山法皇甚至是一个'风流者'（创意设计家）"，不忘指出花山法皇具有"艺术家"的才能。

接下来要讨论的是何为"风流者"。要探讨"风流"这个词汇的来源，就需要从日本古代开始一直回溯至中国古代的学术艺术思潮。在奈良时代就有一批叫"风流侍从"（《武智麻吕传》）的人群服侍于朝廷。《万叶集》卷六有"风流意气之士"登场。但这里仅思考平安时代的"风流"。这个时代的"风流"最初用于汉诗文的领域，表示诗文的雅趣和大自然的韵致这两个概念。后来逐渐被借用于和歌与物语文学领域。而在"斗花"和"斗草"等比赛场合则多半用于表示构思精巧之义。及至平安时代后期还被用于工艺品和服饰等领域。如此一来则势必流于华美奢侈，故《中右记》"嘉保二年八月廿八日"条有"依仰止风流"的记述，说朝廷发布了"禁止风流令"。《御堂关白记》出现了5个"风流"的词汇，都用于说明手工艺品的构思精巧。《大镜》卷三"伊尹"段落在谈及藤原行成的逸事时说："众人揣摩帝王心理，皆尽心于金银器具等的制作，并精心构思创造出好的手工艺品献给天皇。而行成则在陀螺上安上染成浓淡色彩的纽扣，献给天皇。"换言之，众人都用金银制作精巧的玩具献给幼小的后一条天皇，而行成却献上陀螺。

可以认为，平安时代的"风流"有两个意思：一指构思精巧，二指华美珍奇的趣旨。因此在某些场合含有"华美奢侈"的因素，从这点上说它还可能构成中世"婆娑罗"[①]的原型。

那么我们该如何解释花山法皇被评价为"风流者"？冈崎义惠说："这个花山法皇的风流指在日用器具（砚盒）、庭园、服饰、绘画等方面都具有独创的构思，所以人们将他称作'风流者'。它的意思是美的生活者和艺术爱好者。其构思具有多重美学目的，其建筑等含有特殊的实用目的，其绘画（或为漫画）以写实为主。"[②]

---

① "婆娑罗"，指穿戴华美鲜丽，极尽奢华的做派。也指镰仓幕府灭亡后流行的风潮。——译注

② 冈崎义惠：《日本艺术思潮》第二卷上 平安时代的风流。——原夹注

　　重读《大镜》的记述，可以明白无误的是，花山法皇是当时最拔尖的建筑设计家和工艺品设计师，也是最伟大的造园设计师。

　　换言之，花山法皇是最早想到将过去建造的正殿、厢房、通廊等统一起来，在相同的桧树皮屋顶下创造出一个"结构美"的工程师，也是在设计车厢时将厢后增高，出口降低，方便人们进出，并在事件突发时只要开门车辆就会自动咔咔咔地前进的一个"功能美"的发明者，还是一个在制作砚盒时先画出整体海景图案，之后用金漆在上面画上蓬莱山和长手长脚怪兽等的乌托邦图像，并用鬃漆和包金等工艺装饰，使其与图案浑然一体的创造出"有机美"的最早的艺术家，更是在配置庭园草木时能站在樱花虽美但樱树枝干难看的植物美学角度，将樱树从中门移植到墙外，从室内仅能看到花梢的能提出"省略美"的第一个造园"导演"，同时又是一个将瞿麦的种子播撒在土墙上，在九月的花季让墙头铺满唐锦的能设计出"计划美"的首位城市建设推动者。

　　如此看来，我们完全可以认为，在花山法皇这个"风流者"身上充满着丰富的独创性，可以说他已经发现了一个"新美学"。一如前述，不管是奇葩的构想——将无机物的数珠材质换成"鲜活"的橘子，还是崭新的规划——合铺桧树皮、造车厢、植樱、构思瞿麦花的城市规划，都一举改变了该时代的"美的趣味"，给人们以巨大的冲击。

　　我先前指出，在藤原道长的宗教心理中可以发现从"人造花装饰"转变为"鲜花装饰"的要素。而本文则提及花山法皇发现的"新美学"，它一定给道长带来了启发。正确地说，包含道长和花山法皇的设想，王朝时代末期广泛兴起的新"时代精神"正在翘首期盼插花催生的新美学的诞生。人们打破旧的范式，开始摸索并发现了新的范式。

《歌合集》① ——"起源于中国"的游戏要素

　　本书在前面以《西宫记》为题，阐明了在平安时代贵族"典章制

----

　　① 这里所说的《歌合集》作者未说明是由谁编撰的《歌合集》，但从文后叙述可以看出，它似乎指 960 年（天德四年）三月三十日村上天皇主办的和歌比赛作品集。也叫作《天德四年皇宫歌合》。"歌合"即"斗歌"。斗歌时歌人分为左右两拨，审评人将左方和右方各自吟出的短歌组合后评出优劣，之后根据优劣的数量评出胜负。一个回合的斗歌称"一番"，小规模的比赛有数番，大规模的可达 1500 番。平安时代初期以来流行于宫廷和贵族之间。——译注

度"思维中尊重汉籍（中国原典）的因素十分强大。为把握散见于王朝礼仪书籍中"立菊"（不用说它与中世以后的"立花"①在规则和理念上都不同）所象征的深刻寓意，我们就不仅要阅读《西宫记》，还必须追寻汉诗文和经学思想。现在一般的人都毫无疑问地认为表现日本人固有情绪的诗型是和歌，但认真追究下去，我们就很难断定和歌就是日本民族（我们必须想到，在人种学上并不存在日本民族这个民族）独有的抒情形式。这就是我在这里要举出《歌合集》的原因。

先看其中的作品：

天德四年三月三十日皇宫斗歌

第二十番　左方

风传我已坠爱海，情窦初开怕人知。② 壬生忠见
右方胜
藏于心而形于色，我恋已有多人问。③ 平兼盛

少臣奏云："左右歌伴以优也。不能定申胜劣。"敕云："各尤可叹美。但尤可定申之。"少臣让大纳言源朝臣，敬屈不答。此间相互咏扬，各似请我方之胜。少臣频候天气，未给判敕，令密咏右方歌。源朝臣密语云"天气若在右欤"者，因之遂以右为胜。有所思，暂持疑也。但左歌甚好矣。

御记

天德四年三月卌日己巳，此日，有女官赛歌事。去年秋八月，殿上侍臣斗诗。尔时，典侍、命妇等相语曰："男已斗文章，女宜合和歌。"及今年二月，定左右方人。就中以藤原修子、藤原有序等为左右

---

① 立花，插花的样式之一。因其所立的形状而得名。这个词汇我们在后文会大量读到，敬希读者留意。——译注

② 原歌是"こひすてふわがなはまだきたちにけり人しれずこそ思そめしか"。——译注

③ 原歌是"しのぶれどいろにいでにけりわがこひはものやおもふと人のとふまで"。——译注

头，各令挑读。盖此为惜风骚之道以废绝也。后代不知意者，恐成好浮华专内宠之谤。仍具记之。其仪，暂撤却清凉、后凉两殿中廊道北部，设公卿座于该廊道之内，铺左右方人座于后凉殿东缘。^{左在南，右在北}女官又相分候清凉殿西厢帘中。该厢第五间置椅子。^{即女官之椅子。}^{此间上帘。}申刻，就椅子。良久，右方入自北方，献上放有写歌用纸之沙洲形装饰台^{沉香木点心盒、浅香木茶几、绣有花柳鸟图案之花纹绫几罩、缥绮席子、更衣之童女四人，将前物抬进，立于御前廊道。装有计数条之沙洲形装饰台置于北面小院计数人之坐垫前方}不久，左方经侍所前自南方献上放有写歌用纸之沙洲形装饰台。^{紫檀木点心盒、苏方木茶几、绣有芦苇及文字变形图案之花纹绫几罩、紫绮席子、更衣之童女六人，将前物抬进，立于御前廊道。装有计数条之沙洲形装饰台置于南面小院计数人之坐垫前方。童女先置于几下，后改换位置}仰令召在殿上之公卿。①

按一般的定义，斗歌是分列于左右两方的歌人，各自咏出一首和歌，几轮比赛后审评人就每一组的和歌做出评论并评出优劣的游戏。斗歌（"歌合"）最初派生于"物合"（"斗物"），后来按自身的方向发展。根据《古事类苑·游戏部》的定义，"物合泛指各种物事之比赛。比赛时对比左右之物事，判优劣，决输赢，故其物事并非单一。动物有斗鸡、斗虫，植物有斗草、斗庭树、斗菖蒲根之短长，器物有斗扇、斗贝壳，文书有斗故事，多供上流社会娱乐。其盛者左右各有头领，有念人②，有指筹（计数之人），有奏乐者，与相扑比赛相同。又有咏歌一事，可列其中。"对这个定义，试图确认斗歌具有创造主体性的"国文学"家自然会发出不满的声音。在和歌史研究中最早通过相关关系对斗物和斗歌进行研究的是久曾神升③的《歌合全史概观》（收录于《传宗尊亲王笔歌合卷研究》）。久曾神升将广义的斗物中与斗歌有直接关系的物事做以下区分："（1）影响了斗歌的形成，而且其自身与斗歌无关者……多为斗物。（2）斗物为主，附随咏唱和歌者……如斗草、斗菊、斗小盒。（3）斗歌为主，然斗物犹有遗存者，……如斗扇、斗败酱草、

---

①　据《日本古典文学大系》本。——原夹注

②　"念人"，平安时代以降在比赛弓箭、和歌、汉诗及斗鸡等时负责声援或照顾参赛者的人。——译注

③　久曾神升（1909—2012），"国文学"家，毕业于东京帝国大学文学部国文学科。文学博士。第二次世界大战时曾在新加坡被俘。1946年复员，历任爱知大学预科和爱知大学教授、文学部部长，爱知大学理事、校长及理事长。获勋二等瑞宝章。1985年任中国南开大学名誉教授。著有《古今和歌集形成论》（共4卷）、《三十六人集》、《西本愿寺本三十六人集精成》等，超100岁时仍在工作。——译注

斗瞿麦花、斗菖蒲。（4）仅斗歌者……如斗庭树歌、斗歌。（5）由斗歌派生，与斗物一道存在者……如斗故事、斗画、斗绘图小说。（6）由斗歌派生，仅斗物而不斗歌者……如斗艳书、斗谜语。"这个区分具有最终的结论性意义。进一步久曾神升还在区分的基础上，对斗歌的形成过程做以下阐述："斗歌由斗物发展而来，最初是斗菊等，以斗物为主，斗歌为辅。接着是斗败酱草等，斗物与斗歌并存。再接着是斗庭树等，仅斗歌而斗物已空有其名，最后才是纯粹的斗歌。此后又从斗歌发展出斗故事、斗画、斗绘图小说等，进一步又发展出斗艳书、斗谜语等，不直接评判歌的优劣。"①

　　当然也有学者反对斗歌从斗物演变而来的观点。荻谷朴②说："斗歌在本质上仍属于竞技的范畴，若在前人的活动中追寻它的发生序列，那就应该认为它起源于相扑、赌射和赛马等，从有形具象的斗物和无形抽象的竞技可以相互补足趣味这个意义上说，斗歌和斗物容易复合在一起。"③荻谷朴还著有连续刊载中的《平安朝歌合大成》十一卷大作，故该言论值得信赖。

　　如此一来，斗歌则有从斗物转化或从竞技发展而来这两种说法，但我们未必需要用一元论的观点来解决这个问题。峰岸义秋④认为斗歌的起源和活动样式的成因是复杂多元的："在斗歌形成之前，过去各种活动和竞技以各种形式与和歌结合，给人们判定和歌的优劣并进行欣赏创造了机会。例如，它们可溯及《万叶集》的春秋比较和梅花宴等的风雅游宴和相扑、赛马、赌射、斗鸡、斗草、神乐、讨论、诗赋等他者意识存在（Pour autrui）的竞技活动，以及《法华八讲》的佛教活动等，这些活动创造出判定和歌优劣的游乐机会，最终形成了斗歌这种类似于文学游戏的形式。在这些竞技和集会时举办的酒宴和进行的奏乐、庆贺送礼、拜舞等仪式又被斗歌继承下来，进一步繁荣了作为社交游乐的斗

---

①　久曾神升：《日本文学史》中古 第三章 和歌与歌谣，至文堂版。——原夹注
②　荻谷朴（1917—2009），"国文学"家，毕业于东京帝国大学文学部国文学科。历任女子圣学院短期大学教授，大东文化大学教授、名誉教授，二松学舍大学名誉教授。1977 年因编校《枕草子》（《新潮日本古典集成》）获第 9 届日本文学大奖。著有《国宝〈内大臣殿歌合〉解说》《平安朝文学的史的考察》等。——译注
③　荻谷朴：《日本古典文学大系·歌合集》解说。——原夹注
④　峰岸义秋（1907—1978），"国文学"家。毕业于东京大学。东北大学名誉教授。著有《国文学批评的研究》《歌论史概说》等。——译注

歌活动。"① 此外还有"神乐起源说"（山岸德平主张："面对神座的左席为本座，右席为末座。本座唱后末座唱。如该仪式所为，在本座、末座即左右两席，一首一首地歌唱神乐歌之外的一般的和歌，就可能产生斗歌这种现象"）等假说，但如果考虑到山岸德平所依据的出典《袋草子》这本歌学书乃成书于保元一年（1156），那么就可以认为它的立论基础较为薄弱，我们还是倾向于"成因多元说"。峰岸义秋《歌合的研究》认为："天德四年皇宫斗歌活动样式是最典型的活动样式。同当时其他的活动样式比较，人们就会惊讶地发现它们意外地具有共通的结构。首先，此斗歌的底本是前一年的《天德三年八月十六日斗诗行事略记》（959），但将这个斗诗和翌年的斗歌记录同当时还经常举办而成为年间活动的踏歌、赌射、相扑、赛马及其他的活动记录相比，就可以发现它们具有非常多的共同点。"峰岸还特别说明："新仪式第四所说的赌弓和童子相扑的活动样式同完成期的斗歌的活动样式对照既有趣味，也有对照的价值。"② 并论证了童子相扑的人员构成与斗歌几乎一致，踏歌后宴会中赌射的负方要款待或赠物给胜方，这些都构成了斗物和斗歌的重要事项。这进一步推进了《古事类苑》的观点。

不过峰岸义秋仅笼统地说可以发现许多共同点，但并没有进行精细的比较，所以我们在这里有必要审读《天德三年八月十六日斗诗活动略记》，因为该文献的"斗诗"和例文所载《御记》（《村上天皇三十五岁宸记》）中"去年秋八月，殿上侍臣斗诗"的"斗诗"完全一致。因篇幅，这里仅抄录必要部分：

> 当日仪式。
> 清凉殿孙厢立御椅子。申二刻许。宸仪出御。王公卿士候簀子敷。如临时祭也。　（人名略）同三刻许。左右方立文
> 行事众一人。取土敷铺颓间。南庭中二人。异文台立其上。但匣及台造苏方折立命。敷物用紫地锦。土敷用竹豹皮。总角紫付浓绀。匣中纳十枚诗。即书唐缥色纸，右五位侍臣一人。取土敷铺颓间。北庭中二人。异文台立其上。但匣及台造苏方施螺钿匣。打立
> 台。台敷物用东京锦。土敷用紫地锦。总角苏方付浓绀。匣中纳十枚诗。同书唐缥色纸。以金银泥。每枚绘伴诗题之意。诗书其上。　左
> 方诗人念人。列坐玉阶北砌。右方诗人念人。列坐玉阶南砌。同四
> 刻许。左右出座。指筹小舍人。自是以前敷之。左右以圆坐一枚为座。顷之。左右方人取纳诗

---

① 峰岸义秋：《日本古典文学全集·新订歌合集》解说。——原夹注
② 峰岸义秋：《歌合的研究》第一编 第二章 歌合的活动样式。——原夹注

匣升殿。膝行御前。①

　　阅读比较此《天德三年八月十六日斗诗活动略记》和例文的《天德四年三月三十日皇宫斗歌》就可以看出，二者所描述的宫廷礼仪（正确地说是宫廷游戏）模式完全相同。《天德四年三月三十日皇宫斗歌》中的"御记"及之后的"殿上日记"（当值官员记录的文字）都用汉文记录。这些都酷似于《天德三年八月十六日斗诗活动略记》。

　　以下还要引录《内里式》（《皇宫式》）中卷"七月七日相扑式"的必要部分。《内里式》是弘仁十二年（821）藤原冬嗣和良岑安世撰写的朝仪基础书籍。

　　　各当幕前北面而立即立三伏旗讫左司先奏厌舞讫大夫等着座次右司奏厌舞讫着座即立合等各立幕北头_{差西进也右司亦相对}先出占手_{用四尺以下小童前一日于内里量长短或有过四尺者当日不更令相扑以为负}奏名者各坐幕南奏筹者各二人坐其后占手胜则奏乱声_{不奏舞}最手胜则奏乱声及舞_{自斯之后左右互奏舞}此日相扑人总二十番_{近卫兵卫合十七人白丁二人童一人}日暮上下群臣于先拜退次乘舆还宫②

　　如此看来就可以明白，斗歌的起源和发展过程绝不仅仅来自文学上的需求。

　　斗歌既不单纯由斗物转化而来，也不符合5、7、7或5、7、5这3句歌的唱和向"问答歌"转变这个和歌史的"公理"。当然可以设想它经过了多元复杂的形成过程。然而在另一方面，我们是否能够发现共通并内在于以上斗物和竞技（尤其是被相扑活动所象征）中的某些普遍因素？

　　结论是斗物和竞技都是进口的中国文化产品。过去的普遍想法是，日本仅在律令官僚制度和汉诗文方面接受了唐文化的影响，而之外的生活体系则遵循自己固有的传统文化。但我们至少必须再次审视日本宫廷年中活动始终百分百地模仿唐风这一事实。此前的日本文学

---

　　① 据《群书类从》本。——原夹注
　　② 据《新订增补故实丛书》本。——原夹注

史说平安时代中期兴起了"国风运动"，明显地削弱了唐风文化的影响力，但我们不可以简单地下此定论。平安时代初期的官僚知识分子只能"断章取义"即矮化和歪曲地理解汉诗文，但无论如何我们都不能忽视他们在用这种不自然的形式接受、再生产汉诗文的过程中，也按自己的方式徐徐推进了自己对中式思维和大陆文化结构的学习。从纪贯之《新撰和歌集》序"厚人伦，成孝敬。上以风化下，下以讽刺上"此语也可以推测出，和歌若离开大陆的"政教主义"就无法形成。

因此，与其认为斗歌像世人所相信的那样，发挥了将过去完全封闭在个人生活中的和歌重新拖回到文学公众席上的作用，倒不如直截了当地认为它为最大限度地发挥和歌本身的性质而只能采取这种形式。至少在置身宫廷文化圈外的律令农民的眼中和耳内，和歌拥有的韵律、斗歌席上演奏的舞乐（它也分为左右方各自演奏）和席上安置的道具、装饰物等都一定是一种"外来气息"极重的文化。换言之，斗歌是从大陆直接引进的时髦文化，这就是我的主要观点。

在我所知的范围内，明确说明斗歌是在中国文化影响下形成的先例只有幸田露伴的论述《斗歌》①。幸田露伴是这样说的：

> 我邦自古以来就多有学习、移植支那风俗嗜好的习惯。散见于载籍的有三月三日的斗鸡、五月五日的斗草等，它们明显是在学习彼邦的风气。这在源顺的《和名抄》中也可看到。可以想象这种行为未必是偶合的。"花合"明显来自斗花，"根合"即互相摆出自己的菖蒲根，但这也是模仿斗草。斗菊、斗庭树、斗瞿麦花、斗败酱草、斗虫等在宽平、康保年间即平安时代盛世非常流行，这些相斗的游兴未必一一都继承支那的习俗，但也是基于彼邦的传统翻出新意，以满足太平无事时日之雅趣。

幸田露伴是如何把握花道前史的不得而知，但从其口吻可以察知，他认为王朝时代的宫廷仪式和游艺出自中国文化。

前引《天德四年三月三十日皇宫斗歌》成为后世长久模仿的典范，

---

① 收录于《短歌讲座·特殊研究篇》，改造社1931年6月版。——原夹注

其《御记》和《殿上日记》频繁出现"和歌洲滨"这个室内装饰物。所谓的"洲滨"，与"岛台"①、蓬莱等装饰物相同，是宫廷仪式不可或缺的装饰盘台，大抵模仿海中沙洲的景象，故有此名。现存第二古老的斗歌《宽平御时后宫斗歌》（假名记录）载："左方首轮队员之菊，原指殿上人将新即位之小君主打扮成女人，使之手持菊花，将脸隐藏起来之菊之仪式。现为九朵，做洲滨植之于上。其洲滨之样态可以想见。有趣之处甚多，如有人一面告以名字，一面将歌笺系在菊花上。"通过此记录可以知道，在这个时期，距离与斗歌相联系的洲滨作为插花的"大哥"开始独立只有一步之遥。即使是在与"经文讨论"（《九条年中行事》"八月"条）和《法华八讲》发生紧密联系的过程当中，我国的花道也开始迅速地走向独立。与此同时，所谓的"日本自然观"也开始迅速地走向独立。

《新撰朗咏集》的游宴世界

即使是读过《和汉朗咏集》的人士，只要没有特别的理由也就不会从头到尾通读《新撰朗咏集》。学生用的日本文学辞典和日本史辞典竟然不收《新撰朗咏集》的词条。然而，《新撰朗咏集》和《和汉朗咏集》一道都代表着平安时代文学的一个重要侧面，对这一点我们绝不可轻视。特别是其中作为"对句"而被朗咏的汉诗文还被"军事物语"等引用并再生产这一点更具有很高的价值。从"春夏秋冬杂"5个部类、品题的配列和"佳句丽章抄"（一章各为七言二句14字）这些性质来看，它们都取范于大江维时（897—963）所撰的《千载佳句》。而且这两个朗咏集都并列汉诗与和歌，它极其明显地代表着"摄关"时代的思维方式。从这个意义上说它们都是重要的作品。

那么有人就要询问，为何"朗咏"这种文学形式会在"摄关"时代的全盛期达到顶点？就此川口久雄说明："朗咏形成的基础有以下三

---

① "岛台"，指在"洲滨"台上配上松、竹、梅加上老翁、老妪、鹤、龟等物件形成的装饰物。据说是模仿蓬莱山。常作为婚礼、飨宴等的装饰物。日本古代称"岛形"，盛放菜肴等食物。——译注

点：（1）当时已出现摘句，即从长篇诗赋文章中摘出四六对偶的一联，或从汉诗、长篇排律中抽出好的一联的风气；（2）当时已出现朗咏，即单纯使用音读或训读方法吟诵那些诗句，或在乐曲的伴奏下跟着节拍吟咏诗句的风气；（3）当时已出现倭汉并列，即将和歌与汉诗并列在一起的风气。"而且，川口还就（1）做出说明："'抽章句'最早出现在中国，我国接受之并运用于汉诗文的入门学习，并且随着时代变化逐渐盛行。《（藤原）行成诗稿》和或为藤原宗忠的《类聚近代作文》残卷《王朝无名汉诗集》都有在佳联旁施以评点，或从律诗中摘出佳联的事例。"就（2）说明："有迹象表明，朗咏最初多为音读，后来逐渐转为训读。……朗咏原为儒家'博士讲诗时的颂声'（文几谈三①），但作文会的讲师、'读师'②制度必定与佛家的讲师、法师和儒家的讲师、'都讲'③有某种关联。因此，自慈觉大师圆仁以来的赞呗吟调似乎会影响到该颂法。""所谓的朗咏，最早见于《文选》孙绰《游天台山赋》的'思凝幽岩，朗咏长川'，该注为'清澈之义'，意思很简单，就是用清朗的声音长啸。但随着唐代社会'唱导'④的流行，最终将唱导师登上法座，在说教期间和着吟调朗诵韵文这件事说成朗咏。"就（3）说明："倭汉并列是随着和化的进展在天历年间（947—957）社会出现的一种显著的现象，值得关注。此前我国宫廷的岁时节会专门模仿中国，但除了曲水宴和重阳节等外还新出现了春天的梅花宴、樱花宴和夏天的藤花宴，特别是残菊宴等诗宴。一种和日本列岛风土相适应的纤细季节感觉与和歌的自然观照视觉明显地出现在日本汉文学的世界当中。这催生了诗题的和化和诗歌并列的倾向。""仅是汉诗，或仅是和歌总觉得寂寥和不足，为填补汉诗的自我充足感减退与和歌的不成熟意识这两方面的缝隙和空虚，就产生了和汉并列的倾向。……这已萌芽于《兼家万叶集》中。而源顺这个典型的文人继承并超越了菅原道真，双脚跨在和汉两个世界，他在972年（天禄三年）的诗序中自称乃'心通倭汉者'。继承这个倾向的藤原公任，编撰出和汉诗歌典型的《和汉朗咏集》应

① 文几谈三，何人及其生平事迹皆不详。——译注
② "读师"，在和歌或作文会等宣讲时，负责整理纸张、诗笺等，将它递给讲师，或在讲师误读时给予提醒的人。——译注
③ "都讲"，私塾学生的头领。私塾校长。——译注
④ "唱导"，佛教语。谓讲经说法，宣唱开导。——译注

该说是一种自然的趋势。"进一步川口还接过家永三郎《上代倭绘全史》提出的"和汉抄屏风"问题推论说:"很明确,《和汉朗咏集》中有为当年屏风画所写的 35 首诗句和 27 首和歌;另一方面,《和汉朗咏集》有 234 首唐人诗和 354 首本朝诗,共 588 首,以及 216 首和歌,大致接近《二百帖和汉抄屏风》诗歌数的规模;《和汉朗咏集》中含《坤元禄屏风诗》,可证明《古今著文集》的记录;该记录时代与《朗咏集》的成书时间相符;《二百帖和汉抄屏风》的诗歌由藤原公任书写;可以认为《和汉朗咏集》的表记形式、题目、作者的分注形式就是'色纸形'①的表记;分类上也是上半部为四季月令屏风诗歌,下半部为杂部诗歌的体裁;《和汉朗咏集》有时也叫作《倭汉抄》并被作为题目。综合以上内容考虑,我们可以逐渐明确《和汉朗咏集》是仅注目于和汉屏风画的诗歌而集大成之的产物。"② 此推论具有划时代的意义。

　　通过川口久雄醍醐灌顶式的报告,我们可以进一步加深对"朗咏"和《和汉朗咏集》的认识。川口还就"朗咏"的文学史性质做以下评价:"朗咏文学贯穿着对古代华丽的四六骈体文体的乡愁,而这在中国社会已被逐渐否定。朗咏文学还是对宫廷应制的赞歌,而这在中国文坛也已被逐步超越。也就是说,它既不希望做到古文的简洁、苍古、有力,其平白易懂的语汇中也很少有冷静看待社会,批判、讽喻时代的意识和精神。它通过摘句这种断章取义的方式,去除了汉赋的长篇骨骼,开辟了通往短诗型文学的道路,并陶醉于丽句所拥有的对称性旋律感,取代了为时、为民的社会意识。这反映出日本汉文学已然走过荣耀的顶点,陷入颓废期,同时还反映出藤原时代社会一方面试图维护律令体系,另一方面却讴歌并欲突破'摄关'体制的现实。它内含以上性质,从根本上将汉文学世界与和歌世界置于一个地平线上,把异质的东西带上同化的道路,并使过去贵族垄断的汉文学教养广泛渗透到社会各阶层。""它在继承和集成过去远东大陆和日本列岛古典文学遗产的同时,又使自己成为新的古典。之后的我国文学或多或少都将《和汉朗咏集》的诗歌构思和诗藻作为一个依据,使自己成为

---

　　① "色纸形",除指一种切成方形厚诗笺的纸张外,还指在屏风和隔扇等上面描出方形厚诗笺形状的轮廓,于其中书写诗歌等的艺术形态。——译注

　　② 川口久雄:《日本古典文学大系 73 和汉朗咏集·梁尘秘抄》解说。——译注

古典中的古典。于此可以看到 12 世纪王朝文学的灿烂精华。"① 这种定位实在公平而稳当。

我们已经对"摄关"时代"朗咏文学"（或许可以称之为"朗咏艺术"）的本质有了充分的把握。下面要看一下继于《和汉朗咏集》编撰的《新撰朗咏集》。

从顺序上说有必要了解《新撰朗咏集》撰者藤原基俊的略传。

基俊这个歌人于天喜四年（1056）出生在"大宫右大臣"藤原俊家的家庭，虽具有名门血统（俊家之父赖宗是"御堂关白"道长的次子，故基俊是道长的曾孙），但只任从五品下"右卫门佐"这种小官。其原因据说是炫耀才学，多有骄慢言论，性格也坏，不能容人。元永一年（1118）《内大臣家歌合》说基俊和源俊赖共同担任审评人，保安二年（1121）《关白内大臣家歌合》之后基俊屡屡单独担任审评人。基俊的歌风具有保守倾向，与当时的革新派首领俊赖的主张尖锐对立（俊赖在奉白河法皇之命编撰《金叶集》时，仅选定自己的竞争对手基俊的 3首和歌）。从才能上看，与其说基俊擅长创作活动，倒不如说他更适合批评工作。有记录说保延四年（1138）八月十五日基俊向藤原俊成传授"古今传授"②，故可谓基俊开启了后代的"古今传授"端绪。此点值得关注。基俊在评定斗歌时使用了"余情""妖艳""幽玄""格调高壮""婀娜"等用语，故我们不能忽略他是一位中世歌学的先驱。与俊赖的进步主义"以心为先"相对，基俊的保守主义以"选词先花后实"为意旨。实际上，基俊重视的是古歌，尤其尊重藤原公任。从基俊的"年年万物皆更新，不变恋思如既往"③ "夏夜溪旁待月出，无聊空嗟逸兴长。岩间流水可润口，几度不知掬水忙"④ "故人入余好梦中，月我交融两相似"⑤ "我家池水冰如镜，垂垂老矣吾心酸"⑥ 等代表作中，完全看不出他的独创性和丰富的感性等。它们都明显烙刻着仅醉心

① 川口久雄：《日本古典文学大系 73 和汉朗咏集·梁尘秘抄》解说。——译注
② "古今传授"，指向特定的人传授有关《古今和歌集》语句解释的秘说。发轫于东常缘，传至宗祇，再由宗祇经三条西实隆传给细川幽斋，此派叫"当流"（二条派）。另一派由宗祇传给肖柏，叫"堺传授"。再一派由肖柏传给林宗二，叫"奈良传授"。——译注
③ 原歌是"物毎に改まれども恋しさはまだふる年にかはらざりけり"。——译注
④ 原歌是"夏の夜の月待つほどの手すさみに岩もる清水いくむすびしつ"。——译注
⑤ 原歌是"昔見し人は夢路に入りはてて月とわれとになりにけるかな"。——译注
⑥ 原歌是"我が宿の池の水を鏡とて見ればあはれに老いにけるかな"。——译注

于蹈袭原歌的形式主义和尚古主义的弊端（第一首的"年年万物皆更新"在《基俊家集》开篇自称是有充分自信的作品，但那也取自《古今和歌集》的"百鸟千啭春来到，万物更新我老矣"①）。藤冈作太郎②就基俊和俊赖无法双雄并立的状况写出以下名篇：

猿从树落，善泳者死于水。基俊傲学，却屡败于学，然其所立之处固为学问。与其名曰作家，不如名曰学者。其广通汉学，以此用于歌学。俊赖与之相反，创作优于批评。基俊骂之曰：俊赖善和歌而无学问，岂能不才藻枯竭？俊赖闻之曰：（菅原）文时③、（大江）朝纲④才学博洽，然无秀歌。（凡河内）躬恒⑤、（纪）贯之⑥了无诗名，而和歌无双。基俊其言诬也。俊赖平稳宽容之大人，基俊偏狭傲慢之学究，然其和歌相反，俊赖弄才气趋奇僻，基俊尚古歌主雅正。若不问性质，仅从歌风类似比较，俊赖似曾丹⑦，基俊学（藤原）公任。公任乃三十六人撰者，有《和汉朗咏集》，基俊新三十六歌仙，有《新撰朗咏集》。兴歌学乃公任，盛歌学系基俊。⑧

① 原歌是"百千鸟啭る春は物每に改まれどもわれぞふりゆく"。——译注
② 藤冈作太郎（1870—1910），"国文学"家，毕业于东京帝国大学国文科，历任第三高等学校教授、东京帝国大学副教授，其间讲授日本文学史并撰写《国文学全史》，但在即将完成"平安朝篇"时以39岁死去。殁后该遗稿《国文学全史平安朝篇》刊行。还著有《日本风俗史》《国史纲》《日本文学史教科书》《日本史教科书》等。——译注
③ 菅原文时（899—981），平安时代中期的公卿和学者，汉诗人，也叫"菅三品"，是菅原道真之孙。——译注
④ 大江朝纲（886—957），平安时代中期的学者、书法家，大江玉渊之子。因祖父音人被称作"江相公"，故被称为"后江相公"。——译注
⑤ 凡河内躬恒，生卒年不详，平安时代前期的歌人，"中古三十六歌仙"之一，与纪贯之并称为"延喜朝歌坛重镇"。《古今和歌集》撰者之一。著有家集《躬恒集》。——译注
⑥ 纪贯之（868左右—945左右），平安时代前期的歌人和歌学家，"中古三十六歌仙"之一，侍奉于醍醐、朱雀两天皇，从四品下。与纪念友则一道编撰《古今和歌集》。除著有家集《贯之集》外，还撰有《古今集假名序》《大堰川行幸和歌序》《土佐日记》《新撰和歌》等。——译注
⑦ 曾丹，原名曾祢好忠，生卒年不详，平安时代中期的歌人，"中古三十六歌仙"之一。官叙六品"丹后国掾"。因长期担任"丹后国掾"也被称作"曾丹后"。——译注
⑧ 藤冈作太郎：《"国文学"全史平安朝篇》第四期 平安时代末期。——译注

　　没错，藤原基俊的真实身份是歌学的兴隆者和"古今传授"的创始人①。因此我们要说他的和歌作品多少有些不足。然而，基俊的形式主义（Formalism）志向和尚古主义的姿态在另一方面却催生出他的歌书《新三十六人歌仙》《悦目抄》及我们眼下讨论的对象《新撰朗咏集》。

　　很明显，《新撰朗咏集》意图"增补新刊"藤原公任的《和汉朗咏集》。不过是否因此就能说《新撰朗咏集》仅是用《和汉朗咏集》"煎的第二次药"或是从后者所"拾的稻穗"，那也不一定。比较二者，毋庸置疑《和汉朗咏集》富于佳品，但不能因此说《新撰朗咏集》集成的就是一些残渣余沥。我们不能忽视，是基俊通过自己的努力才将公任故意舍弃的，或很遗憾只能割爱的，或不得不舍弃的秀逸之作中的珠玉般的作品保存下来并传诸千古。在现存的朗咏谱本《朗咏要抄》（大原来迎院藏）、《朗咏要集》（法隆寺旧藏）、《朗咏九十抄》（绫小路家本）收录的朗咏诗歌中，《和汉朗咏集》中未见的大部分诗歌都完好地收集在《新撰朗咏集》之内。可见《新撰朗咏集》的诗句和歌句一定被该时代的人们诵读和喜爱。

　　如前所述，基俊倾倒无比的藤原公任（966—1041）是《和汉朗咏集》的编撰者，也是藤原道长的堂兄弟和与道长年龄相仿的公卿歌人。其祖父是小野宫"太政大臣"藤原实赖，父亲是三条"太政大臣"赖忠，母亲是代明亲王之女。公任本人则官叙正二品"权大纳言"。晚年因失爱女郁闷不已，故决意致仕，隐居于北山长谷山庄，于长久二年以76 岁去世，别称"四条大纳言"。公任学识丰富，多才多艺，歌论有《新撰脑髓》和《和歌九品》，家集有《前大纳言公任集》（陪侍辑集），典章故实书有《北山抄》和《深窗秘抄》，编著有《三十六人撰》，作为书法家也闻名遐迩。

　　那么何谓朗咏？因篇幅无法详细叙述，简单说来，就是平安时代中期以降作为贵族宴会歌谣形成的、训读朗吟（不用说伴有旋律和节奏）汉诗文的技艺之一。

---

　　① 原文如此。似与事实不符。——译注

现在的定说是，在平安时代初期，"神乐歌"①"催马乐"②"风俗歌"③"东游"④等地方歌谣作为"大歌"⑤进入宫廷歌谣。还有的定说是，以上4种歌谣原先都是民间娱乐的歌谣，后来为适应律令贵族的喜好而改头换面，还为了接近异国（朝鲜、中国、印度）的音乐而重新编曲，但在趋向贵族化的过程中仍保留民乐的要素（古拙的韵味）。不过也有人比如高野辰之⑥就提出尖锐的批评，说那些歌谣大多数都是外来乐曲的引进产品。就"催马乐"高野辰之说：该歌谣的"曲风完全是唐乐格调，其艳丽高雅甚至超越唐乐，没有丝毫严肃和崇高的感觉。然而它却很好地表现了当时贵族的心情，可以认为它代表了当时的前期声乐"⑦。此说值得倾听。不仅是"催马乐"，平安时代贵族欣赏的歌谣，也有许多是使用外来曲调，将歌词套用其中而吟唱的。因此我对过去所说的"中古歌谣直接吸收了地方民谣"的通说抱有疑问。平安时代贵族一次都未曾考虑民众的福祉，又如何会在地方民谣中发现"生命的价值"？在王朝贵族看来，农民等难道可以像人那般看待？

　　比"催马乐"出现的时间稍晚，即平安时代中期以降在贵族中间流行的是朗咏这种歌谣技艺。在《万叶集》时代就有自作短歌这种吟唱方式；进入平安时代后在《土佐日记》中也可以看到有人高声吟咏"唐歌"的记载；《宇津保物语》"祭使"卷也记述藤英朗诵自作的诗文，其声

---

　　①　"神乐歌"，用于敬神的歌谣，分为两种：（1）由"庭燎"、"采物"、"大前张"（曲名。下同）、"小前张"、"星歌"等组成；（2）因系统不同而有的各种歌谣。——译注

　　②　"催马乐"，雅乐歌谣之一。以笏拍子、龙笛、筚篥、笙、筝、琵琶伴奏，数人齐唱的声乐曲。名称是"马子歌"的意思。有人说由"前张"曲转来，但没有定说。——译注

　　③　"风俗歌"，平安时代吟唱的歌谣之一。指诸"国"民谣，特别是"东国"民谣被宫廷和贵族社会采用后在宴游等吟唱的歌曲。——译注

　　④　"东游"，平安时代通行的歌舞之一。最初是"东国"地区的民间歌舞，后来被宫廷采用，改头换面后也用于神社的祭礼。舞人有4人或6人，使用高丽笛、筚篥、和琴，并击打筝拍子。现在宫中举办皇灵祭和民间举行日光东照宫祭、贺茂祭、冰川神社祭等场合仍用此歌舞。——译注

　　⑤　"大歌"，日本宫廷在举办正月节会、白马节会、踏歌节会、大尝祭、新尝祭等皇家仪式时所唱的歌。包括神乐歌、风俗歌等。——译注

　　⑥　高野辰之（1876—1947），"国文学"家。毕业于长野师范学校。东京音乐学校、大正大学教授。著有《日本歌谣史》《日本演剧史》，编著《日本歌谣集成》等。——译注

　　⑦　高野辰之：《日本歌谣史》第三编 内外乐融合时代 第三章 游宴歌谣。——原夹注

音之清脆犹如摇动高丽铃，故可谓这种即兴技艺很早就被个人所喜爱。一般认为，与此"诗之咏声"（绫小路敦有撰《郢曲相承次第》）相比，是"一条左大臣"源雅信确立了按一定的乐曲歌咏的"谣物"的地位，并制定了声乐的曲谱。后来以雅信为鼻祖的源家与藤家双雄并立，成为朗咏的两大流派之一。这两大流派将朗咏的诗文曲调作为"家学"传承下来，之后还将实际吟唱的曲调辑录下来，形成了前述《朗咏九十首抄》等书籍，提供诗作的就是《和汉朗咏集》和《新撰朗咏集》。

　　具有"高吟"语义的朗咏的曲风，按《郢曲抄》说就是，"声不黯哑，其调不强，甲乙正确吟唱。六调子中双调急音吟咏。催马乐之曲声郢曲强也。然须舒缓、恬静、调圆，合于节律。合奏时不得听出有筚篥、笛笙之声，而有吉庆精彩之感。音声冗长，如风悠悠为恶。须仅一息而无声助，如流利说出平常词汇那般吟唱"。现存的朗咏乃明治维新之后复兴之产物，其原型未能全部保留，与宫中歌会的短歌朗咏和坊间吟诗塾所教的汉诗朗咏等完全不同。如《郢曲抄》所说，真正（即平安时代中末期）的朗咏使用琵琶、笙、筚篥、笛子。但不用伴奏，排除一切干扰，"如流利说出平常词汇那般吟唱"想来需要相当的技巧。但无论如何，那仅是拥有财富和闲暇的"摄关"社会贵族专有的技艺。

　　下面思考《新撰朗咏集》的几个例句。

佛 名

道场夜半香花冷。犹在灯前礼佛名。白
忏抛业障冰消地。破却无明日上天。良春道
刮去年深累累罪。使之融化共白雪。[①]纪贯之
不知吾岁积几深。明日春天欣闻来。[②]重之

山 寺

石桥路上千峰月。山殿云中半夜灯。周元范

---

　　① 原歌是"年のうちにつもれるつみはかきくらしふる白雪と共にきえなん"。——译注

　　② 原歌是"ゆきつもるおのが年をば知らずして春をばあすときくぞうれしき"。——译注

禅定水清寒谷月。阏伽花老故园霜。^{游法兴寺。四条大纳言}

汝本聪明我说停。花山鸟声暂不鸣。①^{法皇幸花山。还御献歌。僧正遍昭}

佛　事

诞生七步。花承辐轮之跌。苦行六年。鸟栖乌瑟之髻。^{策文。淳茂}

雪尽冰解之日。伴溪鸟而传法音。月残露结之朝。折篱花而供佛界。^{自笔法华经愿文。中书王}

海风之吹沉香。自供芬芳。河水之汰碎金。暗添严饰。^{聚沙为佛塔。保胤}

小道黑暗加黑暗。可喜山月遥照我。②^{从入于冥。泉式部}

身着玉衣心不知。醉醒在我多欣喜。③^{赤染卫门}

于此将论点集中在"花道前史"的研究上进行思考。

以上第一首诗的"道场夜半香花冷"是白居易的作品，意思是在除夜颂《佛名经》礼拜时，供在须弥坛的香花受冻，景象凄惨。这个香花是否可以像一般人那样将其解释为供在佛前的香和花？白乐天对平安时代汉文学的影响之大这里没有必要再次说明。当时的文人在创作汉诗时为参考古人的名句而使用的辞典或索引有《白氏六帖》，它影响和歌后竟产生了《古今和歌六帖》。欣赏白乐天的诗句对平安时代宫廷人士而言，不啻于"美的范畴"的开发。

附言一句。我们有必要关注，白乐天除对平安时代文学产生影响之外，还对平安时代的音乐和宴游产生了巨大影响。金子彦二郎④说："平安时代的宴游和文学作品中频繁出现了古琴和诗酒类制品，其原因固然是作为乐器的古琴非常珍奇，而且非常符合当时我国的国民性乃至

---

① 原文是"まてといはばいともかしこし花の山にしばしとなかん鳥のねもがな"。——译注

② 原文是"くらきよりくらき道にぞ入りぬべき遥かに照らせ山の端の月"。——译注

③ 原文是"ころもなる玉ともかけてしらざりきゑひさめてこそうれしかりけれ"。——译注

④ 金子彦二郎（1889—1958），"国文学"家，毕业于东京高等师范学校，历任帝国女子专门学校（今相模女子大学）国文科主任、女子学习院和东洋大学教授。1945 年以《平安时代文学与白氏文集 句题和歌千载佳句研究篇》获帝国学士院奖。1946 年以《平安时代文学与白氏文集》获庆应义塾大学文学博士学位。另著有《日本国民性的实证研究》《于生死之境发挥的日本国民性》等。——译注

上流社会的室内生活等。另外古琴还是陶渊明，特别是白乐天喜好不已的乐器。在众多白乐天诗文中出现了大量的古琴字样，几乎遮蔽了我们的双眼。这成为促进（当时的）那种流行的一大动因。"① 果真如此，则平安时代贵族的喜欢音乐和喜好饮酒或是以白乐天为范本，或是以白乐天为幌子，总之它是模仿中国文化的现象、形态之一。也许这就是白乐天诗句在《和汉朗咏集》和《新撰朗咏集》中占有压倒性多数的理由。

第六首"阏伽花老故园霜"句是"四条大纳言"藤原公任的作品。法性寺由藤原忠品建立，故作为"御堂关白"堂兄弟的公任当然要将此寺庙视为"故园"。"阏伽花"和阏伽水、阏伽架等相同，意思是与佛事有关的花，可以说是佛前的供花，当然它是和制汉语词汇。就此诗句柿村重松解释："它的意思是法性寺月光皎洁，寒谷水清澈澄亮，故园霜染，花已老去。故园即过去建立的庭园。此句等完全是时代的产物。"② 这种大意解释是充分的，我认为此诗句是道长时代供花已完全变为"插花"的证据之一。"故园霜"一语也没有必要一定解释为在室外的庭园插着"阏伽花"。解释为法性寺殿堂内所插的供花已凋萎即可。重要的是"阏伽花老"这个说法与"插花"有关。因为这个花如果是人造花就不可能出现"老"的现象。说插花在"摄关"时代已彻底普遍化似无谬误。

第九首"折篱花而供佛界"句的作者是中书王，即《本朝文粹》卷十三收录的同诗作者兼明亲王。中书王分为前中书王和后中书王，后中书王即具平亲王。具平亲王以净土教的推进者庆滋保胤为文学师父。如果真的是此诗作者，那么对推进我的论述无疑是一件好事，但事实上此诗的作者是前中书王。这个对句是在法隆寺朗咏的、由"训伽陀"此 4 句组成 1 偈的两首诗句中的一首（另一首是收录在《梁尘秘抄》中的 6 首极乐歌之一的"极乐净土东门面临难波〔大阪〕之海，转法轮西门混有念佛之人"），作为王朝时代佛会歌谣的标本极其珍贵。然而从"花道前史研究"的角度探讨问题，那么我们就要关注折"篱花"作供花这句话。篱花在这个场合是什么花才合适呢？不管是什么花，我们在此诗句中都可以发现，它是摘下围墙上的花供在佛前这种宗教礼仪

---

① 金子彦二郎：《平安时代文学与白氏文集——道真的文学研究篇 第一卷》第一章 白乐天评传。——原夹注

② 柿村重松：《倭汉新撰朗咏集要解》。——原夹注

行为的意义与净土教结合的证据之一。

于此我们可以看出，民族信仰的因子这时已以一种不可抗拒的势头逐渐渗透到宫廷贵族悠闲的文事中来。此事本身并无过错，从中也似乎可以窥见开始厌倦汉诗文学习的王朝贵族"回归日本"的倾向。过去无论如何都要吸收先进国文化并使其成为自身血肉的热情和认真态度在此已几乎很难见到。

我想与此必有深刻联系的是，自此时代以降，王朝知识分子已不再努力将白居易或元稹的唐代诗句融入到自己的作品当中。高野辰之《日本歌谣史》说，从那时开始，"以《和汉朗咏集》和《新撰朗咏集》句朗咏的章句很少"，并考证出《枕草子》录有源英明①诗等 9 个章句，"而《御游抄》《玉叶》《明月记》《大镜》《古今著文集》《续事继》《续古事谈》等则录有"庆滋保胤文章等的 15 个章句。之后高野辰之又阐述了值得人们关注的见解："此外，《源平盛衰记》《增镜》等也记录了数个章节，但合起来不到 50 首。其多半不是七言诗句，而是国人所作的文章一节，但需关注的是它们都是对句。盖其比诗句易懂，且为国人所作，所以在那种场合与诗相和的对句较多。战争物语及后代文学作品中多有对句，其原因不能光理解为它们直接来自典籍，而是朗咏曾介入其间。"② 由于比起辛苦地学习中国原典，引用"易懂"的"在那种场合与诗相和的"国人对句更受欢迎，所以平安时代末期的知识分子就以此目的使用了《和汉朗咏集》和《新撰朗咏集》。因此，我们不能将此"日本化"的征候单纯称作并赞赏为"民族的自觉"等。说是因为不断地追踪航海，最后看见了目的港这没有问题，但事实并不是那样，而只不过是因为放弃了学习和努力，才将我们的祖先引导到那个方向。

杂草、杂木和杂艺

1　何谓杂草？

有句话是"像杂草一样顽强的人"。它经常用于形容不怕暑热、

---

①　源英明（？—939），平安时代中期的官员、汉诗人。齐世亲王第一王子，母亲是菅原道真之女。任"左近卫中将""藏人头"，但祖父宇多天皇殁后开始走下坡路，与同是不得志的诗人橘在列结下亲密友谊。作品见于《本朝文萃》等。按父亲遗言完成了《慈觉大师传》著作。——译注

②　高野辰之：《日本歌谣史》第三编 内外乐曲融合时代 第三章 游宴歌谣。——原夹注

严寒，即使遇到风灾、水灾、旱灾也不易死去，能默默忍受营养不良和意外的灾难，仿佛像杂草一般具有生命力的人物。然而，它是否只用于象征强悍的生命力？那也不是。例如像旧贵族阶级的子弟，或有钱人的闺女这些杰出人物，即使被赋予强悍的生命力也绝不被形容为"像杂草一样顽强的人"。它只被用于形容穷人、富人中的穷人，统治阶级、被统治阶级中的被统治阶级，以及拥护体制、反对体制中的反体制分子。

杂草这个概念，据《广辞苑》（第二版）解释：【杂草】（1）各种的草。（2）农耕地中除栽培植物以外的草本植物。按照（1）的定义，我们可以将它进一步解释为：很多种类的草、不足挂齿的草、不可食用或观赏的草、没有任何作用的草，等等。有时甚至可以换说成是对人生或人类社会产生危害的草。（2）的定义简洁地阐明了植物学的这个术语。敷衍生发这个定义，如果说"植物学所谓的杂草，指适应了人类创造的新的环境，在那里繁衍的植物的一个群落。人类创造的环境中首先可以举出的是田地。田地被开垦，草被除去。只有能与这个环境抗争，不断繁育的东西才能从四周的自然界进入田地，成为杂草保留下来。自农耕以来，它与农耕者不断地战斗"①，那么何谓杂草就更容易为我们所正确地理解。进一步突破生长在农地的"除栽培植物以外的草本植物"这个定义框架，杂草还应该包括蔓生在道路、堤坝、铁路沿线、操场、机场、庭园等的令人厌烦的植物。总之，杂草就是伴随着人类社会发展而繁殖的植物。

丽春花（Papaver rhocas L.）一名虞美人草。在中国，传说美人虞姬在楚王项羽自刎后也自杀而死，之后在她的坟墓上开出的一种花就叫作虞美人草，自古以来就作为观赏植物被人看重，有丽春花、舞草、美人草、锦被花、赛牡丹、藁蓬莲等异名。然而这个丽春花的原产地是欧洲中部，特指麦田中的杂草。属名的 Papaver 在拉丁语中是罂粟的意思，种名的 Rhocas 在拉丁语中也是罂粟的意思。翻开英文辞典，可见 Corn-poppy 和 Field-poppy 的词目。再翻阅《英和辞典》，Corn-poppy 和 Corn-cockle（麦仙翁）等一道都被解释为"谷地中生长的杂草"。说它是 Field-poppy，是因为除麦田等外它还蔓生于马铃薯

---

① 《植物的事典》，东京堂。——原夹注

地和甜菜地等。也就是说，在中国被形容为美人，还将其花瓣晒干作为止咳药的珍贵的虞美人，在欧洲却只被当做蔓生在农地的妨碍栽培植物的杂草。

光看这个实例就可以明白，决定某种植物是杂草还是非杂草完全根据人类社会的尺度。更准确地说就是，它只是由特定状况和条件决定的特定的人类集团将这个那个东西归于有用的植物，将那个这个视为杂草的处置而已。而作为生命个体的植物本身根本就与善恶、有用有害、美丑等价值范畴无关。这些价值范畴只不过是任性的人类在看待人类之外的生物时设定的一个观念而已。

三好学的名著《人生植物学》第二篇 第十一章中有"有用植物概说"一节。其中列举的有：（1）食用植物（谷类、豆类、薯类、蔬菜类、食用隐花植物、食用菌类、食用果实和食用种子）；（2）嗜好品原料植物（制取砂糖的甘蔗等、茶树、咖啡豆树、可可豆树、烟草、药味植物、酒精类饮料植物、乳酸菌植物）；（3）药类植物（鸦片、奎宁、可卡因、洋地黄、朝鲜人参等）；（4）脂肪植物（油菜籽、茶树籽、芝麻、地中海油橄榄、椰子树等）；（5）淀粉植物（葛粉、蕨粉、木薯、西谷椰子等）；（6）树胶植物（橡胶、古塔胶）；（7）树胶性树脂植物（漆）；（8）树脂植物（松、杉、枞、鱼鳞云杉等，可采集树脂）；（9）香芳性树脂植物（樟脑、龙脑等）；（10）香料植物（香水、香油原料植物）；（11）纤维植物（可制成线、带、绳等织物的韧皮纤维和木质纤维）；（12）制纸原料（可大致分为用韧皮纤维制作的和纸系统和用化学方法处理木质纤维制作的纸浆系统）；（13）棉（从种子纤维获得的纺织材料）；（14）木材（建筑或器物的制作材料）；（15）竹材；（16）软木；（17）染料植物（植物色素）；（18）单宁（麸子粉）；（19）杂用植物（制作纽扣的象牙椰子、制作鸟黐的细叶冬青、可防水的蒟蒻地下根茎摩擦物、制作夏季草帽的巴拿马草、制作藤器的椰子、制作榻榻米的蔺草等等）；（20）牧草（家畜、牧畜的饲料）、绿肥；（21）观赏植物（因花、叶、树形美丽而栽种在庭园的所有植物）；（22）草坪；（23）行道树；（24）盆栽；等等。最终被人生（人类社会）利用的东西符合"有用植物"的资格，而不能利用的东西则只能接受不符合的待遇。

然而，过去列入有用植物行列的东西，现在则因为石油化学工业的发展而出现了被剥夺先前地位的倾向。无论是建材、药品、黏合剂，还是纤维、染料、香料，只能依赖植物的时代已然过去，有用植物很快转为无用植物的事态不难出现。

我们现在可以明白所谓的杂草概念和有用植物的概念，都不过是站在人生（人类社会）的视角被任意决定的价值标准的一个变奏曲。正确的认识行为不应缺乏对认识主体和认识对象是一对关系的把握。原子物理学的认识理论是确立在实验者是实验体系的一部分这个真理之上的。我们没有必要深入探讨如此深奥的问题，但在认识古代学问体系时，我们却必须拥有看清无法避免的"相对性"这个敏锐的历史感觉。就眼下的课题而言，我们至少要认识到杂草或有用植物的概念只不过是一个极其"相对性"的规定。

现在人们都像见到恶魔似的讨厌猪草，但如果可以从猪草中提取出"长生不老"的特效药，那么就像是最近极为流行的红茶菌那样，每个家庭都会开始培植开来。当然这只不过是一种假设。现在医学界正在证明猪草对人畜的毒性，故猪草不会流行开来。只想请读者铭记，猪草是杂草，而且是有毒植物这个规定的方法，其自身不过是相对的。还想请读者铭记，从其他生物看来，地球生物中最自私的人类一定是最有害也是最无用的动物。

2　"杂"的思维方式

在追寻杂草的概念过程中，我们发现它遵循的是"相对的"规定方式。"绝对的"杂草等从逻辑上说和从事实关系上看是绝对没有的。所谓的某个特别植物，不过是通过与人类社会的关系被塞进这个概念中的。

下面请看几个与"杂"这个汉字组成的词组：

○杂木

（1）无法成为建筑和制作用材的各种树木。作为薪材等的木头。"杂木林"。

（2）没有名称的微不足道的木头。（《广辞苑》第二版）

（3）混入的各种木头。混在一起作为薪材的木头。诸木。《礼记·丧服大记》：士杂木椁。《后汉书·杨震传》：以杂木为棺。

《宋史·李昭遘传》：桂林之下无杂木，非虚言也。（诸桥辙次编
《大汉和辞典》）①

　　《广辞苑》的定义十分明确，"杂木"的反义词是"良材"："（1）好
的建筑材料。（2）优秀人才。杰出的人物。"所以在读作"杂木"时其
无法成为建筑材料、属于无价值的树木的意思十分强烈。"杂木"的另
一个反义词是"名木"，有以下几个解释："（1）有来历等的著名树种。
优异的木头。（2）非常好的香木。伽罗②的异称。"也就是说，无来历、
无名称的树木，或除"伽罗"之外的凡庸的香木都可以列入"杂木"
的行列。
　　诸桥辙次编《大汉和辞典》不区分汉字的音训读法，说"杂木"
是各种混杂的木头，总之是只能作薪材的无大用的木头。需要特别关注
的是它的引例，说的都是葬礼上的禁令：非王侯贵族的"士"的棺椁
不能使用名木。
　　如此可以看出，"杂木"的概念也是基于对某个特定树木的"相对
的"规定方式。
　　○杂谷
　　（1）米、麦之外的谷类。
　　（2）豆、荞麦、芝麻等的特称。
　　（3）各种谷物。《和汉三才图会》：庖厨具、罐子。"炊米及杂谷
名釜。"
　　○杂文
　　（1）非专业的轻快的文章。多有轻视的意味。
　　（2）各种文体的文章。《唐书·选举制》：进士试杂文二篇，通文
律者，然后试策。
　　○杂史
　　史书之一体。不属于正史、编年、纪事本末诸体之通史，或一家之
私人记录。如《国语》《国策》，大抵记述一事之始末，非一代之全篇，

　　①　以下原著省去《广辞苑》和《大汉和辞典》的说明。序号由译者根据原意重新作出。
一般说来，前列的词条及解释引自《广辞苑》，后列的词条及附有中国古籍用例的解释引自
《大汉和辞典》。——译注
　　②　伽罗，热带产的香木。又指从该木头提取的香料。——译注

或仅记述一时之见闻，指一家之私人记录。《隋书·经国志》：自秦拨去古文，篇籍遗散。汉初得《战国策》，盖战国游士记其策谋。其后陆贾作……。

○杂舞

舞曲之名。用于宴会。《乐府诗集》：自汉以后，乐舞浸盛，有雅舞，有杂舞，雅舞用之郊庙朝飨，杂舞用之宴会。杂舞者，公莫、巴渝、槃舞、鞞舞、铎舞、拂舞、白纻之类是也。始皆出自方俗，后浸陈于殿庭。盖自周有缦乐、散乐，秦汉因之增广，宴会所奏，率非雅舞。汉魏已后，并以鞞、铎、巾、拂四舞用之宴飨，宋明帝时又有西伧羌胡杂舞。

○杂伎、杂技

【杂伎、杂技】（1）各种各样的伎艺。（2）民间的伎艺。（3）在中国上演的魔术、惊险的杂技。特技。

【杂伎】各种各样的演技。《福惠全书·典礼部·迎春》：宜盛设杂伎使庶民欢乐。

【杂技】（1）各种各样的技能。各种游戏的技术。《晋书·成帝纪》：咸康七年冬，除乐府杂技。《唐书·穆宗纪》：长庆元年二月，观神策诸军杂技。《唐书·百官志》：开元二年，京都置左右教坊，掌俳优杂技。（2）不入流的技艺。

○杂艺

（1）各种各样的技艺。（2）杂体的歌谣。（3）平安时代末期兴起，流行至镰仓时代的各种歌谣的总称。出自民间，与古典、贵族原有的音乐、歌舞相对的歌谣。有神歌、法文歌、娑罗林①、"今样"②、"古柳"③ 等。广义上包括"猿乐"、曲艺等，但一般说来，除去其表演要素，仅指以"今样"为主的歌谣群。辑录于《梁尘秘抄》等。（4）各种技艺。《南史·张兴泰传》：兴泰负弩射雉，恣情闲放，声伎杂艺颇

---

① 娑罗林：（1）沙罗树的林子；（2）"今样"曲调的一种。用阴郁的曲调吟唱法文歌的音乐形式。——译注

② "今样"，平安时代中期到镰仓时代初期流行的新式歌曲，其代表性的形式是 4 句的七五调歌，受到"和赞"和雅乐的影响。由歌女和艺伎等演唱，也受到宫廷贵族的欢迎和跟唱，之后在宫中节会等场合也开始吟唱。集大成于《梁尘秘抄》。——译注

③ "古柳"，也叫"小柳"，平安时代末期杂艺的一种。有新旧两种形式，但许多情况仍不清楚。——译注

多开解。《乾淳岁时记》：赵忠惠守吴日，尝命制春雨堂五大间，左为汀京御楼，右为武林灯市，歌舞杂艺，纤悉曲尽。《苏轼·吊李台卿诗》：纵横通杂艺，甚博且知要。(5)《颜氏家训》的篇名。

"杂谷"与米、麦这种优良的谷物相比，是一些差劲的不好吃的主食。"杂文"是非专业的庸俗的文章。"杂史"是不属于正史的通史。"杂舞"是非雅舞的通俗的舞蹈。"杂伎""杂技"是庶民娱乐的诸形态。"杂艺"也一样，是非贵族、非古典的音乐歌舞的诸形态。

总之，"杂"＋某某这一类熟语，其组成要素都与正统、高贵、中央（京城）等相对立。说得更清晰一点，就是在专制官僚统治者看来，它们都含有不同于统治者的、远离统治者的和让统治者不快的要素。除了这些要素，它还含有新混入统治者势力范围的、无实力的异己分子（异民族）的要素。

"杂"这个形声字由"衣"和"集"组成。《说文解字》说"杂，五采相合也。从衣集声"，其本义是五彩（各种颜色）相合的衣服，由此衍生出物体相交的语义。诸桥辙次编《大汉和辞典》的字义解释是：(1) 混；(2) 夹杂；(3) 混合；(4) 集合；(5) 一同；(6) 都，一起；(7) 循环；(8) 突然；(9) 多，各种各样；(10) 粗糙；(11) 卑微的，低级的；(12) 多余的；(13) 旁边，配角；(14) 说穿；(15) 理所当然；(16) 扮演小人物的角色；(17) 诗歌的一体；等等。不用说这些字义每一个都是在历史的过程中形成的，故需要尊重。同样，我们也需要珍视在看到这个字后产生的"感觉方式"。我们强烈地感受到，"杂"这个字或"杂"＋某某的熟语都象征着某类强大的权力者单方面对无辜的、籍籍无名的弱者的蔑视感和差别观。

总的说来，语言的各种事实就是通时性（Diachronique）联系和共时性（Synchronique）联系这两个中轴的相交。所谓的通时性是指在时间的流逝过程中变化或不变化的现象，在许多场合就是按照音声学的法则而发生的事实。所谓的共时性是指每个时点形成的语言同时组织起来的一个状态。这时必然存在一个与被规定的某种语言相对应的特别的系统。因此，语言的各种事实必然会集约成共时的语言现象和通时的语言现象。而共时的现象由通时的现象创造条件，但它并不是根据通时的现象创造出来的，而充其量只是在部分显示出一个结果。相反，共时的现象本身却属于一个完整独立的系统。简单说来就是，语言的各种符号不是在先行的事物中，而是在共存的事物中才具有决定性的价值。也就是说，共时的法则（指任何一个语言单位都表示一种关系，界定各单位的不是音声，而是思维这一法则）俨然存在于共时的分域。确实，语源或语言的发生状态等都是必要的研究对象，但我们在使用语言时，并不是一一按照这种知识说话和写作的。"在共时的分域中不可能只存在表意的物象。所谓的存在的事物即被感知的事物。不被感知的事物，只不过是语法学家的某种虚构的事物。"①

我们必须敏锐自己的现实感觉，发现在"杂"的思维方式中潜藏着一个深刻的问题。

3 花道是作为"杂艺"而诞生的

视点转向花道。

刚才我们获得了有关"杂艺"的知识。接下来的问题是，在强者、执权者、统治者的眼中，花道是属于"杂艺"，还是属于非杂艺即雅艺？另外，我们对此又该怎么想？并且我们通过这种思考，是否能给花道的未来赋予更多的可能性？这些问题实可谓重大。

如《广辞苑》（第二版）明确所示，"杂艺"有广义、狭义两种定义。狭义的属于歌谣史专家使用的术语，指平安时代末期以"今样"为主的新兴歌谣群落。《拾芥抄》上"风俗部"第三十三"在杂艺"举出的有"东歌、朗咏、今样、古柳、田歌、沙（婆）罗林、早歌、片下、物样"。这些歌谣或为院政期②京城流行的各种各样的歌谣，它们通过艺伎、傀儡师③被传播到各地。后白河法皇所撰《梁尘秘抄》记录了当时已濒临衰亡的杂艺歌词，在文化史上留下巨大功绩。《梁尘秘抄》"口传集"和《源平盛衰记》卷十七都记载此前有《杂艺集》这部歌集。总之，狭义的"杂艺"就是平安时代末期（准确地说是中期

---

① 山内贵美夫译：《索绪尔语言学序说》第十章 共时的分域中的分割。——原夹注
② 院政期，上皇（退位天皇）自立"院厅"，实施"院政"的时代。大可大致分为"白河、鸟羽院政期""后白河、后鸟羽院政期""后高仓天皇到后宇多天皇"这三大时期。——译注
③ 傀儡师，原意是操纵傀儡的人，但因为有些女性傀儡师也兼卖色，故她们也是妓女的一种。——译注

以后）被贵族和民众所亲近的时尚（对当时而言）歌谣。

广义的"杂艺"指平安时代末期的全部民间技艺，含"催马乐"、朗咏等"郢曲"音乐，被称作"散乐"的杂技、魔法，以及各种舞蹈等。如《歌舞品目》所言："古称散乐、百戏为杂艺。"故从顺序上说，原先纳入广义概念的各种奇观剧和音乐的称呼正是"杂艺"，后来才局限于歌谣上的术语，狭义的"杂艺"用法因此被固定下来。一般说来，定义都有广义、狭义两种，而广义的大抵都是在后世被扩大、生发出各种意义、概念的产物，但仅限于这个"杂艺"，该顺序是相反的。也就是说，从中国大陆传来的杂伎（杂技、杂戏）这种"杂艺"，逐渐被日本化和民间技艺化了，在此过程中仅在歌谣的领域实现了特殊化即分化，最后"杂艺"这个名称仅用于民间歌谣。

那么，何谓"郢曲"？郢是中国春秋时代的楚国都城，郢曲的意思是在淫靡的土地上吟唱的歌曲。这个词汇之所以在日本使用，是因为有人希望它与律令国家建立时期引进的中国"雅乐"相对立，使其带有民间歌谣、俗谣的意味。"散乐"也是从中国传来的惊险的杂技和曲艺的一种，同样属于与"雅乐"相对立的余兴演艺。种类有"唐术"①、"透撞"②、走索、"品玉"③、"刀玉"④、"轮鼓"⑤、"独乐"⑥、"一足"⑦、"高足"⑧ 等，这些都是"田乐⑨法师"和"放下⑩师"演出的

---

① "唐术"，何意不详，似乎是唐代的一种武术，据说引进人是本部朝基。——译注

② "透撞"，杂技之一，（唐）张楚金《透撞童儿赋》：云竿百尺，绳直规圆，惟有力者，树之君前。傅傅就日，亭亭柱天，鬼魅不敢傍其影，鹓鸾不敢翔其颠。此儿于是跂双足，戟两臂，踊身而直上，若有其翅，尽竿而平立，若余其地。——译注

③ "品玉"，耍球杂技。——译注

④ "刀玉"，耍刀杂技。——译注

⑤ "轮鼓"，在圆形物体凹处绑上线，一边转动，一边向上抛出某物后又接住的杂耍表演，类似于现在的"幺幺"玩具。——译注

⑥ "独乐"，即打陀螺表演。——译注

⑦ "一足"，向上踢球时踢出一个圆周的表演。——译注

⑧ "高足"，双足站在高7尺、宽1尺的横木上并跳跃的技艺。——译注

⑨ "田乐"，日本技艺的一种，始于平安时代。据说它始于举办插秧等农耕仪式时鸣笛击鼓，载歌载舞的表演活动。——译注

⑩ "放下"，也写作"放家"，日本中世至近世举办的民间技艺的一种。演出时或表演魔术和曲艺；或用两根长20—30厘米的竹棒耍球，或击打双棒，使之发出声响；或唱着庶民歌谣，一边击打挂在胸前的羯鼓，一边跳舞，等等。——译注

主要节目。这种杂技不久衍生出中世的"能乐"①、"能狂言"②，见证了日本人优秀的艺术才能。

这些杂艺表演者的中坚骨干是在政治统治网络之外生存的局外人，即所谓的"杂人"。进入室町时代后这些"杂人"被强烈憧憬王朝文化和中国文化的足利将军召唤，以"同朋众"③（以下泛称将军艺人。——译按）的名义开始走到聚光灯的灯光之下。将军艺人的节目之一——"立花"技术也开始走向独立，加速疾跑。如此看来，只能认为花道来自"杂艺"系统。茶道和"能"也出自"杂艺"的范畴，在时代中得到发展。而和歌这种艺术形式则被贵族阶级知识分子独占并秘传化即神秘化，难以被其他大多数人接触。"杂艺"与和歌相比，二者差异十分明显。

"杂艺"的性质可做以下归纳：它起源于中国的技艺，自身具有极其可视的明晰性，谁都可以通过感觉进行欣赏，是彻底具有开放性的技艺，得以在政治权力不可及的自由天地翱翔，永远和时代、社会密切联系并不断发展，等等。重要的是，从统治者的眼光来看它是"杂艺"，但在被统治者看来，它不外乎是"非杂艺"即雅艺。

进入天文时代（1532—1555）和桃山时代（1593—1623），"杂"阶级无论在物质层面还是在精神层面都迅速抬头。对"杂人"这个称号拥有自豪感的一些人推动了历史发展。花道只要实践它的"杂"的辩证法，今后还一定有宽广的未来。谓何出此言？那是因为它不会没落（贵族阶级和武士阶级所品尝过的那种没落）。

《今昔物语集》中所见的"日本化过程"

《今昔物语集》（一般习惯称作《今昔物语》，不用说它是误用或俗用的名称）是一个故事集，由三十一卷组成（但该第八、第十一、第廿一这三卷散佚，今已不存）。卷第一到卷第五是天竺（印度）部，卷

---

① "能乐"，日本的一种古典乐剧。——译注
② "能狂言"：（1）能乐和"狂言"。（2）在"能乐"和"能乐"之间表演的有趣剧目。——译注
③ "同朋众"，也叫"童坊"，指服务于足利将军的艺人，在法体上称"某阿弥"，多为时宗之徒，擅长各种技艺。——译注

第六到卷第十是震旦（中国）部，卷第十一及之后是本朝（日本）部，按地域分为三大部分。进一步本朝部又分为"佛法篇"和"世俗杂事篇"，各卷以大体相似的故事编成，使用的是类聚的方法。今天我们读起来感到有趣的是从卷廿二开始的故事群，即藤氏列传、强力人物谈、技艺诸道谈、合战武勇谈、宿报谈、灵鬼谈、滑稽谈、恶行盗贼谈、人情（译按：人性）谈、杂事杂报谈这十卷。芥川龙之介说它是"第3页的报道"①，这个著名评论非常确切。该故事集以一种适于解说新时代的男性的简洁文体，真实叙述了在王朝文化鼎盛期尚未浮出表面的粗野的社会现实。

关于《今昔物语集》的编者和成书年代至今未有定说。过去有人根据与《今昔物语集》有姊妹关系的镰仓时代故事集《宇治拾遗物语》序文所载的传说，认为编者是源隆国。但现在一般认为，是某人以仅有名称而内容不详的"幽灵"故事集《宇治大纳言物语》为蓝本进行增补后写成《今昔物语集》的。此外也有些人认为，编者是源隆国之子鸟羽僧正觉猷，或是忠寻"僧正"，或是源俊赖，或是在"院政期"抬头的藤原氏族一派，或是属于某大寺的无名书记僧，它们都很有说服力。虽说源隆国与此有关的见解不容易就此消去，但仍然有人认为《宇治大纳言物语》就是《宇治拾遗物语》。因此要说哪一种意见正确还十分困难。眼下采用其出自和汉学问造诣皆深，且精通佛学的贵族或僧侣之手这种笼统的说法最为客观。其成书年代笼统地定为11世纪后叶到12世纪初叶也最为妥当。

从作品的有趣程度来看，《今昔物语集》的确是一部卓越的文学作品；从素材和内容看，它罗致了所有阶级的生活现实和思维及各地的民俗，故认真钻研下去，可以挖掘出无穷无尽的"问题点"。产生《今昔物语集》的政治文化土壤有以下特征：当时白河上皇设立了"院厅"，开始了独裁政治，并取代了藤原氏族"摄关"政治体制，日本进入"院政"体制的时代。然而与过去的差别仅停留在积极录用武士阶级方面，故贵族政权依然延续。但从经济基础看，在这个"院政"期内武

---

① "第3页的报道"，日本报纸的篇幅和形态从明治二十年代（19世纪80年代）开始定型，第1、2页刊登政治、经济等严肃报道，第3页刊登社会性的花边新闻，故有此说法。它们多半都是诉诸人们好奇心的犯罪事件和事故、贪污和暴力、不正当的行为、男女关系和性关系的报道。——译注

士和农民阶级成长了起来，与国家权力的矛盾日益尖锐，也有部分武士（豪族）和富农逐渐爬上封建领主阶级或农奴主阶级的宝座。整个平安时代生产技术的进步都很明显，在奈良时代达到顶峰的奴隶制生产方式随着古代国家（律令体制）的崩溃，这时已不得不让位于封建制生产方式。农民已不可能像农奴那样逃亡，而是被豪族所控制并缴纳劳动地租，形成了一种新的"生产关系"。芥川龙之介改写的著名作品《芋粥》，其原作就是《今昔物语集》卷廿六第十七篇"利仁将军少时携五品大夫离京赴敦贺"。作者在叙述藤原利仁恶作剧，将五品大夫拖到在敦贺的老丈人有仁的住宅，试图让他吃饱芋粥这件事写道："五品大夫听见某男子大声说道：附近的下人听好了，明晨卯时每人送来一根3寸粗5尺长的山芋！"五品大夫听后不解其意，后来便睡着了。天未大亮，五品大夫听见院内有铺席的声音，但听不出那人究竟在做什么。到天亮时他打开板窗向外一看，才发现院中放着四五张长席。五品大夫在猜想铺席何用时，只见有下人将一根木棍似的东西放在席上便转身离去。随后有人陆续拿来放在席上。五品大夫仔细一看，那些人拿来的东西果真是粗三四寸，长五六尺的山芋。到巳时山芋已堆至屋檐的高度。想来五品大夫昨夜听到某人站在土岗上对附近下人吩咐的就是拿山芋来这件事。仅在近处听到此话的下人就拿来如此多的山芋，何况还有远处的人，其下人之多可想而知。"① 从上文推测，可以想象豪族公馆周边"听到此话的下人"都住在茅舍里从事农耕。以《今昔物语集》为史料当可以在相当的程度上了解封建社会初期领主（地主）对农民的压榨状况。事实上，该作品最精彩之处就在于真实描写出地方武士、"名主"②（"名田"的所有者）及下人的生活。

总之，《今昔物语集》之有趣就在于它涉及面临时代巨变时能顽强生活下去的人类群像，他们的身上散发出一种"野性的"力量。

然而如此一来，我觉得应该在"故事文学"的范畴之外把握《今昔物语集》更为妥当。狭义的"故事"是将时代和人物限定在传说当中，其特征是用固有名词叙述时代和人物，证明了作为被统治阶级的个

---

① 据《日本古典文学大系》本。——原夹注
② "名主"，保有"名田"，负有缴纳年贡、承担夫役等责任的标准的农民。但在拥有以"名主"的名义耕作一部分"名田"的贫农等的场合，该"名主"则带有下级"庄官"的性质。——译注

人终于可以让他者承认自身存在的时代已经到来。《今昔物语集》上千篇的故事开头都以"从今日看乃往昔之事"开始，篇末都以"据（某人）说……"结尾。从这点可以明显看出，传说和故事文学蹈袭的是固有的模式。但尽管如此，我们读了《今昔物语集》却一点也未感觉到它对传承世界的怀念和乡愁。这到底是何原因？

如今有许多学者不将《今昔物语集》看作是"故事文学"。例如，长野尝一①就说："《今昔物语集》具有复杂的性质，我们无法说它仅仅是'故事文学'。直截了当地说，它有许多篇章可以说是'短篇小说'。"② 长野还认为，《今昔物语集》在许多方面都有赖于作者的个人才能和创造力。"我们必须记住，故事文学的背后身负着民间传承，这是一个显著的历史社会现象，但仅凭此很难说它在文学方面是杰出的。地藏信仰和往生思想在当时的民众当中获得了深广的共鸣，具体阐述该实例的故事都说民众广泛而有力地支持这些思想，但《地藏菩萨灵验记》《日本往生极乐记》和《今昔物语集》卷第十五所载的大部分'往生谈'在文学方面很难说是杰出的。"③ 以此为代表，现在一般认为《今昔物语集》的"本朝佛法部"是"佛教故事"（多从其他书籍摘要后翻译而成），所以在文学方面没有价值。相反，"本朝世俗部"却因作者使用了精湛的"直视现实"或"现实主义"的方法而十分有趣，且具有永恒、崭新的文学意义。

那么，是否"佛法部"即"佛教故事"完全没有价值？回答是绝非如此。

因篇幅无法细说，结论是"佛教故事"占了《今昔物语集》的大半部分（从数量上说成为母体），故无法脱离母体的"世俗故事"必然会在自身体内具有强大的能量，而它在今天仍在抓住读者的心。如果当时不写"佛教故事"这一部分，那么《今昔物语集》的作者是否会有激情续写"世俗故事"令人怀疑。从这个意义上可以肯定地说，"佛教

---

① 长野尝一（1915—1979），"国文学"家。毕业于东京帝国大学国文科。师事于池田龟鉴。历任昭和女子大学副教授、立教大学教授，于在职中死去。1968 年以《古典与近代作家 芥川龙之介》获得立教大学文学博士学位。广泛论及古典至近代文学。著有《〈今昔物语〉评论 惊叹的文学》《古典与近代作家 芥川龙之介》《芥川龙之介与古典》《平家物语 向年轻人介绍古典》等。——译注

② 长野尝一：《日本文学史》中古后期 第四章 故事文学，至文堂。——原夹注

③ 同上。——原夹注

故事"起到"反面教员"的作用。作者在不知疲倦、不遗余力地改编或用符合时尚的现实笔致翻译荒唐的灵验故事过程中突然在某个时候发现了一条可以展开自身创作的生路。

或许可以想象《今昔物语集》的作者在开始自己的创作活动时就充满热情地在写作"佛教故事"。在"佛法部"各故事中作者的优秀文学品质就已经有了相当程度的发挥。具体请见《今昔物语集》卷第十五第五十一个故事:

伊势国饭高郡老妪往生谈第五十一

从今日看乃往昔之事。伊势国饭高郡某乡有一老妪,其有道心,每月前十五日修佛事,后十五日营世事。为修佛事,其常买香携至郡内诸寺供佛。

春秋时还到野外、山上摘来时花与香火一道供佛。亦购买米、盐、水果、蔬菜供养郡内诸僧。如此供养三宝乃常有之事。老妪切盼能往生极乐,然数年后突然生病。平日患病时子孙及家人等皆为之叹息,劝其饮食,扶其病体。不料某日老妪突然坐起,所穿衣服自然脱落。照料之人怪而见之,并见老妪右手持一柄莲花。花径约七八寸许,光鲜靓丽,色泽微妙,馨香馥郁无比,不似此世花卉。照料之人见此皆觉奇异也。问病者云:"所持之花乃何处之花? 又乃何人携来?"病者答云:"此花非凡人携来,乃迎接我之圣人携来也。"照料之人闻之又觉奇异也。正在珍视之间,病者当场消失不见。见此众人皆云:"无疑乃获迎入极乐之人也。"且悲且尊。

所穿衣服自然脱落,思此颇不可思议。有人怀疑:"因往生极乐,故污秽衣服需脱落也。"又,众人仿佛觉得:"莲花自然出现并持手中,乃迎接老妪之极乐圣众携来并赠之也。"凡夫俗子肉眼不可见也。老妪至往生时非肉眼可见而确实见此并告之也。

据说之后不知其花如何,并其有无,然其定然消失也。①

以上是《今昔物语集》卷第十五"本朝佛法"中第五十一个故事的全文。作为花道形成前史的史料它之所以重要,就在于在第 1 段提到

---

① 据《日本古典文学大系》本。——原夹注

的"春秋时还到野外、山上摘来时花与香火一道供佛"这个部分。

其实这个故事并非《今昔物语集》作者的独创，而是以之前佛教故事集《日本往生极乐记》卷末倒数第二个故事为蓝本改写翻译而成的。《日本往生极乐记》是庆滋保胤通过现实事例而非理论鼓吹极乐往生、念佛信仰的著述。仿效此著，《本朝往生传》及其他的往生传层出不穷。《今昔物语集》的作者广泛浏览过《法苑珠林》《大唐西域记》《地藏菩萨灵验记》等国内外文献，当然也会读过《日本往生极乐记》这个净土教布教手册。然而在收集素材和改写翻译过程中，《今昔物语集》的作者发挥出自身十二分的个性，努力将故事说得更像故事，而且还有一定的独创性。

以下是《日本往生极乐记》中相同故事的全文，请比较：

> 伊势国饭高一老妇。白月十五日。偏修佛事。黑月十五日。又营世事。其所勤者。常买香奉供郡中佛寺。每至春秋。折华相加。兼亦以盐米草菜等。分施诸僧。以为恒事。常愿极乐。已经数年。此女得病数日。子孙为勤水浆。扶起病者。身本所着衣服。自然脱落。见其左手。持莲花一茎。葩广七八寸。不似自界花。光色鲜艳。香气发越。看病人问花缘由。答曰迎我之人。本持此花。即时入灭。众人莫不随喜之。①

将此二文对照后可以看出，《今昔物语集》相关部分第2段在《日本往生极乐记》冷淡描写的那个故事内容之上添加了许多东西，苦心孤诣地要为人物和状况增添某种"事实性"。这并不是在胡说八道，而是为了强调某种事实性，使用某些方法增大虚构性。从故事的性质上说，为了让读者接受那个事实为事实，就必须不断地增加可能的"事实性"，并混入就像是用自己刚读过的那种谎言让读者相信。《今昔物语集》的作者在再创造伊势国饭高郡老妪往生谈时，就像自己在往生现场目睹了老妪临终前的奇迹似的做了煞有介事的描写。在第3段中又做惊讶状，宛若"不胜感慨"。在第4段又添上一些话：那朵珍贵的莲花一定消失在某处。努力放大真实的感觉。

---

① 据《日本古典文学大系》本。——原夹注

如此一来，则净土教信者的听众将无一人认为是谎言。可以说这一则故事完美地体现了故事文学的精髓。

让我们再次比较《今昔物语集》第一段"春秋时还到野外、山上摘来时花与香火一道供佛"和《日本往生极乐记》"每至春秋。折华相加"的真实感。根据"院政期"的作品《今昔物语集》，我们知道有人特地跑到野外、山上搜寻花卉，采回适合春秋两季的鲜花（有生命的花）带回家，并和香火一道供佛。而我们在约百年前的作品《日本往生极乐记》中仅简单地看到"折华相加"等语句。在"院政期"住家附近开放的花草已不敷需求，如不能亲自采摘回充满野性、花香四溢的生命之花供佛则无法满足心情。《今昔物语集》描写的是一种行动的、有具体感觉的"供花"行为。

《今昔物语集》的作者为强化事实性，不得不特意加上跑到野外、山上采回时花的描写。然而这种描写从尊重原作的角度来说则是一种夸张，一种修饰，也是一种谎言。尽管如此，但在"院政时代"的人们心里，则一定不会认为"供花"的事实不应该如此。不管是都市还是农村，新时代的净土教信众若不亲自跑到野外、山上采回"生命之花"带回家则自己都不会原谅自己。这时，追寻奇异梦幻的、王朝风范的"人造花装饰"的"供花"方式已经逐渐成为过去。

再举一个事例进行思考：

加贺国□郡之女往生谈第五十二

从今日看乃往昔之事。加贺国□郡□乡有一女。妙龄时成人妻，营世事。家大而富财多。然而其夫早亡，之后妻寡发道心独居在家。

其家有一小池，池中生莲花。女见此莲花常发愿："此莲花盛开时我以其作为往生极乐的机缘，并以此莲花为贽（供品）供养弥陀佛。"之后见莲花每每想起此事，故于莲花开放时便摘下带往郡内诸寺供佛。

之后此女年岁渐长，临老时常生病。病时恰逢莲花盛开，然此女却为生病欣喜曰："如我过去发愿，于此莲花盛开时生病。以此思之，我必有往生极乐之机缘。"后召集亲族、邻居等来家饮食，劝酒时告曰："我今日离此世。难忘过去亲睦时日，故有今日相聚一事。"亲族、邻居等听此哀思无限。说话间此女遂亡。其夜，小池莲花悉数倒向西方。见此人们皆知此乃"该女往生之相也"，并流泪哀惜。闻此邻人多来见莲花，礼拜后返回。

据说之后人们口口相传："此乃稀有之事。"①

以上是《今昔物语集》卷第十五"本朝佛法部"第五十二个故事的全文，就接续在"伊势国饭高郡老妪往生谈第五十一"之后，同样改写自庆滋保胤的《日本往生极乐记》。

下面先介绍《日本往生极乐记》收录的故事，再通过与《今昔物语集》改写文字的比较，以获得研究的线索。

加贺国有一妇女。其夫富人也。良人亡后者。志在柏舟。数年寡居。宅中有小池。池中有莲花。常愿曰。此花盛开之时。我正往生西方。便以此为赘。供养弥陀佛。每遇花时。以家池花。分供郡中寺。寡妇长老之后。当于花时有恙。自喜曰。我及花时得病。往生极乐必矣。即招集家族邻人。别具杯盘相劝曰。今日是我去阎浮之日也。言讫即世。今夜池中莲花。西向靡矣。②

这是《日本往生极乐记》最末尾（第四十二个）的小故事，全文138个字，文章浅显易懂，请一字一句大声朗读。

至此有必要通过《日本往生极乐记》序文了解庆滋保胤的撰述目的。据该序文，保胤自幼日日念诵阿弥陀佛，40岁后其志日益坚定，口唱名号，心观相好。再后听闻堂舍塔庙有阿弥陀像与净土图，必趋附礼敬；听闻道俗男女志在极乐并愿往生，必与彼结缘。读经论疏记，见有说因缘处必然披阅。在此过程中保胤得知，唐弘法寺迦才撰《净土论》中记二十人往生传，少康等《往生西方净土瑞应删传》载三十余人往生传，其中说即使是杀牛之人也可以往生，故净土往生之说并非虚言，由此更加坚定自己的志向。进一步保胤还遍查国史与诸人别传等，判明异相往生之人分明存在；又于都鄙遍访故老，从此方面掌握确证，

---

① 据《日本古典文学大系》本。——原夹注
② 同上。——原夹注

其数有四十余人。于是保胤感叹服膺，记述这些往生者之优异行为，名之曰《日本往生极乐记》，希望后世见此传记的人们对此不存丝毫疑问，祈愿自己能与一切众生相携，往生安乐国。

《日本往生极乐记》从圣德太子、行基菩萨、传灯大师善谢、传灯大师圆仁、律师澄海等具有高德的沙门写起，末尾还有女性佛弟子伴氏、女弟子小野氏、藤原氏、近江国坂田郡女子、伊势国饭高郡一老姬、加贺国一妇女等的往生谈（这末尾的 6 个故事被《今昔物语集》卷第十五的"本朝佛法部"结尾部分完全采用，但做了若干根本性的润色）。

也就是说，庆滋保胤为了在众生面前提出厌离秽土、观相念佛就真的可以"往生极乐"的证人和证据，故意记录了这 42 人的传记。读保胤所写的《知识文》和《池亭记》（均收录在《本朝文粹》）可以知道，保胤哀叹权门势家竞相建寺造塔的虚幻，愤恨那时代有人始终在追求身份和财产的丑态，发愿既然世事如此，那自己只能投身于念弥陀、读法华的生活。早在康保元年（964），以保胤为核心，在"大学寮"北堂的学生和比叡山的学僧之间就已经建立了一个名曰"劝学会"的念佛团体。不用说这种念佛活动的动向多半与当时的社会条件有关。井上光贞说："在 10 世纪末官场的上层为藤原氏独占。与此同时，中下层贵族则试图以特定的技能为家业来保存自身。在文人贵族当中，菅原和大江二氏独占'文章道'的动向日益明显，其他氏族都被排除在外。因此对权势的批判和将俗世视为厌土的欣求净土的热情在这个人群当中高涨。"[1] 光贞还就以千观（天台僧，出生于橘氏，因厌倦世俗进入遁世生活，在日本首次创作出"和赞"[2]）和保胤为代表的 10 世纪后半叶的净土教做出评价："在此二人身上我们可以看出对教团的世俗化和贵族社会的门阀化的激烈批判精神。提倡厌离秽土的净土教在这历史转换期获得如此强大的大乘佛教的精神支持，在名利之外作为追求灵魂自由和众生救济的精神运动迎来了它的兴隆期。该巅峰或许就是源信及其《往

---

① 井上光贞：《日本古代国家与佛教》中篇 第一章 天台净土教与王朝贵族社会。——原夹注

② "和赞"，用日语创作的佛教赞歌，内容是赞美佛、菩萨等，形式为七五调。——译注

生要集》。"① 人们通过这个论述或可推测出产生《日本往生极乐记》的社会思潮。就保胤和源信的关系，光贞在另一部著作中解释："《往生要集》将《日本往生极乐记》视为一本念佛的入门书籍，这是保胤《日本往生极乐记》影响了《往生要集》的证据。此书著于永观元年与宽和元年（《要集》著述当年）之间。因为在永观元年这一时间的上限，该书引用了同年死去的千观的传记。若此则应当说当时撰写《要集》的源信与还领导着'劝学会'的保胤有亲密的联系，接受了他的影响。"②

总之，保胤经历并深化了以下精神过程：因自己不是门阀出身，故只能为排解被疏远的忧愁而念佛。而在深入念佛的过程中，他越发领悟到追求名利这种世俗行为的空虚，了解了在祈愿欣求净土中可以得到灵魂的自由和救济。从这个意义上可以说，《日本往生极乐记》是一部超越了鲜有的致富故事范畴和在恶劣现实环境下"探索生命"之书。就文人贵族所写的汉文作品来说，它结构宏大，语句简洁雄劲，风格缺少阴郁和柔弱的气息，也就不足为奇了。

有了这些预备知识，下面比较一下《日本往生极乐记》第四十一个故事和《今昔物语集》卷第十五第五十二个故事。全文比较结束后再详细阅读比较与插花（供花）有关的部分。

A 常愿日。此花盛开之时。我正往生西方。便以此为贽。供养弥陀佛。

每遇花时。以家池花。分供郡中寺。

（《日本往生极乐记》）

B 常发愿："此莲花盛开时我以其作为往生极乐的机缘，并以此莲花为贽（供品）供养弥陀佛。"之后见莲花每每想起此事，故于莲花开放时便摘下带往郡内诸寺供佛。

（《今昔物语集》）

① 井上光贞：《日本古代国家与佛教》中篇 第一章 天台净土教与王朝贵族社会。——原夹注
② 井上光贞：《日本净土教形成史的研究》第二章 摄关政治的成熟与天台净土教的兴起。——原夹注

　　一目了然，B 以 A 为蓝本，实际上就是 A 的日文解释，但故事内容添加了若干语句，试图要增加它的"真实性"和"事实性"。请读者务必关注，A 使用的"此花盛开之时。我正往生西方。便以此为赞。供养弥陀佛"这个原始史料，被 B 改说成"此莲花盛开时我以其作为往生极乐的机缘，并以此莲花为赞（供品）供养弥陀佛"。A 的"便"（即）在 B 中变化为"作为往生的机缘"。原本充其量只与老妪个人宗教心理暗合的"莲花与往生西方"（现世与他界）的关系，在这里却变化为"供花即往生的权宜手段"这种集团式乐观主义他界观的等式。10 世纪后半叶的"观相念佛"（"理观念佛"）系统中的"供花"变化为 12 世纪前半叶的"专修称名念佛"或"选择本愿念佛"系统中的"供花"。过去多半在都市贵族阶层中举办的美学观赏本位的"供花"，这时则变化为在地方抬头的在地武士阶层（及上层农民阶层）为主举办的现世利益本位的"供花"。地方下层农民无法积累建寺造塔等的功德，但上述那种常见的"供花的权宜手段"不久也急速渗透到他们中间，这作为时势是一种当然的趋势。另一方面，在这种变化的过程中，一个被称作"圣人"或"上人"的宗教社会阶层出现在既有教团的统治圈外，他们作为巡游者、隐栖者、说教者、苦行者在全国推广"杂"信仰的布教。因此，若舍去"摄关"末期和"院政"初期的社会变化和净土教信仰本身的变质过程，就无法正确把握从 A 到 B 的表达分类法的变化过程。《今昔物语集》的作者之所以要特地将原文本的"便"（即）改为训读的"机缘"，并试图增加它的真实性，就是因为存在这些宗教理由和社会根源。

　　一言以蔽之，供花已不可能再停留在 10 世纪后半叶的"宗教象征"阶段，而成为显示在"院政"初期不可或缺的"物质力量"的行为。特别是在地方民间下层社会生活的人群，只能将此供花作为"机缘"以实现自我救济。篇首所录的"加贺国□郡之女"的故事，仅在提倡只要以莲花供花就可往生极乐。作者似乎在对读、听这个故事的庶民阶层人士提议，用此"机缘"即可而无求于他。

　　于此请再比较《日本往生极乐记》第四十二个故事和《今昔物语集》卷第十五第五十二个故事的后半部分。亦即前者的"寡妇长老之后"及其后文和后者的"年岁渐长，临老时"及其后文。前者仅 66

字，后者膨胀为 319 字。虽说后者的表记法是假名加汉字，但扩大为 5 倍的字数这一事实也无法让人轻视。实际上和前半部分比较，后半部分的添加字数可谓过剩的表现。

《今昔物语集》中加入了《日本往生极乐记》所没有的"'难忘过去亲睦时日，故有今日相聚一事。'亲族、邻居等听此哀思无限"和"见此人们皆知此乃'该女往生之相也'，并流泪哀惜。闻此邻人多来见莲花，礼拜后返回"字句，就像是说话人去那里见到后返回说的，给故事赋予更多的"事实性"。

为何要插入和添加这些谎言？仅就《今昔物语集》而言，是因为当时已出现了一种新的时代精神，而王朝贵族阶级从"和歌物语"发展过来的"故事物语"所拥有的宫廷人士固有的感觉和思维（简言之即"和歌式的抒情"）已无法涵摄这种精神，在重新摸索能够准确表达这种精神的方法之后，有人觉得必须返回过去庶民间相传的"故事世界"。因此，故事特有的散文思维和行为描写的方法经改头换面后重新登场。这种说故事的方式在本质上可以理解为是一种"反贵族的思维"（虽说在另一方面依据汉典进行"翻译并据此讲故事"的工作仍控制在贵族手中）。

那么，何谓"讲故事的思维"？

池田龟鉴就此做出明确的概念规定："故事文学即杂谈文学。"[1] 在这个基础上龟鉴又说："故事的本质，即将故事从其他的文学诸形态中独立出来的特性仍在于它的事实性。故事之有趣，来自它是现实存在这一前提。""它精细地叙述当时人物的语言、动作、服装等，就像有人刚看完、听完它们后回家一一详细描述。这种叙述，不单是详细地讲述故事，还通过详细的描写，给读者以故事是非常真实的信赖感觉。这是它的一个重要作用。因此，这种技巧的主要目标是赋予内容以现实感，并合理地进行掩饰。"[2]

故事文学中的"事实性"或真实性的组装方式若真如此，那《今昔物语集》中的 1000 余篇故事，无论是"佛法部"还是"世俗部"在本质上都无很大差异。

---

① 池田龟鉴：《平安时代文学概说》故事文学的特性。——原夹注
② 同上。——原夹注

　　更何况，故事文学在被宫廷和歌文学和物语文学压制期间都不例外地采用讲经文学（佛教团体为讲经、教化而使用的资料）的形式，这些故事被记录保存的数量相当可观。《日本往生极乐记》也是该故事集之一。比该时间更早的讲经故事集有《日本灵异记》和《日本感灵录》，后续的故事集有《地藏菩萨灵验记》、《大日本国法华经验记》、《续本朝往生传》、《拾遗往生传》、《打闻集》、《古本说话集》（下卷）、《三外往生记》、《本朝新修往生传》等。如果没有这些佛教故事的传统，那么就不可能诞生《今昔物语集》。

　　或许《今昔物语集》的编者最初只想编出一个讲经故事集。但随着工作进展，艺术家的个人才能开始驱动编者自身，最终将佛教故事转向"本朝世俗"故事。但即使是作为一种"物质力量"，以莲花供花面对现实所叙说的"加贺国□郡"的故事，也并未受到当时的人们说它比本朝世俗故事差劲等的不合时宜的评价。

　　我们在上面比较了《今昔物语集》卷第十五"本朝佛法部"的两个故事（第五十一、第五十二）和《日本往生极乐记》中的它的两个原故事，并通过这种操作，阐明了"摄关"时代末期至"院政"时期即 11 世纪左右的部分的时代精神和"自然观"。

　　同样是讲述净土信仰，百年之前的平安王朝时代只说"每至春秋。折花相加"，体现着一种简洁、断定式的汉文思维，但这种思维后来变为"春秋时还到野外、山上摘来时花与香火一道供佛"这种和汉字符混合的思维，而后者则具体而感性地叙述了相同的题材和内容。它添加的许多字句，强调的是它的真实性。正如"常愿曰。此花盛开之时。我正往生西方。便以此为赞。供养弥陀佛"的汉文表达变为"常发愿：'此莲花盛开时我以其为往生极乐的机缘，并以此莲花为赞（供品）供养弥陀佛'"这种汉字、假名混合的表达，以及"便（Sunawachi，意为'即'）"被大胆地改训读为"便（Tayori，意为'机缘'）"那样，它提示着一种主体、能动、顽强的"行动主义哲学"。同样是净土信仰，在一个世纪左右的时间内就出现了如此显著的差异。

　　然而针对这二者的差异，我们若不能正确地在各自语言表达的"象征体系"中了解它们所发挥的共时功能，就无法轻率地论述之。从更根本的命题来说，正如卡西尔①所言："人类文化的特殊性质及其知识与道德的价值，不来自构成它们的材料，而来自它们的形式即建筑的结构。这种形式不论用何种感觉的材料表现均可。""人类可以用极其贫乏且稀少的材料建构它的象征世界。重要的不是一块块的砖和石头，而是作为建筑形态的一般的功能。在语言领域，活用材料的符号，并'使之叙述那些东西'正是它的一般象征功能。"② 我们必须回溯到这种象征领域来讨论语言的问题。因无篇幅且我没有这个能力，下面仅讨论自然观的问题。平安王朝贵族的"汉文学思维"也是人类的语言问题，也有自己的"象征体系"。既然如此，它就绝不会仅仅是物理的"东西"，而具有其自身的"过程"。正因为如此，所以在一个世纪间当武士、农民阶层的"象征体系"开始取代王朝贵族的体系时，当然会产生新的片假名、汉字混用体，并且这种"和汉混合思维"会掌握领导权。这映照出历史主角变换带来的思维、感觉的"日本化"过程。

　　这么说也许人们会留下以下印象：所谓的"日本化过程"就是按照历史的必然法则，走着一条笔直的道路，但它和武士、农民阶层一样，都必须背负超出需要的苦难缓慢前进。平安时代初期和中期有人开始对犁进行改良，以国家为单位实施农地开发和灌溉的阶段也结束了，农业技术的主体则转变为地方的上层农民。因此他们得以有机会从过去向中国引进先进生产技术并进行垄断，并从以该技术为物质基础显示专制统治威力的律令国家体制的掠夺体系中解脱出来。进一步农民阶层培养出的实力还改变了历史进程。当我们将视角转向东亚国际社会就能明显地看到，日本农民取得了双重的功绩：一方面他们背负着本不该有的苦难，忍受着不必要的痛苦，但在另一方面他们最终成为历史变革的中坚力量。而在中国，自唐末而五代、宋初出现了划时代的农业技术变革，经济以此为基础也得到迅速的发展。特别是长江三角洲地区的农业生产力有了飞跃的提高，以至出现了"苏湖熟，天下足"的俚语。随着稻

---

　　① 恩斯特·卡西尔（Ernst Cassirer，1874—1945），德国哲学家，犹太人，出生于波兰弗罗茨瓦夫（又译为布雷斯劳），毕业于柏林大学等。新康德学派成员，被认为是可与爱因斯坦、罗素、杜威等当代名家相提并论的重要哲学家之一。一生著述广泛，在逻辑学、符号学、语言哲学以及美学方面都有重大影响，尤其是美学，被人们视为符号美学运动的先锋。著有《象征形式的哲学》等。——译注

　　② 恩斯特·卡西尔著，宫城音弥译：《人类》第三章 从动物的反应到人类的反应。——原夹注

商的活动频繁，各种工商业也一道繁盛起来，南宋的首都临安（杭州）成长为人口超百万的巨大都市。此时日本若引进这种高度发达的中国水稻生产技术，将这种新的水稻品种栽种在水田里，那么日本列岛将一举获得高度的经济发展。至少我们可以做出这种想象的设问。永原庆二①《日本的中世社会》回答了这个问题："即使如此，日本王朝时代统治阶级也几乎没有丝毫迹象试图像他们的祖先那样贪婪地摄取大陆的先进技术。例如在水稻品种方面，宋真宗在 1012 年从占城大量引进了兼有耐旱性和早熟性的长粒稻种 Champa，使之在江南、淮南、两浙地区种植。因其收获稳定而大受欢迎，从而得到迅速的普及，使中、晚稻组合的一年两收成为可能。但即使这样，日本也很晚才开始栽培占城稻。史料记载，日本是在 14 世纪末才有'大唐''赤米''唐法师'等水稻品种，而此前根本没有。引进新品种与引进农业技术相比容易得多，但中日两国间有如此巨大的差异，其理由只能是日本对中国农业的关心程度很低。"② 这个时期的贵族统治阶层对引进中国典籍有强烈的需求，实际上也有了庞大的书籍收藏，但却始终没有进口唐宋变革期的农书（比如提倡在江南实施集约水稻种植的陈旉的三卷《农书》等）。这意味着什么？再次借用永原庆二的话说就是："这说明在这个时期，日本的统治阶级即使存在先于地方豪族和一般民众摄取、掌握大陆的先进文明，以此作为巩固权力的基础，并对其进行重组和强化的客观可能性，但他们也不会选择这条道路。从其他方面来说，在从古代向中世变迁的过程中，日本只能采取与古代国家形成时期不同，至少在经济方面几乎仅能依靠内生发展的形态。"由此可见，从古代转变为中世的日本社会的"独立路线""事实上并未采取积极学习中国的形态。从宏观上说，这作为规定日本中世社会形成的条件是一个重要的侧面"。③

其导致的结果为何？在古代末期到中世初的日本社会刚出现的"日本化"倾向，让在物质层面支撑律令制和中央集权官僚体制的古代中国原有的生产手段（制铁、土木技术、农法）止步不前。在统治阶层放

---

① 永原庆二（1922—2004），历史学家，毕业于东京帝国大学，曾在东京大学史料编纂所工作，后任一桥大学副教授和教授，1963 年任和光大学教授。主要根据社会经济史的观点研究中世史。著有《日本封建社会论》《下克上的时代》《室町战国的社会》等。——译注

② 永原庆二：《日本的中世社会》Ⅰ序说 二 中世社会的历史诸前提。——原夹注

③ 同上。——原夹注

任不管的极端恶劣的条件下，孤立无援的被统治阶层（武士和农民）只有自力更生，开拓进取，创造出一种新的"价值体系"。简单说来，通过引进高度先进的中国古代农业技术，掌握了中国式权力集中机构的日本律令贵族阶层，仅想按照中国的做法维持所掌握的统治机构，而不想引进后来飞跃发展的中世的中国农业技术，所以贵族统治阶层不但不能取得经济发展，还让被统治者永远处于经济的贫困状态之中。在此过程中，一部分的被统治阶层人士（武士和上层农民）通过自身的努力，提高了生产力，并通过自身的力量开始铲除旧的社会关系。这就是"日本化"的形成过程。是否可称作内生性不得而知，但事实上由于缺乏国际性即普世性而产生的跛行式停滞才是"日本化"的真相。一如中世日本社会的社会结构和生产关系的"日本化"，当时的思想、宗教、艺术的"日本化"也不过是国际的孤立带来的一种特殊的适应方式。所谓的日本折中主义也绝不是在比较选择、积极取舍丰富的外来文化后产生的混合物，而只不过是在现实上进行"切割后剩下的"且属"聊胜于无"的贫乏的筹措作业。这种寒碜的特技可以用国民性的名义对内对外自夸吗？

对历史事实我们不能做"要是那时"（If at that time，…）等的假设，但如果平安时代中期的贵族统治阶层能开眼于正确的"理论"，考虑整体国民的幸福，那么就一定会引进唐宋变革期大陆的农业技术。前引永原庆二的文中所见的"宋真宗"，从年表看在位于咸平元年（998）到乾兴元年（1022），对照日本史的年表，与藤原道长驱赶藤原伊周，到达荣华巅峰的时间高度吻合。用文学作品来说，正是《枕草子》《源氏物语》《和泉式部日记》《和汉朗咏集》等诞生的时期。即使"宋真宗在1012年从占城大量引进了兼有耐旱性和早熟性的长粒稻种Champa，使之在江南、淮南、两浙地区种植。因其收获的稳定而大受欢迎，从而得到迅速的普及，使中、晚稻一年两收成为可能"，但日本的农政领导人也不愿意引进该新品种。更何况根本不会考虑引进水利土木新技术等。不过在那时的中国，真宗时代也没有开发出可观的水利技术。"作为中央农政的一个概念，农田水利特别是水利项目明确成形是在仁宗庆历年代前后。此前的真宗时代，均衡乃至减轻农民的负担是最重要的农政工作，发展农田水利，增加农业生产力的概念尚未出现在农政当中。毋庸置疑，仁宗时代不像真宗时代那样强烈要求均衡乃至减轻农民的负担。……征之仁宗即位后未改元时所谓的'限田之诏'，就可以最清楚地看出这一点。此诏直率地承认真宗的农政中心在于均衡乃至减轻农民的负担，反复说明接下来的仁宗农政中心亦在于此。然而同样在这个时代，除有以上倾向外，大兴水利、增加农业生产力的农田水利概念终于体现在农政上。从这个意义上说，仁宗时代的农政增加了新意。"①仁宗治世是在天圣元年（1023）到嘉祐八年（1063），相当于藤原赖通长期坐在"摄政""关白"宝座上的时期。在这个时期凤凰堂建在宇治平等院，《荣华物语》《堤中纳言物语》《更级日记》等也已问世。"前九年战争"②（1056—1064）爆发后日本以此为契机迎来了"武勇者"站立于"武门"栋梁位置的时代。

然而，"摄关"制度为政者一屁股坐在古代专制门阀这种统治形态的宝座上一动不动，对农业政策只想到能重复进行横征暴敛即可。此时虽然数量很少，但仍有一些中国商船来到日本，销售书籍和农产品等，所以那个时候如果（If at that time，…）积极引进使中国江南地区迅速富裕的新农业技术，那么古代末期的日本农业生产力将获得显著的发展。另外作为一种必然的趋势，还可找到通往"商品经济"的捷径，提高国民总收入。这么想来实在令人遗憾。

或许"摄关"时代（也包含"院政"时代）为政者中有人什么都懂，但心想如果引进那些不上不下的新农业技术等，那么由此获益的只是一般民众，因此拒绝引进这种新技术。同时他们还认为，按照古代先例，将老百姓束缚在土地上是"稳定政权"的最好方法，因此故意对中国的现实闭上眼睛。即使我们不做这种臆测，但从停派遣唐使前后日本统治者冷却了吸收中国先进文化的热情此事也可明确这一点。就停派遣唐使的原因，田中健夫③《中世对外关系史》列举了过

---

① 冈崎文夫、池田静夫：《江南文化开发史——其地理的基础研究》第二编 另说 第四章 熙宁时代的农政，特别是农田水利与二郑的水学。——原夹注
② "前九年战争"，也叫"前九年会战"，指源赖义、源义家父子讨伐奥羽地区豪族安倍赖时及其子贞任、宗任的战争。至讨平的1062年为止实际上延续了12年。"前九年战争"和后3年的战争都成为源氏在关东地区扩张自身势力的契机。——译注
③ 田中健夫（1923—2009），史学家，毕业于东京帝国大学，之后进入东京大学史料编纂所，1946年任该所教授。再后任东洋大学和驹泽女子大学教授，主要研究日本、中国、朝鲜的历史以及中世东亚国际关系史，著有《中世海外交流史的研究》《岛井宗室》《倭寇》《对外关系史研究的进展》等。——译注

去的各种不同说法（唐朝内乱、日本文化独立意识崛起，等等），之后又说："然而我想指出，除此之外，停派遣唐使的真正原因是日本统治阶层为强化自身立场，在此时淡漠了需要更先进的中国制度、文化的意识。通过具体的史料对此进行验证是困难的，但考虑到之后的新兴武士首领平清盛那么热心引进宋代文化和作为武士首次实现全国统治的足利义满欣喜接受明代册封这些事情，众人应该就会首肯。在奈良时代以后急速引进外来的制度和文化，完备了国家组织和制度，大致可以确保统治阶级地位安定的状况下，对外部世界的关心退潮毋宁说是势所必然的事情。"① 这个见解非常正确。在古代律令国家创建当初，日本的官僚知识阶层热心学习、摄取中国文化的目的，就是将其作为一个"必要手段"，以坚守自己的统治体制。因此，当他们觉得自己的地位眼下已不可动摇，故认为没有必要再大费周章引进、消化新知识也极为自然。而且这些统治阶级知识分子还认为，只要继续墨守已然成为过去的旧"汉学范式"，就可以以此压制无知蒙昧的民众。如果（再一次 If at that time，…）他们真的盼望自身阶层的地位稳定，那么就应该具有新的历史眼光，主动引进中国的新知识，同时也让农民大众分享一定的财富和幸福，而这种结局最终对统治者是有好处的。然而他们对新的中国社会经济动向不抱丝毫关心，也一次没有考虑日本农民大众的幸福等。最终平安王朝的统治阶级选择了自我消亡的道路。因为他们的"汉诗文教养"只是唐以前羸弱的农业生产和低级的农业技术通行的社会发展阶段的上层建筑之日本遗响，所以只要他们不放弃这个范式，就不可能对应新的社会变革。但即使如此，王朝知识阶级的"汉文思维"也会让他们认为古代儒教政治理念是永远不变的，并心无旁骛地努力再生产这种理念。在他们身上完全看不到一种基于正确的国际感觉的"中国观"等，换言之，他们是无意看到偶像中国是如何面向"新世界"不断发生变化的。

于是，"日本自然观"也只能走相似的道路：它们温存、固化了从古代中国引进的范式，故意闭眼不看宋代中国早已开发出的新范式（因此缺乏主动引进的热情和努力），仅等待有人部分修改在现实上不敷使

---

① 田中健夫：《中世对外关系史》第一章 十四世纪之前与东亚各国的关系。——原夹注

用且在事实上已经暴露出问题的旧范式。我们必须对被统治阶级的全部
努力付出最大的敬意，因为他们背负着不该有的苦难，在那么恶劣的条
件下还能持续地在局部展开农业技术的修补工作，但我们无法说如此一
来，不，正是这样或只有这样他们的自然观就可以评为 100 分。《今昔
物语集》之后中世的日本自然观要求对古代律令范式做大幅修改，实际
上也发掘出日本独自的美学，但是否就可以将这个中世的美学规范视为
绝对的日本自然观？其实这是令人怀疑的。

　　在有所偏颇且碎片式地持续引进中国文化之后，从室町时代中期开
始，日本社会文化的局面骤然开始走到国际环境的聚光灯下。在中世末
期到近世初期这一个世纪之间，含自然观在内的宇宙认识的巨大变革眼
看就要走进全体日本人的生活方式和思维方式当中，但在幕藩体制确立
时期这种变革还是被无情地镇压下去。不过之后日本又再次开始着手修
补自己的文化。人们要注意到这种修补工作的不堪，就需要等待接近幕
末时期兰学①、洋学的成熟。

---

　　① 兰学，江户时代中期以降通过荷兰语研究西方学术的学问，涉及医学、数学、兵学、
天文学、化学等学术，始于享保（1716—1736）年间幕府的书籍检察官青木昆阳译读荷兰书
籍。之后，前野良泽、杉田玄白、大槻玄泽等众多兰学家辈出。菲利普·弗朗兹·冯·西博尔
德（Philipp Franz von Siebold, 1796—1866，德国植物学家、旅行家、日本器物收藏家、医学
家、民族学家、博物学家）对此所做的贡献巨大。——译注

刊载作者文章之各刊物名称及刊载时间（上卷）

本书编辑时最初仅打算出一本 600 页左右的书籍，但因我任性，编辑时这也想加入那也想加入，故在结束工作时竟然超过 900 页。这样一来只能分为上、下两册。可是后来发现若机械地将它分为两册，对每册来说都有损体例。即使分为两册，上卷作为一卷也应该形成一个"体系"。因此我利用了出版商八坂书房的宽容，将符合本话题的旧文章尽量塞入并做了删改，使编辑颇觉困扰。因为有这种情况，所以这里将原来预定的那一册卷末的"各刊物名称及刊载时间"一分为二，展示在下面：

序论　自然观和文学的象征

传统自然观的意识形态	《争论点》1976 年春季号
花和文学的象征	连载于《现代花道艺术全集》第一卷至第六卷，主妇之友社，1975 年 10 月—1976 年 3 月

第一章　日本自然观的范式——其确定的条件

日本自然观的文化史概要	《读卖新闻》1975 年 3 月 12 日
从"大自然的发现"到"自然观的接受"	《花的思想史》，晓星社，1977 年 6 月
日中律令学制的比较学问史的考察 I	口头发表，日本比较教育学会定期大会，1975 年 6 月召开
日中律令学制的比较学问史的考察 II	口头发表，日本比较教育学会定期大会，1976 年 5 月召开
律令知识阶层自然观学习的一个过程——专制统治下梅、桃、樱的观赏方法	《短歌研究》1974 年 1—4 月号